国家出版基金项目
NATIONAL PUBLICATION FOUNDATION

"十二五"国家重点图书出版规划项目

信息与计算科学丛书　69

高精度解多维问题的外推法

吕　涛　著

科学出版社

北　京

内 容 简 介

　　本书是关于外推法在多维问题应用的专著. 全书共 10 章, 除阐述显式外推: Richardson 外推与分裂外推在多维积分、有限元和有限差分的应用外, 对于隐式外推: 如基于多层网格法的 τ 外推、基于有限元内估计的局部有限元外推、稀疏网与组合技巧也有专章介绍.

　　本书取材新颖, 算例翔实, 算法精度高, 应用前景广泛, 适合从事科学和工程计算的工程师、科研教学人员、硕士生、博士生及大学高年级学生阅读. 此外, 本书的导论剖析了外推法与祖冲之盈、朒二率的算法关系, 从而对失传一千余年的《缀术》做了有说服力的探佚, 故本书也可供中算史家、数学教师和数学爱好者参阅.

图书在版编目(CIP)数据

高精度解多维问题的外推法/吕涛著. —北京: 科学出版社, 2015.6
(信息与计算科学丛书; 69)
"十二五"国家重点图书出版规划项目
ISBN 978-7-03-045052-4

Ⅰ. ①高⋯　Ⅱ. ①吕⋯　Ⅲ. ①多维分析　Ⅳ. ①O572.11

中国版本图书馆 CIP 数据核字 (2015) 第 131508 号

责任编辑: 王丽平 / 责任校对: 张凤琴
责任印制: 肖　兴 / 封面设计: 陈　敬

科学出版社 出版
北京东黄城根北街 16 号
邮政编码: 100717
http://www.sciencep.com

北京佳信达欣艺术印刷有限公司印刷
科学出版社发行　各地新华书店经销
*

2015 年 6 月第　一　版　　开本: 720 × 1000 1/16
2015 年 6 月第一次印刷　　印张: 29 1/4
字数: 600 000

定价: **178.00 元**
(如有印装质量问题, 我社负责调换)

谨以本书奉献林群院士八十华诞！

《信息与计算科学丛书》序

20 世纪 70 年代末, 由已故著名数学家冯康先生任主编、科学出版社出版了一套《计算方法丛书》, 至今已逾 30 册. 这套丛书以介绍计算数学的前沿方向和科研成果为主旨, 学术水平高、社会影响大, 对计算数学的发展、学术交流及人才培养起到了重要的作用.

1998 年教育部进行学科调整, 将计算数学及其应用软件、信息科学、运筹控制等专业合并, 定名为 "信息与计算科学专业". 为适应新形势下学科发展的需要, 科学出版社将《计算方法丛书》更名为《信息与计算科学丛书》, 组建了新的编委会, 并于 2004 年 9 月在北京召开了第一次会议, 讨论并确定了丛书的宗旨、定位及方向等问题.

新的《信息与计算科学丛书》的宗旨是面向高等学校信息与计算科学专业的高年级学生、研究生以及从事这一行业的科技工作者, 针对当前的学科前沿、介绍国内外优秀的科研成果. 强调科学性、系统性及学科交叉性, 体现新的研究方向. 内容力求深入浅出, 简明扼要.

原《计算方法丛书》的编委和编辑人员以及多位数学家曾为丛书的出版做了大量工作, 在学术界赢得了很好的声誉, 在此表示衷心的感谢. 我们诚挚地希望大家一如既往地关心和支持新丛书的出版, 以期为信息与计算科学在新世纪的发展起到积极的推动作用.

石钟慈

2005 年 7 月

导　论

科学和工程技术中的问题, 如固体力学、流体力学、热力学、电磁场、油气藏勘探与开发、环境污染与监控、大型水利工程的设计、天气预报与风暴潮预报、航天器的设计与控制、反应堆计算、生物工程等, 其数学模型皆归结于大型的连续问题, 如高维积分、积分方程、线性或非线性偏微分方程. 这些问题只能依赖大型科学计算方法在计算机上求数值解. 其中算法的选择具有举足轻重的作用. 举例说, 按照一般计算规律, 如果问题数据扩大一倍, 则解决问题计算量常常会增大四倍、八倍, 因此单靠计算机的硬件提高计算速度远远不能满足实际问题的需要. 事实上, 计算能力除依赖于计算机硬件发展外, 更依赖于新的算法. 回顾过去 30 年来计算数学开创的新算法, 如多层网格法、区域分解算法、多水平预处理法、有限元超收敛算法和有限元外推法等无不是低计算复杂度和高并行度的算法, 它们为解决大型问题的起到不可替代的关键作用.

众所周知, 一个连续问题必须先通过网步长设计和有效的数值方法, 如有限元、有限差分和求积公式等, 转换连续问题为离散代数方程后, 才能使用计算机求出近似解. 因此, 数值解 $u(h)$ 的精度依赖于网步长 h, h 可以是一个, 也可以是多个 $h = (h_1, \cdots, h_l)$. 一个适定的数值方法, 其近似解的误差显然应当满足: $u - u(h) \to 0$, 当 $h \to 0$. 如果进一步假定误差具有渐近展开, 例如在单参数情形成立

$$u(h) = u + a_1 h^2 + \cdots + a_m h^{2m} + O(h^{2m+1}), \tag{0.1}$$

其中 $a_i (i = 1, \cdots, m)$ 是与 h 无关的常数, 那么便可以使用外推方法提高精度. 1910 年 Richardson 在讨论 Laplace 方程的差分法时发现误差拥有 (0.1) 类型的渐近展开, Richardson 基于此提出著名的 Richardson-h^2 外推法, 即在 $h/2$ 步长下再解一个差分方程得到近似解 $u(h/2)$, 其误差按照 (0.1) 具有渐近展开

$$u(h/2) = u + \frac{1}{4} a_1 h^2 + \cdots + \frac{1}{2^m} a_m h^{2m} + O(h^{2m+1}), \tag{0.2}$$

应用 (0.1) 和 (0.2) 消去 h^2 后, 得到外推近似

$$\tilde{u}(h) = \frac{4u(h/2) - u(h)}{3}, \tag{0.3}$$

具有 $O(h^4)$ 高精度. 1955 年 Romberg 基于著名的 Euler-Maclaurin 求和公式提出数值积分的 Romberg 算法, Romberg 的贡献是发现外推可以逐步执行 Richardson-h^{2j}

外推, $j = 1, \cdots, m$, 达到 $O(h^{2m+1})$ 精度. 当今, Romberg 算法已经成为极有竞争力的数值积分方法. 算法的本质与插值多项式密切相关, 事实上, 在 (0.1) 中令 $x = h^2$, 便构造出多项式

$$f(x) = \tilde{u} + a_1 x + \cdots + a_m x^m, \tag{0.4}$$

置 $x_i = h_i^2 = h^2/2^{2i}, i = 0, 1, \cdots, m$, 便得到插值关系

$$u(h_i) = f(x_i), \quad i = 0, \cdots, m, \tag{0.5}$$

由于 Lagrange 插值多项式是唯一的, 因此, (0.5) 唯一确定多项式 $f(x)$, 而外推值 $\tilde{u} = f(0)$ 是经过 $\{x_i, i = 0, 1, \cdots, m\}$ 的代数曲线与 y 轴的交点.

　　然而, 外推的哲理可追溯到古代关于圆面积的计算. 圆面积是一个典型的连续问题, 使用单位圆内接正 n 边形的面积 S_n 逼近圆面积 $S = \pi$ 的方法古代称为割圆术. 据《隋书·经籍志》记载我国南北朝时期的大数学家祖冲之(429—500) 在《缀术》一书中算出圆周率的朒、盈二限为

$$3.1415926 < \pi < 3.1415927, \tag{0.6}$$

此成果保持了 1000 年才被打破. 由于《缀术》在北宋已经失传, 祖冲之如何使用当时的计算工具得到 (0.6) 这样精密的结果? 一直是数学史家探索的课题. 毫无疑问, 祖冲之继承了我国魏晋时期大数学家刘徽(公元 3 世纪) 的割圆术思想, 刘徽证明了近似解之间成立估计

$$S_{2n} < S < S_{2n} + (S_{2n} - S_n). \tag{0.7}$$

现代数学家把 (0.7) 称为刘徽不等式, 刘徽不等式是一个典型的后验估计, 即使用近似值便界定出精确值的范围. 后验估计概念到 20 世纪 60 年代才出现.

　　如果祖冲之应用刘徽不等式(0.7) 得到 (0.6) 必须割圆到 S_{24576}, 其计算量之庞大非当时科技水平可达到, 并且史书仅有割圆到 S_{3072}, 而无割圆到 S_{24576} 之记载. 因此, 祖冲之必然发现新的算法, 吕涛等 (1998) 设想一个符合当时科学水平的算法, 即祖冲之可能改进 (0.7) 为更精密的双边不等式

$$S_{2n} + \alpha_n(S_{2n} - S_n) < S < S_{2n} + \gamma_n(S_{2n} - S_n), \tag{0.8}$$

其中 α_n, γ_n 是由 $S_{32n} = S_{2n} + \alpha_n(S_{2n} - S_n)$ 和 $2S_{32n} - S_{16n} = S_{2n} + \gamma_n(S_{2n} - S_n)$ 所确定的补缀系数, 它们和精确的补缀系数 $\beta_n = (S - S_{2n})/(S_{2n} - S_n)$ 之间有不等式关系 $\alpha_n < \beta_n < \gamma_n$, 并且在计算过程中得到. 容易计算出

$$\alpha_{48} = 0.33231559, \quad \gamma_{48} = 0.33622601.$$

如果这个设想成立, 那么祖冲之只需割圆到 S_{1536} 后, 便从 $S_{1536}+\alpha_{48}(S_{1536}-S_{768}) = 3.1415926$ 得到朒率, 又从 $S_{1536} + \gamma_{48}(S_{1536} - S_{768}) = 3.1415927$ 得到盈率, 计算量大为降低.

这里补缀系数实际上就是一种外推系数, 他们是在递推过程中计算出的, 姑且把它称为祖冲之外推. 祖冲之外推系数与 Richardson 外推系数 $1/3 = 0.3333333$ 接近, 但是若用 1/3 代替 α_n 或者 γ_n, 则难以保证双边不等式成立. 也不能够解释祖冲之如何计算出 (0.6) 的结果. 由此可见, 基于不等式的祖冲之外推法, 较之 1400 年后的 Richardson 外推法更有优越性. 有关祖冲之算法更多的讨论放在评注中.

圆周率计算在西方可以追溯到 Archimedes（公元前 250 年）, Archimedes 得到单位圆外切正 n 边形面积 T_n 和单位圆内接正 n 边形面积 S_n 之间成立上、下界估计

$$S_n < \pi < T_n. \tag{0.9}$$

虽然, (0.9) 不如 (0.7) 精密, 而且需要使用两个方法计算, 但是它的优点是两个方法的步长（$h = 1/n$）相同. Archimedes 计算了 S_{96} 和 T_{96} 得到

$$3\frac{10}{71} < \pi < 3\frac{1}{7}.$$

直到 1654 年法国数学家 Huygens 使用几何方法导出外推: $\tilde{S}_n = 4S_{2n}/3 - S_n/3$, 即 (0.3) 类型的外推法.

现在使用三角函数及其 Taylor 展开式, 容易导出

$$S_n = \frac{n}{2}\sin\frac{2\pi}{n} = \pi - \frac{2\pi^3}{3n^2} + \cdots + (-1)^j\frac{n}{2(2j+1)!}\left(\frac{2\pi}{n}\right)^{2j+1} + \cdots \tag{0.10}$$

和

$$T_n = n\tan\frac{\pi}{n} = \pi + \frac{\pi^3}{3n^2} + \frac{2\pi^5}{15n^4} + \cdots, \tag{0.11}$$

于是知 S_n 和 T_n 都可以可以逐步执行 Richardson-n^{-2j} 外推很快收敛到 π. 此外, 由 (0.10) 和 (0.11) 还可以导出

$$\frac{1}{3}S_n + \frac{2}{3}T_n = \pi + O\left(\frac{1}{n^4}\right), \tag{0.12}$$

这便是组合方法, 它的优点是组合步长相同的两个方法的近似值得到高精度, 并且组合系数都是和为 1 的正数; 外推系数则是和为 1 的正、负相间的数. 如果误差的渐近展开的系数是已知的, 例如 (0.10), 则可以用 S_n 代替系数中的 π, 得到

$$\hat{S}_n = S_n + \frac{2S_n^3}{3n^2} = \pi + O\left(\frac{1}{n^4}\right), \tag{0.13}$$

这便是校正方法. 校正方法不需要格外计算便得到高精度, 故也是一类有效的高精度方法, 在特征值问题中有应用.

当今, 外推、组合和校正方法已经成为遍及计算数学各门学科的加速收敛方法: 1965 年 Stetter 提出解常微分方程的外推算法; 1979 年 Marchuk 和 Shaidurov 出版了专著《差分法和它的外推》; 有限元方面自 1983 年林群、吕涛等首先提出有限元外推技术后, 国内外学者继起研究, 主要成果已总结在林群和朱起定的专著 (1994) 中.

但是上述外推法的本质依赖于近似误差对单个离散参数的渐近展开. 由于维数效应缘故, Richardson 外推在解多维问题时遇到严重挑战. 举例说, 计算一个 s 重积分用 Richardson 外推欲得到 $(2m+1)$ 阶代数精度近似值, 必须计算 2^{ms} 个点的函数值, 这意味计算复杂度随维数指数增长. 对于解偏微分方程而言, 维数效应更为严酷: 对于一个 s 维问题, 即使一步 Richardson 外推加速, 除解一个有 N^s 个未知数的代数方程外, 还必须解一个有 $(2N)^s$ 个未知数的辅问题, 后者工作量较之前者工作量随维数指数增长.

为了克服维数效应, 林群、吕涛于 1983 年提出分裂外推法. 分裂外推算法在国际间颇受重视, 如 Rabinowitz(1992) 在西班牙国际数值积分会议的综述报告中介绍了分裂外推在高维数值积分的应用和发展前景; Rüde(1997) 在 SIAM Reviews 上的评论认为: 分裂外推方法是 20 世纪 80 年代由中国学者开创的, 该方法值得受维数困扰的计算工作者采用, 并从书中受益.

分裂外推的本质是基于近似解误差对独立网参数的多变量渐近展开, 即步长 $h = (h_1, \cdots, h_s)$ 是向量, 近似解 $u(h)$ 的误差具有多元渐近展开

$$u(h) = u + \sum_{1 \leqslant |\alpha| \leqslant m} a_\alpha h^{2\alpha} + O(h_0^{2m+2}), \tag{0.14}$$

其中 $\alpha = (\alpha_1, \cdots, \alpha_s)$ 是多指标, $|\alpha| = \alpha_1 + \cdots + \alpha_s, h^\alpha = h^{\alpha_1} \cdots h^{\alpha_s}, h_0 = \max_{1 \leqslant j \leqslant s} h_j.$ 这看来似乎简单的变化却大为改善了外推的效果. 首先, 分裂外推的计算复杂度和存贮复杂度几乎达到最优, 并且最适合并行处理; 例如一个 s 重积分用分裂外推取得 $(2m+1)$ 阶代数精度, 仅需计算 $\begin{pmatrix} 2s+m \\ m \end{pmatrix}$ 个点的函数值; 其次, 分裂外推与区域分解、有限元外推结合, 通个独立网参数的设置可以把大型多维问题转化为若干规模较小、相互独立的子问题, 便于在多处理机上并行计算, 其并行度还可据问题规模和并行机类型而定, 机间通讯很少; 第三, 分裂外推能提供近似解的后验估计, 并由此设计自适应算法.

与单步长类似, 分裂外推的本质与多元插值相关, 主要涉及如何加密初始网步长. 我们建议两种类型的加密方法:

类型 1　对固定的初始步长 $h = (h_1, \cdots, h_s)$, 加密取

$$\frac{h}{2^\beta} = \left(\frac{h_1}{2^{\beta_1}}, \cdots, \frac{h_s}{2^{\beta_s}} \right), \quad 0 \leqslant |\beta| \leqslant m, \tag{0.15a}$$

对应的近似解令为 $u\left(\dfrac{h}{2^\beta} \right)$.

类型 2　对固定的初始步长 $h = (h_1, \cdots, h_s)$, 加密取

$$\frac{h}{1+\beta} = \left(\frac{h_1}{1+\beta_1}, \cdots, \frac{h_s}{1+\beta_s} \right), \quad 0 \leqslant |\beta| \leqslant m, \tag{0.15b}$$

对应的近似解令为 $u\left(\dfrac{h}{1+\beta} \right)$.

显然, 按照类型 2 加密后的网点少于类型 1 加密后的网点, 但是类型 1 每次加密的网点覆盖粗网格点, 故更适合于解网格方程.

一旦确定加密方法后, 例如使用类型 1 加密, 求分裂外推值 $\tilde{u}$ 可以分两步执行:

(1) 并行地计算出近似解 $u(h/2^\beta), 0 \leqslant |\beta| \leqslant m$.

(2) 解方程组

$$u(h/2^\beta) = \tilde{u} + \sum_{1 \leqslant |\alpha| \leqslant m} a_\alpha \frac{h^{2\alpha}}{2^{2(\beta,\alpha)}}, \quad 0 \leqslant |\beta| \leqslant m, \quad (\beta, \alpha) = \sum_{i=1}^s \beta_i \alpha_i, \tag{0.16}$$

这里 $\tilde{u}, a_\alpha$ 都是未知数, 但是我们主要关心 $\tilde{u}$ 的计算.

方程 (0.16) 与多元插值相关, 事实上, 取 $(h_1^2/4^{\beta_1}, \cdots, h_s^2/4^{\beta_s}), 0 \leqslant |\beta| \leqslant m$, 为插值基点, 令

$$u^I(x) = \sum_{0 \leqslant |\alpha| \leqslant m} a_\alpha x^\alpha, \quad x = (x_1, \cdots, x_s) \tag{0.17}$$

为 Lagrange 插值多项式, 满足

$$u^I(h/2^\beta) = u(h/2^\beta), \quad 0 \leqslant |\beta| \leqslant m,$$

一旦得到 $u^I(x)$, 那么立刻有 $\tilde{u} = u^I(0)$, 无须直接解方程 (0.16). 而且方程 (0.16) 解的存在性和唯一性以及递推算法的构造便归结于插值多项式的存在性和唯一性. 容易看出, 步长越多, 子问题越小, 并行度越高, 算法复杂度越低.

如上述: 外推和分裂外推的基础皆依赖于误差的单参数或者多参数渐近展开, 即 (0.1) 或者 (0.14), Rüde 称为显式外推; 而把不依赖误差的渐近展开的外推方法称为隐式外推, 前面阐述的祖冲之外推便是隐式外推. 隐式外推一般不需要分片一致等剖分条件, 故有其灵活性. 近 30 年隐式外推法已经取得很大的成果, 如

Brandt(1984) 和 Hackbusch(1985) 把多网格法和截断误差渐近展开得到 τ 外推算法；Zenger(1991) 基于有限元多水平子空间分裂提出解多维问题稀疏网格法与稀疏网的组合技巧，使 s 维问题仅需 $O(h^{-1}|\ln h|^{s-1})$ 个点就可达到 $O(h^2|\ln h|^{s-1})$ 阶精度; Rüde(1991) 还建议能量外推. 然而, 最令人鼓舞的是 2009 年, Asadzadeh, Schatz 与 Wendland 基于有限元内估计和局部对称原理, 得到高次有限元解在内点的 Richardson 外推, 该方法不需要误差渐近展开, 仅仅从内估计不等式导出 (Asadzadeh et al., 2009).

　　本书的前身是作者 1995 年出版的英文专著 *The Splitting Extrapolation Method* (World Scientific, Singapore) 与 1998 年科学出版社出版的专著《分裂外推与组合技巧》, 但本书内容除基础部分外, 力避与前书内容雷同. 材料选择上除了吕涛及其合作者的近十年工作外, 对于隐式外推的新成果也予关注. 由于有关积分方程的外推法, 已经在专著 (吕涛等, 2013) 论述, 本书不再赘述.

　　作者衷心感谢林群院士对本书出版的指导和关注, 本书的核心思想都源于同林院士早年合作.

符 号 便 览

$\mathbb{Z}$	整数集合
$m \mid n$	n被m整除
$m \nmid n$	n不能被m整除
$\mathbb{R}$	实数集合
$\mathbb{R}^s$	s维 Euclid 空间
x	$= (x_1, \cdots, x_s)$, $\mathbb{R}^s$的点
e_j	x_j方向的单位向量
Ω	$\mathbb{R}^s$的开区域
$\partial\Omega$	Ω的边界
$\bar{\Omega}$	Ω的闭包
$\varnothing$	空集
$\Gamma_{h,l}$	网线集合, 见第 7 章
Γ_h	网点集合, 见第 7 章
Ω_h	正则网点集合, 见第 7 章
$\Omega_{h,i}$	非正则网点集合, 见第 7 章
$\partial\Omega_h$	$\partial\Omega \cap \Gamma_{h,l}$, 见第 7 章
$\mathcal{N}(x)$	x的离散邻域
h	$= (h_1, \cdots, h_s)$, 多参数网步长
h_0	$= \max\limits_{1 \leqslant i \leqslant s} h_i$
α	$= (\alpha_1, \cdots, \alpha_s)$, 多指标
$|\alpha|$	$= \alpha_1 + \cdots + \alpha_s$
$\alpha!$	$\alpha_1! \alpha_2! \cdots \alpha_s!$
h^{α}	$h_1^{\alpha_1} \cdots h_s^{\alpha_s}$
$\dfrac{h}{2^{\alpha}}$	$\left(\dfrac{h_1}{2^{\alpha_1}}, \cdots, \dfrac{h_s}{2^{\alpha_s}} \right)$
$\dfrac{h}{1+\alpha}$	$\left(\dfrac{h_1}{1+\alpha_1}, \cdots, \dfrac{h_s}{1+\alpha_s} \right)$
$f(x)$	$f(x_1, \cdots, x_s)$
$f_{\gamma}(x)$	γ阶齐次函数, 见第 3 章

D_i	$\dfrac{\partial}{\partial x_i}$ 的缩写
D^α	$D_1^{\alpha_1} \cdots D_s^{\alpha_s}$ 的缩写
$\mathrm{d}x$	$\mathrm{d}x_1 \cdots \mathrm{d}x_s$ 的缩写
$C^m(\Omega)$	Ω 上 m 阶连续可微函数集合
$C^{m+\sigma}(\Omega)$	Hölder 空间, $0 < \sigma \leqslant 1$
$L^p(\Omega)$	Ω 上 p 次方可积函数空间
$L^\infty(\Omega)$	Ω 上真性有界函数空间
$W_p^m(\Omega)$	Sobolev 空间
$C_0^\infty(\Omega)$	支集属于 Ω 的无限可微函数空间
$\mathring{W}_p^m(\Omega)$	$C_0^\infty(\Omega)$ 函数在 $W_p^m(\Omega)$ 范意义下的闭子空间
$H^m(\Omega)$	$W_2^m(\Omega)$ 的缩写
$H_0^m(\Omega)$	$\mathring{W}_2^m(\Omega)$ 的缩写
$\|\cdot\|_{m,p,\Omega}$	$W_p^m(\Omega)$ 的范数, 有时简记为 $\|\cdot\|_{m,p}$
$\|\cdot\|_{m,\Omega}$	$\|\cdot\|_{m,2,\Omega}$ 的缩写
$|\cdot|_{m,p,\Omega}$	$W_p^m(\Omega)$ 的半范
$\|\cdot\|'_{k,p,\Omega}$	积空间 $\displaystyle\prod_{i=1}^m W_p^k(\Omega_i)$ 的范数
Q_T	$= (0,T] \times \Omega$
$H^m(0,T;B)$	Q_T 上的函数空间, 见第 6 章
Δ	Laplace 算子
L	椭圆型算子
L^h	L 的离散算子
X	Banach 空间
$K : X \to Y$	映 Banach 空间 X 到 Banach 空间 Y 的算子
$\|K\|_{Y,X}$	映 Banach 空间 X 到 Banach 空间 Y 的算子空间的范数
$\mathfrak{F}^h$	关于网参数的剖分
$S^h(\Omega)$	试探函数空间
$S_0^h(\Omega)$	$= S^h(\Omega) \cap H_0^1(\Omega)$
$\bar{h}_i$	独立网参数, 见第 5、6、7 章
e	$\mathfrak{F}^h$ 的单元
$\mathbb{P}_k(e)$	e 上的 k 次函数集合
$Q_k(e)$	e 上的多 k 次函数集合
$a(\cdot,\cdot)$	能量内积

R_h	Ritz 投影
u^h	u 的有限元近似
u^I	u 的插值函数
τ	时间步长
∂_t	时间差分
I_H^h	粗网格空间到细网格空间的延拓算子, 见第 8 章
I_h^H	细网格空间到粗网格空间的插值算子, 见第 8 章
$\mathrm{TGM}(h, u, f, \nu_1, \nu_2)$	二网格算法, 见第 8 章
T_k	等级基空间, 见第 10 章
$S_{n,m}$	矩形网上的分片双线性函数空间, 见第 10 章
$S_{n,m}^0$	$= S_{n,m} \cap H_0^1(\Omega)$
$\hat{S}_{n,m}^0$	稀疏网空间, 见第 10 章
$\hat{u}^I$	u 在 $\hat{S}_{n,m}$ 上内插函数
$\hat{u}_{n,n}^c$	u 的组合近似

目 录

第1章 Richardson 外推与分裂外推的算法分析

本章阐述 Richardson 外推与分裂外推算法原理、递推算法与后验误差估计. 本章取材主要是 Joyce(1971)、邓建中 (1984) 和吕涛等的专著 (Liem et al., 1995; 吕涛等, 1998).

1.1 多项式外推法

计算数学基本主题: 对一个给定的连续问题 (积分、积分方程、微分方程、积微分方程等) 先用网格步长 h 将其离散为代数问题, 再借助计算机求出近似解. 近似解 $T(h)$ 的精度依赖于步长 h, 并且 h 越小, 网格分割越细, $T(h)$ 的精度越高, 而计算量则越大. 在许多情形下, 精确解 a_0 不仅连续依赖于 $h > 0$:

$$a_0 = \lim_{h \to 0} T(h) = T(0), \tag{1.1.1}$$

而且存在与 h 无关的常数 $a_1, a_2, \cdots; p_1, p_2, \cdots$, 使成立渐近展开式

$$T(h) = a_0 + a_1 h^{p_1} + a_2 h^{p_2} + \cdots + a_m h^{p_m} + O(h^{p_{m+1}}), \tag{1.1.2}$$

这里 $0 < p_1 < p_2 < \cdots < p_m < p_{m+1}$.

对于光滑问题, 展开式 (1.1.2) 经常是 h 的偶次幂; 对于非光滑问题 p_i 可能是分数, 甚至出现形如 $h^{p_i} \ln h$ 的对数项. 往后我们证明: 含对数项的展开式也可以借助多项式外推法消去.

具有 (1.1.2) 的展开式的外推法称为多项式外推法(文献中把具有偶次幂展开式的外推法称为 Romberg 外推法), 它是 Richardson 外推法的推广. 1910 年 Richardson 组合两个差分解: $\dfrac{4}{3} u\left(\dfrac{h}{2}\right) - \dfrac{1}{3} u(h)$ 得到 $O(h^4)$ 阶精度. Richardson 称为 h^2 外推; Romberg 在 1955 年利用 Euler-Maclaurin 求和公式导出了光滑函数积分的梯形求积公式的误差具有关于步长的偶次幂渐近展开式, Romberg 的贡献是逐步使用 Richardson-h^{2i} 外推 ,$i = 1, 2, \cdots, m$, 从而逐步消去渐近展开 $h^2, \cdots, h^{2m}$ 等项, 使得近似积分有越来越高的精度阶, 由此建立了与数值积分中 Gauss 方法相媲美的求积方法: Romberg 方法. 然而 Richardson 和 Romberg 的贡献还在于外推法应用的普通性. 事实上, 当今计算数学的问题, 几乎都可发现外推在提高精度方面奇迹般的效力.

1.1.1 插值多项式与外推

如果近似有 (1.1.2) 的渐近展开, 并且已有 $m+1$ 个近似解 $T(h_i), i = 0, \cdots, m$, $h_0 > h_1 > \cdots > h_m > 0$, 那么 m 次外推值 $T_m^{(0)}$ 由线性方程组

$$T(h_i) = T_m^{(0)} + a_1 h_i^{p_1} + \cdots + a_m h_i^{p_m}, \quad i = 0, \cdots, m \tag{1.1.3}$$

决定, 这里 $T_m^{(0)}, a_1, \cdots, a_m$ 是未知数, 我们仅对求 $T_m^{(0)}$ 有兴趣, 展开式 (1.1.2) 表明 $T_m^{(0)}$ 的精度为 $O(h_0^{p_{m+1}})$.

为了求出 $T_m^{(0)}$, 实际上并不需要解线性方程组 (1.1.3), 而是寻求插值多项式 $f(x) = \sum_{i=0}^{m} b_i x^{p_i}$, 满足插值条件

$$f(h_i) = T(h_i), \quad i = 0, \cdots, m.$$

一旦得到插值多项式, $f(0) = b_0 = T_m^{(0)}$ 就是我们需要的外推值. 外推与插值多项式的这种关系, 使我们可以应用插值多项式性质来研究外推算法.

为了简单起见, 先讨论渐近展开为偶次幂情形

$$T(h) = a_0 + a_1 h^2 + \cdots + a_m h^{2m} + O(h^{2(m+1)}). \tag{1.1.4}$$

令 $x = h^2$, 相应的插值多项式问题成为求多项式 $p_m(x) = a_0 + a_1 x + \cdots + a_m x^m$, 满足插值条件

$$p_m(x_i) = f(x_i) = T(h_i), \quad x_i = h_i^2, \quad i = 0, \cdots, m, \tag{1.1.5}$$

这个问题等价于求系数 $a_0, \cdots, a_m$ 满足线性方程

$$a_0 + a_1 x_i + \cdots + a_m x_i^m = f(x_i), \quad i = 0, \cdots, m. \tag{1.1.6}$$

由于方程 (1.1.6) 的系数行列式是 Vandermonde 行列式, 其值为 $\displaystyle\prod_{m \geqslant k > j \geqslant 0} (x_k - x_j) \neq 0$, 故插值多项式唯一存在. 熟知, 插值多项式有多种表达形式, 每一种形式各有优点和缺点.

1) Lagrange 插值公式

$$p_m(x) = \sum_{i=0}^{m} L_i(x) f(x_i) = \sum_{i=0}^{m} \prod_{\substack{j=0 \\ j \neq i}}^{m} \left(\frac{x - x_j}{x_i - x_j} \right) f(x_i), \tag{1.1.7}$$

这里 $L_i(x) = \prod_{\substack{j=0 \\ j \neq i}}^{m} \left(\frac{x - x_j}{x_i - x_j} \right)$ 称为 Lagrange 插值基函数, 有性质

$$L_i(x_j) = \delta_{ij}, \quad i, j = 0, \cdots, m \tag{1.1.8}$$

及

$$\sum_{i=0}^{m} L_i(x) \equiv 1. \tag{1.1.9}$$

Lagrange 插值多项式的优点是插值多项式直接由插值条件 (1.1.5) 表达出来, 这有利于理论分析, 但不利于实算, 因为当改变结点和次数时, 计算需从头开始.

2) Newton 插值公式

$$p_m(x) = f(x_0) + (x - x_0)f[x_0, x_1] + (x - x_0)(x - x_1)f[x_0, x_1, x_2]$$
$$+ \cdots + (x - x_0)\cdots(x - x_{m-1})f[x_0, \cdots, x_m], \tag{1.1.10}$$

这里 $f[x_0, \cdots, x_i]$ 是 Newton 差商, 可以表达为

$$f[x_0, \cdots, x_i] = \sum_{j=0}^{i} \frac{f(x_j)}{\prod\limits_{\substack{k=0 \\ k \neq j}}^{i}(x_j - x_k)}. \tag{1.1.11}$$

Newton 插值公式优点是当增加结点时, 只需增加最后一项, 而前面各项保持不变. Newton 插值公式的另一个优点是容易推广到多元插值上, 这在下面讨论分裂外推法时用到.

3) Neville 插值公式

$$p_0^{(i)}(x) = f(x_i), \quad i = 0, \cdots, m,$$
$$p_j^{(i)}(x) = \frac{(x - x_i)p_{j-1}^{(i+1)}(x) - (x - x_{j+i})p_{j-1}^{(i)}(x)}{x_{j+i} - x_i},$$
$$j = 1, \cdots, m; i = 0, \cdots, m - j. \tag{1.1.12}$$

Neville 插值方法是递推算法: 逐步由低次插值多项式构造出高次的插值多项式. 下面引理表明 Neville 递推算法正确性.

引理 1.1.1 由 (1.1.12) 构造出的 $p_j^{(i)}(x)$ 是满足插值条件 $p_j^{(i)}(x_k) = f(x_k)(k = i, \cdots, i+j)$ 的 j 阶多项式.

证明 用归纳法, 当 $j = 0$ 时, 显然 $p_0^{(i)}(x)$ 满足插值条件, 设 $j > 0, p_{j-1}^{(i+1)}(x_k)$ 和 $p_{j-1}^{(i)}(x_k)$ 满足

$$p_{j-1}^{(i+1)}(x_k) = f(x_k), \quad k = i+1, \cdots, i+j \tag{1.1.13a}$$

和

$$p_{j-1}^{(i)}(x_k) = f(x_k), \quad k = i, \cdots, i+j-1, \tag{1.1.13b}$$

那么, 由 (1.1.12) 确定的 $p_j^{(i)}(x)$, 按归纳假设 (1.1.13) 有

$$p_j^{(i)}(x_k) = \frac{(x_k - x_i)f(x_k) - (x_k - x_{j+i})f(x_k)}{x_{j+i} - x_i} = f(x_k),$$

$$k = i+1, \cdots, i+j-1,$$

$$p_j^{(i)}(x_i) = \frac{0 - (x_i - x_{j+i})f(x_i)}{x_{j+i} - x_i} = f(x_i)$$

和

$$p_j^{(i)}(x_{i+j}) = \frac{(x_{j+i} - x_i)f(x_{i+j}) - 0}{x_{j+i} - x_i} = f(x_{i+j}),$$

这就得到证明.　□

Neville 插值算法可以按表 1.1.1 的那样生成, 每增加一个新的插值点, 只增加最后一行元素的运算.

表 1.1.1　Neville 插值表

$f(x_0) = p_0^{(0)}(x)$				
$f(x_1) = p_0^{(1)}(x)$	$p_1^{(0)}(x)$			
$f(x_2) = p_0^{(2)}(x)$	$p_1^{(1)}(x)$	$p_2^{(0)}(x)$		
$f(x_3) = p_0^{(3)}(x)$	$p_1^{(2)}(x)$	$p_2^{(1)}(x)$	$p_3^{(0)}(x)$	
$f(x_4) = p_0^{(4)}(x)$	$p_1^{(3)}(x)$	$p_2^{(2)}(x)$	$p_3^{(1)}(x)$	$p_4^{(0)}(x)$
$\vdots$	$\vdots$	$\vdots$	$\vdots$	$\vdots$

利用微分中值定理可以证明插值多项式的误差为

$$p_m^{(i)}(x) - f(x) = -\frac{f^{m+1}(\xi)}{(m+1)!} \prod_{k=i}^{i+m}(x - x_k), \tag{1.1.14}$$

其中 ξ 位于 $x_i, \cdots, x_{i+m}$ 和 x 之间.

1.1.2　多项式外推算法及其推广

既然外推值等于插值多项式在 $h = 0$ 的值, 利用 Neville 插值公式 (1.1.12) 代入 $x_i = h_i^2$, 立刻得到 Romberg 外推算法:

$$\begin{cases} T_0^{(i)} = T(h_i) = p_0^{(i)}(0), \quad i = 0, \cdots, m, \\ T_j^{(i)} = P_j^{(i)}(0) = \dfrac{h_{i+j}^2 T_{j-1}^{(i)} - h_i^2 T_{j-1}^{(i+1)}}{h_{i+j}^2 - h_i^2}, \\ \qquad j = 1, \cdots, m; i = 0, \cdots, m-j. \end{cases} \tag{1.1.15}$$

应用 (1.1.14) 可以得到 Romberg 外推的误差估计, 为此注意

$$f(x) = T(h) = a_0 + a_1 x + \cdots + a_{m+1} x^{m+1} + \cdots,$$

$$f^{(m+1)}(0) = (m+1)!a_{m+1},$$

得到

$$T^{(i)} - a_0 = P_j^{(i)}(0) - T(0) \approx -a_{j+1} \prod_{k=i}^{i+j}(-h_k^2) = -(-1)^j a_{j+1}h_i^2 \cdots h_{i+j}^2.$$

类似, 若 $T(h)$ 的展开式为

$$T(h) = a_0 + a_1 h^r + a_2 h^{2r} + \cdots + a_m h^{mr} + O(h^{(m+1)r}), \quad r > 0, \tag{1.1.16}$$

则令 $x = h^r, f(x) = T(h)$, 在对应的插值多项式 $p_m^{(i)}(x)$ 中取 $x = 0$, 并令 $T_m^{(i)} = P_m^{(i)}(0)$ 为 a_0 的近似, 相应于展开式 (1.1.16) 的多项式外推法如下:

$$\begin{cases} T_0^{(i)} = T(h_i), i = 0, \cdots, m, \\ T_j^{(i)} = \dfrac{h_{i+j}^r T_{j-1}^{(i)} - h_i^r T_{j-1}^{(i+1)}}{h_{i+j}^r - h_i^r} \\ \qquad = T_{j-1}^{(i+1)} + \dfrac{T_{j-1}^{(i+1)} - T_{j-1}^{(i)}}{(h_i/h_{i+j})^r - 1} \\ \qquad j = 1, \cdots, m; i = 0, \cdots, m-j. \end{cases} \tag{1.1.17}$$

其误差为

$$T_j^{(i)} - a_0 \approx (-1)^j a_{j+1} h_i^r \cdots h_{i+j}^r. \tag{1.1.18}$$

如果 $T(h)$ 具有更一般的渐近展开式

$$T(h) = a_0 + a_1 h^{p_1} + a_2 h^{p_2} + \cdots + a_m h^{p_m} + O(h^{p_{m+1}}), \tag{1.1.19}$$

其中 $0 < p_1 < \cdots < p_m < p_{m+1}$, 利用递推式 (1.1.17) 便可以推出

$$T_1^{(i)} = T(h_{i+1}) + \frac{T(h_{i+1}) - T(h_i)}{(h_i/h_{i+1})^{p_1} - 1} \tag{1.1.20}$$

具有高阶近似, 但对一般网参数选择 $\{h_i\}$, 利用 (1.1.17) 不能作进一步外推, 常用的参数选择是

$(\mathbf{H_1})$ $\qquad\qquad\qquad\qquad h_i = h_0 b^i, \quad 0 < b < 1,$

Bulirsch-Stoer (见 Joyce, 1971) 证明 $(\mathbf{H_1})$ 下, 有类似的递推算法:

算法 1.1.1(Bulirsch-Storer) $\quad E(b, h_0; p_1, \cdots, p_m)$

Step 1. 令 $T_0^{(i)} = T(h_0 b^i), i = 0, \cdots, m; j := 1.$

Step 2. 置

$$T_j^{(i)} = \frac{T_{j-1}^{(i+1)} - b^{p_j} T_{j-1}^{(i)}}{1 - b^{p_j}} = T_{j-1}^{(i+1)} + \frac{T_{j-1}^{(i+1)} - T_{j-1}^{(i)}}{b^{-p_j} - 1},$$

$$i = 0, \cdots, m - j. \tag{1.1.21}$$

Step 3. 若 $j = m$, 输出外推值 $T_m^{(0)}$; 否则置 $j := j + 1$, 转 Step 2.

下面用归纳法证明算法 1.1.1 的合理性. 对于 $j = 0$, 由 (1.1.19) 知 $T_0^{(0)} = T_0(h_0)$ 有渐近展开

$$T_0^{(0)} = T_0(h_0) = a_0 + a_1 h_0^{p_1} + \cdots + a_m h_0^{p_m} + O(h_0^{p_{m+1}}),$$

今设 $T_{j-1}^{(0)} = T_{j-1}(h_0)$ 也有渐近展开

$$T_{j-1}^{(0)} = T_{j-1}(h_0) = a_0 + a_j^{(j)} h_0^{p_j} + a_{j+1}^{(j)} h_0^{p_{j+1}} + \cdots + a_m^{(j)} h_0^{p_m} + O(h_0^{p_{m+1}}), \tag{1.1.22}$$

这里 $a_j^{(j)}, a_{j-1}^{(j)}, \cdots$ 是与 h_0 无关的常数, 故

$$T_{j-1}^{(i)} = T_{j-1}(h_0 b^i) = a_0 + a_j^{(j)} h_0^{p_j} b^{i p_j} + \cdots + a_m^{(j)} h_0^{p_m} b^{i P_m} + O(h_0^{p_{m+1}} b^{i p_{m+1}}),$$

代入 (1.1.21) 中得

$$T_j^{(i)} = \frac{T_{j-1}^{(i+1)} - b^{p_j} T_{j-1}^{(i)}}{1 - b^{p_j}}$$

$$= a_0 + a_{j+1}^{(j)} \frac{b^{p_{j+1}} - b^{p_j}}{1 - b^{p_j}} (b^i h_0)^{p_{j+1}}$$

$$+ \cdots + a_m^{(j)} \frac{b^{p_m} - b^{p_j}}{1 - b^{p_j}} (b^i h_0)^{p_m} + O((b^i h_0)^{p_{m+1}}).$$

置

$$a_k^{(j+1)} = a_k^{(j)} (b^{p_k} - b^{p_j}) / (1 - b^{p_j}), \quad k = j + 1, \cdots, m,$$

$a_k^{(j+1)}$ 是与 h_0 和 i 无关的常数, 这就证明了算法 1.1.1 是逐步消去渐近展开项的过程, 并且

$$T_m^{(0)} - a_0 = O(h_0^{p_{m+1}}). \tag{1.1.23}$$

对于展开式中含有 h 对数项情形, 如

$$T(h) = a_0 + a_1 h^{p_1} \ln h + a_2 h^{p_1} + \cdots + a_m h^{p_m} + O(h^{p_{m+1}}), \tag{1.1.24}$$

在展开式中同时有 h^{p_1} 项和 $h^{p_1} \ln h$ 项, 为了消去这两项仅需两次调用程序 $E(b, h_0; p_1, p_1)$.

现在证明如下：因为

$$T_0^{(0)} = T_0(h_0) = a_0 + a_1 h_0^{p_1} \ln h_0 + a_2 h_0^{p_1} + \cdots,$$

$$T_0^{(1)} = T_0(bh_0) = a_0 + a_1 b^{p_1} h_0^{p_1} \ln(bh_0) + a_2 b^{p_1} h_0^{p_1} + \cdots,$$

故从 (1.1.21) 得

$$T_1^{(0)} = T_1(h_0) = a_0 + a_1 \frac{b^{p_1} \ln(bh_0) - b^{p_1} \ln h_0}{1 - b^{p_1}} h_0^{p_1} + \cdots$$

$$= a_0 + a_1^{(1)} h_0^{p_1} + O(h_0^{p_2}),$$

这里

$$a_1^{(1)} = a_1 b^{p_1} \ln b / (1 - b^{p_1})$$

是与 h_0 和 i 无关的数. 于是执行第一次 h^{p_1} 外推, 不仅消去 $a_2 h_0^{p_1}$ 项, 而且使对数项 $a_1 h_0^{p_1} \ln h_0$ 变为 $a_1^{(1)} h_0^{p_1}$, 后者只需要再一次用 h^{p_1} 外推就被消去.

对于含有 $h^{p_1} (\ln h)^2$ 的渐近展开式

$$T(h) = a_0 + a_1 h^{p_1} (\ln h)^2 + a_2 h^{p_1} \ln h + a_3 h^{p_1} + \cdots \qquad (1.1.25)$$

也可以证明: 三次调用程序 $E(b, h_0, p_1, p_1, p_1)$, 便可以消去这三项, 对于含有更高次幂的对数项的外推方法是类似的. 这种含对数项的渐近展开, 在计算奇异积分及带奇点的常微分方程边值问题、凹角域的偏微分方程中常常遇到.

无论是 Romberg 外推算法、多项式外推算法还是 Bulirsch-Stoer 外推算法, 其计算格式皆可按表 1.1.2 的顺序执行.

表 1.1.2　外推递推表

$T(h_0) = T_0^{(0)}$				
$T(h_1) = T_0^{(1)}$	$T_1^{(0)}$			
$T(h_2) = T_0^{(2)}$	$T_1^{(1)}$	$T_2^{(0)}$		
$T(h_3) = T_0^{(3)}$	$T_1^{(2)}$	$T_2^{(1)}$	$T_3^{(0)}$	
$T(h_4) = T_0^{(1)}$	$T_1^{(3)}$	$T_2^{(2)}$	$T_3^{(1)}$	$T_4^{(0)}$
$\vdots$	$\vdots$	$\vdots$	$\vdots$	$\vdots$

1.1.3　外推系数与外推算法的稳定性和收敛性

既然外推值由方程 (1.1.3) 决定, 因此必然存在常数 $\{C_{m,j}\}_{j=0}^m$ 使外推值为

$$T_m^{(0)} = \sum_{j=0}^m C_{m,j} T(h_j), \qquad (1.1.26)$$

显然, 外推系数 $\{C_{m,j}\}$ 是方程

$$\sum_{j=0}^{m} C_{m,j} = 1, \tag{1.1.27a}$$

$$\sum_{j=0}^{m} C_{m,j} h_j^{p_i} = 0, \quad i = 1, \cdots, m \tag{1.1.27b}$$

的解. 从下面 (1.1.31) 看出外推系数 $C_{m,j}$ 的符号必然是正负交错的. 它们的绝对值的和

$$M(m) = \sum_{j=0}^{m} |C_{m,j}| \tag{1.1.28}$$

是关系外推计算数值稳定的稳定因子. 事实上, 在近似值 $T(h_j)$ 的计算中, 由于舍入误差影响, 计算结果只是 $T(h_j)$ 的近似 $\tilde{T}(h_j)$, 若相应的外推值取为 $\tilde{T}_m^{(0)}$, 则按 (1.1.26) 二者误差有估计

$$\begin{aligned}
|T_m^{(0)} - \tilde{T}_m^{(0)}| &= \left| \sum_{j=0}^{m} C_{m,j}(T(h_j) - \tilde{T}(h_j)) \right| \\
&\leqslant \sum_{j=0}^{m} |C_{m,j}| |T(h_j) - \tilde{T}(h_j)| \\
&\leqslant M(m) \max_j |T(h_j) - \tilde{T}(h_j)|.
\end{aligned} \tag{1.1.29}$$

这蕴涵着 $M(m)$ 越小, 外推数值越稳定, 若 $M(m)$ 很大, 外推值可能因舍入误差的影响而达不到预期的精度, 这时便有必要使用双精度, 甚至更长的字节计算.

先考虑多项式外推算法 (1.1.17) 的稳定性.

定理 1.1.1 多项式外推算法 (1.1.17) 的外推系数有性质:

(1) $\displaystyle\sum_{j=0}^{m} C_{m,j} = 1$;

(2) $(-1)^{m-j} C_{m,j} > 0$;

(3) $M(m) = \displaystyle\sum_{j=0}^{m} |C_{m,j}|$ 随 m 的增大而增大;

(4) 为了存在与 m 无关的正数 $\hat{M}$ 使

$$M(m) \leqslant \hat{M}, \quad \forall m > 0$$

成立的一个充分条件是存在正数 ρ, 使网参数选择适合

$$h_{i+1}/h_i \leqslant \rho < 1, \quad \forall i \geqslant 0. \tag{1.1.30}$$

证明 在 Lagrange 内插公式 (1.1.7) 中, 置 $x = 0$ 得到外推值. 在恒等式 (1.1.9) 中置 $x = 0$ 便知 (1) 成立. 计算系数 $C_{m,i}$, 注意 $x_i = h_i^r$, 得到

$$C_{m,i} = L_i(0) = \prod_{\substack{j=0 \\ j \neq i}}^{m} \frac{(-h_j^r)}{(h_i^r - h_j^r)} = (-1)^{m-i} \prod_{\substack{j=0 \\ j \neq i}}^{m} \left| \frac{h_j^r}{h_i^r - h_j^r} \right|, \tag{1.1.31}$$

再利用性质: $h_0 > h_1 > \cdots > h_m$ 便证得 (2) 成立. 显然从 (1.1.31) 导出

$$Q_{m+1}(-1) = \sum_{i=0}^{m+1} |C_{m+1,i}| > |Q_m(-1)| = \sum_{i=0}^{m} |C_{m,i}|, \tag{1.1.32}$$

这里 $Q_m(x) = \sum\limits_{i=0}^{m} C_{m,i} x^i$, 因此证得 (3) 成立.

最后, 对稳定因子 $M(m)$ 给出估计, 利用 (1.1.31) 得到

$$
\begin{aligned}
\sum_{k=0}^{m} |C_{m,k}| &= \sum_{k=0}^{m} \prod_{\substack{j=0 \\ j \neq k}}^{m} \frac{h_j^r}{|h_j^r - h_k^r|} = \sum_{k=0}^{m} \prod_{\substack{j=0 \\ j \neq m-k}}^{m} \frac{h_j^r}{|h_j^r - h_{m-k}^r|} \\
&= \sum_{k=0}^{m} \prod_{j=0}^{m-k-1} \frac{1}{1 - h_{m-k}^r/h_j^r} \prod_{j=m-k+1}^{m} \frac{1}{h_{m-k}^r/h_j^r - 1} \\
&\leqslant \sum_{k=0}^{m} \prod_{j=1}^{m-k} \frac{1}{1 - \rho^{jr}} \prod_{j=1}^{k} \frac{1}{\rho^{-jr} - 1} \\
&\leqslant \prod_{j=1}^{\infty} \frac{1}{1 - \rho^{jr}} \sum_{k=0}^{\infty} \prod_{j=0}^{k} \frac{\rho^{jr}}{1 - \rho^{jr}} \\
&\leqslant \prod_{j=1}^{\infty} \frac{1}{(1 - \rho^{jr})^2} \sum_{k=0}^{\infty} \rho^{\frac{rk(k+1)}{2}} \\
&\leqslant \hat{M}.
\end{aligned} \tag{1.1.33}
$$

这就证明了 (4) 成立. □

对于 Bulirsch-Stoer 算法也有类似的定理成立.

定理 1.1.2 若网参数的选择满足条件 (H_1), 则 Bulirsch-Stoer 外推算法的系数仍具有定理 1.1.1 的同样结论.

证明 构造辅助多项式

$$Q_m(x) = \sum_{k=0}^{m} C_{m,k} x^k, \tag{1.1.34}$$

由于 $\{C_{m,k}\}$ 满足方程 (1.1.27), 于是由 (1.1.27a) 得

$$Q_m(1) = \sum_{k=0}^{m} C_{m,k} = 1, \tag{1.1.35}$$

即性质 (1) 成立. 其次, 由 (1.1.27b),

$$0 = \sum_{k=0}^{m} C_{m,k} h_k^{p_j} = \sum_{k=0}^{m} C_{m,k} (h_0 b^k)^{p_j}$$

$$= h_0^{p_j} \sum_{k=0}^{m} C_{m,k} (b^{p_j})^k = h_0^{p_j} Q_m(b^{p_j}),$$

$$j = 1, \cdots, m, \tag{1.1.36}$$

即 $b^{p_j}(j = 1, \cdots, m)$ 是多项式 (1.1.34) 的根, 利用 (1.1.35), 知

$$Q_m(x) = \prod_{j=1}^{m} \frac{x - b^{p_j}}{1 - b^{p_j}}. \tag{1.1.37}$$

展开 (1.1.37) 并比较 (1.1.34), 知系数符号有

$$(-1)^{m-j} C_{m,j} > 0, \quad j = 0, \cdots, m, \tag{1.1.38}$$

即性质 (2) 成立. 利用此性质, 得到

$$M(m) = \sum_{j=0}^{m} |C_{m,j}| = \prod_{j=1}^{m} \frac{1 + b^{p_j}}{1 - b^{p_j}}, \tag{1.1.39}$$

这蕴涵 $M(m)$ 随 m 增大而增大. 并且

$$M(m) \leqslant \prod_{j=1}^{\infty} \frac{1 + b^{p_j}}{1 - b^{p_j}} \leqslant \hat{M},$$

即证得性质 (4) 成立. 　□

　　在渐近展开式 (1.1.16) 成立下, 得到多项式外推算法的误差估计 (1.1.18); 在渐近展开 (1.1.19) 成立下也有 Bulirsch-Stoer 外推的误差估计 (1.1.23), 二者皆表明只要渐近展开成立, 外推法就会大大加快 $\{T(h_n)\}$ 的收敛速度和精度阶数. 如果渐近展开不存在, 冒险使用外推法未必能够加快 $\{T(h_i)\}$ 的收敛速度. 然而只要网参数的选择使外推系数满足定理 1.1.1 或定理 1.1.2, 则应用 Toeplitz 定理仍然可得到收敛性 (邓建中, 1984), 但外推不一定能加速收敛. 即使具有渐近展开式, 如何加密网参数以便既保证数值稳定, 又节省计算仍然值得研究. 下面列举 Romberg 算法 (1.1.15) 的常见加密法:

H_1) $h_i = 2^{-i}h_0, i = 0, 1, \cdots$;

H_2) $h_i = h_0/(1+i), i = 0, 1, \cdots$;

H_3) $h_i = \begin{cases} 2^{-\frac{i+1}{2}}h_0, & i \text{为奇数}, \\ 3^{-1}2^{-\frac{i-2}{2}}h_0, & i \text{为偶数}; \end{cases}$

H_4) $h_i = h_0/F_i, i = 0, 1, 2, \cdots$, 其中

$$F_i = \frac{1}{\sqrt{5}}\left[\left(\frac{1+\sqrt{5}}{2}\right)^{i+2} - \frac{(1-\sqrt{5})^{i+2}}{2}\right]$$

是 Fibonacci 数列: $\{1, 2, 3, 5, 8, 13, \cdots\}$.

H_1) 是在数值积分中常用的 Romberg 外推加密法, 具有很好的稳定性, 而且新增结点恰是上一次剖分的小区间的中点, 用 H_1) 加密, 则一般的 Romberg 外推(1.1.14) 简化为

$$T_0^{(i)} = T(h_0/2^i), \quad i = 0, \cdots, m,$$

$$T_j^{(i)} = T_{j-1}^{(i+1)} + (T_{j-1}^{(i+1)} - T_{j-1}^{(i)})/(4^j - 1), \quad j = 1, \cdots, m,$$

$$i = 0, \cdots, m - j. \tag{1.1.40}$$

在资料 (Joyce, 1971) 中, Bauer 等证明 H_1) 的 Romberg 外推稳定常数为

$$M_1(m) < 1.97, \quad \forall m \geqslant 0, \tag{1.1.41}$$

与之相比 H_2) 的稳定性很差: $M_2(m)$ 随 m 增加而迅速增加到无穷, 如 $M_2(12) = 5730, M_2(14) = 27670$. 但 H_2) 外推网结点数增长最缓, 对于那些计算量随网点数而猛增的问题, 如偏微分方程数值解, H_2) 剖分仍很有效, 由于这些问题外推次数 m 通常很小, 用双精度防止舍入误差的影响很奏效. H_3) 是 Gragg 和 Bulirsch-Stoer (Joyce, 1971) 建议的一种折衷方法, 既具有稳定性又使结点增长不至于过快, 其缺点是计算格式不统一. H_4) 是秦曾复 (吕涛等, 1998) 建议的, 因 Fibonacci 数具有渐近性质

$$F_{n+1}/F_n \to 1.618, \quad \text{当} n \to \infty, \tag{1.1.42}$$

故结点数远比 H_1) 增长慢, 而稳定常数

$$M_4(m) \leqslant 3.59, \quad \forall m \geqslant 0 \tag{1.1.43}$$

依然很小.

1.1.4　后验误差估计

误差估计分先验估计和后验估计两种. 先验估计是指由问题原始数据与信息获得近似解精度阶, 如数值积分中根据被积函数光滑性、奇异性及采用的求积方法以判断近似的误差阶; 在代数方程求根问题中, 根据函数 $f(x)$ 在区间 (a, b) 符号的变化以判断根的位置; 在有限元近似中, 根据微分方程系数的光滑性, 区域边界的光滑性, 微分算子的其他性质 (正定性、能量不等式) 及试探函数空间的选择以确定有限元近似的误差阶. 先验估计虽然重要, 但不能得到近似值的精确的误差范围, 因为先验估计常依赖于某个未知的常数; 后验估计是指利用计算过程的结果作估计, 估计值不仅准确, 而且后验估计可以在计算的各个阶段及时地对近似值作估计, 以判断结果是否达到精度? 是否需要再加密计算? 所以后验估计又是自适应软件编制中必不可少的一环, 在现代的计算方法中占有重要位置.

在中国古代, 公元 3 世纪的大数学家刘徽已发现求圆周率的刘徽不等式便是后验估计.

在古代的西方, 公元前 3 世纪的阿基米德 (Archimedes) 计算圆内接与外切多边形的周长也得到双边不等式, 阿基米德算法不如刘徽的简单, 需要计算外切多边形周长. 而刘徽算法只需要计算内接多边形面积就可得到 π 的上、下界, 但两位古代数学家思想有共同之处: 利用双边不等式控制计算精度.

阿基米德方法在近代又有许多发展, 以 $T(h)$ 表示单位圆内接正 $n\left(h = \dfrac{1}{n}\right)$ 边形的周长, 于是

$$T(h) = \frac{1}{h}\sin(\pi h) = \pi - \frac{\pi^3}{3!}h^2 + \frac{\pi^5}{5!}h^4 - \cdots + (-1)^j \frac{\pi^{2j+1}}{(2j+1)!}h^{2j} + \cdots, \quad (1.1.44)$$

这表明 $T(h)$ 有偶次幂的渐近展开式; 同样, 用 $U(h)$ 表示单位圆的外切正 n 边形半周长, 于是

$$U(h) = \frac{1}{h}\tan(h\pi) = \pi + \frac{\pi^3}{3}h^2 + \frac{2\pi^5}{15}h^4 + \frac{17\pi^7}{315}h^6 + \cdots. \quad (1.1.45)$$

17 世纪 Huygens 推广了阿基米德不等式

$$T(h) < \pi < U(h) \quad (1.1.46)$$

为

$$T(h) = (4T(h) + T(2h))/3 < \pi$$
$$< V(h) = (2U(h) + T(2h))/3, \quad (1.1.47)$$

其左端恰是一次 h^2 外推. 这些工作启发我们构造多项式外推的后验估计.

由 (1.1.18) 多项式外推的误差, 为

$$T_j^{(i)} - a_0 = (-1)^j h_i^r h_{i+1}^r \cdots h_{i+j}^r \{a_{j+1} + O(h_i^r)\}, \tag{1.1.48}$$

这蕴涵对固定的 j, 当 i 增加时, $\{T_j^{(i)}\}$ 单调地趋于 $a_0 = T(0)$. 若我们能够构造出一个从 $\{T_j^{(i)}\}$ 相反一侧方向收敛于 $T(0)$ 的序列 $\{U_j^{(i)}\}$, 则得到 $T(0)$ 的双边近似, 为此构造序列

$$U_j^{(i)} = (1+\alpha)T_j^{(i+1)} - \alpha T_j^{(i)}, \tag{1.1.49}$$

其中 α 为待定常数, 我们希望选择 α 使 $U_j^{(i)} - T(0)$ 与 $T_j^{(i)} - T(0)$ 有相反的符号, 把 (1.1.48) 代入 (1.1.49) 得

$$U_j^{(i)} - T(0) = (-1)^j h_i^r \cdots h_{i+j}^r \left\{ a_{j+1} \left[(1+\alpha)\frac{h_{i+j+1}^r}{h_i^r} - \alpha \right] + O(h_i^r) \right\}, \tag{1.1.50}$$

这意味只要选择 α 满足

$$(1+\alpha)\frac{h_{i+j+1}^r}{h_i^r} - \alpha = -1$$

或

$$\alpha = 1 + \frac{2}{(h_i/h_{i+j+1})^r - 1}, \tag{1.1.51}$$

则 $\{U_j^{(i)}\}$ 和 $\{T_j^{(i)}\}$ 就从双边逼近 $T(0)$, 故其平均值有后验估计

$$\left| \frac{1}{2}(T_j^{(i)} + U_j^{(i)}) - T(0) \right| \leqslant \frac{1}{2}|T_j^{(i)} - U_j^{(i)}|. \tag{1.1.52}$$

但由 (1.1.49), (1.1.51) 及 (1.1.17), 可知

$$\frac{1}{2}(T_j^{(i)} + U_j^{(i)}) = T_j^{(i+1)} + \frac{T_j^{(i+1)} - T_j^{(i)}}{(h_i/h_{i+j+1})^r - 1} = T_{j+1}^{(i+1)} \tag{1.1.53}$$

及

$$\begin{aligned}
\frac{1}{2}(T_j^{(i)} - U_j^{(i)}) &= \frac{h_i^r}{h_{i+j+1}^r - h_i^r}(T_j^{(i+1)} - T_j^{(i)}) \\
&= \frac{T_j^{(i+1)} - T_j^{(i)}}{(h_{i+j+1}/h_i)^r - 1} = T_j^{(i)} - T_{j+1}^{(i+1)},
\end{aligned} \tag{1.1.54}$$

代入 (1.1.52), 得到外推值的后验估计

$$|T_{j+1}^{(i)} - T(0)| \leqslant \frac{T_j^{(i+1)} - T_j^i}{1 - (h_{i+j+1}/h_i)^r} \leqslant |T_{j+1}^{(i)} - T_j^{(i)}|, \tag{1.1.55}$$

类似刘徽不等式, 构造

$$U_j^{(i)} = 2T_j^{(i+1)} - T_j^{(i)} \tag{1.1.56}$$

作为 $T(0)$ 的另一侧逼近, 这相当于在 (1.1.49) 中取 $\alpha = 1$, 将其代到 (1.1.50) 中得到

$$U_j^{(i)} - T(0) = (-1)^j h_i^r \cdots h_{i+j}^r \left\{ a_{j+1}\left(\frac{2h_{i+j+1}^r}{h_i^r} - 1 \right) + O(h_i^r) \right\}.$$

可见, 若网参数满足

$$2(h_{i+j+1}/h_i)^r - 1 < 0, \tag{1.1.57}$$

则 $T_j^{(i)}, U_j^{(i)}$ 成为 $T(0)$ 的两侧近似, 故 (1.1.52) 的估计依然成立. 但此情形下, 由于

$$\frac{1}{2}(T_j^{(i)} + U_j^{(i)}) = T_{j+1}^{(i+1)}, \quad \frac{1}{2}(U_j^{(i)} - T_j^{(i)}) = T_{j+1}^{(i+1)} - T_j^{(i)},$$

故从 (1.1.52) 得到后验估计

$$|T_{j+1}^{(i+1)} - T(0)| \leqslant |T_{j+1}^{(i+1)} - T_j^{(i)}|. \tag{1.1.58}$$

然而, 这一估计较为保守, 若用渐近展开 (1.1.48) 及

$$T_j^{(i+1)} - T_j^{(i)} = (-1)^j h_{i+1}^r \cdots h_{i+j+1}^r \{ a_{j+1}(1 - h_i^r/h_{i+j+1}^r) + O(h_i^r) \}, \tag{1.1.59}$$

便可以改善 (1.1.58) 为

$$|T_j^{(i+1)} - T(0)| \approx \frac{|T_j^{(i+1)} - T_j^{(i)}|}{(h_i/h_{i+j+1})^r - 1} = |T_{j+1}^{(i)} - T_j^{(i+1)}|. \tag{1.1.60}$$

后验估计 (1.1.55), (1.1.58) 与 (1.1.60) 表明欲知外推递推表 1.1.2 中任一元素的误差, 可用前一对角元, 或同列 (同行) 上的元素之差来作估计, 即在执行外推程序时, 当发现同行或同列相邻元之差已达到精度时就可以停机. 当然, 这里还有一个问题: 以上分析皆建立在对固定而又充分大的 j, i 有 $\{T_j^{(i)}\}$ 单调收敛于 $T(0)$ 的前提上. 问题归结于怎样判定 i 已经充分大, 乃至可以保证 $\{T_j^{(i)}\}$ 的单调性, 这蕴涵 (1.1.48) 的 $O(h_i^r)$ 可以忽略不计. 诚然, 最可靠的是判断

$$\frac{T_j^{(i+1)} - T(0)}{T_j^{(i)} - T(0)} \approx 1 \tag{1.1.61}$$

成立否? 若成立就可以视 $\{T_m^{(i)}\}$ 已有单调收敛性. 但直接应用 (1.1.61) 是不现实的, 因为 $T(0)$ 是未知值. 然而, 利用近似关系 (1.1.61), 仍可以导出一种判断方法, 为此考虑

$$D_j^{(i)} \equiv \left(\frac{h_i}{h_{i+j+1}} \right)^r \frac{T_{j+1}^{(i)} - T_j^{(i+1)}}{T_{j+1}^{(i-1)} - T_j^{(i)}}$$

$$= \left(\frac{h_i}{h_{i+j}}\right)^r \frac{h_{i+1}^r - h_{i-1}^r}{h_{i+j+1}^r - h_i^r} \cdot \frac{T_j^{(i+1)} - T_j^{(i)}}{T_j^{(i)} - T_j^{(i-1)}}$$

$$= \left(\frac{h_i}{h_{i+j}}\right)^r \frac{h_{i+j}^r - h_{i-1}^r}{h_{i+j+1}^r - h_i^r}$$

$$\cdot \frac{(-1)^j h_{i+1}^r \cdots h_{i+j}^r \{a_{j+1}(h_{i+j-1}^r - h_i^r) + O(h_i^r)\}}{(-1)^j h_i^r \cdots h_{i+j-1}^r \{a_{j+1}(h_{i+j}^r - h_{i-1}^r) + O(h_{i-1}^r)\}} \approx 1. \quad (1.1.62)$$

由于 $D_j^{(i)}$ 能够在计算过程中算出, 故用 $D_j^{(i)}$ 可以判断 $\{T_j^{(i)}\}$ 是否已经单调收敛, 只要 $D_j^{(i)} \approx 1$ 就认为 i 已充分大了.

上面关于多项式后验估计式皆可以适用于 Bulirsch-Stoer 外推, 仅需把 (1.1.51), (1.1.55), (1.1.61) 与 (1.1.62) 修改为

$$\alpha = 1 + \frac{2}{b^{-p_{j+1}} - 1}, \quad 2b^{p_{j+1}} < 1, \quad (1.1.51)'$$

$$|T_{j+1}^{(i)} - T(0)| \leqslant \frac{1}{1 - b^{p_{j+1}}} |T_j^{(i+1)} - T_j^{(i)}|, \quad (1.1.55)'$$

$$|T_j^{(i+1)} - T(0)| \approx \frac{|T_j^{(i+1)} - T_j^{(i)}|}{b^{-p_{j+1}} - 1} = |T_{j+1}^{(i)} - T_j^{(i+1)}|, \quad (1.1.61)'$$

$$D_m^{(i)} = \frac{T_j^{(i+1)} - T_j^{(i)}}{T_j^{(i)} - T_j^{(i-1)}} b^{-p_{j+1}} \approx 1. \quad (1.1.62)'$$

(1.1.62)′ 启示: 当 $T(h)$ 的渐近展开式 $p_1, p_2, \cdots$ 难以确定时, 对于充分大的 i, 据此可以得到

$$b^{p_{j+1}} \approx \frac{T_j^{(i+1)} - T_j^{(i)}}{T_j^{(i)} - T_j^{(i-1)}},$$

从而确定渐近展开的幂指数.

1.2 分裂外推法

经典的外推法, 如 Richardson 外推, 本质上依赖于单参数步长的加密, 但是以单参数步长为基础的多项式外推在高维问题的应用中遇到麻烦. 众所周知, 当今大型科学问题和工程问题, 如油气藏勘探与开发、大型水利设施建筑、天气预报、航天器的设计、环境污染、反应堆计算等无不归结于多维问题: 如多维数值积分和积分方程, 线性或非线性的偏微分方程组等. 问题的规模随维数的指数而增长. 例如解一个 s 维的二阶线性椭圆型方程. 为了取得 $O(h^2)$ 阶精度, 用普通的有限元法或有限差分法皆归结于解具有 $O(h^{-s})$ 个未知数的线性方程组. 对于与时间相关的问

题, 意味每一个时间步就要解一次如此大型的线性方程组. 显然, 如此庞大的计算量即使在巨型计算机上计算, 也难于奏效. 正因为如此, 数值分析学家把多维问题的维数效应称为维数烦恼. 克服维数烦恼是当今大型科学计算的难题, 本节研究的分裂外推法就是克服维数效应的有效方法.

分裂外推原理是建立在近似误差的多参数渐近展开的基础上, 这些参数彼此相互独立, 例如一个 s 维问题的数值解, 离散网格各方向的步长相互独立, 近似解的误差通常有关于这些步长的多变量渐近展开. 执行分裂外推可以通过若干单向加密以代替经典 Richardson 外推的整体加密, 以取得高阶近似. 分裂外推特别适宜解大型多维问题, 因为它有以下特点: ① 为了取得同样阶的精度, 分裂外推工作量仅随维数的多项式增长, 而 Richardson 外推则随维数指数增长; ② 分裂外推算法是高度并行的算法, 而且维数越高, 并行度也越高. 实际上分裂外推主要工作是解若干个互不相关的粗网格问题, 然后组合各粗网格上近似解得到整体细网格上的高精度近似解. 所以分裂外推与区域分解算法相结合, 特别适合在多处理并行机上计算, 几乎不需要机间通讯; ③分裂外推有自适应功能, 可以通过后验估计构造自适应算法.

分裂外推的思想是林群和吕涛 1983 年首先提出的 (Lin et al., 1983a), 其后 Neittaanmäki 和 Lin(1987) 给出了用有限差分法解偏微分方程的算例; 石济民、林振宝给出用双线性有限元解偏微分方程的算例; 吕涛、石济民、林振宝提示了分裂外推的递推算法及两种类型的分裂外推加密方法, 这些方法不仅能以递推形式实现多次外推计算, 而且计算代价几乎达到最优 (Lü et al., 1990); Rüde(1991) 给出分裂外推数值试验并提供了二维一型分裂外推的组合系数; 石济民、林振宝、吕涛利用递推算法给出一型、二型多维多次分裂的组合系数. 实算表明分裂外推无论是计算多维数值积分, 还是解偏微分方程都有效, 而且维数越高, 分裂外推的效果越显著.

本节阐述分裂外推的算法与稳定性和收敛性分析.

1.2.1　多变量渐近展开

考虑一个 s 维问题, 其数值解 $u(h) = u(h_1, \cdots, h_s)$ 的精度取决于步长 $h = (h_1, \cdots, h_s)$, 其中 h_i 是第 i 个独立的步长. 往后将证明许多多维问题的近似解 $u(h)$ 和精确解 u 之间成立关于 $h_1, \cdots, h_s$ 的多变量渐近展开式

$$u(h) = u + \sum_{1 \leqslant |\alpha| \leqslant m} c_\alpha h^{2\alpha} + O(h_0^{2m+2}), \tag{1.2.1}$$

这里 c_α 是未知系数, α 是向量指标, 并且定义

$$\alpha = (\alpha_1, \cdots, \alpha_s), \quad |\alpha| = \alpha_1 + \cdots + \alpha_s$$

$$h^\alpha = h_s^{\alpha_1} \cdots h_s^{\alpha_s}, \quad h^{2\alpha} = h_1^{2\alpha_1} \cdots h_s^{2\alpha_s}, \quad h_0 = \max_{1 \leqslant i \leqslant s} h_i.$$

如果 $h_1 = \cdots = h_s$, (2.1.1) 便成为通常的单参数的多项式渐近展开, (1.2.1) 与单参数外推的区别在于各个步长之间是相互独立的, 故可以用各自独立的加密代替 Richardson 外推的整体加密, 并达到 Richardson 外推同阶精度, 而计算量、存贮量大为节省, 并行度大为提高.

我们建议如下两种分裂外推加密法, 它们分别是单参数网格加密法 H_1) 和 H_2) 的多参数网格模拟.

类型 1　给定初始步长 h, 逐步加密步长, 即取 $h/2^\beta = (h_1/2^{\beta_1}, \cdots, h_s/2^{\beta_s}), 0 \leqslant |\beta| \leqslant m$, 对应于步长 $h/2^\beta$ 的网格近似解记为 $u(h/2^\beta)$.

类型 2　给定初始步长 h, 逐步加密步长, 即取 $h/(1+\beta) = (h_1/(1+\beta_1), \cdots, h_s/(1+\beta_s)), 0 \leqslant |\beta| \leqslant m$, 对应于以 $h/(1+\beta)$ 的网格的近似解记为 $u(h/(1+\beta))$.

采用类型 1 的加密方法, 以 $h/2^\beta$ 代替 (1.2.1) 的 h, 并弃去高阶项 $O(h_0^{2m+2})$, 得

$$u(h/2^\beta) = \bar{u} + \sum_{1 \leqslant |\alpha| \leqslant m} c_\alpha h^{2\alpha}/2^{2(\alpha,\beta)}, \quad 0 \leqslant |\beta| \leqslant m, \tag{1.2.2}$$

这里 $(\beta, \alpha) = \sum\limits_{i=1}^{s} \beta_i \alpha_i$. 对于类型 2, 类似地有

$$u(h/(1+\beta)) = \bar{u} + \sum_{1 \leqslant |\alpha| \leqslant m} c_\alpha h^{2\alpha}/(1+\beta)^{2\alpha}, \quad 0 \leqslant |\beta| \leqslant m, \tag{1.2.3}$$

这里

$$h^{2\alpha}/(1+\beta)^{2\alpha} = (h_1^{2\alpha_1}/(1+\beta_1)^{2\alpha_1}, \cdots, h_s^{2\alpha_s}/(1+\beta_s)^{2\alpha_s}).$$

所谓分裂外推法, 就是先用类型 1 或类型 2 的网加密法并求出对应的近似 $u(h/2^\beta)$ 或 $u(h/(1+\beta)), 0 \leqslant |\beta| \leqslant m$, 然后再解方程 (1.2.2) 或 (1.2.3) 求出外推近似 $\bar{u}, \bar{u}$ 的误差为 $O(h_0^{2m+2})$. 由于近似解 $u(h/2^\beta)$ 或 $u(h/(1+\beta))$ 的计算可以并行求出, 故分裂外推特别适合在并行机上计算. 其独立解的个数和外推系数之间有一一对应关系. 为此, 比较二维多变量展开项按以下三角表排列

$$
\begin{array}{ccccc}
1 & h_x^2 & h_x^4 & h_x^6 & h_x^8 & \cdots\cdots \\
h_y^2 & h_x^2 h_y^2 & h_x^4 h_y^2 & h_x^6 h_y^2 & \cdots\cdots \\
h_y^4 & h_x^2 h_y^4 & h_x^4 h_y^4 & \cdots\cdots \\
h_y^6 & h_x^2 h_y^6 & \cdots\cdots \\
h_y^8 & \cdots\cdots
\end{array}
$$

与对应的近似解按以下三角表排列

$$u(h_x, h_y) \quad u\left(\frac{h_x}{2}, h_y\right) \quad u\left(\frac{h_x}{4}, h_y\right) \quad u\left(\frac{h_x}{8}, h_y\right) \quad \cdots\cdots$$

$$u\left(h_x, \frac{h_y}{2}\right) \quad u\left(\frac{h_x}{2}, \frac{h_y}{2}\right) \quad u\left(\frac{h_x}{4}, \frac{h_y}{2}\right) \quad \cdots\cdots$$

$$u\left(h_x, \frac{h_y}{4}\right) \quad u\left(\frac{h_x}{2}, \frac{h_y}{4}\right) \quad \cdots\cdots$$

$$u\left(h_x, \frac{h_x}{8}\right) \quad \cdots\cdots$$

即得对应关系.

1.2.2　分裂外推的递推算法

直接解线性方程 (1.2.2) 或 (1.2.3) 以求类型 1 或类型 2 的分裂外推值 $\bar{u}$, 是既复杂又不方便的. 利用分裂外推与多变量 Lagrange 内插之间的联系可以构造分裂外推的递推算法.

令 $u^I(x)$ 是函数 $u(x)$ 的内插多项式, 内插基点对于类型 1 取为

$$h^2/4^\beta = (h_1^2/4^{\beta_1}, \cdots, h_s^2/4^{\beta_s}), \quad 0 \leqslant |\beta| \leqslant m; \tag{1.2.4a}$$

对于类型 2 取为

$$h^2/(1+\beta)^2 = (h_1^2/(1+\beta_1)^2, \cdots, h_s^2/(1+\beta_s)^2), \quad 0 \leqslant |\beta| \leqslant m. \tag{1.2.4b}$$

置

$$u^I(x) = \sum_{0 \leqslant |\alpha| \leqslant m} c_\alpha x^\alpha, \quad x = (x_1, \cdots, x_s), \tag{1.2.5}$$

则对于类型 1, (1.2.2) 等价于插值条件

$$u^I(h^2/4^\beta) = u(h/2^\beta), \quad 0 \leqslant |\beta| \leqslant m; \tag{1.2.6}$$

对于类型 2, (1.2.3) 等价于插值条件

$$u^I(h^2/(1+\beta)^2) = u(h/(1+\beta)), \quad 0 \leqslant |\beta| \leqslant m. \tag{1.2.7}$$

由于在插值条件 (1.2.4) 下, Lagrange 内插多项式 (1.2.5) 是唯一存在的. 这蕴涵方程 (1.2.2) 和 (1.2.3) 有唯一解, 且一旦插值多项式 $u^I(x)$ 构造出, 即有

$$\bar{u} = u^I(0). \tag{1.2.8}$$

形如 (1.2.6) 和 (1.2.7) 的插值条件, 用多元 Newton 插值公式最方便, 它是一元 Newton 插值公式 (1.1.10) 的推广.

为此, 引入多元 Newton 差商

$$u_\nu = u_{\nu_1, \cdots, \nu_s} = u[x_1^{(0)}, \cdots, x_1^{(\nu_1)}; \cdots; x_s^{(0)}, \cdots, x_s^{(\nu_s)}],$$

其中 $x_j^{(0)} > x_j^{(1)} > \cdots > x_j^{(\nu_j)}$, $1 \leqslant j \leqslant s$, 且

$$(x_1^{(\nu_1)}, \cdots, x_s^{(\nu_s)}), \quad 0 \leqslant |\nu| \leqslant m$$

是插值基点, 又令

$$X_{\nu_i}^{(i)} = X_{\nu_i}^{(i)}(x_i) = (x_i - x_i^{(0)}) \cdots (x_i - x_i^{(\nu_i - 1)}), \quad 1 \leqslant i \leqslant s,$$

$$X_\nu = X_\nu(x) = X_{\nu_1}^{(1)} \cdots X_{\nu_s}^{(s)}. \tag{1.2.9}$$

利用一元 Newton 插值公式 (1.1.10) 及归纳法, 易证明成立多元 Newton 内插公式

$$u^I(x) = \sum_{0 \leqslant |\nu| \leqslant m} X_\nu u_\nu. \tag{1.2.10}$$

故分裂外推值

$$\bar{u} = u^I(0) = \sum_{0 \leqslant |\nu| \leqslant m} X_\nu(0) u_\nu = \sum_{0 \leqslant |\nu| \leqslant m} (-1)^{|\nu|} \prod_{i=1}^{s} \prod_{j=0}^{\nu_i - 1} x_i^{(j)} u_\nu. \tag{1.2.11}$$

再利用多元内插函数的误差估计, 得到插值误差估计

$$e(x) = u(x) - u^I(x) = \sum_{|\nu| = m+1} X_\nu(x) D^\nu u(\xi_\nu) / \nu!, \tag{1.2.12}$$

其中

$$D^\nu = D_1^{\nu_1} \cdots D_s^{\nu_s}, \quad D_i = \frac{\partial}{\partial x_i}, \quad 1 \leqslant i \leqslant s,$$

$$\nu! = \nu_1! \cdots \nu_s!, \quad \xi_\nu = (\xi_{\nu_1}, \cdots, \xi_{\nu_s}),$$

$$\xi_{\nu_i} \in [0, h_i], \quad 1 \leqslant i \leqslant s.$$

使用 Newton 内插公式 (1.2.10) 容易导出一个递推算法. 为此令 $P_m(x) = P_m(x_1, \cdots, x_s)$ 是以 $Z_\beta = (x_1^{(\beta_1)}, \cdots, x_s^{(\beta_s)})$, $0 \leqslant |\beta| \leqslant m$, 为插值基点的 m 阶内插多项式, 由 (1.2.10) 容易导出

$$P_m(x) - P_{m-1}(x) = \sum_{|\nu| = m} d_\nu X_\nu(x), \tag{1.2.13}$$

这里 d_ν 是待定系数, 为了求出 d_ν, 我们注意插值条件蕴涵

$$P_m(Z_\beta) - P_{m-1}(Z_\beta) = 0, \quad 0 \leqslant |\beta| \leqslant m - 1 \tag{1.2.14}$$

及

$$X_\nu(Z_\beta) = 0, \quad |\beta| = |\nu| = m, \quad \beta \neq \nu. \tag{1.2.15}$$

事实上, 若 $|\beta| = |\nu| = m$, 但 $\beta \neq \nu$, 则总可找到 $\beta_i < \nu_i, 1 \leqslant i \leqslant s$, 按 (1.2.9) 的定义有 $X_{\nu_i}^{(i)}(x_i^{(\beta_i)}) = 0$, 故知 (1.2.15) 成立. 现在在恒等式 (1.2.13) 中令 $x = Z_\nu, |\nu| = m$, 从 (1.2.15) 得

$$P_m(Z_\nu) - P_{m-1}(Z_\nu) = d_\nu X_\nu(Z_\nu), \quad |\nu| = m$$

或

$$d_\nu = (P_m(Z_\nu) - P_{m-1}(Z_\nu))/X_\nu(Z_\nu), \quad |\nu| = m. \tag{1.2.16}$$

代到 (1.2.13) 后导出

$$P_m(x) = P_{m-1}(x) + \sum_{|\nu|=m} (P_m(Z_\nu) - P_{m-1}(Z_\nu))X_\nu(x)/X_\nu(Z_\nu), \tag{1.2.17}$$

由此得到类型 1 和类型 2 的分裂外推值 $P_m(0)$ 的递推算法:

算法 1.2.1(分裂外推递推算法) $\mathrm{SPE}(s, m, h, \mathrm{Type}, \bar{u}_m)$

Begin $\qquad P_0(x) = u(h)$

   For $i = 1$ to m

   If $\mathrm{Type} = 1$ **then**

$$x_k^{(j)} = h_k^2/4^j, \quad 0 \leqslant j \leqslant \nu_k, 0 \leqslant |\nu| \leqslant i, 1 \leqslant k \leqslant s$$

并行计算 $u\left(\dfrac{h}{2^\nu}\right), |\nu| = i.$

再置

$$P_i(x) = P_{i-1}(x) + \sum_{|\nu|=i} \left(u\left(\frac{h}{2^\nu}\right) - P_{i-1}\left(\frac{h^2}{4^\nu}\right) \right) X_\nu(x)/X_\nu\left(\frac{h^2}{4^\nu}\right)$$

   else

$$x_k^{(j)} = h_k^2/(1+j)^2, \quad 0 \leqslant j \leqslant \nu_k, \quad 0 \leqslant |\nu| \leqslant i, \quad 1 \leqslant k \leqslant s$$

并行计算 $u\left(\dfrac{h}{1+\nu}\right), |\nu| = i.$

再置

$$P_i(x) = P_{i-1}(x) + \sum_{|\nu|=i} \left(u\left(\frac{h}{1+\nu}\right) - P_{i-1}\left(\frac{h^2}{(1+\nu)^2}\right) \right) X_\nu(x)/X_\nu\left(\frac{h^2}{(1+\nu)^2}\right)$$

$$\bar{u}_i(0) = P_i(0)$$

end If

end for

$$\bar{u}_m = P_m(0)$$

end

注 1.2.1 与单参数多项式外推情形类似, 类型 1 的数值稳定性优于类型 2, 但是类型 2 比类型 1 更节省计算量和存贮量. 如果问题是求偏微分方程数值解, 通常分裂外推次数 $m \leqslant 5$, 用类型 2 算法可以大为节省费用.

注 1.2.2 假定近似解有如下更为一般的渐近展开式

$$u(h) = u + \sum_{1 \leqslant |\alpha| \leqslant m} c_\alpha h^{r\alpha} + O(h_0^{r(m+1)}), \tag{1.2.18}$$

其中 r 是正实数, $h^{r\alpha} = h_1^{r\alpha_1} \cdots h_s^{r\alpha_s}$. 此情形仍可用类型 1, 类型 2 方法进行网加密, 并用算法 1.2.1 计算分裂外推值, 但插值基点取为

$$x_k^{(j)} = \begin{cases} (h_k/2^j)^r, & \text{Type} = 1, \\ (h_k/(1+j))^r, & \text{Type} = 2, \end{cases}$$

$$0 \leqslant j \leqslant \nu_k, \quad 0 \leqslant |\nu| \leqslant m, \quad 1 \leqslant k \leqslant s.$$

1.2.3 分裂外推的组合系数计算

也可用消去法解方程 (1.2.2), 如果预先求出外推系数 $\alpha_\beta, 0 \leqslant |\beta| \leqslant m$, 满足方程

$$\begin{cases} \displaystyle\sum_{0 \leqslant |\beta| \leqslant m} \alpha_\beta = 1, \\ \displaystyle\sum_{0 \leqslant |\beta| \leqslant m} \alpha_\beta / 4^{(\beta,\alpha)} = 0, \quad 1 \leqslant |\alpha| \leqslant m, \end{cases} \tag{1.2.19}$$

这里 $(\beta, \alpha) = \displaystyle\sum_{i=1}^s \beta_i \alpha_i$. 一旦 $\alpha_\beta, 0 \leqslant |\beta| \leqslant m$, 被求出, 以 α_β 乘 (1.2.2) 两端并对 β 求和, 立即得到类型 1 分裂外推值为

$$\bar{u}_m = \sum_{0 \leqslant |\beta| \leqslant m} a_\beta u\left(\frac{h}{2^\beta}\right). \tag{1.2.20}$$

同样由 (1.2.3) 得到类型 2 的外推组合系数 α_β 满足方程

$$\begin{cases} \displaystyle\sum_{0 \leqslant |\beta| \leqslant 1} \alpha_\beta = 1, \\ \displaystyle\sum_{0 \leqslant |\beta| \leqslant m} \frac{\alpha_\beta}{(1+\beta)^{2\alpha}} = 0, \quad 1 \leqslant |\alpha| \leqslant m, \end{cases} \tag{1.2.21}$$

一旦被解出, 便得到类型 2 分裂外推值为

$$\bar{u}_m = \sum_{0 \leqslant |\beta| \leqslant m} a_\beta u \left(\frac{h}{1+\beta} \right). \tag{1.2.22}$$

但是直接解方程 (1.2.19) 和 (1.2.21) 比较难, 若应用递推算法 1.2.1 推算则较为容易. 例如对于类型 1, 在算法 1.2.1 中对固定 $\beta, 0 \leqslant |\beta| \leqslant m$, 置 Type = 1,

$$h_i = 1, \quad 1 \leqslant i \leqslant s$$

和对于任意 $|\nu| \leqslant m$, 置

$$u \left(\frac{h}{2^\nu} \right) = \left\{ \begin{array}{ll} 0, & \beta \neq \nu, \\ 1, & \beta = \nu, \end{array} \right.$$

便求出

$$a_\beta = \bar{u}_m, \quad 0 \leqslant |\beta| \leqslant m.$$

同理, 对于类型 2 在算法 1.2.1 中, 对固定 $\beta, 0 \leqslant |\beta| \leqslant m$, 置 Type = 2,

$$h_i = 1, \quad 1 \leqslant i \leqslant s,$$

和对于任意 $|\nu| \leqslant m$, 置

$$u \left(\frac{h}{1+\nu} \right) = \left\{ \begin{array}{ll} 0, & \beta \neq \nu, \\ 1, & \beta = \nu, \end{array} \right.$$

求出类型 2 的外推系数

$$\alpha_\beta = \bar{u}_m, \quad 0 \leqslant |\beta| \leqslant m.$$

在文献 (吕涛等, 1998) 的附录一中, 已经列出不同维数和不同分裂次数的分裂外推系数表, 可供外推计算中应用.

1.2.4   分裂外推算法的稳定性分析

同 1.1 节的理论一样, 分裂外推系数绝对值之和 (称为稳定因子)

$$M_j(s, m) = \sum_{0 \leqslant |\beta| \leqslant m} |\alpha_\beta|, \quad j = \text{Type} \tag{1.2.23}$$

是关系分裂外推的数值稳定的重要量. 事实上, 由于舍入误差的影响求出的 $\tilde{u} \left(\dfrac{h}{2^\beta} \right)$ 仅是 $u \left(\dfrac{h}{2^\beta} \right)$ 的近似, 由此得到的近似外推值 $\tilde{\bar{u}}_m$ 和外推值 $\bar{u}_m$ 的差, 为

$$|\tilde{\bar{u}}_m - \bar{u}_m| = \left| \sum_{0 \leqslant |\beta| \leqslant m} a_\beta \left(\tilde{u} \left(\frac{h}{2^\beta} \right) - u \left(\frac{h}{2^\beta} \right) \right) \right|$$

$$\leqslant \sum_{0\leqslant|\beta|\leqslant m} |a_\beta| \left| \tilde{u}\left(\frac{h}{2^\beta}\right) - u\left(\frac{h}{2^\beta}\right) \right|$$

$$\leqslant M_1(s,m) \max_{0\leqslant|\beta|\leqslant m} \left| \tilde{u}\left(\frac{h}{2^\beta}\right) - u\left(\frac{h}{2^\beta}\right) \right|.$$

对于类型 2 的讨论是类似的. 分裂外推的稳定因子 $M_j = M_j(s,m), j = 1,2$, 将随维数 s 和分裂次数 m 递增而急剧增加, 且 $\lim\limits_{m\to\infty} M_j(s,m) = \infty, j = 1,2$, 这和定理 1.1.1 的结论不一样, 说明分裂外推稳定性不如 Richardson 外推, 为了估计分裂外推的稳定因子, 以下证明类型 1 的分裂外推系数的符号有如下定理:

定理 1.2.1 若 $\{a_\beta, 0 \leqslant |\beta| \leqslant m\}$ 是 s 维问题在类型 1 网加密下的外推系数, 则成立

$$(-1)^{|\beta|+m} a_\beta > 0. \tag{1.2.24}$$

证明 利用外推系数 a_β 构造 s 元多项式

$$f(x_1,\cdots,x_s) = f(x) = \sum_{0\leqslant|\beta|\leqslant m} a_\beta x^\beta. \tag{1.2.25}$$

由方程 (1.2.19) 知 $f(x)$ 有性质

$$f(1,\cdots,1) = 1 \tag{1.2.26}$$

和

$$f(x_1^{(\nu_1)},\cdots,x_s^{(\nu_s)}) = f(x^\nu) = 0, \tag{1.2.27}$$

这里

$$x^{(\nu)} = \left(\frac{1}{4^{\nu_1}},\cdots,\frac{1}{4^{\nu_s}}\right), \quad 1 \leqslant |\nu| \leqslant m. \tag{1.2.28}$$

因 $f(x)$ 恰是适合 (1.2.26) 和 (1.2.27) 条件下的的插值多项式, 故可用 Newton 内插公式表示为

$$f(x) = \sum_{0\leqslant|\nu|\leqslant m} X_\nu(x) f[x_1^{(0)},\cdots,x_1^{(\nu_1)};\cdots;x_s^{(0)},\cdots,x_s^{(\nu_s)}].$$

利用差商表达式 (1.1.10) 及插值条件 (1.2.27) 得

$$f[x_1^{(0)},\cdots,x_1^{(\nu_1)};\cdots;x_s^{(0)},\cdots,x_s^{(\nu_s)}]$$
$$= \sum_{i_1=0}^{\nu_1}\cdots\sum_{i_s=0}^{\nu_s} \frac{f(x_1^{(i_1)},\cdots,x_s^{(i_s)})}{\prod\limits_{k=1}^{s}\prod\limits_{\substack{j_k=0\\j_k\neq i_k}}^{\nu_k}(x_k^{(i_k)} - x_k^{(j_k)})}$$

$$= \frac{1}{\prod\limits_{k=1}^{s} \prod\limits_{j_k=1}^{\nu_k} (1 - x_k^{(j_k)})} = f_\nu, \quad 0 \leqslant |\nu| \leqslant m. \tag{1.2.29}$$

于是

$$f(x) = \sum_{0 \leqslant |\nu| \leqslant m} f_\nu X_\nu(x),$$

由于 $x_k^{(j_k)} = 1/4^{j_k} < 1$, 这就推出 $f_\nu > 1$, 且

$$f_{\bar{\nu}} > f_\nu, \quad \text{当 } \bar{\nu} > \nu, \tag{1.2.30}$$

这里 $\bar{\nu} > \nu$ 意指 $\bar{\nu}_k \geqslant \nu_k, 1 \leqslant k \leqslant s$, 且 $\bar{\nu} \neq \nu$.

　　考虑函数

$$f(-x) = \sum_{0 \leqslant |\alpha| \leqslant m} (-1)^\alpha a_\alpha x^\alpha = \sum_{0 \leqslant |\alpha| \leqslant m} b_\alpha x^\alpha,$$

显然, 若能证明

$$(-1)^m b_\alpha > 0, \tag{1.2.31}$$

便得到 (1.2.24) 成立, 但由 (1.2.29)

$$f(-x) = \sum_{0 \leqslant |\nu| \leqslant m} f_\nu X_\nu(-x) = \sum_{0 \leqslant |\nu| \leqslant m} (-1)^\nu f_\nu Y_\nu(x), \tag{1.2.32}$$

其中

$$Y_\nu(x) = Y_{\nu_1}^{(1)}(x_1) \cdots Y_{\nu_s}^{(s)}(x_s), \tag{1.2.33}$$

而

$$Y_{\nu_k}^{(k)}(x_k) = (x_k + x_k^{(0)}) \cdots (x_k + x_k^{(\nu_k - 1)}), \quad 1 \leqslant k \leqslant s. \tag{1.2.34}$$

现在展开 $Y_k^{(k)}(x_k)$, 令

$$Y_{\nu_k}^{(k)}(x_k) = \sum_{j=0}^{\nu_k} E_j^{(\nu_k)} x_k^{(\nu_k - j)}, \quad 1 \leqslant k \leqslant s, \tag{1.2.35}$$

与

$$Y_\nu(x) = \sum_{\alpha \leqslant \nu} E_\alpha^{(\nu)} x^\alpha, \quad E_\alpha^{(\nu)} = E_{\nu_1 - \alpha_1}^{(\nu_1)} \cdots E_{\nu_s - \alpha_s}^{(\nu_s)}, \tag{1.2.36}$$

这里 $E_j^{(\nu_k)}$ 是 (1.2.34) 乘积的展开系数. 代到 (1.2.32) 中得到

$$f(-x) = \sum_{0 \leqslant |\nu| \leqslant m} (-1)^\nu f_\nu \sum_{\nu \geqslant \alpha} E_\alpha^{(\nu)} x^\alpha$$

$$= \sum_{0 \leqslant |\nu| \leqslant m} \sum_{\nu \geqslant \alpha} (-1)^\nu f_\nu E_\alpha^{(\nu)} x^\alpha, \tag{1.2.37}$$

导出此多项式系数为

$$b_\alpha = \sum_{\nu \geqslant \alpha} (-1)^\nu f_\nu E_\alpha^{(\nu)}. \tag{1.2.38}$$

为了证明 (1.2.31), 令

$$g_k = \sum_{\substack{\nu \geqslant \alpha \\ |\nu| = k}} f_\nu E_\alpha^{(\nu)}, \quad |\alpha| \leqslant k \leqslant m, \tag{1.2.39}$$

得到

$$b_\alpha = \sum_{k=|\alpha|}^{m} (-1)^k g_k, \quad 0 \leqslant |\alpha| \leqslant m. \tag{1.2.40}$$

今证

$$0 < g_k < g_{k+1} < \cdots < g_m, \tag{1.2.41}$$

为此取

$$\beta > \nu, \ \text{且} \ |\beta| = |\nu| + 1.$$

由 (1.2.30) 知 $f_\beta > f_\nu$. 另一方面, 因

$$x_k^{(j)} > 0, \quad 0 \leqslant j \leqslant \nu_k - 1, \quad 1 \leqslant k \leqslant s,$$

故 $E_j^{(\nu_k)} > 0$, 并且 $\{E_j^{(\nu_k)}\}_{j=0}^{\nu_k}$ 与 $\{E_j^{(\nu_k+1)}\}_{j=0}^{\nu_k+1}$ 之间有递推关系

$$E_j^{(\nu_k+1)} = E_{j-1}^{(\nu_k)} + x_k^{(\nu_k)} E_j^{(\nu_k)} > E_{j-1}^{(\nu_k)}, \tag{1.2.42}$$

故由 (1.2.39) 得到 $g_k < g_{k+1}$, 于是知 (1.2.41) 成立.

现在据 (1.2.40) 与 (1.2.41) 得

$$(-1)^m b_\alpha = g_m - g_{m-1} + \cdots + (-1)^{m-|\alpha|} g_{|\alpha|} > 0,$$

这就得到 (1.2.31) 的证明. □

推论 1.2.1　　$M_1(s,m) = |f(-1,\cdots,-1)|$.

证明　　由定理 1.2.1 立即得到

$$\sum_{0 \leqslant |\alpha| \leqslant m} |a_\alpha| = (-1)^m f(-1,\cdots,-1), \tag{1.2.43}$$

这就得到证明. □

推论 1.2.2 令

$$N(s,m) = \sum_{|\alpha|=m} \prod_{k=1}^{s} \left(\frac{2}{1-x_k^{\alpha_k}} \right) \prod_{k=1}^{s} \left[\prod_{j_k=1}^{\alpha_k-1} \frac{1+x_k^{(j_k)}}{1-x_k^{(j_k)}} \right], \qquad (1.2.44)$$

则

$$N(s,m) - N(s,m-1) < M_1(s,m) < N(s,m). \qquad (1.2.45)$$

证明 由 (1.2.32),

$$f(-1,\cdots,-1) = \sum_{0\leqslant|\alpha|\leqslant m} (-1)^\alpha \prod_{k=1}^{s} \prod_{j_k=0}^{\alpha_k-1} (1+x_k^{(j_k)}) f_\alpha,$$

其中据 (1.2.29).

$$f_\alpha = \frac{1}{\prod\limits_{k=1}^{s} \prod\limits_{j_k=1}^{\alpha_k} (1-x_k^{(j_k)})},$$

于是

$$f(-1,\cdots,-1) = \sum_{0\leqslant|\alpha|\leqslant m} (-1)^\alpha \prod_{k=1}^{s} \prod_{j_k=1}^{\alpha_k-1} \left(\frac{1+x_k^{(j_k)}}{1-x_k^{(j_k)}} \right) \prod_{k=1}^{s} \left(\frac{2}{1-x_k^{(\alpha_k)}} \right) \qquad (1.2.46)$$

这里用到 $x_k^{(0)} = 1, 1 \leqslant k \leqslant s$, 现在令

$$S_\alpha = \prod_{k=1}^{s} \prod_{j_k=1}^{\alpha_k-1} \left(\frac{1+x_k^{(j_k)}}{1-x_k^{(j_k)}} \right) \prod_{k=1}^{s} \left(\frac{2}{1-x_k^{(\alpha_k)}} \right), \quad N_k = \sum_{|\alpha|=k} S_\alpha. \qquad (1.2.47)$$

于是由 (1.2.46),

$$f(-1,\cdots,-1) = \sum_{k=0}^{m} (-1)^k N_k, \qquad (1.2.48)$$

但注意 $0 < x_k^{(j_k)} < 1, 1 \leqslant j_k \leqslant \alpha_k, 1 \leqslant k \leqslant s$, 故应有

$$0 < N_0 < N_1 < \cdots < N_m.$$

由 (1.2.43) 及 (1.2.48) 得

$$\begin{aligned} M_1(s,m) &= \sum_{0\leqslant|\alpha|\leqslant m} |a_\alpha| = (-1)^m f(-1,\cdots,-1) \\ &= (-1)^m (N_0 + \cdots + (-1)^m N_m) \\ &= N_m - N_{m-1} + N_{m-2} + \cdots + (-1)^m N_0 \end{aligned}$$

$$\leqslant N_m = N(s,m), \tag{1.2.49}$$

这就给出 (1.2.45) 右端不等式的证明, 至于左端的不等式也立刻从 $\{N_i\}$ 是单调递增序列推出. $\square$

利用定理 1.2.1 可以给出 $M_1(s,m)$ 的以下估计.

定理 1.2.2 对于类型 1 稳定因子 $M_1(s,m)$ 有以下估计:

$$M_1(s,m) \leqslant \binom{m+s-1}{m} 3^s e^{s/3}. \tag{1.2.50}$$

证明 由 (1.2.47) 及 $x_k^{(j_k)} = 4^{-j_k}, 1 \leqslant j_k \leqslant \alpha_k, 1 \leqslant k \leqslant s$, 故

$$N_l = \sum_{|\alpha|=l} S_\alpha = \sum_{|\alpha|=l} 2^s \prod_{k=1}^{s} \left[\frac{\prod_{j_k=1}^{\alpha_k-1}(1+4^{-j_k})}{\prod_{j_k=1}^{\alpha_k}(1-4^{-j_k})} \right]. \tag{1.2.51}$$

但由 Bernoulli 不等式: 若所有 $a_i > -1$ 且同号, 则

$$(1+a_1)\cdots(1+a_n) > 1 + a_1 + \cdots + a_n. \tag{1.2.52}$$

于是导出不等式

$$\prod_{j_k=1}^{\alpha_k-1}(1+4^{-j_k}) \leqslant \exp\left(\sum_{j=1}^{\infty} 4^{-j}\right) = e^{1/3}, \tag{1.2.53}$$

$$\prod_{j_k=1}^{\alpha_k}(1-4^{-j_k}) \geqslant 1 - \sum_{j=1}^{\alpha_k} 4^{-j_k} > 1 - \frac{4^{-1}}{1-4^{-1}} = \frac{2}{3}. \tag{1.2.54}$$

代 (1.2.53) 到 (1.2.51) 得

$$N_l = \sum_{|\alpha|=l} S_\alpha \leqslant \sum_{|\alpha|=l} 3^s e^{s/3} = \binom{l+s-1}{l} 3^s e^{s/3}. \tag{1.2.55}$$

取 $l = m$, 由 (1.2.45) 得到 (1.2.50) 的证明. $\square$

(1.2.50) 表明 $M_1(s,m)$ 随维数 s 指数增长. 随分裂次数 m 多项式增长. 对于类型 2 的稳定因子 $M_2(s,m)$ 较类型 1 增加得更快. 这表明用类型 2 计算, 分裂次数 m 不宜多, 而且为了降低舍入误差影响, 使用双精度计算是必要的. 表 1.2.1 中给出类型 1 和类型 2 的稳定因子表, 从表中看到类型 1 的稳定因子小于类型 2, 而且两者皆随维数 s 迅速增大, 但如果分裂次数 m 较小, 如 $m \leqslant 5$, 则类型 2 的稳定因子较类型 1 而言, 增加不大.

表 1.2.1 类型 1 与类型 2 分裂外推的稳定因子表

维数 s	分裂次数 m	$M_1(s,m)$	$M_s(s,m)$
2	2	9.89	12.38
	3	16.75	31.91
	4	24.19	78.78
	5	31.84	190.04
	6	39.56	452.06
	7	47.31	1065.48
	8	55.06	2495.27
	9	62.82	5816.49
	10	70.57	13510.49
	11	78.33	31296.28
3	2	25.00	28.73
	3	62.37	95.07
	4	124.56	282.71
	5	214.73	790.06
	6	334.41	2121.14
	7	484.25	5538.62
4	2	47.22	52.20
	3	157.76	214.64
	4	410.53	758.47
	5	895.89	2440.31
5	2	76.56	82.78
	3	321.89	409.58
6	2	113.00	120.47
	3	573.73	698.87

在专著 (吕涛等, 1998) 中列有详细的分裂外推系数表, 供读者择用, 注意外推系数具有对称性, 即如果 $\beta = (\beta_1, \cdots, \beta_s)$ 仅是 $\alpha = (\alpha_1, \cdots, \alpha_s)$ 的分量的不同排列, 则 $a_\alpha = a_\beta$.

1.2.5 分裂外推的后验误差估计

令 $u_m(h)$ 是 m 次分裂外推值, 并设成立渐近展开

$$u - u_m(h) = \sum_{|\alpha|=m+1} c_\alpha h^{2\alpha} + O(h_0^{2(m+2)}), \tag{1.2.56}$$

取 $h^{(i)}$ 是网参数 $h = (h_1, \cdots, h_s)$ 的第 i 个步长加密:

$$h^{(i)} = (h_1, \cdots, h_{i-1}, h_i/2, h_{i+1}, \cdots, h_s), \quad 1 \leqslant i \leqslant s, \tag{1.2.57}$$

利用 $h^{(i)}$ 作为初始步长, 其 m 次分裂外推值记为: $u_m(h^{(i)}), 1 \leqslant i \leqslant s$. 取此 m 个

分裂外推平均值, 用渐近展开式 (1.2.56) 得到

$$u - \frac{1}{s}\sum_{i=1}^{s} u_m(h^{(i)}) = \sum_{|\alpha|=m+1} c_\alpha \left(\frac{1}{s}\sum_{i=1}^{s}\frac{1}{4^{\alpha_i}}\right) h^{2\alpha} + O(h_0^{2(m+2)}), \qquad (1.2.58)$$

置

$$\bar{u}_m(h) = \frac{1}{s}\sum_{i=1}^{s} u_m(h^{(i)}),$$

$$b = \max_{|\alpha|=m+1}\left\{\frac{1}{s}\sum_{i=1}^{s}\frac{1}{4^{\alpha_i}}\right\} = \frac{1}{s}(s-1+4^{-m-1}),$$

$$U_m(h) = (1+\gamma)\bar{u}_m(h) - \gamma u_m(h),$$

这里 γ 是待定常数, 利用 (1.2.57) 及 (1.2.58) 得到

$$u - U_m(h) = \sum_{|\alpha|=m+1} c_\alpha \left[\frac{1+\gamma}{s}\sum_{i=1}^{s}4^{-\alpha_i} - \gamma\right] h^{2\alpha} + O(h_0^{2(m+2)}). \qquad (1.2.59)$$

我们选择 γ, 使

$$\frac{1+\gamma}{s}\sum_{i=1}^{s}4^{-\alpha_i} - \gamma \leqslant (1+\gamma)b - \gamma \leqslant 0, \quad \forall |\alpha| = m+1, \qquad (1.2.60)$$

这蕴涵对于充分小的 $h_0, u_m(h)$ 与 $U_m(h)$ 分别是 u 的双边逼近, 应有估计

$$\left|\frac{1}{2}(U_m(h) + u_m(h)) - u\right| \leqslant \frac{1}{2}|U_m(h) - u_m(h)|. \qquad (1.2.61)$$

但

$$\frac{1}{2}(U_m(h) + u_m(h)) = \frac{1}{2}[(1+\gamma)\bar{u}_m(h) - \gamma u_m(h) + u_m(h)]$$

$$= \bar{u}_m(h) + \frac{(\gamma-1)}{2}(\bar{u}_m(h) - u_m(h)), \qquad (1.2.62)$$

故

$$U_m(h) - u_m(h) = (1+\gamma)(\bar{u}_m(h) - u_m(h)), \qquad (1.2.63)$$

代入 (1.2.61) 中, 得

$$\left|\frac{\gamma+1}{2}\bar{u}_m(h) - \frac{\gamma-1}{2}u_m(h) - u\right| \leqslant \frac{\gamma+1}{2}|\bar{u}_m(h) - u_m(h)|. \qquad (1.2.64)$$

现在在 (1.2.60) 中置

$$\gamma = \frac{b}{1-b} = \frac{s-1+4^{-m-1}}{1-4^{-m-1}}, \qquad (1.2.65)$$

代入 (1.2.64) 中, 就得到分裂外推误差的后验估计, 它对类型 1 或者类型 2 都是正确的.

1.2.6   分数幂展开式与逐步齐次分裂外推消去法

偶次幂展开式 (1.2.1) 仅对光滑问题存在, 对于奇异问题, 如多维反常积分, 带弱奇性核的积分方程, 非光滑数据和凹角域的偏微分方程等, 其渐近展开式常呈分数幂阶的多变量形式, 如

$$u(h) = u + \sum_{k=1}^{m} \sum_{|\alpha|=k} c_\alpha h^{p_k \alpha} + O(h_0^{p_{m+1}(m+1)}), \tag{1.2.66}$$

这里 $p_1, \cdots, p_k$ 是正实数, 满足

$$0 < p_1 < 2p_2 < \cdots < (m+1)p_{m+1}. \tag{1.2.67}$$

我们希望用逐步分裂外推法消去 $h^{p_k \alpha}(|\alpha|=k, 1 \leqslant k \leqslant m)$ 项, 用 $u_l(h)$ 表 l 次分裂外推值, 并假定: $u_l(h)$ 有高阶渐近展开式

$$u_l(h) = u + \sum_{k=l+1}^{m} \sum_{|\alpha|=k} c_\alpha^{(l)} h^{p_k \alpha} + O(h_0^{p_{m+1}(m+1)}), \quad 1 \leqslant l \leqslant m, \tag{1.2.68}$$

这里 $c_\alpha^{(l)}$ 是和网参数 $h = (h_1, \cdots, h_s)$ 无关的常数. 考虑仅作一次分裂外推, 并且简记 (1.2.66) 为

$$u(h) = u + d_1 h_1^{p_1} + \cdots + d_s h_s^{p_1} + O(h_0^{2p_2}). \tag{1.2.69}$$

令 $h^{(i)} = \left(h_1, \cdots, h_{i-1}, \dfrac{h_i}{2}, h_{i+1}, \cdots, h_s \right)$ 是 h 被单向加密的步长, 于是在 (1.2.69) 中以 $h^{(i)}$ 代 h 得

$$\begin{aligned} u(h^{(i)}) = u + d_1 h_1^{p_1} + \cdots d_{i-1} h_{i-1}^{p_1} + \frac{d_i}{2^{p_1}} h_i^{p_1} + d_{i+1} h_{i+1}^{p_1} \\ + \cdots + d_s h_1^{p_1} + O(h_0^{2p_2}), \quad 1 \leqslant i \leqslant m, \end{aligned} \tag{1.2.70}$$

把 (1.2.70) 两端关于 i 求和, 得

$$\sum_{i=1}^{s} u(h^{(i)}) = su + (s - 1 + 2^{-p_1}) \sum_{i=1}^{s} d_i h_i^{p_1} + O(h_0^{2p_2}). \tag{1.2.71}$$

令

$$u_1(h) = \frac{1}{1 - 2^{-p_1}} \left[\sum_{i=1}^{s} u(h^{(i)}) - (s - 1 + 2^{-p_1}) u(h) \right]. \tag{1.2.72}$$

由 (1.2.71) 与 (1.2.72) 得到

$$u_1(h) = u + O(h_0^{2p_2}).$$

如果更细致地分析, 便导出以下高阶展开式:

$$u_1(h) = u + \sum_{k=2}^{m} \sum_{|\alpha|=k} c_\alpha^{(2)} h^{p_k \alpha} + O(h_0^{p_{m+1}(m+1)}).$$ (1.2.73)

一旦得到 $u_l(h)$ 外推值, 并假定成立多变量渐近展开式 (1.2.68), 则 $u_{l+1}(h)$ 应是 $u_l(h)$ 与 $u_l\left(\dfrac{h}{2^\beta}\right), \forall |\beta| = l+1$, 共 $1 + \binom{s+l}{l+1}$ 个 l 次外推值的线性组合

$$u_{l+1}(h) = \sum_{|\beta|=l+1} a_\beta u_l\left(\frac{h}{2^\beta}\right) + a_0 u_l(h),$$ (1.2.74)

对于类型 1, 系数 $\{a_\beta\}_{|\beta|=l+1}$ 及 a_0 满足方程

$$\begin{cases} a_0 + \sum\limits_{|\beta|=l+1} a_\beta = 1, \\ a_0 + \sum\limits_{|\beta|=l+1} a_\beta 2^{-p_{l+1}(\beta,\alpha)} = 0, \quad \forall |\alpha| = l+1, \end{cases}$$ (1.2.75)

对于类型 2, 满足方程

$$a_0 + \sum_{|\beta|=l+1} a_\beta = 1, a_0 + \sum_{|\beta|=l+1} \frac{\alpha_\beta}{(1+\beta)^{p_{l+1}\alpha}} = 0, \quad \forall |\alpha| = l+1.$$ (1.2.76)

注意若系数 $a_\beta = a_{\beta'}$, 则 β' 是 β 的分量的不同排列, 所以 (1.2.75) 和 (1.2.76) 中独立未知系数并不多. 例如求 $u_1(h)$ 组合系数, 独立系数仅有 a_0 和 a_1 两上满足方程

$$a_0 + \sum_{|\beta|=1} a_\beta = a_0 + s a_1 = 1,$$

$$a_0 + \sum_{|\beta|=1} a_\beta 2^{-p_1(\beta,\alpha)} = a_0 + (s - 1 + 2^{-p_1}) a_1 = 0, \quad \forall |\alpha| = 1.$$ (1.2.77)

这里用到 $a_1 = a_\beta$, 当 $|\beta| = 1$, 和 $(\alpha, \alpha) = 1$, 当 $|\alpha| = 1$, 以及 $(\beta, \alpha) = 0$, 当 $|\beta| = |\alpha| = 1, \beta \neq \alpha$.

解出方程 (1.2.77) 便求出 $a_1 = (1 - 2^{-p_1})^{-1}, a_0 = -(1 - 2^{-p_1})^{-1}(s - 1 + 2^{-p_1})$, 得到 (1.2.72).

为了证明方程 (1.2.76) 和 (1.2.77) 解的存在性和唯一性, 我们使用多元齐次多项式的内插理论. 为此, 令 $\mathfrak{R}_l = \mathfrak{R}_l(\mathbb{R}^s)$ 表示 s 元 l 阶齐次多项式全体, 显然, $\mathfrak{R}_l$ 的维数是 $\binom{l+s-1}{l}$. 令 $P_\alpha, |\alpha| = l$, 是给定点, 其上的 l 阶齐次多项式插值问题, 是指求多项式 $H_l(x) \in \mathfrak{R}_l$, 使满足插值条件

$$H_l(P_\alpha) = f(P_\alpha), \quad \forall |\alpha| = l.$$ (1.2.78)

Lee 和 Phillips(1988) 讨论了齐次插值多项式的存在性、唯一性及递推算法. 为此, 定义超平面 $S_\xi, \xi \in \mathbb{R}^s$, 它是如下线性方程:

$$(\xi, x) = \sum_{i=1}^s \xi_i x_i = 0 \tag{1.2.79}$$

全体解的集合.

引理 1.2.1(Lee et al., 1988)　为了使满足 (1.2.78) 的 l 阶齐次插值多项式 $H_l \in \mathfrak{R}_l$ 具有唯一解, 其充分条件是内插点集 $P = \langle P_\alpha, |\alpha| = l \rangle$ 满足如下几何条件:

(A$_1$) 对任意一点 P_β, 可找到 l 个超平面使 P_β 不位于此 l 个超平面上, 但是其他插值基点至少位于此 l 个超平面的某一个上.

证明　若 (A$_1$) 满足, 则对任何 $P_\alpha \in P$ 存在超平面 $S_{\alpha,i} : (\xi_\alpha^{(i)}, x) = 0, i = 1, \cdots, l$, 使 P_α 不在任何 $S_{\alpha,i}$ 上, 但 $P_\beta(\beta \neq \alpha, |\beta| = |\alpha| = l)$ 却在某个 $S_{\alpha,i}$ 上. 今构造 l 阶齐次多项式

$$\tilde{L}_\alpha(x) = \prod_{i=1}^l \left(\sum_{j=1}^s \xi_j^{(i)} x_j \right), \quad \forall |\alpha| = l, \tag{1.2.80}$$

若 (A$_1$) 满足, 则 $\tilde{L}_\alpha(P_\alpha) \neq 0$, 故齐次多项式

$$L_\alpha(x) = \tilde{L}_\alpha(x)/\tilde{L}_\alpha(P_\alpha), \quad \forall |\alpha| = l \tag{1.2.81}$$

由 (A$_1$), 成立

$$L_\alpha(P_\beta) = \begin{cases} 1, & \beta = \alpha, \\ 0, & \beta \neq \alpha, \end{cases} \tag{1.2.82}$$

即 $\{L_\alpha(x), |\alpha| = l\}$ 构成 l 阶齐次多项式的插值基函数. 于是插值多项式为

$$H_l(x) = \sum_{|\alpha|=l} f(P_\alpha) L_\alpha(x). \tag{1.2.83}$$

这就证明了存在性与唯一性. □

在文献 (Lee et al., 1988) 中已证明类型 1 的网加密满足 (A$_1$) 条件, 由此导出方程 (1.2.75) 的可解性.

定理 1.2.3　对于类型 1, 方程 (1.2.75) 存在唯一解.

证明　由于方程 (1.2.75) 的解的存在、唯一性, 等价于求 u_{l+1} 与系数 $c_\alpha^{(l+1)}$, $\forall |\alpha| = l+1$, 满足方程

$$u_l \left(\frac{h}{2^\beta} \right) = u_{l+1} + \sum_{|\alpha|=l+1} c_\alpha^{(l+1)} \left(\frac{h}{2^\beta} \right)^{p_{l+1}\alpha},$$

$$|\beta| = 0, \quad |\beta| = l+1. \tag{1.2.84}$$

令

$$H_{l+1}(x) = \sum_{|\alpha|=l+1} c_\alpha^{(l+1)} x^\alpha \tag{1.2.85}$$

是 $l+1$ 阶齐次多项式, 满足插值条件

$$H_{l+1}\left(\left(\frac{h}{2^\beta}\right)^{p_{l+1}}\right) = u_l\left(\frac{h}{2^\beta}\right) - u_{l+1}, \quad \forall |\beta| = l+1, \tag{1.2.86}$$

这里 u_{l+1} 是待定的 $l+1$ 次分裂外推值, 由 (1.2.83) 可以表示为

$$H_{l+1}(x) = \sum_{|\beta|=l+1}\left(u_l\left(\frac{h}{2^\beta}\right) - u_{l+1}\right) L_\beta(x)$$

$$= \sum_{|\beta|=l+1} u_l\left(\frac{h}{2^\beta}\right) L_\beta(x) - u_{l+1}\sum_{|\beta|=l+1} L_\beta(x). \tag{1.2.87}$$

令 $x = h$. 注意 $u_l(h) = u_l$, 由 (1.2.84) 及 (1.2.87) 得

$$u_l - \sum_{|\beta|=l+1} u_l\left(\frac{h}{2^\beta}\right) L_\beta(h) = u_{l+1}\left(1 - \sum_{|\beta|=l+1} L_\beta(h)\right). \tag{1.2.88}$$

因 $L_\beta(h)$ 是关于 h 的 $l+1$ 阶齐次多项式, 故

$$1 \neq \sum_{|\beta|=l+1} L_\beta(h).$$

由此得到

$$u_{l+1} = u_{l+1}(h) = \frac{u_l - \sum_{|\beta|=l+1} u_l\left(\frac{h}{2^\beta}\right) L_\beta(h)}{1 - \sum_{|\beta|=l+1} L_\beta(h)}, \tag{1.2.89}$$

于是由插值多项式的唯一性得到方程 (1.2.84) 的解的唯一性. 现在若在方程 (1.2.84) 中置 $h = (1, \cdots, 1)$ 及

$$u_l\left(\frac{h}{2^\nu}\right) = \delta_{\nu,\beta}, \quad \forall \nu, \beta = 0 \text{ 或者 } |\nu| = |\beta| = l+1,$$

则得到 $u_{l+1} = a_\nu, \forall |\nu| = 0$ 或 $|\nu| = l+1$. □

在 (Lee et al., 1988) 中给出求齐次多项式的内插公式与递推算法, 应用这些公式可以求出外推系数. 但是也可以直接解方程 (1.2.75) 及 (1.2.76) 求出 a_0 和

$a_\nu, \forall |\nu| = l+1.$ 为了避免舍入误差, 可以用符号处理软件计算. 在文献 (吕涛等, 1998) 的附录二中列出多维多次齐次外推的组合系数备读者使用.

对于类型 2 法的插值基点, 我们尚不知是否满足 (A_1) 条件, 但方程 (1.2.76) 仍可能有唯一解, 因为 $l+1$ 次外推的外推系数存在, 利用它可以消去多元渐近展开中 $c_\alpha (0 \leqslant |\alpha| = l+1)$ 项.

注意齐次递推算法对 $\{p_k\}$ 是分数的情形仍可以应用, 但以多元 Newton 内插公式为基础的算法 1.2.1 却失效.

算法 1.2.2(分裂外推的逐步递推算法)

(1) $h = (h_1, \cdots, h_s), l := 0$, 置

$$u_0(h) := u(h),$$

(2) 并行计算 $u_l \left(\dfrac{h}{2\nu} \right), \forall |\nu| = l+1$, 并且解方程 (1.2.75), 求出 a_0 和 $a_\nu, |\nu| = l+1.$ 再置

$$u_{l+1}(h) = a_0 u_l(h) + \sum_{|\nu|=l+1} a_\nu u_l \left(\frac{h}{2\nu} \right).$$

(3) 若 $l+1 < m$, 置 $l := l+1$ 转 (2), 否则输出外推 $u_m(h)$ 值.

如果用类型 2 的网加密法, 算法 1.2.2 的步骤 (2) 将代之以并行计算 $u_l \left(\dfrac{h}{1+\nu} \right)$, 并解方程 (1.2.75) 求出外推系数 a_0 及 $a_\nu, |\nu| = l+1$, 这些系数可在 (吕涛等, 1998) 的附录二中查到.

对于具有对数项的渐近展开

$$u(h) = u + \sum_{k=1}^{m} \sum_{|\alpha|=k} (c_\alpha h^{p_k \alpha} + d_\alpha h^{p_k \alpha} \ln^{\bar\alpha} h) + O(h_0^{\overrightarrow{p_m}^{-1}(m+1)} |\ln h_0|^s), \qquad (1.2.90)$$

这里 $\bar\alpha = (\bar\alpha_1, \cdots, \bar\alpha_s)$, 且

$$\bar\alpha_i = \begin{cases} 1, & \text{当 } \alpha_i \neq 0, \\ 0, & \text{当 } \alpha_i = 0, \end{cases}$$

$$\ln^{\bar\alpha} h = \ln^{\bar\alpha_1} h_1 \cdots \ln^{\bar\alpha_s} h_s.$$

欲使用分裂外推消去 (1.2.90) 中含对数的渐近展开项, 可以用 (1.1.24) 中使用过的方法, 即多次调用作为 (1.2.75) 解的外推系数, 就可同时消去以 c_α 和 $d_\alpha(|\alpha| = k)$ 为系数的各项.

例如设 $u(h)$ 有渐近展开式

$$u(h) = u + \sum_{i=1}^{s} c_k h_i^{p_1} + \sum_{i=1}^{s} d_i h_i^{p_1} \ln h_i + O(h_0^{2p_2} \ln h_0), \qquad (1.2.91)$$

则

$$u(h^{(i)}) = u + c_i \left(\frac{h_i}{2}\right)^{p_1} + \sum_{j\neq i} c_j h_j^{p_1} + d_i \left(\frac{h_i}{2}\right)^{p_1} \ln\frac{h_i}{2}$$

$$+ \sum_{j\neq i} d_j h_j^{p_1} \ln h_j + O(h_0^{2p_2} \ln h_0), \tag{1.2.92}$$

这里 $h^{(i)} = (h_1, \cdots, h_{i-1}, h_i/2, h_{i+1}, \cdots, h_s), i = 1, \cdots, s$, 把 (1.2.92) 两端对 i 求和, 得

$$\sum_{i=1}^{s} u(h^{(i)}) = su + \sum_{j=1}^{s} c_j(s - 1 + 2^{-p_1}) h_j^{p_1}$$

$$+ \sum_{j=1}^{s} d_j(s - 1 + 2^{-p_1}) h_j^{p_1} \ln h_j + \sum_{j=1}^{s} d_j 2^{-p_1} \ln 2 h_j^{p_1}$$

$$+ O(h_0^{2p_2} \ln h_0). \tag{1.2.93}$$

据 (1.2.72), 经过一次分裂外推, 得

$$\tilde{u}_1 = \frac{1}{1 - 2^{-p_1}} \left[\sum_{i=1}^{s} u(h^i) - (s - 1 + 2^{-p_1}) u(h) \right]. \tag{1.2.94}$$

由 (1.2.91) 与 (1.2.93), $\tilde{u}_1$ 的渐近展开式为

$$\tilde{u}_1 = u + \sum_{i=1}^{s} \tilde{c}_i h_i^{p_1} + O(h_0^{2p_2} \ln h_0), \tag{1.2.95}$$

这里

$$\tilde{c}_i = (1 - 2^{-p_1})^{-1} 2^{-p_1} \ln 2 d_i, \quad i = 1, \cdots, s$$

是与 h 无关的数, 故再用一次 (1.2.94) 得到分裂外推值

$$u_1(h) = \frac{1}{1 - 2^{-p_1}} \left[\sum_{i=1}^{s} \tilde{u}_1(h^{(i)}) - (s - 1 + 2^{-p_1}) \tilde{u}_1(h) \right], \tag{1.2.96}$$

并且

$$u_1(h) = u + O(h_0^{2p_2} \ln h_0). \tag{1.2.97}$$

不同于 (1.2.91) 的更一般情形是独立网参数按不同的分数幂渐近展开, 例如

$$u(h) = u + d_1 h_1^{q_1} + \cdots + d_s h_s^{q_s} + \varepsilon, \tag{1.2.98}$$

这里 ε 是高阶余项, $q_1, \cdots, q_s$ 是互不相同的正数. Blum 和 Rannacher(1988) 研究凹角域上有限元近似解的误差, 便得到 (1.2.98) 形式的渐近展开. 容易证明分裂外推值

$$\tilde{u}(h) = u(h) + \sum_{i=1}^{s}(1 - 2^{-q_i})^{-1}(u(h^{(i)}) - u(h)) \qquad (1.2.99)$$

具有高阶精度. 事实上, 用 (1.2.98) 易得

$$d_i h_i^{q_i} = (2^{-q_i} - 1)^{-1}(u(h^{(i)}) - u(h)) + \varepsilon, \quad i = 1, \cdots, s.$$

将其代入 (1.2.98) 就知 (1.2.99) 有与 ε 同阶精度. 类似方法也可讨论更复杂的高阶渐近展开情形.

第2章 推广 Euler-Maclaurin 求和公式
与一维超奇积分的外推

数值积分是计算数学的基础, 其应用遍及计算数学各个领域. 各种数学工具: 函数逼近、泛函分析、数理统计、解析数论, 甚至拓扑学和代数群论皆被用于研究数值积分, 而基于 Euler-Maclaurin 求和公式的 Romberg 外推与分裂外推则是构造高精度数值积分的最重要的方法. 经典 Euler-Maclaurin 求和公式只适用于光滑函数, 对于反常积分, 如弱奇异、奇异和超奇异积分失效. 弱奇异积分基于梯形公式误差的 Euler-Maclaurin 展开式最早是 Navot(1961) 得到的, 使用的方法是 Fourier 级数展开, 其后 Ninhan(1966) 和 Lyness 沿此思路得到更新的结果, 但是证明比较长, 而且不能推广到奇异和超奇异积分上. 比较新的证明是 Verliden 和 Haegemans(1993) 提出的, 他们应用 Mellin 变换得到 Euler-Maclaurin 展开式的比较简单的新证明, 其后, Monegato 和 Lyness(1998) 发现应用复变函数的解析开拓和 Mellin 变换方法可以把 Euler-Maclaurin 展开式推广到奇异和超奇异积分上, 从而为计算奇异和超奇异积分提供外推算法. 本章主要阐述推广 Euler-Maclaurin 求和公式, 及其在一维数值积分的应用, 有关多维积分的分裂外推法放在下一章中.

2.1 经典 Euler-Maclaurin 求和公式与外推

2.1.1 梯形公式的 Euler-Maclaurin 渐近展开

计算有限区间 $[a, b]$ 上积分

$$\int_a^b f(x)\mathrm{d}x = I(f), \tag{2.1.1}$$

最简单的求积公式是复合梯形公式

$$R^h(f) = h\left[\frac{1}{2}f(a) + f(a+h) + \cdots + f(b-h) + \frac{1}{2}f(b)\right], \tag{2.1.2}$$

其中

$$h = \frac{b-a}{n}, \quad n > 0. \tag{2.1.3}$$

如果被积函数是光滑周期函数 (周期为 $b-a$), 则梯形公式(2.1.2) 是一个精度很高的公式; 如果被积函数是解析周期函数, 梯形公式的精度甚至是指数阶的 (当 $h \to 0$,

误差按指数函数趋于零); 如果被积函数不是周期函数, 则梯形公式精度就很差, 但是 Romberg 借助梯形公式的 Euler-Maclaurin 展开式把梯形公式与 Richardson 外推结合得到数值积分的 Romberg 算法, 由于 Euler-Maclaurin 展开式的证明依赖于 Bernoulli 多项式性质, 故先介绍 Bernoulli 多项式定义及性质.

一个 k 次多项式 $B_k(x)(k \geqslant 0)$, 称为 Bernoulli 多项式, 如果它按以下递推关系得到:

(1) $B_0(x) = 1$;

(2) $B_k(x) = kB_{k-1}(x), k \geqslant 1$;

(3) $\int_0^1 B_k(x)\mathrm{d}x = 0, k \geqslant 1$.

根据上面递推关系不难求出各阶 Bernoulli 多项式, 例如

$$B_1(x) = x - \frac{1}{2}, \quad B_2(x) = x^2 - x + \frac{1}{6},$$

$$B_3(x) = x^3 - \frac{3}{2}x^2 + \frac{1}{2}x, \quad B_4(x) = x^4 - 2x^3 + x^2 - \frac{1}{30}.$$

从递推关系 (2) 和 (3) 容易推出

$$B_k(0) = B_k(1), \quad k \geqslant 2, \tag{2.1.4}$$

这蕴涵 Bernoulli 多项式可以周期化开拓到整个实轴上. 例如 $p_1(x) = x - [x] - \frac{1}{2}$ 就是 $B_1(x)$ 以 1 为周期的开拓, 其中 $[x]$ 表示不超过 x 的最大整数, 函数 $p_1(x)$ 的 Fourier 展开式为

$$p_1(x) = -\sum_{n=1}^{\infty} \frac{2\sin(2\pi nx)}{2\pi n}. \tag{2.1.5}$$

对 (2.1.5) 逐次形式积分得

$$p_{2j}(x) = (-1)^{j-1}\sum_{n=1}^{\infty} \frac{2\cos(2\pi nx)}{(2\pi n)^{2j}}, \quad j = 1, 2, \cdots, \tag{2.1.6a}$$

$$p_{2j+1}(x) = (-1)^{j-1}\sum_{n=1}^{\infty} \frac{2\sin(2\pi nx)}{(2\pi n)^{2j+1}}, \quad j = 0, 1, \cdots, \tag{2.1.6b}$$

显然, 由 (2) 可知 $p_j(x)$ 是 $B_j(x)/j!$ 以 1 为周期的开拓. 利用 (2.1.6) 可证

$$p'_{k+1}(x) = p_k(x), \tag{2.1.7a}$$

$$p_{2j+1}(0) = p_{2j+1}(1) = 0, \quad j = 1, 2, \cdots, \tag{2.1.7b}$$

$$p_{2j}(0) = p_{2j}(1) = (-1)^{j-1}\sum_{n=1}^{\infty} \frac{2}{(2n\pi)^{2j}} = \frac{B_{2j}}{(2j)!}, \tag{2.1.7c}$$

其中 $B_{2j} = B_{2j}(0)$ 称为 Bernoulli 数. 利用 $p_k(x)$ 容易证明如下 Euler-Maclaurin 展开式.

定理 2.1.1 若 $f \in C^{2k+j}[0,n]$, 则

$$\frac{1}{2}f(0) + f(1) + \cdots + f(n-1) + \frac{1}{2}f(n)$$

$$= \int_0^n f(x)\mathrm{d}x + \frac{B_2}{2!}[f'(n) - f'(0)] + \cdots + \frac{B_{2k}}{(2k)!}[f^{(2k-1)}(n) - f^{(2k-1)}(0)]$$

$$+ \int_0^n p_{2k+1}(x)f^{(2k+1)}(x)\mathrm{d}x. \tag{2.1.8}$$

证明 用分部积分法容易证明恒等式

$$\frac{1}{2}[f(k) + f(k+1)] = \int_k^{k+1} f(x)\mathrm{d}x + \int_k^{k+1} \left(x - [x] - \frac{1}{2}\right)f'(x)\mathrm{d}x$$

$$= \int_k^{k+1} f(x)\mathrm{d}x + \int_k^{k+1} p_1(x)f'(x)\mathrm{d}x. \tag{2.1.9}$$

对 $k = 0, 1, \cdots, n-1$ 求和得

$$\frac{1}{2}f(0) + f(1) + \cdots + f(n-1) + \frac{1}{2}f(n)$$

$$= \int_0^n f(x)\mathrm{d}x + \int_0^n p_1(x)f'(x)\mathrm{d}x, \tag{2.1.10}$$

对 (2.1.10) 右端最后一个积分用分部积分法得

$$\int_0^n p_1(x)f'(x)\mathrm{d}x = p_2(x)f'(x)\big|_0^n - \int_0^n p_2(x)f''(x)\mathrm{d}x$$

$$= \frac{B_2}{2!}[f'(n) - f'(0)] - \int_0^n p_2(x)f''(x)\mathrm{d}x, \tag{2.1.11}$$

再对 (2.1.11) 的右端的积分项用分部积分, 由 (2.1.7b) 得

$$\int_0^n p_2(x)f''(x)\mathrm{d}x = p_3(x)f''(x)\big|_0^n - \int_0^n p_3(x)f'''(x)\mathrm{d}x = -\int_0^n p_3(x)f'''(x)\mathrm{d}x.$$

$$\tag{2.1.12}$$

对 (2.1.12) 的右端的积分项用分部积分继续使用分部积分, 并把结果代到 (2.1.10) 中, 便得到 Euler-Maclaurin 求和公式 (2.1.8). □

定理 2.1.1 作为有穷级数求和公式早就为人熟知, 并且在解析数论中有重要应用, 直到 1955 年 Romberg 才利用这个渐近展开式结合 Richardson 外推得到著名的 Romberg 算法.

定理 2.1.2 令 $g(x) \in C^{2k+1}[a,b]$, 取 $h = (b-a)/n$, 则梯形公式有渐近展开式

$$T_n(g) = h\left[\frac{1}{2}g(a) + g(a+h) + \cdots + g(a+(n-1)h) + \frac{1}{2}g(b)\right]$$

$$= \int_a^b g(x)dx + \frac{B_2}{2!}h^2[g'(b) - g'(a)] + \cdots$$
$$+ \frac{B_{2k}}{(2k)!}h^{2k}[g^{(2k-1)}(b) - g^{(2k-1)}(a)]$$
$$+ h^{2k+1}\int_a^b p_{2k+1}\left(n\frac{x-a}{b-a}\right)g^{(2k+1)}(x)\mathrm{d}x. \tag{2.1.13}$$

证明 取 $f(x) = g(a + hx)$, 代到 (2.1.8) 中, 便得到 (2.1.13). □

推论 2.1.1 若 $g(x) = C^{2k+1}[a,b]$, 且 $g'(b) = g'(a), g'''(a) = g'''(b, \cdots, g^{(2k-1)}$
$(b) = g^{(2k-1)}(a)$, 又设常数 $M > 0$, 使

$$|g^{(2k+1)}(x)| \leqslant M, \quad a \leqslant x \leqslant b, \tag{2.1.14}$$

则

$$\left|\int_a^b g(x)dx - T_n(g)\right| \leqslant C/n^{2k+1}, \tag{2.1.15}$$

并且常数

$$C = M(b-a)^{2k+2}2^{-2k}\pi^{-2k-1}\zeta(2k+1) \tag{2.1.16}$$

与 n 无关, 其中 $\zeta(k) = \sum_{j=1}^{\infty} j^k (k > 1)$ 是 Riemann-Zeta 函数.

证明 在定理假定下, 由 (2.1.13) 得

$$\int_a^b g(x)\mathrm{d}x - T_n(g) = -h^{2k+1}\int_a^b p_{2k+1}\left(n\frac{x-a}{b-a}\right)g^{(2k+1)}(x)\mathrm{d}x. \tag{2.1.17}$$

据 (2.1.6b), 对任意 t 总有

$$|p_{2k+1}(t)| \leqslant \sum_{j=1}^{\infty}\frac{2}{(2\pi j)^{2k+1}} = 2^{-2k}\pi^{-2k-1}\zeta(2k+1),$$

将其代到 (2.1.17) 中, 知 (2.1.15) 成立. □

推论 2.1.2 若 $g(x) \in C^{2k+1}(-\infty,\infty)$, 并且是以 2π 为周期的周期函数, 则

$$\left|\int_0^{2\pi} g(x)\mathrm{d}x - T_n(g)\right| \leqslant 4\pi M\zeta(2k+1)/n^{2k+1}. \tag{2.1.18}$$

证明 周期性蕴涵 $g'(0) = g'(2\pi), \cdots, g^{(2k-1)}(0) = g^{(2k+1)}(2\pi)$, 由推论 2.1.1 导出 (2.1.18) 成立. □

定义 2.1.1 称求积公式具有 m 阶代数精度, 如果该公式对于任何不高于 m 次的多项式是精确的, 并且存在 $m+1$ 次多项式使该公式非精确.

定理 2.1.2 表明: 若不执行外推, 梯形公式的代数精度为 1, 但是对于以 $p = b - a$ 为周期的周期函数, 梯形公式却是十分精密的. 事实上, 用

$$E_{T_n}(f) = \frac{p}{n} \sum_{k=0}^{n-1} f\left(\frac{k}{n}p\right) - \int_0^p f(x)\mathrm{d}x \tag{2.1.19}$$

表示梯形公式的误差, 则容易证明

$$E_{T_n}\left(\exp\left(\frac{2\pi\mathrm{i}jx}{p}\right)\right) = \begin{cases} p, & \text{当} j \neq 0, n | j, \\ 0, & \text{其他情形,} \end{cases} \tag{2.1.20}$$

这里 $\mathrm{i} = \sqrt{-1}$, (2.1.20) 蕴涵梯形公式对 n 阶三角多项式是准确的.

2.1.2 带偏差的梯形公式的 Euler-Maclaurin 渐近展开

定理 2.1.2 还可以推广到带偏差梯形公式, 取 $0 < \theta < 1$ 建立求积法则

$$T_n^\theta(f) = \frac{1}{n} \sum_{i=0}^{n-1} f\left(\frac{i+\theta}{n}\right) \tag{2.1.21}$$

并且减弱 $f^{(k-1)} \in C[0,1]$ 为 $f^{(k-1)}$ 是 $[0,1]$ 上的有界变差函数.

定理 2.1.3 设存在整数 $k \geqslant 1$ 使 $f^{(k-1)}(x)$ 是区间 $[0,1]$ 上的有界变差函数, 并且若 $k = 1, f(x)$ 在点

$$x_i = (i+\theta)/n, \quad i = 0, \cdots, n-1$$

连续, 则成立推广的 Euler-Maclaurin 展开式

$$\int_0^1 f(x)\mathrm{d}x = \frac{1}{n} \sum_{i=0}^{n-1} f\left(\frac{i+\theta}{n}\right) - \sum_{j=1}^{k} \frac{f^{(j-1)}(1) - f^{(j-1)}(0)}{j!n^j} B_j(\theta)$$
$$+ R_n^{(k)}(f, \theta), \quad \forall k > 1 \tag{2.1.22}$$

和

$$\int_0^1 f(x)\mathrm{d}x = \frac{1}{n} \sum_{i=0}^{n-1} f\left(\frac{i+\theta}{n}\right) + R_n^{(0)}(f, \theta), \quad k = 1, \tag{2.1.23}$$

其中

$$R_n^{(k)}(f, \theta) = \frac{1}{n^k} \int_0^1 p_k(\theta - nx)\mathrm{d}f^{(k-1)}(x), \quad \forall k \geqslant 1. \tag{2.1.24}$$

证明 用归纳法, 当 $k = 1$, 由定理假定 $f(x)$ 是有界变差函数, 而

$$p_1(\theta - nx) = \theta - nx - \frac{1}{2} - [\theta - nx]$$

在 $x \neq (i+\theta)/n$ 处连续, 在 $x = (i+\theta)/n$ 有跳跃, 故 (2.1.24) 右端积分存在, 且 $0 < x < 1$ 时,

$$\frac{1}{n}\int_0^1 p_1(\theta - nx)\mathrm{d}f(x)$$

$$= \frac{1}{n}p_1(\theta - nx)f(x)|_0^1 - \frac{1}{n}\int_0^1 f(x)\mathrm{d}p_1(\theta - nx)$$

$$= \frac{f(1) - f(0)}{n}B_1(\theta) - \frac{1}{n}\int_0^1 f(x)\mathrm{d}\left(\theta - nx - \frac{1}{2}\right) + \frac{1}{n}\int_0^1 f(x)\mathrm{d}[\theta - nx]$$

$$= \frac{f(1) - f(0)}{n}B_1(\theta) + \int_0^1 f(x)\mathrm{d}x - \frac{1}{n}\sum_{i=0}^{n-1}f\left(\frac{i+\theta}{n}\right) = R_n^{(1)}(f, \theta), \quad (2.1.25)$$

故当 $k = 1$, (2.1.22) 成立. 使用归纳法, 若 $k := k - 1$, (2.1.22) 成立, 今证对 k 亦成立. 为此, 由 $p_k(\theta - nx)$ 的绝对连续性, 得

$$\frac{1}{n^k}\int_0^1 p_k(\theta - nx)\mathrm{d}f^{(k-1)}(x)$$

$$= \frac{1}{n^k}p_k(\theta - nx)f^{(k-1)}(x)|_0^1 - \frac{1}{n^k}\int_0^1 f^{(k-1)}(x)\mathrm{d}p_k(\theta - nx)$$

$$= \frac{f^{(k-1)}(1) - f^{(k-1)}(0)}{n^k}p_k(\theta) + \frac{1}{n^{k-1}}\int_0^1 f^{(k-1)}(x)p_{k-1}(\theta - nx)\mathrm{d}x$$

$$= \frac{f^{(k-1)}(1) - f^{(k-1)}(0)}{k!n^k}B_k(\theta) + \frac{1}{n^{k-1}}\int_0^1 p_{k-1}(\theta - nx)\mathrm{d}f^{(k-2)}(x). \quad (2.1.26)$$

于是由归纳法假设证得 (2.1.22) 成立. $\quad\square$

推论 2.1.3　若 $f^{(k-1)}(x)$ 是区间 $[a, b]$ 上有界变差函数, 则在定理的假定下有

$$\int_a^b f(x)\mathrm{d}x = h\sum_{i=0}^{n-1}f(a + h(i - \theta)) - \sum_{j=1}^k \frac{f^{(j-1)}(b) - f^{(j-1)}(a)}{j!}h^j B_j(\theta)$$

$$+ h^k \int_a^b p_k\left(\theta + \frac{x - a}{h}\right)\mathrm{d}f^{(k-1)}(x), \quad (2.1.27)$$

这里 $h = (b - a)/n$.

证明　令 $g(x) = (b - a)f(a + (b - a)x)$, 由

$$\int_a^b f(x)\mathrm{d}x = \int_0^1 g(x)\mathrm{d}x, \quad (2.1.28)$$

故用 $g(x)$ 代替 (2.1.22) 中 $f(x)$, 便得到 (2.1.27) 的证明. $\quad\square$

定理 2.1.3 的重要情形是 $\theta = \dfrac{1}{2}$, 称为中矩形求积公式

$$M_n(f) = \sum_{i=0}^{n-1}hf(a + (i + 1/2)h). \quad (2.1.29)$$

因为奇次 Bernoulli 多项式在 $x = 1/2$ 有

$$B_{2j+1}\left(\frac{1}{2}\right) = 0, \quad j = 0, 1, \cdots, \tag{2.1.30a}$$

而偶次 Bernoulli 多项式有性质

$$B_{2j}\left(\frac{1}{2}\right) = -\left(1 - \frac{1}{2^{2j-1}}\right)B_{2j}, \tag{2.1.30b}$$

于是由定理 2.1.3 及推论 2.1.3 导出中矩形求积公式的渐近展开.

定理 2.1.4   若 $g \in C^{2k+1}[a,b]$, 则中矩形求积的误差的渐近展开为

$$
\begin{aligned}
&M_n(f) - \int_a^b g(x)\mathrm{d}x \\
&= \frac{C_2}{2!}h^2[g'(b) - g'(a)] \\
&\quad + \frac{C_4}{4!}h^4 \times [g'''(b) - g''(a)] + \cdots + \frac{C_{2k}}{(2k)!}h^{2k}[g^{(2k-1)}(b) - g^{(2k-1)}(a)] \\
&\quad + h^{2k+1}\int_a^b p_{2k+1}\left(\frac{1}{2} + \frac{x-a}{h}\right)g^{(2k+1)}(x)\mathrm{d}x,
\end{aligned}
\tag{2.1.31}
$$

这里 $C_{2j} = B_{2j}\left(\dfrac{1}{2}\right) = -(1 - 2^{1-2j})B_{2j}, j = 1, \cdots, k.$

证明   由 (2.1.6), (2.1.27) 及 (2.1.30) 导出.   □

显然, 无论定理 2.1.1 和定理 2.1.4 的被积函数皆可把 $g^{(k)} \in C^k[a,b]$ 减弱为 $g^{(k)}$ 是有界变差函数.

对于周期函数而言梯形公式 $T_n(f)$ 与中矩形公式 $M_n(f)$ 是一致的, 即皆等于函数在各等分点处值的简单平均. 对于非周期函数, 中矩形公式属于开型求积公式: 即不涉及两端点 a 和 b 处的函数值计算; 梯形公式属闭型求积公式, 要涉及端点 a 和 b 处函数值计算. 下面将见到对于以端点为奇点的被积函数, 开型公式要精密一些.

利用展开式 (2.1.13) 和 (2.1.31) 可以组合精度更高的 Simpson 公式:

$$S_n(g) = \frac{2}{3}M_n(g) + \frac{1}{3}T_n(g) = \frac{4}{3}T_{2n}(g) - \frac{1}{3}T_n(g), \tag{2.1.32}$$

故 Simpson 公式既可视为中矩形公式和梯形公式组合, 又可以视为梯形公式的一次外推.

Simpson 公式的误差也有展开式

$$S_n(g) - \int_a^b g(x)\mathrm{d}x = \frac{D_4}{4!}h^4[g'''(b) - g'''(a)] + \cdots$$

$$+ \frac{D_{2k}}{(2k)!} h^{2k}[g^{(2k-1)}(b) - g^{(2k-1)}(a)] + O(h^{2k+1}), \quad (2.1.33)$$

其中常数 $D_{2j} = \frac{2}{3}C_{2j} + \frac{1}{3}B_{2j} = \frac{1}{3}(2^{2-2j} - 1)B_{2j}, j = 2, 3, \cdots, k$.

下面考虑梯形公式的 Romberg 外推 $T_m^{(k)}$ 的误差.

定理 2.1.5　若 $f(x) \in C^{2m+2}[0,1]$, 则存在 $\xi \in [0,1]$ 使

$$T_m^{(k)} = \int_0^1 f(x)\mathrm{d}x + \frac{4^{-k(m+1)}B_{2m+2}}{2^{m(m+1)}(2m+2)!} f^{(2m+2)}(\xi). \quad (2.1.34)$$

证明　应用数学归纳法, 对于 $m = 0$, 容易证明

$$T_0^{(k)} = \int_0^1 f(x)\mathrm{d}x + 2^{-2k} \int_0^1 b_2(2^k x)f''(x)\mathrm{d}x,$$

其中

$$b_2(t) = - \int_0^t p_1(x)\mathrm{d}x$$

现在假定存在周期函数 $b_{2m}(t)$ 使

$$T_{m-1}^{(k)} = \int_0^1 f(x)\mathrm{d}x + 2^{-2km} \int_0^1 b_{2m}(2^k x)f^{(2m)}(x)\mathrm{d}x,$$

那么由 (1.1.20) 有

$$T_m^{(k)} = \int_0^1 f(x)\mathrm{d}x + \frac{2^{-2km}}{4^m - 1} \int_0^1 [b_{2m}(2^{k+1}x) - b_{2m}(2^k x)]f^{(2m)}(x)\mathrm{d}x \quad (2.1.35)$$

令

$$u(y) = b_{2m}(2y) - b_{2m}(y),$$

$$v(y) = \int_0^y u(t)\mathrm{d}t,$$

$$w(y) = \int_0^y v(t)\mathrm{d}t.$$

显然 u 是以 1 为周期的偶周期函数, 而且

$$v(1) = \int_0^1 u(t)\mathrm{d}t = \frac{1}{2}\int_0^2 b_{2m}(t)\mathrm{d}t - \int_0^1 b_{2m}(t)\mathrm{d}t = 0 = v(0),$$

因此 v 是以 1 为周期的奇周期函数, 同样由

$$w(1) = \int_0^1 v(t)\mathrm{d}t = \int_{-1/2}^{1/2} v(t)\mathrm{d}t = 0 = w(0)$$

又得到 w 是以 1 为周期的偶周期函数, 现在应用分部积分两次, 由 (2.1.35) 导出

$$T_m^{(k)} = \int_0^1 f(x)\mathrm{d}x + \frac{2^{-2k(m+1)}}{4^m - 1} \int_0^1 u(2^k x)] f^{(2m)}(x)\mathrm{d}x$$

$$= \int_0^1 f(x)\mathrm{d}x - \frac{2^{-2km-k}}{4^m - 1} \int_0^1 v(2^k x) f^{(2m+1)}(x)\mathrm{d}x$$

$$= \int_0^1 f(x)\mathrm{d}x + \frac{2^{-2k(m+1)}}{4^m - 1} \int_0^1 w(2^k x) f^{(2m+2)}(x)\mathrm{d}x. \qquad (2.1.36)$$

现在置

$$b_{2m+2}(y) = \frac{1}{4^m - 1} w(y)$$

便完成归纳法的证明. 其次, 注意

$$b_2(x) = x(1-x)/2,$$

$$b_{2m+2}(x) = \frac{1}{4^m - 1} \int_0^x \int_0^y [b_{2m}(2t) - b_{2m}(t)]\mathrm{d}t\mathrm{d}y.$$

容易归纳证明

$$b_{2m}(x) \geqslant 0, \quad m = 1, 2, \cdots$$

和

$$\int_0^1 b_{2m}(t)\mathrm{d}t = \frac{B_{2m}}{(2m)! 2^{(m-1)m}}, \quad m = 1, 2, \cdots$$

对 (2.1.36) 使用积分中值定理, 便完成定理的证明. □

在数值积分方法中能够和 Romberg 方法竞争的方法只有和 Guass 方法, 而 Romberg 方法有如下优点: 首先, 外推是在逐步加密网格实现的, 每层次的细网格包含低层次的粗网格, 因此加密只需要计算新生的细网格的函数值; 其次, Romberg 方法将得到一系列的近似值, 从而能够后验估计误差的大小. 事实上, 我们有如下结果:

$$|T_{j+1}^{(i)} - T(0)| \leqslant |T_j^{(i+1)} - T_j^{(i)}|. \qquad (2.1.37)$$

应用 (2.1.37) 可以随时判断近似积分的精度, 以便决定是继续加密还是输出结果.

2.2 基于 Mellin 变换的 Euler-Maclaurin 展开式在奇异与弱奇异积分中的应用

2.1 节中讨论了被积函数连续可导下, 梯形和中矩形求积公式的 Euler-Maclaurin 展开式及其外推法, 但是若被积函数端点有奇性, 如积分

$$If = \int_0^1 x^\alpha f(x)\mathrm{d}x, \quad \alpha < 0,$$

则函数 $f(x)$ 在 0 点不连续, 特别若 $-1 < \alpha < 0$, 便称为弱奇异积分; 若 $\alpha = -1$ 便称为奇异积分; 若 $\alpha < -1$, 便称为超奇异积分. 奇异和超奇异积分都是发散的, 只能在 Cauchy 或者 Hadamard 意义下理解.

弱奇异积分基于类梯形公式误差的 Euler-Maclaurin 展开式最早是 Navot(1961) 得到的, 他使用的方法是 Fourier 级数展开, 其后 Ninham(1966) 沿此思路得到更新的结果, 但是他们的证明比较长, 而且不能推广到奇异和超奇异积分上. 本节的证明是 Verliden 和 Haegemans(1993) 提出的. 他们应用 Mellin 变换 得到 Euler-Maclaurin 展开式的的新证明, 方法新颖并且具有推广价值. 为了介绍这个方法, 需要先介绍 Riemann-Zeta 函数和 Mellin 变换的相关知识.

2.2.1　Riemann-Zeta 函数

如果复数 s 的实部 $\operatorname{Re} s > 1$, 那么可以定义 Riemann-Zeta 函数

$$\zeta(s) = \sum_{n=1}^{\infty} \frac{1}{n^s}, \tag{2.2.1}$$

因为 $\operatorname{Re} s > 1$, 级数 (2.2.1) 是收敛的, 故函数 $\zeta(s)$ 在 $\operatorname{Re} s > 1$ 区域内是解析的. 应用 Riemann 关系 (王竹溪等, 1979)

$$\zeta(1-s) = 2(2\pi)^{-s}\Gamma(s)\cos(s\pi/2)\zeta(s), \tag{2.2.2}$$

Riemann-Zeta 函数可以被解析开拓到区域 $\operatorname{Re} s < 1$ 上. 但是 Riemann-Zeta 函数有一个简单极点 $s = 1$, 事实上, 应用有界变差函数积分理论, 有

$$\begin{aligned}
\sum_{n=1}^{\infty} \frac{1}{n^s} &= 1 + \int_1^{\infty} \frac{\mathrm{d}[x]}{x^s} \\
&= 1 + \frac{[x]}{x^s}\Big|_1^{\infty} + s\int_1^{\infty} \frac{[x]\mathrm{d}x}{x^{s+1}} \\
&= 1 + \frac{1}{s-1} + s\int_1^{\infty} \frac{[x]-x}{x^{s+1}}\mathrm{d}x, \quad \forall \operatorname{Re} s > 1.
\end{aligned} \tag{2.2.3}$$

由此不仅导出 $s = 1$ 是简单极点, 而且其留数为 1. 容易从 (2.2.2) 导出

$$\zeta(-2k) = 0, \quad \zeta(1-2k) = -\frac{1}{2k}B_{2k}, \quad \zeta(0) = -\frac{1}{2} \tag{2.2.4}$$

和

$$\zeta'(0) = -\frac{1}{2}\ln(2\pi). \tag{2.2.5}$$

一个推广 Riemann-Zeta 函数, 即 Hurwitz 函数定义为

$$\zeta(s,a) = \sum_{n=0}^{\infty} \frac{1}{(n+a)^s}, \quad \operatorname{Re} s > 1, \tag{2.2.6}$$

其中 a 为正实数. 若为 $\operatorname{Re} s > 1$, 级数 (2.2.6) 是收敛的. 应用 Hurwitz 关系

$$\zeta(-s, a) = 2(2\pi)^{-s+1} \sum_{n=1}^{\infty} \frac{\sin(2\pi an - \pi s/2)}{n^{1+s}}, \quad \operatorname{Re} s > 0, \tag{2.2.7}$$

可以把 $\zeta(s, a)$ 解析开拓到区域 $\operatorname{Re} s < 0$ 上, 并且成立积分表达式

$$\zeta(s, a) = \frac{a^{-s}}{2} + \frac{a^{1-s}}{s-1} + 2 \int_0^{\infty} \frac{(a^2+y^2)^{-s/2} \sin(s\theta)}{\mathrm{e}^{2\pi y} - 1} \mathrm{d}y, \tag{2.2.8}$$

其中 $\theta = \arctan(y/a)$. 由此导出 $s = 1$ 是 $\zeta(s, a)$ 简单极点, 而且其留数为 a^{1-s}.

从 (2.2.6), (2.2.7) 容易导出

$$\zeta(s, 1) = \zeta(s), \tag{2.2.9a}$$

$$\zeta(-m, a) = -\frac{B_{m+1}(a)}{m+1}, \quad \text{当} m \text{为非负整数}, \tag{2.2.9b}$$

$$\zeta(s, 1/2) = (2^s - 1)\zeta(s), \tag{2.2.9c}$$

$$\zeta(-2m, 1/2) = 0, \quad m = 0, 1, 2, \cdots. \tag{2.2.9d}$$

这些关系后面有用.

2.2.2　Mellin 变换及其逆变换

假设 $p = \sigma + \mathrm{i}t$, 如果函数 $f(x)$ 满足 $f(x)x^{\sigma-1} \in L_1(0, \infty)$, 那么其上可以定义 Mellin 变换

$$M(f, p) = \int_0^{\infty} f(x)x^{p-1}\mathrm{d}x, \tag{2.2.10}$$

Mellin 变换和 Fourier 变换密切相关, 事实上, $L_2(-\infty, \infty)$ 的函数的 Fourier 变换定义为

$$F(s) = (2\pi)^{-1/2} \int_{-\infty}^{\infty} f(t)\mathrm{e}^{-\mathrm{i}st}\mathrm{d}t, \tag{2.2.11}$$

其逆变换为

$$f(t) = (2\pi)^{-1/2} \int_{-\infty}^{\infty} f(t)\mathrm{e}^{\mathrm{i}st}\mathrm{d}t, \tag{2.2.12}$$

如果在 (2.2.10) 中置 $x = \mathrm{e}^y (-\infty < y < \infty)$, 容易证明

$$\int_{-\infty}^{\infty} |f(\mathrm{e}^y)|\mathrm{e}^{\sigma y}\mathrm{d}y = \int_0^{\infty} |f(x)|\mathrm{e}^{\sigma-1}\mathrm{d}y,$$

所以函数 $f(\mathrm{e}^y)\mathrm{e}^{\sigma y}$ 的逆 Fourier 变换成立

$$\frac{1}{\sqrt{2\pi}} \int_{-\infty}^{\infty} f(y)\mathrm{e}^{\sigma y}\mathrm{e}^{\mathrm{i}ty}\mathrm{d}y = \frac{1}{\sqrt{2\pi}} \int_0^{\infty} f(x)\mathrm{e}^{p-1}\mathrm{d}x.$$

这表明 $f(x)$ 的 Mellin 变换 $M(f)$ 恰好是 $\sqrt{2\pi}f(e^y)e^{\sigma y}$ 的 Fourier 变换, 因此可以由 Fourier 变换的反演公式导出 Mellin 变换的反演公式

$$f(x) = \frac{1}{2\pi i} \int_{c-i\infty}^{c+i\infty} M(f,p)x^{-p}\mathrm{d}p, \tag{2.2.13}$$

其中 $c = \operatorname{Re}p, p$ 是使积分 (2.2.10) 存在的复数.

有关 Mellin 变换的其他性质可以参见 (王连祥等, 1977).

2.2.3 弱奇异积分的 Euler-Maclaurin 展开式

考虑在半无穷区间 $[0,\infty)$ 上的积分

$$I(f) = \int_0^\infty f(t)\mathrm{d}t, \tag{2.2.14}$$

其中 $f(t) = t^\alpha g(t)$, 而且 $g(x)$ 是 $[0,\infty)$ 上具有紧支集的光滑函数. 现在, 对任何 $\mu > 0$, 定义 (2.2.14) 的近似积分

$$(S_\mu f)(\beta) = \frac{1}{\mu}\sum_{k=0}^\infty f\left(\frac{\beta+k}{\mu}\right), \quad 1 > \beta > 0. \tag{2.2.15}$$

应用 Mellin 变换的反演公式, 得到

$$\begin{aligned}(S_\mu f)(\beta) &= \frac{1}{\mu}\sum_{k=0}^\infty \frac{1}{2\pi i}\int_{c-i\infty}^{c+i\infty} M(f,p)\left(\frac{\beta+k}{\mu}\right)^{-p}\mathrm{d}p\\ &= \frac{1}{2\pi i}\int_{c-i\infty}^{c+i\infty}\mu^{-1}M(f,p)\sum_{k=0}^\infty\left(\frac{\beta+k}{\mu}\right)^{-p}\mathrm{d}p\\ &= \frac{1}{2\pi i}\int_{c-i\infty}^{c+i\infty}\mu^{p-1}M(f,p)\zeta(p,\beta)\mathrm{d}p, \quad c > 1.\end{aligned} \tag{2.2.16}$$

令 $c' < c$, 下面计算积分 (2.2.16) 在带形区域 $c' < \operatorname{Re}(p) < c$ 内极点的留数. 为此, 注意

$$F(p) = M(f,p) = M(g,p+\alpha) = G(p+\alpha), \tag{2.2.17}$$

显然, 函数 $G(p)$ 在 $\operatorname{Re}(p) > 0$ 是解析的. 由 Mellin 变换的定义并且借助逐次分部积分, 又有

$$\begin{aligned}G(p) = M(g,p) &= \frac{1}{-p}M(g',p+1) = \cdots\\ &= \frac{1}{-p(-p-1)...(-p-n+1)}M(g^{(n)},p+n),\end{aligned} \tag{2.2.18}$$

由于 $M(g^{(n)}, p+n)$ 在 $\mathrm{Re}(p) > -n$ 是解析的, 这表明 $G(p)$ 允许解析开拓到 $\mathbb{C}\backslash\{0, -1, -2, \cdots\}$ 上, 并且以 $p = -n$ $(n = 0, 1, 2, \cdots)$ 为简单极点, 其留数由 (2.2.18) 得到

$$\begin{aligned}\mathrm{Res}(G(p), -n) &= -\frac{1}{n!}M(g^{(n+1)}, 1)\\ &= -\frac{1}{n!}\int_0^\infty g^{(n+1)}(x)\mathrm{d}x\\ &= \frac{1}{n!}g^{(n)}(0), \quad n = 0, 1, 2, \cdots,\end{aligned} \tag{2.2.19}$$

而且对于所有的 $K > 0$ 和 $a, b \in \mathbb{R}$ 只要选择 (2.2.18) 的 n 充分大, 便可以得到

$$G(p) = O(|p|^{-K}), \quad \text{当} p \to \infty, \ -\infty < a \leqslant \mathrm{Re}(p) \leqslant b < \infty. \tag{2.2.20}$$

假定 c' 满足: $-\mathrm{Re}(\alpha) - n - 1 < c' < -\mathrm{Re}(\alpha) - n$, 考虑关于 p 的函数 $\mu^{p-1}F(p)\zeta(p, x)$, 在带形区域 $c' \leqslant \mathrm{Re}\,p \leqslant c$ 上的围道积分. 为此, 注意在带形内此函数仅有简单极点 $p = 1$ 和 $p = -\alpha - k(k = 0, 1, \cdots, n)$, 应用 (2.2.8) 得到 $p = 1$ 的留数

$$\mathrm{Res}(\mu^{p-1}F(p)\zeta(p, x), 1) = F(1)\mathrm{Res}(\zeta(p, x), 1) = \int_0^\infty f(t)\mathrm{d}t, \tag{2.2.21}$$

应用 (2.2.17) 和 (2.2.18) 得到 $p = -\alpha - k(k = 0, 1, \cdots, n)$ 的留数

$$\begin{aligned}\mathrm{Res}(\mu^{p-1}F(p)\zeta(p, x), -\alpha - k) &= \mu^{-\alpha-k-1}\mathrm{Res}(F(p), -\alpha - k)\zeta(-\alpha - k, x)\\ &= \frac{g^{(k)}(0)}{\mu^{\alpha+k+1}k!}\zeta(-\alpha - k, x), \quad k = 0, 1, \cdots, n.\end{aligned}$$

因此, 应用留数定理得到

$$\begin{aligned}(S_\mu f)(\beta) = &\int_0^\infty f(t)\mathrm{d}t + \sum_{k=0}^n \frac{g^{(k)}(0)}{\mu^{\alpha+k+1}k!}\zeta(-\alpha - k, \beta)\\ &+ \frac{1}{2\pi\mathrm{i}}\int_{c'-\mathrm{i}\infty}^{c'+\mathrm{i}\infty} \mu^{p-1}F(p)\zeta(p, \beta)\mathrm{d}p.\end{aligned} \tag{2.2.22}$$

注意: 最后一个积分可以转换为在实轴上的积分

$$\begin{aligned}\frac{1}{2\pi\mathrm{i}}\int_{c'-\mathrm{i}\infty}^{c'+\mathrm{i}\infty} \mu^{p-1}F(p)\zeta(p, \beta)\mathrm{d}p &= \frac{\mu^{c'-1}}{2\pi}\int_{-\infty}^\infty \mu^{\mathrm{i}s}F(c' + \mathrm{i}s)\zeta(c' + \mathrm{i}s, \beta)\mathrm{d}s\\ &= o(\mu^{c'-1}), \quad \mu \to \infty.\end{aligned} \tag{2.2.23}$$

因为 $c' < 0$, 对于 (2.2.23) 取 $\mu \to \infty$, 便得到半无穷区间上弱奇异积分的推广 Euler-Maclaurin 展开式

$$
\begin{aligned}
(S_\mu f)(\beta) &= \frac{1}{\mu} \sum_{k=0}^{\infty} f\left(\frac{\beta + k}{\mu}\right) \\
&= \int_0^{\infty} t^\alpha g(t)\mathrm{d}t + \sum_{k=0}^{\infty} \frac{g^{(k)}(0)}{\mu^{\alpha+k+1} k!} \zeta(-\alpha - k, \beta), \quad \mu \to \infty, \quad (2.2.24)
\end{aligned}
$$

这里 $f(t) = t^\alpha g(t)$.

为了把弱奇异积分的 Euler-Maclaurin 展开式推广到有限区间上, 引入中立型函数 (neutralized function) 概念: 称函数 $\nu(x; k_1, k_2)$ $(k_1 < k_2)$ 为中立型函数, 如果它满足 $\nu(x) \in C^\infty(-\infty, \infty)$ 和

$$
\nu(x) = \begin{cases} 1, & x \leqslant k_1, \\ 0, & x \geqslant k_2. \end{cases}
$$

如此函数是存在的, 如

$$
\begin{aligned}
\nu(x) &= \frac{1}{2}\left\{1 + \tanh\left(\frac{1}{k_2 - x} - \frac{1}{x - k_1}\right)\right\}, \quad x \in (k_1, k_2), \\
\nu(x) &= 1, \quad x \leqslant k_1, \\
\nu(x) &= 0, \quad x \geqslant k_2
\end{aligned} \tag{2.2.25}
$$

便是中立型函数.

借助中立型函数, 任何 $f(x) \in C^n[0,1]$ 都可以被延拓为 $C^n[0,\infty)$ 中的函数, 为此定义

$$
f(x) = \begin{cases} f(x), & 0 \leqslant x \leqslant 1, \\ \left(\sum_{j=0}^{n} \frac{f^{(j)}(1)}{j!}(x-1)^j\right) \nu(x; k_1, k_2), & x > 1, \end{cases} \tag{2.2.26}
$$

其中 $1 \leqslant k_1 < k_2$. 容易检验延拓后的 $f(x)$ 是具有紧支集的函数. 因为 $k_1 \geqslant 1$, 故可以定义新函数

$$
\tilde{f}(x) = f(x + 1) \tag{2.2.27}
$$

和新求和

$$
(\tilde{S}_\mu f)(\beta) = (S_\mu f)(\beta) - (S_\mu \tilde{f})(\beta). \tag{2.2.28}
$$

按照 (2.2.27) 的定义, 应用 (2.2.23) 到 (2.2.28), 在 $\alpha = 0$ 的情形, 得到

$$
\begin{aligned}
(\tilde{S}_\mu f)(\beta) =& F(1) - \tilde{F}(1) + \sum_{k=0}^n \frac{1}{\mu^{k+1} k!} \zeta(-k, \beta) f^{(k)}(0) \\
& - \sum_{k=0}^n \frac{1}{\mu^{k+1} k!} \zeta(-k, \beta) f^{(k)}(1) \\
& + \frac{1}{2\pi i} \int_{c'-i\infty}^{c'+i\infty} \mu^{p-1} (F(p) - \tilde{F}(p)) \zeta(p, \beta) \mathrm{d}p,
\end{aligned}
\tag{2.2.29}
$$

这里 $\tilde{F}(p)$ 是 $\tilde{f}(x)$ 的 Mellin 变换, $c' \in (-n-2, -n-1)$. 由于

$$
\begin{aligned}
(\tilde{S}_\mu f)(\beta) &= (S_\mu f)(\beta) - (S_\mu \tilde{f})(\beta) \\
&= \frac{1}{\mu} \sum_{k=0}^\infty f\left(\frac{\beta+k}{\mu}\right) - \frac{1}{\mu} \sum_{k=0}^\infty f\left(1 + \frac{\beta+k}{\mu}\right) \\
&= \frac{1}{\mu} \sum_{k<\mu} f\left(\frac{\beta+k}{\mu}\right), \quad \beta > 0
\end{aligned}
\tag{2.2.30}
$$

和

$$
F(1) - \tilde{F}(1) = \int_0^\infty (f(x) - f(x+1)) \mathrm{d}x = \int_0^1 f(x) \mathrm{d}x.
\tag{2.2.31}
$$

取 $\mu = N$ 是正整数, $0 < \beta < 1$, 代入 (2.2.29) 后得

$$
\begin{aligned}
\frac{1}{N} \sum_{k=0}^{N-1} f\left(\frac{\beta+k}{N}\right) =& \int_0^1 f(x) \mathrm{d}x + \sum_{k=0}^n \frac{1}{N^{k+1} k!} \zeta(-k-\alpha, \beta) f^{(k)}(0) \\
& - \sum_{k=0}^n \frac{1}{N^{k+1} k!} \zeta(-k, \beta) f^{(k)}(1) \\
& + \frac{1}{2\pi i} \int_{c'-i\infty}^{c'+i\infty} N^{p-1} (F(p) - \tilde{F}(p)) \zeta(p, \beta) \mathrm{d}p,
\end{aligned}
\tag{2.2.32}
$$

这便是偏矩形公式 (2.1.22) 的 Euler-Maclaurin 展开式, 如果取 $\beta = 1/2$, 应用 (2.2.9b) 和 (2.1.31) 的结果便得到中矩形公式的 Euler-Maclaurin 展开式(2.1.31).

如果 $0 > \alpha > -1$, 那么 $f(x) = x^\alpha g(x)$, 此情形下 (2.2.14) 是弱奇异积分, 重复上面的讨论得到弱奇异函数 $f(x)$ 的偏矩形公式的 Euler-Maclaurin 展开式

$$
\begin{aligned}
\frac{1}{N} \sum_{k=0}^{N-1} f\left(\frac{\beta+k}{N}\right) =& \int_0^1 x^\alpha g(x) \mathrm{d}x + \sum_{k=0}^n \frac{1}{N^{k+1+\alpha} k!} \zeta(-k-\alpha, \beta) g^{(k)}(0) \\
& - \sum_{k=0}^n \frac{1}{N^{k+1} k!} \zeta(-k, \beta) f^{(k)}(1) \\
& + \frac{1}{2\pi i} \int_{c'-i\infty}^{c'+i\infty} \mu^{p-1} (F(p) - \tilde{F}(p)) \zeta(p, \beta) \mathrm{d}p.
\end{aligned}
\tag{2.2.33}
$$

如果被积函数在两个端点都是弱奇异的, 如

$$f(x) = x^\alpha (1-x)^\gamma g(x), \qquad -1 < \alpha, \gamma < 0, \tag{2.2.34}$$

其中 $g(x) \in C^n(0,1)$, 那么应用中立函数把 $f(x)$ 表达为

$$\begin{aligned} f(x) &= f(x)\nu(x; 1/3, 2/3) + f(x)(1 - \nu(x; 1/3, 2/3)) \\ &= f_0(x) + f_1(x) = f_0(x) + f_2(1-x), \end{aligned} \tag{2.2.35}$$

这里 $f_0(x), f_2(x)$ 都在 $x = 0$ 有弱奇性, 故对二者应用 (2.2.33) 得到

$$\begin{aligned} (\tilde{S}_N f)(\beta) &= (\tilde{S}_N f_0)(\beta) + (\tilde{S}_N f_2)(1-\beta)) \\ &= F_0(1) + F_2(1) + \sum_{k=0}^n \frac{1}{N^{k+1+\alpha} k!} \zeta(-k-\alpha, \beta) g_0^{(k)}(0) \\ &\quad + \sum_{k=0}^n \frac{(-1)^k}{N^{k+1+\gamma} k!} \zeta(-k-\gamma, 1-\beta) g_1^{(k)}(1) \\ &\quad + \frac{1}{2\pi i} \int_{c'-i\infty}^{c'+i\infty} N^{p-1}(F_0(p) + F_2(p)) \zeta(p, \beta) \mathrm{d}p, \end{aligned} \tag{2.2.36}$$

这里

$$g_0(x) = (1-x)^\gamma g(x), \quad g_1(x) = x^\alpha g(x),$$

注意

$$F_0(1) + F_2(1) = \int_0^1 f(x)\mathrm{d}x = \int_0^1 x^\alpha (1-x)^\gamma g(x)\mathrm{d}x,$$

这样借助 Mellin 变换便导出了 Navot 的渐近展开式

$$\begin{aligned} \frac{1}{N} \sum_{k=0}^{N-1} f\left(\frac{\beta+k}{N}\right) &= \int_0^1 x^\alpha (1-x)^\gamma g(x)\mathrm{d}x + \sum_{k=0}^n \frac{1}{N^{k+1+\alpha} k!} \zeta(-k-\alpha, \beta) g_0^{(k)}(0) \\ &\quad + \sum_{k=0}^n \frac{(-1)^k}{N^{k+1+\gamma} k!} \zeta(-k-\gamma, 1-\beta) g_1^{(k)}(1) \\ &\quad + \frac{1}{2\pi i} \int_{c'-i\infty}^{c'+i\infty} N^{p-1}(F_0(p) + F_2(p)) \zeta(p, \beta) \mathrm{d}p, \end{aligned} \tag{2.2.37}$$

这里 $1 > \beta > 0, c' \in (-n - \min(\alpha, \gamma) - 2, -n - \min(\alpha, \gamma) - 1)$.

把上式视为 α, γ 的函数, 它们在 $\alpha, \gamma > 0$ 的区域内是解析的, 因此两边可以对 α, γ 微分, 便得到包含对数函数的数值求积展开式

$$\frac{1}{N} \sum_{k=0}^{N-1} f\left(\frac{\beta+k}{N}\right)$$

$$= \int_0^1 x^\alpha (1-x)^\gamma \ln^\eta x \ln^\xi (1-x) \mathrm{d}x$$

$$+ \sum_{k=0}^n \frac{1}{N^{k+1+\alpha} k!} [(-\ln N)^\eta \zeta(-k-\alpha, \beta) - \eta \zeta'(-k-\alpha, \beta)] g_0^{(k)}(0)$$

$$+ \sum_{k=0}^n \frac{(-1)^k}{N^{k+1+\gamma} k!} [(-\ln N)^\eta \zeta(-k-\gamma, \beta) - \xi \zeta'(-k-\gamma, \beta)] \zeta(-k-\gamma, 1-\beta) g_1^{(k)}(1)$$

$$+ \frac{1}{2\pi \mathrm{i}} \int_{c'-\mathrm{i}\infty}^{c'+\mathrm{i}\infty} N^{p-1} (F_0(p) + F_2(p)) \zeta(p, \beta) \mathrm{d}p, \quad \eta, \xi = 0\text{或}1 \tag{2.2.38}$$

其中

$$f(x) = x^\alpha (1-x)^\gamma \ln^\eta x \ln^\xi (1-x), \quad -1 < \alpha, \gamma < 0, \text{ 而} \eta, \xi = 0\text{或者}1,$$

而 $F_0(p), F_2(p)$ 分别是由 (2.2.35) 定义的函数 $f_0(x), f_2(x)$ 的 Mellin 变换.

2.2.4 带参数的弱奇异积分的 Euler-Maclaurin 展开式

本节讨论奇点在区间内部, 即存在参数 $t \in (a, b)$, 而被积函数为弱奇异的, 即 $G(x) = g(x)|x-t|^s$, 或者 $G(x) = g(x)|x-t|^s \ln|x-t|, s > -1$.

令 $x_j = a + jh, j = 0, 1, \cdots, N, h = (b-a)/N, N$ 是正整数, $t \in \{x_j : 1 \leqslant j \leqslant N-1\}$ 是固定参数, 对此有如下定理.

定理 2.2.1 若 $g(x) \in C^{2m}[a, b]$, 而 $G(x) = g(x)|x-t|^s, s > -1$, 则成立渐近展开

$$\int_a^b G(x) \mathrm{d}x - h \sum_{\substack{j=0 \\ x_j \neq t}}^N {}'' G(x_j)$$

$$= \sum_{j=1}^{m-1} \frac{B_{2j}}{(2i)!} [G^{(2i-1)}(a) - G^{(2i-1)}(b)] h^{2i}$$

$$- 2 \sum_{j=0}^{m-1} \frac{\zeta(-s-2j)}{(2j)!} g^{(2j)}(t) h^{2j+s+1} + O(h^{2m}), \tag{2.2.39}$$

这里

$$\sum_{j=0}^N {}'' G(x_j) = \frac{1}{2} G(x_0) + G(x_1) + \cdots + G(x_{N-1}) + \frac{1}{2} G(x_N).$$

证明　由 (2.2.33) 得到

$$D_1(h) = \int_t^b G(x)\mathrm{d}x - h\sum_{x_j>t} G(x_j)$$

$$= -\sum_{j=0}^{m-1} \frac{B_{2j}}{(2j)!} G^{(2j-1)}(b)h^{2j}$$

$$-\sum_{j=0}^{m-1} \frac{\zeta(-s-j)}{j!} g^{(j)}(t)h^{j+s+1} + O(h^{2m}), \tag{2.2.40}$$

同理又有

$$D_2(h) = \int_a^t G(x)\mathrm{d}x - h\sum_{x_j<t} G(x_j)$$

$$= \sum_{j=0}^{m-1} \frac{B_{2j}}{(2j)!} G^{(2j-1)}(a)h^{2j}$$

$$-\sum_{j=0}^{m-1} (-1)^j\frac{\zeta(-s-j)}{j!} g^{(j)}(t)h^{j+s+1} + O(h^{2m}), \tag{2.2.41}$$

这里符号 $\sum_{x_j<t} G(x_j)$ 和 $\sum_{x_j>t} G(x_j)$ 分别蕴涵对第一项和最后一项求和要乘系数 $1/2$. 合并 (2.2.40) 和 (2.2.41) 便得到 (2.2.39) 的证明.　□

定理 2.2.2　若 $g(x)\in C^{2m}[a,b]$, 而 $G(x) = g(x)|x-t|^s\ln|x-t|, s>-1$, 则成立渐近展开

$$D(h) = \int_a^b G(x)\mathrm{d}x - h\sum_{\substack{j=0\\x_j\neq t}}^{N}{}'' G(x_j)$$

$$= \sum_{j=1}^{m-1} \frac{B_{2j}}{(2i)!}[G^{(2i-1)}(a) - G^{(2i-1)}(b)]h^{2i}$$

$$- 2\sum_{j=0}^{m-1} \frac{g^{(2j)}(t)}{(2j)!}[-\zeta'(-s-2j) + \zeta(-s-2j)\ln h]h^{2j+s+1} + O(h^{2m}). \tag{2.2.42}$$

证明　对 (2.2.39) 两端关于参数 s 微分便得到证明.　□

推论 2.2.1　若 $s=0$, 则 (2.2.42) 简化为

$$D(h) = \int_a^b G(x)\mathrm{d}x - h\sum_{\substack{j=0\\x_j\neq t}}^{N}{}'' G(x_j)$$

$$= g(t)h\ln h + \sum_{j=1}^{m-1} \frac{B_{2j}}{(2i)!}[G^{(2i-1)}(a) - G^{(2i-1)}(b)]h^{2i}$$

$$+ 2\sum_{j=0}^{m-1} \frac{g^{(2j)}(t)}{(2j)!}\zeta'(-2j)h^{2j+1} + O(h^{2m}). \tag{2.2.43}$$

证明 在 (2.2.42) 中取 $s = 0$, 并且注意

$$\zeta(0) = -1/2, \quad \zeta(-2j) = 0, \quad j = 1, 2, \cdots,$$

便得到 (2.2.43) 的证明. □

上面定理表明: 若 $G(x)$ 是周期函数, 则精度大为提高, 并且成立以下定理.

定理 2.2.3 若 $g(x)$ 和 $\tilde{g}(x) \in C^{2m}[a,b]$, 而 $G(x)$ 是以 $T = b - a$ 为周期的周期函数, 而且除奇点 $\{t + kT\}_{k=-\infty}^{\infty}$ 外, $G(x)$ 至少 $2m$ 次可微, 则成立

(1) 若 $G(x) = g(x)|x-t|^s + \tilde{g}(x), s > -1$, 则求积公式

$$Q_n(G) = h\sum_{\substack{j=1 \\ x_j \neq t}}^{N} G(x_j) + \tilde{g}(t)h - 2\zeta(-s)g(t)h^{s+1} \tag{2.2.44}$$

的误差有渐近展开

$$E_n(G) = -2\sum_{j=1}^{m-1} \frac{\zeta(-s-2j)}{(2j)!}g^{(2j)}(t)h^{2j+s+1} + O(h^{2m}). \tag{2.2.45}$$

(2) 若 $G(x) = g(x)|x-t|^s\ln|x-t| + \tilde{g}(x), s > -1$, 则求积公式

$$Q_n(G) = h\sum_{\substack{j=1 \\ x_j \neq t}}^{n} G(x_j) + \tilde{g}(t)h + 2[\zeta'(-s) - \zeta(-s)\ln h]g(t)h^{s+1} \tag{2.2.46}$$

的误差有渐近展开

$$E_n(G) = 2\sum_{j=1}^{m-1} [\zeta'(-s-2j) - \zeta(-s-2j)\ln h]\frac{g^{(2j)}(t)}{(2j)!}h^{2j+s+1} + O(h^{2m}). \tag{2.2.47}$$

(3) 若 $s = 0$, 即 $G(x) = g(x)\ln|x-t| + \tilde{g}(x)$, 则注意 $\zeta'(0) = -\ln(2\pi)/2$, 便得到求积公式

$$Q_n(G) = h\sum_{\substack{j=1 \\ x_j \neq t}}^{N} G(x_j) + \tilde{g}(t)h + \ln\frac{h}{2\pi}g(t)h \tag{2.2.48}$$

的误差有渐近展开

$$E_n(G) = 2 \sum_{j=1}^{m-1} \zeta'(-2j) \frac{g^{(2j)}(t)}{(2j)!} h^{2j+1} + O(h^{2m}). \tag{2.2.49}$$

证明　因为 $G(x)$ 是以 $T = b - a$ 为周期的周期函数, 故成立: $G^{(k)}(a) = G^{(k)}(b), 0 \leqslant k \leqslant 2m$. 应用定理 2.2.2 便得到证明.　□

定理 2.2.3 是构造第二类弱奇异积分方程的 Nyström 算法与外推的基础, 由于这些内容已经在专著 (吕涛等, 2013) 中详细阐述, 这里不再赘述.

2.2.5　带参数的奇异积分的 Euler-Maclaurin 展开式

考虑带参数的奇异积分

$$\text{p.v.} \int_a^b G(x)\mathrm{d}x = \text{p.v.} \int_a^b \frac{g(x)}{x - t}\mathrm{d}x, \tag{2.2.50}$$

这里积分是在 Cauchy 主值意义下的, 即

$$\text{p.v.} \int_a^b \frac{g(x)}{x - t}\mathrm{d}x = \lim_{\varepsilon \to 0} \left\{ \int_{t-\varepsilon}^b \frac{g(x)}{x - t}\mathrm{d}x + \int_a^{t+\varepsilon} \frac{g(x)}{x - t}\mathrm{d}x \right\}, \tag{2.2.51}$$

其中 $g(x)$ 是 $[a, b]$ 上的光滑函数. Sidi 和 Iseraeli(1988) 基于 Euler-Maclaurin 展开式得到计算 (2.2.51) 的梯形公式和误差的渐近展开式, 由此得到计算周期性奇异积分的外推方法.

令 $x_j = a + jh, j = 0, 1, \cdots, N, h = (b - a)/N, N$ 是正整数, $t \in \{x_j : 1 \leqslant j \leqslant N - 1\}$ 是固定参数, 并且记号 $\displaystyle\sum_{j=0}^{N} {}'' G(x_j)$ 表示求和中 $j = 0, N$ 这两项应当乘系数 $1/2$.

定理 2.2.4　若 $g(x) \in C^{2m}[a, b]$, 而 $G(x) = g(x)/(x - t)$, 则成立渐近展开

$$\text{p.v.} \int_a^b G(x)\mathrm{d}x - h \sum_{\substack{j=0 \\ x_j \neq t}}^{N} {}'' G(x_j)$$

$$= hg'(t) + \sum_{i=1}^{m-1} \frac{B_{2j}}{(2i)!} [G^{(2i-1)}(a) - G^{(2i-1)}(b)] h^{2i} + R_{2m}, \tag{2.2.52}$$

这里 $R_{2m} = O(h^{2m})$.

证明　不失一般性假定 $t - a \leqslant b - t, t \in \{x_j\}$, 因此 $b' = 2t - a \in \{x_j\}$, 而且 t 还是区间 $[a, b']$ 的中点, 分解

$$\text{p.v.} \int_a^b G(x)\mathrm{d}x = \text{p.v.} \int_a^{b'} G(x)\mathrm{d}x + \int_{b'}^b G(x)\mathrm{d}x, \tag{2.2.53}$$

其中

$$\text{p.v.} \int_a^{b'} G(x)\mathrm{d}x = \int_a^{b'} \frac{g(x) - g(t)}{x - t}\mathrm{d}x \tag{2.2.54}$$

的右端是正常积分 (当 $x = t$ 被积函数取为 $g'(t)$), 应用定理 2.2.1 到 (2.2.54), 得

$$D_1(h) = \int_a^{b'} G(x)\mathrm{d}x - h \sum_{\substack{x_j \leqslant b' \\ x_j \neq t}}^n {}'' \frac{g(x_j) - g(t)}{x_j - t} - hg'(t)$$

$$= \sum_{i=1}^{m-1} \frac{B_{2i}}{(2i)!} \left\{ \frac{\mathrm{d}^{2i-1}}{\mathrm{d}x^{2i-1}} \Big[\frac{g(x_j) - g(t)}{x_j - t} \Big]_{x=a} \right.$$

$$\left. - \frac{\mathrm{d}^{2i-1}}{\mathrm{d}x^{2i-1}} \left[\frac{g(x_j) - g(t)}{x_j - t} \right]_{x=b'} \right\} h^{2i} + O(h^{2m}). \tag{2.2.55}$$

注意 t 是 $[a, b']$ 的中点, 容易导出

$$h \sum_{\substack{x_j \leqslant b' \\ x_j \neq t}}^N {}'' \frac{1}{x_j - t} = 0 \tag{2.2.56}$$

和

$$\frac{\mathrm{d}^i}{\mathrm{d}x^i}\left(\frac{1}{x-t}\right) = \frac{(-1)^i i!}{(x-t)^{i+1}}, \quad i = 0, 1, \cdots. \tag{2.2.57}$$

将其代入 (2.2.55) 中, 得到

$$D_1(h) = \text{p.v.} \int_a^{b'} G(x)\mathrm{d}x - h \sum_{\substack{x_j \leqslant b' \\ x_j \neq t}}^n {}'' G(x_j) - hg'(t)$$

$$= \sum_{i=1}^{m-1} \frac{B_{2i}}{(2i)!} [G^{(2i-1)}(a) - G^{(2i-1)}(b')] h^{2i} + O(h^{2m}). \tag{2.2.58}$$

再应用定理 2.1.2 到 (2.2.53) 的第二个积分, 又得

$$D_2(h) = \int_{b'}^b G(x)\mathrm{d}x - h \sum_{x_j \geqslant b'}^N {}'' G(x_j)$$

$$= \sum_{i=1}^{m-1} \frac{B_{2i}}{(2i)!} [G^{(2i-1)}(b') - G^{(2i-1)}(b)] h^{2i} + O(h^{2m}). \tag{2.2.59}$$

合并 (2.2.55) 和 (2.2.59) 便得到 (2.2.52) 的证明. □

推论 2.2.2　(2.2.52) 的余项可以显式表达为

$$R_{2m} = h^{2m} \int_a^b \frac{\bar{B}_{2m}[(x-a)/h] - B_{2m}}{(2m)!} G^{(2m)}(x)\mathrm{d}x, \tag{2.2.60}$$

其中积分理解为 Cauchy 主值意义下, $\bar{B}_{2m}(x)$ 是 $B_{2m}(x)$ 的周期延拓.

证明   由于 (2.2.58) 的余项是

$$R_{2m} = h^{2m} \int_a^{b'} \frac{\bar{B}_{2m}[(x-a)/h] - B_{2m}}{(2m)!} \frac{\mathrm{d}^{2m}}{\mathrm{d}x^{2m}} \frac{g(x)-g(t)}{x-t} \mathrm{d}x, \qquad (2.2.61)$$

容易证明在变换 $x = t + \xi$ 下成立

$$\int_a^{b'} \frac{\bar{B}_{2m}[(x-a)/h] - B_{2m}}{(2m)!} \frac{\mathrm{d}^{2m}}{\mathrm{d}x^{2m}} \frac{1}{x-t} \mathrm{d}x$$

$$= \int_{-(t-a)}^{t-a} \frac{\bar{B}_{2m}[\xi/h + (t-a)/h] - B_{2m}}{(2m)!} \frac{\mathrm{d}^{2m}}{\mathrm{d}\xi^{2m}} \frac{1}{\xi} \mathrm{d}\xi = 0, \qquad (2.2.62)$$

事实上, $(t-a)/h$ 是整数, 应用 $\bar{B}_k(N+x) = \bar{B}_k(x)$ 和 $\bar{B}_k(-x) = (-1)^k \bar{B}_k(x), k \geqslant 2$, 这表明 (2.2.62) 的被积函数是奇函数, 故按照 Cauchy 主值意义, 其积分为零, 由此知 (2.2.60) 成立.   □

定理 2.2.5   若 $G(x)$ 是以 $T = b-a$ 为周期的周期函数, 并且在 $\tilde{\mathbb{R}} = (-\infty, \infty) \backslash \{t + kT\}_{k=-\infty}^{\infty}$ 上 $G(x)$ 至少 $2m$ 次可微, 令

$$Q_n(G) = h \sum_{\substack{x_j \leqslant b' \\ x_j \neq t}}^{n} {}'' G(x_j), \qquad (2.2.63)$$

则外推公式

$$\tilde{Q}_n(G) = 2Q_{2n}(G) - Q_n(G) = h \sum_{j=1}^{N} G\left(a + \frac{2j-1}{2} h\right) \qquad (2.2.64)$$

恰是中矩形公式, 并且误差有估计

$$\tilde{E}_n(G) = \mathrm{p.v.} \int_a^b G(x)\mathrm{d}x - \tilde{Q}_n(G) = O(h^{2m}). \qquad (2.2.65)$$

此外, 若 $G(z)$ 在带形区域 $|\mathrm{Im}\, z| < \sigma$ 内除去简单极点 $\{t + kT, k = 0, \pm 1, \pm 2, \cdots\}$ 外是解析周期函数, 则误差 $\tilde{E}_n(G)$ 是指数阶的, 并且有估计

$$|\tilde{E}_n(G)| \leqslant 2TM(\sigma') \exp(-2\pi N\sigma'/T)/[1 - \exp(-2\pi N\sigma'/T)], \quad \sigma' < \sigma, \qquad (2.2.66)$$

其中

$$M(y) = \max\{\max_{-\infty < x < \infty} |G_e(x + \mathrm{i}y)|, \max_{-\infty < x < \infty} |G_e(x - \mathrm{i}y)|\}$$

而 $G_e(\xi) = [G(t + \mathrm{i}\xi) + G(t - \mathrm{i}\xi)]/2$.

证明   (2.2.64) 可以直接得到, (2.2.66) 的证明见 (Davis et al., 1984).   □

定理 2.2.5 表明避开奇点的求积公式 (2.2.64) 具有高精度, 这些在计算奇异积分方程中有用.

2.3 超奇积分的 Euler-Maclaurin 展开式及其外推

本节研究发散积分的有穷部分. 读者或者会有疑问: 积分已经发散, 等于无穷了! 还有什么研究价值? 为了阐明这点, 举例说明: 考虑级数

$$f(z) = \sum_{j=1}^{\infty} z^j, \tag{2.3.1}$$

众所周知, 如此定义的复函数在单位圆 $\{z : |z| < 1\}$ 内是解析的, 而另外一个函数

$$F(x) = \frac{1}{1-z}, \tag{2.3.2}$$

则是除极点 $z = 1$ 外, 在整个复平面是解析的, 并且 $f(z) = F(z), \forall |z| < 1$, 在复变函数理论中称函数 $F(z)$ 是 $f(z)$ 的解析开拓. 由于解析开拓是唯一的, 我们自然可以把 $f(z)$ 解析开拓后的函数仍然使用 $f(z)$ 表达, 于是 $f(2)$ 不仅有意义, 而且 $f(2) = -1$. 换句话说: 发散级数可以在解析开拓意义下理解, 并且具有有穷值.

再举例, 考虑使用积分表达的复变函数

$$g(\alpha) = \int_0^1 x^\alpha dx, \tag{2.3.3}$$

显然, 若 α 的实部 $\mathrm{Re}\,\alpha > -1$, (2.3.3) 有意义, 并且成立

$$g(\alpha) = \frac{1}{1+\alpha}, \quad \forall \mathrm{Re}\,\alpha > -1.$$

若 α 的实部 $\mathrm{Re}\,\alpha = -1$, 则 (2.3.3) 称为奇异积分; 若 $\mathrm{Re}\,\alpha < -1$, 则 (2.3.3) 称为超奇积分. 无论奇异积分和超奇积分, 积分都是发散的, (2.3.3) 没有意义. 但是, 若定义复变函数

$$G(\alpha) = \frac{1}{1+\alpha}, \quad \forall \alpha \neq -1, \tag{2.3.4}$$

于是 $G(\alpha)$ 便是 $g(\alpha)$ 的解析开拓, 并且可以定义超奇积分的值

$$\int_0^1 x^{-2} dx = G(-2) = -1.$$

还可以从另外角度观察超奇积分, 假设 $\mathrm{Re}\,\alpha < -1$, 取 $\varepsilon > 0$, 那么在 $(\varepsilon, 1)$ 区间上是正常积分, 并且

$$\int_\varepsilon^1 x^\alpha dx = \frac{1}{1+\alpha} - \frac{\varepsilon^{1+\alpha}}{1+\alpha}, \tag{2.3.5}$$

其中有对第二项, 便是发散部分 (当 $\varepsilon \to 0$), 第一部分称为发散积分的 Hadamard 意义下的有限部分. 所谓 Hadamard 意义下的发散积分的有限部分, 便是在 (2.3.5)

中弃去发散部分, 这个结果与前述在解析开拓意义下的结果相同. 因此, 无论哪种定义都是等价的.

发散积分的有穷部分思想, 来源于理论物理. 早在 20 世纪 40 年代, 理论物理学家使用微扰方法计算量子电动力学的问题时, 得到的积分是发散的. 为了克服发散困难, 理论物理学家使用所谓称为重正化技术: 即剔除所有导致发散的项, 只取有穷值的项, 而得到的数据却与实验相符合. 正是理论物理方法催生了广义函数这门新的数学学科诞生, 其代表专著见 (盖尔方德等, 1965).

2.3.1 超奇积分的 Hadamard 有限部分及其性质

若 $f(x)$ 是区间 $(0, b)$ 上的超奇积分, 定义其上超奇积分的 Hadamard 有限部分如下:

定义 2.3.1(Monegato et al., 1998)   若对于任意充分小的 $\varepsilon > 0$, 函数 $f(x)$ 在区间 (ε, b) 上可积, 并且存在单调序列 $\alpha_0 < \alpha_1 < \alpha_2 < \cdots$ 和非负整数 J, 使其上的积分关于 ε 有渐近展开式

$$\int_{\varepsilon}^{b} f(x)\mathrm{d}x = \sum_{i=0}^{\infty} \sum_{j=0}^{J} I_{i,j} \varepsilon^{\alpha_i} \ln^j \varepsilon, \tag{2.3.6}$$

则定义积分的 Hadamard 有限部分为

$$\mathrm{f.p.} \int_{0}^{b} f(x)\mathrm{d}x = \begin{cases} I_{k,0}, & \alpha_k = 0 \\ 0, & \alpha_k \neq 0, \ \text{对所有} i. \end{cases} \tag{2.3.7}$$

按照上面定义容易证明: 无论正常积分和 Cauchy 主值意义下的奇异积分都可以统一在定义 2.3.1 的框架下.

由定义 2.3.1 直接导出以下引理.

引理 2.3.1   对任何 $b > 0$, 有

$$\mathrm{f.p.} \int_{0}^{b} x^{\alpha}\mathrm{d}x = \begin{cases} \ln b, & \alpha = -1 \\ b^{\alpha+1}/(\alpha + 1), & \alpha \neq -1. \end{cases} \tag{2.3.8}$$

引理 2.3.2   若 $\alpha < -1, m > -\alpha - 2$ 和 $g(x) \in C^{m+1}[0, b)$, 则对任何 $b > 0$, 有

$$\mathrm{f.p.} \int_{0}^{b} g(x) x^{\alpha}\mathrm{d}x = \int_{0}^{b} x^{\alpha}[g(x) - \sum_{k=0}^{m} g^{(k)}(0) x^k / k!]\mathrm{d}x$$

$$+ \sum_{k=0}^{m} \frac{g^{(k)}(0)}{k!} \mathrm{f.p.} \int_{0}^{b} x^{\alpha+k}\mathrm{d}x. \tag{2.3.9}$$

公式 (2.3.9) 表明, 除了 α 是负整数外, 积分关于 α 是解析依赖. 对于 $[0, \infty)$ 上的积分, 我们引入以下定义.

定义 2.3.2　称 $g(x)$ 是 $C^{m+1}[0,\infty)$ 内的容许函数, 如果 $g(x)\in C^{m+1}[0,\infty)$, 并且对所有的 $p>1$, 成立

$$\left|\int_0^\infty g^{(k)}(x)x^{p-1}\mathrm{d}x\right|<\infty,\quad k=0,1,\cdots,m+1. \tag{2.3.10}$$

显然, (2.3.10) 蕴涵若 $g(x)$ 是 $C^{m+1}[0,\infty)$ 内的容许函数, 则 $g(x)$ 在无穷远的递减速度快于任何 x 的负幂.

引理 2.3.3　若 $g(x)$ 是 $C^{m+1}[0,\infty)$ 内的容许函数, 而 $f(x)=x^\alpha g(x)$, 则

$$\mathrm{f.p.}\int_0^\infty f(x)\mathrm{d}x=\mathrm{f.p.}\int_0^b f(x)\mathrm{d}x+\int_b^\infty f(x)\mathrm{d}x \tag{2.3.11}$$

对任何 $b>0$ 皆成立.

应用引理 2.3.2 可以直接得到

$$\mathrm{f.p.}\int_0^\infty x^\alpha\mathrm{d}x=0,\quad\forall\alpha<-1. \tag{2.3.12}$$

对于一般超奇积分有以下定理:

定理 2.3.1(Monegato et al., 1998)　若 $g(x)$ 是 $C^{m+1}[0,\infty)$ 内的容许函数, 有

$$\mathrm{f.p.}\int_0^\infty\frac{g(x)}{x^{m+1}}\mathrm{d}x=\begin{cases}\dfrac{g^{(m)}(0)}{m!m}+\dfrac{1}{m}\mathrm{f.p.}\displaystyle\int_0^\infty\frac{g'(x)}{x^m}\mathrm{d}x,&m>0,\\[3mm]-\displaystyle\int_0^\infty g'(x)\ln x,&m=0,\end{cases} \tag{2.3.13}$$

而且当 $k\geqslant 1$ 时, 成立

$$\mathrm{f.p.}\int_0^\infty\frac{g(x)\ln^k x}{x^{m+1}}\mathrm{d}x$$
$$=\begin{cases}\dfrac{k}{m}\mathrm{f.p.}\displaystyle\int_0^\infty\frac{g'(x)\ln^{k-1}x}{x^{m+1}}\mathrm{d}x+\dfrac{1}{m}\mathrm{f.p.}\displaystyle\int_0^\infty\frac{g'(x)\ln^k x}{x^m}\mathrm{d}x,&m>0,\\[3mm]-\dfrac{1}{k+1}\displaystyle\int_0^\infty g'(x)\ln^{k+1}x,&m=0.\end{cases} \tag{2.3.14}$$

证明　使用分部积分, 对于 $m>0$, 有

$$\int_\varepsilon^b\frac{g(x)}{x^{m+1}}\mathrm{d}x=-\frac{g(b)}{mb}+\frac{g(\varepsilon)}{m\varepsilon^m}+\frac{1}{m}\int_\varepsilon^b\frac{g'(x)}{x^m}\mathrm{d}x, \tag{2.3.15}$$

展开右端第二项

$$\frac{g(\varepsilon)}{m\varepsilon^m}=\frac{1}{m}\Big(g(0)\varepsilon^{-m}+g'(0)\varepsilon^{-m+1}+\cdots$$
$$+\frac{g(0)}{m!}+\frac{g^{(m+1)}(0)}{(m+1)!}\varepsilon+\cdots\Big), \tag{2.3.16}$$

按照定义 2.3.1 得到

$$\text{f.p.} \int_0^b \frac{g(x)}{x^{m+1}}\mathrm{d}x = -\frac{g(b)}{mb^m} + \frac{g^{(m)}(0)}{m!m} + \frac{1}{m}\text{f.p.} \int_0^b \frac{g'(x)}{x^m}\mathrm{d}x, \quad m > 0, \quad (2.3.17)$$

于是 (2.3.13) 右端的 $m > 0$ 情形被证.

类似, 对于 $k, m > 0$ 情形, 使用分部积分又有

$$\int_\varepsilon^b \frac{g(x)\ln^k x}{x^{m+1}}\mathrm{d}x = -\frac{g(x)\ln^k x}{mx^m}\bigg|_\varepsilon^b + \frac{1}{m}\int_\varepsilon^b \frac{g'(x)\ln^k x}{x^m}\mathrm{d}x$$
$$+ \frac{k}{m}\int_\varepsilon^b \frac{g'(x)\ln^{k+1} x}{x^{m+1}}\mathrm{d}x, \quad k, m > 0, \quad (2.3.18)$$

对于 $k > 0, m = 0$ 情形, 导出

$$\int_\varepsilon^b \frac{g(x)\ln^k x}{x}\mathrm{d}x = \frac{g(x)\ln^{k+1} x}{k+1}\bigg|_\varepsilon^b$$
$$- \frac{1}{k+1}\int_\varepsilon^b g'(x)\ln^{k+1} x\mathrm{d}x, \quad k > 0. \quad (2.3.19)$$

因为 $g(x)$ 是 $C^{m+1}[0,\infty)$ 内的容许函数, 只要令 $b \to \infty$, 便获得定理的证明. □

定理 2.3.2(Monegato et al., 1998)　若 $g(x)$ 是 $C^{m+1}[0,\infty)$ 内的容许函数, 并且 $m \geqslant 0$, 则

$$\text{f.p.} \int_0^\infty \frac{g(x)}{x^{m+1}}\mathrm{d}x = -\frac{1}{m!}\int_0^\infty g^{(m+1)}(x)\ln x\mathrm{d}x + \frac{\psi(m+1) - \psi(1)}{m!}g^{(m)}(0), \quad (2.3.20)$$

这里 $\psi(z) = \Gamma'(z)/\Gamma(z)$.

证明　对于 $m = 0$ 的情形, 按照定理 2.3.1 显然成立. 因此假定 $m > 0$, 并且重复应用定理 2.3.1, 得到

$$\text{f.p.} \int_0^\infty \frac{g(x)}{x^{m+1}}\mathrm{d}x = \frac{g^{(m)}(0)}{m!}\left\{\frac{1}{m} + \frac{1}{m-1} + \cdots + 1\right\}$$
$$+ \frac{1}{m!}\text{f.p.} \int_0^\infty \frac{g^{(m)}(x)}{x}\mathrm{d}x, \quad m > 0, \quad (2.3.21)$$

应用关系

$$\frac{1}{m!}\sum_{j=1}^m \frac{1}{j} = \frac{\psi(m+1) - \psi(1)}{m!}$$

到 (2.3.21) 上, 分部积分后便得到定理的证明. □

2.3.2 超奇积分的 Mellin 变换

若 $g(x)$是$C^{m+1}[0,\infty)$ 内的容许函数,$m \geqslant 0$, 定义基于 Hadamard 意义的广义 Mellin 变换

$$G(p) = \text{f.p.} \int_0^\infty x^p g(x)\mathrm{d}x. \qquad (2.3.22)$$

容易证明: 在区域 $\text{Re } p > -m-2$ 内除 p 取负整数值外, $G(p)$ 是解析的. 在 (2.2.18) 已经证明: 若$g(x)$是$C_0^\infty[0,\infty)$ 内的容许函数, 则Mellin 变换 $G(p)$ 允许解析开拓到 $\mathbb{C}\backslash\{0,-1,-2,\cdots\}$ 上, 并且以 $p = -n$ $(n = 0,1,2,\cdots)$ 为简单极点. 现在进一步推导 $G(p)$ 在极点的 Laurent 展开式. 为此, 在 (2.2.18) 中置 $p = -n+\varepsilon$ 得到

$$G(-n+\varepsilon) = \frac{-\Gamma(1-\varepsilon)}{\Gamma(n+1-\varepsilon)\varepsilon} \int_0^\infty g^{(n+1)}(x)x^\varepsilon\mathrm{d}x, \qquad (2.3.23)$$

使用 Γ 函数的展开式, 可以推出

$$G(-n+\varepsilon) = b_{-1}^{(n)}/\varepsilon + b_0^{(n)} + b_1^{(n)}\varepsilon + \cdots, \qquad (2.3.24)$$

其中

$$b_{-1}^{(n)} = g^{(n)}(0)/n!, \qquad (2.3.25a)$$

$$b_0^{(n)} = -\frac{1}{n!} \int_0^\infty g'(x)\ln x\mathrm{d}x + \frac{\psi(n+1)-\psi(1)}{n!}g^{(n)}(0), \qquad (2.3.25b)$$

和 (2.3.20) 一致. 上述展开式可以用于更一般情形

$$G(p+\varepsilon) = A_{-1}/\varepsilon + A_0 + A_1\varepsilon + \cdots, \quad \forall p < 0, \qquad (2.3.26)$$

其中

$$A_0 = \text{f.p.} \int_0^\infty g(x)x^{p-1}\mathrm{d}x,$$

并且 $A_{-1} \neq 0$ 仅当 p 是负整数.

2.3.3 在 $[0,\infty)$ 区间上的超奇积分的 Euler-Maclaurin 展开式

应用 Hadamard 发散积分的有限部分理论, 可以推广 Euler-Maclaurin 展开式到超奇积分上. 事实上, 半无穷区间上弱奇异积分的 Euler-Maclaurin 展开式 (2.2.24) 可以推广到超奇异积分上, 即成立以下定理:

定理 2.3.3(Monegato et al., 1998) 若$f(x) = x^\alpha g(x)$, 并且 $g(x)$是$C^{m+1}[0,\infty)$

内的容许函数, α 不是负整数, 则

$$
\begin{aligned}
(S_\mu f)(\beta) &= \frac{1}{\mu} \sum_{k=0}^{\infty} f\left(\frac{\beta + k}{\mu}\right) \\
&= F(1) + \sum_{k=0}^{m} \frac{g^{(k)}(0)}{\mu^{\alpha+k+1} k!} \zeta(-\alpha - k, \beta) \\
&\quad + \frac{1}{2\pi i} \int_{c'-i\infty}^{c'+i\infty} \mu^{p-1} F(p) \zeta(p, \beta) \mathrm{d}p,
\end{aligned}
\tag{2.3.27}
$$

这里 $c' \in (-m - \alpha - 2, -m - \alpha - 1), F(p)$ 是 $f(x)$ 的广义 Mellin 变换（在解析开拓意义下）.

定理 2.3.3 意味着: 如果 $\alpha > -1, \alpha$ 不是负整数, 那么

$$
F(1) = \int_0^\infty f(x) \mathrm{d}x,
\tag{2.3.28}
$$

(2.3.27) 便是半无穷区间上弱奇异积分的 Euler-Maclaurin 展开式；如果 $\alpha < -1, \alpha$ 不是负整数, 那么

$$
F(1) = \text{f.p.} \int_0^\infty f(x) \mathrm{d}x,
\tag{2.3.29}
$$

(2.3.27) 便是半无穷区间上超奇积分的 Euler-Maclaurin 展开式. (2.3.27) 表明偏矩形公式 $(S_\mu f)(\beta)$ 不是计算超奇积分的近似公式, 如果 $-l > \alpha > -l - 1$, 除非把 (2.3.27) 右端的这些项

$$
\sum_{k=0}^{l} \frac{g^{(k)}(0)}{\mu^{\alpha+k+1} k!} \zeta(-\alpha - k, \beta), \quad l < m
$$

移到左端作为求积公式的一部分.

如果 α 是负整数, 尽管对于 $k \neq -1 - \alpha$ 的极点依然是简单的, 但是在 $p = 1$, 即 $k = -1 - \alpha$, 却是复函数 $\mu^{p-1} F(p) \zeta(p, \beta)$ 在带形区域 $c' \leqslant \operatorname{Re} p \leqslant c$ 内的二阶极点, 这是因为若 $c > 1, p = 1$ 还是 $\zeta(p, \beta)$ 一阶极点. 为了求 $\mu^{p-1} F(p) \zeta(p, \beta)$ 的留数, 需要计算 $\mu^\varepsilon F(1+\varepsilon) \zeta(1+\varepsilon, \beta)$ 的展开式中 ε^{-1} 的系数. 为此, 先令 $l = -1 - \alpha$, 按照 (2.3.25) 有

$$
F(1+\varepsilon) = \frac{g^{(l)}(0)}{\varepsilon l!} + \text{f.p.} \int_0^\infty f(x) \mathrm{d}x + O(\varepsilon),
\tag{2.3.30}
$$

再使用标准展开式

$$
\begin{aligned}
\zeta(1+\varepsilon, \beta) &= 1/\varepsilon - \psi(\varepsilon) + O(\varepsilon), \\
\mu^\varepsilon &= \mathrm{e}^{\varepsilon \ln \mu} = 1 + \varepsilon \ln \mu + O(\varepsilon^2),
\end{aligned}
$$

便得到

$$\operatorname{Res}\mu^{p-1}F(p)\zeta(p,\beta)|_{p=1} = \text{f.p.} \int_0^\infty f(x)\mathrm{d}x - \frac{g^{(l)}(0)}{l!}\psi(\beta) + \frac{g^{(l)}(0)}{l!}\ln\mu, \quad (2.3.31)$$

于是导出了以下定理:

定理 2.3.4(Monegato et al., 1998) 若$f(x) = x^\alpha g(x)$, 并且 $g(x)$是$C^{m+1}[0,\infty)$ 内的容许函数, $\alpha = -1-l$ 是负整数, $l < m$, 则

$$\begin{aligned}
(S_\mu f)(\beta) &= \frac{1}{\mu}\sum_{k=0}^\infty f\left(\frac{\beta+k}{\mu}\right) \\
&= \text{f.p.} \int_0^\infty f(x)\mathrm{d}x - \frac{g^{(l)}(0)}{l!}\psi(\beta) + \frac{g^{(l)}(0)}{l!}\ln\mu \\
&\quad + \sum_{\substack{k=0\\k\neq l}}^m \frac{g^{(k)}(0)}{\mu^{\alpha+k+1}k!}\zeta(-\alpha-k,\beta) \\
&\quad + \frac{1}{2\pi\mathrm{i}}\int_{c'-\mathrm{i}\infty}^{c'+\mathrm{i}\infty} \mu^{p-1}F(p)\zeta(p,\beta)\mathrm{d}p, \quad (2.3.32)
\end{aligned}$$

这里 $c' \in (-m-\alpha-2, -m-\alpha-1)$, $F(p)$ 是 $f(x)$ 的广义 Mellin 变换 (在解析开拓意义下).

(2.3.34) 表明偏矩形公式 $(S_\mu f)(\beta)$ 不是计算超奇积分的近似公式, 除非把 (2.3.32) 右端的这些项

$$-\frac{g^{(l)}(0)}{l!}\psi(\beta) + \frac{g^{(l)}(0)}{l!}\ln\mu + \sum_{k=0}^{l-1}\frac{g^{(k)}(0)}{\mu^{\alpha+k+1}k!}\zeta(-\alpha-k,\beta) \quad (2.3.33)$$

移到左端作为求积公式的一部分.

2.3.4 有限区间上的奇异和超奇积分的 Euler-Maclaurin 展开式

考虑积分

$$\int_0^1 f(x)\mathrm{d}x, \quad (2.3.34)$$

其中

$$f(x) = x^\alpha(1-x)^\gamma g(x), \quad g(x) \in C^m[0,1].$$

如果 $\min(\alpha,\gamma) = -1$, 称积分 (2.3.34) 是奇异积分; 如果 $\min(\alpha,\gamma) < -1$ 称积分 (2.3.34) 是超奇积分. 显然, 无论奇异积分或者超奇积分 (2.3.34) 都是发散的, 积分都必须按照 Hadamard 的有限部分的意义理解.

为了把超奇异积分的 Euler-Maclaurin 展开式推广到有限区间上, 应用在 (2.2.25) 引入的中立型函数和 (2.2.26) 使用的的方法, 把 $f(x) \in C^n[0,1]$ 延拓为 $C^n[0,\infty)$ 中的函数. 并且重复 (2.2.26) 到 (2.2.32) 的论述, 得到以下定理.

定理 2.3.5(Monegato et al., 1998) 若$f(x) = x^\alpha(1-x)^\gamma g(x), g(x) \in C^n[0,1]$, 如果 $\omega = \min(\alpha, \gamma) < -1$, 并且 α, γ 皆不是负整数, 则对于给定的 $0 < \beta < 1$, 和正整数 N, 有偏矩形公式的 Euler-Maclaurin 展开式

$$\frac{1}{N}\sum_{k=0}^{N-1} f\left(\frac{\beta+k}{N}\right) = \text{f.p.} \int_0^1 f(x)\mathrm{d}x + \sum_{k=0}^{n} \frac{1}{N^{k+1+\alpha}k!}\zeta(-k-\alpha, \beta)g_0^{(k)}(0)$$

$$+ \sum_{k=0}^{n} \frac{(-1)^k}{N^{k+1+\gamma}k!}\zeta(-k-\gamma, 1-\beta)g_1^{(k)}(1)$$

$$+ \frac{1}{2\pi\mathrm{i}}\int_{c'-\mathrm{i}\infty}^{c'+\mathrm{i}\infty} N^{p-1}(F_0(p)+F_2(p))\zeta(p,\beta)\mathrm{d}p, \qquad (2.3.35)$$

这里

$$g_0(x) = (1-x)^\gamma g(x), \quad g_1(x) = x^\alpha g(x),$$

$$c' \in [-n-\omega-2, -n-\omega-1],$$

$F_0(p), F_2(p)$ 分别是 (2.2.35) 定义的函数 $f_0(x), f_2(x)$ 的广义 Mellin 变换.

定理 2.3.6(Monegato et al., 1998) 若$f(x) = x^\alpha(1-x)^\gamma g(x), g(x) \in C^n[0,1]$, 如果 $\min(\alpha, \gamma) \leqslant -1$, 并且 $\alpha = -l-1$ 是负整数, 但是 γ 不是负整数, 则对于给定的 $0 < \beta < 1$ 和正整数 N, 成立偏矩形公式的 Euler-Maclaurin 展开式

$$\frac{1}{N}\sum_{k=0}^{N-1} f\left(\frac{\beta+k}{N}\right) = \text{f.p.}\int_0^1 f(x)\mathrm{d}x - \frac{g_0^{(l)}(0)}{l!}\psi(\beta) + \frac{g_0^{(l)}(0)}{l!}\ln N$$

$$+ \sum_{\substack{k=0 \\ k\neq l}}^{n} \frac{1}{N^{k+1+\alpha}k!}\zeta(-k-\alpha, \beta)g_0^{(k)}(0)$$

$$+ \sum_{k=0}^{n} \frac{(-1)^k}{N^{k+1+\gamma}k!}\zeta(-k-\gamma, 1-\beta)g_1^{(k)}(1)$$

$$+ \frac{1}{2\pi\mathrm{i}}\int_{c'-\mathrm{i}\infty}^{c'+\mathrm{i}\infty} N^{p-1}(F_0(p)+F_2(p))\zeta(p,\beta)\mathrm{d}p; \quad (2.3.36)$$

若 $\gamma = -l-1$ 是负整数, 但是 α 不是负整数, 则成立偏矩形公式 的 Euler-Maclaurin

展开式

$$\frac{1}{N}\sum_{k=0}^{N-1} f\left(\frac{\beta+k}{N}\right) = \mathrm{f.p}\int_0^1 f(x)\mathrm{d}x - (-1)^l \frac{g_1^{(l)}(1)}{l!}\psi(\beta) + (-1)^l \frac{g_1^{(l)}(1)}{l!}\ln N$$

$$+ \sum_{k=0}^n \frac{1}{N^{k+1+\alpha}k!}\zeta(-k-\alpha,\beta)g_0^{(k)}(0)$$

$$+ \sum_{\substack{k=0 \\ k\neq l}}^n \frac{(-1)^k}{N^{k+1+\gamma}k!}\zeta(-k-\gamma,1-\beta)g_1^{(k)}(1)$$

$$+ \frac{1}{2\pi\mathrm{i}}\int_{c'-\mathrm{i}\infty}^{c'+\mathrm{i}\infty} N^{p-1}(F_0(p)+F_2(p))\zeta(p,\beta)\mathrm{d}p; \qquad (2.3.37)$$

若 $\alpha = -l-1, \gamma = -m-1$ 皆是负整数, 则有偏矩形公式的 Euler-Maclaurin 展开式

$$\frac{1}{N}\sum_{k=0}^{N-1} f\left(\frac{\beta+k}{N}\right) = \mathrm{f.p.}\int_0^1 f(x)\mathrm{d}x - \frac{g_0^{(l)}(0)}{l!}\psi(\beta) + \frac{g_0^{(l)}(0)}{l!}\ln N$$

$$- (-1)^m \frac{g_1^{(l)}(1)}{m!}\psi(1-\beta) + (-1)^m \frac{g_1^{(l)}(1)}{m!}\ln N$$

$$+ \sum_{\substack{k=0 \\ k\neq l}}^n \frac{1}{N^{k+1+\alpha}k!}\zeta(-k-\alpha,\beta)g_0^{(k)}(0)$$

$$+ \sum_{\substack{k=0 \\ k\neq m}}^n \frac{(-1)^k}{N^{k+1+\gamma}k!}\zeta(-k-\gamma,1-\beta)g_1^{(k)}(1)$$

$$+ \frac{1}{2\pi\mathrm{i}}\int_{c'-\mathrm{i}\infty}^{c'+\mathrm{i}\infty} N^{p-1}(F_0(p)+F_2(p))\zeta(p,\beta)\mathrm{d}p. \qquad (2.3.38)$$

这里 $F_0(p), F_2(p)$ 分别是由 (2.2.35) 定义的函数 $f_0(x), f_2(x)$ 的广义 Mellin 变换, $c' \in (-n-\omega-2, -n-\omega-1)$, 并且 $\omega = \min(\alpha,\gamma)$.

取区间 $[0,1]$ 不是本质的, 上面公式不难推广到一般区间 $[a,b]$ 上. 为此考虑奇异积分

$$\mathrm{f.p.}\int_a^b (x-a)^\alpha (b-x)^\gamma g(x)\mathrm{d}x = \mathrm{f.p.}\int_a^b f(x)\mathrm{d}x, \quad \min(\alpha,\gamma) \leqslant -1,$$

作积分变换 $y = x-a, d = b-a$ 得到

$$\mathrm{f.p.}\int_a^b (x-a)^\alpha (b-x)^\gamma g(x)\mathrm{d}x = \mathrm{f.p.}\int_0^d y^\alpha (d-y)^\gamma \tilde{g}(y)\mathrm{d}y = \mathrm{f.p.}\int_0^d \tilde{f}(y)\mathrm{d}y, \qquad (2.3.39)$$

其中

$$\tilde{g}(y) = g(a+y),$$

$$\tilde{f}(y) = y^\alpha (d-y)^\gamma \tilde{g}(y) = f(a+y). \tag{2.3.40}$$

令 $h = (b-a)/N$, 使用偏矩形求积公式和 (2.3.37) 展开式便得到

$$
\begin{aligned}
\sum_{j=0}^{N-1} h f(a + (j+\beta)h) &= \sum_{j=0}^{N-1} h \tilde{f}((j+\beta)h) \\
&= \text{f.p.} \int_a^b f(y)\mathrm{d}y + \sum_{k=0}^{n} \frac{h^{k+1+\alpha}}{k!} \zeta(-k-\alpha, \beta) g_0^{(k)}(a) \\
&\quad + \sum_{k=0}^{n} \frac{(-1)^k h^{k+1+\gamma}}{k!} \zeta(-k-\gamma, 1-\beta) g_1^{(k)}(b) \\
&\quad + \frac{1}{2\pi\mathrm{i}} \int_{c'-\mathrm{i}\infty}^{c'+\mathrm{i}\infty} N^{p-1} (\tilde{F}_0(p) + \tilde{F}_2(p)) \zeta(p, \beta) \mathrm{d}p, \tag{2.3.41}
\end{aligned}
$$

这里 $g_0(x) = (b-x)^\gamma g(x), g_1(x) = (x-a)^\alpha g(x)$.

类似地, 若 $\alpha = -l-1, \gamma = -m-1$ 皆是负整数, 则成立

$$
\begin{aligned}
\sum_{j=0}^{N-1} &h f(a + (j+\beta)h) \\
&= \text{f.p.} \int_a^b f(x)\mathrm{d}x - \frac{g_0^{(l)}(a)}{l!} \psi(\beta) + \frac{g_0^{(l)}(a)}{l!} \ln \frac{1}{h} \\
&\quad - (-1)^m \frac{g_1^{(m)}(b)}{m!} \psi(1-\beta) + (-1)^m \frac{g_1^{(m)}(b)}{m!} \ln \frac{1}{h} \\
&\quad + \sum_{\substack{k=0 \\ k \neq l}}^{n} \frac{h^{k+1+\alpha}}{k!} \zeta(-k-\alpha, \beta) g_0^{(k)}(a) \\
&\quad + \sum_{\substack{k=0 \\ k \neq m}}^{n} \frac{(-1)^k h^{k+1+\alpha}}{k!} \zeta(-k-\gamma, 1-\beta) g_1^{(k)}(b) \\
&\quad + \frac{1}{2\pi\mathrm{i}} \int_{c'-\mathrm{i}\infty}^{c'+\mathrm{i}\infty} h^{1-p} (F_0(p) + F_2(p)) \zeta(p, \beta) \mathrm{d}p. \tag{2.3.42}
\end{aligned}
$$

这里 $\psi(z) = \Gamma'(z)/\Gamma(z)$.

把上式的 α, β 参数视为变元, 对 (2.3.35)~(2.3.42) 诸式的两边关于参数 α, β 微分, 便得到包含对数的数值求积展开式, 如 (2.2.38) 那样, 这里不再赘述.

注意: (2.3.41) 或者 (2.3.42) 表明偏矩形公式不能收敛到超奇积分的有限部分, 除非把 (2.3.41) 或者 (2.3.42) 右端关于 $g_0^{(k)}(a), k = 0, \cdots, l$ 与 $g_0^{(k)}(b), k = 0, \cdots, m$ 的这些项移到左端作为求积公式的一部分.

2.3.5 有任意代数端点奇性函数的积分及其 Euler-Maclaurin 展开式

前面已经叙述偏矩形公式的 Euler-Maclaurin 展开式仅与被积函数在端点的奇性有关, Sidi(2012) 研究了积分

$$I(f) = \text{f.p.} \int_a^b f(x)\mathrm{d}x, \qquad (2.3.43)$$

其中 $f(x) \in C^\infty(a,b)$, 但在端点有渐近展开

$$f(x) \sim K(x-a)^{-1} + \sum_{s=0}^\infty c_s(x-a)^{\gamma_s}, \quad x \to a,$$

$$f(x) \sim L(b-x)^{-1} + \sum_{s=0}^\infty d_s(b-x)^{\delta_s}, \quad x \to b, \qquad (2.3.44)$$

这里 $\{\gamma_s\}$ 和 $\{\delta_s\}$ 互异的复数序列, 并且满足

$$\gamma_s \neq -1, \operatorname{Re}\gamma_0 \leqslant \operatorname{Re}\gamma_1 \leqslant \cdots, \quad \lim_{s\to\infty} \operatorname{Re}\gamma_s = \infty,$$

$$\delta_s \neq -1, \operatorname{Re}\delta_0 \leqslant \operatorname{Re}\delta_1 \leqslant \cdots, \quad \lim_{s\to\infty} \operatorname{Re}\delta_s = \infty. \qquad (2.3.45)$$

当 $\delta_0, \gamma_0 < -1$, 积分是超奇的. 显然, 作为特例, 若 $f(x) = (x-a)^{-p}g_a(x)$ 或 $f(x) = (b-x)^{-q}g_b(x)$, 其中 $g_a(x) \in C^\infty[a,b), g_b(x) \in C^\infty(a,b]$, 则使用 Taylor 展开式便导出 (2.3.44).

令 $h = (b-a)/n, \theta \in (0,1)$, 构造偏矩形公式

$$T_n(f,\theta) = h\sum_{i=0}^{n-1} f(a+i\theta+ih). \qquad (2.3.46)$$

定理 2.3.7(Sidi, 2012)　在 (2.3.44) 和 (2.3.45) 的假定下, 对于 $0 < \theta < 1$, 有渐近展开

$$T_n(f,\theta) \sim I(f) + K[-\psi(\theta)-\ln h] + \sum_{s=0}^\infty c_s\zeta(-\gamma_s,\theta)h^{\gamma_s+1}$$

$$+ L[-\psi(1-\theta)-\ln h] + \sum_{s=0}^\infty d_s\zeta(-\delta_s,1-\theta)h^{\delta_s+1}. \qquad (2.3.47)$$

证明　由 (2.3.45), 假定 $\gamma_\mu > -1, \delta_\nu > -1$, 令

$$\varphi_\mu(x) = f(x) - \left[K(x-a)^{-1} + \sum_{s=0}^{\mu-1} c_s(x-a)^{\gamma_s}\right],$$

$$\psi_\nu(x) = f(x) - \left[L(b-x)^{-1} + \sum_{s=0}^{\nu-1} d_s(b-x)^{\delta_s}\right], \qquad (2.3.48)$$

于是 $\varphi_\mu(x), \psi_\nu(x)$ 在普通意义下可积, 置 $t = a + rh$, 而 $r = \left[\dfrac{n}{2}\right]$, 即 $\dfrac{n}{2}$ 的整数部分, 则

$$I(f) = \text{f.p.} \int_t^b f(x)\mathrm{d}x + \text{f.p.} \int_a^t f(x)\mathrm{d}x. \tag{2.3.49}$$

由 (2.3.48) 有

$$\text{f.p.} \int_a^t f(x)\mathrm{d}x = \text{f.p.} \int_a^t \left[K(x-a)^{-1} + \sum_{s=0}^{\mu-1} c_s(x-a)^{\gamma_s} \right] \mathrm{d}x + \int_a^t \varphi_\mu(x)\mathrm{d}x, \tag{2.3.50a}$$

$$\text{f.p.} \int_t^b f(x)\mathrm{d}x = \text{f.p.} \int_t^b \left[L(b-x)^{-1} + \sum_{s=0}^{\nu-1} d_s(b-x)^{\delta_s} \right] \mathrm{d}x + \int_t^b \psi_\nu(x)\mathrm{d}x. \tag{2.3.50b}$$

注意使用公式 (2.3.46) 于 (2.3.50a) 和 (2.3.50b), 并且合并结果, 显然 Euler-Maclaurin 展开项在端点 t 的项被抵消. 应用定理 2.3.6 于函数 $u(x) = (x-a)^{\gamma_s}$ 和函数 $v(x) = (b-x)^{\delta_s}$, 便得到

$$\begin{aligned} T_n(u, \theta) &= I(u) + \zeta(-\gamma_s, \theta)h^{\gamma_s+1}, \\ T_n(v, \theta) &= I(v) + \zeta(-\delta_s, 1-\theta)h^{\delta_s+1}, \end{aligned} \tag{2.3.51}$$

因此, 仅考虑 $\gamma_s = -1$ 情形, 令 $w(x) = (x-a)^{-1}, r(x) = (b-x)^{-1}$, 则由定理 2.3.4 得到

$$\begin{aligned} T_n(w, \theta) &= I(w) + [-\psi(\theta) - \ln h], \\ T_n(r, \theta) &= I(r) + [-\psi(1-\theta) - \ln h]. \end{aligned} \tag{2.3.52}$$

组合 (2.3.51) 和 (2.3.52) 的结果, 并代入 (2.3.44) 便得到 (2.3.47) 的证明. □

推论 2.3.1　若取 $\theta = 1/2$, 则 (2.3.47) 简化为

$$\begin{aligned} T_n(f, 1/2) &\sim I(f) + (K+L)(C + 2\ln 2 - \ln h] + \sum_{s=0}^{\infty} c_s\zeta(-\gamma_s, \theta)h^{\gamma_s+1} \\ &\quad + \sum_{\substack{s=0 \\ \gamma_s \notin Z_2}}^{\infty} c_s\zeta(-\gamma_s, 1/2)h^{\gamma_s+1} + \sum_{\substack{s=0 \\ \delta_s \notin Z_2}}^{\infty} d_s\zeta(-\delta_s, 1/2)h^{\delta_s+1}, \end{aligned} \tag{2.3.53}$$

这里 C 是 Euler 常数, $Z_2 = \{2, 4, 6, \cdots\}$.

证明　应用

$$\psi\left(\frac{1}{2}\right) = -C - 2\ln 2,$$

便得到 (2.3.53) 的证明. □

2.4 带参数的超奇积分的数值方法及其渐近展开

2.4.1 带参数的超奇积分的推广 Euler-Maclaurin 渐近展开

前面方法也可以使用来计算带参数的超奇积分

$$\text{f.p.} \int_a^b G(x)\mathrm{d}x = \text{f.p.} \int_a^b \frac{g(x)}{(x-t)^s}\mathrm{d}x, \quad s > 1, \tag{2.4.1}$$

或者更一般的积分

$$\text{f.p.} \int_a^b G_1(x)\mathrm{d}x = \text{f.p.} \int_a^b |x-t|^\alpha (\ln|x-t|)^p g(x)\mathrm{d}x, \quad \alpha < -1, \tag{2.4.2}$$

这里 p 为非负整数, $g(x)$ 是 $[a,b]$ 上的光滑函数. 令 $x_j = a + jh$, $j = 0, 1, \cdots, N$, $h = (b-a)/N, N$ 是正整数, $t \in \{x_j : 1 \leqslant j \leqslant N-1\}$ 是固定参数, 取 $\beta = 1/2$, 并且由此构造中矩形求积公式

$$I_h(G) = \sum_{j=0}^{N-1} hG(a + (j+1/2)h), \tag{2.4.3}$$

利用 (2.3.41) 的结果, 导出以下定理:

定理 2.4.1 若 $g(x) \in C^{2n+1}[a,b]$, 而 $G(x) = g(x)|x-t|^\alpha, \alpha < -1, t \in \{x_j : 1 \leqslant j \leqslant N-1\}$, 并且 α 不是负整数, 则成立渐近展开

$$I_h(G) = \text{f.p.} \int_a^b G(y)\mathrm{d}y$$

$$- \sum_{k=1}^n \frac{h^{2k}}{(2k)!} B_{2k}(1/2)[G^{(2k-1)}(a) - G^{(2k-1)}(b)]$$

$$+ \sum_{k=0}^n 2\frac{h^{2k+1+\alpha}}{(2k)!}\zeta(-2k-\alpha, 1/2)g^{(2k)}(x_i) + O(h^{2n+2+\alpha}), \tag{2.4.4}$$

证明 设 $t = x_i$, 由

$$\text{f.p.} \int_a^b G(y)\mathrm{d}y = \text{f.p.} \int_{x_i}^b G(y)\mathrm{d}y + \text{f.p.} \int_a^{x_i} G(y)\mathrm{d}y, \tag{2.4.5}$$

应用 (2.3.41) 与 $\zeta(-2k, 1/2) = 0, k = 0, 1, 2, \cdots$, 得到

$$\sum_{j=0}^{i-1} hG(a + (j+1/2)h)$$

$$= \text{f.p.} \int_a^{x_i} G(y)\mathrm{d}y + \sum_{k=1}^n \frac{h^{2k}}{(2k-1)!}\zeta(-2k+1, 1/2)G^{(2k-1)}(a)$$

$$+ \sum_{k=0}^{2n} \frac{(-1)^k h^{k+1+\alpha}}{k!} \zeta(-k-\alpha, 1/2) g^{(k)}(x_i) + O(h^{2n+2+\alpha}) \tag{2.4.6}$$

类似又有

$$\sum_{j=i}^{N-1} h G(a+(j+1/2)h)$$

$$= \text{f.p.} \int_{x_i}^b G(y)\mathrm{d}y - \sum_{k=1}^n \frac{h^{2k}}{(2k-1)!} \zeta(-2k+1, 1/2) G^{(2k-1)}(b)$$

$$+ \sum_{k=0}^{2n} \frac{h^{k+1+\alpha}}{k!} \zeta(-k-\alpha, 1/2) g^{(k)}(x_i) + O(h^{2n+2+\alpha}) \tag{2.4.7}$$

组合 (2.4.6) 和 (2.4.7) 便得到

$$\sum_{j=0}^{N-1} h G(a+(j+1/2)h)$$

$$= \text{f.p.} \int_a^b G(y)\mathrm{d}y$$

$$+ \sum_{k=1}^n \frac{h^{2k}}{(2k-1)!} \zeta(-2k+1, 1/2) [G^{(2k-1)}(a) - G^{(2k-1)}(b)]$$

$$+ \sum_{k=0}^n 2\frac{h^{2k+1+\alpha}}{(2k)!} \zeta(-2k-\alpha, 1/2) g^{(2k)}(x_i) + O(h^{2n+1}). \tag{2.4.8}$$

再应用 (2.2.9b),

$$\zeta(-2k+1, 1/2) = -\frac{B_{2k}(1/2)}{2k},$$

代入 (2.4.8), 便得到 (2.4.4) 的证明.   □

推论 2.4.1   在定理的假定下, 若 $-\alpha < 2l+1 < 2n$, 则成立超奇积分的求积公式

$$\sum_{j=0}^{N-1} h G(a+(j+1/2)h) - \sum_{k=0}^{l-1} 2\frac{h^{2k+1+\alpha}}{(2k)!} \zeta(-2k-\alpha, 1/2) g^{(2k)}(x_i)$$

$$= \text{f.p.} \int_a^b G(y)\mathrm{d}y$$

$$- \sum_{k=1}^n \frac{h^{2k}}{(2k)!} B_{2k}(1/2) [G^{(2k-1)}(a) - G^{(2k-1)}(b)]$$

$$+ \sum_{k=l}^n 2\frac{h^{2k+1+\alpha}}{(2k)!} \zeta(-2k-\alpha, 1/2) g^{(2k)}(x_i) + O(h^{2n+2+\alpha}). \tag{2.4.9}$$

显然, 上面公式具有收敛阶 $O(h^\eta)$, 如果 $\eta = \min(2, 2l + 1 + \alpha)$.

推论 2.4.2 在定理的假定下, 如果 $G(x)$ 是以 $T = b - a$ 为周期的周期函数, 并且在 $(-\infty, \infty)/\{t + kT\}_{k=-\infty}^\infty$ 的点上至少 $2n$ 次可微, 则成立

$$\sum_{j=0}^{N-1} hG(a + (j + 1/2)h)$$

$$- \sum_{k=0}^{l-1} 2\frac{h^{2k+1+\alpha}}{(2k)!}\zeta(-2k - \alpha, 1/2)g^{(2k)}(x_i)$$

$$= \text{f.p.} \int_a^b G(y)\mathrm{d}y$$

$$+ \sum_{k=l}^{n} 2\frac{h^{2k+1+\alpha}}{(2k)!}\zeta(-2k - \alpha, 1/2)g^{(2k)}(x_i) + O(h^{2n+2+\alpha}). \qquad (2.4.10)$$

定理 2.4.2 若 $g(x) \in C^{2n+1}[a, b]$, 而 $G(x) = g(x)|x - t|^\alpha \ln|x - t|$, 并且 α 不是负整数满足 $2l < -\alpha < 2l + 1 < 2n$, $t \in \{x_j : 1 \leqslant j \leqslant N - 1\}$, 则

$$\sum_{j=0}^{N-1} hG(a + (j + 1/2)h)$$

$$- \sum_{k=0}^{l-1} 2\frac{h^{2k+1+\alpha}}{(2k)!}[\zeta(-2k - \alpha, 1/2)\ln h - \zeta'(-2k - \alpha, 1/2)]g^{(2k)}(x_i)$$

$$= \text{f.p.} \int_a^b G(y)\mathrm{d}y$$

$$+ \sum_{k=1}^{n} \frac{h^{2k}}{(2k - 1)!}\zeta(-2k - 1, 1/2)[G^{(2k-1)}(a) - G^{(2k-1)}(b)]$$

$$+ \sum_{k=l}^{n} 2\frac{h^{2k+1+\alpha}}{(2k)!}[\zeta(-2k - \alpha, 1/2)\ln h$$

$$- \zeta'(-2k - \alpha, 1/2)]g^{(2k)}(x_i) + O(h^{2n+2+\alpha}). \qquad (2.4.11)$$

证明 因为 α 不是负整数, 故(2.4.4) 的两端关于 α 是解析相关的, 故对 α 微分, 便得到 (2.4.11). □

当 α 是负整数情形, 超奇积分的中矩形公式有如下渐近展开式:

定理 2.4.3 若 $g(x) \in C^{2n+1}[a, b]$, 而 $G(x) = g(x)|x - t|^\alpha$, $t = x_i, 1 \leqslant i \leqslant N - 1$, 并且 $\alpha = -2l - 1$ 是奇负整数, 则成立渐近展开式

$$\sum_{j=0}^{N-1} hG(a + (j + 1/2)h)$$

$$= \text{f.p.} \int_a^b G(y)\mathrm{d}y + \sum_{k=1}^n \frac{h^{2k}}{(2k)!} B_{2k}(1/2)[G^{(2k-1)}(b) - G^{(2k-1)}(a)]$$

$$- 2\frac{g^{(2l)}(x_i)}{(2l)!}\psi(1/2) + 2\frac{g^{(2l)}(x_i)}{(2l)!}\ln\frac{1}{h}$$

$$+ 2\sum_{k=l+1}^n \frac{h^{2(k-l)}}{(2k)!}\zeta(2(l-k)+1,1/2)g^{(2k)}(x_i) + O(h^{2n+2+\alpha}), \quad (2.4.12)$$

其中

$$\psi(1/2) = -0.577215 - 2\ln 2 = -1.9635.$$

若 $\alpha = -2l, l \geqslant 1$ 是偶整数, 则成立渐近展开式

$$\sum_{j=0}^{N-1} hG(a + (j + 1/2)h)$$

$$= \text{f.p.} \int_a^b G(y)\mathrm{d}y + \sum_{k=1}^n \frac{h^{2k}}{(2k)!} B_{2k}(1/2)[G^{(2k-1)}(b) - G^{(2k-1)}(a)]$$

$$+ 2\sum_{k=0}^{l-1} \frac{h^{2(k-l)+1}}{(2k)!}\zeta(2l-2k,1/2)g^{(k)}(x_i) + O(h^{2n+2+\alpha}), \quad (2.4.13)$$

证明 设 $\alpha = -2l - 1$, 由

$$\text{f.p.} \int_a^b G(y)\mathrm{d}y = \text{f.p.} \int_{x_i}^b G(y)\mathrm{d}y + \text{f.p.} \int_a^{x_i} G(y)\mathrm{d}y,$$

应用 (2.3.42) 及其余项估计得到

$$\sum_{j=0}^{i-1} hG(a + (j + 1/2)h)$$

$$= \text{f.p.} \int_a^{x_i} G(y)\mathrm{d}y - \sum_{k=1}^n \frac{h^{2k}}{(2k)!} B_{2k}(1/2)G^{(2k-1)}(a)$$

$$- \frac{g^{(2l)}(x_i)}{(2l)!}\psi(1/2) + \frac{g^{(2l)}(x_i)}{(2l)!}\ln\frac{1}{h}$$

$$+ \sum_{\substack{k=0 \\ k\neq 2l}}^{2n} \frac{(-1)^k h^{k+1+\alpha}}{k!}\zeta(-k-\alpha,1/2)g^{(k)}(x_i) + O(h^{2n+2+\alpha}), \quad (2.4.14a)$$

类似又有

$$\sum_{j=i}^{N-1} hG(a + (j + 1/2)h)$$

$$
\begin{aligned}
&= \mathrm{f.p.} \int_{x_i}^{b} G(y)\mathrm{d}y + \sum_{k=1}^{n} \frac{h^{2k}}{(2k)!} B_{2k}(1/2) G^{(2k-1)}(b) \\
&\quad - \frac{g^{(2l)}(x_i)}{(2l)!}\psi(1/2) + \frac{g^{(2l)}(x_i)}{(2l)!}\ln\frac{1}{h} \\
&\quad + \sum_{\substack{k=0 \\ k\neq 2l}}^{2n} \frac{h^{k+1+\alpha}}{k!}\zeta(-k-\alpha,1/2)g^{(k)}(x_i) + O(h^{2n+2+\alpha}). \quad (2.4.14\mathrm{b})
\end{aligned}
$$

组合 (2.4.14a) 和 (2.4.14b) 便得到

$$
\begin{aligned}
&\sum_{j=0}^{N-1} hG(a+(j+1/2)h) \\
&= \mathrm{f.p.} \int_{a}^{b} G(y)\mathrm{d}y + \sum_{k=1}^{n} \frac{h^{2k}}{(2k)!} B_{2k}(1/2)[G^{(2k-1)}(b) - G^{(2k-1)}(a)] \\
&\quad - 2\frac{g^{(2l)}(x_i)}{(2l)!}\psi(1/2) + 2\frac{g^{(2l)}(x_i)}{(2l)!}\ln\frac{1}{h} \\
&\quad + \sum_{\substack{k=0 \\ k\neq 2l}}^{2n} [1+(-1)^k]\frac{h^{k+1+\alpha}}{k!}\zeta(-k-\alpha,1/2)g^{(k)}(x_i) + O(h^{2n+1}) \\
&= \mathrm{f.p.} \int_{a}^{b} G(y)\mathrm{d}y + \sum_{k=1}^{n} \frac{h^{2k}}{(2k)!} B_{2k}(1/2)[G^{(2k-1)}(b) - G^{(2k-1)}(a)] \\
&\quad - 2\frac{g^{(2l)}(x_i)}{(2l)!}\psi(1/2) + 2\frac{g^{(2l)}(x_i)}{(2l)!}\ln\frac{1}{h} \\
&\quad + 2\sum_{k=l+1}^{n} \frac{h^{2(k-l)}}{(2k)!}\zeta(2(l-k)+1,1/2)g^{(2k)}(x_i) + O(h^{2n+2+\alpha}),
\end{aligned}
$$

这里用到若 $k > 0$ 为奇数, 且 $-k-\alpha \leqslant 0$, 则 $\zeta(-k-\alpha,1/2) = 0$; 若 $k > 0$ 为偶数, 则 $[-1+(-1)^k] = 0$. 于是 (2.4.12) 被证明.

类似地, 若 $\alpha = -2l, l \geqslant 1$, 则由 (2.3.42) 与 $(-1)^{2l-1} = -1$, 导出

$$
\begin{aligned}
&\sum_{j=0}^{N-1} hG(a+(j+1/2)h) \\
&= \mathrm{f.p.} \int_{a}^{b} G(y)\mathrm{d}y + \sum_{k=1}^{n} \frac{h^{2k}}{(2k)!} B_{2k}(1/2)[G^{(2k-1)}(b) - G^{(2k-1)}(a)] \\
&\quad + \sum_{\substack{k=0 \\ k\neq 2l-1}}^{2n} [1+(-1)^k]\frac{h^{k+1+\alpha}}{k!}\zeta(-k-\alpha,1/2)g^{(k)}(x_i) + O(h^{2n+2+\alpha})
\end{aligned}
$$

$$= \text{f.p.} \int_a^b G(y)\mathrm{d}y + \sum_{k=1}^n \frac{h^{2k}}{(2k)!} B_{2k}(1/2)[G^{(2k-1)}(b) - G^{(2k-1)}(a)]$$

$$+ 2\sum_{k=0}^{l-1} \frac{h^{2(k-l)+1}}{(2k)!}\zeta(2l - 2k, 1/2)g^{(2k)}(x_i) + O(h^{2n+2+\alpha}),$$

这里用到 $\zeta(-2k, 1/2) = 0, k = 0, 1, 2, \cdots$, 于是 (2.4.12) 被证明.　□

推论 2.4.3　对于 $\alpha = -2l - 1$, 则超奇积分的求积公式

$$I^h(G) = \sum_{j=0}^{N-1} hG(a + (j + 1/2)h) + 2\frac{g^{(2l)}(x_i)}{(2l)!}\psi(1/2) - 2\frac{g^{(2l)}(x_i)}{(2l)!}\ln\frac{1}{h}$$

$$- 2\sum_{k=0}^{l-1} \frac{h^{2(k-l)}}{(2k)!}\zeta(2l + 1 - 2k, 1/2)g^{(2k)}(x_i) \tag{2.4.15a}$$

的误差具有偶次幂渐近展开, 从而可以使用 Romberg 外推提高精度; 对于 $\alpha = -2l, l > 1$, 则超奇积分的求积公式

$$I^h(G) = \sum_{j=0}^{N-1} hG(a + (j + 1/2)h)$$

$$- 2\sum_{k=0}^{l-1} \frac{h^{2(k-l)}}{(2k)!}\zeta(2l - 2k, 1/2)g^{(k)}(x_i) \tag{2.4.15b}$$

的误差也具有偶次幂渐近展开, 故也可以使用 Romberg 外推提高精度.

推论 2.4.4　若 $\alpha = -1, G(x)$ 是以 $T = b - a$ 为周期的周期函数, 并且在 $(-\infty, \infty)/\{t + kT\}_{k=-\infty}^{\infty}$ 的点上至少 $2n$ 次可微, 则成立

$$\sum_{j=0}^{N-1} hG(a + (j + 1/2)h) + 2\frac{g(x_i)}{(2l)!}\psi(1/2) - 2\frac{g(x_i)}{(2l)!}\ln\frac{1}{h}$$

$$= \text{f.p.} \int_a^b G(y)\mathrm{d}y$$

$$+ 2\sum_{k=1}^n \frac{h^{2k}}{(2k)!}\zeta(1 - 2k, 1/2)g^{(2k)}(x_i) + O(h^{2n+2+\alpha}).$$

证明　在 (2.4.12) 中置 $l = 0$, 便得到证明.　□

定理 2.4.4　若 $g(x) \in C^{2n+1}[a, b]$, 而 $G(x) = g(x)(x-t)^\alpha, t = x_i, 1 \leqslant i \leqslant N-1$, 并且 $\alpha = -2l - 1$ 是奇负整数, 则 $l = 0$, 成立渐近展开

$$\sum_{j=0}^{N-1} hG(a + (j + 1/2)h)$$

$$= \text{f.p.} \int_a^b G(y)\mathrm{d}y + \sum_{k=1}^n \frac{h^{2k}}{(2k)!} B_{2k}(1/2)[G^{(2k-1)}(b) - G^{(2k-1)}(a)]$$
$$+ O(h^{2n+2+\alpha}); \tag{2.4.16}$$

而 $l \geqslant 1$, 成立渐近展开

$$\sum_{j=0}^{N-1} hG(a + (j+1/2)h) + 2\sum_{k=0}^{l-1} \frac{h^{2(k-l)+1}}{(2k+1)!} \zeta(2l-2k,1/2)g^{(2k+1)}(x_i)$$
$$= \text{f.p.} \int_a^b G(y)\mathrm{d}y + \sum_{k=1}^n \frac{h^{2k}}{(2k)!} B_{2k}(1/2)[G^{(2k-1)}(b) - G^{(2k-1)}(a)]$$
$$+ O(h^{2n+2+\alpha}). \tag{2.4.17}$$

证明 由

$$\text{f.p.} \int_a^b G(y)\mathrm{d}y = \text{f.p.} \int_{x_i}^b G(y)\mathrm{d}y + \text{f.p.} \int_a^{x_i} G(y)\mathrm{d}y,$$

应用 (2.3.42) 得到

$$\sum_{j=0}^{i-1} hG(a + (j+1/2)h)$$
$$= \text{f.p.} \int_a^{x_i} G(y)\mathrm{d}y - \sum_{k=1}^n \frac{h^{2k}}{(2k)!} B_{2k}(1/2)G^{(2k-1)}(a)$$
$$- \frac{g^{(2l)}(x_i)}{(2l)!}\psi(1/2) + \frac{g^{(2l)}(x_i)}{(2l)!}\ln\frac{1}{h}$$
$$+ \sum_{\substack{k=0 \\ k\neq 2l}}^{2n} \frac{(-1)^k h^{k+1+\alpha}}{k!} \zeta(-k-\alpha,1/2)g^{(k)}(x_i) + O(h^{2n+2+\alpha}), \tag{2.4.18}$$

因为

$$\text{f.p.} \int_{x_i}^b G(y)\mathrm{d}y = -\text{f.p.} \int_{x_i}^b (y-x_i)^\alpha g(y)\mathrm{d}y,$$

故

$$\sum_{j=i}^{N-1} hG(a + (j+1/2)h)$$
$$= \text{f.p.} \int_{x_i}^b G(y)\mathrm{d}y + \sum_{k=1}^n \frac{h^{2k}}{(2k)!} B_{2k}(1/2)G^{(2k-1)}(b)$$
$$+ \frac{g^{(2l)}(x_i)}{(2l)!}\psi(1/2) - \frac{g^{(2l)}(x_i)}{(2l)!}\ln\frac{1}{h}$$

$$- \sum_{\substack{k=0 \\ k \neq 2l}}^{2n} \frac{h^{k+1+\alpha}}{k!} \zeta(-k-\alpha, 1/2) g^{(k)}(x_i) + O(h^{2n+2+\alpha}). \tag{2.4.19}$$

组合 (2.4.18) 和 (2.4.19) 便得到

$$\sum_{j=0}^{N-1} hG(a + (j+1/2)h)$$

$$= \text{f.p.} \int_a^b G(y)\mathrm{d}y + \sum_{k=1}^{n} \frac{h^{2k}}{(2k)!} B_{2k}(1/2)[G^{(2k-1)}(b) - G^{(2k-1)}(a)]$$

$$+ \sum_{\substack{k=0 \\ k \neq 2l}}^{2n} [-1 + (-1)^k] \frac{h^{k+1+\alpha}}{k!} \zeta(-k-\alpha, 1/2) g^{(k)}(x_i) + O(h^{2n+1})$$

$$= \text{f.p.} \int_a^b G(y)\mathrm{d}y + \sum_{k=1}^{n} \frac{h^{2k}}{(2k)!} B_{2k}(1/2)[G^{(2k-1)}(b) - G^{(2k-1)}(a)]$$

$$- 2 \sum_{k=0}^{l-1} \frac{h^{2(k-l)+1}}{(2k+1)!} \zeta(2l-2k, 1/2) g^{(2k+1)}(x_i) + O(h^{2n+2+\alpha}), \quad l \geqslant 1, \tag{2.4.20}$$

这里用到若 $k > 0$ 为奇数, 且 $-k - \alpha \leqslant 0$, 则 $\zeta(-k - \alpha, 1/2) = 0$; 若 $k > 0$ 为偶数, 则 $[-1 + (-1)^k] = 0$, 故仅当 $k := 2k + 1$ 才有贡献, 于是 (2.4.17) 被证明. 若 $l = 0$, 由 (2.4.20) 便得到 (2.4.16) 的证明.　□

注意: 若 $l = 0$, 便导出定理 2.2.5 的新证明; 若 $l > 0$, 求积公式必须把 (2.4.20) 右端的第二个求和项移到左端作为求积公式的一部分, 才能够收敛.

2.4.2　超奇积分的推广 Romberg 外推

使用中矩形求积方法 (2.4.3) 计算超奇积分 (2.4.1) 和 (2.4.2), 按照定理 2.4.1 和定理 2.4.2 及其推论 2.4.1 和推论 2.4.2, 不同的奇异性质有不同的渐近展开, 例如带参数的超奇异积分 (2.4.1), 若 α 不是负整数并且 $2l < -\alpha < 2(l+1) < 2n$, 则求积公式为

$$I_h(G) = \sum_{j=0}^{N-1} hG(a + (j+1/2)h) - \sum_{k=0}^{l} 2\frac{h^{2k+1+\alpha}}{(2k)!} \zeta(-2k-\alpha, 1/2) g^{(2k)}(x_i), \tag{2.4.21}$$

误差的渐近展开为

$$I_h(G) - \text{f.p.} \int_a^b G(y)\mathrm{d}y$$

$$= -\sum_{k=1}^{n} \frac{h^{2k}}{(2k)!} B_{2k}(1/2)[G^{(2k-1)}(a) - G^{(2k-1)}(b)]$$

$$+ \sum_{k=l+1}^{n} 2\frac{h^{2k+1+\alpha}}{(2k)!}\zeta(-2k-\alpha,1/2)g^{(2k)}(x_i) + O(h^{2n+1}). \qquad (2.4.22)$$

显然, 若 $l > 0$, 求积公式 (2.4.21) 中需要计算导数值 $g^{(2k)}(x_i)(k=1,\cdots,l)$ 一般来说, 计算较难. 若不计算导数值, 使用公式

$$\tilde{I}_h(G) = \sum_{j=0}^{N-1} hG(a+(j+1/2)h) - 2h^{1+\alpha}\zeta(-2k-\alpha,1/2)g(x_i) \qquad (2.4.23)$$

代替 (2.4.21), 则误差为

$$\tilde{I}_h(G) - \text{f.p.}\int_a^b G(y)\mathrm{d}y$$

$$= -\sum_{k=1}^{n}\frac{h^{2k}}{(2k)!}B_{2k}(1/2)[G^{(2k-1)}(a) - G^{(2k-1)}(b)]$$

$$+ \sum_{k=1}^{l} 2\frac{h^{2k+1+\alpha}}{(2k)!}\zeta(-2k-\alpha,1/2)g^{(2k)}(x_i)$$

$$+ \sum_{k=l+1}^{n} 2\frac{h^{2k+1+\alpha}}{(2k)!}\zeta(-2k-\alpha,1/2)g^{(2k)}(x_i) + O(h^{2n+1}), \qquad (2.4.24)$$

其中渐近展开项

$$\sum_{k=1}^{l} 2\frac{h^{2k+1+\alpha}}{(2k)!}\zeta(-2k-\alpha,1/2)g^{(2k)}(x_i) \qquad (2.4.25)$$

中 h 的指数是负数, 蕴涵公式 $\tilde{I}_h(G)$ 不收敛, 并且 h 越小, 误差越大. 但是 (2.4.24) 表明 $\tilde{I}_h(G)$ 可以通过逐步的负指数的 Richardson-$h^{2k+1+\alpha}$ 外推 $(k=1,\cdots,l)$ 逐步消去 (2.4.25) 各项, 得到误差为 $O(h^{2l+3+\alpha})$ 阶, 然后再继续 Richardson 外推得到更高精度. 这便是推广 Romberg 外推, 实算表明这个方法非常有效. 因此启示我们: 一个看似无用的发散方法, 也可能借助外推得到高精度. 对于定理 2.4.2、定理 2.4.3 和定理 2.4.4 及其推论的渐近展开也有相同结论.

例 2.4.1 考虑超奇积分

$$I(y) = \int_0^1 \frac{(2x-1)^3}{(x-y)^2}\mathrm{d}x, \quad y \in (0,1), \qquad (2.4.26)$$

已知精确积分值是

$$I(y) = 16y - 8 + 6(2y-1)^2\ln\left(\frac{1-y}{y}\right) - \frac{(2y-1)^3}{y(1-y)}.$$

使用定理 2.4.3 的渐近展开 (2.4.13), 在 $l = 1$ 情形导出求积公式

$$I_h = \sum_{j=0}^{N-1} hG(a + (j + 1/2)h) - 2\frac{1}{h}\zeta(2, 1/2)g(x_i), \qquad (2.4.27)$$

这里 $G(x)$ 为 (2.4.21) 的被积函数, 其误差有渐近展开

$$I_h - \text{f.p.} \int_a^b G(x)\mathrm{d}x = \sum_{k=1}^{n} \frac{h^{2k}}{(2k)!} B_{2k}(1/2)[G^{(2k-1)}(b) - G^{(2k-1)}(a)]. \qquad (2.4.28)$$

使用公式 (2.4.22), 并且计算在 $y = x_i = 1/4$ 的逐步外推结果, 见表 2.4.1.

表 2.4.1　例 2.4.1 中取 $y = 1/4$ 的近似误差与外推误差

h	2^{-8}	2^{-9}	2^{-10}	2^{-11}
I_h 误差	2.331×10^{-2}	6.077×10^{-3}	1.537×10^{-4}	3.854×10^{-4}
h^2外推		3.327×10^{-4}	2.364×10^{-5}	1.543×10^{-6}
h^4外推			3.030×10^{-6}	7.013×10^{-8}
h^6外推				2.316×10^{-8}

例 2.4.2　计算奇异积分

$$I(y) = \text{f.p.} \int_{-1}^{1} \frac{\mathrm{e}^x}{|x - y|}\mathrm{d}x, \quad y \in (-1, 1), \qquad (2.4.29)$$

由于积分在Cauchy 主值意义下是发散的, 因此积分必须理解为 Hadamard 有限部分, 已知精确积分值是

$$I(y) = \text{f.p.} \int_{-1}^{1} \frac{\mathrm{e}^x}{|x - y|}\mathrm{d}x$$

$$= \mathrm{e}^y \sum_{k=1}^{\infty} \frac{1}{k!k}[(-1 - y)^k + (1 - y)^k] + 2\mathrm{e}^y(\ln|1 + y| + \ln|1 - y|).$$

使用近似方法, 应用 (2.4.12), 其中取 $l = 0$, 于是构造求积方法为

$$I_h = \sum_{j=0}^{N-1} hG(a + (j + 1/2)h) + 2\frac{g(x_i)}{(2l)!}\psi(1/2) - 2\frac{g(x_i)}{(2l)!}\ln\frac{1}{h}, \qquad (2.4.30)$$

其误差有渐近展开

$$I_h - \text{f.p.} \int_a^b G(y)\mathrm{d}y = \sum_{k=1}^{n} \frac{h^{2k}}{(2k)!} B_{2k}(1/2)[G^{(2k-1)}(b) - G^{(2k-1)}(a)]$$

$$+ 2\sum_{k=1}^{n} \frac{h^{2k}}{(2k)!}\zeta(1 - 2k, 1/2)g^{(k)}(x_i) + O(h^{2n+1}). \qquad (2.4.31)$$

使用公式 (2.4.12a) 计算近似值与外推, 结果见表 2.4.2.

表 2.4.2　例 2.4.2 中取 $y = 0.984375$ 的近似误差与外推误差

h	2^{-8}	2^{-9}	2^{-10}	2^{-11}
I_h 误差	6.894×10^{-3}	1.737×10^{-3}	4.352×10^{-4}	1.089×10^{-4}
h^2 外推		1.832×10^{-5}	1.179×10^{-6}	7.430×10^{-8}
h^4 外推			3.612×10^{-8}	6.578×10^{-10}
h^6 外推				9.495×10^{-11}

例 2.4.3　计算超奇积分

$$I(y) = \text{f.p.} \int_{-1}^1 \frac{g(x)}{(x-y)^3}\mathrm{d}x, \quad y \in (-1, 1),$$

这里 $g(x) = \mathrm{e}^x$, 精确解

$$\begin{aligned} I(y) &= \text{f.p.} \int_{-1}^1 \frac{\mathrm{e}^x}{(x-y)^3}\mathrm{d}x \\ &= \mathrm{e}^y \left[\frac{1}{2}(-1-y)^{-2} - \frac{1}{2}(1-y)^{-2} + \frac{1}{-1-y} - \frac{1}{1-y} + \frac{1}{2}\ln(1-y) \right. \\ &\quad \left. - \frac{1}{2}\ln(1+y) + \frac{1}{3} + \sum_{k=4}^\infty \frac{1}{k!}\frac{1}{k-2}((1-y)^{k-2} - (-1-y)^{k-2}) \right] \end{aligned}$$

特别 $I(0.5) = -7.7388277630$.

在 (2.4.17) 中取 $l = 1$, 则求积公式可以取为

$$I_h = \sum_{j=0}^{N-1} hG(a + (j+1/2)h) + 2h^{-1}\zeta(2, 1/2)g^{(1)}(x_i), \tag{2.4.32}$$

并且误差有偶次幂渐近展开

$$I_h - \text{f.p.} \int_a^b G(y)\mathrm{d}y = \sum_{k=1}^n \frac{h^{2k}}{(2k)!} B_{2k}(1/2)[G^{(2k-1)}(b) - G^{(2k-1)}(a)] + O(h^{2n+2+\alpha}). \tag{2.4.33}$$

但是公式 (2.4.32) 涉及 $g(x)$ 的导数计算, 如果回避导数, 可以直接使用公式

$$\hat{I}_h = \sum_{j=0}^{N-1} hG(a + (j+1/2)h), \tag{2.4.34}$$

那么 $\hat{I}_h$ 的误差随 h 越小而越大, 而误差的渐近展开为

$$\hat{I}_h - \text{f.p.} \int_a^b G(y)\mathrm{d}y = -2h^{-1}\zeta(2,1/2)g^{(1)}(x_i)$$
$$+ \sum_{k=1}^n \frac{h^{2k}}{(2k)!}B_{2k}(1/2)[G^{(2k-1)}(b) - G^{(2k-1)}(a)]$$
$$+ O(h^{2n+2+\alpha}). \tag{2.4.35}$$

但是 (2.4.35) 表明: 若执行一次 h^{-1}-Richardson 外推, 即令

$$\widetilde{I}_h = 2\hat{I}_{2h} - \hat{I}_h, \tag{2.4.36}$$

则 $\widetilde{I}_h$ 的误差具有正偶次幂的渐近展开, 因此再执行 h^2-Richardson 外推

$$Q_h = \frac{4}{3}\widetilde{I}_h - \frac{1}{3}\widetilde{I}_{2h}, \tag{2.4.37}$$

便有

$$I = Q_h + O(h^4). \tag{2.4.38}$$

这个结果还可以按照 Romberg 方法继续外推, 计算结果见表 2.4.3.

表 2.4.3　例 2.4.3 中取 $y = 0.5$ 的近似误差与外推误差

h	$1/2^2$	$1/2^3$	$1/2^4$	$1/2^5$
$\hat{I}_h$ 误差	57.603	122.507	252.634	512.977
h^{-1} 外推		0.437	0.119	0.031
h^2 外推			0.014	0.001
h^4 外推				1.899×10^{-4}

这里近似解 u^h 的 h^α 外推的计算公式为

$$u^{extra} = \frac{2^\alpha u^{h/2} - u^h}{2^\alpha - 1}, \quad \forall \alpha \neq 0.$$

由表 2.4.3 可见 $\hat{I}_h$ 发散, $\hat{I}_h$ 的 h^{-1} 外推 $\widetilde{I}_h$ 收敛, 但收敛慢; Q_h 及其 h^4 外推, 则收敛很快.

例 2.4.4　计算分数阶的超奇积分

$$I(y) = \int_{-1}^1 \frac{\mathrm{e}^x}{(x-y)^{\frac{4}{3}}}\mathrm{d}x, \tag{2.4.39}$$

经过实际计算得到 $I(0.25) = -7.7384952423$, 使用 (2.4.21) 构造求积公式, 因为 $\alpha = -4/3$, 于是有 $l = 0$, 故

$$I_h(G) = \sum_{j=0}^{N-1} hG(a + (j+1/2)h) - \sum_{k=0}^l 2h^{-1/3}\zeta(4/3,1/2)g(x_i), \tag{2.4.40}$$

其误差的渐近展开为

$$e_h(G) = I_h(G) - \text{f.p.} \int_a^b G(y)\mathrm{d}y$$

$$= -\sum_{k=1}^n \frac{h^{2k}}{(2k)!} B_{2k}(1/2)[G^{(2k-1)}(a) - G^{(2k-1)}(b)]$$

$$+ \sum_{k=1}^n 2\frac{h^{2k+1+\alpha}}{(2k)!}\zeta(-2k-\alpha,1/2)g^{(2k)}(x_i) + O(h^{2n+1}), \quad \alpha = -4/3, \quad (2.4.41)$$

即误差阶为 $O(h^{5/3})$, 通过 $h^{5/3}$ 外推, 精度达到 $O(h^2)$, 见表 2.4.4.

表 2.4.4 例 2.4.4 中取 $y = 0.25$ 的近似误差与外推误差

h	2^{-3}	2^{-4}	2^{-5}
I_h 误差	4.68×10^{-3}	1.32×10^{-3}	3.77×10^{-4}
$h^{5/3}$ 外推		-2.21×10^{-4}	-5.62×10^{-5}
h^2 外推			-1.46×10^{-6}

例 2.4.5 计算含对数奇异项的超奇积分

$$I(y) = \text{f.p.} \int_0^1 \frac{\ln|x-y|}{|x-y|^{3/2}}\mathrm{d}x, \quad (2.4.42)$$

直接导出

$$I(y) = -2\ln(1-y)(1-y)^{-1/2} - 4(1-y)^{-1/2}$$
$$- 2y^{-1/2}\ln y + 4y^{-1/2}.$$

特别置 $y = 0.25$, 计算得

$$I(0.25) = -6.785\,942\,6.$$

在本例中取 $\alpha = -3/2, l = 0$, 若取修改中矩形求积公式, 则由定理 2.4.2 得

$$\hat{I}_h(G) = \sum_{j=0}^{N-1} hG(a + (j+1/2)h)$$
$$- 2h^{-1/2}[\zeta(3/2,1/2)\ln h - \zeta'(3/2,1/2)]g(y), \quad (2.4.43)$$

虽然可以收敛, 但是必须计算 $\zeta(3/2,1/2)$ 和 $\zeta'(3/2,1/2)$ 的值, 更简单的方法是直接使用中矩形求积公式

$$I_h(G) = \sum_{j=0}^{N-1} hG(a + (j+1/2)h), \quad (2.4.44)$$

然后通过两次 $h^{-1/2}$ 外推, 消去 $h^{-1/2}\ln h$ 和 $h^{-1/2}$ 等发散项, 得到 $O(h^{3/2}|\ln h|)$ 精度, 其数值结果见表 2.4.5.

表 2.4.5   例 2.4.5 中取 $y = 0.25$ 的近似误差与外推误差

h	2^{-2}	2^{-3}	2^{-4}	2^{-5}	2^{-6}
I_h 误差	-18.046	-44.172	-89.041	-163.518	-284.374
$h^{-1/2}$ 外推		45.028	64.151	90.763	128.255
$h^{-1/2}$ 外推			-1.138	0.250	-0.0963

从表中看出经过第二次 $h^{-1/2}$ 外推后, 精度大为改善.

2.5   变数替换方法与收敛的加速

前面已经叙述无论使用梯形公式或者中矩形公式计算积分, 如果被积函数是周期函数, 那么求积公式的精度便大为提高. 因此把被积函数周期化后, 再应用求积公式计算是提高计算精度最有效的方法. 有关周期变换的方法很多, 这里仅仅介绍 Sidi 的 $\sin^n$ 变换方法和 Takahaisi-Mori 的双幂变换方法.

2.5.1 $\sin^n$ 变换方法

积分

$$I(G) = \int_0^1 G(x)\mathrm{d}x,$$

如果被积函数 $G(x)$ 在端点有渐近展开

$$G(x) \sim \sum_{j=0}^{\infty} c_j x^{\gamma_j}, \quad x \to 0, \tag{2.5.1a}$$

$$G(x) \sim \sum_{j=0}^{\infty} d_j (1-x)^{\delta_j}, \quad x \to 1, \tag{2.5.1b}$$

并且 γ_j, δ_j 是互异实数, 满足

$$-1 < \gamma_0 < \gamma_1 < \gamma_2 < \cdots, \quad \text{及} \lim_{j\to\infty} \gamma_j = \infty,$$

和

$$-1 < \delta_0 < \delta_1 < \delta_2 < \cdots, \quad \text{及} \lim_{j\to\infty} \delta_j = \infty. \tag{2.5.2}$$

那么应用推广 Euler-Maclaurin 展开式 (2.2.37), 梯形公式的误差具有以下渐近展开:

$$h\sum_{i=1}^{n-1} G(a+ih)$$

$$= \int_a^b G(x)\mathrm{d}x + \sum_{j=0}^{\infty} c_j \zeta(-\gamma_j) h^{\gamma_j+1} + \sum_{j=0}^{\infty} d_j \zeta(-\delta_j) h^{\delta_j+1}$$

$$= \int_a^b G(x)\mathrm{d}x + \sum_{\substack{j=0 \\ \gamma_j \notin Z_2}}^{\infty} c_j \zeta(-\gamma_j) h^{\gamma_j+1} + \sum_{\substack{j=0 \\ \delta_j \notin Z_2}}^{\infty} d_j \zeta(-\delta_j) h^{\delta_j+1}, \quad h = 1/n, (2.5.3)$$

这里 $Z_2 = \{2, 4, 6, \cdots\}$ 为偶数集合, 并且应用了 $\zeta(-j) = 0, \forall j \in Z_2$.

如果使用变换 $x = \phi(y)$, 而且 ϕ 是映 $[a, b]$ 到 $[a, b]$ 的 $2m+1$ 次可微函数, 则

$$I(G) = \int_a^b G(\phi(y))\phi'(y)\mathrm{d}y = \int_a^b G_1(y)\mathrm{d}y, \tag{2.5.4}$$

若进一步假设

$$\phi^{(2i-1)}(a) = \phi^{(2i-1)}(b), \quad i = 1, \cdots, m, \tag{2.5.5}$$

并且对函数 $G_1(y)$ 应用梯形公式或者中矩形求积公式计算, 其误差阶为 $O(h^{2m+1})$. 因此把被积函数先周期化再应用梯形公式或者中矩形公式计算能够大幅提高计算精度.

周期化方法很多, 最有效的是 Sidi(1993) 的 $\sin^n$ 变换方法: 假定 $[a, b] = [0, 1]$, 取变换

$$\psi_m(y) = \theta_m(y)/\theta_m(1), \tag{2.5.6}$$

其中

$$\theta_m(y) = \int_0^y (\sin(\pi t))^m \mathrm{d}t. \tag{2.5.7}$$

如果 m 取整数, 则 $\psi_m(y)$ 容易通过递推关系计算出, 下面列出前四个:

$$\psi_1(y) = \frac{1}{2}(1 - \cos(\pi y)), \tag{2.5.8a}$$

$$\psi_2(y) = \frac{1}{2\pi}(2\pi y - \sin(\pi y)), \tag{2.5.8b}$$

$$\psi_3(y) = \frac{1}{16}(8 - 9\cos(\pi y) + \cos(3\pi y)), \tag{2.5.8c}$$

$$\psi_4(y) = \frac{1}{12\pi}(12\pi y - 8\sin(2\pi y) + \sin(4\pi y)). \tag{2.5.8d}$$

一般地, 可以通过递推公式计算

$$\psi_m(y) = \frac{m-1}{m}\psi_{m-2}(y) - \frac{\Gamma\left(\dfrac{m}{2}\right)}{2\sqrt{\pi}\Gamma\left(\dfrac{m+1}{2}\right)}(\sin(\pi y))^{m-1}\cos(\pi y). \tag{2.5.9}$$

如果 m 不是整数, 则 $\psi_m(y)$ 不能用初等函数表达, 只能使用超几何函数表达.

显然, $\psi_m(y)$ 及其导数 $\psi'_m(y)$ 具有性质:

(1) $\psi_m(y) \sim \alpha t^{m+1}, \psi'_m(y) \sim \alpha t^m$, 当 $t \to 0$;

(2) $\psi_m(y) \sim 1 - \alpha(1-t)^{m+1}, \psi'_m(y) \sim \alpha(1-t)^m$, 当 $t \to 1$;

(3) $\psi_m(y) = 1 - \psi_m(1-y), \psi'_m(y) = \psi'_m(1-y)$.

应用 $\psi_m(y)$ 作积分变换函数, 可以提高梯形公式的精度阶, 尤其是被积函数在端点有奇点时. 事实上, 成立如下定理:

定理 2.5.1(Sidi, 2004)   若 $G(x) \in C^\infty(0,1)$, 并且假定在端点有如同 (2.5.1) 和 (2.5.2) 的渐近展开, 在 (2.5.4) 中取变换函数 $\phi(x) = \psi_m(x)$, 对 (2.5.4) 应用梯形公式

$$\hat{Q}_n(G) = \sum_{i=1}^{n-1} G(\psi_m(ih))\psi'_m(ih), \quad h = 1/n, \tag{2.5.10}$$

则成立误差估计:

(1) 最差情形

$$\hat{Q}_n(G) - I(G) = O(h^{(\omega+1)(m+1)}), \quad \omega = \min(\gamma_0, \delta_0); \tag{2.5.11}$$

(2) 如果把 $\{\gamma\}$ 和 $\{\delta_j\}$ 合并为 $\{\beta_j\}$, 并且依次序排列为

$$-1 < \beta_0 < \beta_1 < \beta_2 < \cdots,$$

那么只要选择 $m = (q - \beta_0)/(1 + \beta_0)$, 而 q 是任何偶数, 则

$$\hat{Q}_n(G) - I(G) = O(h^{(\beta_1+1)(m+1)}). \tag{2.5.12}$$

证明   令 $\hat{G}(x) = G(\psi_m(x))\psi'_m(x)$, 则由 (2.5.1) 与 $\psi_m(y)$ 及其导数 $\psi'_m(y)$ 的性质, 有渐近展开

$$\hat{G}(x) = \begin{cases} a_0 x^{\gamma_0(m+1)+m} + a_1 x^{\gamma_1(m+1)+m} + \cdots, & x \to 0 \\ b_0(1-x)^{\delta_0(m+1)+m} + b_1(1-x)^{\delta_1(m+1)+m} + \cdots, & x \to 1, \end{cases}$$

于是按照 (2.5.3) 我们得到情形 (1) 的证明.

如果选择 $m = (q - \beta_0)/(1 + \beta_0)$, 而 q 是任何偶数, 则 $\beta_0(m+1) + m$ 是偶数, 按照 (2.5.3) 该项消失, 故 (2.5.12) 被证明.   □

定理 2.5.1 表明恰当选择 m 可以提高精度, 例如:

(1) 若 $\beta_0 = 0$, 则选择 m 为偶数, 精度提高为 $O(h^{(\beta_1+1)(m+1)})$ 阶;

(2) 若 $\beta_0 = -1/2$, 即 $G(x)$ 有分数弱奇异端点, 则选择 $m = 4k+1, k = 0, 1, 2, \cdots$, 得到 $\beta_0(m+1) + m$ 为偶数, 精度提高为 $O(h^{(\beta_1+1)(m+1)})$ 阶, 特别 $m = 1$, 精度提高为 $O(h^{2(\beta_1+1)})$ 阶, $m = 5$ 精度提高为 $O(h^{6(\beta_1+1)})$ 阶;

(3) 若 $\beta_0 = -2/3$, 则选择 $m = 2$ 和 8 可以得到 $\beta_0(m+1) + m$ 为偶数, 其精度分别提高为 $O(h^{3(\beta_1+1)})$ 和 $O(h^{9(\beta_1+1)})$ 阶;

(4) 若 $\beta_0 = -1/3$, 则选择 $m = 3k+1/2, k = 0, 1, 2, \cdots$, 可以得到 $\beta_0(m+1)+m$ 为偶数, 其精度提高为 $O(h^{(\beta_1+1)(m+1)})$, 但是 m 不是整数.

对于 $G(x)$ 是光滑函数情形, 下面定理提供了加速收敛技巧:

定理 2.5.2(Sidi, 2004)　若 $G(x) \in C^\infty[0,1]$, 但是 $|G(0)| + |G(1)| \neq 0$, 则令 $p(x)$ 是以 $x = 0, 1$ 为基点的 $G(x)$ 的线性内插函数, 令 $u(x) = G(x) - p(x)$, 考虑积分

$$I(u) = \int_0^1 u(x)\mathrm{d}x, \tag{2.5.13}$$

并且用 $\hat{Q}_n(u)$ 表示积分 (2.5.13) 在使用 $\psi_m(y)$ 积分变换后的梯形公式下的近似积分, 那么成立

$$\{\hat{Q}_n(u) + \frac{1}{2}[G(0) + G(1)]\} - I(u) = \begin{cases} O(h^{3m+3}), & 2m\text{是奇数}, \\ O(h^{2m+3}), & 2m\text{不是奇数}. \end{cases} \tag{2.5.14}$$

证明　由于

$$\int_0^1 G(x)\mathrm{d}x = \int_0^1 u(x)\mathrm{d}x + \int_0^1 p(x)\mathrm{d}x = \int_0^1 u(x)\mathrm{d}x + \frac{1}{2}[G(0) + G(1)],$$

其次, 按照定理的假定 $u(x)$ 在端点为零, 因此 $u(x)$ 在端点的渐近展开必有 $\beta_0 = 1, \beta_1 = 2$. 若 $2m$ 是奇数, 得到 $\beta_0(m+1) + m = 2m+1$ 为偶数, 按照定理 2.5.1 其近似阶为 $O(h^{\beta_1(m+1)+m+1}) = O(h^{3m+3})$, 否则仅有 $O(h^{2m+3})$.　□

2.5.2　双幂变换方法

双幂变换方法是由 Takahasi 和 Mori 提出的, 其目的是通过双幂变换把被积区间变为 $(-\infty, \infty)$, 并且使被积函数及其各阶导数皆在无限远快速趋于零, 从而积分值的贡献集中在有限线段上, 例如 $(-4, 4)$ 上, 而该线段的端点各阶导数几乎为零, 故其上应用梯形或者矩形公式便可以得到高精度. 为此考虑积分

$$J = \int_a^b f(x)\mathrm{d}x, \tag{2.5.15}$$

借助变换 $\varphi(t)$, 使 $a = \varphi(-\infty), b = \varphi(\infty)$, 那么积分被转换为

$$J = \int_a^b f(x)\mathrm{d}x = \int_{-\infty}^\infty f(\varphi(t))\varphi'(t)\mathrm{d}t. \tag{2.5.16}$$

称 $\varphi(t)$ 是双幂变换, 如果存在正常数 a_1, a_2, a_3, 使

$$|f(\varphi(t))\varphi'(t)| \sim a_1 \exp(-a_2 \exp(a_3|t|)), \quad |t| \to \infty. \tag{2.5.17}$$

双幂变换的性质保证在包含原点的某个区间外的积分值可以略去, 通常有

$$J = \int_{-\infty}^{\infty} f(\varphi(t))\varphi'(t)\mathrm{d}t \approx \int_{-4}^{4} f(\varphi(t))\varphi'(t)\mathrm{d}t, \qquad (2.5.18)$$

于是相应的梯形公式为

$$J_h^{(N)} = h \sum_{i=-4}^{4} f(\varphi(ih))\varphi'(ih), \qquad (2.5.19)$$

这里 $h = 4/N$. 由于被积函数及其各阶导数皆在无限远以双幂速度趋于零, 因此 (2.5.19) 是高精度算法, Mori(1985) 证明误差是指数阶, 即存在常数 $c > 0$, 使得 $J - J_h^{(N)} = \exp(-cN/\ln N)$.

可以找到许多把 $(-\infty, \infty) \to (a, b)$ 的双幂变换, 例如

$$x = \varphi_1(t) = \frac{1}{2}\left[\tanh\left(\frac{\pi}{2}\sinh(t)\right) + 1\right] : (-\infty, \infty) \to (0, 1),$$

$$x = \varphi_2(t) = \sinh\left(\frac{\pi}{2}\tanh(t)\right) : (-\infty, \infty) \to (-1, 1),$$

$$x = \varphi_3(t) = \exp(2\sinh(t)) : (-\infty, \infty) \to (0, \infty). \qquad (2.5.20)$$

即使对于无限积分

$$J = \int_{-\infty}^{\infty} f(x)\mathrm{d}x,$$

也可以使用双幂变换

$$x = \varphi_4(t) = \sinh\left(\frac{\pi}{2}\sinh(t)\right) : (-\infty, \infty) \to (-\infty, \infty), \qquad (2.5.21)$$

把一个在无限远衰减得缓慢的函数变为急剧衰减于零的函数. 双幂变换对于有端点奇异性质的函数和快速振荡的函数非常有效, 此情形下, 奇点被变换到无限远处, 振荡频率变缓.

2.5.3　反常积分的变换方法

某些反常积分可以通过变换方法转变为正常积分, 例如反常积分

$$I_1 = \int_0^1 x^{p/q} f(x)\mathrm{d}x, \qquad (2.5.22)$$

其中 $-1 < p/q < 1$, 并且 p, q 是整数, 分母 $q > 0$, $f(x)$ 是光滑函数. 作变数替换 $x = y^q$, 立刻得到

$$I_1 = q \int_0^1 y^{p+q-1} f(y^q)\mathrm{d}y, \qquad (2.5.23)$$

因为 $p+q-1$ 是正整数, 故被积函数已经是光滑函数.

对于反常积分

$$I_2 = \int_{-1}^{1} \frac{f(x)}{\sqrt{1-x^2}} \mathrm{d}x, \tag{2.5.24}$$

作变数替换 $x = \cos y$, 便得到

$$I_2 = \int_{0}^{\pi} f(\cos y) \mathrm{d}y, \tag{2.5.25}$$

此情形被积函数不仅是光滑函数而且是光滑周期函数.

对于反常积分

$$I_3 = \int_{0}^{1} \frac{f(x)}{\sqrt{x(1-x)}} \mathrm{d}x, \tag{2.5.26}$$

使用变数替换 $x = \sin^2 y$, 便得到

$$I_3 = 2 \int_{0}^{\pi/2} f(\sin^2 y) \mathrm{d}y. \tag{2.5.27}$$

一般说, 函数 $f(x)$ 如果在端点有奇性, 则可以使用余弦变换消除, 例如

$$I_4 = \int_{-1}^{1} f(x) \mathrm{d}x, \tag{2.5.28}$$

使用变数替换 $x = \cos y$, 便得到

$$I_4 = \int_{0}^{\pi} f(\cos y) \sin y \mathrm{d}y, \tag{2.5.29}$$

这里因子 $\sin y$ 有效地消除被积函数在端点的奇性. 当然, 一般情形还是 Sidi 的 $\sin^n$ 变换方法最有效.

第3章 多维积分的 Euler-Maclaurin 展开式与分裂外推算法

多维数值积分是多维问题中的基本问题. 有关多维数值积分的论文, 至今仍在数值分析的核心期刊中占有相当比例, 有关多维积分的专著已有许多本. Davis 和 Rabinowitz(1984) 按维数把积分分为三类: (1) 维数为 2~5; (2) 维数为 6~12; (3) 维数高于 12 维. 对于第 (1) 类复合 Gauss 乘积型公式尚可用, 遇到难度大的积分还可以用 ε 算法加速; 对于第 (2) 类和第 (3) 类, 维数效应已很强烈, 复合 Gauss 乘积型公式已经失效. 较有竞争性的方法有 Monte Carlo 法和由 N.M.Korobov, N.S.Bahvalov 以及华罗庚和王元 (1978) 发展的数论方法, 这些方法优点是求单和, 抽样结点数与维数无关, 但是 Monte Carlo 法计算积分只能得到概率误差, 而且不是高精度计算 (误差为 $O(1/\sqrt{N})$, N 为抽样点数); 数论方法除具有 Monte Carlo 法优点外, 其计算程序简单并具有精确的误差阶估计. 但数论方法也有较大局限性: 方法本身只适用于有较高光滑度的多元周期函数. 虽然原则上非周期函数皆可以转化为周期函数, 但转换后函数结构复杂, 失去应用价值.

和数论方法比较, 代数方法是以尽量少的点获得尽量高的代数精度为目的, 这方面以 Stroud 为代表的美国数学家取得进展, 构造出五次、七次最佳求积公式, 但是迄今尚无一般的高次最佳求积公式. 一般说, 多维积分的维数越高, 难度越大. 通常对于一维积分有效的方法, 未必适用于多维积分. 这是因为多维积分的计算复杂度随维数指数增长, 例如对于一个 s 维积分, 为了得到 $2m+1$ 阶代数精度, 使用乘积型 Gauss 公式必须计算 $(m+1)^s$ 个结点的函数值, 使用 Romberg 外推必须计算 2^{ms} 个结点的函数值, 这便限制这两种方法不能在高于五维的问题中应用. 迄今, 有关高维积分的方法主要有概率统计法 (Monte Carlo 法)、数论方法和分裂外推. 其中, 前面两种方法没有代数精度, 甚至没有单调收敛性质. 然而分裂外推不仅具有代数精度, 而且计算复杂度是多项式的, 即计算量仅仅是维数的多项式阶. 事实上, 为了得到 $2m+1$ 阶代数精度我们仅需要计算 C_{2s+m}^m 个结点的函数值.

分裂外推的思想最早是林群、吕涛于 1983 年提出的 (Lin et al., 1983), 其后吕涛、石济民、林振宝提出分裂外推的递推算法和加密方法 (Lü et al. ,1990). 当今, 分裂外推已经成为克服多维问题维数烦恼的新技术, 并且广泛应用于多维积分, 偏微分方程 (差分、有限元和边界元), 及高维积分方程和积微分方程等诸领域.

对于在 3 维曲面上的积分, 显然在 3 维边界积分方程有实际应用, Sidi(2005a)

和 Atkinson(2004) 讨论了此问题, 本章也作简要介绍.

3.1 多维积分的 Euler-Maclaurin 展开式

3.1.1 多维偏矩形积分公式与多参数 Euler-Maclaurin 展开式

令 $x = (x_1, \cdots, x_s) \in \mathbb{R}^s$ 是 s 维空间的点, $\nu = (\nu_1, \cdots, \nu_s)$ 是整数向量, 对于多元分析使用如下简化记号:

$$|\nu| = \sum_{j=1}^{s} \nu_j, \quad \nu! = \nu_1! \cdots \nu_s!,$$

$$f(x) = f(x_1, \cdots, x_s), \quad x^\nu = x_1^{\nu_1} \cdots x_s^{\nu_s},$$

$$D^\nu = D_1^{\nu_1} \cdots D_s^{\nu_s}, \quad D_i = \frac{\partial}{\partial x_i}, i = 1, \cdots, s.$$

考虑 s 维积分

$$I(f) = \int_V f(x)\mathrm{d}x, \quad V = [0,1]^s. \tag{3.1.1}$$

取步长 $h = (h_1, \cdots, h_s), h_i = 1/N_i, i = 1, \cdots, s, N_i$ 是正整数. 构造多维偏矩形数值积分公式

$$I_\beta(h) = h_1 \cdots h_s \sum_{j_1=0}^{N_1-1} \cdots \sum_{j_s=0}^{N_s-1} f(h_1(j_1+\beta_1), \cdots, h_s(j_s+\beta_s)), \tag{3.1.2}$$

这里 $\beta = (\beta_1, \cdots, \beta_s), 0 < \beta_i < 1, i = 1, \cdots, s.$ 如果 $\beta = (1/2, \cdots, 1/2), (3.1.1)$ 便成为多维中矩形求积公式. 显然 (3.1.2) 是一维偏矩形数值积分公式的张量积推广.

应用 (2.2.33) 便得到多维偏矩形公式的多参数 Euler-Maclaurin 展开式.

定理 3.1.1 若 $f(x) \in C^{2n+1}(V)$, 则多维偏矩形求积公式 的误差有多参数 Euler-Maclaurin 展开式

$$I_\beta(h) = \int_V f(x)\mathrm{d}x + (-1)^s \sum_{0 \leqslant |\alpha| \leqslant 2n} h^{\alpha+1}\zeta(-\alpha, \beta)I(D^{\alpha+1}f)/\alpha! + O(h_0^{2n+1}), \tag{3.1.3}$$

这里 α 是整数向量,

$$h_0 = \max\{h_j : 1 \leqslant j \leqslant s\},$$

$$h^{\alpha+1} = h_1^{\alpha_1+1} \cdots h_s^{\alpha_s+1}, \quad D^{\alpha+1} = D_1^{\alpha_1+1} \cdots D_s^{\alpha_s+1},$$

$$\zeta(-\alpha, \beta) = \prod_{j=1}^{s} \zeta(-\alpha_j, \beta_j),$$

而

$$I(D^{\alpha+1}f) = \int_V D^{\alpha+1}f(x)\mathrm{d}x.$$

证明 对 $s=1$, 直接由 (2.1.23) 或 (2.2.33) 得到 (3.1.3), 若 $s>1$, 则应用维数归纳法得到 (3.1.3) 的证明. □

推论 3.1.1 若 $f(x) \in C^{2n+2}(V)$, 多维中矩形求积公式

$$I_M(h) = h_1 \cdots h_s \sum_{j_1=0}^{N_1-1} \cdots \sum_{j_s=0}^{N_s-1} f(h_1(j_1+1/2), \cdots, h_s(j_s+1/2)) \tag{3.1.4}$$

有偶数幂的多参数 Euler-Maclaurin 展开

$$I_M(h) = \int_V f(x)\mathrm{d}x + \sum_{1 \leqslant |\alpha| \leqslant n} h^{2\alpha} \frac{B_{2\alpha}(1/2)}{(2\alpha)!} I(D^{2\alpha}f) + O(h_0^{2n+2}), \tag{3.1.5}$$

这里

$$\frac{B_{2\alpha}(1/2)}{(2\alpha)!} = \prod_{j=1}^s \frac{B_{2\alpha_j}(1/2)}{(2\alpha_j)!}, \quad D^{2\alpha}f = D_1^{2\alpha_1} \cdots D_s^{2\alpha_s} f(x_1, \cdots, x_s).$$

证明 因为 $\zeta(-2k, 1/2)=0$, 由 (3.1.3) 得到

$$I_M(h) = \int_V f(x)\mathrm{d}x + (-1)^s \sum_{0 \leqslant |\alpha| \leqslant n} h^{2\alpha} \zeta(-2\alpha+1, 1/2) I(D^{2\alpha}f)/(2\alpha-1)! + O(h_0^{2n+1}), \tag{3.1.6}$$

其中 $\zeta(-2\alpha-1, 1/2) = \prod_{j=1}^s \zeta(-2\alpha_j-1, 1/2)$, 代

$$\zeta(-2\alpha_j+1, 1/2) = -\frac{B_{2\alpha_j}(1/2)}{2\alpha_j}, \quad j=1, \cdots, s$$

到 (3.1.6) 得到 (3.1.5) 的证明. □

推论 3.1.2 若 $f(x) \in C^{2n+2}(V)$, 取单个网参数, $h_1 = \cdots = h_s = h_0 = 1/N$, 则多维中矩形求积公式

$$I_M = h_0^s \sum_{j_1=0}^{N-1} \cdots \sum_{j_s=0}^{N-1} f(h_0(j_1+1/2), \cdots, h_0(j_s+1/2)) \tag{3.1.7}$$

有偶数幂的 Euler-Maclaurin 展开

$$I_M = \int_V f(x)\mathrm{d}x + \sum_{j=1}^n d_j h_0^{2j} + O(h_0^{2n+2}), \tag{3.1.8}$$

这里

$$d_j = \sum_{|\alpha|=j} \frac{B_{2\alpha}(1/2)}{(2\alpha)!} I(D^{2\alpha}f), \quad j = 1, \cdots, n.$$

上面定理自然可以推广到非光滑被积函数情形, 但是正如一维反常积分 (2.5.22) 一样, 对于如下多维反常积分:

$$I_1 = \int_0^1 \cdots \int_0^1 x_1^{p_1/q_1} \cdots x_s^{p_s/q_s} f(x_1, \cdots, x_s) \mathrm{d}x_1 \cdots \mathrm{d}x_s, \tag{3.1.9}$$

其中 $f(x)$ 是光滑函数, $-1 < p_i/q_i < 1(i = 1, \cdots, s)$, 并且 $p_i, q_i(i = 1, \cdots, s)$ 皆是整数. (3.1.9) 称为面型弱奇异积分, 利用积分变换 $x_i = y_i^{q_i}(i = 1, \cdots, s)$ 便转换为正常积分

$$I_1 = q_1 \cdots q_s \int_0^1 \cdots \int_0^1 y_1^{p_1+q_1-1} \cdots y_s^{p_s+q_s-1} f(y_1^{q_1}, \cdots, y_s^{q_s}) \mathrm{d}y_1 \cdots \mathrm{d}y_s, \tag{3.1.10}$$

以便用 (3.1.4) 计算.

3.1.2   分裂外推法及其递推算法

(3.1.5) 表明若被积函数充分光滑, 则近似积分的误差数值解的精度依赖多个网参数 $h = (h_1, \cdots, h_s)$, 数值积分 $u(h)$ 和精确积分 u 之间, 成立多变量渐近展开

$$u(h) = u + \sum_{1 \leqslant |\alpha| \leqslant m} c_\alpha h^{2\alpha} + O(h_0^{2m+2}), \tag{3.1.11}$$

因此可以使用 1.2 节建议的两种分裂外推加密方法:

类型 1   对于给定的初始步长 $h = (h_1, \cdots, h_s)$, 逐步加密步长 $h = (h_1, \cdots, h_s)$ 取为 $h/2^\beta = (h_1/2^{\beta_1}, \cdots, h_s/2^{\beta_s})$, $0 \leqslant |\beta| \leqslant m$, 把步长 $h/2^\beta$ 对应的近似解令为 $u(h/2^\beta)$.

类型 2   对于给定的初始步长 $h = (h_1, \cdots, h_s)$, 逐步加密步长 $h = (h_1, \cdots, h_s)$ 取为 $h/(1+\beta) = (h_1/(1+\beta_1), \cdots, h_s/(1+\beta_s))$, $0 \leqslant |\beta| \leqslant m$, 把步长 $h/(1+\beta)$ 对应的近似解令为 $u(h/(1+\beta))$.

使用类型 1 方法用 $h/2^\beta$ 代替 (3.1.11) 中的 h, 并且弃去高阶项 $O(h_0^{2m+2})$, 得到

$$u(h/2^\beta) = \bar{u} + \sum_{1 \leqslant |\alpha| \leqslant m} c_\alpha h^{2\alpha}/2^{2(\alpha,\beta)}, \quad 0 \leqslant |\beta| \leqslant m, \tag{3.1.12}$$

这里 $(\alpha, \beta) = \sum_{i=1}^s \alpha_i \beta_i$. 类似对于类型 2, 亦有

$$u(h/(1+\beta)) = \bar{u} + \sum_{1 \leqslant |\alpha| \leqslant m} c_\alpha h^{2\alpha}/(1+\beta)^{2\alpha}, \quad 0 \leqslant |\beta| \leqslant m, \tag{3.1.13}$$

这里 $h^{2\alpha}/(1+\beta)^{2\alpha} = (h^{2\alpha_1}/(1+\beta_1)^{2\alpha_1}, \cdots, h^{2\alpha_s}/(1+\beta_s)^{2\alpha_s})$.

一旦对于类型 1 求出数值解 $u(h/2^\beta)$, 或者对于类型 2 求出 $u(h/(1+\beta))$, $0 \leqslant |\beta| \leqslant m$, 那么应用第 1 章介绍的算法便可以求出分裂外推值 $\bar{u}$, 并且 $\bar{u}$ 的误差为 $O(h_0^{2m+2})$.

按照定理 3.1.1, 容易看出: m 次分裂外推的算法具有 $2m+1$ 阶代数精度, 而计算复杂度有如下定理.

定理 3.1.2　对于类型 2 方法, 为了得到 $2m+1$ 阶代数精度, 最多计算 C_{2s+m}^m 次函数值; 对于类型 1 方法, 为了得到 $2m+1$ 阶代数精度, 最多计算 $\sum\limits_{i=0}^{m} 2^i C_{s+i-1}^i$ 次函数值。

证明　对于类型 2, m 次加密的网点数为

$$\sum_{0 \leqslant |\beta| \leqslant m} (1+\beta_1)\cdots(1+\beta_s). \tag{3.1.14}$$

今证

$$\sum_{|\beta|=k} (1+\beta_1)\cdots(1+\beta_s) = C_{2s+k-1}^k, \tag{3.1.15}$$

事实上, 置 $\alpha_i = 1+\beta_i, i=1,\cdots,s$, 注意

$$(x+2x^2+3x^3+\cdots)^s = \sum_{k=1}^{\infty} \sum_{|\alpha|=k} (\alpha_1\cdots\alpha_s)x^k$$
$$= x^s/(1-x)^{2s}.$$

比较 x^{s+k} 的系数便得到 (3.1.15) 的证明, 再应用组合恒等式

$$\sum_{k=1}^{m} C_{2s+k-1}^k = C_{2s+m}^m$$

便得到类型 2 的证明.

对于类型 1, m 次加密网点数显然不多于

$$\sum_{i=0}^{m} \sum_{|\alpha|=i} 2^\alpha = \sum_{i=0}^{m} 2^i \sum_{|\alpha|=i} 1 = \sum_{i=0}^{m} 2^i C_{s+i-1}^i.$$

因此得到类型 1 的证明. □

由定理 3.1.2 可知分裂外推法是十分有效的, 例如取 $s=10, m=5$, 其代数精度为 $2m+1 = 11$, 对于类型 1 至多计算 77505 次函数值, 对于类型 2 至多计算 53130 次函数值, 而用乘积型 Gauss 公式要计算 $6^{10} = 60466176$ 次函数值, 相差约一千倍.

下面给出数值试验.

例 3.1.1 考虑 s 重积分

$$\int_0^1 \cdots \int_0^1 \exp(x_1 + \cdots + x_s)\mathrm{d}x_1 \cdots \mathrm{d}x_s = (\mathrm{e}-1)^s,$$

用类型 1, 类型 2 的分裂外推和用 Gauss 求积公式相比较, 表 3.1.1 的计算结果表明乘积型 Gauss 公式超过 8 维已失效. 分裂外推则可以计算到 20 维, 其相对精度达到百分之一以下.

表 3.1.1 分裂外推与 Gauss 乘积型求积公式的数值比较

维数 s	分裂次数 m	类型 1		类型 2		DQAND	
		相对误差	CPU 时间/s	相对误差	CPU 时间/s	相对误差	CPU 时间/s
5	7	8.6×10^{-13}	335	5.0×10^{-9}	336	1×10^{-8}	42
	8	1.9×10^{-13}	974	1.2×10^{-8}	656	1×10^{-9}	计算 9 小时未达到精度
8	5	3.7×10^{-7}	618	3.7×10^{-7}	502	4.1×10^{-8}	11283
	6	9.7×10^{-9}	4056	9.4×10^{-9}	3092		
9	4	2.1×10^{-5}	176	2.1×10^{-5}	144	1×10^{-3}	计算 8 小时未达到精度
	5	8.5×10^{-7}	1544	8.6×10^{-7}	1197		
	6	2.7×10^{-8}	11391	2.7×10^{-8}	8915		
15	3	2.9×10^{-3}	158	2.9×10^{-3}	146	1×10^{-3}	同上
	4	3.0×10^{-4}	4275	3.0×10^{-4}	3738	1	
20	2	4.7×10^{-2}	37	4.7×10^{-2}	37	1×10^{-3}	同上
	3	8.5×10^{-3}	627	8.5×10^{-3}	594		
	4	1.2×10^{-3}	33756				
24	3	1.6×10^{-2}	1659	1.6×10^{-2}	1568		

以上结果在 VAX-750 机上计算, DQAND 是调用数学软件包 IMSL 上的多维 Gauss 求积子程序. 从表中看出 Gauss 求积在 5 维以下效果尚可, 但精度有限制, 例如 $s=5$, 欲达到 1×10^{-9} 就未成功. 而类型 1 可以计算到 2×10^{-13}. 类型 2 在高次分裂外推时稳定较差, 乃至 $s=5, m=8$ 的结果反不如 $m=7$, 但当分裂次数为五次以下, 类型 2 与类型 1 的精度略同而计算机时较少.

例 3.1.2 考虑三重积分

$$\int_0^1\int_0^1\int_0^1 (1 + 3x_1x_2x_3 + x_1^2x_2^2x_3^2)\mathrm{e}^{x_1x_2x_3}\mathrm{d}x_1\mathrm{d}x_2\mathrm{d}x_3 = \mathrm{e}-1.$$

此例选自华罗庚和王元 (1978) 的专著, 用数论方法计算并把它和类型 1、类型 2 相比较, 其结果见表 3.1.2.

从表 3.1.2 可以看出分裂外推收敛很快. 类型 1 虽比类型 2 的工作量大但稳定性好, 类型 2 在分裂次数高于 9 后积累误差增大, 而类型 1 的误差却单调下降. 数

论方法在本例中收敛较慢, 并且误差不随着计算点数增加而单调下降. 但是数论方法的抽样点数与维数无关, 对 10 维以上的积分仍具有相当的优越性.

表 3.1.2　分裂外推与数论方法的数值结果比较

分裂次数	分裂外推				数论方法		
	类型 1		类型 2		点数	误差	CPU 时间/s
	误差	CPU 时间/s	误差	CPU 时间/s			
4	8.5×10^{-5}	0.46	8.6×10^{-5}	0.35	3237	9.5×10^{-4}	0.97
5	5.7×10^{-6}	1.24	6.3×10^{-6}	0.83	8197	9.2×10^{-4}	2.45
6	1.9×10^{-7}	3.16	3.4×10^{-7}	1.95	39027	6.2×10^{-5}	11.56
7	6.2×10^{-9}	7.5	2.2×10^{-8}	4.26	57901	3.2×10^{-4}	17.0
8	1.4×10^{-10}	16.7	3.2×10^{-9}	8.68	82001	6.7×10^{-5}	24.1
9	1.7×10^{-12}	35.1	1.7×10^{-9}	16.66	140052	6.9×10^{-5}	40.7
10	6.7×10^{-14}	70.1	9.5×10^{-9}	30.32	314694	6.3×10^{-5}	91.8

例 3.1.3　考虑有理函数的积分, 其精确值

$$\int_0^2\int_0^2\int_0^2 \frac{\mathrm{d}x_1\mathrm{d}x_2\mathrm{d}x_3}{(x_1^2+0.1)(x_2^2+0.1)(x_3^2+0.1)} = 89.39853274047529,$$

比较用 Romberg 外推和分裂外推计算的结果见表 3.1.3.

表 3.1.3　Romberg 与分裂外推的数值结果比较

外推次数	Romberg		类型 1		类型 2	
	误差	CPU 时间/s	误差	CPU 时间/s	误差	CPU 时间/s
1	1.31	0.02	1.23	0.01	1.23	0.01
2	7.7×10^{-2}	0.10	3.0×10^{-2}	0.03	9.1×10^{-2}	0.02
3	5.8×10^{-4}	0.76	8.7×10^{-3}	0.09	1.0×10^{-2}	0.05
4	7.9×10^{-6}	5.96	6.7×10^{-4}	0.27	2.5×10^{-3}	0.16
5	4.7×10^{-8}	47.24	1.3×10^{-6}	0.67	1.4×10^{-4}	0.39
6	4.7×10^{-11}	318.71	2.3×10^{-6}	1.82	1.9×10^{-5}	0.77
7			1.4×10^{-7}	4.78	4.2×10^{-6}	1.50
8			3.9×10^{-9}	12.05	2.1×10^{-7}	2.64
9			3.5×10^{-11}	29.31	3.2×10^{-8}	4.59
10			1.8×10^{-11}	70.08	6.9×10^{-9}	7.66

从表中看到经典 Romberg 外推收敛比分裂外推快, 但 CPU 时间随外推次数增加而急剧增加. 分裂外推收敛速度虽不如 Romberg 外推快, 但 CPU 时间随分裂次数的增加而缓慢增加, 故达到指定精度的分裂外推机时远远少于 Romberg 外推.

上例仅是三重积分, 对于高重积分 Romberg 外推的外推次数更受限制, 以下算例是 8 重积分, Romberg 外推到第二次时, CPU 时间已超过 1800s 仍未给出结果.

例 3.1.4 计算 8 维积分

$$\int_V (4-x_1)^4 x_2^4 (1.1-x_3)^6 (5-x_4)^3 (2-x_6)^3 x_5 x_7 (9-x_8)^7 \mathrm{d}x, \quad V=[0,1]^8.$$

用 Romberg 外推和两类型分裂外推的数值结果比较见表 3.1.4.

表 3.1.4   Romberg 外推与分裂外推在 8 维积分的数值结果比较

外推次数	Romberg		类型 1		类型 2	
	误差	CPU 时间/s	误差	CPU 时间/s	误差	CPU 时间/s
1	12.78	1.01	36.70	0.17	36.70	0.18
2	未输出结果	>1800	3.34	1.55	3.35	1.37
3			0.14	10.62	0.14	8.83
4			2.9×10^{-3}	60.84	3.0×10^{-3}	45.73
5			7.6×10^{-5}	310.17	8.1×10^{-5}	210.91
6			4.9×10^{-5}	1462.49	4.9×10^{-5}	898.9

从此例中看出高维积分的 Romberg 外推效果很差, 分裂外推在外推次数大于 5 后, 累积误差影响使收敛性变慢.

3.1.3 变换方法与收敛加速

多维积分也可以使用 Sidi 变换加速收敛, Sidi(2005b) 作了研究, 事实上, 若 $V=[0,1]^s, f(x)\in C^{2n+1}(V)$, 令 $x_j=\psi_p(y_j), j=1,\cdots,s$, 则

$$\int_V f(x)\mathrm{d}x = \int_V F_p(y)\mathrm{d}y = I(F_p), \tag{3.1.16}$$

其中

$$F_p(y) = f(\psi_p(y_1),\cdots,\psi_p(y_s))\prod_{i=1}^s \psi_p'(y_i). \tag{3.1.17}$$

现在把定理 3.1.1 应用 $I(F_p)$ 上, 得到

$$I_\beta(h) = \int_V F_p(y)\mathrm{d}y + (-1)^s\sum_{0\leqslant|\alpha|\leqslant 2n} h^{\alpha+1}\zeta(-\alpha,\beta)I(D^{\alpha+1}F_p)/\alpha! + O(h_0^{2n+1}),$$
$$\tag{3.1.18}$$

容易证明

$$I(D^{\alpha+1}F_p)=0, \quad \forall\alpha_i\in[0,2p], i=1,\cdots,s,$$

于是

$$I_\beta(h) = \int_V F_p(y)\mathrm{d}y + (-1)^s \sum_{\substack{0\leqslant|\alpha|\leqslant 2n \\ \forall\alpha_i>2p}} h^{\alpha+1}\zeta(-\alpha,\beta)I(D^{\alpha+1}F_p)/\alpha! + O(h_0^{2n+1}),$$

(3.1.19)

这蕴涵求积公式 (3.1.2) 的误差为 $O(h_0^{(2p+2)s})$. 如果 $\beta_i = 1/2, i = 1, \cdots, s$, 即中矩形公式, 则由 (2.2.9) 得到渐近展开

$$I_\beta(h) = \int_V F_p(y)\mathrm{d}y + (-1)^s \sum_{\substack{0\leqslant|\alpha|\leqslant 2n \\ \forall\alpha_i>2(2p+1)}} h^{\alpha+1}\zeta(-\alpha,1/2)I(D^{\alpha+1}F_p)/\alpha! + O(h_0^{2n+1}),$$

(3.1.20)

这蕴涵求积公式 (3.1.2) 的误差为 $O(h_0^{(4p+4)s})$.

3.2　多维弱奇异积分的数值算法 —— 变量替换法

反常积分通常是指被积函数在积分区域内的值无界的那类积分. 由于多维反常积分的奇性表现较为复杂, 因此需要针对问题区别对待. 本节考虑先通过变换消去奇性转化为正常积分后, 再借助分裂外推计算.

3.2.1　面型弱奇异积分

考虑下面多维反常积分:

$$I_1 = \int_0^1 \cdots \int_0^1 x_1^{p_1/q_1} \cdots x_s^{p_s/q_s} f(x_1, \cdots, x_s)\mathrm{d}x_1 \cdots \mathrm{d}x_s,$$

(3.2.1)

其中 $-1 < p_i/q_i < 1(i = 1, \cdots, s)$, 并且 $p_1, q_1, p_2, q_2, \cdots, p_s, q_s$ 皆是整数, 不失一般性假定分母 $q_i > 0(i = 1, \cdots, s)$, 而 $f(x_1, \cdots, x_s)$ 是光滑函数. 如此函数在面: $x_i = 0(i = 1, \cdots, s)$, 有弱奇异性质.

对 (3.2.1) 作变数替换 $x_i = y^{q_i}(i = 1, \cdots, s)$ 立即得到

$$I_1 = \left(\prod_{i=1}^s q_i\right) \int_0^1 \cdots \int_0^1 y_1^{p_1+q_1-1} \cdots y_s^{p_s+q_s-1} f(y_1^{q_1}\cdots, y_s^{q_s})\mathrm{d}y_1 \cdots \mathrm{d}y_s,$$

(3.2.2)

此时由假设: $-1 < p_i/q_i < 1$ 导出 $p_i + q_i - 1$ 是非负整数, 故 (3.2.2) 不仅是正常积分, 而且还是对光滑函数的积分, 故可以用分裂外推计算.

对形如

$$I_2 = \int_{-1}^1 \cdots \int_{-1}^1 \frac{f(x_1, \cdots, x_s)}{\prod_{i=1}^s (1-x_i^2)^{\frac{1}{2}}}\mathrm{d}x_1 \cdots \mathrm{d}x_s$$

(3.2.3)

的反常积分, 熟知可以用变换 $x_i = \cos y_i (i = 1, \cdots, s)$ 将其化为正常积分

$$I_2 = \int_0^\pi \cdots \int_0^\pi f(\cos y_1, \cdots, \cos y_s) \mathrm{d}y_1 \cdots \mathrm{d}y_s. \tag{3.2.4}$$

对于积分

$$I_3 = \int_0^1 \cdots \int_0^1 \frac{f(x_1, \cdots, x_s)}{\prod\limits_{i=1}^s [x_i(1-x_i)]^{1/2}} \mathrm{d}x_1 \cdots \mathrm{d}x_s \tag{3.2.5}$$

可以用变换 $x_i = \sin^2 y_i (i = 1, \cdots, s)$ 转换为正常积分

$$I_4 = 2^s \int_0^{\frac{\pi}{2}} \cdots \int_0^{\frac{\pi}{2}} f(\sin^2 y_1, \cdots, \sin^2 y_s) \mathrm{d}y_1 \cdots \mathrm{d}y_s. \tag{3.2.6}$$

某些奇点在边界的反常积分

$$I_5 = \int_{-1}^1 \cdots \int_{-1}^1 f(x_1, \cdots, x_s) \mathrm{d}x_1 \cdots \mathrm{d}x_s, \tag{3.2.7}$$

若奇点邻近区域上的积分值仅占全域积分值的很小比例, 则可直接用求积公式 (3.1.2) 计算, 再用分裂外推加速也能奏效. 此情形下为了进一步消弱奇形影响, 可以作余弦变换：$x_i = \cos y_i (i = 1, \cdots, s)$ 使 (3.2.7) 转换为

$$I_5 = \int_0^\pi \cdots \int_0^\pi f(\cos y_1, \cdots, \cos y_s) \prod_{i=1}^s \sin y_i \mathrm{d}y_1 \cdots \mathrm{d}y_s, \tag{3.2.8.}$$

这时因子 $\prod\limits_{i=1}^s \sin y_i$ 可以降低函数 $f(\cos y_1, \cdots, \cos y_s)$ 在原点的奇性.

如果被积函数在端点的奇性很复杂或被积区域为半无限. 则可以推广 2.5.2 节的双幂变换到多重积分上. 如

$$I_5 = \int_0^1 \cdots \int_0^1 f(x_1, \cdots, x_s) \mathrm{d}x_1 \cdots \mathrm{d}x_s. \tag{3.2.9}$$

令 $x_i = \varphi_1(t_i) = \frac{1}{2}\left[\tanh\left(\frac{\pi}{2}\sinh(t_i) + 1\right)\right]$,

$$\varphi_1'(t_i) = \left(\frac{1}{4}\pi\cosh(t_i)\right)\cosh^2\left(\frac{1}{2}\pi\sinh(t_i)\right), \quad i = 1, \cdots, s.$$

于是可以在 ± 4 处截断, 取近似

$$I_5 \approx \int_{-4}^4 \cdots \int_{-4}^4 f(\varphi_1(t_1), \cdots, \varphi_1(t_s)) \prod_{i=1}^s \varphi_1'(t_i) \mathrm{d}t_1 \cdots \mathrm{d}t_s, \tag{3.2.10}$$

并使用乘积性梯形公式计算 (3.2.10). 但是多维积分用双幂变换要防止计算机溢出, 故恰当地选择 (2.5.17) 中 a_1, a_2, a_3 是必要的. 通常对于高维积分实算效果不甚好, 但是对于低维奇性积分及无穷区域积分仍不失为可以考虑的方法.

3.2.2 多维弱奇异积分的 Duffy 转换法

对于奇点类型的多维积分

$$I(t) = \int_0^1 \cdots \int_0^1 f(x_1, \cdots, x_1) \mathrm{d}x_1 \cdots \mathrm{d}x_s, \tag{3.2.11}$$

被积函数可以表示为

$$f(x_1, \cdots, x_1) = g(x_1, \cdots, x_s) h(x_1, \cdots, x_s), \tag{3.2.12}$$

$$g(x_1, \cdots, x_s) = x_1^{\lambda_1} \cdots x_s^{\lambda_s} g_\mu(x_1, \cdots, x_s), \tag{3.2.13}$$

这里 $h(x_1 \cdots, x_s)$ 是 $[0,1]^s$ 上光滑函数, $g_\mu(x_1, \cdots, x_s)$ 是 μ 阶齐次函数, 并且设

$$\lambda_i > -1, \quad i = 1, \cdots, s, \quad \mu + \sum_{i=1}^s \lambda_i > -s. \tag{3.2.14}$$

$g_\mu(x_1, \cdots, x_s)$ 的特例为 $g_\mu(x_1, \cdots, x_s) = r^\mu, r = (x_1^2 + \cdots + x_s^2)^{1/2}$ 或者 $g_\mu(x_1, \cdots, x_s) = \left(\sum_{i=1}^s a_i x_i^\beta \right)^a$, 其中 $a_i > 0, \beta > 0, \alpha\beta = \mu$. 许多实际问题皆可纳入 (3.2.11)–(3.2.13) 类型的的框架中. 对于这类型的反常积分, (Duffy,1982) 中提出所谓 Duffy 转换法最有力, 它可以把齐次函数 $g(x_1, \cdots, x_s)$ 带来的点型奇性, 转换为 (3.2.1) 类型的奇性. 而这一类型函数又可以借助变换方法转化为正常积分, 或借助乘积型 Gauss-Jacobi 求积公式计算.

Duffy 转换法先从 s 维棱锥 $V_1 = \{(x_1, \cdots, x_s) : 0 \leqslant x_1 \leqslant 1, \, x_1 > x_i, \forall i \neq 1\}$ 上的积分着手, 令

$$\begin{aligned} I_1(f) &= \int_0^1 \int_0^{x_1} \cdots \int_0^{x_1} f(x_1, \cdots, x_s) \mathrm{d}x_1 \cdots \mathrm{d}x_s \\ &= \int_0^1 \int_0^{x_1} \cdots \int_0^{x_1} x_1^{\lambda_1} \cdots x_s^{\lambda_s} g_\mu(x_1, \cdots, x_s) h(x_1 \cdots, x_s) \mathrm{d}x_1 \cdots \mathrm{d}x_s, \end{aligned} \tag{3.2.15}$$

作变换: $x_1 = y_1, x_2 = y_1 y_2, \cdots, x_s = y_1 y_s$, 于是

$$\begin{aligned} I_1(f) &= \int_0^1 \cdots \int_0^1 y_1^{\lambda_1} (y_1 y_2)^{\lambda_2} \cdots (y_1 y_s)^{\lambda_s} g_\mu(y_1, y_1 y_2, \cdots, y_1 y_s) \\ &\quad \cdot h(y_1, y_1 y_2, \cdots, y_1 y_s) \mathrm{d}y_1 \cdots \mathrm{d}y_s \\ &= \int_0^1 \cdots \int_0^1 y_1^\eta y_s^{\lambda_2} \cdots y_s^{\lambda_2} g_\mu(1, y_2, \cdots, y_s) h(y_1, y_1 y_2, \cdots, y_1 y_s) \mathrm{d}y_1 \cdots \mathrm{d}y_s, \end{aligned}$$

$$\tag{3.2.16}$$

这里 $\eta = \lambda_1 + \cdots + \lambda_s + \mu + s - 1$, $g_\mu(1, y_2, \cdots, y_s)$ 是正则函数, $h(y_1, y_1 y_2, \cdots, y_1 y_s)$ 是关于变元 $y_1, \cdots, y_s$ 的光滑函数, 由 (3.2.14) 得到 $\eta > -1, \lambda_i > -1, i = 2, \cdots, s$, 故知 (3.2.16) 积分有意义. 如果 $\lambda_i = p_i/q_i, i = 1, \cdots, s$, 有分数表达式, 则按 (3.2.1) 型变换方法可以再作变换 $y_i = z_i^{q_i}, i = 1, \cdots, s$ 转换为 (3.2.2) 型的正常积分.

如果积分区域为 $V = [0,1]^s$, 那么 V 有不重叠区域分解

$$V = \bigcup_{i=1}^{s} \bar{V}_i, \qquad (3.2.17)$$

其中 $\bar{V}_i$ 为 V_i 的闭包, 而为 V_i 是 s 维棱锥

$$V_i = \{(x_1, \cdots x_s) : 0 < x_i < 1, x_i > x_j, \forall j \leqslant i\}, \quad i = 1, \cdots, s. \qquad (3.2.18)$$

易证: $V_i \cap V_j = \varnothing$, 当 $i \neq j$. 事实上, 若 $x \in V_i \cap V_j$, 则由 $x \in V_i$ 蕴涵 $x_i > x_j$, 又由 $x \in V_j$ 蕴涵 $x_j > x_i$ 两相矛盾, 这就证得 V_i 与 V_j 不交. 另一方面 $V_i \subset V$, 而体积 $\mathrm{meas}V_i = \dfrac{1}{s}$, 这就导出 $\{V_i\}$ 是 V 的不重叠区域分解, 证得 (3.2.17) 成立. 据此积分 (3.2.11) 可以描述为

$$
\begin{aligned}
I(f) &= \int_0^1 \cdots \int_0^1 f(x_1, \cdots, x_s) \mathrm{d}x_1 \cdots \mathrm{d}x_s = \int_V f(x) \mathrm{d}x \\
&= \sum_{i=1}^{s} \int_{V_i} f(x) \mathrm{d}x = \int_0^1 \int_0^{x_1} \cdots \int_0^{x_1} F(x_1, \cdots, x_s) \mathrm{d}x_1 \cdots \mathrm{d}x_s, \quad (3.2.19)
\end{aligned}
$$

其中

$$F(x_1, \cdots, x_s) = \sum_{i=1}^{s} f_i(x_1, \cdots, x_s), \qquad (3.2.20)$$

而

$$f_i(x_1, \cdots, x_s) = f(x_i, x_{i+1}, \cdots, x_s, x_1, \cdots, x_{i-1}), \quad i = 1, \cdots, s. \qquad (3.2.21)$$

由于函数 $F(x_1, \cdots, x_s)$ 保存函数 $f(x_1, \cdots, x_s)$ 的奇性结构 (3.2.12) 与 (3.2.13), 故只要使用 Duffy 变换于 (3.2.19), 积分的奇异性质便大为减弱, 再用分裂外推计算就很有效.

若 $g(x_1, \cdots, x_s)$ 有对数结构, 例如 $r^a \ln r$, 使用 Duffy 变换仍然有效. 这时弱奇异函数被分离为 $x_1^\alpha (1 + x_2^2 + \cdots + x_s^2)^{\frac{a}{2}} \ln x_1$ 类型, 这个函数虽然不能再变换为正常积分, 但用端点有奇点的多维 Euler-Maclaurin 展开式的张量积形式, 仍可以用分裂外推计算.

3.3 多维弱奇异积分的分裂外推法

3.3.1 正方体上的多维弱奇异积分的多变量渐近展开式

考虑正方体上的弱奇异积分

$$Q(f) = \int_0^1 \cdots \int_0^1 \prod_{i=1}^s (x_i^{\mu_1} \ln^{\lambda_i} x_i) H(x_1, \cdots, x_s) \mathrm{d}x_1 \cdots \mathrm{d}x_s - 1 < \mu_i < 0, \quad \lambda_i = 0 或 1,$$
(3.3.1)

这一类型积分不仅经常遇到, 更重要是形如 (3.2.11) 积分使用 Duffy 变换后也导出 (3.3.1) 类型的积分, 其中

$$H(x_1, \cdots, x_s) \in C^{2m+1}([0,1]^s).$$

若 μ_i 是无理数或 $\lambda_i \neq 0$ 时, 则不属于 (3.3.1) 类型, 不能通过变换转换为 (3.2.2) 那样的正常积分, 但是仍可用乘积形式的求积公式

$$Q_h(f) = h_1 \cdots h_s \sum_{i_1=0}^{N_1-1} \cdots \sum_{i_s=0}^{N_s-1} f((i_1 + \theta_1)h_1, \cdots, (i_s + \theta_s)h_s)$$
(3.3.2)

导出多参数 Euler-Maclaurin 展开式, 以便使用分裂外推计算, 这里

$$h_i = 1/N_i, \quad 0 \leqslant \theta_i \leqslant 1, i = 1, \cdots, s.$$

如果取 $\theta_i = \dfrac{1}{2}$ 这就成为中矩形求积公式, 在 2.2.3 节中曾给出端点有奇性函数的一维中矩形求积误差的渐近展开式, 并且使用 Mellin 变换方法得到 Novot(1961) 的以下结果:

引理 3.3.1 若 $G(x) = x^p g(x)$, 其中 $-1 < p < 0, g(x) \in C^{2m}[0,1], h = \dfrac{1}{n}$, 则成立渐近展开式

$$E(h) = \int_0^1 G(x)\mathrm{d}x - h \sum_{i=0}^{n-1} G((i+\theta_1)h)$$

$$= -\sum_{j=1}^{2m-1} \frac{B_j(\theta_1)}{j!} G^{(j-1)}(1)h^j - \sum_{j=0}^{2m-1} \frac{\zeta(-p-j, \theta_1)}{j!} g^{(j)}(0)h^{j+p+1} + O(h^{2m}).$$

(3.3.3)

引理 3.3.2 在引理 3.3.1 假定下, 若 $G(x) = g(x)x^p \ln x, -1 < p < 0$, 则成立

渐近展开式

$$E(h) = \sum_{j=1}^{2m-1} A_j h^j + \ln h \sum_{j=0}^{2m-1} B_j h^{j+p+1} + \sum_{j=0}^{2m-1} C_j h^{j+p+1} + O(h^{2m}), \quad -1 < p < 0.$$
(3.3.4)

若 $G(x) = g(x)\ln x$, 则

$$E(h) = \sum_{j=1}^{2m-1} A_j h^j + \ln h \sum_{j=0}^{2m-1} B_j h^{j+1} + O(h^{2m}),$$
(3.3.5)

这里 A_j, B_j, C_j 皆是与 h 无关, 而与 $g(x)$ 在端点的导数值有关的常数.

定理 3.3.1　设 $Q(f)$ 为 (3.3.1) 确定的积分, $Q_h(f)$ 为 (3.3.2) 确定的求积公式, 并且 $H(x_1, \cdots, x_s) \in C^{2m+1}([0,1]^s)$, 则存在与 $h = (h_1, \cdots, h_s)$ 无关, 但与 $H(x_1, \cdots, x_s)$ 及其导数有关的常数 $A_\alpha, B_\alpha, C_\alpha$ 使成立多变量渐近展开

$$Q(f) - Q_h(f) = \sum_{1 \leqslant |\alpha| \leqslant 2m} A_\alpha h^\alpha + \sum_{0 \leqslant |\alpha| \leqslant 2m} B_\alpha h^{\alpha+\mu+1} (\ln h)^\lambda$$
$$+ \sum_{0 \leqslant |\alpha| \leqslant 2m} C_\alpha h^{\alpha+\mu+1} + O(h_0^{2m+1} (\ln h)^\lambda),$$
(3.3.6)

这里设

$$(\ln h)^\lambda = (\ln h_1)^{\lambda_1} \cdots (\ln h_s)^{\lambda_s}, \quad \lambda = (\lambda_1, \cdots, \lambda_s), \quad \mu = (\mu_1, \cdots, \mu_s),$$

$$\alpha = (\alpha_1, \cdots, \alpha_s), \quad h^{\alpha+\mu+1} = h_1^{\alpha_1+\mu_1+1} \cdots h_s^{a_s+\mu_s+1}.$$

证明　用维数归纳法, 对于 $s = 1$, 由引理 3.3.1 和引理 3.3.2 知 (3.3.6) 成立, 设对 $s-1$ 维积分渐近展开 (3.3.6) 成立, 今证对 s 维积分亦成立.

为简单起见, 令

$$\bar{x} = (x_2, \cdots, x_s), \quad \bar{\lambda} = (\lambda_2, \cdots, \lambda_s), \quad \bar{\mu} = (\mu_2, \cdots, \mu_s), \quad \mathrm{d}\bar{x} = \mathrm{d}x_2 \cdots \mathrm{d}x_s,$$

考虑

$$F(x_1) = \int_0^1 \cdots \int_0^1 \bar{x}^{\bar{\mu}} (\ln \bar{x})^\lambda H(x_1, \bar{x}) \mathrm{d}\bar{x},$$
(3.3.7)

这是以 x_1 为参变量的 $s-1$ 维积分, 由归纳假设: 存在与 $\bar{h} = (h_2, \cdots, h_s)$ 无关, 但与 x_1 相关的函数, $\bar{A}_{\bar\alpha}(x_1), \bar{B}_{\bar\alpha}(x_1)$ 和 $\bar{C}_{\bar\alpha}(x_1)$, 使

$$F(x_1) = h_2 \cdots h_s \sum_{i_2=0}^{N_2-1} \cdots \sum_{i_s=0}^{N_s-1} \prod_{j=2}^{s} \{[(i_j + \theta_j)h_j]^{\mu_j} [\ln((i_j + \theta_j)h_j)]^{\lambda_j}\}$$

$$\times H(x_1, (i_2 + \theta_2)h_2, \cdots, (i_s + \theta_s)h_s) + \sum_{1 \leqslant |\alpha| \leqslant 2m} \bar{A}_{\bar{\alpha}}(x_1)\bar{h}^{\bar{\alpha}}$$

$$+ \sum_{0 \leqslant |\alpha| \leqslant 2m} \bar{B}_{\bar{a}}(x_1) h^{\bar{a}+\bar{\mu}+1} (\ln \bar{h})^{\lambda}$$

$$+ \sum_{0 \leqslant |\bar{\alpha}| \leqslant 2m} \bar{C}_{\bar{\alpha}}(x_i) \bar{h}^{\bar{\alpha}+\bar{\mu}+1} + O(h_0^{2m+1}(\ln \bar{h})^{\lambda}), \tag{3.3.8}$$

但由一维积分的展开式及 (3.3.8), 得

$$Q(f) = \int_0^1 x_1^{\mu_1} (\ln x_1)^{\lambda_1} F(x_1) \mathrm{d}x_1$$

$$= h_2 \cdots h_s \sum_{i_2=0}^{N_2-1} \cdots \sum_{i_s=0}^{N_s-1} \prod_{j=2}^{s} \{[(i_j + \theta_j)h_j]^{\mu_j} [\ln((i_j + \theta_j)h_j)]^{\lambda_j}\}$$

$$\times \int_0^1 x_1^{\mu_1} (\ln x_1)^{\lambda_1} H(x_1, (i_2 + \theta_2)h_2, \cdots, (i_s + \theta_s)h_s) \mathrm{d}x_1$$

$$+ \sum_{1 \leqslant |\bar{\alpha}| \leqslant 2m} \bar{h}^{\bar{\alpha}} \int_0^1 x_1^{\mu_1} (\ln x_1)^{\lambda_1} \bar{A}_{\bar{\alpha}}(x_1) \mathrm{d}x_1$$

$$+ \sum_{1 \leqslant |\bar{\alpha}| \leqslant 2m} \bar{h}^{\bar{a}+\bar{\mu}+1} (\ln \bar{h})^{\lambda} \int_0^1 x_1^{\mu_1} (\ln x_1)^{\lambda_1} \bar{B}_{\bar{\alpha}}(x_1) \mathrm{d}x_1$$

$$+ \sum_{0 \leqslant |\bar{\alpha}| \leqslant 2m} \bar{h}^{\bar{\alpha}+\bar{\mu}+1} \int_0^1 x_1^{\mu_1} (\ln x_1)^{\lambda_1} \bar{C}_{\bar{\alpha}}(x_1) \mathrm{d}x_1 + O(h_0^{2m+1}(\ln \bar{h})^{\lambda})$$

$$= K_1 + K_2 + K_3 + K_4 + O(h_0^{2m+1}(\ln \bar{h})^{\lambda}), \tag{3.3.9}$$

这里 K_1, K_2, K_3, K_4 分别表示 (3.3.9) 右端四个和式.

由于

$$\int_0^1 x_1^{\mu_1} (\ln x_1)^{\lambda_1} H(x_1, (i_2 + \theta_2)h_2, \cdots, (i_s + \theta_s)h_s) \mathrm{d}x_1$$

$$= h_1 \sum_{i_1=0}^{N_1-1} [(i_1 + \theta_1)h_1]^{\mu_1} [\ln((i_1 + \theta_1)h_1)]^{\lambda_1} H((i_1 + \theta_1)h_1, \cdots, (i_s + \theta_s)h_s)$$

$$+ a_j((i_2 + \theta_2)h_2, \cdots, (i_s + \theta_s)h_s)h_1^j$$

$$+ \sum_{j=0}^{2m} b_j((i_2 + \theta_2)h_2, \cdots, (i_s + \theta_s)h_s)h_1^{j+\mu_1+1} (\ln h_1)^{\lambda_1}$$

$$+ \sum_{j=0}^{2m} c_j((i_2 + \theta_2)h_2, \cdots, (i_s + \theta_s)h_s)h_1^{j+\mu_1+1} + O(h_0^{2m+1}\ln h_1), \tag{3.3.10}$$

这里 $a_j(x_2,\cdots,x_s),b_j(x_2,\cdots,x_s),c_j(x_2,\cdots,x_s)$ 是以 $x_2,\cdots,x_s$ 为参数的 (3.3.4) 展开式的系数. 令

$$\bar{Q}(g)=\int_0^1\cdots\int_0^1 g(x_2,\cdots,x_s)\mathrm{d}x_2\cdots\mathrm{d}x_s \tag{3.3.11}$$

为 $s-1$ 重积分, 而

$$\bar{Q}_h(g)=h_2\cdots h_s\sum_{i_2=0}^{N_2-1}\cdots\sum_{i_s=0}^{N_s-1}g((i_2+\theta_2)h_2,\cdots,(i_s+\theta_s)h_s) \tag{3.3.12}$$

为相应的求积公式, 令

$$w(\bar{x})=w(x_2,\cdots,x_s)=\prod_{j=2}^s[x_j^{\mu_j}(\ln x_j)^{\lambda_j}]. \tag{3.3.13}$$

于是由 (3.3.10) 得 (3.3.9) 展开式中右端顶得

$$
\begin{aligned}
K_1=&Q_h(f)+\sum_{j=1}^{2m}\bar{Q}_h(wa_j)h_1^j+\sum_{j=0}^{zm}\bar{Q}_h(wb_j)h_1^{j+\mu_1+\lambda_1}(\ln h_1)^{\lambda_1}\\
&+\sum_{j=0}^{2m}\bar{Q}_h(wc_j)h_1^{j+\mu_1+1}\\
=&Q_h(f)+\sum_{j=1}^{2m}\bar{Q}(wa_j)h_1^j+\sum_{j=0}^{2m}\bar{Q}(wb_j)h_1^{j_1+\mu_1+1}(\ln h_1)^{\lambda_1}\\
&+\sum_{j=0}^{2m}\bar{Q}(wc_j)h_1^{j+\mu_1+1}+\sum_{j=1}^{2m}\{\bar{Q}_h(wa_j)-\bar{Q}(wa_j)\}h_1^j\\
&+\sum_{j=0}^{2m}\{\bar{Q}_h(wb_j)-\bar{Q}(wa_j)\}h_1^{j+\mu_1+1}(\ln h_1)^{\lambda_1}+\sum_{i=0}^{2m}\{\bar{Q}_h(wc_j)-\bar{Q}(wc_j)\}h_1^{j+\mu_1+1}.
\end{aligned}
\tag{3.3.14}
$$

对花括号的项用归纳假设, 并注意 $a_j,b_j,c_j\in C^{2m-j}([0,1]^{s-1})$, 得到

$$
\begin{aligned}
K_1=&Q_h(f)+\sum_{1\leqslant|\alpha|\leqslant2m}\hat{A}_\alpha h^\alpha+\sum_{0\leqslant|\alpha|\leqslant2m}\hat{B}_\alpha h^{\alpha+\mu+1}(\ln h)^\lambda\\
&+\sum_{0\leqslant|\alpha|\leqslant2m}\hat{C}_\alpha h^{\alpha+\mu+1}+O(h_0^{2m+1}(\ln h)^\lambda),
\end{aligned}
\tag{3.3.15}
$$

这里 $\hat{A}_\alpha,\hat{B}_\alpha,\hat{C}_\alpha$ 是与 h 无关常数, 把 (3.3.15) 和 K_2,K_3,K_4 诸项合并, 这就得到 (3.3.6) 的证明. $\quad\Box$

推论 3.3.1   若 $\theta_i = \dfrac{1}{2}, i = 1, \cdots, s$, 则渐近展开式为

$$Q(f) - Q_h(f) = \sum_{1 \leqslant |\alpha| \leqslant m} A_{2\alpha} h^{2\alpha} + \sum_{0 \leqslant |\alpha| \leqslant 2m} B_\alpha h^{\alpha + \mu + 1} (\ln h)^\lambda$$

$$+ \sum_{0 \leqslant |\alpha| \leqslant 2m} C_a h^{a + \mu + 1} + O(h_0^{2m+1} (\ln h)^\lambda). \tag{3.3.16}$$

推论 3.3.2   若函数有表达式

$$f(x_1, \cdots, x_s) = \prod_{j=1}^{s} \{ x_j^{\mu_j} (1 - x_j)^{\omega_j} (\ln x_j)^{\lambda_j} (\ln(1 - x_j))^{\eta_j} \} H(x_1, \cdots, x_s), \tag{3.3.17}$$

并且 λ_j, η_j 取值 0 或 1, $\mu_j, \omega_j > -1$, 则有与 h 无关的常数 $A_\alpha, B_\alpha, C_\alpha, D_\alpha$, 使

$$Q(f) - Q_h(f) = \sum_{0 \leqslant |\alpha| \leqslant 2m} A_a h^{a + \mu + 1} + \sum_{0 \leqslant |a| \leqslant 2m} B_\alpha h^{\alpha + \omega + 1}$$

$$+ \sum_{0 \leqslant |\alpha| \leqslant 2m} C_\alpha h^{\alpha + \mu + 1} (\ln h)^\lambda$$

$$+ \sum_{0 \leqslant |\alpha| \leqslant 2m} D_a h^{a + \omega + 1} (\ln h)^\eta + O(h_0^{2m+1} (\ln h)^{\lambda + \eta}). \tag{3.3.18}$$

3.3.2   多维单纯形区域上的积分

多维单纯形是多维多面体中最简单一种, 许多复杂区域都可以分割成单纯形后再计算. 为了便于用分裂外推. 我们将采用前述的 Duffy 变换把单纯形映为立方体, 经这样映射有两方面好处: 首先, 多维单纯形被映成多维立方体. 并且光滑被积函数仍映为光滑被积函数, 故便于应用分裂外推计算; 其次, 若被积函数是在原点或单纯形的表面上有奇性的函数, 则映射可以减弱甚至消去奇性. 故变换方法是十分有效的.

考虑 $\mathbb{R}^s$ 中一个单纯形

$$T_1 = \{ (x_1, \cdots, x_s) : 0 \leqslant x_1 \leqslant 1, x_1 \geqslant x_2 \geqslant \cdots \geqslant x_s \} \tag{3.3.19}$$

上积分

$$I = \int_{T_1} f(x_1, \cdots, x_s) \mathrm{d}x_1 \cdots \mathrm{d}x_s = \int_0^1 \int_0^{x_1} \cdots \int_0^{x_{s-1}} f(x_1, \cdots, x_s) \mathrm{d}x_1 \cdots \mathrm{d}x_s, \tag{3.3.20}$$

使用积分变换

$$x_1 = y_1, \quad x_i = x_{i-1} y_i, \quad i = 2, \cdots, s. \tag{3.3.21a}$$

或者等价地

$$x_1 = y_1, \quad x_i = y_1 \cdots y_i, \quad i = 2, \cdots, s. \tag{3.3.21b}$$

容易证明变换 (3.3.21a) 把 T_1 映为 $[0, 1]^s$, 而且 Jacobi 行列式为

$$J = y_1^s y_2^{s-1} \cdots y_{s-1},$$

于是

$$I = \int_{T_1} f(x)\mathrm{d}x = \int_0^1 \cdots \int_0^1 y_1^s y_2^{s-1} \cdots y_{s-1} f(y_1, y_1 y_2, \cdots, y_1 \cdots y_s)\mathrm{d}y_1 \cdots \mathrm{d}y_s. \tag{3.3.22}$$

显然, 若 $f(x_1, \cdots, x_s)$ 是 T_1 上光滑函数, 则变换后的函数仍是 $[0, 1]^s$ 上光滑函数; 若 f 是形如

$$f(x_1, \cdots, x_s) = x_1^{\mu_1} \cdots x_s^{\mu_s} g_l(x_1, \cdots, x_s) h(x_1, \cdots, x_s) \tag{3.3.23}$$

的奇性函数, 其中 $g_l(x_1, \cdots, x_s)$ 是 l 阶齐次函数, $h(x_1, \cdots, x_s)$ 是光滑函数, 可以得出以下定理:

定理 3.3.2 若

$$\mu + s + l > -1, \quad \mu_i + s + 1 - i > -1, \quad i = 2, \cdots, s, \tag{3.3.24}$$

则 s 维单纯形 T_1 上的积分

$$I_1 = \int_{T_1} x^{\mu} g_l(x) h(x)\mathrm{d}x, \quad x^{\mu} = x_1^{\mu_1} \cdots x_s^{\mu_s} \tag{3.3.25}$$

收敛, 且

$$I_1 = \int_0^1 \cdots \int_0^1 x_1^{\mu_1+s+l} x_2^{\mu_2+s-1} \cdots x_s^{\mu_s+1} g_l(1, x_2, x_2 x_3, \cdots, x_2 \cdots x_s)$$
$$\cdot h(x_1, x_1 x_2, \cdots, x_1 \cdots x_s)\mathrm{d}x_1 \cdots \mathrm{d}x_s. \tag{3.3.26}$$

定理 3.3.2 表明, 对于形如 (3.3.25) 的单纯形上的奇异积分, 若 $\mu_1, \cdots, \mu_s$ 及 l 是分数, 则先变为 (3.2.1) 类型积分后, 再进一步转化为 (3.2.2) 类型的正常积分, 以便用分裂外推计算. 若 f 有对数奇形, 例如

$$f(x_1, \cdots, x_s) = \prod_{i=1}^s [x_i^{\mu_i} (\ln x_i)^{\lambda_i}] g_l(x_1, \cdots, x_s) h(x_1, \cdots, x_s), \tag{3.3.27}$$

其中 $\lambda_i = 1$ 或 0, 则用变换 (3.3.21) 得

$$I_1 = \int_{T_1} f(x)\mathrm{d}x = \int_0^1 \cdots \int_0^1 x_1^{l+s+\mu_1} \prod_{j=2}^s x_j^{\mu_j+s+1-j} \prod_{j=1}^s (\ln(x_1 \cdots x_j))^{\lambda_j}$$
$$\cdot g_l(1, x_2, \cdots, x_2 \cdots x_s) h(x_1, x_1 x_2, \cdots, x_1 \cdots x_s)\mathrm{d}x_1 \cdots \mathrm{d}x_s. \tag{3.3.28}$$

由此知在定理 3.3.2 的假定下, (3.3.27) 确定的奇性函数在单纯形 T_1 上的积分收敛, 并可以变换为 (3.3.13) 型函数在 $[0,1]^s$ 上积分. 应用求积公式, 这一类型积分的误差展开式已由定理 3.3.1 和推论 3.3.1 描述, 故可以用逐步分裂外推算法求出分裂外推近似值.

对于常遇到的单纯形

$$T_2 = \left\{ (x_1, \cdots, x_s) : \sum_{i=1}^{s} x_i \leqslant 1, x_i \geqslant 0, i = 1, \cdots, s \right\} \tag{3.3.29}$$

上的多重积分

$$I_2 = \int_{T_2} f(x)\mathrm{d}x = \int_0^1 \int_0^{1-x_1} \cdots \int_0^{1-x_1 \cdots -x_{s-1}} f(x_1, \cdots, x_s)\mathrm{d}x_1 \cdots \mathrm{d}x_s. \tag{3.3.30}$$

显然, 变换

$$x_1 = y_1, \quad x_i = y_i\left(1 - \sum_{j=1}^{i-1} x_j\right), \quad i = 2, \cdots, s \tag{3.3.31}$$

把 T_2 映射到 $[0,1]^s$ 上, 此外, 变换 (3.3.31) 有显式表达式

$$x_1 = y_1, \quad x_i = y_i \prod_{j=1}^{i-1}(1 - y_i), \quad i = 2, \cdots, s \tag{3.3.32}$$

及关系式

$$1 - \sum_{j=1}^{i-1} x_j = \prod_{j=1}^{i-1}(1 - y_j), \quad i = 2, \cdots, s \tag{3.3.33}$$

成立. 事实上, 用归纳法, 由 (3.3.31) 立刻得到 $i = 2$ 时, (3.3.32) 及 (3.3.33) 显然成立. 今设 $i - 1$ 成立, 则由

$$1 - \sum_{j=1}^{i} x_j = 1 - \sum_{j=1}^{i-1} x_j - x_i = \prod_{j=1}^{i-1}(1 - y_i) - y_i \prod_{j=1}^{i-1}(1 - y_j)$$

$$= \prod_{j=1}^{i}(1 - y_i), \tag{3.3.34}$$

知对于 i, (3.3.33) 成立, 再由 (3.3.31), (3.3.34) 得到

$$x_{i+1} = y_{i+1}\left(1 - \sum_{j=1}^{i} x_j\right) = y_{i+1} \prod_{j=1}^{i}(1 - y_j), \tag{3.3.35}$$

证得对于 $i+1$, (3.3.32) 成立. (3.3.35) 蕴涵变换的 Jacobi 矩阵是下三角矩阵, 其元素为

$$\frac{\partial x_j}{\partial y_i} = \begin{cases} 0, & i > j, \\ 1, & i = j = 1 \\ (1-y_1)\cdots(1-y_{i-1}), & i = j \neq 1, \\ \text{其他值}, & i < j, \end{cases} \quad (3.3.36)$$

这意味该变换的 Jacobi 行列式之值为

$$J = (1-y_1)^{s-1}(1-y_2)^{s-2}\cdots(1-y_{s-1}). \quad (3.3.37)$$

于是导出以下定理.

定理 3.3.3 变换 (3.3.31) 映 T_2 到 $[0,1]^s$ 上, 并且把 (3.3.30) 型积分转换成 $[0,1]^s$ 上积分

$$I_2 = \int_{T_2} f(x)\mathrm{d}x$$

$$= \int_0^1 \cdots \int_0^1 \prod_{j=1}^{s-1}(1-y_j)^{s-j+1} f\left(y_1, y_2(1-y_1), \cdots, y_s\prod_{j=1}^{s-1}(1-y_j)\right)\mathrm{d}y_1\cdots\mathrm{d}y_s$$

$$= \int_0^1 \cdots \int_0^1 \prod_{j=1}^{s-1} z^{s-j+1} f\left(1-z_1, z_1(1-z_2), \cdots, (1-z_s)\prod_{j=1}^{s-1} z_j\right)\mathrm{d}z_1\cdots\mathrm{d}z_s. \quad (3.3.38)$$

证明 显然, 在变换 (3.3.32) 下, 由 (3.3.37) 得

$$I_2 = \int_0^1 \cdots \int_0^1 \prod_{j=1}^{s-1}(1-y_j)^{s-j+1} f\left(y_1, y_2(1-y_1), \cdots, y_s\prod_{j=1}^{s-1}(1-y_j)\right)\mathrm{d}y_1\cdots\mathrm{d}y_s, \quad (3.3.39)$$

再对 (3.3.39) 作变换

$$z_j = (1-y_j), \quad j = 1, \cdots, s,$$

得到

$$I_2 = \int_0^1 \cdots \int_0^1 \prod_{j=1}^{s-1} z_j^{s-j+1} f(1-z_1, z_1(1-z_2), \cdots, (1-z_s)z_1\cdots z_{s-1})\mathrm{d}z_1\cdots\mathrm{d}z_s. \quad (3.3.40)$$

这就完成了定理的证明. □

推论 3.3.3 若 $g_l(x_1, \cdots, x_s)$ 是 l 阶齐次函数, 并且以原点为唯一的奇点, 而

$$f(x_1, \cdots, x_s) = x_1^{\mu_1}\cdots x_s^{\mu_s} g_l(x_1, x_2, \cdots, x_s)h(x_1, \cdots, x_s),$$

这里 $h(x_1, \cdots, x_s)$ 是光滑函数, 并且

$$\mu_1 > -1, \quad l + s + \sum_{j=2}^{s} \mu_j > -1,$$

$$s - j + 1 + \sum_{i=j+1}^{s} \mu_i > -1, \quad j = 1, \cdots, s, \tag{3.3.41}$$

则 $f(x)$ 在 T_2 上积分收敛, 且

$$\int_{T_2} f(x)\mathrm{d}x = \int_0^1 \cdots \int_0^1 z_1^{l+s+\mu_2+\cdots+\mu_s} \prod_{j=1}^{s} (1-z_j)^{\mu_j} \prod_{j=2}^{s-1} z_j^{s-j+1+\mu_{j+1}+\cdots+\mu_s}$$

$$\cdot g_l(1, 1-z_2, \cdots, (1-z_s)z_2 \cdots z_{s-1}) h(1-z_1, \cdots, (1-z_s)z_1 \cdots z_{s-1})\mathrm{d}z. \tag{3.3.42}$$

推论 3.3.4　若 $\mu_1, \cdots, \mu_s$ 及 l 是满足 (3.3.41) 条件的分数, 则 (3.3.42) 还可使用变换方法转换为 (3.2.2) 类型的正常积分, 并用分裂外推计算.

对于有对数奇性的函数

$$f(x_1, \cdots, x_s) = \prod_{j=1}^{s} [x_j^{\mu_j} (\ln x_j)^{\lambda_j}] g_l(1-x_1, x_2, \cdots, x_s) h(x_1, \cdots, x_s) \tag{3.3.43}$$

在 T_1 上的积分, 其中 $\lambda_j = 0$ 或 1. 此情形也能转换为 $[0,1]^s$ 上的 (3.3.1) 型函数的积分, 渐近展开 (3.3.18) 表明用分裂外推的逐步递推算法计算能够提高精度.

以上讨论了单纯形 T_1 和单纯形 T_2 上积分的变换方法. 通过仿射变换可以把任何 s 维单纯形映射到此两种标准单纯形上. 令 T_3 是以 $A_1, \cdots, A_{s+1}$ 为顶点的 s 维单纯形, 顶点 A_1 对应的底面满足平面方程

$$L_1(x) = a_1 x_1 + \cdots + a_s x_s - b = 0. \tag{3.3.44}$$

考虑 T_3 上的积分

$$I_3 = \int_{T_3} w(x) g(x)\mathrm{d}x, \tag{3.3.45}$$

其中 $g(x)$ 是 T_3 上光滑函数, 而

$$w(x) = \left| \sum_{i=1}^{s} a_i x_i - b \right|^{\mu_1} \left(\ln \left| \sum_{i=1}^{s} a_i x_i - b \right| \right)^{\lambda_1}, \quad \mu > -1, \lambda_1 = 0, 1$$

是在 T_3 的一个底面有奇性的函数, 用仿射变换映 T_3 到标准单元 T_2 上, 并设

$$A_1 \to (1, 0, \cdots, 0), \quad \cdots, \quad A_s \to (0, 0, \cdots, 1), \quad A_{s+1} \to (0, \cdots, 0).$$

在此映射下, A_1 对应的底面满足方程

$$y_1 = 0.$$

并且

$$\int_{T_3} w(x)g(x)\mathrm{d}x = \int_{T_2} y_1^{\mu_1}(\ln y_1)^{\lambda_1}\tilde{g}(y)\mathrm{d}y, \qquad (3.3.46)$$

再用变换 (3.3.32) 把积分 I_3 转换为 (3.3.38) 形式.

对于正方体上的积分, 如果在对角面上有奇性, 也可分解处理, 以便消去奇性. 例如积分

$$I_4 = \int_0^1\int_0^1 |x-y|^{\mu_1}(\ln|x-y|)^{\lambda_1}g(x,y)\mathrm{d}x\mathrm{d}y, \quad \mu > -1,$$

在对角线 $x = y$ 上有奇性, 则可把 $[0,1]^2$ 分解为以对角线为斜边两个三角形处理.

3.3.3 多维曲边区域上的积分

许多曲边区域常可以通过变换方法转化为 $[0,1]^s$ 上积分, 再用分裂外推计算, 例如, 令

$$\Omega = \{(x_1,\cdots,x_s) : 0 \leqslant x_1 \leqslant 1, 0 \leqslant x_i \leqslant \theta_{i-1}(x_1,\cdots,x_{i-1}), 2 \leqslant i \leqslant s\}. \quad (3.3.47)$$

考虑函数 $f(x_1,\cdots,x_s)$ 在 Ω 上积分

$$I = \int_\Omega f(x)\mathrm{d}x = \int_0^1\int_0^{\theta_1(x_1)}\cdots\int_0^{\theta_{s-1}(x_1,\cdots,x_{s-1})} f(x_1,\cdots,x_s)\mathrm{d}x_1\cdots\mathrm{d}x_s. \quad (3.3.48)$$

构造变换

$$x_1 = y_1, \quad x_2 = y_2\theta_1(x_1), \quad \cdots, \quad x_s = y_s\theta_{s-1}(x_1,\cdots,x_{s-1}). \quad (3.3.49)$$

显然此变换映 Ω 到 $[0,1]^s$ 上. 为了给出变换的显示表达, 可以递归确定:

$$x_1 = y_1, \quad x_2 = y_2\theta_1(x_1) = y_2\theta_1(y_1) = x_2(y_1,y_2),$$

$$x_3 = y_3\theta_2(x_1,x_2) = y_3\theta_2(y_1,y_2\theta_1(y_1)) = x_3(y_1,y_2,y_3).$$

若 $x_i = x_i(y_1,\cdots,y_i), i < s$, 已定义, 则令

$$\begin{aligned} x_{i+1} &= y_{i+1}\theta_i(x_1,\cdots,x_i) = y_{i+1}\theta_i(y_1,x_2(y_1,y_2),\cdots,x_i(y_1,\cdots,y_i)) \\ &= x_{i+1}(y_1,\cdots,y_{i+1}), \end{aligned} \quad (3.3.50)$$

与

$$\tilde{\theta}_i(y_1,\cdots,y_i) = \theta_i(y_1,x_2(y_1,y_2),\cdots,x_{i-1}(y_1,\cdots,y_i)), \quad i = 1,\cdots,s-1, \quad (3.3.51)$$

则变换能够显式表达为

$$x_1 = y_1, \quad x_{i+1} = y_{i+1}\tilde{\theta}_i(y_1, \cdots, y_i), \quad i = 1, \cdots, s-1, \tag{3.3.52}$$

并且变换 (3.3.52) 的 Jacobi 矩阵为三角阵, 元素为

$$\frac{\partial x_j}{\partial y_i} = \begin{cases} 0, & j < i, \\ \tilde{\theta}_{i-1}(y_1, \cdots, y_i - 1), & j = i, \\ \text{其他值}, & j > i. \end{cases}$$

从而得到 Jacobi 行列式的值为

$$J = \tilde{\theta}_1(y_1)\tilde{\theta}_2(y_1, y_2)\cdots\tilde{\theta}_{s-1}(y_1, \cdots, y_{s-1}), \tag{3.3.53}$$

并把积分 (3.3.48) 转化为 $[0,1]^s$ 上的积分:

$$I = \int_\Omega f(x)\mathrm{d}x = \int_0^1 \cdots \int_0^1 f(y_1, y_2\tilde{\theta}_1(y_1), \cdots, y_s\tilde{\theta}_{s-1}(y_1, \cdots, y_{s-1}))J\mathrm{d}y_1\cdots\mathrm{d}y_s. \tag{3.3.54}$$

显然, 若 $\theta_i(x_1, \cdots, x_i)(i = 1, \cdots, s-1)$ 及 $f(x_1, \cdots, x_s)$ 皆是光滑函数, 则 (3.3.54) 右端是光滑函数在 $[0,1]^s$ 上的积分, 故可以用分裂外推计算.

至于更复杂的曲边区域

$$\Omega_1 = \{(x_1, \cdots, x_s) : 0 \leqslant x_1 \leqslant 1,$$
$$\psi_{i-1}(x_1, \cdots, x_{i-1}) \leqslant x_i \leqslant \varphi_{i-1}(x_1, \cdots, x_{i-1}), i = 2, \cdots, s\}$$

上的积分

$$I_1 = \int_{\Omega_1} f(x)\mathrm{d}x = \int_0^1 \int_{\psi_1(x_1)}^{\varphi_1(x_1)} \cdots \int_{\psi_{s-1}(x_1,\cdots,x_{s-1})}^{\varphi_{s-1}(x_1,\cdots,x_{s-1})} f(x_1, \cdots, x_{s-1})\mathrm{d}x_1\cdots\mathrm{d}x_s, \tag{3.3.55}$$

可先通过变换

$$x_1 = y_1, \quad x_i = y_i - \psi_{i-1}(x_1, \cdots, x_{i-1}), \quad i = 2, \cdots, s \tag{3.3.56}$$

将其转换为 (3.3.48) 类型的积分, 为此仍用递归方式把变换 (3.3.56) 显式表达为

$$x_1 = x_1(y_1) = y_1,$$

$$x_i = y_i - \psi_{i-1}(x_1(y_1), \cdots, x_{i-1}(y_1, \cdots, y_{i-1})) = x_i(y_1, \cdots, y_i), \quad i = 2, \cdots, s.$$

令

$$\theta_i(y_1,\cdots,y_i) = \varphi_i(x_1(y_1),\cdots,x_i(y_1,\cdots,y_i)) - \psi_i(x_1(y_1),\cdots,x_i(y_1,\cdots,y_i)),$$

$$i = 1,\cdots, s-1, \tag{3.3.57}$$

于是 (3.3.55) 简化为

$$I_1 = \int_0^1 \int_0^{\theta_1(y_1)} \cdots \int_0^{\theta_{s-1}(y_1,\cdots,y_{s-1})} g(y_1,\cdots,y_s)\mathrm{d}y_1\cdots\mathrm{d}y_s, \tag{3.3.58}$$

其中

$$g(y_1,\cdots,y_s) = f(x_1(y_1),\cdots,x_s(y_1,\cdots,y_s)).$$

积分 (3.3.58) 现在可以用变换 (3.3.52) 转换为 $[0,1]^s$ 上积分.

对于球、椭球上积分, 可以纳入在区域

$$\Omega_3 = \{(x_1,\cdots,x_s) : \sum_{i=1}^s \left(\frac{x_i}{a_i}\right)^{m_i} \leqslant 1, x_1,\cdots,x_s \geqslant 0\} \tag{3.3.59}$$

上积分的框架内. 这里 $a_i, m_i > 0 (i = 1,\cdots,s)$. 因为通过变换

$$y_i = \left(\frac{x_i}{a_i}\right)^{m_i}, \quad i = 1,\cdots,s \tag{3.3.60}$$

就把 Ω_3 映为 (3.3.29) 定义的标准单形 T_2. 事实上, 容易证明

$$\int_{\Omega_3} f(x)\mathrm{d}x = \frac{a_1 a_2 \cdots a_s}{m_1 m_2 \cdots m_s} \int_{T_2} \prod_{j=1}^s y_j^{-1+1/m_j} f(a_1 y_1^{1/m_1},\cdots,a_s y_s^{1/m_j})\mathrm{d}y_1\cdots\mathrm{d}y_s, \tag{3.3.61}$$

而 (3.3.61) 可应用变换 (3.3.31) 变换到 $[0,1]^s$ 的积分, 并进一步用 Duffy 变换消去奇性后, 再用分裂外推计算.

3.3.4　多维弱奇异积分的分裂外推法的数值试验

例 3.3.1　考虑有对数奇性的六维反常积分

$$\int_0^1 \cdots \int_0^1 x_1 x_2 x_3 x_4 x_5 x_6 \ln\left(\frac{x_1 x_2 x_3}{x_4 x_5 x_6}\right)\mathrm{d}x, \tag{3.3.62}$$

它的精确积分值是 0.0234375. 由于被积函数奇性甚弱, 所以无需变换, 直接用分裂外推计算, 结果见表 3.3.1 . 由表中看到分裂次数增加, 类型 2 的数值稳定较差, 类型 1 的收敛较快.

表 3.3.1　例 3.3.1 的两类分裂外推的数值结果比较

外推类型	类型 1		类型 2	
分裂次数	相对误差	CPU 时间/s	相对误差	CPU 时间/s
1	0.2982	0.001	0.289	0.001
2	0.0851	0.03	0.100	0.005
3	0.0259	0.17	0.046	0.10
4	0.0078	1.31	0.026	0.86
5	0.0023	8.16	0.016	5.27
6	0.00066	40.24	0.0106	24.90
7	0.00018	162.88	0.0075	101.22
8	0.00005	576.22	0.0055	355.19

例 3.3.2　考虑十重积分

$$I = \int_0^1 \cdots \int_0^1 \left(\sum_{i=1}^{10} x_i \right)^{-9.5} dx. \tag{3.3.63}$$

已知精确值 $I = 1.0443132 \times 10^{-5}$. 被积函数在原点有高度奇形. 直接用 Gauss 求积公式或分裂外推效果很差, 例如用类型 1 五次的分裂外推的近似值相对误差达到 76%. 由于 (3.3.63) 的被积函数是齐次的, 故能用 Duffy 变换把 (3.3.63) 变换为正常积分

$$I = 20 \int_0^1 \cdots \int_0^1 \left(1 + \sum_{i=2}^{10} y_i \right)^{-9.5} dy, \tag{3.3.64}$$

这是关于变元 $y_2, \cdots, y_{10}$ 的九重积分, 故可以借助分裂外推计算, 结果见表 3.3.2.

表 3.3.2　用 Duffy 变换和分裂外推计算奇异积分 (3.3.64) 的数值结果比较

外推类型	类型 1		类型 2	
分裂次数	相对误差	CPU 时间/s	相对误差	CPU 时间/s
1	0.5979	0.005	0.5979	0.005
2	0.4041	0.05	0.4042	0.04
3	0.2609	0.93	0.2611	0.89
4	0.1632	13.26	0.1635	10.90
5	0.0995	137.45	0.1000	111.83
6	0.0593	1081.55	0.0599	849.42

3.4　多维齐次函数的弱奇异积分的外推法

在 3.3 节证明 Duffy 变换能够把点态弱奇异积分转换为面态弱奇异积分, 从而能够使用一维弱奇异积分的张量积方法得到多维弱奇异积分的多元渐近展开, 本节

阐述 Lyness 及其合作者的工作关于多维齐次函数的积分与相关加速收敛方法, 具有很高的应用价值.

3.4.1　多维积分的单参数渐近展开

考虑 N 维立方体上积分.

$$I(f) = \int_0^1 \cdots \int_0^1 f(x)\mathrm{d}x, \tag{3.4.1}$$

这里 $x = (x_1, \cdots, x_N), \mathrm{d}x = \mathrm{d}x_1 \cdots \mathrm{d}x_N$, 并构造求积公式

$$Q(f) = \sum_{j=1}^{v} a_j f(z_j), \quad \sum_{j=1}^{v} a_j = 1. \tag{3.4.2}$$

称求积公式 $Q(f)$ 是对称的, 如果结点的集合 $\{z_j\}$ 关于平面: $x_i = \frac{1}{2}(i = 1, \cdots, N)$ 是对称分布的; 称 $Q(f)$ 是 d 阶代数精度的, 如果 $I(f) = Q(f), \forall f \in \pi_d$, 但存在 $f \in \pi_{d+1}$ 使 $I(f) \neq Q(f)$, 这里 π_d 表示次数不高于 d 的全体多项式集合; 称 $Q(f)$ 具有 d 阶三角多项式精度, 如果 $I(f) = Q(f), \forall f \in T_d$, 这里 T_d 表示所有以 1 为周期的 d 次三角多项式的集合, 最常见求积公式为中矩形公式

$$Q(f) = f(z), \quad z = \left(\frac{1}{2}, \cdots, \frac{1}{2} \right), \tag{3.4.3}$$

便是有一阶代数精度的对称求积公式. 也可以构造具有零阶代数精度的非对称求积公式: 取 $z = (z_1, \cdots, z_N)$ 为任意指定内点, 构造

$$Q(f) = f(z_1, \cdots, z_N), \quad 0 \leqslant z_i \leqslant 1, 1 \leqslant i \leqslant N, \tag{3.4.4}$$

这便是偏矩形公式. (3.4.2) 可以构造 m 次重复度的求积公式

$$Q^{(m)}(f) = \sum_{k_1=0}^{m-1} \cdots \sum_{k_N=0}^{m-1} \sum_{j=1}^{v} \frac{a_j}{m^N} f\left(\frac{z_{1,j}}{m}, \cdots, \frac{z_{N,j}}{m} \right), \tag{3.4.5}$$

m 次重复度求积公式相当于把 $[0,1]^N$ 分割成 m^N 个长度为 $\frac{1}{m}$ 的超立方体, 再对每个立方体用求积公式 (3.4.2) 并求和. 故若 $Q(f)$ 是对称的, 则 $Q^{(m)}(f)$ 也是对称的, 并有相同的代数精度.

Lyness 推广 Euler-Maclaurin 展开式到多维求积公式 (3.4.5), 得到以下定理.

定理 3.4.1(Lyness,1976a)　若 $f(x)$ 及偏导数 $f^{(\alpha)}(x) = D^\alpha f, |\alpha| \leqslant l, \alpha = (\alpha_1, \cdots, \alpha_N)$, 是 $[0,1]^N$ 上可积函数, 则

$$Q^{(m)}(f) - I(f) = \sum_{s=1}^{l-1} \frac{b_s}{m^s} + R_l(Q^{(m)}; f), \quad N \leqslant l \leqslant p, \tag{3.4.6}$$

这里 b_s 是仅与 Q 和 f 有关, 但与 m 无关的常数, 而且存在函数 $h_\alpha(Q^{(m)}; mx)$, 使 $N \leqslant l \leqslant p$ 时,

$$R_l(Q^{(m)}; f) = \frac{1}{m^N} \sum_{|\alpha|=l} \int_0^1 \cdots \int_0^1 h_\alpha(Q^{(m)}; mx) f^{(\alpha)}(x) \mathrm{d}x, \qquad (3.4.7)$$

此外 b_s 还有显式表达

$$b_s = \sum_{|\alpha|=s} C_\alpha I(f^{(\alpha)}), \qquad (3.4.8)$$

其中

$$C_\alpha = C_\alpha(Q) = Q(\varphi_\alpha) = \int_0^1 \cdots \int_0^1 h_\alpha(Q^{(m)}; mx) \mathrm{d}x, \qquad (3.4.9)$$

函数

$$\varphi_\alpha(x) = \frac{B_{\alpha_1}(x_1)}{\alpha_1!} \frac{B_{\alpha_2}(x_2)}{\alpha_2!} \cdots \frac{B_{\alpha_N}(x_N)}{\alpha_N!}, \qquad (3.4.10)$$

其中 $B_i(x)$ 是 Bernoulli 多项式.

推论 3.4.1　若 $Q(f)$ 是对称型求积公式, 则

$$b_s = 0, \qquad \text{当} s \text{是奇数}. \qquad (3.4.11)$$

证明　只需证明 s 是奇数时, (3.4.8) 的系数

$$C_\alpha = 0, \quad |\alpha| = s,$$

为此利用 (3.4.9) 和 (3.4.10), 既然 $\sum\limits_{j=1}^N \alpha_j = s$ 是奇数, 故至少存在某个 α_j 是奇数, 注意奇数阶的 Bernoulli 多项式有性质 $B_{\alpha_j}(t) = -B_{\alpha_j}(1-t), 0 \leqslant t \leqslant 1$, 这蕴涵

$$\int_0^1 B_{\alpha_j}(t) \mathrm{d}t = 0. \qquad (3.4.12)$$

由此推出当 $|\alpha| = s$ 为奇数时, $C_\alpha = Q(\varphi_\alpha) = 0$.　□

3.4.2　多维齐次函数的定义与求积方法

Lyness(1976a) 对形如

$$f(x) = r^\alpha \varphi(\theta) h(r) g(x) \qquad (3.4.13)$$

的被积函数的数值求积公式, 给出了误差关于单个步长的渐近展开式, 这里 $x = (x_1, \cdots, x_N) \in \mathbb{R}^N, r = (x_1^2 + \cdots + x_N^2)^{\frac{1}{2}}, \theta = (\theta_2, \cdots, \theta_N)$ 是球面坐标, $\varphi(\theta), h(r)$ 和 $g(x)$ 皆假定是各自变元的光滑函数, 故函数 $f(x)$ 仅以原点为唯一奇点, 如果 $\alpha > -N$, 那么函数 $f(x)$ 称为弱奇异的. 在应用中, 例如位势型积分就属于 (3.4.13)

类型, 在边界元计算中也经常遇到这种类型的弱奇异积分. 由于原点是唯一奇点, 故称为点态奇异, 以区别前面考虑过的面态奇异. Lyness 提供 (3.4.13) 类型函数在正方体上偏矩形求积公式误差的单参数渐近展开, 故可以使用逐步外推加速收敛, 但是这个方法似乎还不能推广到分裂外推上.

(3.4.13) 类型函数 $f(x)$ 的奇性来自齐次函数 r^α, 因此必须先研究齐次函数的性质.

定义 3.4.1　函数 $f(x_1, \cdots, x_N)$ 称为 γ 阶齐次函数, 如果对任意实数 $\lambda > 0$, 皆成立恒等式

$$f(\lambda x_1, \cdots, \lambda x_N) \equiv \lambda^\gamma f(x_1, \cdots, x_N), \tag{3.4.14}$$

使用球坐标表示 (3.4.14) 有等价形式

$$f(\lambda r, \theta) = \lambda^\gamma f(r, \theta). \tag{3.4.15}$$

以下用 $f_\gamma(x)$ 表示 γ 阶齐次函数, $f_\gamma^{(\beta)}(x) = D_1^{\beta_1} \cdots D_1^{\beta_N} f_\gamma(x)$ 表示 $f_\gamma(x)$ 的 $\beta = (\beta_1, \cdots, \beta_N)$ 阶偏导数.

关于齐次函数以下性质是显然的:

(1) 函数 $f(x) \equiv 0$ 是任意阶齐次的;

(2) 函数 $\varphi(\theta)$ 是零阶齐次的;

(3) 函数 $(f_\gamma(x))^a (f_\delta(x))^b$ 是 $\gamma a + \delta b$ 阶齐次的;

(4) 函数 $|f_\gamma(x)|$ 是 γ 阶齐次的;

(5) 函数 $f_\gamma^{(\beta)}(x)$ 是 $\gamma - |\beta|$ 齐次的.

下面不加证明地叙述 Lyness 等的重要结果 (Lyness, 1976a; Verliden et al.,1997). 为此定义 $[0, \infty)^N$ 的子区域

$$L^N[a, b] = \{(x_1, \cdots, x_N) : \forall x_i \geqslant 0, a \leqslant \max_{1 \leqslant j \leqslant N} x_j \leqslant b\}, \tag{3.4.16}$$

这是一个 L 型区域, $L^N[a, b] = [a, b]^N \backslash [0, a]^N$. 容易证明在极限情形成立

$$L^N[0, b] = \bigcup_{a > 0} L^N[a, b], \quad L^N[a, \infty] = \bigcup_{b > 0} L^N[a, b],$$

$$L^N[0, \infty] = \bigcup_{b > a > 0} L^N[a, b], \tag{3.4.17}$$

再定义 $U^N = L^N[1, 1]$, 它是 N 个 $n - 1$ 维立方体的和集, 即有

$$\int_{U^N} f(x) \mathrm{d}^{N-1} x$$

$$= \sum_{j=1}^N \int_0^1 \cdots \int_0^1 f(x_1, \cdots, x_{j-1}, 1, x_{j+1}, \cdots, x_N) \mathrm{d}x_1 \cdots \mathrm{d}x_{j-1} \mathrm{d}x_{j+1} \cdots \mathrm{d}x_N.$$

$$\tag{3.4.18}$$

设 $f(x)$ 是 $[0,1]^N$ 上有直到 q 阶偏导数的函数, 考虑

$$I(f) = \int_{[0,1]^N} f(x)\mathrm{d}x, \tag{3.4.19}$$

令 $Q(f)$ 是关于 $I(f)$ 求积法则, 称 $Q(f)$ 有 d 阶代数精度, 如果 $f(x)$ 是 d 阶多项式, 那么 $I(f) = Q(f)$.

令步长 $h = 1/m, k = (k_1, \cdots, k_N), \beta = (\beta_1, \cdots, \beta_N)$, 应用 1 维偏矩形法则 (3.4.2) 构造复合偏矩形求积法则

$$Q_m(f) = \frac{1}{m^N} \sum_{k \in Z_m^N} f\left(\frac{k+\beta}{m}\right), \tag{3.4.20}$$

其中 $Z_m = \{0, 1, \cdots, m-1\}$.

应用偏矩形求积法则 (3.4.20) 到光滑函数, 于是由定理 3.4.1, 成立渐近展开

$$Q_m(f) - I(f) = \sum_{s=1}^{q-1} \frac{B_s(Q, f)}{m^{\gamma+N}} + m^{-q} \sum_{|\alpha|=s} \int_{[0,1]^N} h_\alpha(\beta, my) D^\alpha f(y)\mathrm{d}y, \tag{3.4.21}$$

这里

$$B_s(Q, f) = \sum_{|\alpha|=s} B_\alpha(Q, f) = \sum_{|\alpha|=s} c_\alpha(Q) \int_{[0,1]^N} D^\alpha f(x)\mathrm{d}x, \tag{3.4.22}$$

其中

$$c_\alpha(Q) = Q\left(\prod_{j=1}^N \frac{B_{\alpha_j}(x_j)}{\alpha_j!}\right) \tag{3.4.23}$$

是与 f 无关的常数, $B_k(t)$ 是 Bernoulli 多项式.

3.4.3　齐次弱奇异函数的近似求积与渐近展开

引理 3.4.1　设函数 $f(x)$ 是在 $L^N(0, \infty)$ 上连续的 γ 阶齐次函数, 则当 $\gamma+N \neq 0, 0 < a < b$ 成立

$$\int_{L^N[a,b]} f(x)\mathrm{d}x = \frac{b^{\gamma+N} - a^{\gamma+N}}{\gamma+N} \int_{U^N} f(x)\mathrm{d}^{N-1}x, \tag{3.4.24a}$$

特别若 $a = 0, b = 1$, 则

$$\int_{L^N[0,1]} f(x)\mathrm{d}x = I(f) = \frac{1}{\gamma+N} \int_{U^N} f(x)\mathrm{d}^{N-1}x; \tag{3.4.24b}$$

当 $\gamma+N = 0, 0 < a < b$ 便成立

$$\int_{L^N[a,b]} f(x)\mathrm{d}x = \ln\frac{b}{a} \ln m \int_{U^N} f(x)\mathrm{d}^{N-1}x. \tag{3.4.24c}$$

证明　首先, 设 $\gamma + N \neq 0$. 分解 $L^N[a,b]$ 为不重叠的 N 部分

$$L^N[a,b] = \bigcup_{j=1}^{N} L_j^N[a,b], \tag{3.4.25}$$

其中

$$L_j^N[a,b] = \{x \in L^N[a,b] : x_i \leqslant x_j, \forall i \neq j\}$$
$$= \{t(u_1, \cdots, u_{j-1}, 1, u_{j+1}, \cdots, u_N) : t \in [a,b], u_i \in [0,1], \forall i \neq j\}.$$

于是有

$$\int_{L^N[a,b]} f(x)\mathrm{d}x = \sum_{j=1}^{N} \int_{L_j^N[a,b]} f(x)\mathrm{d}x, \tag{3.4.26}$$

作变换 $x_j = t, x_i = tu_i, \forall i \neq j$, 于是由齐次函数性质得到

$$\int_{L_j^N[a,b]} f(x)\mathrm{d}x$$
$$= \int_a^b \int_0^1 \cdots \int_0^1 f(tu_1, tu_1, \cdots, tu_{j-1}, t, tu_{j+1}, \cdots, tu_N)$$
$$\times t^{N-1}\mathrm{d}t\mathrm{d}u_1 \cdots \mathrm{d}u_{j-1}\mathrm{d}u_{j+1} \cdots \mathrm{d}u_N$$
$$= \int_a^b t^{\gamma+N-1}\mathrm{d}t \int_0^1 \cdots \int_0^1 f(u_1, u_1, \cdots, u_{j-1}, 1, u_{j+1}, \cdots, u_N)$$
$$\times \mathrm{d}u_1 \cdots \mathrm{d}u_{j-1}\mathrm{d}u_{j+1} \cdots \mathrm{d}u_N$$
$$= \frac{b^{\gamma+N} - a^{\gamma+N}}{\gamma + N} \int_0^1 \cdots \int_0^1 f(u_1, u_1, \cdots, u_{j-1}, 1, u_{j+1}, \cdots, u_N)$$
$$\times \mathrm{d}u_1 \cdots \mathrm{d}u_{j-1}\mathrm{d}u_{j+1} \cdots \mathrm{d}u_N, \tag{3.4.27}$$

对 j 求和便得到 (3.4.24a) 的证明.

其次, 若 $\gamma + N = 0$, 则令 $\gamma + N = \varepsilon \neq 0$, 取极限

$$\lim_{\varepsilon \to 0} \frac{b^\varepsilon - a^\varepsilon}{\varepsilon} = \ln \frac{b}{a},$$

便得到 (3.4.24c) 的证明.　□

定理 3.4.2　设函数 $f(x)$ 是 $L^N(0,\infty)$ 上充分光滑的 γ 阶齐次函数, 若 $\gamma + N \notin \mathbb{N}$, 即不是整数, 并且 $q > \gamma + N > 0$, 则成立渐近展开式

$$Q_m(f) - I(f) = \frac{A(Q,f)}{m^{N+\gamma}} + \sum_{s=1}^{q-1} \frac{B_s(Q,f)}{m^s} + \frac{R_q(Q,m,f)}{m^q}, \tag{3.4.28}$$

这里

$$B_s(Q,f) = \frac{1}{\gamma+N-s} \sum_{|\alpha|=s} c_\alpha(Q) \int_{U^N} D^\alpha f(x) \mathrm{d}^{N-1}x, \quad \text{若 } \gamma+N-s \neq 0, \quad (3.4.29)$$

$$A(Q,f) = Q(f) - I(f) - \sum_{s=1}^{q} B_s(Q,f) + \sum_{|\alpha|=s} \int_{L^N[1,\infty)} h_\alpha(\beta,y) D^\alpha f(y) \mathrm{d}y, \quad (3.4.30)$$

$$R_q(Q,m,f) = -m^{q-\gamma-N} \sum_{|\alpha|=s} \int_{L^N[m,\infty)} h_\alpha(\beta,y) D^\alpha f(y) \mathrm{d}y = O(1), \quad\quad (3.4.31)$$

并且若 Q 是关于 $[0,1]^N$ 的中心对称的法则, 则当 s 是奇数, 有 $B_s(Q,f) = 0$.

　　证明　由于函数 $f(x)$ 是 γ 阶齐次函数, 故

$$\begin{aligned} Q_m(f) &= \frac{1}{m^N} \sum_{k \in Z_m^N} f\left(\frac{k+\beta}{m}\right) \\ &= \frac{f(\beta)}{m^{\gamma+N}} + \frac{1}{m^{\gamma+N}} \sum_{0 \neq k \in Z_m^N} f_k(\beta), \end{aligned} \quad (3.4.32)$$

这里 $f_k(\beta) = f(k+\beta), Z_m = \{0,1,\cdots,m-1\}$. 因为 f_k 是 $[0,1]^N$ 上光滑函数, 故由多维 Euler-Maclaurin 展开式 (3.4.6), 并且置 $m=1$, 得到

$$\begin{aligned} f_k(\beta) &= \sum_{|\alpha|<q} \int_{[0,1]^N} f^{(\alpha)}(k+x) \mathrm{d}x \prod_{i=1}^{N} \frac{B_{\alpha_i}(\beta_i)}{\alpha_i!} \\ &\quad + \sum_{|\alpha|=q} \int_{[0,1]^N} f^{(\alpha)}(k+x) h_\alpha(\beta; k+x) \mathrm{d}x. \end{aligned} \quad (3.4.33)$$

因为 $L^N[1,m]$ 能够分解为 m^N 个单位立方体的和集, 它是由 $[0,1]^N$ 通过平行移动: $k + [0,1]^N, \forall k \in Z_m^N \backslash \{0\}$, 得到, 于是有

$$\begin{aligned} \sum_{0 \neq k \in Z_m^N} f_k(\beta) &= \sum_{|\alpha|<q} \int_{L^N[1,m]} f^{(\alpha)}(x) \mathrm{d}x \prod_{i=1}^{N} \frac{B_{\alpha_i}(\beta_i)}{\alpha_i!} \\ &\quad + \sum_{|\alpha|=q} \int_{L^N[1,m]} f^{(\alpha)}(x) h_\alpha(\beta; x) \mathrm{d}x. \end{aligned} \quad (3.4.34)$$

由引理 3.4.1, (3.4.34) 右端第一项被表达为

$$\int_{L^N[1,m]} f^{(\alpha)}(x) \mathrm{d}x = \frac{m^{\gamma-|\alpha|+N}-1}{\gamma-|\alpha|+N} \int_{U^N} f^{(\alpha)}(x) \mathrm{d}^{N-1}x, \quad |\alpha|>0, \quad (3.4.35\text{a})$$

若 $|\alpha| = 0$, 则由 (3.4.24a) 得到

$$\int_{L^N[1,m]} f(x)\mathrm{d}x = \frac{m^{\gamma+N} - 1}{\gamma + N} I(f). \tag{3.4.35b}$$

(3.4.34) 右端第二项的被积函数不是齐次函数, 但是可以表示为

$$\int_{L^N[1,m]} f^{(\alpha)}(x)h_\alpha(\beta;x)\mathrm{d}x = \int_{L^N[1,\infty)} f^{(\alpha)}(x)h_\alpha(\beta;x)\mathrm{d}x$$
$$- \int_{L^N[m,\infty)} f^{(\alpha)}(x)h_\alpha(\beta;x)\mathrm{d}x, \quad \forall |\alpha| = q. \tag{3.4.36}$$

其中右端第一项积分与 m 无关. 注意 $Q(f) = f(\beta)$, 并且代 (3.4.35) 和 (3.4.34) 到 (3.4.33), 便得到定理的证明, 其中余项 (3.4.31) 的证明, 需要应用 $|h_\alpha(\beta,y)|$ 关于 y 有界和 $|f^{(\alpha)}|$ 是 $\gamma - q$ 阶齐次函数, 并且由此导出余项估计

$$|R_q(Q,f)| \leqslant m^{q-\gamma-N} \sum_{|\alpha|=q} M_q \int_{L^N[m,\infty)} |f^\alpha(y)|\mathrm{d}y,$$
$$= \frac{M_q}{q-\gamma+N} \sum_{|\alpha|=q} \int_{U^N} |f^\alpha(x)|\mathrm{d}^{N-1}x \tag{3.4.37}$$

与 m 无关. 定理证毕. $\quad\square$

定理 3.4.2 的证明思想见 (Verliden et al.,1997), 但是原文排版错误多, 这里做了某些修正. 该定理的结果优于 Lyness(1976a) 的结果, 因为这里的渐近展开式系数有显式表达 (3.4.29) 与 (3.4.30), 由此看出误差的渐近展开式是 γ 的有理函数, 这蕴涵可以把 γ 解析开拓到除极点外的复平面, 并且可能使用到超奇积分上.

对于非齐次函数通常可以展开为齐次函数的和.

定义 3.4.2 令 f 是区域 $\Omega \subset \mathbb{R}^N$ 光滑函数, $\{f_j\}$ 是在包含 Ω 的一个锥上的齐次函数序列, 令 δ_j 表示 f_j 的齐次阶数, 那么称 f 能够展开为 f_j 的和, 并写为

$$f \sim \sum_{j=0}^\infty f_j, \tag{3.4.38}$$

指对任意 $q \in \mathbb{R}$, 集

$$J_q = \{j \in \mathbb{N} : \delta_j \leqslant q\}$$

是有限的, 并且定义

$$f = \sum_{j \in J_q} f_j + r_q, \tag{3.4.39}$$

而余项 r_q 满足条件: 对任意 $k \in \mathbb{N}^N$, 存在 $M_k > 0$, 使

$$|r_q^{(k)}(x)| \leqslant M_k ||x||^{q-|k|}, \quad \forall x \in \Omega, \tag{3.4.40}$$

这里 q 可以为任意实数, 不限为整数.

以下事实是显然的:

(1) 若 f 在原点的邻域光滑, 则 f 在原点有阶为 $\{j\}_{j=0}^{\infty}$ 的齐次函数的 Taylor 展开.

(2) 若原点属于 Ω 的闭包, r_q 在原点有直到 $[\delta] - 1$ 阶的连续偏导数.

(3) 若 f, g 都有齐次函数展开, 则 $f + g$ 和 fg 也有齐次函数展开, 分别是 f 和 g 的展开的和与积.

(4) 若 $f(x) = h(x)g(x), h(x)$ 是 $L^N(0, \infty)$ 上的 α 阶齐次函数, $g(x)$ 是 $[0,1]^N$ 上的光滑函数, 则 $f(x)$ 容许展开为阶为 $\{\delta_j\}_{j=0}^{\infty}$ 的齐次函数的和.

定理 3.4.3(Verliden et al.,1997)   若函数 $f(x)$ 在 $L^N(0, 1]$ 上有阶为 $\{\delta_j\}_{j=0}^{\infty}$ 的光滑齐次函数展开, 则

$$Q_m(f) - I(f) = \sum_{j=1}^{\infty} \frac{A_j(Q, f) + \ln m D_j(Q, f)}{m^{\delta_j + N}} + \sum_{s=1}^{\infty} \frac{B_s(Q, f)}{m^s}, \qquad (3.4.41\text{a})$$

这里

$$D_j(Q, f) = 0, \quad \text{当} \delta_j + N \notin \mathbb{Z}, \qquad (3.4.41\text{b})$$

并且若 Q 是关于 $[0,1]^N$ 的中心对称的法则, 则当 s 是奇数, 有 $B_s(Q, f) = 0$.

证明   在定理 3.4.2 中 (3.4.35a) 为

$$\int_{L^N[1,m]} f^{(\alpha)}(x)\mathrm{d}x = \frac{m^{\gamma - |\alpha| + N} - 1}{\gamma - |\alpha| + N} \int_{U^N} f^{(\alpha)}(x)\mathrm{d}^{N-1}x, \text{当} \gamma - |\alpha| + N \neq 0,$$

若 $\gamma - |\alpha| + N = 0$, 则类似 (3.4.24c) 取极限得到

$$\int_{L^N[1,m]} f^{(\alpha)}(x)\mathrm{d}x = \ln m \int_{U^N} f^{(\alpha)}(x)\mathrm{d}^{N-1}x, \text{当} \gamma - |\alpha| + N = 0,$$

将其代入到定理 3.4.2 的证明中, 便得到 (3.4.41) 的证明.   □

3.4.4   积分变换与收敛加速

对于多维齐次函数也可以使用 Sidi 变换加速收敛.

定理 3.4.4(Verliden et al.,1997)   若函数 $f(x)$ 在 $L^N(0, \infty)$ 上 α 阶光滑齐次函数, 则经过多维 p 阶 Sidi 变换的被积函数

$$F_p(y) = f(\psi_p(y_1), \cdots, \psi_p(y_N))\psi_p'(y_1) \cdots \psi_p'(y_N) \qquad (3.4.42)$$

有阶为 $\{\beta + 2j\}_{j=1}^{\infty}$ 的齐次函数展开, 并且

$$\beta = (\alpha + N)(p + 1) - N. \qquad (3.4.43)$$

证明 定义

$$g(x) = f(x_1^{p+1}, \cdots, x_N^{p+1}), \tag{3.4.44}$$

显然, $g(x)$ 是 $[0,\infty)^N \backslash \{0\}$ 上的 $\gamma = (p+1)\alpha$ 阶光滑齐次函数, 并且

$$f(\psi_p(y_1), \cdots, \psi_p(y_N)) = g(\phi(y_1), \cdots, \phi(y_N)), \tag{3.4.45}$$

这里

$$\phi(t) = (\psi_p(t))^{1/(p+1)}, \tag{3.4.46}$$

由 ψ_p 函数的性质, 得到 $\phi : [0,1] \to [0,1]$ 也是光滑函数, 并且存在 $b > a > 0$ 使

$$at \leqslant \phi(t) \leqslant bt. \tag{3.4.47}$$

现在分解

$$\phi(t) = ct + t^3 h(t), \tag{3.4.48}$$

其中 $a \leqslant c \leqslant b$, 而 $h(t)$ 是有偶次幂展开的光滑函数.

以下证明: $g(\phi(y_1), \cdots, \phi(y_N))$ 有阶为 $\{\gamma + 2j\}_{j=0}^{\infty}$ 的齐次函数展开. 事实上, 固定任意实数 q 和选择充分大的 $p \in \mathbb{Z}$, 使

$$\gamma + 2p > q, \tag{3.4.49}$$

再由 Taylor 展开

$$g(x+y) = \sum_{k=0}^{p-1} H_k(g; x, y) + R_p(g; x, y), \tag{3.4.50}$$

这里

$$H_k(g; x, y) = \sum_{|\beta|=k} g^{(\beta)}(x) \frac{y^\beta}{\beta!}, \tag{3.4.51}$$

并存在 $\theta \in (0, 1)$ 使

$$R_p(g; x, y) = \sum_{|\beta|=p} g^{(\beta)}(x + \theta y) \frac{y^\beta}{\beta!}, \tag{3.4.52}$$

在这个展开中, 置

$$x_j = cz_j, \quad y_j = z_j^3 h(z_j). \tag{3.4.53}$$

由 (3.4.45) 得到

$$\begin{aligned} g(\phi(y_1), \cdots, \phi(y_N)) &= H_k(g; cz, z_1^3 h(z_1), \cdots, z_N^3 h(z_N)) \\ &\quad + R_p(g; cz, z_1^3 h(z_1), \cdots, t_N^3 h(z_N)), \end{aligned} \tag{3.4.54}$$

其中 $z = (z_1, \cdots, z_N)$ 是向量. 注意

$$H_k(g; cz, z_1^3 h(z_1), \cdots, z_N^3 h(z_N)) = \sum_{|\beta|=k} g^{(\beta)}(cz) z^{3\beta} \prod_{i=1}^{N} \frac{h(z_i)^{\beta_i}}{\beta_i!} \tag{3.4.55}$$

的每一项都是 $\gamma - k + 3k$ 阶齐次函数与偶阶齐次多项式的积, 因此 (3.4.55) 是阶为 $\{\gamma + 2k + 2j\}_{j=0}^{\infty}$ 的光滑齐次函数的和.

对于余项有估计

$$R_p(g; cz, z_1^3 h(z_1), \cdots, z_N^3 h(z_N))$$

$$= \sum_{|\beta|=k} g^{(\beta)}(cz_1 + \theta z_1^3 h(z_1), \cdots, cz_N + \theta z_N^3 h(z_N)) z^{3\beta} \prod_{i=1}^{N} \frac{h(z_i)^{\beta_i}}{\beta_i!}. \tag{3.4.56}$$

取 G_p 充分大, 使对所有 $x \in [0, \infty)^N, ||x|| = 1$ 和所有 $\beta, |\beta| \leqslant p$, 满足

$$|g^{(\beta)}(x)| \leqslant G_p, \tag{3.4.57}$$

于是

$$|g^{(\beta)}(cz_1 + \theta z_1^3 h(z_1), \cdots, cz_N + \theta z_N^3 h(z_N))|$$

$$\leqslant G_p ||cz_1 + \theta z_1^3 h(z_1), \cdots, cz_N + \theta z_N^3 h(z_N)||^{\gamma-p}, \tag{3.4.58}$$

由 (3.4.47), 又有

$$at \leqslant ct + \theta t^3 h(t) = (1 - \theta)ct + \theta\phi(t) \leqslant bt,$$

便得到

$$|g^{(\beta)}(cz_1 + \theta z_1^3 h(z_1), \cdots, cz_N + \theta z_N^3 h(z_N)|$$

$$\leqslant G_p ||z||^{\gamma-p} \max\{a^{\gamma-p}, b^{\gamma-p}\}. \tag{3.4.59}$$

代 (3.4.56) 到 (3.4.59) 得到存在 $M > 0$, 使

$$R_p(g; cz, z_1^3 h(z_1), \cdots, z_N^3 h(z_N))$$

$$\leqslant G_p ||z||^{\gamma-p} \max\{a^{\gamma-p}, b^{\gamma-p}\} ||z||^{3p}$$

$$\times \frac{(|h(z_1)| + \cdots + |h(z_N)|)^p}{p!} \leqslant M ||z||^q. \tag{3.4.60}$$

为了得到余项 (3.4.56) 导数的有界性, 由 (3.4.51) 有微分法则

$$\frac{\partial H_k(g; x, y)}{\partial x_j} = H_k\left(\frac{\partial g}{\partial x_j}; x, y\right),$$

$$\frac{\partial H_k(g; x, y)}{\partial y_j} = H_{k-1}\left(\frac{\partial g}{\partial x_j}; x, y\right), \quad k > 0,$$

由 (3.4.50) 有微分法则

$$\frac{\partial R_p(g;x,y)}{\partial x_j} = R_p\left(\frac{\partial g}{\partial x_j};x,y\right),$$

$$\frac{\partial R_p(g;x,y)}{\partial y_j} = R_{p-1}\left(\frac{\partial g}{\partial x_j};x,y\right), \quad p>0.$$

使用归纳法, 可以证明 (3.4.56) 的 s 阶偏导数是由形式

$$R_{p-l}(\tilde{g};cz,(z_1^3 h(z_1),\cdots,z_N^3 h(z_N)))\pi(z)\sigma(z) \tag{3.4.61}$$

的有限项的和, 其中 $\tilde{g}$ 是 g 的 $k+l$ 阶偏导数, $\pi(z)$ 是 $2l-m$ 阶齐次多项式, $\sigma(z)$ 是光滑函数, 而 k,l 和 m 是非负整数, 满足

$$k+l+m \leqslant s. \tag{3.4.62}$$

于是使用 (3.4.59) 和 (3.4.61) 导出 (3.4.56) 和它的偏导数是有界的, 便得出结论: $f(\psi_p(y_1),\cdots,\psi_p(y_N)) = g(\phi(y_1),\cdots,\phi(y_N))$ 能够展开成阶为 $\{\beta+2j\}_{j=1}^{\infty}$ 的齐次函数的和, 而 $F_p(y)$ 的展开是上面展开与函数 $\psi_p'(y_j), j=1,\cdots,N$, 的展开的多个乘积. 定理证毕. □

定理 3.4.5(Verliden et al.,1997) 若函数 $f(x)$ 在 $L^N(0,\infty)$ 上 γ 阶光滑齐次函数, Q 是中心型求积法则, $F_p(y)$ 由 (3.4.42) 定义, 则有

$$Q_m(F_p) - I(F_p) = \sum_{j=1}^{\infty} \frac{A_{2j}(Q,F_p) + D_{2j}(Q,F_p)\ln m}{m^{\beta+N+2j}} + \sum_{s=1}^{\infty} \frac{B_s(Q,F_p)}{m^s}, \tag{3.4.63}$$

其中 β 由 (3.4.43) 定义,

$$D_{2j}(Q,F_p) = 0, \quad \text{当} \beta + N \notin \mathbb{Z}.$$

证明 由定理 3.4.4 直接导出 F_p 能够展开成阶为 $\{\beta+2j\}_{j=1}^{\infty}$ 的齐次函数的和, 再由定理 3.4.2 和 Q 是中心型求积法则得到 (3.4.44) 的证明. □

定理 3.4.6(Verliden et al.,1997) 在定理 3.4.5 的假定下, 成立

$$B_s(Q,F_p) = 0, \quad \text{当} s \text{是奇数}, \quad \text{或者} s \in [1,\bar{p}], \tag{3.4.64}$$

而

$$\bar{p} = \begin{cases} 2p+1, & \text{当} p \text{是偶数}, \\ p, & \text{当} p \text{是奇数}. \end{cases} \tag{3.4.65}$$

关于定理 3.4.6 的证明将放到后面讨论.

现在考虑一般情形: $f(x) = f_\gamma(x)g(x), f_\gamma(x)$ 在 $L^N(0,\infty)$ 上 γ 阶光滑齐次函数, $g(x) \in C^\infty[0,1]^N$, 使用多元 Maclaurin 展开, 把 $g(x)$ 展开为具有非负齐次阶的齐次函数序列之和, 从而 $f(x)$ 被展开为具有齐次阶为 $\gamma + j(j = 0, 1, \cdots)$ 的齐次函数序列之和, 于是导出下面定理.

定理 3.4.7(Verliden et al.,1997)　若函数 $f(x) = f_\gamma(x)g(x), f_\gamma(x)$ 在 $L^N(0,\infty)$ 上 γ 阶光滑齐次函数, $g(x) \in C^\infty[0,1]^N, Q$ 是中心型求积法则, $F_p(y)$ 由 (3.4.42) 定义, 则当 $\beta + N \notin \mathbb{N}$ 有

$$Q_m(F_p) - I(f) = \sum_{j \in T} \frac{A_j(Q, F_p)}{m^{\beta+N+j}} + \sum_{s \in S} \frac{B_s(Q, F_p)}{m^s}, \tag{3.4.66}$$

其中 β 由 (3.4.3) 定义, 而整数集合 T, S 定义为

$$T = \begin{cases} j \geqslant 0, & \text{当} j \text{是偶数}, \\ j \geqslant 0, & \text{但排除} j \in [1, p-1] \text{内的奇数, 当} j \text{是奇数}, \end{cases} \tag{3.4.67}$$

$$S = \begin{cases} \text{所有} s \geqslant p+1 \text{的偶数}, & \text{当} s \text{是偶数}, \\ \text{所有} s \geqslant 2p+2 \text{的偶数}, & \text{当} s \text{是奇数}. \end{cases} \tag{3.4.68}$$

此外, 若 $g(x)$ 是偶函数, 则 Taylor 展开仅有偶阶多项式, 取偶数 p, 将得到更强结果

$$T = \{\text{所有} j \geqslant 2p+2 \text{的偶数}\}, \tag{3.4.69}$$

$$S = \{\text{所有} j \geqslant 0 \text{的偶数}\}. \tag{3.4.70}$$

3.4.5　算例

多维点性弱奇异函数的数值积分是一个十分困难的问题, 带权的 Gauss 求积公式虽然不失为一个好方法, 但权的选择随奇性而定, 对于具有混合奇性的函数, 如

$$f(x,y) = r^{-1}g_1(x,y) + r^{-1/2}g_2(x,y),$$

或

$$f(x,y) = r^{-1}g_1(x,y) + r^{-1}\ln r g_2(x,y),$$

用 Gauss 求积就很麻烦: 必须使用两套公式, 而且这类混合奇性函数常不能被简单分解. 再如函数

$$f(x,y) = (ax+by)/(cx+dy)$$

在 $[0,1]^2$ 上除原点外正则, 但沿各个方向趋于 $(0,0)$ 有不同极限, Gauss 求积法便失效. 如果借助上节阐述的周期变换和渐近展开, 使用外推法就很奏效. 以下实例选自 (Lyness,1976b; Verliden et al.,1997).

例 3.4.1(Lyness,1976b)　考虑二维积分

$$I(f) = \int_0^1 \int_0^1 r^{-3/2} e^{-r^2} e^{-x^2} dx dy \approx 2.5255135399.$$

令 Q 是中矩形求积公式, 它是对称型的, 并且 $\gamma = -3/2$, 故重复中矩形求积公式有展开

$$Q^{(m)}(f) - I(f) = \frac{A_{1/2}}{m^{1/2}} + \frac{A_{3/2}}{m^{3/2}} + \frac{B_2}{m^2} + \frac{A_{5/2}}{m^{5/2}} + \frac{B_4}{m^4} + \frac{B_{9/2}}{m^{9/2}} + \frac{B_6}{m^6} + \cdots. \quad (3.4.71)$$

若 Q 为 7 阶代数精度的 Gauss 求积公式 G_7, 则展开式为

$$G_7^{(m)} - I(f) = \frac{A_{1/2}}{m^{1/2}} + \frac{A_{5/2}}{m^{5/2}} + \frac{A_{9/2}}{m^{9/2}} + \frac{A_{13/2}}{m^{13/2}} + \frac{B_8}{m^8} + \frac{A_{17/2}}{m^{17/2}} + \cdots, \quad (3.4.72)$$

例 3.4.2(Lyness,1976b)　考虑 $I(f) = \int_0^1 \int_0^1 r^{1/2} e^{-r^2} e^{-x^2} dx \approx 0.3386576711,$ 使用重复中矩形求积公式, 展开式为

$$Q^{(m)}(f) - I(f) = \frac{B_2}{m^2} + \frac{A_{5/2}}{m^{5/2}} + \frac{B_4}{m^4} + \frac{A_{9/2}}{m^{9/2}} + \frac{B_6}{m^6} + \frac{A_{13/2}}{m^{13/2}} + \cdots. \quad (3.4.73)$$

例 3.4.3(Lyness,1976b)　考虑 $I(f) = \int_0^1 \int_0^1 rx dx dy \approx 0.4393173207,$ 此例 $\gamma = 1$ 为整数, 使用重复中矩形渐近展开式为

$$Q^{(m)}(f) - I(f) = \frac{B_2}{m^2} + \frac{D_4 \ln m}{m^4} + \frac{A_4}{m^4} + \frac{B_6}{m^6} + \frac{B_8}{m^8} + \frac{B_{10}}{m^{10}} + \cdots. \quad (3.4.74)$$

在表 3.4.1 中比较了 重复梯形公式与重复 12 点 7 阶代数精度的 Gauss 型公式的数值结果, 发现对例 3.4.1, $G_7^{(32)}$, $G_7^{(128)}$ 较之 $R^{(32)}$ 与 $R^{(128)}$ 改善不大, 而计算点

表 3.4.1　重复重复中矩形公式与重复 Gauss 公式的相对误差比较

求积公式 Q	计算点数 ν	例 3.4.1		例 3.4.2	例 3.4.3
		$Q(f)$	$|Q(f) - I(f)|/I(f)$	$|Q(f) - I(f)|/I(f)$	$|Q(f) - I(f)|/I(f)$
$R^{(6)}$	49	1.496	0.4	9.3×10^{-3}	4.5×10^{-5}
$R^{(32)}$	1089	2.080	0.17	2.4×10^{-4}	1.6×10^{-4}
$R^{(128)}$	16641	2.303	0.08	1.3×10^{-5}	
$G_7^{(1)}$	12	1.977	0.08	2.5×10^{-3}	4.0×10^{-5}
$G_7^{(32)}$	12288	2.428	0.04	4.0×10^{-7}	3.7×10^{-11}
$G_7^{(128)}$	196608	2.477	0.02	1.2×10^{-8}	

数却超过 11 倍, 原因是二者精度皆为 $O(m^{-1/2})$; 例 3.4.2 改善高于例 3.4.1, 原因是梯形公式精度为 $O(m^{-2})$, Gauss 公式为 $O(m^{-5/2})$. 例 3.4.3 的改善最好, 因为梯形公式为 $O(m^{-2})$, Gauss 公式为 $O(m^{-4}\ln m)$.

表 3.4.2 给出此三例按不同展开式的外推结果, 网参数选择: $\{m\} = \{1, 2, 3, 6,$ $8, 12, 16, 24, 32, \cdots\}$. 计算结果看出外推效果非常好, 如取计算点数仅为 $v = 1633$, 三例皆达到 10^{-10} 阶以上精度.

表 3.4.2　三个例子的外推结果比较

算例		例 3.4.1	例 3.4.2	例 3.4.3
渐近展开式		(3.4.71)	(3.4.73)	(3.4.74)
$T_0^{(k)}$	v	相对误差 Error	Error	Error
$T_0^{(3)}$	37	1.7×10^{-3}	4.0×10^{-5}	2.2×10^{-6}
$T_0^{(5)}$	121	4.5×10^{-5}	4.4×10^{-6}	5.3×10^{-9}
$T_0^{(9)}$	1633	1.3×10^{-10}	2.3×10^{-11}	6.2×10^{-14}

例 3.4.4　$I(f) = \int_0^1 \int_0^1 \cos\theta \mathrm{d}x\mathrm{d}y = \frac{1}{2}[\ln(\sqrt{2}+1) + \sqrt{2} - 1]$. 因为 f 是零阶齐次函数, 展开式为

$$Q^{(m)}(f) - I(f) = \frac{B_2}{m^2} + \frac{D_2}{m^2}\ln m + \frac{B_4}{m^4} + \frac{B_6}{m^6} + \cdots. \qquad (3.4.75)$$

表 3.4.3 中分别列出按算法 1.1.1$E(b, h_0; p_1, \cdots, p_m)$ 的计算结果, 此处取 $b = 1/2, h_0 = 1$ 而 $(p_1, p_2, \cdots, p_m)$ 分别为 $(2, 4, 6, 8, 10), (2, 2, 4, 6, 8), (2, 2, 4, 4, 6)$. 由表 3.4.3 的计算结果, 表明 $(2, 2, 4, 6, 8)$ 精度最好, 符合展开式 (3.4.75) 含有对数项的外推算法.

表 3.4.3　例 3.4.4 的三种外推的误差比较

外推次数	$(2, 4, 6, 8, 10)$	$(2, 2, 4, 6, 8)$	$(2, 2, 4, 4, 6)$
$T_0^{(0)}$	5.931×10^{-2}	5.931×10^{-2}	5.931×10^{-2}
$T_0^{(1)}$	9.540×10^{-3}	5.931×10^{-2}	5.931×10^{-2}
$T_0^{(2)}$	1.922×10^{-3}	9.960×10^{-7}	2.354×10^{-6}
$T_0^{(3)}$	1.114×10^{-3}	1.579×10^{-8}	3.187×10^{-8}
$T_0^{(3)}$	2.823×10^{-5}	5.428×10^{-11}	1.045×10^{-9}

例 3.4.5(Verliden et al.,1993)　$I(f) = \int_0^1 \int_0^1 h(x, y)\mathrm{d}x\mathrm{d}y$, 其中 $h(x, y) = (x + y)^{-3/4}$, 使用 Sidi 的 ψ_p 变换后再外推, 相关结果见表 3.4.4.

表 3.4.4 ψ_p 变换下例 **3.4.5** 的逐次外推误差

p	m	误差	1 次外推	2 次外推	3 次外推	4 次外推
	8	-0.2748×10^{-1}				
	16	-0.1093×10^{-1}	0.1078×10^{-2}			
0	32	-0.4439×10^{-2}	0.2692×10^{-3}	-0.3781×10^{-6}		
	64	0.1827×10^{-2}	0.6728×10^{-4}	-0.2380×10^{-6}	-0.1792×10^{-9}	
	128	-0.7586×10^{-3}	0.1682×10^{-4}	-0.1490×10^{-8}	-0.2833×10^{-11}	-0.3220×10^{-13}
	8	-0.3624×10^{-3}				
	16	-0.2395×10^{-4}	0.3229×10^{-5}			
2	32	-0.1724×10^{-5}	0.6009×10^{-7}	0.8779×10^{-10}		
	64	-0.1271×10^{-6}	0.1108×10^{-8}	-0.9076×10^{-11}	-0.1061×10^{-10}	
	128	-0.9430×10^{-8}	0.2037×10^{-10}	-0.2145×10^{-12}	-0.7394×10^{-13}	-0.2465×10^{-13}
	8	0.3522×10^{-3}				
	16	0.6619×10^{-5}	0.2017×10^{-5}			
4	32	0.9859×10^{-7}	0.1179×10^{-7}	0.5179×10^{-8}		
	64	0.1342×10^{-8}	0.4725×10^{-10}	0.8853×10^{-11}	0.3499×10^{-11}	
	128	0.1780×10^{-10}	0.1679×10^{-12}	0.1266×10^{-13}	0.4441×10^{-14}	0.1332×10^{-14}

例 3.4.6 $\quad I(f) = \displaystyle\int_0^1 \int_0^1 h(x,y) g(x,y) \mathrm{d}x \mathrm{d}y$, 其中

$$h(x,y) = (x+y)^{-3/4}, \quad g(x,y) = \exp\left(\left(\frac{x+y}{2}\right)^2\right),$$

使用 Sidi 的 ψ_p 变换后再外推, 相关结果见表 3.4.5.

表 3.4.5 ψ_p 变换下例 **3.4.6** 的逐次外推误差

p	m	误差	1 次外推	2 次外推	3 次外推	4 次外推
	8	-0.2630×10^{-1}				
	16	-0.1063×10^{-1}	0.7290×10^{-3}			
0	32	-0.4365×10^{-2}	0.1822×10^{-3}	-0.7695×10^{-7}		
	64	-0.1809×10^{-3}	0.4555×10^{-4}	0.2537×10^{-8}	0.1187×10^{-7}	
	128	-0.7540×10^{-3}	0.1139×10^{-4}	0.9436×10^{-9}	0.7565×10^{-9}	0.1536×10^{-10}
	8	-0.3605×10^{-3}				
	16	-0.2392×10^{-4}	0.3103×10^{-5}			
2	32	-0.1724×10^{-5}	0.5827×10^{-7}	0.6257×10^{-9}		
	64	-0.1271×10^{-6}	0.1080×10^{-8}	-0.3044×10^{-11}	-0.1302×10^{-10}	
	128	-0.9430×10^{-8}	0.1994×10^{-10}	-0.1301×10^{-12}	-0.8371×10^{-13}	-0.2354×10^{-13}
	8	0.3527×10^{-3}				
	16	0.6619×10^{-5}	0.2011×10^{-5}			
4	32	0.9859×10^{-7}	0.1179×10^{-7}	0.5179×10^{-8}		
	64	0.1342×10^{-8}	0.4725×10^{-10}	0.8858×10^{-11}	0.3486×10^{-11}	
	128	0.1780×10^{-10}	0.1679×10^{-12}	0.1021×10^{-13}	0.1998×10^{-14}	-0.8882×10^{-15}

注意例 3.4.5 在 $p = 0$ 的情形, 其渐近展开的指数是: 1.25, 2, 4, 6 和 8; 例 3.4.6 在 $p = 0$ 的情形, 其渐近展开的指数是: 1.25, 2, 3.25, 4 和 5.25.

3.5　曲面上积分的高精度算法

3.5.1　转换曲面积分到球面积分

考虑三维空间上曲面积分

$$I(f) = \int_S f(Q)\mathrm{d}S_Q, \tag{3.5.1}$$

假定曲面 S 上的函数 $f(Q)$ 在 $Q = P$ 上是奇异的, 如此积分经常出现在三维单层位势

$$I(\psi) = \int_S \frac{\psi(Q)}{|Q - P|}\mathrm{d}S_Q, \quad P \in S$$

和三维双层位势

$$I(\psi) = \int_S \frac{\partial}{\partial n_Q} \frac{\psi(Q)}{|Q - P|}\mathrm{d}S_Q, \quad P \in S$$

中. 下面限制曲面 S 与单位球面 U 有光滑同胚, 即存在一对一映射

$$\rho : U \overset{1-1}{\to} S.$$

例如 S 是椭球面

$$\left(\frac{x}{a}\right)^2 + \left(\frac{y}{b}\right)^2 + \left(\frac{z}{c}\right)^2 = 1, \tag{3.5.2}$$

则

$$\rho : (\xi, \eta, \zeta)^{\mathrm{T}} \in U \to (x, y, z)^{\mathrm{T}} = (a\xi, b\eta, c\zeta)^{\mathrm{T}} \in S. \tag{3.5.3}$$

一般情形, 映射 ρ 把 (3.5.1) 转换为单位球面 U 上的积分

$$I(f) = \int_U f(\rho(\hat{Q}))J_\rho(\hat{Q})\mathrm{d}S_{\hat{Q}}, \tag{3.5.4}$$

这里 $J_\rho(\hat{Q})$ 是变换 (3.5.3) 的 Jacobi 行列式. 对于椭球面 (3.5.2) 有

$$J_\rho(\hat{Q}) = \sqrt{(bc\xi)^2 + (ac\eta)^2 + (ab\zeta)^2}, \quad \hat{Q} = (\xi, \eta, \zeta) \in U.$$

通常情形映 U 到 S 的映射表示为

$$\rho : (\xi, \eta, \zeta)^{\mathrm{T}} \in U \to (\xi(x,y,z), \eta(x,y,z), \zeta(x,y,z))^{\mathrm{T}} \in S, \tag{3.5.5}$$

其 Jacobi 矩阵为

$$J(x, y, z) = \begin{bmatrix} \partial\xi/\partial x & \partial\xi/\partial y & \partial\xi/\partial z \\ \partial\eta/\partial x & \partial\eta/\partial y & \partial\eta/\partial z \\ \partial\zeta/\partial x & \partial\zeta/\partial y & \partial\zeta/\partial z \end{bmatrix}. \tag{3.5.6}$$

在球面坐标

$$(x, y, z) = (\sin\theta\cos\phi, \sin\theta\sin\phi, \cos\theta) \in S \tag{3.5.7}$$

下曲面单元为

$$\mathrm{d}S = \left\| \frac{\partial\rho}{\partial\theta} \times \frac{\partial\rho}{\partial\phi} \right\| \mathrm{d}\phi\mathrm{d}\theta, \tag{3.5.8}$$

这里 $\left\| \dfrac{\partial\rho}{\partial\theta} \times \dfrac{\partial\rho}{\partial\phi} \right\|$ 是两个向量叉积的范数. 积分 (3.5.1) 被转换为

$$I(f) = \int_0^\pi \int_0^{2\pi} F(\theta, \phi)\mathrm{d}\phi\mathrm{d}\theta, \tag{3.5.9}$$

其中

$$F(\theta, \phi) = f(\xi, \eta, \zeta) \left\| \frac{\partial\rho}{\partial\theta} \times \frac{\partial\rho}{\partial\phi} \right\|. \tag{3.5.10}$$

对于向量 $\dfrac{\partial\rho}{\partial\theta}$ 和 $\dfrac{\partial\rho}{\partial\phi}$ 使用链式法则, 容易导出

$$\frac{\partial\rho}{\partial\theta} = J\frac{\partial r}{\partial\theta}, \quad \frac{\partial\rho}{\partial\phi} = J\frac{\partial r}{\partial\phi}, \tag{3.5.11}$$

其中

$$r = (x, y, z). \tag{3.5.12}$$

由 (3.5.6) 得到

$$\frac{\partial r}{\partial\theta} = \left[\begin{array}{c} \cos\theta\cos\phi \\ \cos\theta\sin\phi \\ -\sin\theta \end{array} \right], \quad \frac{\partial r}{\partial\phi} = \sin\theta \left[\begin{array}{c} -\sin\phi \\ \cos\phi \\ 0 \end{array} \right] \tag{3.5.13}$$

3.5.2 球面数值积分与 Atkinson 变换

球面积分转换为 (3.5.9) 后, 便可以使用二维梯形求积公式计算, 但是 π 不是变量 θ 的周期, 因此直接使用求积公式计算精度不高. Atkinson(2004) 建议使用变换

$$\begin{aligned} L : Q &= (\sin\theta\cos\phi, \sin\theta\sin\phi, \cos\theta) \\ &\to \tilde{Q} = \frac{(\sin^q\theta\cos\phi, \sin^q\theta\sin\phi, \cos\theta)}{\sqrt{\cos^2\theta + \sin^{2q}\theta}} = L(\phi, \theta), \end{aligned} \tag{3.5.14}$$

这里 $q \geqslant 1$ 是变换参数. 显然, L 映球面到球面, 并且其南、北极点为变换不动点. 于是在此变换下, (3.5.1) 成为

$$I(f) = \int_U f(L\tilde{Q})J_L(\tilde{Q})\mathrm{d}S_{\tilde{Q}}, \tag{3.5.15}$$

这里变换 (3.5.14) 的 Jacobi 行列式为

$$J_L(\tilde{Q}) = ||D_\phi L(\phi, \theta) \times D_\theta L(\phi, \theta)||$$
$$= \frac{\sin^{2q-1}\theta(q\cos^2\theta + \sin^2\theta)}{(\cos^2\theta + \sin^{2q}\theta)^{3/2}}, \tag{3.5.16}$$

代入 (3.5.15) 得到

$$I(f) = \int_0^\pi \frac{\sin^{2q-1}\theta(q\cos^2\theta + \sin^2\theta)}{(\cos^2\theta + \sin^{2q}\theta)^{3/2}} \int_0^{2\pi} f(\xi, \eta, \zeta)\mathrm{d}\phi\mathrm{d}\theta, \tag{3.5.17}$$

其中

$$(\xi, \eta, \zeta) = \frac{(\sin^q\theta\cos\phi, \sin^q\theta\sin\phi, \cos\theta)}{\sqrt{\cos^2\theta + \sin^{2q}\theta}} \tag{3.5.18}$$

为了使用二维梯形求积公式求近似积分, 取步长 $h = \pi/n, n \geqslant 1$, 并且令

$$\phi_j = jh, \theta_j = jh, \quad j = 0, \cdots, n.$$

于是球坐标下二维梯形求积公式为

$$\int_0^\pi \int_0^{2\pi} g(\sin\theta, \cos\theta, \sin\phi, \cos\phi)\mathrm{d}\phi\mathrm{d}\theta$$
$$\approx T_n(g) = h^2 \sum_{k=0}^{n-1}{}'' \sum_{j=0}^{2n}{}'' g(\sin\theta_k, \cos\theta_k, \sin\phi_j, \cos\phi_j)$$
$$= h^2 \sum_{k=1}^{n-1} \sum_{j=1}^{2n} g(\sin\theta_k, \cos\theta_k, \sin\phi_j, \cos\phi_j), \tag{3.5.19}$$

其中 $\sum''$ 表示梯形公式, 即求和公式第一和最后一项要乘以 $1/2$, 并且因为被积函数在 $\theta = 0, \pi$ 时, 其值为零. 事实上

$$g(\sin\theta, \cos\theta, \sin\phi, \cos\phi) = \frac{\sin^{2q-1}\theta(q\cos^2\theta + \sin^2\theta)}{(\cos^2\theta + \sin^{2q}\theta)^{3/2}} f(\xi, \eta, \zeta), \tag{3.5.20}$$

这表明在变换 (3.5.14) 下, 被积函数 (3.5.20) 中 $\sin^{2q-1}\theta$ 因子将导出 $T_n(g)$ 的高精度. 事实上, 对于一维积分

$$I(r) = \int_0^\pi r(\theta)\mathrm{d}\theta = \int_0^\pi t(\theta)\sin^m\theta\mathrm{d}\theta, \tag{3.5.21}$$

只要其导数 $t^{(p)}(\theta) \in L(0, \pi)$, 并且

$$p = \begin{cases} m+2, & \text{若} m \text{是偶数}, \\ m+1, & \text{若} m \text{是奇数}, \end{cases} \tag{3.5.22}$$

则关于积分 (3.5.21) 的梯形公式 $T_n(r)$ 的误差是

$$I(r) - T_n(r) = O(h^p). \tag{3.5.23}$$

使用这些结果便导出下面定理.

定理 3.5.1(Atkinson,2004) 球面积分 (3.5.17), 假定 $q \geqslant 1$, 并且 $2q$ 是一个正整数, 置

$$p = \begin{cases} 2q, & \text{若}2q\text{是偶数}, \\ 2q + 1, & \text{若}2q\text{是奇数}. \end{cases} \tag{3.5.24}$$

又设 f 是 p 次可导, 并且 p 次偏导数 $f^{(p)} \in L(U)$, 那么求积方法 (3.5.19) 的误差满足

$$I(f) - T_n(f) = O(h^p). \tag{3.5.25}$$

证明 显然,

$$\begin{aligned}
I(f) - T_n(f) = &\int_0^\pi \frac{\sin^{2q-1}\theta(q\cos^2\theta + \sin^2\theta)}{(\cos^2\theta + \sin^{2q}\theta)^{3/2}} \int_0^{2\pi} f(\xi,\eta,\zeta)\mathrm{d}\phi\mathrm{d}\theta \\
&- h\sum_{k=1}^{n-1} \frac{\sin^{2q-1}\theta_k(q\cos^2\theta_k + \sin^2\theta_k)}{(\cos^2\theta_k + \sin^{2q}\theta_k)^{3/2}} \int_0^{2\pi} f(\xi_k,\eta_k,\zeta_k)\mathrm{d}\phi \\
&+ h\sum_{k=1}^{n-1} \frac{\sin^{2q-1}\theta_k(q\cos^2\theta_k + \sin^2\theta_k)}{(\cos^2\theta_k + \sin^{2q}\theta_k)^{3/2}} \\
&\times \left[\int_0^{2\pi} f(\xi_k,\eta_k,\zeta_k)\mathrm{d}\phi - h\sum_{j=1}^{2n} f(\xi_{k,j},\eta_{k,j},\zeta_{k,j})\right],
\end{aligned} \tag{3.5.26}$$

这里

$$(\xi_k,\eta_k,\zeta_k) = \frac{(\sin^q\theta_k\cos\phi, \sin^q\theta_k\sin\phi, \cos\theta_k)}{\sqrt{\cos^2\theta_k + \sin^{2q}\theta_k}},$$

$$(\xi_{k,j},\eta_{k,j},\zeta_{k,j}) = \frac{(\sin^q\theta_k\cos\phi_j, \sin^q\theta_k\sin\phi_j, \cos\theta_k)}{\sqrt{\cos^2\theta_k + \sin^{2q}\theta_k}}. \tag{3.5.27}$$

由于关于 ϕ 的积分是区间 $[0,2\pi]$ 的周期函数, 故容易证明 (3.5.17) 的被积函数关于 ϕ 的 p 阶偏导数是 $[0,2\pi]$ 的绝对可积函数. 因此仅需要考虑 (3.5.17) 中关于 θ 的积分, 为此定义

$$F(\theta) = \frac{\sin^{2q-1}\theta(q\cos^2\theta + \sin^2\theta)}{(\cos^2\theta + \sin^{2q}\theta)^{3/2}}, \tag{3.5.28a}$$

$$G(\theta) = \int_0^{2\pi} f(\xi, \eta, \zeta) \mathrm{d}\phi. \tag{3.5.28b}$$

今证明

$$\frac{\mathrm{d}^k}{\mathrm{d}\theta^k}[F(\theta)G(\theta)]|_0^\pi = 0, \quad k = 1 : 2 : p - 3, \tag{3.5.29}$$

与

$$\frac{\mathrm{d}^p}{\mathrm{d}\theta^p}[F(\theta)G(\theta)] \in L(0, \pi). \tag{3.5.30}$$

为了证明 (3.5.29), 只需证明

$$\frac{\mathrm{d}^k}{\mathrm{d}\theta^k}[F(\theta)G(\theta)] = 0, \quad k = 1 : 2 : p - 3, \theta = 0, \pi. \tag{3.5.31}$$

为此, 注意

$$\frac{\mathrm{d}^k}{\mathrm{d}\theta^k}[F(\theta)G(\theta)] = \sum_{j=0}^{k} \begin{pmatrix} k \\ j \end{pmatrix} F^{(j)}(\theta) G^{(k-j)}(\theta), \tag{3.5.32}$$

故欲证明 (3.5.31) 只需要证明 F, G 的导数包含 $\sin\theta$ 及其幂, 为了微分 $F(\theta)$, 定义

$$R(\theta) = \cos^2\theta + \sin^{2q}\theta$$
$$= \sin^{2q}\theta - \sin^2\theta + 1, \quad 0 \leqslant \theta \leqslant \pi, \tag{3.5.33}$$

于是

$$R'(\theta) = 2\cos\theta[q\sin^{2q-1}\theta - \sin\theta]$$
$$= c_1(\theta)\sin^{2q-1}\theta - c_2(\theta)\sin\theta, \tag{3.5.34}$$

而 $c_k(\theta)(k = 1, 2)$ 是 θ 的无限光滑函数. 类似方法可以证明 $R(\theta)$ 的各阶导数都包含 $\sin\theta$ 及其幂. 又因为,

$$\frac{\mathrm{d}}{\mathrm{d}\theta}[(q\cos^2\theta + \sin^2\theta)] = 2(1-q)\sin\theta\cos\theta = (1-q)\sin(2\theta), \tag{3.5.35}$$

于是由 (3.5.28a) 的定义, 得到 F 的导数包含 $\sin\theta$ 及其幂.

下面讨论 G 的导数, 为此需要考虑 (ξ, η, ζ) 关于 θ 的导数, 首先注意

$$\begin{bmatrix} \dfrac{\mathrm{d}\xi}{\mathrm{d}\theta} \\ \dfrac{\mathrm{d}\eta}{\mathrm{d}\theta} \end{bmatrix} = \sin^{q-1}\theta \left[\frac{q\cos\theta}{\sqrt{R(\theta)}} - \frac{c_1(\theta)\sin^2\theta}{2R(\theta)^{3/2}} \right] \begin{bmatrix} \cos\theta \\ \sin\phi \end{bmatrix}$$
$$= c_5(\theta)\sin^{q-1}\theta \begin{bmatrix} \cos\theta \\ \sin\phi \end{bmatrix} \tag{3.5.36}$$

与

$$\frac{\mathrm{d}\zeta}{\mathrm{d}\theta} = \sin\theta \left[\frac{-1}{\sqrt{R(\theta)}} - \frac{c_1(\theta)\cos\theta}{2R(\theta)^{3/2}} \right] = c_6 \sin\theta. \tag{3.5.37}$$

因为定理假设 $2q$ 是整数, 故 $F(\theta)$ 在区间 $[0,\pi]$ 无限可导. 为了证明 F,G 的高阶导数包含 $\sin\theta$ 及其正幂, 以下分两种情形讨论: 其一、q 是整数, 此情形比较简单, 因为关于 $F(\theta)$ 和 $G(\theta)$ 的高阶导数绝对不包含 $\sin\theta$ 的负幂, 故按照前面证明得到 F,G 的高阶导数包含 $\sin\theta$ 及其正整数幂; 其二、若 $2q$ 是奇整数, 则 $p = 2q+1$ 是偶数, 欲 (3.5.30) 成立, 需要检验 $F(\theta)G(\theta)$ 是 p 次可导, 并且 F,G 的各阶导数由 $\sin\theta$ 及其幂构成. 为了简单起见, 考虑 $2q=3$, 即 $p=4$ 情形, 使用 Euler-Maclaurin 公式, 取 $m=1$ 得到

$$\int_0^\pi F(\theta)G(\theta)\mathrm{d}\theta - h\sum_{k=1}^n F(\theta_k)G(\theta_k)$$
$$= \frac{B_2}{2}h^2[F(\theta)G(\theta)]|_0^\pi + \frac{1}{4!}h^4\int_0^\pi \bar{B}\left(\frac{\theta}{h}\right)\frac{\mathrm{d}^4}{\mathrm{d}\theta^4}[F(\theta)G(\theta)]\mathrm{d}\theta. \tag{3.5.38}$$

因为 $F(0) = F(\pi) = 0$, 故仅需要证明积分余项误差为 $O(h^4)$. 为此注意 (3.5.33)$\sim$ (3.5.37) 与 $q = 3/2$ 得到此情形

$$F(\theta) = \frac{1.5\cos^2\theta + \sin^2\theta}{(\cos^2\theta + \sin^3\theta)^{3/2}}\sin^2\theta, \tag{3.5.39a}$$

$$G(\theta) = \int_0^{2\pi} f(\xi,\eta,\zeta)\mathrm{d}\phi, \tag{3.5.39b}$$

其中

$$(\xi,\eta,\zeta) = \frac{(\sin^{1.5}\theta\cos\phi, \sin^{1.5}\theta\sin\phi, \cos\theta)}{\sqrt{\cos^2\theta + \sin^3\theta}}, \tag{3.5.40}$$

而

$$R(\theta) = \cos^2\theta + \sin^3\theta, \quad 0 \leqslant \theta \leqslant \pi,$$

$$R'(\theta) = c_1(\theta)\sin^2\theta - c_2(\theta)\sin\theta, \tag{3.5.41}$$

$$\frac{\mathrm{d}}{\mathrm{d}\theta}[(q\cos^2\theta + \sin^2\theta)] = -\frac{1}{2}\sin(2\theta) \tag{3.5.42}$$

和

$$\begin{bmatrix} \dfrac{\mathrm{d}\xi}{\mathrm{d}\theta} \\ \dfrac{\mathrm{d}\eta}{\mathrm{d}\theta} \end{bmatrix} = c_3(\theta)\sin^{1/2}\theta \begin{bmatrix} \cos\phi \\ \sin\phi \end{bmatrix},$$

$$\frac{\mathrm{d}\zeta}{\mathrm{d}\theta} = c_4(\theta)\sin\theta, \tag{3.5.43}$$

其中 $c_3(\theta), c_4(\theta)$ 是无限可导. 对 (3.5.39b) 求导得

$$G'(\theta) = \int_0^{2\pi}\left[f_1\frac{\mathrm{d}\xi}{\mathrm{d}\theta} + f_2\frac{\mathrm{d}\eta}{\mathrm{d}\theta} + f_3\frac{\mathrm{d}\zeta}{\mathrm{d}\theta}\right]\mathrm{d}\phi, \tag{3.5.44}$$

其中 $f_i, i = 1, 2, 3$, 分别是函数 f 关于 ξ, η, ζ 的偏导数. 由 (3.5.40) 可知 $G'(\theta)$ 连续, 并且 $G'(\theta) = 0$, 当 $\theta = 0, \pi$.

对于 2 阶导数有

$$G''(\theta) = \int_0^{2\pi}\left[f_{1,1}\left(\frac{\mathrm{d}\xi}{\mathrm{d}\theta}\right)^2 + f_{2,2}\left(\frac{\mathrm{d}\eta}{\mathrm{d}\theta}\right)^2 + f_{3,3}\left(\frac{\mathrm{d}\zeta}{\mathrm{d}\theta}\right)^2 \right. \tag{3.5.45a}$$

$$+ 2f_{1,2}\frac{\mathrm{d}\xi}{\mathrm{d}\theta}\frac{\mathrm{d}\eta}{\mathrm{d}\theta} + +2f_{1,3}\frac{\mathrm{d}\xi}{\mathrm{d}\theta}\frac{\mathrm{d}\zeta}{\mathrm{d}\theta} + +2f_{2,3}\frac{\mathrm{d}\eta}{\mathrm{d}\theta}\frac{\mathrm{d}\zeta}{\mathrm{d}\theta} \tag{3.5.45b}$$

$$\left. + f_1\frac{\mathrm{d}^2\xi}{\mathrm{d}\theta^2} + f_2\frac{\mathrm{d}^2\eta}{\mathrm{d}\theta^2} + f_3\frac{\mathrm{d}^2\zeta}{\mathrm{d}\theta^2}\right]\mathrm{d}\phi, \tag{3.5.45c}$$

由于 (3.5.45a), (3.5.45b) 的各被积函数分别有因子 $\sin^k\theta(k = 1, 1.5, 2)$, 故这些被积函数连续, 并且在 $\theta = 0, \pi$, 其值为零. 对于 (3.5.45c) 的各被积函数, 直接微分得到

$$\left[\begin{array}{c} \dfrac{\mathrm{d}^2\xi}{\mathrm{d}\theta^2} \\[2mm] \dfrac{\mathrm{d}^2\eta}{\mathrm{d}\theta^2} \end{array}\right] = \left[\frac{c_3(\theta)}{2\sqrt{\sin\theta}} + c_3'(\theta)\sqrt{\sin\theta}\right]\left[\begin{array}{c} \cos\phi \\ \sin\phi \end{array}\right] \tag{3.5.46}$$

和

$$\frac{\mathrm{d}^2\zeta}{\mathrm{d}\theta^2} = c_4(\theta)\cos\theta + c_4'(\theta)\sin\theta. \tag{3.5.47}$$

容易证明: 更一般地成立

$$\left[\begin{array}{c} \dfrac{\mathrm{d}^k\xi}{\mathrm{d}\theta^k} \\[2mm] \dfrac{\mathrm{d}^k\eta}{\mathrm{d}\theta^k} \end{array}\right] = O((\sin\theta)^{1.5-k})\left[\begin{array}{c} \cos\phi \\ \sin\phi \end{array}\right], \quad k = 1, \cdots, 4 \tag{3.5.48}$$

和

$$\frac{\mathrm{d}^2\zeta}{\mathrm{d}\theta^2} = O(1), \quad k = 1, \cdots, 4. \tag{3.5.49}$$

这蕴涵

$$G^{(k)}(\theta) = O((\sin\theta)^{1.5-k}), \quad k = 1, \cdots, 4. \tag{3.5.50}$$

关于 $F(\theta)$ 的导数, 直接化简得到

$$
\begin{aligned}
F'(\theta) &= 2\sin\theta\cos\theta\frac{1.5\cos^2\theta + \sin^2\theta}{(R(\theta))^{3/2}} + \sin^2\theta\frac{\mathrm{d}}{\mathrm{d}\theta}\left[\frac{1.5\cos^2\theta + \sin^2\theta}{(R(\theta))^{3/2}}\right]\\
&= \sin(2\theta)\frac{1.5\cos^2\theta + \sin^2\theta}{(R(\theta))^{3/2}} + c_5(\theta)\sin^3\theta,
\end{aligned}
\tag{3.5.51}
$$

$$
F''(\theta) = 2\cos(2\theta)\frac{1.5\cos^2\theta + \sin^2\theta}{(R(\theta))^{3/2}} + c_6(\theta)\sin^2\theta
\tag{3.5.52}
$$

和

$$
F'''(\theta) = -4\sin(2\theta)\frac{1.5\cos^2\theta + \sin^2\theta}{(R(\theta))^{3/2}} + c_7(\theta)\sin\theta,
\tag{3.5.53}
$$

这里 $c_6(\theta)$ 和 $c_7(\theta)$ 是无限光滑的函数, 但是 (3.5.53) 看出 $F^{(4)}(\theta)$ 不包含 $\sin\theta$ 作为因子.

在 (3.5.32) 中置 $k = 4$, 得到

$$
\begin{aligned}
\frac{\mathrm{d}^4}{\mathrm{d}\theta^4}[F(\theta)G(\theta)] =& F(\theta)G^{(4)}(\theta) + 4F^{(1)}(\theta)G^{(3)}(\theta) + 6F^{(2)}(\theta)G^{(2)}(\theta)\\
&+ 4F^{(3)}(\theta)G^{(1)}(\theta) + F^{(4)}(\theta)G(\theta),
\end{aligned}
\tag{3.5.54}
$$

使用前面结果有:

$$
F(\theta)G^{(4)}(\theta), F^{(1)}(\theta)G^{(3)}(\theta), F^{(2)}(\theta)G^{(2)}(\theta) = O(\sin^{-1/2}\theta),
$$
$$
F^{(3)}(\theta)G^{(1)}(\theta) = O(\sin^{1/2}\theta),
$$

和 $F^{(4)}(\theta)G(\theta) = O(1)$, 于是导出

$$
\frac{\mathrm{d}^4}{\mathrm{d}\theta^4}[F(\theta)G(\theta)] \in L(0, \pi).
\tag{3.5.55}
$$

又从

$$
\frac{\mathrm{d}}{\mathrm{d}\theta}[F(\theta)G(\theta)] = F'(\theta)G(\theta) + F(\theta)G'(\theta)
$$

并注意 $F(\theta)$ 和 $G(\theta)$ 含有 $\sin\theta$ 因子, 便得到

$$
\frac{\mathrm{d}}{\mathrm{d}\theta}[F(\theta)G(\theta)] = 0, \quad \theta = 0, \pi,
\tag{3.5.56}
$$

再用 (3.5.38), 便得到 (3.5.25) 在 $q = 1.5$ 情形的证明.

对于一般 $q = r/2$, 并且 $r \geqslant 3$ 是奇整数的情形, 也能够类似于前面得到证明, 例如 $q = 2.5$, 则 $p = 6$, 此情形下,

$$
F(\theta) = \frac{2.5\cos^2\theta + \sin^2\theta}{(\cos^2\theta + \sin^5\theta)^{3/2}}\sin^4\theta,
\tag{3.5.57a}
$$

$$
G(\theta) = \int_0^{2\pi} f(\xi, \eta, \zeta)\mathrm{d}\phi,
\tag{3.5.57b}
$$

其中

$$(\xi, \eta, \zeta) = \frac{(\sin^{2.5}\theta\cos\phi, \sin^{2.5}\theta\sin\phi, \cos\theta)}{\sqrt{\cos^2\theta + \sin^5\theta}}, \tag{3.5.58}$$

重复前面论述可证在 $q = 2.5$ 情形下定理成立. 这个方法完全可以应用到 $r \geqslant 3$ 是一般奇整数的情形, 因此定理成立. $\quad\square$

推论 3.5.1(Atkinson,2004)　　若 $q \geqslant 1$, 函数 f 满足定理 3.5.1 的假定, 则积分 (3.5.1) 与近似积分 (3.5.19) 的误差有估计

$$I - T_n = O(h^{2q}). \tag{3.5.59}$$

3.5.3　光滑积分的算例

考虑两个曲面, 第一个是椭球面 (3.5.2), 第二个是由映射

$$M : (\xi, \eta, \zeta)^{\mathrm{T}} \in U \to (x, y, z)^{\mathrm{T}} = \rho(\xi, \eta, \zeta)(a\xi, b\eta, c\zeta)^{\mathrm{T}} \in S \tag{3.5.60}$$

确定的形如花生表面的曲面, 其中

$$\rho(\xi, \eta, \zeta) = d(\xi^2 + g\xi^3) + e(\eta^2 + g\eta^3) + f(\zeta^2 + g\zeta^3), \tag{3.5.61}$$

而

$$(a, b, c, d, e, f, g) = (1, 1.5, 2, 1, 0.7, 3, 0.3). \tag{3.5.62}$$

例 3.5.1　　已知椭球面积分

$$\int_S e^{x+2y+3z} \mathrm{d}S \doteq 18.340419192002,$$

而椭球的 3 个轴分别是 $(a, b, c) = (1.0, 0.5, 0.75)$. 取 $q = 2.25$, 有关结果见表 3.5.1.

表 3.5.1　　例 3.5.1 的椭球面积分, 取 $q = 2.25$ 的数值结果

n	$T_n - T_{n/2}$	比率	收敛阶
32	-1.84×10^{-4}		
64	-8.36×10^{-6}	21.88	4.45
128	-3.70×10^{-7}	22.59	4.50
256	-1.64×10^{-8}	22.62	4.50
512	-7.23×10^{-10}	22.63	4.50
1024	-3.20×10^{-11}	22.63	4.50

本例中比率的理论值是 $2^{2q} = 2^{4.5} \doteq 22.62$, 收敛阶是 $2q = 4.5$, 可见数值结果与理论结果一致. 表 3.5.2 中提供不同的 q 值的数值结果得到的收敛阶.

表 3.5.2 例 3.5.1 的椭球面积分, 取各个 q 的数值结果收敛阶

q	1.0	1.25	1.50	1.75	2.00	2.50
收敛阶	2	2.5	6.0	3.5	4.0	large
q	2.75	3.00	3.25	3.50	3.75	4.00
收敛阶	5.5	6.0	6.5	large	7.5	8.00

这里 large 表示具有超收敛阶. 从表 3.5.2 中可以看出, 除了 1.5, 2.5 和 3.5 外, 其余的 q 值与 (3.5.59) 的理论值相同, 而 $q = 1.5, 2.5$ 和 3.5 则有超收敛 (参见下面注 3.5.1).

例 3.5.2   已知曲面积分

$$\int_S e^{0.1(x+2y+3z)} dS \doteq 371.453416333927, \tag{3.5.63}$$

其中曲面 S 是由 (3.5.60)-(3.5.61) 确定的曲面. 取 $q = 2.25$, 相关的数值结果见表 3.5.3.

表 3.5.3 例 3.5.2 的曲面积分, 取 $q = 2.25$ 的数值结果

n	$T_n - T_{n/2}$	比率	收敛阶
32	1.614×10^{-2}		
64	-4.312×10^{-4}	-39.05	
128	-1.842×10^{-5}	22.44	4.49
256	-8.143×10^{-7}	22.62	4.50
512	-3.599×10^{-8}	22.62	4.50
1024	-1.591×10^{-9}	22.62	4.50

由此可见, 当 n 充分大时, 比率与收敛阶与理论结果一致.

3.5.4 奇点的处理

考虑曲面积分

$$I(f) = \int_S f(Q) dS_Q = \int_U f(M(\hat{Q})) J_M(\hat{Q}) dS_{\hat{Q}}, \tag{3.5.64}$$

其中 M 是映单位球面 U 到 S 的映射, 函数 f 在点 $P \in S$ 有奇点, 如三维单层位势和双层位势积分. 前面叙述的 Atkinson 变换 L 主要针对被积函数在 U 上无奇点情形, 对于 (3.5.64) 类型的积分, 首先必须通过旋转变换把奇点变换到 U 的极点上. 如此的变换可以通过正交 Householder 变换实现.

令 $M(\hat{P}) = P, \hat{P} \in U$, 及

$$\hat{Q} = HQ^*, \quad Q^* \in U, \tag{3.5.65}$$

其中

$$H = I - 2ww^{\mathrm{T}} \tag{3.5.66}$$

是 Householder 矩阵, w 是单位列向量, 满足

$$H \begin{pmatrix} 0 \\ 0 \\ \pm 1 \end{pmatrix} = \hat{P}, \text{ 或} H\hat{P} = \begin{pmatrix} 0 \\ 0 \\ \pm 1 \end{pmatrix} \tag{3.5.67}$$

其符号选择, 视希望把奇点变换到 U 的北极或南极而定, 不影响计算精度, 故假定 $\hat{P}$ 被映射到 U 的北极. 由于

$$\hat{Q} = HQ^* = Q^* - w(2w^{\mathrm{T}}Q^*), \tag{3.5.68}$$

故比较两端的分量, 容易得到 w. 在 Atkinson 变换 L 和正交变换 H 下, (3.5.64) 变换为

$$I(f) = \int_U f(M(HL\tilde{Q}))J_M(HL(\tilde{Q}))\mathrm{d}S_{\tilde{Q}}, \tag{3.5.69}$$

这里被积函数仅仅在极点有奇点. 这个类型积分最典型是计算单层位势积分

$$I(f) = \int_U \frac{f(M(HL\tilde{Q}))J_M(HL(\tilde{Q}))J_L(\tilde{Q})}{|P - M(HL\tilde{Q})|} \mathrm{d}S_{\tilde{Q}}, \tag{3.5.70}$$

其中 $|P - M(HL\tilde{Q})|$ 表示向量的范数. 注意 U 的一个极点 $\hat{P}$, 在旋转变换 H 下, 有 $H : (0,0,1) \to \hat{P}$, 而 $M\hat{P} = P$, 由于 $\tilde{Q} = (0,0,1)$ 是 L 的不动点, 这便使 (3.5.70) 的被积函数的分母在 $\tilde{Q}$ 为零.

　　正如前面假定 $M : U \overset{1-1}{\to} S$, 下面假定在 U 的一个不包含 $\tilde{Q}$ 的开邻域 U_ε 上成立

$$M : U_\varepsilon \overset{1-1}{\to} S_\varepsilon, \tag{3.5.71}$$

并且在 U_ε 上 Jacobi 矩阵不为零, 而函数 $f(Q)$ 是 S_ε 上的光滑可微函数.
　　记

$$M(H(Q)) = (x, y, z), \tag{3.5.72}$$

而 x, y 和 z 是 $(\xi, \eta, \zeta) \in U_\varepsilon$ 的函数, 由 (3.5.72) 知道 x, y 和 z 和变换 M, H 相关, 即它们随奇点 P 而变化, 恰当选择 H 满足

$$x(0,0,1) = P_1, \quad y(0,0,1) = P_2, \quad z(0,0,1) = P_3,$$

这里 $P_i (i = 1, 2, 3)$ 是 P 的 3 个坐标值. 使用多元积分表达的中值定理, 容易得到

$$(x, y, z)^{\mathrm{T}} - P = \left(\int_0^1 \begin{bmatrix} x_1 & x_2 & x_3 \\ y_1 & y_2 & y_3 \\ z_1 & z_2 & z_3 \end{bmatrix} \mathrm{d}t \right) \begin{bmatrix} \xi \\ \eta \\ \zeta - 1 \end{bmatrix}, \tag{3.5.73}$$

这里矩阵元素第一行是 $x_1 = \partial x/\partial \xi, x_2 = \partial x/\partial \eta, x_1 = \partial x/\partial \zeta$, 把 x 换为 y, z 便得到第二、三行的元素, 并且这些元素都是以 $(t\xi, t\eta, t(\zeta - 1))$ 为变元的函数, 即积分在 $(x, y, z)^{\mathrm{T}}$ 和 P 的连线的开区间上进行. 若 $(x, y, z)^{\mathrm{T}}$ 和 P 充分接近, 则 $(\xi, \eta, \zeta) \approx (0, 0, 1)$, 这意味积分 (3.5.70) 除了 $\tilde{Q}$ 外, 被积函数没有奇点并且充分可导.

代

$$(\xi, \eta, \zeta) = \frac{(\sin^q \theta \cos \phi, \sin^q \theta \sin \phi, \cos \theta)}{\sqrt{\cos^2 \theta + \sin^{2q} \theta}} \tag{3.5.74}$$

到 (3.5.73), 显然, (ξ, η, ζ) 趋于 $(0, 0, 1)$, 等价于 θ 趋于 0, 而 (3.5.73) 的被积项主要由矩阵

$$J = \begin{bmatrix} x_1 & x_2 & x_3 \\ y_1 & y_2 & y_3 \\ z_1 & z_2 & z_3 \end{bmatrix}_{(\xi, \eta, \zeta) = (0, 0, 1)} \tag{3.5.75}$$

决定. 因为 J 在 U_ε 上是非奇的, 故 (3.5.73) 中的矩阵 J 的行列式是连续有界, 并且非零. 为了直观起见, 我们举 (3.5.2) 定义的椭球面为例, 令 $P = (0, 0, c)$, 映射 M 使 $(x, y, z) = M(\xi, \eta, \zeta) = (a\xi, b\eta, c\zeta)$. 于是

$$\begin{aligned} \varXi &= |(x, y, z) - (0, 0, c)| = \sqrt{x^2 + y^2 + (z - c)^2} \\ &= \left\{ \left(\frac{a \sin^q \theta \cos \phi}{\sqrt{\cos^2 \theta + \sin^{2q} \theta}} \right)^2 + \left(\frac{b \sin^q \theta \sin \phi}{\sqrt{\cos^2 \theta + \sin^{2q} \theta}} \right)^2 \right. \\ &\quad \left. + c^2 \left(1 - \frac{\cos \theta}{\sqrt{\cos^2 \theta + \sin^{2q} \theta}} \right)^2 \right\}^{1/2}, \end{aligned} \tag{3.5.76.}$$

经过化简得

$$\varXi = \frac{\sin^q \theta}{\sqrt{\cos^2 \theta + \sin^{2q} \theta}} \left\{ a^2 \cos^2 \phi + b^2 \sin^2 \phi + \frac{c^2 \sin^{2q} \theta}{[\cos \theta + \sqrt{\cos^2 \theta + \sin^{2q} \theta}]^2} \right\}^{1/2}. \tag{3.5.77}$$

于是导出积分 (3.5.70) 的分母在 $\theta = 0$ 的附近非零, 关于 (θ, ϕ) 可微, 并且有估计

$$\varXi = O(\sin^q \theta). \tag{3.5.78}$$

在一般情形下 (3.5.73) 也成立

$$(x, y, z)^{\mathrm{T}} - P = \hat{\varXi} \left(\int_0^1 \begin{bmatrix} x_1 & x_2 & x_3 \\ y_1 & y_2 & y_3 \\ z_1 & z_2 & z_3 \end{bmatrix} \mathrm{d}t \right) \begin{bmatrix} \xi/\hat{\varXi} \\ \eta/\hat{\varXi} \\ (\zeta - 1)/\hat{\varXi} \end{bmatrix}, \tag{3.5.79}$$

其中

$$\hat{\Xi} = \frac{\sin^q \theta}{\sqrt{\cos^2 \theta + \sin^{2q} \theta}} \left\{ 1 + \frac{\sin^{2q} \theta}{[\cos \theta + \sqrt{\cos^2 \theta + \sin^{2q} \theta}]^2} \right\}^{1/2}, \tag{3.5.80}$$

并且 (3.5.79) 右端列向量是单位向量. 经过简化容易导出

$$|P - M(HL\tilde{Q})| = \Psi(\theta, \phi) \sin^q \theta, \tag{3.5.81}$$

其中 $\Psi(\theta, \phi)$ 除零点外是有界的, 转换到球坐标后, (3.5.70) 归结于计算积分

$$\int_0^\pi \sin^{q-1} \theta \int_0^{2\pi} \Phi(\sin\theta, \cos\theta, \sin\phi, \cos\phi) \mathrm{d}\phi \mathrm{d}\theta, \tag{3.5.82}$$

这里 $\Phi(\sin\theta, \cos\theta, \sin\phi, \cos\phi)$ 光滑函数. 利用定理 3.5.1 导出下面结果: 假定 $q \geqslant 1$ 是一个整数, 令

$$p = \begin{cases} q, & \text{若}q\text{是偶数,} \\ q+1, & \text{若}q\text{是奇数.} \end{cases} \tag{3.5.83}$$

又设 (3.5.70) 中的函数 $f \in L(S)$, 而 S 是与单位球面光滑同胚, 那么 (3.5.22) 定义的梯形法则的误差满足

$$I(f) - T_n(f) = O(h^p). \tag{3.5.84}$$

上面方法可以使用于计算双层位势.

3.5.5　奇异积分的算例

例 3.5.3　考虑曲面积分

$$I_i = \int_{S_i} \frac{\mathrm{e}^{0.1(x+2y+3z)}}{|P-Q|} \mathrm{d}S_Q, \quad i = 1, 2, \tag{3.5.85}$$

这里 $Q = (x, y, z)$, 而 S_1 是椭球面, 3 个轴分别是 $(a, b, c) = (1.0, 2.0, 3.0)$; S_2 是由 (3.5.60)-(3.5.61) 确定的花生面, 其参数为

$$(a, b, c, d, e, f, g) = (1, 1.5, 2, 1, 0.7, 3, 0.3). \tag{3.5.86}$$

已知

$$I_1 = 38.254918969803924,$$
$$I_2 = 143.25583436283551.$$

选择 P 的球面坐标是 $(\theta, \phi) = (\pi/4, \pi/4)$, 在下面表 3.5.4 中, 列出 $q = 2.5$, 在曲面 S_1 的数值结果, 表 3.5.5 则是曲面 S_2 的数值结果.

本例中比率的理论值是 $2^q = 2^{2.5} = 5.65685$, 收敛阶是 $q = 2.5$, 可见数值结果与理论结果一致.

表 3.5.4 例 3.5.3 在 S_1 上积分, 取 $q = 2.5$ 的数值结果

n	$T_n - T_{n/2}$	比率	收敛阶
32	2.56×10^{-2}		
64	4.53×10^{-3}	5.64	2.5
128	8.01×10^{-4}	5.66	2.5
256	1.42×10^{-4}	5.66	2.5
512	2.50×10^{-5}	5.66	2.5
1024	4.43×10^{-6}	5.66	2.5

表 3.5.5 例 3.5.3 在 S_2 上积分, 取 $q = 2.5$ 的数值结果

n	$T_n - T_{n/2}$	比率	收敛阶
32	6.92×10^{-2}		
64	1.83×10^{-2}	3.79	1.92
128	3.24×10^{-3}	5.65	2.50
256	5.72×10^{-4}	5.66	2.50
512	1.01×10^{-4}	5.66	2.50
1024	1.79×10^{-5}	5.66	2.50

表 3.5.6 中提供不同的 q 的数值结果的收敛阶.

表 3.5.6 例 3.5.3 中取各个 q 的数值结果的收敛比较

q	1.5	2.0	3.0	3.5	4.0
S_1 的收敛	1.5	2.0	large	3.5	4.0
S_2 的收敛	1.5	2.0	large	3.5	4.0

从表 3.5.6 中可以看出, 除了 1.5, 2.0, 3.5 和 4.0 与 (3.5.84) 的理论值相同, 而 $q = 3$ 则有超收敛, 其阶 $I(f) - T_n(f) = O(h^6)$.

注 3.5.1 在表 3.5.6 中 $q = 3$ 和在表3.5.2 中 $2q$ 是奇数时, 看出数值结果有超收敛, 其原因分析如下, 考虑积分

$$I(f) = \int_S f(Q) \mathrm{d}S \tag{3.5.87}$$

假定 f 无奇异, 而 $2q = 3$, 那么在定理 3.5.1 的证明中, 由于 $F(\theta)$ 和 $G(\theta)$ 的构造, 容易证明

$$\frac{\mathrm{d}^k}{\mathrm{d}\theta^k}[F(\theta)G(\theta)] = 0, \quad k = 1, 2; \theta = \pi, 0.$$

故由 Euler-Maclaurin 展开, 得到 $I(f) - T_n(f) = O(h^6)$, 只要

$$\frac{\mathrm{d}^6}{\mathrm{d}\theta^6}[F(\theta)G(\theta)] \in L(0, \pi).$$

3.5.6　Sidi 变换与曲面积分的加速收敛方法

Sidi (2005b) 中研究了 Sidi 的 $\sin^p$ 变换与 Atkinson 变换在曲面积分中应用. 考虑曲面积分

$$I(f) = \int_S f(Q)\mathrm{d}S, \tag{3.5.88}$$

其中 S 是与单位球面 U 同胚的光滑曲面, $f(Q)$ 是 S 上的光滑函数. 在 3.5.1 节中已经讨论如此的积分可以转换到 U 上积分, 在球面坐标下为

$$I(f) = \int_0^\pi \int_0^{2\pi} F(\theta, \phi)\mathrm{d}\theta\mathrm{d}\phi = \int_0^\pi v(\theta)\mathrm{d}\theta, \tag{3.5.89}$$

这里

$$v(\theta) = \int_0^{2\pi} F(\theta, \phi)\mathrm{d}\phi, \quad F(\theta, \phi) = w(x, y, z)\sin\theta.$$

由于 $F(\theta, \phi)$ 不是 θ 的周期函数, 故使用变换 $\theta = \Psi(t) = \pi\psi(t), 0 \leqslant t \leqslant 1$, 其中 $\psi(t)$ 是 Sidi 的 $\sin^p$ 类型变换, 于是有

$$I(f) = \int_0^1 \left[\int_0^{2\pi} F(\Psi(t), \phi)\mathrm{d}\phi\right]\Psi'(t)\mathrm{d}t = \int_0^1 \left[\int_0^{2\pi} \hat{F}(t, \phi)\mathrm{d}\phi\right]\mathrm{d}t, \tag{3.5.90}$$

这里 $\hat{F}(t, \phi) = F(\Psi(t), \phi)\Psi'(t)$. 取步长 $h = 1/n, h' = 2\pi/n'$, 构造乘积型梯形法则

$$\hat{T}_{n,n'}[f] = h\sum_{j=1}^{n-1}\left[h'\sum_{k=1}^{n'}\hat{F}(jh, kh')\right]. \tag{3.5.91}$$

因为 $\hat{F}(t, \phi)$ 关于 ϕ 是无限可微的 2π 周期函数, 故有

$$h'\sum_{k=1}^{n'}\hat{F}(t, kh') = \int_0^{2\pi}\hat{F}(t, \phi)\mathrm{d}\phi + R_m(t; h'), \tag{3.5.92}$$

其中余项估计为

$$|R_m(t; h')| \leqslant 2\pi\frac{B_{2m}}{(2m)!}\max_{\substack{0\leqslant t\leqslant 1\\0\leqslant\phi\leqslant 2\pi}}\left|\frac{\partial^{2m}}{\partial\phi^{2m}}\hat{F}(t, \phi)\right|h'^{2m} = C_m h'^{2m}, \tag{3.5.93}$$

而 m 可以取任意大的值, C_m 是与 t 无关的常数. 这便导出

$$\hat{T}_{n,n'}[f] = \tilde{T}_n[f] + O(h'^\mu), \quad \text{对任意}\mu > 0, \text{当}h' \to 0. \tag{3.5.94}$$

这里

$$\tilde{T}_n[f] = h\sum_{j=1}^{n-1}\int_0^{2\pi}\hat{F}(jh, \phi)\mathrm{d}\phi = h\sum_{j=1}^{n-1}\hat{v}(jh). \tag{3.5.95}$$

由于梯形法则 (3.5.91) 关于 h' 收敛很快, 因此选择 $n' = \alpha n^\beta$, 其中 α, β 是固定的正数, 皆可由 (3.5.94) 导出

$$\hat{T}_{n,n'}[f] = \tilde{T}_n[f] + O(h^\mu). \tag{3.5.96}$$

注意在 2.5.1 节已经讨论梯形法则 $\tilde{T}_n[f]$ 的精度取决于积分

$$\int_0^1 \hat{v}(t)\mathrm{d}t$$

的被积函数 $\hat{v}(t)$ 在 $t \to 0$ 和 $t \to 1$ 的渐近展开 (2.5.1), 这又归结于函数

$$v(\theta) = \int_0^{2\pi} F(\theta, \phi)\mathrm{d}\phi$$

在 $\theta = 0$ 和 $\theta = \pi$ 的渐近展开 (2.5.1), 即 $F(\theta, \phi)$ 在 $\theta = 0$ 和 $\theta = \pi$ 的渐近展开. 由于球面的北、南极点 $(0,0,\pm1)$, 分别对应于球面坐标 $\theta = 0$ 和 $\theta = \pi$ 的值, 故需要研究函数在北、南极点 $(0,0,\pm1)$ 的 Taylor 展开

$$w(x,y,z) = \sum_{i,j,k=0}^{\infty} \frac{w^{(i,j,k)}(0,0,1)}{i!j!k!} x^i y^j (z-1)^k, \quad \theta \to 0,$$

$$w(x,y,z) = \sum_{i,j,k=0}^{\infty} \frac{w^{(i,j,k)}(0,0,-1)}{i!j!k!} x^i y^j (z+1)^k, \quad \theta \to \pi. \tag{3.5.97}$$

令

$$e_{i,j,k}^{(\pm)} = \frac{w^{(i,j,k)}(0,0,\pm1)}{i!j!k!},$$

并且用球面坐标表示 (3.5.97), 得到如下展开

$$w(x,y,z) = \sum_{i,j,k=0}^{\infty} e_{i,j,k}^{(+)} \cos^i \phi \sin^j \phi \sin^{i+j} \theta(\cos\theta - 1)^k, \text{当}\theta \to 0,$$

$$w(x,y,z) = \sum_{i,j,k=0}^{\infty} e_{i,j,k}^{(-)} \cos^i \phi \sin^j \phi \sin^{i+j} \theta(\cos\theta + 1)^k, \text{当}\theta \to \pi, \tag{3.5.98}$$

因此按 $F(\theta, \phi) = w(x,y,z)\sin\theta$, 得到

$$F(\theta, \phi) = \sum_{i,j,k=0}^{\infty} e_{i,j,k}^{(+)} \cos^i \phi \sin^j \phi \sin^{i+j+1} \theta(\cos\theta - 1)^k, \text{当}\theta \to 0,$$

$$F(\theta, \phi) = \sum_{i,j,k=0}^{\infty} e_{i,j,k}^{(-)} \cos^i \phi \sin^j \phi \sin^{i+j+1} \theta(\cos\theta + 1)^k, \text{当}\theta \to \pi. \tag{3.5.99}$$

引理 3.5.1 令 $M(\phi)$ 是以 π 为周期的偶函数, 定义 $u(\phi) = M(\phi)\cos^i\phi\sin^j\phi$,

$$q_{i,j} = \int_0^{2\pi} u(\phi)\mathrm{d}\phi,$$

则

$$q_{i,j} = 0, \quad 若 i, j 中至少有一个是奇数, \tag{3.5.100a}$$

$$q_{i,j} \neq 0, \quad 若 i, j 都是偶数. \tag{3.5.100b}$$

证明 因为 $u(\phi)$ 是 2π 周期函数, 故

$$q_{i,j} = \int_{-\pi}^{\pi} u(\phi)\mathrm{d}\phi,$$

若 i, j 都是偶数, 置 $i = 2\mu, j = 2\nu$, 则 $K(\phi) = M(\phi)\cos^{2\mu}\phi\sin^{2\nu}\phi$ 是偶函数, 故 (3.5.100b) 被证. 对于 (3.5.100a) 分三种情形讨论: (1) $i = 2\mu + 1, j = 2\nu + 1$; (2) $i = 2\mu, j = 2\nu + 1$;(3) $i = 2\mu + 1, j = 2\nu$.

对于情形(1), 可以表达

$$u(\phi) = K(\phi)\cos\phi\sin\phi = 0.5K(\phi)\sin(2\phi),$$

显然是奇函数, 故 (3.5.100a) 成立.

对于情形(2), 可以表达

$$u(\phi) = K(\phi)\sin\phi,$$

也是奇函数, (3.5.100a) 成立.

对于情形(3), 可以表达

$$u(\phi) = K(\phi)\cos\phi,$$

这是偶函数, 故

$$q = \int_{-\pi}^{\pi} u(\phi)\mathrm{d}\phi = 2\int_0^{\pi} K(\phi)\cos\phi\mathrm{d}\phi.$$

因为 $K(\phi)$ 是 π 周期函数, 故

$$q = 2\int_0^{\pi} K(\pi - \phi)\cos\phi\mathrm{d}\phi$$

作变换 $\phi = \pi - \omega$, 得到

$$q = -2\int_0^{\pi} K(\phi)\cos\phi\mathrm{d}\phi = -q,$$

这便蕴涵 $q = 0$, 因此 (3.5.100a) 被证. $\quad\square$

定理 3.5.2(Sidi,2005b) 若 f 是 S 上的光滑函数, 则 $v(\theta) = \int_0^{2\pi} F(\theta, \phi)\mathrm{d}\phi$ 有渐近展开

$$v(\theta) = \sum_{i,j,k=0}^{\infty} A_{i,j,k}^{(+)} \sin^{2i+2j+1}\theta(\cos\theta - 1)^k, \quad 当\theta \to 0,$$

$$v(\theta) = \sum_{i,j,k=0}^{\infty} A_{i,j,k}^{(-)} \sin^{2i+2j+1}\theta(\cos\theta + 1)^k, \quad 当\theta \to \pi, \tag{3.5.101}$$

这里

$$A_{i,j,k}^{(\pm)} = e_{2i,2j,k}^{(\pm)} \int_0^{2\pi} \cos^{2i}\phi \sin^{2j}\phi\mathrm{d}\phi, \quad i,j,k = 0,1,\cdots. \tag{3.5.102}$$

由此推出

$$v(\theta) = \sum_{i=0}^{\infty} \mu_i^{(+)} \theta^{2i+1}, \quad 当\theta \to 0,$$

$$v(\theta) = \sum_{i=0}^{\infty} \mu_i^{(-)} (\pi - \theta)^{2i+1}, \quad 当\theta \to \pi, \tag{3.5.103}$$

这里 $\mu_i^{(\pm)}$ 是常数.

证明 (3.5.101) 容易由引理 3.5.1 导出, 为了证明 (3.5.103), 注意

$$\sin\theta = \sin(\pi - \theta), \quad \cos\theta - 1 = 2\sin^2\frac{\theta}{2},$$

$$\cos\theta + 1 = 2\cos^2\frac{\theta}{2} = 2\sin^2\frac{\pi - \theta}{2},$$

将其代入 (3.5.101), 并且分别在 $0, \pi$ 处展开, 便得到证明. □

考虑积分 $\int_0^\pi v(\theta)\mathrm{d}\theta$ 由展开 (3.5.103) 和 (2.5.2), (2.5.3) 精度较低, 若使用 Sidi 变换 $\theta = \pi\psi_m(t)$ 则精度大为提高, 并且有如下定理:

定理 3.5.3(Sidi,2005b) 在 Sidi 变换 $\theta = \pi\psi_m(t)$ 下, 并且选择 $n' = \alpha n^\beta$, 其中 α, β 是固定的正数, 则乘积型梯形法则的误差有

$$\hat{T}_{n,n'}[f] - I[f] = \begin{cases} O(h^{4m+4}), & 若2m是奇整数, \\ O(h^{2m+2}), & 若m是其他数. \end{cases}$$

此外, 若 $2m$ 是奇整数, 误差有推广 Euler-Maclaurin 渐近展开

$$\hat{T}_{n,n'}[f] - I[f] \sim \sum_{i=0}^{\infty} \sigma_i h^{4m+4+2i}, \quad h \to 0; \tag{3.5.104}$$

若 m 是整数, 误差有渐近展开

$$\hat{T}_{n,n'}[f] - I[f] \sim \sum_{i=0}^{\infty} \sigma_i h^{2m+2+2i}, \quad h \to 0; \tag{3.5.105}$$

对于其他 m 值, 误差有渐近展开

$$\hat{T}_{n,n'}[f] - I[f] \sim \sum_{\substack{k=1 \\ 2km \notin \{1,3,5,\cdots\}}}^{\infty} \sum_{i=0}^{\infty} \sigma_{k,i} h^{2k(m+1)+2i}, \quad h \to 0. \tag{3.5.106}$$

定理的证明已经包含在 2.5.1 小节和 2.5.2 小节内容中.

例 3.5.4   考虑椭球面上积分

$$I(f) = \int_S f(Q) \mathrm{d}S$$

其中椭球的轴 $(a,b,c) = (1.0, 0.5, 0.75), f(Q) = \exp(\xi + 2\eta + 3\zeta)$, 已知 $I(f) = 18.340419192$. 在表 3.5.7 中列出步长 $n = n' = 2^k$ 和在 ψ_m 变换下法则 $\hat{T}_n[f] = \hat{T}_{n,n}[f]$ 的误差.

表 3.5.7   例 3.5.4 在 m 取 1.5 至 3.5 上 $\hat{T}_n[f]$ 的相对误差

n \ m	1.5	2.0	2.5	3.0	3.5
2	4.40×10^{-1}	3.77×10^{-1}	3.20×10^{-1}	3.20×10^{-1}	2.17×10^{-1}
4	1.20×10^{-1}	1.82×10^{-1}	2.28×10^{-1}	2.57×10^{-1}	2.57×10^{-1}
8	2.27×10^{-6}	2.26×10^{-4}	1.44×10^{-3}	4.29×10^{-3}	9.05×10^{-3}
16	7.32×10^{-7}	1.24×10^{-6}	6.71×10^{-7}	1.30×10^{-7}	1.85×10^{-6}
32	2.67×10^{-11}	7.85×10^{-9}	2.70×10^{-11}	2.70×10^{-11}	2.67×10^{-11}
64	3.82×10^{-16}	1.22×10^{-10}	1.33×10^{-19}	3.22×10^{-13}	1.53×10^{-19}
128	3.72×10^{-19}	1.90×10^{-12}	1.19×10^{-24}	1.25×10^{-15}	1.31×10^{-29}
256	3.63×10^{-22}	2.97×10^{-14}	7.22×10^{-29}	4.89×10^{-18}	3.36×10^{-34}
512	3.55×10^{-25}	4.64×10^{-16}	3.70×10^{-33}	1.91×10^{-20}	6.72×10^{-34}

在表 3.5.7 中看出 $2m$ 是奇整数收敛远快于 m 是整数的情形, 但是 m 不是整数, 则 $\psi_m(y)$ 不能用初等函数表达, 只能使用超几何函数表达计算较为复杂. 若 m 是整数, 则 $\psi_m(t)$ 可以按 (2.5.9) 计算, 并且使用外推提高精度. 表 3.5.8 列出误差的收敛阶

$$\mu_{m,k} = \log_2 \left(\frac{|\hat{T}_{2^k}[f] - I[f]|}{|\hat{T}_{2^{k+1}}[f] - I[f]|} \right).$$

从表中看出, 其结果与 (3.5.104) 的估计的收敛阶几乎一致, 这蕴涵当 m 是整数情形, 使用外推必然提高精度.

表 3.5.8　例 3.5.4 在 m 取 1.5 至 3.5 上 $\hat{T}_{2^k}[f]$ 的收敛阶

k ＼ m	1.5	2.0	2.5	3.0	3.5
1	1.871	1.053	0.488	0.049	-0.331
2	15.698	9.649	7.310	5..907	4.911
3	1.628	7.510	11.065	15.010	12.255
4	14.747	7.306	14.598	11.174	16.080
5	16.089	6.011	27.594	7.450	27.379
6	10.004	6.011	16.780	8.004	33.442
7	10.001	6.011	14.004	8.001	16.253
8	10.001	6.011	14.184	8.001	∗

3.5.7　Sidi 方法的进一步改善

上面的方法也可以应用定理 2.5.2 的方法进一步改善, 令

$$I(f) = \int_0^\pi \left[\int_0^{2\pi} w(x,y,z)\mathrm{d}\phi \right] \sin\theta\mathrm{d}\theta = J(w). \tag{3.5.107}$$

置

$$p(z) = Az + B,$$
$$A = \frac{w(0,0,1) - w(0,0,-1)}{2}, \quad B = \frac{w(0,0,1) + w(0,0,-1)}{2}. \tag{3.5.108}$$

显然, $p(\pm 1) = w(0,0,\pm 1)$, 即 $p(z)$ 是 $w(0,0,z)$ 以 ± 1 为基点的线性插值函数, 置

$$I(f) = J(w - p) + J(p),$$

其中

$$J(w - p) = \int_0^\pi \left[\int_0^{2\pi} (w(x,y,z) - p(z))\mathrm{d}\phi \right] \sin\theta\mathrm{d}\theta \tag{3.5.109}$$

$$J(p) = \int_0^\pi \left[\int_0^{2\pi} p(z)\mathrm{d}\phi \right] \sin\theta\mathrm{d}\theta = 4\pi B = 2\pi[w(0,0,1) + w(0,0,-1)]. \tag{3.5.110}$$

这里应用了在球面坐标下 $z = \cos\theta$. 对 (3.5.109) 使用乘积梯形法则, 并置

$$\check{T}_{n,n'}(f) = \hat{T}_{n,n'}(f - p) + J(p) = \hat{T}_{n,n'}(f - p) + 4\pi B, \tag{3.5.111}$$

这里 $\hat{T}_{n,n'}(f)$ 是 (3.5.91) 定义的求积法则. 分析 $w(x,y,z) - p(z)$, 注意

$$p(z) = w(0,0,1) + A(z - 1) = w(0,0,-1) + A(z + 1). \tag{3.5.112}$$

因此, 类似 (3.5.97) 有 Taylor 展开

$$w(x,y,z) - p(z) = -A(z-1) + \sum_{\substack{i,j,k \geqslant 0 \\ i+j+k \geqslant 1}} \frac{w^{(i,j,k)}(0,0,1)}{i!j!k!} x^i y^j (z-1)^k, \quad \theta \to 0,$$

$$w(x,y,z) - p(z) = -A(z+1) + \sum_{\substack{i,j,k \geqslant 0 \\ i+j+k \geqslant 1}} \frac{w^{(i,j,k)}(0,0,-1)}{i!j!k!} x^i y^j (z+1)^k, \quad \theta \to \pi.$$

$$(3.5.113)$$

注意 (3.5.113) 中没有出现 $w^{(0,0,0)}(0,0,\pm1)$ 项, 并且 $w^{(0,0,1)}(0,0,\pm1)$ 项, 可以合并为 $[w^{(0,0,1)}(0,0,\pm1) - A](z \mp 1)$.

现在令

$$\bar{F}(\theta,\phi) = F(\theta,\phi) - p(z)\sin\theta,$$

$$\bar{v}(\theta) = \int_0^{2\pi} \bar{F}(\theta,\phi)\mathrm{d}\phi,$$

于是

$$J(w-p) = \int_0^\pi \bar{v}(\theta)\mathrm{d}\theta.$$

相应的定理 3.5.2 的结果将修改为:

定理 3.5.4(Sidi,2005b)　若 $f(\xi,\eta,\zeta)$ 在 S 上光滑, 则 $\bar{v}(\theta)$ 有渐近展开

$$\bar{v}(\theta) \sim \sum_{\substack{i,j,k \geqslant 0 \\ i+j+k \geqslant 1}} \bar{A}_{i,j,k}^{(+)} \sin^{2i+2j+1}\theta(\cos\theta - 1)^k, \quad 当\theta \to 0,$$

$$\bar{v}(\theta) \sim \sum_{\substack{i,j,k \geqslant 0 \\ i+j+k \geqslant 1}} \bar{A}_{i,j,k}^{(-)} \sin^{2i+2j+1}\theta(\cos\theta + 1)^k, \quad 当\theta \to \pi, \quad (3.5.114)$$

这里

$$\bar{A}_{0,0,1}^{(\pm)} = A_{0,0,1}^{(\pm)} - 2\pi A, \ \bar{A}_{i,j,k}^{(\pm)} = A_{i,j,k}^{(\pm)}, \quad 当(i,j,k) \neq (0,0,1), \quad (3.5.115)$$

其中 $A_{i,j,k}^{(\pm)}$ 由 (3.5.102) 定义. 使用三角函数的展开于 (3.5.114) 有

$$\bar{v}(\theta) \sim \sum_{i=1}^\infty \mu_i^{(+)}\theta^{2i+1}, \quad 当\theta \to 0,$$

$$\bar{v}(\theta) \sim \sum_{i=1}^\infty \mu_i^{(-)}(\pi-\theta)^{2i+1}, \quad 当\theta \to \pi, \quad (3.5.116)$$

这里 $\mu_i^{(\pm)}$ 是常数.

下面应用定理 2.5.2 导出如下定理:

定理 3.5.5(Sidi,2005b) 在 Sidi 变换 $\psi_m(t)$ 下, 并且对固定的正数 α, β, 取步长 $n' = \alpha n^\beta$, 那么成立以下估计:

$$\check{T}_{n,n'}[f] - I[f] = \begin{cases} O(h^{6m+6}), & \text{若} 4m \text{是奇整数}, \\ O(h^{4m+4}), & \text{若} m \text{是其他数}. \end{cases} \tag{3.5.117}$$

此外, 若 $4m$ 是奇整数, 误差有推广 Euler-Maclaurin 渐近展开

$$\check{T}_{n,n'}[f] - I[f] \sim \sum_{i=0}^{\infty} \sigma_i h^{6m+6+2i} + \sum_{i=0}^{\infty} \sigma_i' h^{8m+8+2i} + \sum_{i=0}^{\infty} \sigma_i'' h^{10m+10+2i},$$

$$\text{当} h \to 0. \tag{3.5.118}$$

由上面定理看出: 当 $m = 0.25$ 时, (3.5.118) 的展开幂依次序是 $h^{7.5}, h^{9.5}, h^{10}$, $h^{11.5}, h^{12}, h^{12.5}, \cdots$.

从表 3.5.9 中看出, 当 $m = 0.25, 0.75$ 和 1.25, 即 $4m$ 是奇数时, 收敛特别快. 下表 3.5.10 给出具体的收敛阶

$$\mu_{m,k} = \log_2 \left(\frac{|\hat{T}_{2^k}[f] - I[f]|}{|\hat{T}_{2^{k+1}}[f] - I[f]|} \right).$$

从表中看出当 k 充分大, 其结果与 (3.5.117) 的估计符合.

表 3.5.9 例 3.5.4 在 m 取 0.25 至 1 的 $\check{T}_n[f]$ 的相对误差

n \ m	0.25	0.5	0.75	1	1.25
2	9.10×10^0	1.17×10^1	1.42×10^1	1.64×10^1	1.85×10^1
4	2.98×10^{-1}	4.07×10^{-1}	7.01×10^{-1}	1.14×10^0	1.67×10^0
8	4.19×10^{-3}	4.01×10^{-3}	3.95×10^{-3}	3.09×10^{-3}	1.50×10^{-3}
16	1.35×10^{-5}	1.11×10^{-5}	1.35×10^{-5}	1.35×10^{-5}	1.34×10^{-5}
32	7.20×10^{-10}	3.68×10^{-8}	4.96×10^{-10}	8.26×10^{-10}	4.96×10^{-10}
64	1.22×10^{-12}	5.82×10^{-10}	2.36×10^{-16}	1.28×10^{-12}	2.68×10^{-18}
128	6.70×10^{-15}	9.09×10^{-12}	1.65×10^{-19}	5.00×10^{-15}	1.07×10^{-23}
256	3.70×10^{-17}	1.42×10^{-13}	1.14×10^{-22}	1.95×10^{-17}	9.20×10^{-28}
512	2.04×10^{-19}	2.22×10^{-15}	7.85×10^{-26}	7.63×10^{-20}	4.31×10^{-32}

表 3.5.10　例 3.5.4 在 m 取 1.5 至 3.5 的 $\hat{T}_{2^k}[f]$ 的收敛阶

k＼m	0.25	0.5	0.75	1	1.25
1	4.932	4.850	4.338	3.851	3.468
2	6.152	6.667	7.471	8.523	10.123
3	8.279	8.503	8.198	7.836	6.801
4	14.193	8.230	14.728	14.000	14.727
5	9.209	5.983	21.001	9.322	27.461
6	7.505	6.001	10.485	8.002	17.940
7	7.501	6.001	10.501	8.000	13.503
8	7.500	6.000	10.500	8.000	14.280

3.6　奇点在区域内部的多维弱奇积分的分裂外推

在 3.4 节中阐述了正方体的顶点是弱奇异点的外推, 本节考虑区域内部有弱奇异点的积分, 证明了中矩形求积分公式有多参数渐近展开, 从而可以使用外推和分裂外推加速收敛.

3.6.1　多维位势型积分与 Duffy 变换方法

考虑 s 维位势型积分

$$I(f) = \int_{-1}^{1} \cdots \int_{-1}^{1} \frac{f(x_1, \cdots, x_s)}{r^\mu} \mathrm{d}x_1 \cdots \mathrm{d}x_s, \tag{3.6.1}$$

这里 $r = (x_1^2 + \cdots + x_s^2)^{1/2}, f(x_1, \cdots, x_s) = f(x)$ 是 $(-1,1)^s$ 上的光滑函数, 内点 $x = 0$ 是奇点. 假定 (3.6.1) 是 s 弱奇异积分, 即 $0 < \mu < s$.

使用 Duffy 变换可以把原点型的弱奇异积分变换为边界型的弱奇异积分. 为此, 令

$$l_0 = (-1, 0), \quad l_1 = (0, 1)$$

并且置

$$L(i_1, \cdots, i_s) = l_{i_1} \times \cdots \times l_{i_s}, \quad i_j = 0, 1, j = 1, \cdots, s,$$

表示各个象限, 于是 (3.6.1) 变换为第一象限的积分

$$
\begin{aligned}
I(f) &= \sum_{\substack{i_j=0,1 \\ 1 \leqslant j \leqslant s}} \int_{L(i_1, \cdots, i_s)} \frac{f(x_1, \cdots, x_s)}{r^\mu} \mathrm{d}x_1 \cdots \mathrm{d}x_s \\
&= \int_0^1 \cdots \int_0^1 \sum_{\substack{i_j=0,1 \\ 1 \leqslant j \leqslant s}} \frac{f((-1)^{1+i_1}x_1, \cdots, (-1)^{1+i_s}x_s)}{r^\mu} \mathrm{d}x_1 \cdots \mathrm{d}x_s, \quad (3.6.2)
\end{aligned}
$$

令

$$F(x_1, \cdots, x_s) = \sum_{\substack{i_j=0,1 \\ 1 \leqslant j \leqslant s}} f((-1)^{1+i_1}x_1, \cdots, (-1)^{1+i_s}x_s), \tag{3.6.3}$$

得

$$I(f) = \int_0^1 \cdots \int_0^1 \frac{F(x_1, \cdots, x_s)}{r^\mu} \mathrm{d}x_1 \cdots \mathrm{d}x_s. \tag{3.6.4}$$

对积分 (3.6.4) 使用 (3.2.19) 与 (3.2.20) 的变换方法, 得

$$\begin{aligned}
I(f) &= \int_0^1 \cdots \int_0^1 \frac{F(x_1, \cdots, x_s)}{r^\mu} \mathrm{d}x_1 \cdots \mathrm{d}x_s \\
&= \sum_{i=1}^s \int_{V_i} \frac{F(x_1, \cdots, x_s)}{r^\mu} \mathrm{d}x \\
&= \int_0^1 \int_0^{x_1} \cdots \int_0^{x_1} \frac{\hat{F}(x_1, \cdots, x_s)}{r^\mu} \mathrm{d}x_1 \cdots \mathrm{d}x_s,
\end{aligned} \tag{3.6.5}$$

这里

$$\hat{F}(x_1, \cdots, x_s) = \sum_{i=1}^s F_i(x_1, \cdots, x_s), \tag{3.6.6}$$

而

$$F_i(x_1, \cdots, x_s) = F(x_i, x_{i+1}, \cdots, x_s, x_1, \cdots, x_{i-1}), \quad i = 1, \cdots, s. \tag{3.6.7}$$

对 (3.6.5) 使用 Duffy 变换

$$x_1 = y_1, x_i = y_i x_i, \quad i = 2, \cdots, s, \tag{3.6.8}$$

得到

$$\begin{aligned}
I(f) &= \int_0^1 \cdots \int_0^1 \frac{\hat{F}(y_1, y_1 y_2 \cdots, y_1 y_s) y_1^{s-1-\mu}}{(1 + y_2^2 + \cdots + y_s^2)^{\mu/2}} \mathrm{d}y_1 \cdots \mathrm{d}y_s \\
&= \int_0^1 G(y_1) y_1^{s-1-\mu} \mathrm{d}y_1,
\end{aligned} \tag{3.6.9}$$

这里

$$G(y_1) = \int_0^1 \cdots \int_0^1 \frac{\hat{F}(y_1, y_1 y_2 \cdots, y_1 y_s)}{(1 + y_2^2 + \cdots + y_s^2)^{\mu/2}} \mathrm{d}y_2 \cdots \mathrm{d}y_s \tag{3.6.10}$$

是光滑函数. 于是在上述变换下一个内点型的多维弱奇异积分被转换为一维的弱奇异积分, 以便使用 2.3.5 节的展开方法处理.

注 3.6.1 $\mathbb{R}^s$ 的直角坐标有 2^s 个象限, 对各象限如此编号: 若 $(k_1, \cdots, k_s)$ 是 k 的二进位表示, 即

$$k = \sum_{i=1}^{s} k_i 2^{i-1}, \quad 0 \leqslant k \leqslant 2^s - 1,$$

其中 $k_i = 0$ 或 1, 则第 k 象限的坐标指向为若 $k_i = 0$, 则要求第 $k+1$ 个象限的 x_i 轴指向正方向; 若 $k_i = 1$, 则要求第 $k+1$ 个象限的 x_i 轴指向负方向. 故 (3.6.3) 可以写为

$$F(x_1, \cdots, x_s) = \sum_{k=0}^{2^s-1} f((-1)^{k_1} x_1, \cdots, (-1)^{k_s} x_s). \tag{3.6.11}$$

注 3.6.2 上面位势函数 $r^{-\mu}$ 可以推广到函数 $H_\mu(y_1, \cdots, y_s)$, 其中 H_μ 是 $-\mu$ 阶齐次函数, 并且在 $[0,1]^s$ 内, $H_\mu(y_1, \cdots, y_s) = 0$, 当且仅当 $y_1 = \cdots = y_s = 0$.

3.6.2 奇点在原点的多维弱奇异积分的多参数渐近展开

取 $h = (h_1, \cdots, h_s), h_i = 1/N_i (i = 1, \cdots, s)$ 是 s 个步长, 构造 s 重积分

$$I(g) = \int_0^1 \cdots \int_0^1 g(y_1, \cdots, y_s) \mathrm{d}y_1 \cdots \mathrm{d}y_s$$

的中矩形求积公式

$$S_h(g) = h_1 \cdots h_s \sum_{j_1=0}^{N_1-1} \cdots \sum_{j_s=0}^{N_s-1} g((j_1+1/2)h_1, \cdots, (j_s+1/2)h_s); \tag{3.6.12}$$

又令 $\bar{h} = (h_2, \cdots, h_s)$, 按照 (3.6.10) 构造 $s-1$ 重积分

$$I(G) = \int_0^1 \cdots \int_0^1 G(y_2, \cdots, y_s) \mathrm{d}y_2 \cdots \mathrm{d}y_s$$

的中矩形求积公式为

$$S_{\bar{h}}(g) = h_2 \cdots h_s \sum_{j_2=0}^{N_2-1} \cdots \sum_{j_s=0}^{N_s-1} G((j_2+1/2)h_2, \cdots, (j_s+1/2)h_s); \tag{3.6.13}$$

对于一维积分

$$I(H) = \int_0^1 H(y_1) \mathrm{d}y_1,$$

使用

$$S_{h_1}(H) = h_1 \sum_{j_1=0}^{N_1-1} H((j_1+1/2)h_1) \tag{3.6.14}$$

表示中矩形求积公式. 显然, $S_h(g) = S_{h_1}S_{\bar{h}}g$.

由 (3.6.9) 和 (3.6.10), 一个点型的 s 维积分 (3.6.1), 当 $\alpha = s - 1 - \mu > -1$, 被转换为一维弱奇异积分

$$I_1(F_1) = \int_0^1 F_1(y_1)\mathrm{d}y_1, \tag{3.6.15}$$

其中

$$F_1(y_1) = G_1(y_1)y_1^{\alpha}, \tag{3.6.16}$$

$$G_1(y_1) = \int_0^1 \cdots \int_0^1 G(y_1, y_2, \cdots, y_s)\mathrm{d}y_2 \cdots \mathrm{d}y_s \tag{3.6.17}$$

和

$$G(y_1, y_2, \cdots, y_s) = \frac{\hat{F}(y_1, y_1y_2 \cdots, y_1y_s)}{(1 + y_2^2 + \cdots + y_s^2)^{\mu/2}}, \tag{3.6.18}$$

并且 G 关于各个变元都是可导的.

由 (2.2.33), (3.6.15) 的中矩形求积公式的误差有渐近展开

$$\begin{aligned}
S_{h_1}(F_1) =& h_1 \sum_{j_1=0}^{N_1-1} F_1((j_1 + 1/2)h_1) \\
=& \int_0^1 F_1(y_1)\mathrm{d}y_1 + \sum_{k=0}^{2n} \frac{h_1^{k+1+\alpha}}{k!}\zeta(-k-\alpha, 1/2)G_1^{(k)}(0) \\
& - \sum_{k=0}^n \frac{h_1^{2k+1}}{(2k+1)!}\zeta(-2k-1, 1/2)F_1^{(2k-1)}(1) \\
& + O(h_1^{2n+2+\alpha}).
\end{aligned} \tag{3.6.19}$$

由 (3.6.17) 和 (3.6.18),

$$\begin{aligned}
& F_1((j_1 + 1/2)h_1) \\
=& ((j_1 + 1/2)h_1)^{\alpha} \int_0^1 \cdots \int_0^1 G_1(((j_1 + 1/2)h_1), y_2, \cdots, y_s)\mathrm{d}y_2 \cdots \mathrm{d}y_s,
\end{aligned} \tag{3.6.20}$$

令

$$G_{1,j_1}(y_2, \cdots, y_s) = G_1(((j_1 + 1/2)h_1), y_2, \cdots, y_s). \tag{3.6.21}$$

但由多重积分的 Euler-Maclaurin 展开 (3.1.5), 有

$$S_{\bar{h}}(G_{1,j_1}) = \int_{V_{s-1}} G_{1,j_1}(x)\mathrm{d}x + \sum_{1\leqslant|\bar{\alpha}|\leqslant n} d_{\bar{\alpha}}\bar{h}^{2\bar{\beta}} + O(h_0^{2n+2}), \tag{3.6.22}$$

这里 $V_{n-1} = (0,1)^{s-1}, \bar{\beta} = (\bar{\beta}_2, \cdots, \bar{\beta}_s)$ 和

$$d_{\bar{\beta}} = \frac{B_{2\bar{\beta}}(1/2)}{(2\bar{\beta})!} I(\bar{D}^{2\bar{\beta}} G_{1,j_1}), \quad j = 1, \cdots, n. \tag{3.6.23}$$

将其代入 (3.6.20) 得

$$F_1((j_1 + 1/2)h_1)$$
$$= ((j_1 + 1/2)h_1)^{\alpha} \left[S_{\bar{h}}(G_{1,j_1}) - \sum_{1 \leqslant |\bar{\beta}| \leqslant n} \frac{B_{2\bar{\beta}}(1/2)}{(2\bar{\beta})!} I(\bar{D}^{2\bar{\beta}} G_{1,j_1}) \bar{h}^{2\bar{\beta}} + O(h_0^{2n+2}) \right], \tag{3.6.24}$$

代入 (3.6.19), 得

$$S_{h_1}(F_1) = S_h(F_1) - \sum_{1 \leqslant |\bar{\beta}| \leqslant n} \frac{B_{2\bar{\beta}}(1/2)}{(2\bar{\beta})!} I(\bar{D}^{2\bar{\beta}}(S_{h_1} G_1)) \bar{h}^{2\bar{\alpha}} + O(h_0^{2n+2})$$
$$= S_h(F_1) - \sum_{1 \leqslant |\beta| \leqslant n} \frac{B_{2\beta}(1/2)}{(2\beta)!} I(D^{2\beta}(G_1)) h^{2\beta} + O(h_0^{2n+2}), \tag{3.6.25}$$

这里令 $\beta = (\beta_1, \cdots, \beta_s)$, 并且对于 $S_{h_1}(G_1)$ 使用一维 Euler-Maclaurin 展开. 把 (3.6.25) 代入 (3.6.19), 移项后得

$$S_h(F_1) = \int_0^1 F_1(y_1) \mathrm{d}y_1 + \sum_{k=0}^{2n} \frac{h_1^{k+1+\alpha}}{k!} \zeta(-k-\alpha, 1/2) G_1^{(k)}(0)$$
$$- \sum_{k=0}^{n} \frac{h_1^{2k+2}}{(2k+1)!} \zeta(-2k-1, 1/2) F_1^{(2k)}(1)$$
$$+ \sum_{1 \leqslant |\beta| \leqslant n} \frac{B_{2\beta}(1/2)}{(2\beta)!} I(D^{2\beta}(G_1)) h^{2\beta} + O(h_0^{2n+2+\alpha}). \tag{3.6.26}$$

于是导出以下定理.

定理 3.6.1　位势型弱奇异积分 (3.6.1) 可以使用 Duffy 变换转换为 (3.6.9) 类型的边界型弱奇异积分, 若使用中矩形求积 (3.6.12) 算, 则误差有多参数渐近展开为 (3.6.26).

3.6.3　奇点在任意内点的多维弱奇异积分的多参数渐近展开

(3.6.1) 讨论了奇点在坐标原点的弱奇异积分, 下面考虑一般情形:

$$I(f) = \int_{-1}^1 \cdots \int_{-1}^1 \frac{f(y_1, \cdots, y_s)}{|y - t|^{\mu}} \mathrm{d}y_1 \cdots \mathrm{d}y_s, \quad \mu < s, \tag{3.6.27}$$

其中 $t = (t_1, \cdots, t_s) \in V = (-1, 1)^s$,

$$|y - t|^\mu = [(y_1 - t_1)^2 + \cdots + (y_s - t_s)^2]^{1/2}. \tag{3.6.28}$$

为了把 (3.6.27) 变换到 3.6.2 小节情形, 首先执行平移变换: $x = y - t$, 于是

$$I(f) = \int_{V_t} \frac{f(x_1 + t_1, \cdots, x_s + t_s)}{|x|^\mu} \mathrm{d}x_1 \cdots \mathrm{d}x_s, \tag{3.6.29}$$

这里

$$V_t = \{y - t : y \in V\}, \tag{3.6.30}$$

并且 $V_t = \cup_{k=0}^{2^s-1} V_{t,k}$, 其中 $V_{t,k}$ 是 V_t 在第 $k+1$ 象限的部分, 于是

$$I(f) = \sum_{k=0}^{2^s-1} \int_{V_{t,k}} \frac{f(x_1 + t_1, \cdots, x_s + t_s)}{|x|^\mu} \mathrm{d}x_1 \cdots \mathrm{d}x_s. \tag{3.6.31}$$

令 $(k_1, \cdots, k_s)$ 是 k 的二进位表示, 由注 3.6.1 知道 $V_{t,k}$ 在坐标轴 x_i 的区间是

$$\begin{cases} (0, 1 - t_i), & k_i = 0, \\ (-1 + t_i, 0), & k_i = 1, \end{cases}$$

这便蕴涵在变换

$$z_i = \frac{x_i}{a_{ki}} = \frac{x_i}{(-1)^{k_i+1}[1 - (-1)^{k_i} t_i]}, \quad i = 1, \cdots, s$$

下导出

$$\int_{V_{t,k}} \frac{f(x_1 + t_1, \cdots, x_s + t_s)}{|x|^\mu} \mathrm{d}x_1 \cdots \mathrm{d}x_s$$

$$= a_{k1} \cdots a_{ks} \int_0^1 \cdots \int_0^1 \frac{f(a_{k1}z_1 + t_1, \cdots, a_{ks}z_s + t_s)}{(a_{k1}^2 z_1^2 + \cdots + a_{ks}^2 z_s^2)^{\mu/2}} \mathrm{d}z_1 \cdots \mathrm{d}z_s, \tag{3.6.32}$$

即被变换 $(0, 1)^s$ 上的积分. 使用 Duffy 变换, 如 3.6.1 小节的推导得

$$a_{k1} \cdots a_{ks} \int_0^1 \cdots \int_0^1 \frac{f(a_{k1}z_1 + t_1, \cdots, a_{ks}z_s + t_s)}{(a_{k1}^2 z_1^2 + \cdots + a_{ks}^2 z_s^2)^{\mu/2}} \mathrm{d}z_1 \cdots \mathrm{d}z_s$$

$$= \int_0^1 \cdots \int_0^1 \frac{z_1^{s-1-\mu} \hat{F}_k(z_1, \cdots, z_s)}{(a_{k1}^2 + a_{k2}^2 z_2^2 + \cdots + a_{ks}^2 z_s^2)^{\mu/2}} \mathrm{d}z_1 \cdots \mathrm{d}z_s, \tag{3.6.33}$$

其中

$$\hat{F}_k(z_1, \cdots, z_s) = a_{k1} \cdots a_{ks} \sum_{i=1}^s F_{ki}(x_1, \cdots, x_s), \tag{3.6.34}$$

而

$$F_{ki}(z_1, \cdots, z_s) = F_k(z_i, z_{i+1}, \cdots, z_s, z_1, \cdots, z_{i-1}), \quad i = 1, \cdots, s, \tag{3.6.35}$$

$$F_k(z_1, \cdots, z_s) = f(a_{k1}z_1 + t_1, a_{k1}z_1z_2 + t_2, \cdots, a_{ks}z_1z_s + t_s). \tag{3.6.36}$$

代 (3.6.32) 和 (3.6.31) 到 (3.6.29) 得

$$I(f) = \int_0^1 \cdots \int_0^1 z_1^{s-1-\mu} H(z_1, \cdots, z_s) \mathrm{d}z_1 \cdots \mathrm{d}z_s, \tag{3.6.37}$$

其中

$$H(z_1, \cdots, z_s) = \sum_{k=0}^{2^s-1} \frac{\hat{F}_k(z_1, \cdots, z_s)}{(a_{k1}^2 + a_{k2}^2 z_2^2 + \cdots + a_{ks}^2 z_s^2)^{\mu/2}} \tag{3.6.38}$$

是光滑函数. 于是任意内点的弱奇积分都可以变换为一维弱奇异积分, 并且使用 3.6.2 节的方法计算.

第4章　基于三角剖分的有限元外推法

有限元方法从 20 世纪 60 年代崛起后, 经过十余年的发展, 理论和应用已臻完善, 但是关于有限元外推的研究却起步较晚. 原因是有限元理论有一个著名定理: 即线性有限元误差的无穷模估计是 $||u-u^h||_\infty = O(h^2 \ln h)$, 并且在拟一致三角剖分下, 对数因子必不可少. 这条定理似乎暗示: 有限元的精度不太可能如 Richardson 在 1920 年那样使用 Richardson-h^2 外推提高精度. 直到 1983 年林群、吕涛和沈树民 (Lin et al.,1983) 与林群、吕涛 (Lin et al.,1984) 关于有限元外推的论文发表后, 这个僵局才被打破. 原来只要剖分不是随意的, 而是有所限制的, 例如在所谓强正规剖分下和分片一致剖分下, 有限元误差的无穷模估计便是 $||u - u^h||_\infty = O(h^2)$, 不含有对数因子, 并且在解恰当光滑的假定下, 误差还有 h^2 幂的渐近展开. 这个结果蕴涵 Richardso-h^2 外推同样可以应于提高有限元近似解的精度.

有限元外推在国内、外颇具影响, 例如有限元理论奠基人 Ciarlet 和 Lions 的名著 (1991) 中便认为: 这是开创性的工作. 其后经过林群及其合作者: Ranncher、Blum、吕涛、陈传淼、朱起定等的研究已经取得丰硕成果. 90 年代为了克服大型多维问题计算量和存贮量随维数增加的所谓维数烦恼, 吕涛等又提出基于区域分解的有限元分裂外推法, 这是集区域分解法、分裂外推法和并行算法于一体的高精度算法.

本章仅阐述在分片一致三角剖分下, 变系数椭圆型偏微分方程的有限元误差的渐近展开与外推, 和特殊情形的二次有限元外推. 基于区域分解的有限元分裂外推法及其在椭圆、抛物和双曲型偏微分方程初、边值问题的应用则放在第 5 章和第 6 章中讨论.

4.1　变系数椭圆型偏微分方程的线性有限元近似的外推

常系数椭圆型偏微分方程的线性有限元近似的外推, 经过林群及其合作者的研究, 已经取得丰硕成果, 但是关于变系数椭圆型偏微分方程的线性有限元近似的外推的研究并不充分, 例如文献 (Ding et al.,1990,1989) 中基于 Ranncher 的一个引理证明了变系数椭圆型偏微分方程的线性有限元近似的渐近展开与外推, 但是 Ranncher 的引理是错误的 (详见注 4.1.1), 因此 (Ding et al.,1990) 的证明不可靠. 本章将提供新的证明, 为此需要先考察三角形上求积方法.

4.1.1　三角形区域上积分的求积方法与误差的渐近展开

设 Δ 是给定的三角形, 考虑其上积分

$$J = \int_{\Delta} f(y)\mathrm{d}y, \tag{4.1.1}$$

这里 $y = (y_1, y_2), f(y) = f(y_1, y_2), \mathrm{d}y = \mathrm{d}y_1\mathrm{d}y_2$.

为了建立 (4.1.1) 的求积公式, 采用逐步加密剖分 Δ, 即 k 次加密是连接 $k-1$ 次加密剖分后的各个三角形每边中点得到. 于是经 l 次加密后 Δ 被分为 4^l 个全等三角形: $\Delta = \bigcup\limits_{i=1}^{4^l} \Delta_i$, 又令 $\Delta^{h_1} = \dfrac{1}{4^l}\mathrm{meas}\Delta$. 令 I^0 是对应此剖分下的分片常元插值算子, 即

$$I^0 f(y) = f(M_i), \quad \forall y \in \Delta_i, i = 1, \cdots, 4^l,$$

这里 M_j 是 Δ_j 的形心. 令 I 是对应此剖分下的连续分片线元插值算子, 置 $If(y) = f^I(y)$ 满足

$$f^I(A_i) = f(A_i), f^I(B_i) = f(B_i), f^I(C_i) = f(C_i), \quad i = 1, \cdots, 4^l,$$

这里 A_i, B_i 和 C_i 分别是 Δ_i 的三个顶点. 现在构造 (4.1.1) 的两种数值积分公式: 其一, 类矩形公式

$$J_R^{h_1} = \int_{\Delta} I^0 f(y)\mathrm{d}y = \Delta^{h_1} \sum_{j=1}^{4^l} f(M_j), \tag{4.1.2}$$

这里 $h_1 = 1/2^l$; 其二, 类梯形公式

$$J_T^{h_1} = \int_{\Delta} f^I(y)\mathrm{d}y = \frac{1}{3}\Delta^{h_1} \sum_{j=1}^{4^l} (f(A_j) + f(B_j) + f(C_j)). \tag{4.1.3}$$

对于这两种求积公式的误差皆有渐近展开式. 为了证明方便, 需要对单元作如下分类: 设三角形 Δ 经过 l 次加密后被分割为 4^l 个单元, 用 $\Phi = \{1, \cdots, 4^l\}$ 表示单元的编号集, 用 Φ^+ 表 Φ 的子集, 称为正向单元, 定义为 $\Delta_i(i \in \Phi^+)$, 意味 Δ 能够由 Δ_i 的平移变换与放大变换得到; $\Delta_i(i \in \Phi \backslash \Phi^+)$ 称为逆向单元, 用 Φ^- 表示全体逆向单元的编号. 显然每个逆向单元 $\Delta_j(j \in \Phi^-)$ 有唯一的相邻正向单元与之配对为平行四边形 $\square_j(j \in \Phi^-)$, 并且其公共边平行于 Δ 的固定一条边 $\overline{AB}$ 上. 所有没有配对的正向单元的编号用 Φ^0 表示, 它们必有一个边位于 $\overline{AB}$ 上. 以下用 $m_j(j \in \Phi^-)$ 表 $\square_j$ 的对称中心, 用 $\bar{m}_j(j \in \Phi^0)$ 表 $\Delta_j(j \in \Phi^0)$ 位于 $\overline{AB}$ 上边的中点. 下面使用 $\alpha = (\alpha_1, \alpha_2)$ 表示二维指标, $|\alpha| = \alpha_1 + \alpha_2, \alpha! = \alpha_1!\alpha_2!$ 和 $x^{\alpha} = x_1^{\alpha_1} x_2^{\alpha_2}$.

引理 4.1.1 存在与 $h_1 = 1/2^l$ 无关的常数 C_α 与 D_α 满足

$$\int_{\Delta_i} (y - M_i)^\alpha \mathrm{d}y = C_\alpha h_1^{|\alpha|} \Delta^{h_1}, \quad i \in \Phi^+, \tag{4.1.4a}$$

$$\int_{\Delta_i} (y - M_i)^\alpha \mathrm{d}y = (-1)^\alpha C_\alpha h_1^{|\alpha|} \Delta^{h_1}, \quad i \in \Phi^-, \tag{4.1.4b}$$

$$\int_{\Delta_i} (y - \bar{m}_i)^\alpha \mathrm{d}y = D_\alpha h_1^{|\alpha|} \Delta^{h_1}, \quad i \in \Phi^0 \tag{4.1.4c}$$

和

$$\int_{\square_i} (y - m_i)^\alpha \mathrm{d}y = \begin{cases} 0, & \text{当}|\alpha|\text{是奇数}, \\ 2D_\alpha h_1^{|\alpha|} \Delta^{h_1}, & \text{当}|\alpha|\text{是偶数}, i \in \Phi^-. \end{cases} \tag{4.1.4d}$$

证明 若 $|\alpha| = 1$, 易证 $C_\alpha = 0$, 这是平凡的情形, 设 $i \in \Phi^+$, 即 Δ_i 是正向单元, 作变数变换

$$y - M_i = h_1(z - M) : \Delta_i \to \Delta,$$

其中 M 为 Δ 的形心, 故

$$\int_{\Delta_i} (y - M_i)^\alpha \mathrm{d}y = h_1^{|\alpha|+2} \int_\Delta (z - M)^\alpha \mathrm{d}z, \quad |\alpha| > 1.$$

置

$$C_\alpha = \frac{h_1^2}{\Delta^{h_1}} \int_\Delta (z - M)^\alpha \mathrm{d}z, \tag{4.1.5}$$

这是与 h_1 无关的常数, 故 (4.1.4a) 成立.

其次, 若 $i \in \Phi^-$, 则作变换 $y - M_i = -h_1(z - M) : \Delta_i \to \Delta$, 得

$$\int_{\Delta_i} (y - M_i)^\alpha \mathrm{d}y = (-1)^\alpha h_1^{|\alpha|+2} \int_\Delta (z - M)^\alpha \mathrm{d}z,$$

用 (4.1.5) 知 (4.1.4b) 成立. 类似地, 又得到 (4.1.4c) 的证明, 又因 m_j 是 $\square_j$ 的对称中心, 故 (4.1.1d) 也成立. □

引理 4.1.2 若 $f \in C^{2m+2}(\Delta)$, 则存在与 h_1 无关的常数 $b_i(f)(i = 1, \cdots, m)$, 使

$$E_1(f) = \int_\Delta f(y)\mathrm{d}y - 2\sum_{j \in \Phi^-} f(m_j)\Delta^{h_1} - \sum_{j \in \Phi^0} f(\bar{m}_j)\Delta^{h_1} = \sum_{i=1}^m b_i(f)h_1^{2i} + O(h_1^{2m+2}). \tag{4.1.6}$$

证明　对 m 使用归纳法. 当 $m = 0$, 简单地估计出 $E_1(f) = O(h_1^2)$. 今设当 $m \leqslant k - 1$, (4.1.6) 成立, 再证 $m = k$, (4.1.6) 也成立. 为此, 从引理 4.1.1 推出

$$
\begin{aligned}
E_1(f) &= \sum_{j \in \Phi^-} \int_{\square_j} (f(y) - f(m_j)) \mathrm{d}y + \sum_{j \in \Phi^0} \int_{\Delta_j} (f(y) - f(\bar{m}_j)) \mathrm{d}y \\
&= \sum_{j \in \Phi^-} \sum_{1 \leqslant |\alpha| \leqslant k} \frac{1}{(2\alpha)!} \int_{\square_j} (y - m_j)^{2\alpha} \mathrm{d}y f^{(2\alpha)}(m_j) \\
&\quad + \sum_{j \in \Phi^0} \sum_{1 \leqslant |\alpha| \leqslant 2k+1} \frac{1}{\alpha!} \int_{\Delta_j} (y - \bar{m}_j)^{\alpha} \mathrm{d}y f^{(\alpha)}(\bar{m}_j) + O(h_1^{2k+2}) \\
&= \sum_{j \in \Phi^-} \sum_{1 \leqslant |\alpha| \leqslant k} \frac{2 D_{2\alpha}}{(2\alpha)!} h_1^{2|\alpha|} \Delta^{h_1} f^{(2\alpha)}(m_j) + \sum_{j \in \Phi^0} \sum_{1 \leqslant |\alpha| \leqslant k} \frac{D_{2\alpha}}{(2\alpha)!} h_1^{2|\alpha|} \Delta^{h_1} f^{(2\alpha)}(\bar{m}_j) \\
&\quad + \sum_{j \in \Phi^0} \sum_{|\alpha| \in I_k} \frac{D_\alpha}{\alpha!} h_1^{|\alpha|} \Delta^{h_1} f^{(\alpha)}(\bar{m}_j) + O(h_1^{2k+2}) \\
&= -\sum_{1 \leqslant |\alpha| \leqslant k} \frac{2 D_{2\alpha}}{(2\alpha)!} h_1^{2|\alpha|} E_1(f^{(2\alpha)}) \\
&\quad + \sum_{1 \leqslant |\alpha| \leqslant k} \frac{D_{2\alpha}}{(2\alpha)!} h_1^{2|\alpha|} \int_\Delta f^{(2\alpha)}(y) dy \\
&\quad + \sum_{j \in \Phi^0} \sum_{|\alpha| \in I_k} \frac{D_\alpha}{\alpha!} h_1^{|\alpha|} \Delta^{h_1} f^{(\alpha)}(\bar{m}_j) + O(h_1^{2k+2}), \tag{4.1.7}
\end{aligned}
$$

这里 $I_k = \{1, 3, \cdots, 2k+1\}$ 表奇数子集. 于是由归纳假设 $E_1(f^{(2\alpha)})(1 \leqslant |\alpha| \leqslant k)$ 具有偶次幂展开式

$$
E_1(f^{(2\alpha)}) = \sum_{j=1}^{k-|\alpha|} b_{2\alpha, j} h_1^{2j} + O(h_1^{2(k-|\alpha|+1)}), \tag{4.1.8}
$$

其中 $b_{2\alpha, j}$ 是与 h_1 无关常数, 另一方面由一维 Euler-Maclaurin 展开式得到

$$
\begin{aligned}
\sum_{j \in \Phi^0} \frac{D_\alpha}{\alpha!} h_1^{|\alpha|} \Delta^{h_1} f^{(\alpha)}(\bar{m}_j) &= \frac{h_1^{|\alpha|-1} \Delta^{h_1} D_\alpha}{\alpha!} \sum_{j \in \Phi^0} h_1 f^{(\alpha)}(\bar{m}_j) \\
&= \frac{h_1^{|\alpha|-1} \Delta^{h_1} D_\alpha}{\alpha!} \bigg[\int_{\overline{AB}} f^{(\alpha)}(y_1(t), y_2(t)) \mathrm{d}t \\
&\quad - d_2 h_1^2 - \cdots - d_{2k-|\alpha|-1} h_1^{2k-|\alpha|-1} + O(h_1^{2k-|\alpha|+1}) \bigg], \\
&\quad\quad\quad\quad\quad\quad \forall |\alpha| \in I_k, \tag{4.1.9}
\end{aligned}
$$

这里 d_i 是与 h_1 无关, 但与 f 及 α 有关的常数, $(y_1(t), y_2(t))$ 是直线 $\overline{AB}$ 上点, 把 (4.1.8) 及 (4.1.9) 代到 (4.1.7) 中, 便得到归纳成立, 于是 (4.1.6) 被证. $\square$

通过引理 4.1.2 的证明过程与 Euler-Maclaurin 展开式的余项估计, 展开系数 $b_i(f)$ 可以视为 f 及其 $2i-1$ 阶导数的线性泛函, 满足

$$|b_i(f)| \leqslant c_i ||f||_{2i-1,\Delta}, \tag{4.1.10}$$

这里 $||f||_{2i-1,\Delta}$ 是 $H^{2i-1}(\Delta)$ 空间的范数, 常数 c_i 与 f 无关.

引理 4.1.3 若 $f \in C^{2m+2}(\Delta)$, 则成立偶次幂展开式

$$E_R(f) = J - J_R^{h_1} = \sum_{i=1}^{m} \tilde{w}_i(f) h_1^{2i} + O(h_1^{2m+2}), \tag{4.1.11}$$

及

$$E_T(f) = J - J_T^{h_1} = \sum_{i=1}^{m} \hat{w}_i(f) h_1^{2i} + O(h_1^{2m+2}), \tag{4.1.12}$$

这里 $\tilde{w}_i(f)$ 和 $\hat{w}_i(f)$ 是与 h_1 无关, 并且存在与 f 无关的常数 $\tilde{c}_i$ 和 $\hat{c}$ 满足

$$|\tilde{w}_i(f)| \leqslant \tilde{c}_i ||f||_{2i-1,\Delta} \tag{4.1.13a}$$

和

$$|\hat{w}_i(f)| \leqslant \hat{c}_i ||f||_{2i-1,\Delta}. \tag{4.1.13b}$$

证明 先证明 (4.1.11) 成立, 使用归纳法, 当 $m=0$, 显然有 $E_R(f) = O(h_1^2)$. 设 $m = k-1$ 渐近展开式 (4.1.11) 成立, 则对于 $m = k$, 由

$$\begin{aligned} E_R(f) &= \sum_{j \in \Phi} \int_{\Delta_j} (f(y) - f(M_j)) \mathrm{d}y \\ &= \sum_{j \in \Phi} \sum_{1 \leqslant |\alpha| \leqslant 2k+1} \frac{1}{\alpha!} \int_{\Delta_j} (y - M_j)^\alpha \mathrm{d}y f^{(\alpha)}(M_j) + O(h_1^{2k+2}) \\ &= J_1 + J_2 + O(h_1^{2k+2}), \end{aligned}$$

其中

$$\begin{aligned} J_2 &= \sum_{j \in \Phi} \sum_{1 \leqslant |\alpha| \leqslant k} \frac{1}{(2\alpha)!} \int_{\Delta_j} (y - M_j)^{2\alpha} \mathrm{d}y f^{(2\alpha)}(M_j) \\ &= \sum_{j \in \Phi} \sum_{1 \leqslant |\alpha| \leqslant k} \frac{C_{2\alpha} h_1^{2|\alpha|}}{(2\alpha)!} \Delta^{h_1} f^{(2\alpha)}(M_j) \\ &= -\sum_{j \in \Phi} \sum_{1 \leqslant |\alpha| \leqslant k} \frac{C_{2\alpha} h_1^{2|\alpha|}}{(2\alpha)!} \int_{\Delta_j} [f^{(2\alpha)}(y) - f^{(2\alpha)}(M_j)] \mathrm{d}y \\ &\quad + \sum_{1 \leqslant |\alpha| \leqslant k} \frac{C_{2\alpha}}{(2\alpha)!} h_1^{2|\alpha|} \int_{\Delta} f^{(2\alpha)}(y) \mathrm{d}y. \end{aligned}$$

由归纳假设, J_2 可以按 h_1 的偶次幂渐近展开.

其次

$$
\begin{aligned}
J_1 &= \sum_{j \in \Phi} \sum_{|\alpha| \in I_k} \frac{C_\alpha h_1^{|\alpha|} \Delta^{h_1}}{\alpha!} f^{(\alpha)}(M_j) \\
&= \sum_{j \in \Phi^-} \sum_{|\alpha| \in I_k} \frac{C_\alpha h_1^{|\alpha|} \Delta^{h_1}}{\alpha!} [f^{(\alpha)}(M_j) - f^{(\alpha)}(M_j^*)] \\
&\quad + \sum_{j \in \Phi^0} \sum_{|\alpha| \in I_k} \frac{C_\alpha h_1^{|\alpha|} \Delta^{h_1}}{\alpha!} f^{(\alpha)}(M_j) \\
&= J_3 + J_4,
\end{aligned}
\tag{4.1.14}
$$

这里 M_j^* 是 $\Delta_j (j \in \Phi^-)$ 的配对单元的形心, 故存在与 h 无关的向量 a, 使

$$
M_j = m_j + h_1 a, \quad M_j^* = m_j - h_1 a,
$$

而

$$
f^{(\alpha)}(M_j) - f^{(\alpha)}(M_j^*) = \sum_{\substack{|\beta| \in I_k \\ |\beta| \leqslant 2k - \alpha}} 2 \frac{h_1^{|\beta|} a^\beta}{\beta!} f^{(\alpha+\beta)}(m_j) + O(h_1^{2k+2-|\alpha|}),
$$

故

$$
J_3 = \sum_{j \in \Phi^-} \sum_{|\alpha| \in I_k} \sum_{|\beta| \in I_k} \frac{2 C_\alpha h_1^{|\alpha+\beta|} a^\beta}{\alpha! \beta!} \Delta^{h_1} f^{(\alpha+\beta)}(m_j) + O(h_1^{2k+2}),
\tag{4.1.15}
$$

另一方面 $M_j = \bar{m}_j + ha (j \in \Phi^0)$, 故

$$
\begin{aligned}
J_4 &= \sum_{j \in \Phi^0} \sum_{|\alpha| \in I_k} \frac{C_\alpha h^{|\alpha|}}{\alpha!} \Delta^{h_1} f^{(\alpha)}(\bar{m}_j + ha) \\
&= \sum_{j \in \Phi^0} \sum_{|\alpha| \in I_k} \sum_{\substack{2 \mid |\beta| \\ |\beta| \leqslant 2k - |\alpha|}} \frac{C_\alpha h_1^{|\alpha+\beta|} a^\beta}{\alpha! \beta!} \Delta^{h_1} f^{(\alpha+\beta)}(\bar{m}_j) \\
&\quad + \sum_{j \in \Phi^0} \sum_{|\alpha| \in I_k} \sum_{\substack{|\beta| \in I_k \\ |\beta| \leqslant 2k - |\alpha| + 1}} \frac{C_\alpha h_1^{|\alpha+\beta|} a^\beta}{\alpha! \beta!} \Delta^{h_1} f^{(\alpha+\beta)}(\bar{m}_j) + O(h_1^{2k+2}) \\
&= J_5 + J_6 + O(h_1^{2k+2}).
\end{aligned}
\tag{4.1.16}
$$

由引理 4.1.2 知 $J_3 + J_6$ 可以按 h_1 的偶次幂展开; J_5 作为 $\overline{AB}$ 上积分, 按 Euler-Maclaurin 展开式有 h_1 的偶次幂渐近展开式. 故将其合并后, 便知 $J_1 = J_3 + J_5 + J_6$ 有 h_1 的偶次幂的渐近展开式. 这就得到 (4.1.11) 的证明.

至于 (4.1.12) 的证明, 注意

$$
\begin{aligned}
E_T(f) &= \sum_{j=1}^{4^l} \int_{\Delta_j} \left(f(y) - \frac{f(A_i) + f(B_i) + f(C_i)}{3} \right) \mathrm{d}y \\
&= \sum_{j=1}^{4^l} \int_{\Delta_j} (f(y) - f(M_j))\mathrm{d}y - \sum_{j=1}^{4^l} \frac{1}{3} \int_{\Delta_j} (f(A_j) - f(M_j))\mathrm{d}y \\
&\quad - \sum_{j=1}^{4^l} \frac{1}{3} \int_{\Delta_j} (f(B_j) - f(M_j))\mathrm{d}y \\
&\quad - \sum_{j=1}^{4^l} \frac{1}{3} \int_{\Delta_j} (f(C_j) - f(M_j))\mathrm{d}y.
\end{aligned} \tag{4.1.17}
$$

(4.1.17) 右端的第一项由 (4.1.4) 知有 h_1 偶次幂的渐近展开式, 至于第二项应用 Taylor 展开式

$$
\begin{aligned}
&\int_{\Delta_j} (f(A_j) - f(M_j))\mathrm{d}y \\
&= \Delta^{h_1} \sum_{1 \leqslant |\alpha| \leqslant 2m+1} f^{(\alpha)}(M_j)(A_j - M_j)^\alpha / \alpha! + O(h_1^{2m+2})\Delta^{h_1},
\end{aligned} \tag{4.1.18}
$$

因存在与 j, h_1 无关的向量 a 使

$$
A_j - M_j = ah_1, \quad \forall j \in \Phi^+,
$$

$$
A_j - M_j = -ah_1, \quad \forall j \in \Phi^-.
$$

故当 $|\alpha|$ 是偶数时, 有

$$
\begin{aligned}
&\sum_{j=1}^{4^l} \Delta^{h_1} f^{(\alpha)}(M_j)(A_j - M_j)^\alpha / \alpha! \\
&= \sum_{j=1}^{4^l} a^\alpha h_1^{|\alpha|} \Delta^{h_1} f^{(\alpha)}(M_j)/\alpha! \\
&= \frac{a^\alpha h_1^{|\alpha|}}{\alpha!} \sum_{j=1}^{4^l} \int_{\Delta_j} [f^{(\alpha)}(M_j) - f^{(\alpha)}(y)]\mathrm{d}y \\
&\quad + \frac{a^\alpha h_1^{|\alpha|}}{\alpha!} \int_\Delta f^{(\alpha)}(y)\mathrm{d}y.
\end{aligned} \tag{4.1.19}
$$

故按 (4.1.11), 此情形有 h_1 的偶次幂展开, 而当 $|\alpha|$ 是奇数时, 有

$$\sum_{j=1}^{4^l} \Delta^{h_1} f^{(\alpha)}(M_j)(A_j - M_j)^\alpha/\alpha!$$
$$= \sum_{j\in\Phi^-} a^\alpha h_1^{|\alpha|} \Delta^{h_1}(f^{(\alpha)}(M_j) - f^{(\alpha)}(M_j^*))/\alpha! + \sum_{j\in\Phi^0} a^\alpha h^{|\alpha|} \Delta^{h_1} f^{(\alpha)}(M_j)/\alpha!$$
$$= J_7 + J_8, \tag{4.1.20}$$

这里 J_7 与 J_3 相同, J_8 与 J_4 相同, 已证明有偶次幂的渐近展开式, 至于 (4.1.17) 右端第三项, 第四项的偶次幂展开式与第二项的证明相似, 故获渐近展开 (4.1.12) 成立. 最后余项估计 (4.1.13) 容易由 (4.1.10) 得到. □

　　引理 4.1.4　定义三角形区域上数值积分的类 Simpson 公式

$$J_s^{h_1} = \frac{3}{4} J_R^{h_1} + \frac{1}{4} J_T^{h_1}, \tag{4.1.21}$$

则误差有渐近展开

$$E_s(f) = J - J_s^{h_1} = \bar{W}_2 h_1^4 + \bar{W}_3 h_1^6 + \cdots + \bar{W}_m h_1^{2m} + O(h_1^{2m+2}), \tag{4.1.22}$$

并且存在与 f 无关的常数 $\bar{c}_i$ 满足

$$|\bar{W}_i(f)| \leqslant \bar{c}_i \|f\|_{2i-1,\Delta}. \tag{4.1.23}$$

　　证明　容易验证三角形上积分

$$I(y) = \int_\Delta f(y)\mathrm{d}y$$

的求积公式

$$I^h(y) = |\Delta| \left[\frac{3}{4} f(M) + \frac{1}{12} \sum_{j=1}^3 f(A_j) \right]$$

有二阶代数精度, 其中 M 是中心, $A_j(j=1,2,3)$ 是顶点, 故 $J_s^{h_1}(f)$ 有二阶代数精度, 这便蕴涵 $E_s(f)$ 的渐近展开式中的 h_1^2 项消失, 即存在与 h_1 无关的常数 $\bar{W}_i(i=2,\cdots,m)$ 使 (4.1.22) 和 (4.1.23) 成立. □

　　引理 4.1.5　若 $f \in C^3(\Delta), g \in C^2(\Delta)$, 则存在与 h_1 无关的常数 C_0, 满足

$$\int_\Delta (f(y) - f^I(y))g(y)\mathrm{d}y = C_0 h_1^2 + \varepsilon, \tag{4.1.24}$$

并且

$$|\varepsilon| \leqslant C_1 h_1^4, \tag{4.1.25}$$

其中 $C_1 = C_1(f, g)$ 是与 h_1 无关但与 f, g 的导数有关的常数.

证明   由

$$\int_\Delta (f(y) - f^I(y))g(y)\mathrm{d}y = \sum_{i=1}^{4^l} \int_{\Delta_i} (f(y) - f^I(y))g(y)\mathrm{d}y$$

$$= \sum_{i=1}^{4^l} \int_{\Delta_i} (f(y) - f^I(y))(g(y) - I^0 g(y))\mathrm{d}y$$

$$+ \sum_{i=1}^{4^l} \int_{\Delta_i} (f(y) - f^I(y))\mathrm{d}y g(M_i)$$

$$= K_1 + K_2, \tag{4.1.26}$$

对于 K_1 由 (4.1.21)$\sim$(4.1.23) 得到

$$|K_1| \leqslant C_1 h_1^4 \|f\|_{3,\Delta} \|g\|_{2,\Delta}, \tag{4.1.27}$$

对于 K_2 则有

$$K_2 = \sum_{i=1}^{4^l} \int_{\Delta_i} (f(y) - f(M_i))\mathrm{d}y g(M_i)$$

$$+ \sum_{i=1}^{4^l} \sum_{j=1}^{3} \frac{1}{3} \int_{\Delta_i} (f(M_i) - f(A_j))\mathrm{d}y g(M_i)$$

$$= K_3 + K_4. \tag{4.1.28}$$

显然

$$K_3 = \sum_{j \in \Phi} \int_{\Delta_j} (f(y) - f(M_j))\mathrm{d}y g(M_i)$$

$$= \sum_{j \in \Phi} \sum_{1 \leqslant |\alpha| \leqslant 2} \frac{1}{\alpha!} \int_{\Delta_j} (y - M_j)^\alpha \mathrm{d}y f^{(\alpha)}(M_j) g(M_i) + \varepsilon_1, \tag{4.1.29}$$

这里余项 $\varepsilon_1 = O(h^4)$. 应用 (4.1.4), 得到

$$\int_{\Delta_i} (y - M_i)\mathrm{d}y = 0,$$

与

$$\int_{\Delta_i} (y - M_i)^\alpha \mathrm{d}y = C_\alpha h_1^2 \Delta^{h_1}, \quad |\alpha| = 2.$$

因此

$$K_3 = \sum_{j \in \Phi} \sum_{|\alpha|=2} C_\alpha \frac{h_1^2}{\alpha!} \int_{\Delta_j} f^{(\alpha)}(M_j) g(M_i) \mathrm{d}y + \varepsilon_1$$

$$= \sum_{|\alpha|=2} C_\alpha \frac{h_1^2}{\alpha!} \int_\Delta f^{(\alpha)}(y) g(y) \mathrm{d}y + \varepsilon_2, \tag{4.1.30}$$

类似 (4.1.17)~(4.1.20) 的证明, 又可以得到 K_4 的渐近展开与余项估计, 将其代入 (4.1.26) 和 (4.1.28) 便得到引理的证明. □

4.1.2　二阶椭圆型偏微分方程的有限元近似

考虑变系数二阶椭圆型方程的 Dirichlet 边值问题

$$\begin{cases} Lu = -\sum_{i,j=1}^{2} D_j(a_{ij}D_iu) + du = f, & \text{在}\Omega\text{内}, \\ u = 0, \text{在}\partial\Omega\text{上}, \end{cases} \tag{4.1.31}$$

这里 $\Omega \subset \mathbb{R}^2$ 是多角形, $D_i = \dfrac{\partial}{\partial x_i}, a_{ij} = a_{ij}(x_1, x_2)$ 和 $d = d(x_1, x_2) \geqslant 0$ 是变系数函数. 构造 $V = H_0^1(\Omega)$ 上的双线性形式

$$a(u, v) = \int_\Omega \left(\sum_{i,j=1}^{2} a_{ij} D_i u D_j v + duv \right) \mathrm{d}x, \tag{4.1.32}$$

称 $a(\cdot, \cdot)$ 是 V 椭圆的, 如果存在常数 $\gamma > 0$, 使

$$a(u, u) \geqslant \gamma \|u\|_{1,\Omega}^2, \quad \forall u \in V. \tag{4.1.33}$$

显然, 只要矩阵 $[a_{ij}]_{i,j=1}^s$ 在 $\overline{\Omega}$ 上是一致正定和对称的, 并且 $d \in L^\infty(\Omega), d \geqslant 0$, 就可保证 (4.1.33) 成立.

定义 4.1.1　称 $u \in V$ 是式 (4.1.31) 的弱解, 如果满足

$$a(u, v) = f(v), \quad \forall v \in V, \tag{4.1.34}$$

这里

$$f(v) = \int_\Omega f v \mathrm{d}x$$

是 V 上连续线性泛函, 因此应用 Lax-Milgram 定理: $a(\cdot, \cdot)$ 的 V 椭圆性保证了弱解的存在性与唯一性.

由于 Ω 是多角形, 故存在初始协调三角形剖分: $\Omega = \bigcup_{j=1}^{s} \Omega_j$, 然后连接每个三

角形 Ω_j 的三边中点加密三角剖分, 经 l 次加密后便得到了 Ω 的分片一致三角剖分 $\mathfrak{F} = \cup_{j=1}^s \mathfrak{F}_j$, 其中 $\mathfrak{F}_j$ 是 Ω_j 的一致三角剖分, 其步长 $h = 1/2^l$. 定义连续分片线性有限元空间

$$V_h = \{v \in V : v|_e \in \mathbb{P}_1(e), \forall e \in \mathfrak{F}\}, \tag{4.1.35}$$

这里 $\mathbb{P}_1(e)$ 表示 e 上线性函数集合. 相应的有限元近似 $u^h \in V_h$ 满足

$$a(u^h, v) = f(v), \quad \forall v \in V_h. \tag{4.1.36}$$

代入 (4.1.34) 得到

$$a(u - u^h, v) = 0, \quad \forall v \in V_h, \tag{4.1.37}$$

即 u^h 是 u 在 (4.1.32) 内积意义下的投影, 称为 Ritz 投影, 并且记为 $u^h = R_h u$.

对于任意 $z \in \Omega$, 定义 Green 函数 $G_z \in W_p^1(\Omega), 1 \leqslant p < 2$, 满足

$$a(G_z, v) = v(z), \quad \forall v \in \mathring{W}_{p'}^1(\Omega), \tag{4.1.38}$$

这里 p' 是 p 的共轭数, 满足 $p^{-1} + p'^{-1} = 1$, 令 $G_z^h = R_h G_z$, 按照 (4.1.36) 满足

$$a(G_z^h, v) = v(z), \quad \forall v \in V_h. \tag{4.1.39}$$

关于 G_z 和 G_z^h 的误差关系见专著 (朱起定等,1989).

问题 (4.1.31) 的解的光滑性质有下面引理.

引理 4.1.6(Grisvard ,1985; 林群等,1994)   若 Ω 是平面多角形, 最大内角为 π/β, 令

$$q_0 = \begin{cases} \dfrac{2}{2 - \beta}, & \beta < 2, \\ \infty, & \beta \geqslant 2, \end{cases}$$

则对任意 $q \in (1, q_0), L : W_q^2(\Omega) \cap \mathring{W}_q^1(\Omega) \to L^q(\Omega)$ 是同胚映射, 并且

$$\|u\|_{2,q,\Omega} \leqslant C(q)\|f\|_{0,q,\Omega}, \tag{4.1.40a}$$

其中 $C(q)$ 是仅与 q 有关的常数, 若 Ω 是凸多角形可以取 $q = 2$.

此外, 若 Ω 是凸多角形还有

$$\|u\|_{3,p,\Omega} \leqslant C\|f\|_{1,p,\Omega}, \tag{4.1.40b}$$

其中 $p \in (1, p_0)$, 而

$$p_0 = \frac{2}{3 - \beta} > 1. \tag{4.1.40c}$$

4.1.3　分片一致剖分下的线性有限元近似的误差与渐近展开

研究分片一致剖分下的线性有限元近似的渐近展开, 一般都假定初始剖分没有内交点. 本节证明: 即使初始剖分有内交点, 若解 u 与系数函数 a_{ij} 适当光滑, 则有限元误差在单元结点上仍然有渐近展开, 因此可以通过外推加速收敛.

为此, 考虑

$$
\begin{aligned}
a(u^h - u^I, v) &= a(u - u^I, v) \\
&= \sum_{k=1}^{s} a_k(u - u^I, v), \quad \forall v \in V_h. \tag{4.1.41}
\end{aligned}
$$

这里 u^I 是 u 在 V_h 的分片线性插值函数,

$$
a_k(u, v) = \int_{\Omega_k} \left(\sum_{i,j=1}^{2} a_{ij} D_i u D_j v + duv \right) \mathrm{d}x \tag{4.1.42}
$$

是定义在 Ω_k 上的双线性泛函. 置 $k = 1$, 由于 Ω_1 是三角形, 令 $L_l(l = 1, 2, 3)$ 是 Ω_1 的三条边, $\partial_l(l = 1, 2, 3)$ 是沿 L_l 的方向导数, 使用 ∂_l 代替 D_i, 于是可以表示

$$
a_1(u, v) = \int_{\Omega_1} \left(\sum_{l,m=1}^{3} b_{lm} \partial_l u \partial_m v + duv \right) \mathrm{d}x. \tag{4.1.43}
$$

在证明定理前, 先叙述如下引理.

引理 4.1.7(林群等,1994)　若 $f \in C^1(e), e \in \mathfrak{F}_1, e_l(l = 1, 2, 3)$ 分别是 e 平行于 $L_l(l = 1, 2, 3)$ 的三条边. 则存在与 h_1 无关的常数 μ_1, μ_2 使

$$
\int_{e_l} f \mathrm{d}s = \mu_1 \int_{e_{l+1}} f \mathrm{d}s + \mu_2 \int_e \partial_{l+2} f \mathrm{d}x. \tag{4.1.44}
$$

引理 4.1.7 容易使用 Green 公式证明, 其中下标大于 3, 则把与模 3 同余的下标视为相同下标理解.

引理 4.1.8　若 $f \in C^3(\Omega_1), g \in C^2(\Omega_1), v \in V_h$, 则存在与 h 无关的常数 c_1, 满足

$$
\int_{\Omega_1} (f(y) - f^I(y))g(y)\partial_l v \mathrm{d}y = c_1 h^2 + \varepsilon, \tag{4.1.45}
$$

并且 $c_1 = c_1(f, g, \Omega_1)$ 是 Ω_1 上与 h 无关, 但与 f, g 的二阶导数有关的泛函,

$$
|\varepsilon| \leqslant C_1 h^4, \tag{4.1.46}
$$

其中 $C_1 = C_1(f, g, \Omega_1)$ 是与 h 无关, 但与 f, g 的导数有关的常数.

证明 设 $\mathfrak{F}$ 是 Ω_1 的单元剖分, 用 $\mathfrak{F}_0$ 表示正向单元集合, $\mathfrak{F}_1$ 表示逆向单元集合. 容易证明, 变换

$$x - M_e = (-1)^i h(y - M) : e \to \Omega_1, \forall e \in \mathfrak{F}_{1i}, i = 0, 1. \tag{4.1.47}$$

这里 M_e 是 e 的中心, M 是 Ω_1 的中心. 若 $e' \in \mathfrak{F}_1$, 必然存在相邻的正向单元 e, 其公共边 e_l 与 Ω_1 的边 L_l 平行. 显然, $\partial_l v$ 在 e 与 e' 上取同一个常数值.

由 Taylor 展开, 必然存在 $p_e \in e$, 与 $q_e \in e$ 有

$$\begin{aligned}
f(y) &= \sum_{0 \leqslant |\alpha| \leqslant 2} \frac{1}{\alpha!} (y - M_e)^\alpha f^{(\alpha)}(M_e) + \sum_{|\alpha|=3} \frac{1}{\alpha!} (y - M_e)^\alpha f^{(\alpha)}(p_e), \\
g(y) &= \sum_{0 \leqslant |\alpha| \leqslant 2} \frac{1}{\alpha!} (y - M_e)^\alpha g^{(\alpha)}(M_e) + \sum_{|\alpha|=3} \frac{1}{\alpha!} (y - M_e)^\alpha g^{(\alpha)}(q_e).
\end{aligned} \tag{4.1.48}$$

应用 (4.1.47) 与 (4.1.48) 容易导出

$$\begin{aligned}
&\int_e (f(y) - f^I(y))g(y)\partial_l v \mathrm{d}y \\
={}& h^2 \sum_{|\alpha|=2} \lambda_{\alpha,0} f^{(\alpha)}(M_e)g(M_e)\partial_l v|e| \\
&+ h^3 \sum_{\substack{|\alpha|+|\beta|=3 \\ |\alpha| \geqslant 2}} (-1)^i \lambda_{\alpha,\beta} f^{(\alpha)}(M_e)g^{(\beta)}(M_e)\partial_l v|e| + \varepsilon_e, \quad \forall e \in \mathfrak{F}_i, i = 0, 1,
\end{aligned} \tag{4.1.49}$$

这里用到

$$\begin{aligned}
&\int_e [(y - M_e)^{\alpha+\beta} - I_e((y - M_e)^{\alpha+\beta})]\mathrm{d}y \\
={}& (-1)^{i(|\alpha|+|\beta|)} h^{2+\alpha+|\beta|} \int_{\Omega_1} [(y - M)^{\alpha+\beta} - I((y - M)^{\alpha+\beta})]\mathrm{d}y \\
={}& (-1)^{i(|\alpha|+|\beta|)} h^{\alpha+|\beta|} |e| \lambda_{\alpha,\beta}, \quad \forall e \in \mathfrak{F}_i, i = 0, 1,
\end{aligned} \tag{4.1.50}$$

I_e 是 e 上的线性插值算子, I 是 Ω_1 上的线性插值算子, $\lambda_{\alpha,\beta}$ 是与 h 无关常数, 满足

$$|\varepsilon_e| \leqslant Ch^4 \|f\|_{3,e} \|g\|_{2,\infty,e} \|v\|_{1,e}, \tag{4.1.51}$$

这里和以下都假定 $C > 0$ 是与 h 无关的常数. 注意

$$f^{(\alpha)}(M_e)g^{(\beta)}(M_e)\partial_l v|e| = \int_e f^{(\alpha)}(y)g^{(\beta)}(y)\partial_l v \mathrm{d}y + \eta_e,$$

$$|\alpha| \geqslant 2, |\alpha| + |\beta| \leqslant 3, \tag{4.1.52}$$

其中

$$|\eta_e| \leqslant Ch^2\|f\|_{3,e}\|g\|_{2,\infty,e}\|v\|_{1,e}. \tag{4.1.53}$$

合并 e 与 e' 上的积分, 由于 $\partial_l v$ 在 e 与 e' 上值相同, h^3 项被抵消, 于是

$$\int_{e\cup e'}(f(y)-f^I(y))g(y)\partial_l v\mathrm{d}y = h^2\sum_{|\alpha=2}\lambda_{\alpha,0}\int_{e\cup e'}f^{(\alpha)}(y)g(y)\partial_l v\mathrm{d}y + \xi_e, \tag{4.1.54}$$

并且

$$|\xi_e| \leqslant Ch^4\|f\|_{3,e}\|g\|_{2,\infty,e}\|v\|_{1,e}. \tag{4.1.55}$$

对于 $e_l \subset L_l$ 的正向单元 e, 因为不存在配对单元, 故 h^3 项不能被抵消, 于是展开式为

$$\int_e(f(y)-f^I(y))g(y)\partial_l v\mathrm{d}y = h^2\sum_{|\alpha=2}\lambda_{\alpha,0}\int_e f^{(\alpha)}(y)g(y)\partial_l v\mathrm{d}y$$

$$+ h^3\sum_{\substack{|\alpha|+|\beta|=3\\|\alpha|\geqslant 2}}\lambda_{\alpha,\beta}f^{(\alpha)}(M_e)g^{(\beta)}(M_e)\partial_l v|e| + \delta_e,$$

$$= J_e + K_e + \delta_e, \quad \forall e_l \subset L_l. \tag{4.1.56}$$

令 m_e 表示 e_l 的中点, $M_e = m_e + hr$, 这里 $r = (r_1, r_2)$ 是与 h 无关的向量, 于是由 Taylor 展开, 必然存在 $P_e, Q_e \in (M_e, m_e)$ 有

$$f^{(\alpha)}(M_e) = f^{(\alpha)}(m_e) + h\sum_{|\gamma|=1}r^\gamma f^{(\alpha+\gamma)}(P_e),$$

$$g^{(\beta)}(M_e) = g^{(\beta)}(m_e) + h\sum_{|\gamma|=1}r^\gamma g^{(\beta+\gamma)}(Q_e), \quad \forall e_l \subset L_l. \tag{4.1.57}$$

将其代入 K_e 项中, 由中矩形求积分的误差估计便导出

$$\left|\sum_{e_l\subset L_l}(K_e+\delta_e)\right| \leqslant Ch^4\|f\|_{3,L_l}\|g\|_{2,\infty,L_l}\|v\|_{1,L_l}.$$

把 J_e 与 (4.1.54)~(4.1.58) 诸项合并, 得到

$$\int_{\Omega_1}(f(y)-f^I(y))g(y)\partial_l v\mathrm{d}y = h^2\sum_{|\alpha=2}\lambda_{\alpha,0}\int_{\Omega_1}f^{(\alpha)}(y)g(y)\partial_l v\mathrm{d}y + \epsilon, \tag{4.1.58}$$

并且

$$|\epsilon| \leqslant Ch^4(\|f\|_{3,\Omega_1}\|g\|_{2,\infty,\Omega_1}\|v\|_{1,\Omega_1} + \|f\|_{3,L_l}\|g\|_{2,\infty,L_l}\|v\|_{1,L_l}),$$

于是引理被证明. $\quad\square$

引理 4.1.9 设 $l = [t_0, t_1]$ 是闭线段, $h_0 = t_1 - t_0, u \in W_p^5(l).u^I$ 是以 t_0, t_1 为基点的线性插值函数, $Q \in C^5(l)$, 则成立积分渐近展开式

$$\int_l (u - u^I) Q \mathrm{d}t = -\frac{1}{12} h_0^2 \int_l u'' Q \mathrm{d}t + r_3$$

其中余项估计为

$$|r_3| \leqslant C h_0^4 \|u\|_{4,p,l} \|Q\|_{2,p',l},$$

这里 C 是与 h_0 无关常数 $p \geqslant 1, p^{-1} + p'^{-1} = 1$.

证明 由 Euler-Maclaurin 展开式

$$\begin{aligned}
J =& \int_l (u - u^I) Q \mathrm{d}t \\
=& -\frac{1}{12} h_0^2 \int_l [(u - u^I) Q]'' \mathrm{d}t \\
& + \frac{1}{720} h_0^4 \int_l [(u - u^I) Q]^{(4)} \mathrm{d}t + r_1 \\
=& -\frac{1}{12} h_0^2 \int_l [u'' Q + 2(u - u^I)' Q' + (u - u^I) Q''] \mathrm{d}t \\
& + \frac{1}{720} h_0^4 \int_l [u^{(4)} Q + 4 u^{(3)} Q' + 6 u'' Q'' + 4(u - u^I)' Q^{(3)} \\
& + (u - u^I) Q^{(4)}] \mathrm{d}t + r_1,
\end{aligned}$$

再次用 Euler-Maclaurin 展开及分部积分导出

$$\begin{aligned}
J =& -\frac{1}{12} h_0^2 \int_l u'' Q \mathrm{d}t + \frac{1}{12} h_0^2 \int_l (u - u^I) Q'' \mathrm{d}t \\
& + \frac{1}{720} h_0^4 \int_l [u^{(4)} Q + 4 u^{(3)} Q' + 6 u'' Q''] \mathrm{d}t \\
& - \frac{3}{720} h_0^4 \int_l (u - u^I) Q^{(4)} \mathrm{d}t + r_1 \\
=& -\frac{1}{12} h_0^2 \int_l u'' Q \mathrm{d}t + \frac{1}{12} h_0^2 \left[-\frac{1}{12} h_0^2 \int_l u'' Q'' \mathrm{d}t + \frac{1}{12} h_0^2 \int_l (u - u^I) Q^{(4)} \mathrm{d}t \right] \\
& + \frac{1}{720} h_0^4 \int_l (u^{(4)} Q + 4 u^{(3)} Q' + 6 u'' Q'') \mathrm{d}t + r_2 \\
=& -\frac{1}{12} h_0^2 \int_l u'' Q \mathrm{d}t + \frac{1}{720} h_0^4 \int_l (u^{(4)} Q + 4 u^{(3)} Q' + 11 u'' Q'') \mathrm{d}t + r_3,
\end{aligned}$$

其中 r_3 由 Euler-Maclaurin 展开式的余项估计便得出引理的证明. □

关于 $W_p^s(\Omega)$ 迹定理, 当 $s > 1/p$, 是熟知的, 下面引进基于负范数意义下的迹定理.

引理 4.1.10(里翁斯,1980; Grisvard,1985;Lions et al.,1968)　设 Ω 是平面多角形, Γ 是它的一条边, 若 $u \in L^p(\Omega), 1 < p < \infty$, 并且在广义导数意义下, 由 (4.1.31) 定义的微分算子 L, 有 $Lu \in L^p(\Omega)$, 则成立基于负范数意义下的迹性质

$$||u||_{-1/p,p,\Gamma} \leqslant C||u||_{0,p,\Omega}, \quad p \neq 2, \tag{4.1.59a}$$

与

$$||u||_{-1/2-\varepsilon,2,\Gamma} \leqslant C||u||_{0,2,\Omega}, \quad p = 2, \varepsilon > 0. \tag{4.1.59b}$$

定理 4.1.1　若边值问题 (4.1.34) 的解 $u \in \left(\prod_{l=1}^s H^5(\Omega_l)\right) \cap H_0^1(\Omega)$, 系数函数 $a_{ij} \in \prod_{l=1}^s C^4(\Omega_l), d \in \prod_{l=1}^s C^3(\Omega_l)$, 则存在函数 $w \in C(\Omega)$, 使有限元近似有渐近展开

$$u^h(x) - u^I(x) = h^2 w^I(x) + \epsilon, \quad \forall x \in \Omega, \tag{4.1.60}$$

这里余项有估计

$$||\epsilon|| \leqslant c_\varepsilon h^{2+\omega-\varepsilon}, \tag{4.1.61}$$

其中 $\varepsilon > 0$ 为任意小的正数, c_ε 与 ε 有关, 但与 h 无关的常数, π/ω 是 Ω 的最大内角.

证明　考虑

$$a_1(u - u^I, v) = \int_{\Omega_1} \left(\sum_{l,m=1}^3 b_{lm}\partial_l(u - u^I)\partial_m v + d(u - u^I)v\right) \mathrm{d}x.$$

$$= \sum_{e \in \mathfrak{F}_1} \int_e \left(\sum_{l,m=1}^3 b_{lm}\partial_l(u - u^I)\partial_m v + d(u - u^I)v\right) \mathrm{d}x$$

$$= \sum_{e \in \mathfrak{F}_1} - \int_e \left(\sum_{l,m=1}^3 (u - u^I)\partial_l b_{lm}\partial_m v\right) \mathrm{d}x$$

$$+ \sum_{e \in \mathfrak{F}_1} \sum_{k,l,m=1}^3 (n_k,t_l) \int_{e_k} (u - u^I)b_{lm}\partial_m v \mathrm{d}s$$

$$+ \sum_{e \in \mathfrak{F}_1} \int_e d(u - u^I)v \mathrm{d}x$$

$$= J_1 + J_2 + J_3, \quad \forall v \in V_h, \tag{4.1.62}$$

这里 (n_k, t_l) 表示 e_k 的单位法线向量与 e_l 切向量的内积. 因为 J_1 和 J_3 作为单元上的积分可以合并为 Ω_1 上的积分, 并且使用引理 4.1.5 和引理 4.1.8 导出渐近展

开. 对于单元边界上的积分 J_2, 注意线积分

$$\int_{e_k} (u - u^I) b_{lm} \partial_m v \mathrm{d}s, \qquad (4.1.63)$$

若 $\partial_m = \partial_k$, 即微分在切向, 则因 Ω_1 内部的线积分被抵消, 故合并后仅保持 Ω_1 的边 L_k 积分. 由 (4.1.31), 若 $L_k \subset \partial\Omega$, 则 $u|_{L_k} = 0$, 故其上线积分为零; 若 $L_k \subset \Omega$, 即 L_k 是内边, 则合并后, 并使用引理 4.1.9 得到

$$\int_{L_k} (u - u^I) b_{lk} \partial_k v \mathrm{d}s = -\frac{h^2}{12} \int_{L_k} (\partial_k^2 u) b_{lk} \partial_k v \mathrm{d}s + \theta, \qquad (4.1.64a)$$

而

$$|\theta| \leqslant Ch^4 ||u||_{4,L_k} ||b_{lk}||_{3,\infty,L_k} ||v||_{1,L_k}. \qquad (4.1.64b)$$

若 $k \neq m$, 例如 $m = k+1$, 则由 (4.1.44),

$$\int_{e_k} (u - u^I) b_{l,k+1} \partial_{k+1} v \mathrm{d}s = \mu_1 \int_{e_{k+1}} (u - u^I) b_{l,k+1} \partial_{k+1} v \mathrm{d}s$$
$$+ \mu_2 \int_e \partial_{k+2}[(u - u^I) b_{l,k+1} \partial_{k+1} v] \mathrm{d}x, \quad (4.1.65)$$

右端第一个积分, 若 e_{k+1} 在 Ω_1 内部, 可以相互抵消, 仅保留 $\partial\Omega_1$ 上的积分; 第二个积分可以合并成为 Ω_1 上积分, 再使用 Green 公式得到

$$\mu_2 \int_e \partial_{k+2}[(u - u^I) b_{l,k+1} \partial_{k+1} v] \mathrm{d}x$$
$$= (n, t_{k+2}) \mu_2 \int_{\partial e} (u - u^I)(\partial_{k+2} b_{l,k+1}) \partial_{k+1} v \mathrm{d}s$$
$$- \mu_2 \int_e (u - u^I) b_{l,k+1} \partial_{k+1} v \mathrm{d}x$$
$$= K_{1e} + K_{2e}, \qquad (4.1.66)$$

因为 $(n_{k+2}, t_{k+2}) = 0$, 故

$$K_{1e} = (n_k, t_{k+2}) \mu_2 \int_{e_k} (u - u^I)(\partial_{k+2} b_{l,k+1}) \partial_{k+1} v \mathrm{d}s$$
$$+ (n_{k+1}, t_{k+2}) \mu_2 \int_{e_{k+1}} (u - u^I)(\partial_{k+2} b_{l,k+1}) \partial_{k+1} v \mathrm{d}s$$
$$= K_{3e} + K_{4e}, \qquad (4.1.67)$$

因 K_{4e} 是属于 Ω_1 内部的线积分故被抵消, 于是合并后仅保持 Ω_1 的边 L_{k+1} 上的线积分, 并且最终转换为 (4.1.64) 类型的线积分和余项估计, 对于 K_{3e} 则用 (4.1.44)

的方法转换为 e_{k+1} 上的线积分与单元上的积分, 重复前面方法, 最后得到

$$a_1(u - u^I, v) = h^2 \int_{\Omega_1} D^2 u D v \mathrm{d}x + h^2 \int_{\partial\Omega_1} D^2 u D v \mathrm{d}s + \epsilon_1, \quad \forall v \in V_h, \qquad (4.1.68)$$

这里与以下 D^k 皆表示 k 阶变系数微分算子, 在不同场合有不同表示. 使用 Sobolev 空间的迹定理, 容易导出余项估计

$$|\epsilon_1| \leqslant C h^4 (\|v\|_{1,\Omega_1} + \|v\|_{1,\partial\Omega_1}), \qquad (4.1.69)$$

这里及以下 C 皆表示与 h 无关, 但与 u 及其导数相关的常数.

类似的方法处理 $a_k(u - u^I, v)(k = 2, \cdots, s)$, 合并后得到

$$a(u - u^I, v) = h^2 \int_{\Omega} D^2 u D v \mathrm{d}x + h^2 \int_{\Gamma} D^2 u D v \mathrm{d}s + \epsilon_2, \quad \forall v \in V_h, \qquad (4.1.70)$$

这里 Γ 皆表示初始剖分下的所有内边的集合,

$$|\epsilon_2| \leqslant C h^4 (\|v\|_{1,\Omega} + \|v\|_{1,\Gamma}). \qquad (4.1.71)$$

令

$$G(v) = \int_{\Omega} D^2 u D v \mathrm{d}x, \quad \forall v \in V,$$

与

$$F(v) = \int_{\Gamma} D^2 u D v \mathrm{d}s, \quad \forall v \in V.$$

应用引理 4.1.10, 若 $\Gamma_1 \subset \Gamma$ 是 Ω_1 的一条边, 则在 (4.1.59b) 中, 置 $\varepsilon = 1/2$, 得

$$\left| \int_{\Gamma_1} D^2 u D v \mathrm{d}s \right| \leqslant \int_{\Gamma_1} |D^2 u D v| \mathrm{d}s \leqslant C \|D^2 u\|_{2,\Gamma_1} \|D v\|_{-2,\Gamma_1}$$

$$\leqslant C \|u\|_{4,\Gamma_1} \|v\|_{-1,\Gamma_1} \leqslant C \|u\|_{5,\Omega_1} \|v\|_{0,\Omega_1} \leqslant C \|u\|_{5,\Omega} \|v\|_{0,\Omega},$$

因此 $F(v)$ 是 $L^2(\Omega)$ 上的线性泛函, 由 Riesz 引理知必定存在 $\hat{F} \in L^2(\Omega)$ 使

$$F(v) = (\hat{F}, v).$$

构造辅助问题: 求 $w \in V$, 满足

$$a(w, v) = G(v) + F(v), \quad \forall v \in V \qquad (4.1.72)$$

及有限元近似 $w^h \in V_h$, 满足

$$a(w^h, v) = G(v) + F(v), \quad \forall v \in V_h. \qquad (4.1.73)$$

代入 (4.1.70), 得到

$$a(u^h - u^I - h^2 w^h, v) = \epsilon_2, \quad \forall v \in V_h, \tag{4.1.74}$$

置 $v = u^h - u^I - h^2 w^h$, 由 (4.1.33) 与 (4.1.71) 得到

$$||u^h - u^I - h^2 w^h||_{1,\Omega} \leqslant Ch^4. \tag{4.1.75}$$

若 Ω 的最大内角是 $\pi/\omega, \omega > 1/2$, 则由引理 4.1.6, 知对于任意小的 $\varepsilon > 0$, 应有 $w \in H^{1+\omega-\varepsilon/2}(\Omega) \subset C(\Omega), \forall \omega > \varepsilon/2$, 于是存在与 ε 有关的常数 c_ε, 满足

$$||w - w^h||_{1,\Omega} \leqslant c_\varepsilon h^{\omega - \varepsilon/2} \tag{4.1.76}$$

和

$$||w - w^I||_{1,\Omega} \leqslant c_\varepsilon h^{\omega - \varepsilon/2}. \tag{4.1.77}$$

在 (4.1.76) 中, 使用 w^I 代替 w^h 得到

$$||u^h - u^I - h^2 w^I||_{1,\Omega} \leqslant c_\varepsilon h^{2+\omega-\varepsilon/2}, \tag{4.1.78}$$

使用反估计导出

$$
\begin{aligned}
||u^h - u^I - h^2 w^I||_{0,\infty,\Omega} &\leqslant c|\ln h|^{1/2} ||u^h - u^I - h^2 w^I||_{1,\Omega} \\
&\leqslant c_\varepsilon |\ln h|^{1/2} h^{2+\omega-\varepsilon/2} \leqslant c_\varepsilon h^{2+\omega-\varepsilon},
\end{aligned} \tag{4.1.79}
$$

这里应用了不等式 (Mitrinoric et al.,1970): 对于任意小的 $\varepsilon > 0$, 成立

$$|\ln h| \leqslant \frac{1}{\varepsilon e} h^{-\varepsilon}, \tag{4.1.80}$$

于是定理被证明. □

定理 4.1.1 证明即使剖分有内交点, 有限元误差在结点上同样有渐近展开.

推论 4.1.1　　在定理的假定下, 若 Ω 是凸区域, 则

$$u^h(x) - u^I(x) = h^2 w^I(x) + O(h^3), \quad \forall x \in \Omega. \tag{4.1.81}$$

证明　若 Ω 是凸区域, 则 $\omega > 1$, 故 (4.1.61) 中, 取 $\varepsilon = \omega - 1$ 便得到证明.　□

推论 4.1.2　　在定理的假定下, 在粗网格结点 P 上, 线性元解的外推有高精度

$$\frac{4}{3} u^{h/2}(P) - \frac{1}{3} u^h(P) = u(P) + O(h^{2+\omega-\varepsilon}), \tag{4.1.82}$$

其中 ε 是任意小的正数.

推论 4.1.3　在定理的假定下, 在粗网格结点 P 上有渐近后验误差估计

$$|u(P) - u^{h/2}(P)| \leqslant \frac{1}{3}|u^{h/2}(P) - u^h(P)| + O(h^{2+\omega-\varepsilon}). \tag{4.1.83}$$

证明　由

$$\begin{aligned}
|u(P) - u^{h/2}(P)| \leqslant & \left|\frac{4}{3}u^{h/2}(P) - \frac{1}{3}u^h(P)\right| \\
& + \frac{1}{3}\left|u^{h/2}(P) - u^h(P)\right|,
\end{aligned}$$

故应用 (4.1.82) 得到证明.　□

注 4.1.1　Rannacher(1987) 在会议文献中证明的引理 2.2, 这个引理被文献 (Ding et al.,1990,1989) 引用于证明变系数有限元外推. 具体说, (Ding et al.,1989) 在引理 2.1 的证明中的式 (2.2) , 来自 Rannacher 的引理 2.2, 但是 Rannacher 这个引理是错误的. 因为这个引理使用了一个错误结论: 若 q 是二元三次多项式, 则在以 $P_1 = (0,0), P_2 = (1,0)$, $P_3 = (0,1)$ 为顶点的三角形上的积分成立

$$\begin{aligned}
\int_0^1 \int_0^{1-x_2} q\mathrm{d}x_1\mathrm{d}x_2 = & \frac{1}{6}\{q(0,0) + q(1,0) + q(0,1)\} \\
& - \frac{1}{12}\int_0^1 \int_0^{1-x_2}\{\partial_1^2 q - \partial_1\partial_2 q + \partial_2^2 q\}\mathrm{d}x_1\mathrm{d}x_2 \\
& + \frac{1}{360}\int_0^1 \{2\partial_1^3 q - 3\partial_1^2\partial_2 q - 3\partial_1\partial_2^2 q + 2\partial_2^3 q\}\mathrm{d}y, \tag{4.1.84}
\end{aligned}$$

这里按照原文 $\partial_i = \dfrac{\partial}{\partial x_i}, i = 1, 2$.

但是 (4.1.84) 是错的, 例如取

$$q(x_1, x_2) = x_2^3, \tag{4.1.85}$$

得到 (4.1.84) 的

$$左端 = \int_0^1 \int_0^{1-x_2} x_2^3 \mathrm{d}x_1\mathrm{d}x_2 = \int_0^1 x_2^3(1 - x_2)\mathrm{d}x_2 = \frac{1}{20},$$

而右端第一项

$$\frac{1}{6}\{q(0,0) + q(1,0) + q(0,1)\} = \frac{1}{6},$$

右端第二项

$$-\frac{1}{12}\int_0^1\int_0^{1-x_2}\{\partial_1^2 q-\partial_1\partial_2 q+\partial_2^2 q\}\mathrm{d}x_1\mathrm{d}x_2=-\frac{1}{12}\int_0^1\int_0^{1-x_2}\partial_2^2 q\mathrm{d}x_1\mathrm{d}x_2$$

$$=-\frac{1}{12}\int_0^1\int_0^{1-x_2}\partial_2^2 q\mathrm{d}x_1\mathrm{d}x_2=-\frac{1}{12}\int_0^1\int_0^{1-x_2}6x_2\mathrm{d}x_1\mathrm{d}x_2$$

$$=-\frac{1}{12}\int_0^1\int_0^{1-x_2}6x_2\mathrm{d}x_1\mathrm{d}x_2=-\frac{1}{2}\int_0^1 x_2(1-x_2)\mathrm{d}x_2=-\frac{1}{12},$$

右端第三项

$$\frac{1}{360}\int_0^1\{2\partial_1^3 q-3\partial_1^2\partial_2 q-3\partial_1\partial_2^2 q+2\partial_2^3 q\}\mathrm{d}x_2$$

$$=\frac{1}{360}\int_0^1 2\partial_2^3 q\mathrm{d}x_2=\frac{1}{360}\int_0^1 12\mathrm{d}x_2=\frac{1}{30},$$

于是

$$右端=\frac{1}{6}-\frac{1}{12}+\frac{1}{30}=\frac{7}{60}\neq 左端,$$

故 (4.1.84) 不是恒等式.

4.2 二次有限元近似解的渐近展开与外推

尽管线性有限元的外推经过林群及其合作者的研究已经取得丰硕成果, 但是二次有限元外推进展缓慢, 林群和朱起定 (1994) 对二次三角形元的展开作了细致分析, 得到三角形区域上一致三角剖分下二次有限元近似解在单元结点的误差有 $O(h^4)$ 的超收敛结果, 但是这个方法仍然不能证明二次有限元外推的可行性. Krizek(林群等, 1994) 实算了一个例子, 说明二次有限元一般不能外推; 吕涛和朱瑞 (2008) 证明了若区域 Ω 存在一致剖分, 相邻边的两单元构成平行四边形, 并且解 $u\in H^6(\Omega)$, 那么二次有限元有 h^4 次幂的渐近展开, 从而可以使用 Richardson 外推进一步提高精度阶. 由于二次元的单元分析更复杂, 本节仅限于讨论 Poisson 方程.

4.2.1 Poisson 方程的 Dirichlet 问题的二次有限元解与外推

考虑 Poisson 方程的 Dirichlet 问题

$$\begin{aligned}-\Delta u=f, \quad &在\Omega内,\\ u=0, \quad &在\partial\Omega上,\end{aligned} \tag{4.2.1}$$

其中 Ω 是平面多角形, 并且存在初始三角剖分: $\bar{\Omega} = \bigcup\limits_{s=1}^{m} \bar{\Omega}_s$, 使相邻初始单元构成平行四边形. 递次连接 $\Omega_s(s = 1, \cdots, m)$ 的三边中点得到一致三角剖分 $\mathfrak{F}^h$, 并且 $h = 1/2^k, k$ 是加密剖分的次数. 令 $S_0^h \subset H_0^1(\Omega)$ 是基于 $\mathfrak{F}^h$ 的连续分片二次有限元空间, u^I 是 u 的分片二次插值函数, 插值基点是单元三个顶点和三边中点.

考虑 $H_0^1(\Omega)$ 上的双线性形式

$$a(u,v) = \int_\Omega \nabla u \nabla v \mathrm{d}x, \quad \forall u, v \in H_0^1(\Omega),$$

那么 (4.2.1) 的弱解 $u \in H_0^1(\Omega)$ 满足

$$a(u,v) = \int_\Omega \nabla u \nabla v \mathrm{d}x = \int_\Omega f v \mathrm{d}x, \quad \forall v \in H_0^1(\Omega), \tag{4.2.2}$$

相应的有限元近似解 $u^h \in S_0^h$ 满足

$$a(u^h,v) = \int_\Omega \nabla u \nabla v \mathrm{d}x = \int_\Omega f v \mathrm{d}x, \quad \forall v \in S_0^h. \tag{4.2.3}$$

本节的主要结果是下面定理:

定理 4.2.1(吕涛等,2008)　　在 Ω 及其剖分的上述假定下, 若 $u \in H^6(\Omega) \cap H_0^1(\Omega)$, 则存在与 h 无关的连续函数 $w(x)$, 使

$$u^I(x) - u^h(x) = h^4 w(x) + \eta, \quad \forall x \in \Omega, \tag{4.2.4}$$

其中函数 η 满足 $||\eta||_{\infty,\Omega} \leqslant c_\varepsilon h^{4+\omega-\varepsilon}$, 而 π/ω 是 Ω 的最大内角, $\varepsilon > 0$ 是任意实数, c_ε 是与 h 无关, 但与 ε 相关的常数.

定理 4.2.1 表明在单元的结点上, 有限元误差有渐近展开, 并且可以通过外推提高精度.

定理证明前, 需要证明几个引理.

4.2.2　辅助引理及其证明

若 Ω 及其剖分有 4.2.1 节的假定, 则令 L_1, L_2 和 L_3 是 Ω_1 的三条边, 于是任何单元 $e \in \mathfrak{F}^h$ 的三条边皆与 L_1, L_2 和 L_3 相平行, 下面用 $e_i(i = 1, 2, 3)$ 表示与 L_i 平行的 e 的边; 用 ∂_i 表示沿 e_i 的方向导数, 用 Γ_i 表示与 L_i 平行的 Ω 的边界.

使用 $\mathfrak{F}_0^h$ 表示正向单元集合, 即 $e \in \mathfrak{F}_0^h$ 指 e 能够经过平移和放大变换成为 Ω_1, 非正向单元成为逆向单元, 记为 $\mathfrak{F}_1^h = \mathfrak{F}^h \backslash \mathfrak{F}_0^h$. 显然, 每个与正向单元有公共边的单元必然是逆向单元.

引理 4.2.1　　若 D^2 是二阶偏导数算子的常系数线性组合, 则存在常数 d_1, d_2 和 d_3 使

$$D^2 = d_1 \partial_1^2 + d_2 \partial_2^2 + d_3 \partial_3^2. \tag{4.2.5}$$

证明 借助仿射变换, 不妨假设 Ω_1 的三顶点是 $P_1 = (0,0), P_2 = (1,0), P_3 = (0,1)$, 于是相应的方向导数是

$$\partial_1 = \frac{\partial}{\partial x_1}, \quad \partial_3 = -\frac{\partial}{\partial x_2}, \quad \partial_2 = \frac{\partial}{\partial x_2} - \frac{\partial}{\partial x_1}.$$

显然, 导数 $\dfrac{\partial^2}{\partial x_1^2} = \partial_1^2, \dfrac{\partial^2}{\partial x_2^2} = \partial_3^2$, 混合导数

$$\frac{\partial^2}{\partial x_1 \partial y_2} = -\frac{1}{2}(\partial_2^2 - \partial_1^2 - \partial_3^2). \tag{4.2.6}$$

由于 D^2 是二阶偏导数算子的常系数线性组合, 故也是 $\partial_i^2 (i = 1, 2, 3)$ 的常系数线性组合, 故 (4.2.5) 成立. $\quad\square$

引理 4.2.2 若 $u \in C^6(e)$, 则存在与 h 无关的常数 $\{\lambda_\alpha\}$, 满足

$$\int_e (u(x) - u^I(x))\mathrm{d}x = \sum_{|\alpha|=3} (-1)^i \lambda_\alpha h^3 \int_e D^\alpha u \mathrm{d}x + \sum_{|\alpha|=4} \lambda_\alpha h^4 \int_e D^\alpha u \mathrm{d}x$$

$$+ \sum_{|\alpha|=5} (-1)^i \lambda_\alpha h^5 \int_e D^\alpha u \mathrm{d}x + O(h^6)\|u\|_{6,1,e},$$

$$\forall e \in \mathfrak{F}_i^h, i = 0, 1, \tag{4.2.7}$$

这里 $\alpha = (\alpha_1, \alpha_2)$ 是向量标号.

证明 令 M 和 M_e 分别是 Ω_1 和 e 的形心, 由 Taylor 展开及其余项估计, 存在 $p \in e$ 使

$$u(x) = \sum_{0 \leqslant |\alpha| \leqslant 5} \frac{(x - M_e)^\alpha}{\alpha!} D^\alpha u(M_e) + \sum_{|\alpha|=6} \frac{(x - M_e)^\alpha}{\alpha!} D^\alpha u(p). \tag{4.2.8}$$

使用变换 $x - M_e = (-1)^i h(y - M) : e \to \Omega_1, \forall e \in \mathfrak{F}_i^h (i = 0, 1)$, 这便导出

$$\int_e [(x - M_e)^\alpha - \Pi_e(x - M_e)^\alpha]\mathrm{d}x$$

$$= (-1)^{i\alpha} h^{|\alpha|+2} \int_{\Omega_1} [(x - M)^\alpha - \Pi(x - M)^\alpha]\mathrm{d}x$$

$$= (-1)^{i\alpha} \hat{\lambda}_\alpha |e| h^{|\alpha|}, \quad \forall e \in \mathfrak{F}_i^h, i = 0, 1, \tag{4.2.9}$$

这里 Π 和 Π_e 分别是 Ω_1 和 e 上的二次插值算子, 并且 $\hat{\lambda}_\alpha = 0$, 当 $0 \leqslant |\alpha| \leqslant 2$, 而

$$\hat{\lambda}_\alpha = \frac{h^2}{\alpha!|e|} \int_{\Omega_1} [(x - M)^\alpha - \Pi(x - M)^\alpha]\mathrm{d}x, \quad 3 \leqslant |\alpha| \leqslant 5, \tag{4.2.10}$$

其中 $|e|$ 是 e 的面积, $\hat{\lambda}_\alpha$ 是与 h 无关的常数. 把 (4.2.8) 和 (4.2.9) 代入 (4.2.7) 的左端, 得到

$$\int_e (u(x) - u^I(x))\mathrm{d}x = \sum_{3 \leqslant |\alpha| \leqslant 5} (-1)^{i\alpha} \hat{\lambda}_\alpha |e| h^{|\alpha|} D^\alpha u(M_e) + O(h^6)||u||_{6,1,e}. \quad (4.2.11)$$

对于 $|\alpha| = 3$, 注意

$$|e| D^\alpha u(M_e) = \int_e D^\alpha u(x)\mathrm{d}x - \int_e (D^\alpha u(x) - D^\alpha u(M_e))\mathrm{d}x$$

$$= \int_e D^\alpha u(x)\mathrm{d}x - \sum_{|\beta|=2} \frac{1}{\beta!} \int_e (x - M)^\beta \mathrm{d}x D^{\alpha+\beta} u(M_e) + O(h^3)||u||_{6,1,e}$$

$$= \int_e D^\alpha u(x)\mathrm{d}x - \sum_{|\beta|=2} \xi_\beta h^2 |e| D^{\alpha+\beta} u(M_e) + O(h^3)||u||_{6,1,e}$$

$$= \int_e D^\alpha u(x)\mathrm{d}x - \sum_{|\beta|=2} \xi_\beta h^2 \int_e D^{\alpha+\beta} u(x)dx + O(h^3)||u||_{6,1,e}, \quad (4.2.12)$$

这里使用

$$\int_e (x - M_e)\mathrm{d}x = 0,$$

并且常数 ξ_β 满足

$$\frac{1}{\beta!} \int_e (x - M_e)^\beta \mathrm{d}x = \frac{h^{2+|\beta|}}{\beta!} \int_{\Omega_1} (x - M)^\alpha \mathrm{d}x = \xi_\beta h^2 |e|, \quad \forall |\beta| = 2. \quad (4.2.13)$$

类似地, 对于 $|\alpha| = 4, 5$ 有

$$|e| D^\alpha u(M_e) = \int_e D^\alpha u(x)\mathrm{d}x + O(h^{6-|\alpha|})||u||_{6,1,e}. \quad (4.2.14)$$

把 (4.2.12) 和 (4.2.14) 代入 (4.2.11), 合并同类项, 并且置

$$\lambda_\alpha = \hat{\lambda}_\alpha, \quad |\alpha| = 3, 4 \quad (4.2.15a)$$

和

$$\lambda_\alpha = \hat{\lambda}_\alpha - \sum_{\substack{\beta+\gamma=\alpha \\ |\beta|=3, |\gamma|=2}} \hat{\lambda}_\alpha, \quad |\alpha| = 5, \quad (4.1.15b)$$

这便完成引理证明.　□

引理 4.2.3　若 $u \in C^6(e)$, 且单元 $e \cup e'$ 构成平行四边形, 则

$$\int_{e \cup e'} (u(x) - u^I(x))\mathrm{d}x = \sum_{|\alpha|=4} \lambda_\alpha h^4 \int_{e \cup e'} D^\alpha u\mathrm{d}x + O(h^6)||u||_{6,1,e \cup e'}. \quad (4.2.16)$$

证明　因为若 $e \in \mathfrak{F}_0^h$, 则 $e' \in \mathfrak{F}_1^h$, 故 (4.2.7) 中, 以 e' 代替 e, 其展开的奇次幂符号相反. 两式相加奇次幂项被抵消, 因此 (4.2.16) 被证.　　□

4.2.3　定理 4.2.1 的证明

使用 Green 公式容易导出

$$a(u - u^I, v) = \int_\Omega \nabla(u - u^I)\nabla v \mathrm{d}x$$

$$= \sum_{e \in \mathfrak{F}^h}\left\{ \int_{\partial e}(u - u^I)\frac{\partial v}{\partial n}\mathrm{d}s - \int_e (u - u^I)\Delta v \mathrm{d}x \right\}$$

$$= J_1 - J_2, \quad \forall v \in S_0^h. \tag{4.2.17}$$

由引理 4.2.1 可令 $\Delta v = \sum\limits_{i=1}^{3} d_i \partial_i^2 v$. 注意若单元 e 的边 $e_i \subset \Gamma_i$, 则 $\partial_i^2 v|_{e_i} = 0$, 于是

$$J_2 = \sum_{e \in \mathfrak{F}^h}\int_e (u - u^I)\Delta v \mathrm{d}x = \sum_{i=1}^3 d_i \sum_{e \in \mathfrak{F}^h}\int_e (u - u^I)\mathrm{d}x \partial_i^2 v$$

$$= \sum_{i=1}^3 d_i \sum_{e \in \mathfrak{F}_0^h}\int_{e \cup e'}(u - u^I)\mathrm{d}x \partial_i^2 v$$

$$= \sum_{i=1}^3 d_i \sum_{|\alpha|=4}\sum_{e \in \mathfrak{F}_0^h} h^4 \bar{\lambda}_{i,\alpha}\int_{e \cup e'} D^\alpha u \mathrm{d}x \partial_i^2 v + \varepsilon_0$$

$$= \sum_{i=1}^3 \sum_{|\alpha|=4}\sum_{e \in \mathfrak{F}^h} h^4 \lambda_{i,\alpha}\int_e D^\alpha u \partial_i^2 v \mathrm{d}x + \varepsilon_0. \tag{4.2.18}$$

应用引理 4.2.1 与有限元反估计, 得到余项估计

$$|\varepsilon_0| \leqslant ch^6 \sum_{e \in \mathfrak{F}^h} \|u\|_{6,e}\|v\|_{2,e} \leqslant ch^5 \|u\|_{6,\Omega}\|v\|_{2,\Omega}. \tag{4.2.19}$$

以下令 $D^\alpha u = u_\alpha$, 并且对 (4.2.18) 右端的积分项使用分部积分, 得

$$\int_e u_\alpha \partial_i^2 v \mathrm{d}x = -\int_e \partial_i u_\alpha \partial_i v \mathrm{d}x + (n, t_i)\int_{\partial e} u_\alpha \partial_i v \mathrm{d}s$$

$$= -\int_e \partial_i u_\alpha \partial_i v \mathrm{d}x + (n_{i+1}, t_i)\int_{e_{i+1}} u_\alpha \partial_i v \mathrm{d}s + (n_{i+2}, t_i)\int_{e_{i+2}} u_\alpha \partial_i v \mathrm{d}s$$

$$= K_{0e} + K_{1e} + K_{2e}, \tag{4.2.20}$$

这里 n 是 ∂e 的单位外法向量, t_i 为 e_i 的单位切向量, (n_j, t_i) 表示向量的内积.

把方向导数 ∂_i 按照 e_{i+1} 的切向与法向分解, 知存在常数 β_1 和 β_2 使

$$K_{1e} = \beta_1 \int_{e_{i+1}} u_\alpha \partial_{i+1} v \mathrm{d}s + \beta_2 \int_{e_{i+1}} u_\alpha \frac{\partial v}{\partial n_{i+1}} \mathrm{d}s = K_{3e} + K_{4e}. \qquad (4.2.21)$$

显然, e_{i+1} 若是内边, 则线积分被抵消; 若 $e_{i+1} \subset \Gamma_{i+1}$, 则 $\partial_{i+1} v = 0$, 故有

$$\sum_{e \in \mathfrak{F}^h} K_{3e} = 0. \qquad (4.2.22)$$

为了处理 K_{4e} 项, 令 $s_0 = m_{i+1}$ 是 e_{i+1} 的中点, $\partial_{i+j} v^0 = \partial_{i+j} v|_{s=s_0}, j = 1, 2$. 于是知存在常数 b_1, b_2 使 e_{i+1} 上的线性函数成立展开

$$\frac{\partial v}{\partial n_{i+1}} = b_1 \partial_{i+1} v^0 + b_2 \partial_{i+2} v^0 + \partial_{i+1} \frac{\partial v}{\partial n_{i+1}} (s - s_0), \qquad (4.2.23)$$

$$\begin{aligned} K_{4e} =& a_5 \int_{e_{i+1}} u_\alpha \partial_{i+1} v^0 \mathrm{d}s + a_6 \int_{e_{i+1}} u_\alpha \partial_{i+2} v^0 \mathrm{d}s \\ & + a_7 \int_{e_{i+1}} u_\alpha (s - s_0) \mathrm{d}s \partial_{i+1} \frac{\partial v}{\partial n_{i+1}} \mathrm{d}s \\ =& K_{5e} + K_{6e} + K_{7e}. \end{aligned} \qquad (4.2.24)$$

显然

$$\sum_{e \in \mathfrak{F}^h} K_{5e} = 0. \qquad (4.2.25)$$

为了计算 K_{6e}, 注意

$$\begin{aligned} \partial_{i+2} v^0 = \partial_{i+2} v(m_{i+1}) &= \partial_{i+2} v(m_{i+2}) + [\partial_{i+2} v(m_{i+1}) - \partial_{i+2} v(m_{i+2})] \\ &= \partial_{i+2} v(m_{i+2}) + \frac{1}{2} h_i \partial_i \partial_{i+2} v, \end{aligned} \qquad (4.2.26)$$

这里 h_i 表示 e_i 的长度. 应用引理 4.1.7 与 (4.2.26) 又得到

$$\begin{aligned} K_{6e} =& a_8 \int_{e_{i+2}} u_\alpha \partial_{i+2} v^0 \mathrm{d}s + a_9 \int_e \partial_i (u_\alpha \partial_{i+2} v^0) \mathrm{d}x \\ =& a_8 \int_{e_{i+2}} u_\alpha \mathrm{d}s (\partial_{i+2} v)(m_{i+2}) + \frac{1}{2} h_i a_8 \int_{e_{i+2}} u_\alpha \partial_i \partial_{i+2} v \mathrm{d}s \\ & + a_9 \int_e \partial_i u_\alpha \partial_{i+2} v^0 \mathrm{d}x \\ =& K_{8e} + K_{9e} + K_{10e}. \end{aligned} \qquad (4.2.27)$$

因为

$$\sum_{e \in \mathfrak{F}^h} K_{8e} = 0. \qquad (4.2.28)$$

应用引理 4.2.1, 知存在常数 $\bar{b}_j(j=0,1,2)$ 使得

$$K_{9e} = h\sum_{j=0}^{2}\bar{b}_j\int_{e_{i+2}}u_\alpha\partial_{i+j}^2v\mathrm{d}s = I_{0e} + I_{1e} + I_{2e}. \tag{4.2.29}$$

显然

$$\sum_{e\in\mathfrak{F}^h}I_{2e} = 0. \tag{4.2.30}$$

再次使用引理 4.2.1 知存在常数 μ_0,μ_1 使

$$
\begin{aligned}
I_{0e} &= h\bar{b}_0\int_{e_{i+2}}u_\alpha\partial_i^2v\mathrm{d}s \\
&= h\mu_0\int_{e_i}u_\alpha\partial_i^2v\mathrm{d}s + h\mu_1\int_e\partial_{i+1}u_\alpha\partial_i^2v\mathrm{d}x = I_{3e} + I_{4e}.
\end{aligned}
\tag{4.2.31}
$$

显然

$$\sum_{e\in\mathfrak{F}^h}I_{3e} = 0. \tag{4.2.32}$$

对于 I_{4e}, 注意已经有一个 h 因子, 只要重复 (4.2.20)~(4.2.31) 的推导, 又可以进一步得到 h^2 因子, 于是使用有限元反估计导出

$$\sum_{e\in\mathfrak{F}^h}I_{4e} = \eta_1, \tag{4.2.33}$$

并且

$$|\eta_1| \leqslant ch\|u\|_{6,\Omega}\|v\|_{1,\Omega}. \tag{4.2.34}$$

对于 I_{1e} 也有与 I_{0e} 类似的估计, 总之成立

$$\sum_{e\in\mathfrak{F}^h}K_{9e} = \eta_2, \tag{4.2.35}$$

并且

$$|\eta_2| \leqslant ch\|u\|_{6,\Omega}\|v\|_{1,\Omega}. \tag{4.2.36}$$

现在考虑 (4.2.24) 的 K_{7e} 项, 应用引理 4.2.1 可知存在常数 d_0,d_1 和 d_2 使

$$K_{7e} = \sum_{j=0}^{2}d_j\int_{e_{i+2}}u_\alpha(s-s_0)\mathrm{d}s\partial_{i+j}^2v, \tag{4.2.37}$$

使用中矩形求积分公式的误差渐近展开并且重复 (4.2.31)~(4.2.34) 的论断, 得到

$$\sum_{e\in\mathfrak{F}^h}K_{7e} = \eta_3, \tag{4.2.38}$$

并且

$$|\eta_3| \leqslant ch\|u\|_{6,\Omega}\|v\|_{1,\Omega}. \tag{4.2.39}$$

对于 (4.2.27) 的 K_{10e} 项有

$$K_{10e} = a_9 \int_e \partial_i u_\alpha \partial_{i+2} v \mathrm{d}x + \eta_{4e}, \tag{4.2.40}$$

其中

$$\eta_{4e} = -a_9 \int_e \partial_i u_\alpha (\partial_{i+2} v - \partial_{i+2} v^0) \mathrm{d}x$$

$$= -a_9 \sum_{|\beta|=1} \int_e \partial_i u_\alpha (D^\beta \partial_{i+2} v)(x - m_{i+1}) \mathrm{d}x, \tag{4.2.41}$$

把 $\partial_i u_\alpha$ 在点 m_{i+1} 作 Taylor 展开, 并且与 e_{i+1} 为邻边的相邻单元的积分合并, 使用平行四边形区域的中心求积公式可得到

$$|\eta_4| = \left| \sum_{e \in \mathfrak{F}^h} \eta_{4e} \right| \leqslant ch\|u\|_{6,\Omega}\|v\|_{1,\Omega}. \tag{4.2.42}$$

于是

$$\sum_{e \in \mathfrak{F}^h} K_{10e} = a_9 \int_\Omega \partial_i u_\alpha \partial_{i+2} v \mathrm{d}x + \eta_4. \tag{4.2.43}$$

由于 K_{2e} 的处理与 K_{1e} 的方法相同, 故组合 (4.2.28)~(4.2.43) 的结果和 K_{0e}, K_{10e} 的表达式, 得到展开

$$J_2 = -h^4 \sum_{i,j=1}^{3} \sum_{|\alpha|=4} c_{ij} \int_\Omega \partial_i u_\alpha \partial_j v \mathrm{d}x + \eta_5, \tag{4.2.44}$$

其中 c_{ij} 是与 h 无关的常数, 而

$$|\eta_5| \leqslant ch^5\|u\|_{6,\Omega}\|v\|_{1,\Omega}. \tag{4.2.45}$$

下面处理 (4.2.17) 中的 J_1, 为此令

$$J_e = \int_{\partial e} (u - u^I)\frac{\partial v}{\partial n}\mathrm{d}s = \sum_{i=0}^{2} \int_{e_{i+1}} (u - u^I)\frac{\partial v}{\partial n_{i+1}}\mathrm{d}s$$

$$= \sum_{i=0}^{2} \int_{e_{i+1}} (u - u^I)\left(b_1\partial_{i+1}v^0 + b_2\partial_{i+1}v^0 + \partial_{i+1}\frac{\partial v}{\partial n_{i+1}}(s - s_0)\right)\mathrm{d}s,$$

$$\tag{4.2.46}$$

并且使用 Simpson 公式的误差渐近展开, 导出

$$
\begin{aligned}
J_e =\ & h^4 \sum_{i=0}^{2} \left\{ b_4 \int_{e_{i+1}} \partial_{i+1}^4 u \mathrm{d}s \partial_{i+1} v^0 + b_5 \int_{e_{i+1}} \partial_{i+1}^4 u \mathrm{d}s \partial_{i+2} v^0 \right. \\
& + b_6 \int_{e_{i+1}} \partial_{i+1}^3 u \mathrm{d}s \partial_{i+1} \frac{\partial v}{\partial n_{i+1}} \\
& + \left. b_7 \int_{e_{i+1}} (s - s_0) \partial_{i+1}^4 u \mathrm{d}s \partial_{i+1} \frac{\partial v}{\partial n_{i+1}} \right\} + \varepsilon_e \\
=\ & h^4 J_{4e} + h^4 J_{5e} + h^4 J_{6e} + h^4 J_{7e} + \varepsilon_e,
\end{aligned}
\tag{4.2.47}
$$

其中余项估计有

$$
|\varepsilon| = \left| \sum_{e \in \mathfrak{F}^h} \varepsilon_e \right| \leqslant ch^5 \|u\|_{6,\Omega} \|v\|_{1,\Omega}.
\tag{4.2.48}
$$

由于 J_{4e}, J_{5e} 和 J_{7e} 可以类似于 (4.2.24) 中的 K_{5e}, K_{6e} 和 K_{7e} 的方法处理, 故仅考虑 J_{6e}, 由

$$
J_{6e} = b_6 \int_{e_{i+1}} \partial_{i+1}^3 u \partial_{i+1} \frac{\partial v}{\partial n_{i+1}} \mathrm{d}s,
\tag{4.2.49}
$$

应用引理 4.2.1, 知存在常数 $\mu_j (j = 1, 2, \cdots)$ 使

$$
J_{6e} = \sum_{j=1}^{3} \mu_j \int_{e_{i+1}} \partial_{i+1}^3 u \mathrm{d}s \partial_{i+1}^2 v = J_{7e} + J_{8e} + J_{9e},
\tag{4.2.50}
$$

显然

$$
\sum_{e \in \mathfrak{F}^h} J_{7e} = 0,
\tag{4.2.51}
$$

对于 J_{8e}, 应用引理 4.1.7 又得到

$$
J_{8e} = \mu_4 \int_{e_{i+2}} \partial_{i+1}^3 u \mathrm{d}s \partial_{i+2}^2 v \mathrm{d}s + \mu_5 \int_e \partial_i \partial_{i+1}^3 u \partial_{i+2}^2 v \mathrm{d}x = J_{10e} + J_{11e}.
\tag{4.2.52}
$$

注意

$$
\sum_{e \in \mathfrak{F}^h} J_{10e} = 0,
$$

并且使用分部积分, 又有

$$
\begin{aligned}
J_{11e} =\ & -\mu_5 \int_e \partial_{i+2} \partial_i \partial_{i+1}^3 u \partial_{i+2} v \mathrm{d}x + \mu_5 (n, t_{i+2}) \int_{\partial e} \partial_i \partial_{i+1}^3 u \partial_{i+2} v \mathrm{d}s \\
=\ & -\mu_5 \int_e \partial_{i+2} \partial_i \partial_{i+1}^3 u \partial_{i+2} v \mathrm{d}x + \mu_6 \int_{e_i} \partial_i \partial_{i+1}^3 u \partial_{i+2} v \mathrm{d}s \\
& + \mu_7 \int_{e_{i+1}} \partial_i \partial_{i+1}^3 u \partial_{i+2} v \mathrm{d}s = J_{12e} + J_{13e} + J_{14e}.
\end{aligned}
\tag{4.2.53}
$$

J_{13e} 和 J_{14e} 的处理与 (4.2.20) 中对 K_{1e} 和 K_{2e} 的成立相同, J_{12e} 的处理与 J_{8e} 相同, 因此综合 (4.2.44) 的结果, 得出结论: 若解 $u \in H_0^1(\Omega) \cap H^6(\Omega)$, 则存在五阶常系数微分算子 M_5 与一阶常系数微分算子 M_1 使

$$a(u - u^I, v) = \int_\Omega \nabla(u^h - u^I)\nabla v \mathrm{d}x$$
$$= h^4 \int_\Omega M_5 u M_1 v \mathrm{d}x + \eta, \quad \forall v \in S_0^h, \tag{4.2.54}$$

其中

$$|\eta| \leqslant ch^5 \|u\|_{6,\Omega} \|v\|_{1,\Omega}. \tag{4.2.55}$$

于是可以构造辅助问题: 求 $w \in H_0^1(\Omega)$, 满足

$$\int_\Omega \nabla w \nabla v \mathrm{d}x = \int_\Omega M_5 u M_1 v \mathrm{d}x, \quad \forall v \in H_0^1(\Omega), \tag{4.2.56}$$

及其有限元近似: 求 $w^h \in S_0^h$, 满足

$$\int_\Omega \nabla w^h \nabla v \mathrm{d}x = \int_\Omega M_5 u M_1 v \mathrm{d}x, \quad \forall v \in S_0^h. \tag{4.2.57}$$

把 (4.2.57) 代入 (4.2.54) 得

$$\int_\Omega \nabla(u^h - u^I - h^4 w^h)\nabla v \mathrm{d}x = \eta, \quad \forall v \in S_0^h. \tag{4.2.58}$$

置 $v = u^h - u^I - h^4 w^h$, 由 (4.2.55) 得

$$\|u^h - u^I - h^4 w^h\|_{1,\Omega} \leqslant ch^5. \tag{4.2.59}$$

若 Ω 的最大内角是 $\pi/\omega, \omega > 0$, 则应有 $w \in H^{1+\omega-\varepsilon/2}(\Omega)$, 其中 ε 是任意小的正数. 于是存在与 ε 相关的常数 c_ε, 使

$$\|w - w^h\|_{1,\Omega} \leqslant c_\varepsilon h^{\omega-\varepsilon/2}, \tag{4.2.60}$$

在 (4.2.59) 中使用 w^I 代替 w^h, 导出

$$\|u^h - u^I - h^4 w^I\|_{1,\Omega} \leqslant c_\varepsilon h^{4+\omega-\varepsilon/2}. \tag{4.2.61}$$

应用反估计得

$$\|u^h - u^I - h^4 w^I\|_{0,\infty,\Omega} \leqslant c_\varepsilon |\ln h|^{1/2} \|u^h - u^I - h^4 w^I\|_{1,\Omega}$$
$$\leqslant c_\varepsilon |\ln h|^{1/2} h^{4+\omega-\varepsilon/2} \leqslant c_\varepsilon h^{4+\omega-\varepsilon}, \tag{4.2.62}$$

这里应用了不等式 (Mitrinovic et al.,1970): $\forall \xi > 0$, 成立

$$|\ln h| \leqslant \frac{1}{\varepsilon \mathrm{e}} h^{-\varepsilon}. \tag{4.2.63}$$

这便得到定理 4.2.1 的证明. □

由 (4.2.62) 看出: 使用 h^4-Richardson 外推, 在粗网格点上可以得到 $O(h^{4+\omega-\varepsilon})$ 阶精度, 若 Ω 是凸多角形, 则可以得到 $O(h^5)$ 阶精度.

定理 4.2.1 的结论对于非齐次边界条件也成立.

注 4.2.1 初始三角剖分的相邻单元构成平行四边形是证明的关键, 否则线积分不能完全抵消. 因此, 二次有限元外推对区域的限制很大.

4.2.4 渐近后验估计与算例

应用定理 4.2.1 容易导出

$$\left| u(A) - \frac{16}{15} u^{h/2}(A) + \frac{1}{15} u^h(A) \right| = O(h^{4+\omega-\varepsilon}), \tag{4.2.64}$$

其中 A 是 $\mathfrak{F}^h$ 的单元的顶点. 由 (4.2.64) 还可以导出渐近后验估计

$$\begin{aligned}
|u(A) - u^{h/2}(A)| &\leqslant \frac{1}{15} |u^{h/2}(A) - u^h(A)| \\
&\quad + \left| u(A) - \frac{16}{15} u^{h/2}(A) + \frac{1}{15} u^h(A) \right| \\
&\leqslant \frac{1}{15} |u^{h/2}(A) - u^h(A)| + O(h^{4+\omega-\varepsilon}),
\end{aligned} \tag{4.2.65}$$

即通过计算得到的 $u^{h/2}(A), u^h(A)$ 的值便可以判断 $u^{h/2}(A)$ 的误差.

例 4.2.1 令 Ω 是顶点为 $(0,0), (2,0), (0.5,1)$ 和 $(1.5,1)$ 的等腰梯形, 初始剖分为下底中点 $(1,0)$ 与上底两个顶点连接构成的三个全等三角形, 取真解 $u = \mathrm{e}^{xy}$, 构造 (4.2.1) 的非齐次边值问题, 表 4.2.1 和表 4.2.2 分别是不同顶点的外推结果和后验估计.

表 4.2.1 $A = (0.625, 0.25)$ 的 h^4 外推与后验估计

h	误差	外推误差	外推误差比	后验估计误差
$\frac{1}{8}$	-1.52×10^{-6}			
$\frac{1}{16}$	-9.39×10^{-8}	1.10×10^{-9}		9.50×10^{-8}
$\frac{1}{32}$	-5.85×10^{-9}	2.79×10^{-11}	$2^{5.30}$	5.87×10^{-9}

由表中看出外推十分有效, 外推误差达到 $O(h^5)$ 以上.

表 4.2.2　　$A = (1.125, 0.75)$ 的 h^4 外推与和验估计

h	误差	外推误差	外推误差比	后验估计误差
$\dfrac{1}{8}$	-8.45×10^{-6}			
$\dfrac{1}{16}$	-5.20×10^{-7}	8.83×10^{-9}		5.29×10^{-7}
$\dfrac{1}{32}$	-3.23×10^{-8}	2.32×10^{-10}	$2^{5.25}$	3.25×10^{-8}

4.3　一类拟线性椭圆型偏微分方程有限元近似的渐近展开与外推

4.3.1　一类拟线性椭圆型偏微分方程有限元近似的 L^∞ 范数估计

考虑拟线性 Direchlet 问题

$$-\nabla(a(u)\nabla u) = f(u), \quad \text{在} \Omega \text{内},$$
$$u = 0, \qquad \text{在} \partial\Omega \text{上}, \tag{4.3.1}$$

这里 Ω 是平面多角形, $a(u) = a(u, x), f(u) = f(u, x), x = (x_1, x_2)$, 并且假定成立

$$0 < \mu < a(u, x) < M, \quad \forall u \in \mathbb{R}, x \in \Omega \tag{4.3.2a}$$

与

$$\frac{\partial f(u)}{\partial u} = f'(u) \leqslant 0, \quad \forall u \in \mathbb{R}, x \in \Omega. \tag{4.3.2b}$$

令 $\mathfrak{F}^h$ 是 Ω 上的拟一致三角剖分, S^h 是相应的一次有限元空间, 并且 $S^h \subset H_0^1(\Omega)$, 由此构造 (4.2.1) 的有限元近似解 u^h 满足

$$(a(u^h)\nabla u^h, \nabla v) = (f(u^h), v), \quad \forall v \in S^h. \tag{4.3.3}$$

使用非线性泛函分析单调算子理论, 易证在 (4.3.2a) 和 (4.3.2b) 的条件下, (4.3.1) 和 (4.3.3) 有局部唯一解. 假定 u^h 是 u 的近似, 并且成立

$$\|u - u^h\|_1 = O(h). \tag{4.3.4}$$

令 $e = u - u^h$ 是有限元误差, Frehse 和 Ranacher(1978) 在光滑区域 $\partial\Omega \in C^{2+\alpha}$ 的条件下证明了有限元误差的 $L^\infty(\Omega)$ 范估计: $\|e\|_{\infty,\Omega} = O(h^2|\ln h|)$, 本节将证明在凸多角形区域这个误差估计也成立, 类似的工作也见于陈传淼的专著 (1982).

假设 u 是 (4.3.1) 的某个解, 令 $\tilde{u}^h$ 是有限元方程

$$(a(u)\nabla\tilde{u}^h, \nabla v) = (f(u), v), \quad \forall v \in S^h \tag{4.3.5}$$

的解, 于是 $\tilde{u}^h$ 是以 $a(u)$ 为系数函数的线性椭圆型偏微分方程解的 Rity 投影, 置

$$u^h - u = (u^h - \tilde{u}^h) + (\tilde{u}^h - u) = \theta + \rho.$$

关于 ρ 的估计属于线性有限元估计范畴, 故主要考察 θ. 由

$$
\begin{aligned}
(a(u)\nabla\theta, \nabla v) =& (a(u)\nabla u^h, \nabla v) - (a(u)\nabla\tilde{u}^h, \nabla v) \\
=& (f(u^h), v) - (f(u), v) + ((a(u) - a(u^h))\nabla u^h, \nabla v) \\
=& -(f'(u)(u - u^h), v) + (\varepsilon_1, v) + (a'(u)(u - u^h)\nabla u^h, \nabla v) + (\varepsilon_2, \nabla v) \\
=& -(f'(u)(u - u^h), v) + (a'(u)(u - u^h)\nabla u, \nabla v) + (\varepsilon_1, \nabla v) \\
& + (\varepsilon_2, \nabla v) + (\varepsilon_3, \nabla v), \quad \forall v \in S^h,
\end{aligned}
\tag{4.3.6}
$$

这里 $a'(u) = \partial a(u)/\partial u, f'(u) = \partial f(u)/\partial u$. 使用 Taylor 展开的余项估计得

$$\|\varepsilon_1\|_\infty \leqslant c\|u - u^h\|_\infty^2, \quad \|\varepsilon_2\|_\infty \leqslant c\|u - u^h\|_\infty^2,$$

并且

$$\varepsilon_3 = a'(u)(u - u^h)\nabla(u^h - u).$$

代入 $u - u^h = -\theta - \rho$ 于 (4.3.6) 中, 得到

$$
\begin{aligned}
& (a(u)\nabla\theta, \nabla v) + (a'(u)\nabla u\theta, \nabla v) - (f'(u)\theta, v) \\
=& (f'(u^h)\rho, v) + (\nabla(a'(u)\rho\nabla u), v) \\
& + (\varepsilon_1, \nabla v) + (\varepsilon_2, \nabla v) + (\varepsilon_3, \nabla v), \quad \forall v \in S^h
\end{aligned}
\tag{4.3.7}
$$

定义双线性形式

$$A(\varphi, \psi) = (a(u)\nabla\varphi, \nabla\psi) + (a'(u)\nabla u\varphi, \nabla\psi) - (f'(u)\varphi, \psi), \quad \forall \varphi, \psi \in H_0^1(\Omega),$$

代入 Green 函数 $G = G(x, z_0)$, 得

$$A(\varphi, G) = \varphi(z_0), \quad \forall \varphi \in H_0^1(\Omega).\tag{4.3.8}$$

令 G^h 是 G 的 Rity 投影, 即 $G^h \in S^h$, 满足

$$A(\varphi, G^h) = \varphi(z_0), \quad \forall \varphi \in S^h.\tag{4.3.9}$$

现在在 (4.3.7) 中置 $v = G^h$, 得到

$$
\begin{aligned}
\theta(z_0) =& \int_\Omega G^h f'(u)\rho \mathrm{d}x - \int_\Omega \nabla G^h a'(u)\rho\nabla u \mathrm{d}x \\
& + \int_\Omega \varepsilon_1 G^h \mathrm{d}x + \int_\Omega \varepsilon_2 \nabla G^h \mathrm{d}x + \int_\Omega \varepsilon_3 \nabla G^h \mathrm{d}x.
\end{aligned}
\tag{4.3.10}
$$

为了估计 (4.3.10) 右端最后一项, 引进 Frehse, Rannacher 的正则 Green 函数g, 并且改写

$$\int_\Omega \varepsilon_3 \nabla G^h \mathrm{d}x = \int_\Omega \nabla(G^h - g)a'(u)(u - u^h)\nabla(u^h - u)\mathrm{d}x$$
$$+ \int_\Omega \nabla g a'(u)(u - u^h)\nabla(u^h - u)\mathrm{d}x$$
$$= I_1 + I_2, \tag{4.3.11}$$

使用估计 $||G^h - g||_{1,1} = O(h|\ln h|)$, 容易证明

$$I_1 = O(h|\ln h|||u - u^h||_\infty ||u - u^h||_{1,\infty}), \tag{4.3.12}$$

使用分部积分, 得到

$$|I_2| = \left| \frac{1}{2} \int_\Omega \nabla(\nabla g a'(u))(u - u^h)^2 \mathrm{d}x \right|$$
$$\leqslant c||g||_{2,1}||u - u^h||_\infty^2, \tag{4.3.13}$$

应用偏微分方程的先验估计, $||g||_{2,1} = O(h^{-\epsilon}), \epsilon$ 是任意小的正数, 特别取 $\epsilon = 1/2$, 得到

$$||\theta||_\infty \leqslant c_1||\rho||_\infty + c_2||u - u^h||_\infty^2$$
$$+ c_3 h^{1/2}|\ln h|||u - u^h||_\infty ||\nabla(u - u^h)||_\infty, \tag{4.3.14}$$

于是导出

$$||u - u^h||_\infty \leqslant ||\rho||_\infty + ||\theta||_\infty \leqslant c_1||\rho||_\infty + c_2||u - u^h||_\infty^2$$
$$+ c_3 h^{1/2}|\ln h|||u - u^h||_\infty ||\nabla(u - u^h)||_\infty, \tag{4.3.15}$$

再应用假设 (4.3.4) 和有限元反估计, 易证

$$||u - u^h||_\infty = O(h|\ln h|^{1/2}), \quad ||\nabla(u - u^h)||_\infty = O(|\ln h|^{1/2}). \tag{4.3.16}$$

事实上, 令 u^I 是 u 的插值函数, 由 (4.2.4) 推出

$$||u^I - u^h||_1 \leqslant ||u^I - u||_1 + ||u - u^h||_1 = O(h),$$

应用有限元反估计

$$||v||_\infty \leqslant c|\ln h|^{1/2}||v||_1, \quad \forall v \in S^h,$$

便得到 (4.3.16) 证明. 于是只要 h 充分小, 便有

$$c_2||u - u^h||_\infty + c_3 h^{1/2}|\ln h|||\nabla(u - u^h)||_\infty \leqslant \frac{1}{2},$$

代入 (4.3.15) 便导出

$$||u - u^h||_\infty \leqslant c||\rho||_\infty \leqslant c||u - \tilde{u}^h||_\infty \leqslant ch^2|\ln h|. \tag{4.3.17}$$

因此, 下面定理成立:

定理 4.3.1　　在 (4.3.2) 和 (4.3.4) 的假定下, 问题 (4.3.1) 的有限元误差, 有估计

$$||u - u^h||_\infty \leqslant ch^2|\ln h| \tag{4.3.18a}$$

和

$$||u - u^h||_{1,\infty} \leqslant ch|\ln h|. \tag{4.3.18b}$$

4.3.2　一类拟线性椭圆型偏微分方程的有限元误差的渐近展开与外推

按照 4.1 节的方法由于 Ω 是多角形, 故存在初始协调三角形剖分: $\Omega = \bigcup\limits_{j=1}^{s} \Omega_j$, 然后连接每个三角形 Ω_j 的三边中点加密三角剖分, 经 l 次加密后得到 Ω 的分片一致三角剖分 $\mathfrak{F} = \bigcup\limits_{j=1}^{s} \mathfrak{F}_j, \mathfrak{F}_j$ 是 Ω_j 的一致三角剖分, 其步长 $h = 1/2^l$.

由于 (4.3.10) 右端后三项有高阶误差, 故得到

$$\theta = \int_\Omega G^h f'(u)\rho \mathrm{d}x - \int_\Omega \nabla G^h a'(u)\rho \nabla u \mathrm{d}x + O(h^3|\ln h|). \tag{4.3.19}$$

注意

$$\rho = \tilde{u}^h - u = (\tilde{u}^h - u^I) + (u^I - u) = \rho_1 + \rho_2, \tag{4.3.20}$$

将其代入 (4.3.19) 得到

$$\begin{aligned}
\theta &= \int_\Omega G^h f'(u)\rho_1 \mathrm{d}x - \int_\Omega \nabla G^h a'(u)\nabla u \rho_1 \mathrm{d}x \\
&\quad + \int_\Omega G^h f'(u)\rho_2 \mathrm{d}x - \int_\Omega \nabla G^h a'(u)\nabla u \rho_2 \mathrm{d}x + O(h^3|\ln h|) \\
&= I_1 + I_2 + I_3 + I_4 + O(h^3|\ln h|).
\end{aligned} \tag{4.3.21}$$

今证: 每个 $I_j(j = 1, \cdots, 4)$ 皆有渐近展开. 事实上, 应用定理 4.1.1, 可知存在与 u 相关的常数 $C(u)$, 使

$$\rho_1 = \tilde{u}^h - u^I = C(u)h^2 + O(h^3|\ln h|). \tag{4.3.22}$$

在 I_1 项中, 使用 G 代替 G^h 得到

$$I_1 = \int_\Omega G f'(u) \rho_1 \mathrm{d}x + O(h^3 |\ln h|)$$
$$= h^2 \int_\Omega G f'(u) C(u) \mathrm{d}x + O(h^3 |\ln h|) \qquad (4.3.23)$$

和

$$I_2 = -\int_\Omega \nabla G a'(u) \rho_1 \nabla u \mathrm{d}x + O(h^3 |\ln h|)$$
$$= -h^2 \int_\Omega \nabla G a'(u) C(u) \nabla u \mathrm{d}x + O(h^3 |\ln h|), \qquad (4.3.24)$$

这里使用了估计 $\|G - G^h\|_{1,1} = O(h |\ln h|)$.

考虑

$$I_4 = \int_\Omega \nabla G^h a'(u) \nabla u (u - u^I) \mathrm{d}x$$
$$= \int_\Omega (u - u^I) \nabla G a'(u) \nabla u \mathrm{d}x + O(h^3 |\ln h|), \qquad (4.3.25)$$

应用引理 4.1.5, 容易得到存在与 h 无关, 但与 u 及其导数相关的函数 w, 使

$$I_4 = h^2 \int_\Omega w \nabla G a'(u) \nabla u \mathrm{d}x + O(h^3 |\ln h|). \qquad (4.3.26)$$

对于 I_3 也有与 I_4 类似的渐近展开, 因此得到

$$\theta = h^2 W + O(h^3 |\ln h|), \qquad (4.3.27)$$

其中 W 是与 h 无关, 但与 u 及其导数相关的分片连续函数.

定理 4.3.2   在上述假定下, 问题 (4.3.1) 的有限元误差有渐近展开

$$u^h - u^I = h^2 V + O(h^3 |\ln h|), \qquad (4.3.28)$$

其中 V 是与 h 无关, 但与 u 及其导数相关的分片连续函数.

证明   由

$$u^h - u^I = (\tilde{u}^h - u^I) + (u^I - \tilde{u}^h) = \theta + \rho_1, \qquad (4.3.29)$$

组合 (4.3.22) 与 (4.3.27) 的结果便得到证明.   □

定理 4.3.2 表明在单元结点上, 外推能够提高精度.

第5章 椭圆型偏微分方程的等参多线性的有限元分裂外推算法

第 4 章基于三角剖分的线性有限元外推固然重要, 但也有很大的局限性: 其一, 不能推广到高维问题, 事实上, 三维问题通常不是用四面体单元, 而是六面体单元; 其二, 高维问题的计算复杂度随维数指数增长, 使用 Richardson 外推必须整体加密, 即一个 d 维问题被加密, 网点将增加 2^d 倍. 本章阐述基于区域分解的等参多线性有限元分裂外推法是把区域分解算法、并行算法和分裂外推算法相结合的方法, 它既有区域分解算法缩小问题规模及并行算法优点, 又具有分裂外推法的高精度.

算法构造如下: 首先, 通过初始区域分解和相应的网参数设置, 把大型多维问题转化为规模大略相同的若干个独立的子问题, 这些子问题可以并行求解, 而且由于问题规模大略相同, 所以在并行机上的同步开销甚少; 其次, 各子问题的计算结果送入主机, 主机根据结点类型使用不同的公式, 最终组合各子问题的解得到全局细网格上的高精度近似.

众所周知, 区域分解算法是 20 世纪 80 年代崛起的新方向. 科学和工程中经常需要计算高维、大范围且定解区域很不规则的稳态或发展型偏微分方程组, 其规模往往如此之大, 以至于必须使用高精度、高并行度的算法在并行处理机上求解. 区域分解算法本质是把一个复杂的大型区域分解为若干形状尽可能规则的子域的和集, 使原问题的计算被转化为在子域上并行计算. 有关区域分解算法的基础可见专著 (吕涛等, 1992).

但是区域分解方法本质上仍然是求解大型离散方程的并行算法, 它的精度阶仍然取决于离散方程的精度阶. 基于区域分解的等参多线性有限元分裂外推是集区域分解与分裂外推的优点于一体的方法, 其独立步长个数不仅可以多于问题的维数, 而且能够根据问题的规模、型状、系数的不连续界面、解的奇异性质而设计初始区域分解与独立网参数. 一般说独立网参数越多, 并行度越高, 子问题的规模越小, 最终可以达到与维数及问题规模无关的几乎最优的计算复杂度. 如果考虑到当今科学计算中最有魅力的算法如多层网格法、多水平算法, 这些算法本身就要求在不同的网格水平上计算, 那么分裂外推与之结合, 几乎不需要增加工作量与存贮量就可得到高精度近似.

基于区域分解的有限元外推我们将分两章阐述: 本章阐述等参多线性有限元

的分裂外推, 主要用于多面体外推; 在第 6 章中阐述多二次等参有限元分裂外推, 则能够用于曲边边值问题.

5.1　二阶椭圆型方程的有限元近似与分裂外推

5.1.1　线性椭圆型偏微分方程的 Dirichlet 问题及其有限元近似

考虑线性椭圆型偏微分方程的 Dirichlet 问题

$$
\begin{cases}
-\sum_{i,j=1}^{d} D_i(a_{ij}D_j u) + \sum_{i=1}^{d} b_i D_i u + qu = f, & \text{在}\Omega\text{中}, \\
u = 0, & \text{在}\partial\Omega\text{上},
\end{cases}
\tag{5.1.1}
$$

其中 $\Omega \subset \mathbb{R}^d$ 是有界开集, $d = 2$ 或 3. 熟知, 问题 (5.1.1) 对应于以下变分问题, 求 $u \in H_0^1(\Omega)$, 满足

$$
\begin{aligned}
a(u,v) \triangleq & \sum_{i,j=1}^{d} \int_{\Omega} a_{ij} D_i u D_j v \mathrm{d}x + \sum_{i=1}^{d} \int_{\Omega} b_i D_i u v \mathrm{d}x \\
& + \int_{\Omega} qur\mathrm{d}\ x = \int_{\Omega} f v \mathrm{d}x, \quad \forall v \in H_0^1(\Omega).
\end{aligned}
\tag{5.1.2}
$$

为了保证 (5.1.2) 的双线性泛函 $a(u,v)$ 是强制的, 假定条件

$$
(\mathrm{A}_1)\begin{cases}
\text{存在常数}\mu > 0, \text{使}\forall \xi \in \mathbb{R}^d, \text{有} \\
\sum_{i,j=1}^{d} a_{ij}(x)\xi_i \xi_j \geqslant \mu \sum_{i=1}^{d} \xi_i^2, \quad \forall x \in \Omega
\end{cases}
$$

和

$$
(\mathrm{A}_2)\begin{cases}
q(x) \geqslant 0, & \text{a.e.}\text{在}\Omega\text{中}, \\
q(x) - \dfrac{1}{2}\sum_{i=1}^{d} D_i b_i \geqslant 0, & \text{a.e.}\text{在}\Omega\text{中}
\end{cases}
$$

被满足. 容易证明在 (A_1) 和 (A_2) 满足下, 双线性泛函 $a(u,v)$ 是强制的, 即存在正常数 $\alpha > 0$, 使

$$
a(u,u) \geqslant \alpha \|u\|_{1,\Omega}^2, \quad \forall u \in H_0^1(\Omega).
\tag{5.1.3}
$$

为了求问题 (5.1.1) 的有限元近似, 首先对区域作初始不重叠剖分: $\overline{\Omega} = \bigcup\limits_{i=1}^{m} \overline{\Omega}_i$, 其中 Ω_i 为凸四边形 $(d = 2)$ 或凸六面体 $(d = 3)$, 并要求此初始剖分满足相容条件, 即 $\overline{\Omega}_i \cap \overline{\Omega}_j (i \neq j)$ 或者是空集, 或者是公共顶点、公共棱、公共面. 显然, 如果 Ω 是

多角形 $(d=2)$ 或多面体 $(d=3)$, 如此的区域分解总可以实现, 一旦构造出 Ω 的初始剖分, 继续网加密将通过所谓分片强正规剖分实现.

设 $\overline{\Omega}=\bigcup\limits_{i=1}^{m}\overline{\Omega}_i$ 是满足相容条件的凸四边形剖分 $(d=2)$ 或凸六面体剖分 $(d=3)$. 显然, 存在等参多线性映射 $\Phi_i:\hat{\Omega}_i\to\Omega_i$, $\hat{\Omega}_i$ 是参考空间上的单位正方体, 令 $\hat{\Omega}=\bigcup\limits_{i=1}^{m}\hat{\Omega}_i$, 并且 $\hat{\Omega}_i(i=1,\cdots,m)$ 构成 $\hat{\Omega}$ 的协调一致初始剖分. 令 $\hat{\mathfrak{F}}_i^h$ 是 $\hat{\Omega}_i$ 的一致长方体单元剖分, 其步长 $h_{ij}=1/n_{ij}(j=1,\cdots,d;i=1,\cdots,m)$ 表此 d 维长方体元的边, n_{ij} 为 j 方向的分点数. 在 Φ_i 映射下, $\hat{\mathfrak{F}}_i^h$ 中的单元被映射为 Ω_i 中的单元, 其集合为 $\mathfrak{F}_i^h$. 令 $\mathfrak{F}^h=\bigcup\limits_{i=1}^{m}\mathfrak{F}_i^h$, 因为要求 $\mathfrak{F}^h$ 必须满足相容条件, 故 h_{ij} 中仅有 $l(l<md)$ 个网参数是独立的, 令为 $\bar{h}_1,\cdots,\bar{h}_l$.

映射 Φ_i 把 Ω_i 中函数 v 与 $\hat{\Omega}_i$ 中函数 $\hat{v}=v\circ\Phi_i$ 相联系. 借助等参变换, 试探函数空间被定义为

$$S_0^h=\{v\in H_0^1(\Omega)\cap C(\Omega):v\circ\Phi_i\text{是}\hat{\Omega}_i\text{上的分片}d\text{线性函数},$$
$$i=1,\cdots,m\}. \tag{5.1.4}$$

与 (5.1.2) 相对应的展开式在等参变换下有限元近似 $u^h\in S_0^h$ 满足

$$\begin{aligned}a(u^h,\varphi)&=\sum_{s=1}^{m}a_s(u^h,\varphi)\\&=\sum_{s=1}^{m}\left\{\sum_{i,j=1}^{d}\int_{\hat{\Omega}_s}\hat{a}_{ij,s}\hat{D}_i\hat{u}^h\hat{D}_j\hat{\varphi}\mathrm{d}\xi\right.\\&\qquad\left.+\sum_{i=1}^{d}\int_{\hat{\Omega}_s}\hat{b}_{i,s}\hat{D}_i(\hat{u}^h)\hat{\varphi}\mathrm{d}\xi+\int_V\hat{u}^h\hat{q}_s\hat{\varphi}\mathrm{d}\xi\right\}\\&=(f,\varphi),\quad\forall\varphi\in S_0^h,\end{aligned} \tag{5.1.5}$$

这里 $\hat{D}_i=\dfrac{\partial}{\partial\xi_i}$, $\hat{v}=v\circ\Phi_s$, $\hat{a}_{ij,s}$, $\hat{b}_{i,s}$ 和 $\hat{q}_s$ 分别是等参变换 Φ_s 下的系数函数. 由于 $\mathfrak{F}_i^h$ 的强正规剖分单元 e, 在 Φ_s 映射下是 $\hat{\Omega}_i$ 中一致长方体单元, 因此下面只需要分析长方体上的单元积分.

5.1.2　线性问题有限元误差的多参数渐近展开

对于线性椭圆型问题 (5.1.1) 的有限元近似 (5.1.5) 的误差的多参数渐近展开, 成立以下定理.

定理 5.1.1　设 $\mathfrak{F}^h$ 是在初始剖分 $\overline{\Omega} = \bigcup\limits_{i=1}^{m} \overline{\Omega}_i$ 下的分片强正规剖分, 微分算子

系数除满足 $(A_1),(A_2)$ 外, 还具有分片光滑性质:

$$a_{ij} \in \left(\prod_{k=1}^{m} C^5(\Omega_k)\right) \cap L^\infty(\Omega), \quad b_i \in \left(\prod_{k=1}^{m} C^5(\Omega_k)\right) \cap W_\infty^1(\Omega),$$

$$q \in \left(\prod_{k=1}^{m} C^4(\Omega_k)\right) \cap L^\infty(\Omega),$$

此外若解 u 也分片光滑: $u \in \left(\prod\limits_{k=1}^{m} H^6(\Omega_k)\right) \cap H_0^1(\Omega)$, 则存在与网参数 $h = (\bar{h}_1, \cdots,$

$\bar{h}_l)$ 无关的函数 $w_k \in H_0^1(\Omega), k = 1, \cdots, l$, 使 (5.1.5) 的有限元近似 u^h 成立估计

$$\left\| u^h - u^I - \sum_{k=1}^{l} \bar{h}_k^2 R_h w_k \right\|_{1,\Omega} \leqslant C h_0^4 \|u\|_{6,\Omega}' \tag{5.1.6}$$

和

$$\left\| u^h - u^1 - \sum_{k=1}^{l} \bar{h}_k^2 R_h w_k \right\|_{0,\infty,\Omega} \leqslant C |\ln h_0|^{(d-1)/d} h_0^{5-d/2} \|u\|_{6,\Omega}', \tag{5.1.7}$$

这里 w_k 是与 h 无关的函数, 由下面 (5.1.34) 提供的辅助问题决定, $R_h w_k$ 是 w_k 的 Rity 投影, 而

$$\|u\|_{6,\Omega}' = \left[\sum_{i=1}^{d} \|u\|_{6,\Omega_s}\right]^{1/2}$$

为积空间 $\prod\limits_{k=1}^{m} H^6(\Omega_k)$ 的范数, $h_0 = \max\limits_{1\leqslant i\leqslant l} \bar{h}_i$.

　　若 $w_k \in \left(\prod\limits_{i=1}^{m} W_p^r(\Omega_i)\right) \cap H_0^1(\Omega) \cap C(\Omega), 1 \leqslant r \leqslant 2, r - d/p > 0$, 则成立步长的

多变量渐近展开

$$u^h = u^I + \sum_{k=1}^{l} \bar{h}_k^2 w_k^I + \varepsilon, \tag{5.1.8}$$

其中余项有误差估计

$$\|\varepsilon\|_{0,\infty,\Omega} = O(h_0^{2+r-d/p} |\ln h_0|^{(d-1)/d}). \tag{5.1.9}$$

　　在定理 5.1.5 的证明前, 先证明长方体单元上的积分的求积公式与误差的渐近展开的以下引理.

引理 5.1.1 设 $l = [t_0, t_1]$ 是闭线段, $h_0 = t_1 - t_0, u \in W_p^5(l).u^I$ 是以 t_0, t_1 为基点的 u 的线性插值函数, $Q \in C^5(l)$, 则成立积分渐近展开式

$$\int_l (u - u^I)Q\mathrm{d}t = -\frac{1}{12}h_0^2 \int_l u''Q\mathrm{d}t + h_0^4 \int_l \left(\frac{1}{720}u^{(4)}Q \right.$$

$$\left. + \frac{1}{180}u^{(3)}Q' + \frac{11}{720}Q''u'' \right)\mathrm{d}t + r_3, \tag{5.1.10}$$

其中余项估计为

$$|r_3| \leqslant Ch_0^5\|u\|_{5,p,l}\|Q\|_{5,p',l}, \tag{5.1.11}$$

这里 C 是与 h_0 无关常数 $p \geqslant 1, p^{-1} + p'^{-1} = 1$.

证明 重复引理 4.1.9 的证明得到. □

考虑 d 维长方体 e 上积分展开式, 令 $(x_{e1}, \cdots, x_{ed})$ 是 e 的形心的坐标, $l_i = (x_{ei} - h_{ei}/2, x_{ei} + h_{ei}/2)$, 而 $e = \prod\limits_{i=1}^{d} l_i$. 令 $Q(e)$ 表示 e 上 d 线性函数集合, $u^I \in Q_1(e)$ 是 u 以 e 的顶点为基点的 d 线性插值函数, 用 I^h 表插值算子, 即 $u^I = I^h u$. 又以 I 表关于变元 x_i 在 l_i 上的线性插值算子, 显然 $I^h = I_1 \cdots I_d$, 并且插值算子 I_i 与微分算子 $D_j (j \neq i)$ 之间可以交换: $I_i D_j = D_j I_i (i \neq j)$, 于是成立

$$u - u^I = (I - I^h)u = (I - I_1)u + (I - I_2)I_1 u + \cdots + (I - I_d)I_1 \cdots I_{d-1}u, \tag{5.1.12}$$

这里 I 是单位算子. 以下用 $h_0 = \max\limits_{1 \leqslant i \leqslant d} h_{ei}$ 表 e 的最大边长.

引理 5.1.2 若 $u \in W_p^4(e), q \in C^4(e), \varphi \in Q_1(e)$, 则

$$\int_e q(u - u^I)\varphi \mathrm{d}x = \sum_{i=1}^{d} -\frac{1}{12}h_{ei}^2 \int_e q\varphi D_i^2 u\mathrm{d}x + R, \tag{5.1.13}$$

且存在仅与 q 有关的常数 C, 使余项有估计

$$|R| \leqslant Ch_0^4\|u\|_{4,p,e}\|\varphi\|_{1,p',e},$$

这里 $1 \leqslant p \leqslant \infty, 1/p + 1/p' = 1$.

证明 由 (5.1.12) 得

$$\int_e q(u - u^I)\varphi \mathrm{d}x = \int_e q(u - I_1 u)\varphi \mathrm{d}x + \int_e q(I - I_2)I_1 u\varphi \mathrm{d}x$$

$$+ \cdots + \int_e q(I - I_d)I_1 \cdots I_{d-1}u\varphi \mathrm{d}x. \tag{5.1.14}$$

利用一维积分展开式 (5.1.10), 易得

$$J_i = \int_e q(I - I_i)I_1 \cdots I_{i-1} u\varphi \mathrm{d}x$$

$$= -\frac{1}{12}h_{ei}^2 \int_e q\varphi(D_i^2 I_1 \cdots I_{i-1}u)\mathrm{d}x + \overline{R}_i$$

$$= -\frac{1}{12}h_{ei}^2 \int_e q\varphi D_i^2 u\mathrm{d}x + \frac{1}{12}h_{ei}^2 \int_e q\varphi(I - I_1 \cdots I_{i-1})D_i^2 u\mathrm{d}x + \overline{R}_i$$

$$= -\frac{1}{12}h_{ei}^2 \int_e q\varphi D_i^2 u\mathrm{d}x + R_i, \quad i = 1, \cdots, d. \tag{5.1.15}$$

注意 $I_1 \cdots I_{i-1}$ 是关于变元 $x_1, \cdots, x_{i-1}$ 的插值算子, 故代 (5.1.15) 到 (5.1.14) 中并用插值估计知 (5.1.13) 成立. □

引理 5.1.3 若 $u \in W_p^5(e), a_{ij} \in C^5(e), \varphi \in Q_1(e)$, 则成立渐近展开

$$\int_e a_{ij}D_i(u - u^I)D_j\varphi \mathrm{d}x = \frac{1}{12}h_{ei}^2 \int_e D_i^2 u D_i(a_{ij}D_j\varphi)\mathrm{d}x$$

$$- \sum_{\substack{k=1 \\ k \neq i}}^d \frac{1}{12}h_{ek}^2 \int_e a_{ij}D_k^2 D_i u D_j\varphi \mathrm{d}x$$

$$+ \sum_{k=1}^d h_{ek}^2 h_{ei}^2 \int_e M_{ki}u D_k D_j\varphi \mathrm{d}x + r_5, \tag{5.1.16}$$

这里 M_{ki} 是与 a_{ij} 有关的四阶微分算子, 并且存在仅与 a_{ij} 有关的常数, 使余项有估计

$$|r_5| \leqslant Ch_0^4 \|u\|_{5,p,e} \|\varphi\|_{1,p',e}. \tag{5.1.17}$$

证明 不妨设 $i = 1$, 由 (5.1.12) 得到

$$J = \int_e a_{1j}D_1(u - u^I)D_j\varphi \mathrm{d}x$$

$$= \int_e a_{1j}D_1(u - I_1 u)D_j\varphi \mathrm{d}x + \sum_{k=2}^2 \int_e a_{1j}(I - I_k)D_1 I_1 \cdots I_{k-1}u D_j\varphi \mathrm{d}x.$$

置

$$u_k = D_1 I_1 \cdots I_{k-1}u, \quad k = 2, \cdots, d.$$

由引理 5.1.1 及引理 5.1.2, 得到

$$J_1 = \int_e a_{1j}D_1(u - I_1 u)D_j\varphi \mathrm{d}x = -\int_e (I - I_1)u D_1(a_{1j}D_j\varphi)\mathrm{d}x$$

$$= \frac{1}{12}h_{e1}^2 \int_e D_1^2 u D_1(a_{1j}D_j\varphi)\mathrm{d}x$$

$$- \frac{1}{720}h_{e1}^4 \int_e (a_{1j}D_1^4 u + 8D_1 a_{1j}D_1^3 u + 33D_1^2 a_{1j}D_1^2 u)D_1 D_j\varphi \mathrm{d}x + R_1. \tag{5.1.18}$$

利用反估计: $\|\varphi\|_{2,p',e} \leqslant Ch_0^{-1}\|\varphi\|_{1,p',e}$, 便得到余项估计

$$|R_1| \leqslant Ch_0^4\|u\|_{5,p,e}\|\varphi\|_{1,p',e}. \tag{5.1.19}$$

其次, 应用引理 5.1.1 又得到

$$\begin{aligned}
J_k &= \int_e a_{1j}(I - I_k)u_k D_j\varphi\mathrm{d}x \\
&= -\frac{h_{ek}^2}{12}\int_e D_k^2 u_k a_{1j} D_j\varphi\mathrm{d}x \\
&\quad + \frac{1}{720}h_{ek}^4\int_e (4a_{1j}D_k^3 u_k + 22D_k a_{1j}D_k^2 u_k)D_k D_j\varphi\mathrm{d}x + R_k, \\
&\quad\quad k = 2,\cdots,d.
\end{aligned} \tag{5.1.20}$$

由于 $D_k^n u_k = D_1 I_1\cdots I_{k-1}D_k^n u, n = 2,3,4$, 故有

$$\begin{aligned}
\int_e D_k^n u_k a_{1j}D_j\varphi\mathrm{d}x &= \int_e D_1 D_k^n u a_{1j}D_j\varphi\mathrm{d}x \\
&\quad - \int_e D_1(I - I_1\cdots I_{k-1})D_k^n u a_{1j}D_j\varphi\mathrm{d}x,
\end{aligned}$$

将此式代入 (5.1.20), 并组合 (5.1.20) 和 (5.1.18) 的结果便得到渐近展开式 (5.1.16), 利用插值估计便知 (5.1.19) 成立. $\square$

引理 5.1.4 若 $u \in W_p^4(\Omega), b_i \in C^4(e), \varphi \in Q_1(e)$, 则

$$\begin{aligned}
\int_e D_i(u - u^I)b_i\varphi\mathrm{d}x &= \frac{1}{12}h_{ei}^2\int_e D_i^2 u D_i(b_i\varphi)\mathrm{d}x \\
&\quad - \sum_{\substack{k=1\\k\neq i}}^d \frac{1}{12}h_{ek}^2\int_e D_k^2 D_i u b_i\varphi\mathrm{d}x + R,
\end{aligned} \tag{5.1.21}$$

其中余项有估计

$$|R| \leqslant Ch_0^4\|u\|_{4,p,e}\|\varphi\|_{1,p',e}, \tag{5.1.22}$$

常数 C 仅与 b_i 相关.

证明 与引理 5.1.3 的证明类似, 不妨设 $i = 1$, 由

$$\begin{aligned}
J &= \int_e D_1(u - u^I)b_1\varphi\mathrm{d}x \\
&= \int_e D_1(u - I_1 u)b_1\varphi\mathrm{d}x + \sum_{k=2}^d \int_e (I - I_k)u_k b_1\varphi\mathrm{d}x.
\end{aligned} \tag{5.1.23}$$

由引理 5.1.2 易导出

$$J_1 = -\int_e (u - I_1 u) D_1(b_1\varphi)\mathrm{d}x$$

$$= \frac{1}{12} h_{e1}^2 \int_e D_1^2 u D_1(b_1\varphi)\mathrm{d}x + R_1,$$

$$J_k = \int_e (I - I_k)u_k b_1\varphi\mathrm{d}x = -\frac{1}{12} h_{ek}^2 \int_e D_k^2 u_k b_1\varphi\mathrm{d}x + R_k'$$

$$= -\frac{1}{12} h_{ek}^2 \int_e D_k^2 D_1 u b_1\varphi\mathrm{d}x + R_k, \quad k = 2,\cdots,d,$$

代入 (5.1.23) 中便证得 (5.1.21) 及 (5.1.22) 成立. □

引理 5.1.5　若 $u \in W_p^5(e), a_{ij}, b_i, q \in C^4(e)(i,j = 1,\cdots,d)$, 则存在仅与 a_{ij} 有关的四阶微分算子 M_{ki} 使任意 $\varphi \in Q_1(e)$ 有展开式

$$a_e(u - u^I, \varphi) \triangleq \sum_{i,j=1}^d \int_e a_{ij} D_i(u - u^I) D_j\varphi\mathrm{d}x$$

$$+ \sum_{i=1}^d \int_e b_i D_i(u - u^I)\varphi\mathrm{d}x + \int_e (u - u^I)q\varphi\mathrm{d}x$$

$$= \sum_{i,j=1}^d \Big\{ \frac{1}{12} h_{ei}^2 \int_e D_i^2 u D_i(a_{ij} D_j\varphi)\mathrm{d}x$$

$$- \sum_{\substack{k=1 \\ k\neq i}}^d \frac{1}{12} h_{ek}^2 \int_e a_{ij} D_k^2 D_i u D_i\varphi\mathrm{d}x$$

$$+ \sum_{k=1}^d h_{ek}^2 h_{ei}^2 \int_e M_{ki} u D_k D_j\varphi\mathrm{d}x \Big\}$$

$$+ \sum_{i=1}^d \Big\{ \frac{1}{12} h_{ei}^2 \int_e D_i^2 u D_i(b_i\varphi)\mathrm{d}x$$

$$- \sum_{\substack{k=1 \\ k\neq i}}^d \frac{1}{12} h_{ek}^2 \int_e D_k^2 D_i u b_i\varphi\mathrm{d}x \Big\}$$

$$- \sum_{k=1}^d \frac{1}{12} h_{ek}^2 \int_e q D_k^2 u\varphi\mathrm{d}x + R, \tag{5.1.24}$$

并且存在仅与 a_{ij}, b_i, q 有关的常数 C, 使

$$|R| \leqslant C h_0^4 \|u\|_{5,p,e} \|\varphi\|_{1,p',e}. \tag{5.1.25}$$

证明　合并引理 5.1.2, 引理 5.1.3 及引理 5.1.4 的结果, 便知 (5.1.24) 和 (5.1.25) 成立. □

下面给出定理 5.1.1 的证明:

不妨假设初始剖分 $\overline{\Omega} = \bigcup_{i=1}^{m} \overline{\Omega}_i$ 的子区域 Ω_i 是正方形 $(d = 2)$ 或正方体 $(d = 3)$, 否则在多线性等参映射下在参考空间 $\hat{\Omega}$ 中讨论. 在此假定下剖分 $\mathfrak{F}^h$ 是分片一致的, 于是由引理 5.1.5 有

$$
a(u - u^I, \varphi) = \sum_{e \in \mathfrak{F}^h} a_e(u - u^I, \varphi)
$$

$$
= -\sum_{e \in \mathfrak{F}^h} \Bigg\{ \sum_{k=1}^{d} \frac{1}{12} h_{ek}^2 \Big[\sum_{\substack{i=1 \\ i \neq k}}^{d} \sum_{j=1}^{d} \int_e a_{ij} D_k^2 D_i u D_j \varphi \mathrm{d}x
$$

$$
- \sum_{j=1}^{d} \int_e D_k^2 u D_k(a_{kj} D_j \varphi) \mathrm{d}x + \sum_{\substack{i=1 \\ i \neq k}}^{d} \int_e D_i^2 D_k u b_k \varphi \mathrm{d}x
$$

$$
- \int_e D_k^2 u D_k(b_k \varphi) \mathrm{d}x + \int_e q D_k^2 u \varphi \mathrm{d}x \Big]
$$

$$
+ \sum_{i,j,k=1}^{d} h_{ek}^2 h_{ei}^2 \int_e M_{ki} u D_k D_j \varphi \mathrm{d}x \Bigg\} + R, \quad \forall \varphi \in S_0^h. \quad (5.1.26)
$$

既然 $\Omega_s(s = 1, \cdots, m)$ 被一致长方体剖分, 令 $h_{sk}(k = 1, \cdots, d)$ 表 Ω_s 中 d 维长方体单元边长, 故合并后得

$$
a(u - u^I, \varphi) = -\sum_{s=1}^{m} \Bigg\{ \sum_{k=1}^{d} \frac{1}{12} h_{sk}^2 \Big[\sum_{\substack{i=1 \\ i \neq k}}^{d} \sum_{j=1}^{d} \int_{\Omega_s} a_{ij} D_k^2 D_i u D_j \varphi \mathrm{d}x
$$

$$
- \sum_{j=1}^{d} \int_{\Omega_s} D_k^2 u D_k(a_{kj} D_j \varphi) \mathrm{d}x + \sum_{\substack{i=1 \\ i \neq k}}^{d} \int_{\Omega_s} D_i^2 D_k u b_k \varphi \mathrm{d}x
$$

$$
- \int_{\Omega_s} D_k^2 u D_k(b_k \varphi) \mathrm{d}x + \int_{\Omega_s} q D_k^2 u \varphi \mathrm{d}x \Big]
$$

$$
+ \sum_{i,j,k=1}^{d} h_{ek}^2 h_{ei}^2 \int_{\Omega_s} M_{ki} u D_k D_j \varphi \mathrm{d}x \Bigg\} + R, \quad \forall \varphi \in S_0^h \quad (5.1.27)
$$

并且余项

$$
|R| \leqslant C h_0^4 \|u\|_{6,\Omega}' \|\varphi\|_{1,\Omega}. \quad (5.1.28)
$$

使用分部积分得

$$
\int_{\Omega_s} D_k^2 u D_k(a_{kj} D_j \varphi) \mathrm{d}x = \int_{\Gamma_{s_k}} a_{kj} D_k^2 u D_j \varphi \mathrm{d}\hat{x}_k - \int_{\Omega_s} a_{kj} D_k^3 u D_j \varphi \mathrm{d}x, \quad (5.1.29)
$$

这里 $\mathrm{d}\hat{x}_k$ 表 Γ_{sk} 上的面积分元, 同理

$$J = \int_{\Omega_s} M_{ki} u D_k D_j \varphi \mathrm{d}x = \int_{\Gamma_{sk}} M_{ki} u D_j \varphi \mathrm{d}\hat{x}_k - \int_{\Omega_s} D_k M_{ki} u D_j \varphi \mathrm{d}x, \qquad (5.1.30)$$

由引理 4.1.10

$$\left| \int_{\Gamma_{sk}} M_{ki} u D_j \varphi \mathrm{d}\hat{x}_k \right| \leqslant \|M_{ki}u\|_{2,\Gamma_{sk}} \|D_j\varphi\|_{-2,\Gamma_{sk}}$$

$$\leqslant C\|M_{ki}u\|_{2,\Gamma_{sk}} \|\varphi\|_{-1,\Gamma_{sk}}$$

$$\leqslant C\|u\|_{6,\Omega_s} \|\varphi\|_{0,\Omega_s}, \qquad (5.1.31)$$

及

$$\left| \int_{\Omega_s} D_k M_{ki} u D_j \varphi \mathrm{d}x \right| \leqslant \|D_k M_{ki}u\|_{1,\Omega_s} \|D_j\varphi\|_{-1,\Omega_s} \leqslant \|u\|_{6,\Omega_s} \|\varphi\|_{0,\Omega_s} \qquad (5.1.32)$$

导出

$$|J| \leqslant C\|u\|'_{6,\Omega} \|\varphi\|_{0,\Omega}, \qquad (5.1.33)$$

这意味 J 是 $L^2(\Omega)$ 的线性泛函. 把 (5.1.27) 中 h 的四阶项纳入余项 R 中, 并且构造辅助问题, 求 $w_{sk} \in H_0^1(\Omega)$, 满足

$$a(w_{sk}, v) = -\frac{1}{12}\bigg\{ \int_{\Omega_s} \bigg[\sum_{i,j=1}^d a_{ij} D_k^2 D_i u D_j v - D_k^2 u D_k(b_k v) + q D_k^2 u v \bigg] \mathrm{d}x$$

$$- \sum_{j=1}^d \int_{\Gamma_{sk}} D_j(a_{kj} D_k^2 u) v \mathrm{d}\hat{x}_k \bigg\}, \quad \forall v \in H_0^1(\Omega), \qquad (5.1.34)$$

代 (5.1.34) 到 (5.1.27) 中得到

$$a\left(u^h - u^I - \sum_{i=1}^d \sum_{s=1}^m h_{sk}^2 R_h w_{sk}, \varphi \right) = R, \quad \forall \varphi \in S_0^h, \qquad (5.1.35)$$

其中 $R_h w_{sk}$ 是 w_{sk} 的 Rity 投影, 即有限元近似, 而

$$|R| \leqslant C h_0^4 \|u\|'_{6,\Omega} \|\varphi\|_{1,\Omega},$$

由强制性导出

$$\left\| u^h - u^I - \sum_{k=1}^d \sum_{s=1}^m h_{sk}^2 R_h w_{sk} \right\|_{1,\Omega} \leqslant C h_0^4 \|u\|'_{6,\Omega}, \qquad (5.1.36)$$

注意 $h_{sk}(s = 1, \cdots, m; k = 1, \cdots, d)$ 中仅有 l 个网参数 $\bar{h}_1, \cdots, \bar{h}_l$ 是独立的, 故合并 (5.1.36) 中非独立项便获 (5.1.6) 的证明, 借助有限元反估计便得到 (5.1.7) 的证明. 进一步若 $w_{sk} \in \left(\prod_{i=1}^{m} W_p^r(\Omega_i)\right) \cap H_0^1(\Omega) \cap C(\Omega)$, 由反估计又得到

$$\|R_h w_{sk} - w_{sk}^I\|_{0,\infty,\Omega} \leqslant C h_0^{r-d/p} \|w_{sk}\|'_{r,p,\Omega}, \tag{5.1.37}$$

于是导出

$$\left\| u^h - u^I - \sum_{k=1}^{l} \bar{h}_k^2 w_k^I \right\|_{0,\infty,\Omega} = O(h_0^{2+r-d/p} |\ln h_0|^{(d-1)/d}), \tag{5.1.38}$$

这蕴涵只要 $r - d/p > 0$, 渐近展开便有意义. □

注 5.1.1　定理 5.1.1 的渐近展开是否成立, 归结于辅助问题 (5.1.34) 的解

$$w_k \in \left(\prod_{i=1}^{m} W_p^r(\Omega_i)\right) \cap H_0^1(\Omega) \cap C(\Omega) \quad, 1 \leqslant r \leqslant 2, r - d/p > 0$$

是否成立? 容易看出作为 (5.1.34) 的解 w_{sk} 的光滑性, 归结于 Ω 上变分问题

$$a_{\Omega}(\bar{w}_{sk}, v) = (F, v), \quad \forall v \in H_0^1(\Omega) \cap H^1(\Omega_s) \tag{5.1.39}$$

的光滑性, 由于估计 (5.1.33), 知 $F \in L^2(\Omega), \Omega$ 是平面多角形区域, 由引理 4.1.6 得到肯定; 对于多面体讨论较为复杂, Grisvard(1985) 证明在恰当的条件下, $F \in L^2(\Omega), \bar{w}_{sk} \in H^2(\Omega)$.

注 5.1.2　一般有限元外推和有限元高精度算法都要求解有充分的整体光滑性, 定理 5.1.1 则改善为分片光滑, 这就使一些复杂问题, 如界面问题也可用外推法提高精度, 其前提是界面必须是初始区域分解的拟边界.

注 5.1.3　尽管仅针对 Dirichlet 问题讨论, 但是证明技巧也适合 Neumann 问题和混合边值问题, 有算例表明分裂外推对混合边界问题仍然有效.

5.1.3　全局细网格点的高精度算法

众所周知 Richardson 外推只能在粗网格点上得到高阶精度, 其他的点只能通过高次内插得到. 能否给出细网格点的外推公式呢? 陈传淼, 林群在 1989 年在文献 (Chen et al., 1989) 中得到细网格外推的新公式. 分裂外推比 Richardson 外推复杂: 分裂外推的所谓细网格点仅是单向加密点, 其步长 $h^{(i)} = \left(\bar{h}_1, \cdots, \dfrac{\bar{h}_i}{2}, \cdots, \bar{h}_l\right)$, 即使把所有单向加密点并在一起, 也远比全局细网格点 Ω_f^h 少许多. 本节将得到 Ω_f^h

点的外推算法. 由于 $\bigcup\limits_{i=0}^{l} \Omega_i^h \subset \Omega_f^h$, 并且 Ω_f^h 的网点数远多于 $\Omega_i^h(i = 0, \cdots, l)$网点数的总和, 这样导出的全局细网格点的分裂外推算法就具有实际意义.

分裂外推的第一步要求并行地解出 $u_i^h(i = 0, \cdots, l)$, 由于 $u_i^h(i = 1, \cdots, l)$ 较 u_0^h 仅有一个独立步长被加密, 故 Ω_i^h 的结点数应不会多于 Ω_0^h 结点数的两倍, 而各 Ω_i^h 之结点数几乎相同, 因此并行计算的同步开销甚少. 为了得到全局细网格点 Ω_f^h 的高精度 (注意 Ω_f^h 的网点为 Ω_0^h 的 2^d 倍) 对不同的网点需要用不同的方法计算.

1. 粗网格 Ω_0^h 上点的分裂外推算法

由于成立渐近展开式

$$u_0^h(x) = u(x) + \sum_{j=1}^{l} \bar{h}_j^2 w_j(x) + \varepsilon, \quad \forall x \in \Omega_0^h, \tag{5.1.40}$$

其中 ε 是高阶余项. 以 $h^{(i)}$ 代 $h^{(0)}$ 得到

$$u_i^h(x) = u(x) + \frac{\bar{h}_i^2}{4} w_i(x) + \sum_{j \neq i} \bar{h}_j^2 w_j(x) + \varepsilon, \quad \forall x \in \Omega_i^h,$$

$$j = 1, \cdots, l. \tag{5.1.41}$$

于是导出粗网格外推公式

$$\hat{u}^0(x) = \frac{4}{3} \sum_{i=1}^{l} u_l^h(x) - \frac{(4l - 3)}{3} u_0^h(x) = u(x) + \varepsilon, \quad \forall x \in \Omega_0^k. \tag{5.1.42}$$

以 $\mathfrak{F}^{(0)}$ 表相应于 $h^{(0)}$ 网剖分, (5.1.42) 便是粗网格单元 $e \in \mathfrak{F}^{(0)}$ 顶点的分裂外推值的计算方法.

2. $\bigcup\limits_{i=1}^{l} \Omega_i^h \backslash \Omega_0^h$ 上点的分裂外推算法

若 $B_1 \in \Omega_i^h \backslash \Omega_0^h$, 则必是单元 $e \in \mathfrak{F}^{(0)}$ 的棱的中点. 设 B_1 是 e 的顶点 A_1 和 A_2 的中点, 则 (5.1.40) 和 (5.1.41) 便导出

$$u_0^h(A_k) - u_j^h(A_k) = \frac{3}{4} w_j(A_k) \bar{h}_j^2 + \varepsilon, \quad k = 1, 2, \tag{5.1.43}$$

于是

$$w_j(A_k) = \frac{4}{3\bar{h}_j^2} (u_0^h(A_k) - u_j^h(A_k)) + \varepsilon, \quad k = 1, 2; \quad j = 1, \cdots, l. \tag{5.1.44}$$

使用线性内插的误差估计得到

$$w_j(B_1) = \frac{1}{2} \sum_{k=1}^{2} w_j(A_k) + O(h_0)$$
$$= \frac{2}{3\bar{h}_j^2} \sum_{k=1}^{2} (u_0^h(A_k) - u_i^h(A_k)) + O(h_0), \quad j = 1, \cdots, l,$$

代到 (5.1.41) 中得到

$$\hat{u}^1(B_1) = u_i^h(B_1) - \frac{1}{6} \sum_{k=1}^{2} (u_0^h(A_k) - u_i^h(A_k))$$
$$- \frac{4}{6} \sum_{\substack{j=1 \\ j \neq i}}^{l} \sum_{k=1}^{2} (u_0^h(A_k) - u_j^h(A_k))$$
$$= u(B_1) + \varepsilon, \quad \forall B_i \in \Omega_i^h \backslash \Omega_0^h. \tag{5.1.45}$$

(5.1.45) 便是单元 $e \in \mathfrak{F}^{(0)}$ 的棱的中点算法.

3. 面元中心的算法

假定 A_1, A_2, A_3, A_4 表示粗网格矩形元的顶点或三维长方体单元的一个矩形面, B_1, B_2, B_3, B_4 是四边的中点, 其外推值已经按照 (5.1.42) 和 (5.1.45) 计算出, 则面元中心的外推值计算公式是

$$\hat{u}^2(S) = \frac{1}{2} \sum_{i=1}^{4} \hat{u}^1(B_i) - \frac{1}{4} \sum_{i=1}^{4} \hat{u}^0(A_i). \tag{5.1.46}$$

4. 体元中心的算法

三维问题的长方体元有 8 个顶点 $A_i(i = 1, \cdots, 8)$ 和 12 条棱的中点 $B_i(i = 1, \cdots, 12)$. 对于 A_i 设已按 (5.1.42) 求出分裂外推近似值 $\hat{u}^0(A_i)$, 对 $B_i \in \bigcup\limits_{i=1}^{l} \Omega_i^h \backslash \Omega_0^h$ 已按 (5.1.45) 求出分裂外推值 $\hat{u}^1(B_i)$, 有了这 20 个高精度近似值 $\hat{u}^0(A_i), \hat{u}^1(B_j)$ $(i = 1, \cdots, 8; j = 1, \cdots, 12)$, 便可以构造缺 $x^2y^2z^2, x^2y^2z, x^2yz^2, xy^2z^2, x^2y^2,$ x^2z^2, y^2z^2 项的不完全三二次内插函数, 并用此插值函数求出插值函数在体元的中心值, 得到体元中心 C 的计算公式

$$\hat{u}^3(C) = \frac{1}{4} \sum_{i=1}^{12} \hat{u}(B_i) - \frac{1}{4} \sum_{i=1}^{8} \hat{u}(A_i). \tag{5.1.47}$$

因为不完全三二次插值的基函数包含一个完全二次函数, 故体元中心计算公式 (5.1.47) 仍给出高精度值.

以上计算顶点、棱的中点、面元中心、体元中心所涉及的计算公式都仅在单元 $e \in \mathfrak{F}^{(0)}$ 的内部进行, 即计算过程是盒式的, 使用非常方便.

纵观上面算法, 我们尽管仅有很少的点, 即 $\Omega_j^h(j = 0, \cdots, l)$ 的点参加解方程计算, 而最终却得到全局细网格点 Ω_f^h 的高精度值, 而且问题越大, 维数越高, 计算越节省.

对于应用中颇为关心的解的梯度计算, 我们也能够给出高精度近似, 因为既然已经求出单元 $e \in \mathfrak{F}^{(0)}$ 的 27 点:

$$\hat{u}^0(A_i), i = 1, \cdots, 8; \quad \hat{u}^1(B_i), i = 1, \cdots, 12; \quad \hat{u}^2(S_i), i = 1, \cdots, 6$$

及 $\hat{u}^3(C)$, 便可以用不完全三二次插值函数的梯度作为解 u 的梯度近似, 特别是中心 C 的梯度近似. 对于顶点, 棱边中点及面元中心点的近似梯度还可以取相邻单元平均作为近似. 注意上述计算可以在等参映射下的参考单元上执行.

注 5.1.4　以上仅讨论了一次分裂外推的渐近展开与计算方法如果解 u 与辅助问题的解 w_{ks} 有更光滑性质, 则细致地分析还可以导出有限元误差的高次多参数渐近展开式

$$u - u^h = \sum_{1 \leqslant |a| \leqslant m} C_a \bar{h}^{2a} + O(h_0^{2m+2}), \tag{5.1.48}$$

其中 $\alpha = (\alpha_1, \cdots, \alpha_l), |\alpha| = \alpha_1 + \cdots + \alpha_l, \bar{h}^{2\alpha} = \bar{h}_1^{2\alpha_1} \cdots \bar{h}_l^{2\alpha_l}, C_a$ 是与 $\bar{h}$ 无关的常数. 如此高次分裂外推的主要步骤仍是并行地解多个独立的有限元近似 $u\left(\dfrac{\bar{h}}{2^\beta}\right), 1 \leqslant |\beta| \leqslant m$, 这里 $u\left(\dfrac{\bar{h}}{2^\beta}\right)$ 意指在步长为 $\dfrac{\bar{h}}{2^\beta} = \left(\dfrac{\bar{h}_1}{2^{\beta_1}}, \cdots, \dfrac{\bar{h}_l}{2^{\beta_l}}\right)$ 下的有限元解, 而 m 次分裂外推近似解, 则是这些近似解组合

$$\hat{u}^h = \sum_{1 \leqslant |\beta| \leqslant m} a_\beta u\left(\dfrac{\bar{h}}{2^\beta}\right), \tag{5.1.49}$$

其中组合系数 a_β 可以在 (吕涛等,1998) 的附录中查到. 容易证明在 (5.1.48) 假定下, 误差 $u - \bar{u}^h = O(h_0^{2m+2})$.

5.1.4　算例

例 5.1.1　考虑 Poisson 方程

$$\begin{cases} \Delta u = f(x, y), & \text{在} \Omega = (0, 5) \times (0, 1) \text{内}, \\ u = 0, & \text{在} \partial\Omega \text{上}. \end{cases}$$

已知真解是 $u(x, y) = xy\left(1 - \dfrac{x}{5}\right)(1 - y)\mathrm{e}^{x+y}$. 为了用分裂外推计算, 需要构造多个

网参数, 为此先进行区域分解: $\overline{\Omega} = \bigcup\limits_{i=1}^{5} \overline{\Omega}_i$, 这里 $\Omega_i = (i-1,i) \times (0,1), i = 1, \cdots, 5$. 设计 6 个独立网步长, 其中 $h_i(i=1,\cdots,5)$ 是 Ω_i 在 x 方向步长, h_6 是 y 方向步长. 初始剖分取 $h_i = \dfrac{1}{4}(i=1,\cdots,6)$. 为了便于比较, 也通过整体加密求出 Richardson 处推值, 计算结果见表 5.1.1. 表中结点类型: 型 0, 型 1, 型 2, 型 3, 分别表示该点是单元顶点及棱、面、体中心上的点, 不同类型点的分裂外推值分别按 5.1.3 小节方法计算.

表 5.1.1 例 5.1.1 的外推与分裂外推的误差比较

结点坐标	结点类型	有限元误差	Richardson 外推误差	分裂外推误差
$\left(1, \frac{1}{2}\right)$	0	1.92×10^{-2}	5.16×10^{-5}	2.25×10^{-4}
$\left(\frac{5}{4}, \frac{1}{4}\right)$	0	2.35×10^{-2}	6.87×10^{-5}	3.40×10^{-5}
$\left(\frac{9}{8}, \frac{1}{2}\right)$	1	1.57×10^{-2}	6.56×10^{-5}	1.29×10^{-4}
$\left(\frac{5}{4}, \frac{3}{8}\right)$	1	1.20×10^{-2}	1.48×10^{-4}	3.44×10^{-4}
$\left(\frac{1}{4}, \frac{1}{2}\right)$	0	6.38×10^{-2}	3.36×10^{-5}	3.31×10^{-5}
$\left(\frac{9}{8}, \frac{3}{8}\right)$	2	$*$	1.31×10^{-4}	2.82×10^{-4}
$\left(\frac{1}{8}, \frac{5}{8}\right)$	2	$*$	1.33×10^{-4}	1.16×10^{-4}

本例在细网格 $\left(h_i = \dfrac{1}{8}, i = 1, \cdots, 6\right)$ 上的有限元近似最大误差为 1.235×10^{-1}, 有限元 Richardson 外推的最大误差为 3.93×10^{-2}, 有限元分裂外推的最大误差为 7.09×10^{-2}.

此例结果可以看出: 未经外推的有限元近似精度很低, 而分裂外推与 Richardson 外推精度同阶. 但 Richardson 要解一个全局细网格 (本例中有 320 个结点), 分裂外推则归结于解 6 个子问题, 最大子问题仅有 160 个结点.

例 5.1.2 考虑三维界面问题

$$\begin{cases} \nabla(a(x,y,z)\nabla u) = f, & 在 \Omega = (0,2) \times (0,1) \times (0,1) 内, \\ u = 0 & 在 \partial\Omega 上, \end{cases}$$

其中 $a(x,y,z)$ 为分片常数

$$a(x,y,z) = \begin{cases} \gamma, & 0 < x \leqslant 1, \\ 1, & 1 < x < 2. \end{cases}$$

这意味若 $\gamma \neq 1$, 则该问题的解在界面上应满足衔接条件, 本例取解为

$$
u(x,y,z) = \begin{cases}
5[3xyz(y-1)(z-1) - \dfrac{3}{2}(\gamma+1)x(x-1)^2 \\
\quad \cdot y(y-1)z(z-1)], \quad 0 \leqslant x \leqslant 1, \\
5[3\gamma xyz(y-1)(z-1) + 3(1-\gamma)(y^2-y) \\
\quad \cdot (z^2-z) - \dfrac{3}{2}(\gamma+1)x(x-1)^2(y^2-y)(z^2-z)], \\
1 \leqslant x \leqslant 2,
\end{cases}
$$

其中 $\gamma = 0.5$, 容易验证 $u(x,y,z)$ 满足衔接条件.

为了使用有限元分裂外推法, 首先区域分解 $\overline{\Omega} = \overline{\Omega}_1 \cup \overline{\Omega}_2$, 其中 $\Omega_1 = (0,1)^3$, $\Omega_2 = (1,2) \times (0,1) \times (0,1)$, 而 $\partial\Omega_1 \cap \partial\Omega_2$ 恰是界面. 设计四个独立步长: h_1 和 h_2 是沿 x 轴在 $0 \leqslant x \leqslant 1$ 和 $1 \leqslant x \leqslant 2$ 上的步长, h_3 和 h_4 分别是沿 y, z 轴方向的网步长. 粗网格取步长 $h_1 = h_2 = h_3 = h_4 = \dfrac{1}{4}$. 分裂外推共计算五个子问题, 除粗网格外, 其余四个子问题皆仅对一个步长加密. 全局分裂外推值, 选择部份点列在表 5.1.2 中. 注意全局细网格共有 1024 个结点, 而分裂外推被独立计算的五个子问题, 结点数最多的也仅有 256 个结点, 这表明区域越大, 维数越高, 分裂外推越有效.

表 5.1.2 界面问题的分裂外推误差比较

结点坐标	结点类型	有限元误差	分裂外推误差
$\left(1, \dfrac{7}{8}, \dfrac{7}{8}\right)$	2	*	1.17×10^{-3}
$\left(1, \dfrac{1}{8}, \dfrac{4}{8}\right)$	1	1.79×10^{-2}	1.69×10^{-3}
$\left(1, \dfrac{3}{8}, \dfrac{4}{8}\right)$	1	3.63×10^{-2}	9.84×10^{-4}
$\left(1, \dfrac{4}{8}, \dfrac{4}{8}\right)$	0	5.90×10^{-2}	3.77×10^{-3}
$\left(1, \dfrac{5}{8}, \dfrac{4}{8}\right)$	1	3.63×10^{-2}	9.86×10^{-4}
$\left(1, \dfrac{6}{8}, \dfrac{4}{8}\right)$	0	4.57×10^{-2}	2.69×10^{-3}
$\left(\dfrac{1}{8}, \dfrac{3}{8}, \dfrac{1}{8}\right)$	3	*	4.59×10^{-3}

本例中有限元最大误差为 7.14×10^{-2}, 全局分裂外推最大误差为 3.77×10^{-3}. 表中前六个点皆位于界面 $(x = 1)$ 上. 可见我们只要选择界面为拟边界, 分裂外推在界面点上仍有高精度.

例 5.1.3 考虑三维问题

$$
\begin{cases}
-\displaystyle\sum_{i=1}^{3}\frac{\partial}{\partial x_i}\left(x_i^2\frac{\partial}{\partial x_i}\right)=f, & \text{在}\,\Omega\,\text{内},\\
u=g, & \text{在}\,\partial\Omega\,\text{上},
\end{cases}
$$

区域 Ω 是四棱台: 高为 2, 下底面是 $x_3=1$ 的平面上的矩形: $(1,5)\times(1,3)$, 上底面为位于 $x_3=3$ 的平面上的矩形: $(2,4)\times(2,3)$.

使用分裂外推计算, 首先区域分解 $\overline{\Omega}=\overline{\Omega}_1\cup\overline{\Omega}_2$, 其拟边界 $\partial\Omega_1\cap\partial\Omega_2=\Omega\cap\{x:x_3=2\}$, 即在平行于底面的中截面上. 设计四个独立网参数, 底面两对边取两个独立网参数, 在 $1\leqslant x_3\leqslant 2$, 与 $2\leqslant x_3\leqslant 3$ 也设计两个网参数.

真解 $u=\exp(x_1+x_2+x_3)$, 初始网步长取为 $h_1=h_2=h_3=h_4=1/4$ 用等参变换计算得有限元近似解的最大相对误差为 3.755×10^{-2}, 而一次分裂外推的最大相对误差为 2.157×10^{-3}. 选择有代表性的网点的有限元误差与分裂外推做比较, 结果见表 5.1.3.

表 5.1.3 三维问题有限元误差与分裂外推误差比较

网点坐标	有限元近似的相对误差	分裂处推近似的相对误差
$(1.6875, 1.6875, 1.5)$	2.826×10^{-2}	4.902×10^{-3}
$(3.0, 2.125, 1.5)$	2.765×10^{-2}	1.486×10^{-3}
$(4.3125, 2.125, 1.5)$	5.598×10^{-3}	6.152×10^{-4}
$(3.875, 2.5625, 1.5)$	7.542×10^{-3}	1.499×10^{-3}
$(1.875, 1.875, 2.0)$	1.949×10^{-2}	1.402×10^{-3}
$(2.0625, 2.0625, 2.5)$	1.405×10^{-2}	2.157×10^{-3}
$(3.625, 2.6875, 2.5)$	1.004×10^{-3}	6.457×10^{-5}

例 5.1.4 考虑混合边值问题

$$
\begin{cases}
\Delta u=f(x,y),\text{在}\quad \Omega=(0,3)\times(0,2)\text{内},\\
u=0,\quad \text{在}\,\Gamma_D\,\text{上},\\
\dfrac{\partial u}{\partial N}=g,\quad \text{在}\,\Gamma_N\,\text{上},
\end{cases}
$$

这里 Γ_D,Γ_N 分别是平行于 x 轴和 y 轴的两对边. 取精确解 $u=(x-3)\times(y-2)xye^{x+y}$. 为了使用分裂外推, 取初始区域分解: $\overline{\Omega}=\bigcup\limits_{i=1}^{6}\overline{\Omega}_i$, 其中 $\Omega_i=(i-1,i)\times(0,1),i=1,2,3$ 及 $\Omega_{3+i}=(i-1,i)\times(1,2),i=1,2,3$. 设计 5 个独立步长, 其中 h_1,h_2,h_3 在 x 方向, h_4,h_5 在 y 方向. 剖分有两个内交点 $(1,1)$ 和 $(2,1)$. 初始步长取 $h_i=1/4(i=1,\cdots,5)$, 表 5.1.4 中, 对全局细网格 $(h_i=1/8,i=1,\cdots,5)$,

Richardson 外推与分裂外推的结果作了比较, 可见外推与分裂外推都能够大幅提高精度, 而分裂外推计算量更小.

表 5.1.4　混合边值问题的有限元外推误差比较

坐标	有限元误差	Richardson 外推误差	分裂外推误差
$(1/4, 7/4)$	2.46×10^{-4}	1.67×10^{-5}	4.26×10^{-5}
$(1, 5/4)$	4.08×10^{-4}	6.15×10^{-6}	1.29×10^{-5}
$(1, 1)$	4.89×10^{-4}	5.69×10^{-6}	1.08×10^{-5}
$(1, 3/4)$	6.04×10^{-4}	5.08×10^{-6}	3.43×10^{-7}
$(2, 5/4)$	2.21×10^{-4}	2.74×10^{-6}	3.79×10^{-6}
$(2, 1)$	2.57×10^{-4}	2.72×10^{-6}	2.83×10^{-6}
$(2, 3/4)$	2.82×10^{-4}	2.03×10^{-6}	3.92×10^{-6}
$(9/4, 3/4)$	3.13×10^{-4}	3.50×10^{-6}	4.69×10^{-6}

5.2　特征值问题的有限元近似与分裂外推

5.2.1　问题的提出

考虑如下特征值问题:

$$\begin{cases} -\sum_{i,j=1}^{d} D_i(a_{ij}D_j u) + \sum_{i=1}^{d} b_i D_i u + qu = \lambda\rho u, & \text{在}\Omega\text{内}, \\ u = 0, \text{在}\partial\Omega\text{上}, \end{cases} \tag{5.2.1}$$

(5.2.1) 的变分形式为求特征值λ, 与特征函数 $u \in H_0^1(\Omega)$ 满足

$$\begin{cases} a(u,v) = \lambda(\rho u, v), & \forall v \in H_0^1(\Omega), \\ (\rho u, u) = 1, \end{cases} \tag{5.2.2}$$

其中

$$a(u,v) = \sum_{i,j=1}^{d} \int_\Omega a_{ij} D_i u D_j v \mathrm{d}x + \sum_{i=1}^{d} \int_\Omega b_i D_i uv \mathrm{d}x, \quad \forall u,v \in H_0^1(\Omega). \tag{5.2.3}$$

令 S_0^h 是 $H_0^1(\Omega)$ 的有限元子空间, 特征值问题的有限元近似归结于求 λ^h, 与 $u^h \in S_0^h$, 满足

$$\begin{cases} a(u^h, v) = \lambda^h(\rho u^h, v), & \forall v \in S_0^h, \\ (\rho u^h, u^h) = 1. \end{cases} \tag{5.2.4}$$

5.2.2 特征值问题的有限元误差的多参数渐近展开

关于有限元近似 (5.2.4) 的误差的有如下多参数渐近展开:

定理 5.2.1 在定理 5.1.1 的假定下, 又设函数 $\rho(x)$ 非负, 且 $\rho \in \left(\prod\limits_{k=1}^{m} C^4(\Omega_k)\right) \cap$ $L^\infty(\Omega), \{\lambda, u\}$ 是 (5.2.2) 的简单特征对, $u \in \left(\prod\limits_{k=1}^{m} H^6(\Omega_k)\right) \cap H_0^1(\Omega) \cap C(\Omega)$, 则有

限元近似问题 (5.2.4) 相应的近似特征对 $\{\lambda^h, u^h\}$ 的特征值的误差有多参数渐近展开式

$$\lambda - \lambda^h = \sum_{k=1}^{l} \beta_k \bar{h}_k^2 + O(h_0^4), \tag{5.2.5}$$

其中 $\beta_k (k = 1, \cdots, l)$ 是与剖分无关的常数.

证明 令 $\bar{u}^h = u^h / (u, \rho u^h)$, 由

$$\lambda(u, \rho u^h) = a(u, u^h) = a(R_h u, u^h) = \lambda^h (R_h u, \rho u^h),$$

得

$$\lambda = \lambda^h (R_h u, \rho \bar{u}^h). \tag{5.2.6}$$

于是

$$\begin{aligned}
\lambda - \lambda^h &= \lambda^h (R_h u, \rho \bar{u}^h) - \lambda^h (u, \rho \bar{u}^h) = (R_h u - u, \lambda^h \rho \bar{u}^h) \\
&= (R_h u - u, \lambda \rho u) + (R_h u - u, \rho(\lambda^h \bar{u}^h - \lambda u)).
\end{aligned} \tag{5.2.7}$$

但易证成立

$$|(R_h u - u, \rho(\lambda^h \bar{u}^h - \lambda u))| \leqslant \|R^h u - u\|_{0,\Omega} \|\rho(\lambda^h \bar{u}^h - \lambda u)\|_{0,\Omega} = O(h_0^4). \tag{5.2.8}$$

代到 (5.2.7) 得到

$$\begin{aligned}
\lambda - \lambda^h &= a(R_h u - u, u) + O(h_0^4) \\
&= a(R_h u - u, u - u^I) + O(h_0^4) \\
&= a(u - u^I, R_h u) - a(u - u^I, u) + O(h_0^4).
\end{aligned} \tag{5.2.9}$$

应用引理 5.1.2, 不妨假设 Ω 有分片一致的长方体剖分, 否则使用多线性等参有限元, 并且在参考空间的区域 $\hat{\Omega}$ 上考虑. 于是一方面,

$$\begin{aligned}
a(u - u^I, u) &= \lambda(u - u^I, \rho u) = \lambda \int_\Omega (u - u^I) \rho u \, dx \\
&= \sum_{s=1}^{m} \sum_{i=1}^{d} -\frac{1}{12} h_{si}^2 \lambda \int_{\Omega s} \rho u D_i^2 u \, dx + O(h_0^4),
\end{aligned} \tag{5.2.10}$$

另一方面从 (5.1.27) 知存在与网无关常数 $\{d_{si}\}$, 使

$$a(u - u^I, R_h u) = \sum_{s=1}^{m} \sum_{i=1}^{d} d_{si} h_{si}^2 + O(h_0^4). \tag{5.2.11}$$

代 (5.2.10) 和 (5.2.11) 到 (5.2.9) 中, 并且合并非独立网参数便得到 (5.2.5) 的证明. □

下面考虑特征函数的分裂外推. 令 u_k^h 表示在网参数 $h^{(k)} = (\bar{h}_1, \cdots, \bar{h}_k/2, \cdots, \bar{h}_l)(k = 1, \cdots, l)$ 剖分下, 问题 (5.2.2) 的有限元近似, 令

$$\tilde{u}^h = \sum_{k=1}^{l} \frac{4}{3} u_k^h - \left(\frac{4}{3}l - 1\right) u^h \tag{5.2.12}$$

为分裂外推近似. 下述定理 5.2.2 表明分裂外推近似有高精度.

定理 5.2.2   在定理 5.2.1 的假定下成立误差估计

$$\|u^I - \tilde{u}^h\|_{0,\infty,\Omega} = O(h_0^3). \tag{5.2.13}$$

证明   定义算子 $K : L^2(\Omega) \to H_0^1(\Omega)$, 使 $Ku = w$, 满足

$$a(w, v) = (u, \rho v), \quad \forall v \in H_0^1(\Omega), \tag{5.2.14}$$

则特征值问题 (5.2.2) 和近似问题 (5.2.3) 可以被描述为

$$u = \lambda Ku, \quad (\rho u, u) = 1 \tag{5.2.15}$$

和

$$u^h = \lambda^h K^h u^h, \quad (\rho u^h, u^h) = 1, \tag{5.2.16}$$

其中 $K^h = R_h K R_h$. 因 λ 是 (5.2.15) 的简单特征值, 故 $I - \lambda K$ 在不变子空间

$$V_u = \{v : (\rho v, u) = 0\}$$

的限制下是有界可逆算子. 考虑

$$(I - \lambda K)[u - u^h + R_h u - (u - u^h + R_h u, \rho u)u]$$
$$= -(I - \lambda K)(u^h - R_h u)$$
$$= -(I - \lambda^h K^h)(u^h - R_h u) - (\lambda^h K^h - \lambda K)(u^h - R_h u)$$
$$= (\lambda - \lambda^h)Ku + \lambda K(I - R_h)u + r_0, \tag{5.2.17}$$

其中余项估计为

$$\|r_0\|_{0,\infty,\Omega} = O(h_0^3). \tag{5.2.18}$$

注意 K 还是映 $L^\infty(\Omega)$ 到 $L^\infty(\Omega)$ 的紧算子, 于是必存在正常数 $\gamma > 0$, 使

$$\|(I - \lambda K)\psi\|_{0,\infty,\Omega} \geqslant \gamma\|\psi\|_{0,\infty,\Omega}, \quad \forall \psi \in V_u. \tag{5.2.19}$$

现在在 (5.2.17) 中分别以 $u_k^h(k=1,\cdots,l)$ 代 u^h, 并按 (5.2.12) 的方式予以组合, 利用定理 5.1.1 和定理 5.2.1 的结果导出

$$\|(I - \lambda K)[u - \tilde{u}^h + \widetilde{R}_h u - (u - \tilde{u}^h + \widetilde{R}_h u, \rho u)u]\|_{0,\infty,\Omega} \leqslant Ch_0^3, \tag{5.2.20}$$

这里

$$\widetilde{R}_h = \frac{4}{3} \sum_{i=1}^{l} R_h^{(i)} - \left(\frac{4}{3}l - 1\right) R_h,$$

而 $R_h^{(i)}$ 是对应于网参数 $h^{(i)}$ 的 Rity 投影算子.

注意

$$\begin{aligned}
(R_h u - u^h, \rho u) &= \lambda(R_h Ku, \rho u) - \lambda^h(R_h Ku^h, \rho u) \\
&= (\lambda - \lambda^h)(R_h Ku, \rho u) + \lambda^h(K(u - u^h), \rho u) + O(h_0^4) \\
&= \lambda^{-1}(\lambda - \lambda^h) + (u - u^h, \rho u) + O(h_0^4) \\
&= \lambda^{-1}(\lambda - \lambda^h) + \frac{1}{2}(u - u^h, \rho(u - u^h)) + O(h_0^4) \\
&= \lambda^{-1}(\lambda - \lambda^h) + O(h_0^4). \tag{5.2.21}
\end{aligned}$$

由 (5.2.5) 便导出

$$(\widetilde{R}_h u - \tilde{u}^h, \rho u) = O(h_0^4), \tag{5.2.22}$$

代 (5.2.22) 到 (5.2.20) 中, 并应用 (5.2.19) 便得到

$$\|\tilde{u}^h - \widetilde{R}_h u\|_{0,\infty,\Omega} = O(h_0^3). \tag{5.2.23}$$

但由定理 5.1.1 又有

$$\|u^I - \widetilde{R}_h u\|_{0,\infty,\Omega} = O(h_0^3), \tag{5.2.24}$$

这便得到 (5.2.13) 的证明. □

注 5.2.1 定理 5.2.1 和定理 5.2.2 假定特征值是简单的, 目的是保证 $|\lambda - \lambda^h| = O(h_0^2), \|u - u^h\|_{0,\Omega} = O(h_0^2)$, 对重特征值问题的误差估计较为复杂, 详细可见 (Chatelin, 1983) 和 (杨一都, 2004).

注 5.2.2 余项估计 (5.2.18) 是粗糙的. 在适当条件下, 细致地估计似应得到 $O(h_0^4)$ 的估计. 另外, 使用细致方法还可以得到特征值误差的高次多参数渐近展开.

5.2.3 算例

例 5.2.1 考虑三维变系数特征值问题

$$\begin{cases} -\sum_{i=1}^{3}\dfrac{\partial}{\partial x_i}\left(x_i^2\dfrac{\partial u}{\partial x_i}\right)=\lambda u,\quad \text{在}\Omega=(1,3)\times(1,2)\times(1,2)\text{内},\\ u=0,\text{在}\partial\Omega\text{上}. \end{cases} \tag{5.2.25}$$

已知本例最小特征值

$$\lambda=\frac{3}{4}+\left(\frac{2}{\ln^2 2}+\frac{1}{\ln^2 3}\right)\pi^2=50.01212442,$$

对应的特征函数为

$$u=\prod_{i=1}^{3}\left[x_i^{-1/2}\sin(\pi\ln x_i/\ln\beta_i)\right],$$

其中常数 $\beta_3=3,\beta_2=\beta_1=2$.

区域分解 $\overline{\Omega}=\overline{\Omega_i}\cup\overline{\Omega_2}$, 其中 $\Omega_1=(1,2)^3,\Omega_2=(2,3)\times(1,2)\times(1,2)$, 设计四个网参数: h_1,h_2 为区间 $1\leqslant x_1\leqslant 2$ 和区间 $2\leqslant x_1\leqslant 3$ 的网步长; h_3,h_4 为区间 $1\leqslant x_2\leqslant 2$ 和区间 $1\leqslant x_3\leqslant 2$ 的网步长.

本例中除作了一次分裂外推计算外, 还作了二次分裂外推计算. 表 5.2.1 中分别列出有限元误差, 一次 Richardson 外推的误差及一次和二次分裂外推的误差. 计算二次分裂外推要求计算

$$u_\alpha^h=u\left(\frac{h}{2^\alpha}\right),\quad \lambda_\alpha^h=\lambda\left(\frac{h}{2^\alpha}\right),\quad 0\leqslant|\alpha|=\alpha_1+\cdots+\alpha_4\leqslant 2$$

共 15 个子问题的解, 二次外推要用外推系数组合得出

$$\tilde{\lambda}_2=\sum_{|\alpha|\leqslant 2}a_\alpha\lambda_\alpha^h,$$
$$\tilde{u}_2(x)=\sum_{|\alpha|\leqslant 2}a_\alpha u_\alpha^h(x),\quad \forall x\in\Omega_0^h. \tag{5.2.26}$$

由专著 (吕涛等, 1998) 的附表中查出 $a_\alpha=349/45$, 当 $\alpha=(0,0,0,0)$; $a_\alpha=-52/9$, 当 $\alpha=(1,0,0,0)$; $a_\alpha=16/9$, 当 $\alpha(1,1,0,0)$ 以及 $a_\alpha=64/45$, 当 $\alpha=(2,0,0,0)$, 并注意 α 的分量不同排列不影响 a_α 的值.

在表 5.2.1 中取初始剖分为 $h_1=h_2=h_3=h_4=1/4$.

表 5.2.1　特征值问题有限元外推与分裂外推的数值比较

算法	特征值误差	特函最大误差	独立问题数	最大子问题结点数
有限元 ($h = 1/4$)	3.571×10^0	2.889×10^{-1}	1	128
有限元 ($h = 1/8$)	8.316×10^{-1}	6.714×10^{-2}	1	1024
一次分裂外推	2.3264×10^{-1}	2.323×10^{-2}	10	256
二次分裂外推	2.287×10^{-3}	5.353×10^{-4}	15	512
Richardson	8.145×10^{-2}	6.803×10^{-3}	2	1024

本例中看出 Richardson 外推和分裂外推都有效, 而二次分裂外推精度更高, 更适合并行计算.

5.3　拟线性椭圆型偏微分方程的有限元误差的多参数渐近展开

5.3.1　一类拟线性椭圆型偏微分方程的有限元方法及其误差的多参数渐近展开

考虑拟线性椭圆型偏微分方程的 Dirichlet 问题

$$\begin{cases} -\sum_{i,j=1}^{d} D_j(a_{ij}(u)D_j u) = f(u), & \text{在}\Omega\text{内}, \\ u = 0, \text{在}\partial\Omega\text{上}, \end{cases} \tag{5.3.1}$$

这里 $\Omega \subset \mathbb{R}^d (d = 2,3)$ 是有界开集, $a_{ij}(u) = a_{ji}(u) = a_{ij}(u,x), f(u) = f(u,x)$. 为了保证问题 (5.3.1) 的解的存在性, 假定满足条件

$$(A_3) \begin{cases} \dfrac{\partial}{\partial u} f(u,x) = f'(u) \leqslant 0, & \forall u \in \mathbb{R}, x \in \Omega, \\ \exists \mu > 0, \sum_{i,j=1}^{d} a_{ij}(u,x)\xi_i\xi_j \geqslant \mu \sum_{i=1}^{d} \xi_1^2, & \forall u \in \mathbb{R}, \quad x \in \Omega. \end{cases}$$

(5.3.1) 的弱解归结于如下变分问题: 求 $u \in H_0^1(\Omega)$, 满足

$$\sum_{i,j=1}^{d} (a_{ij}(u)D_i u, D_j v) = (f(u), v), \quad \forall v \in H_0^1(\Omega), \tag{5.3.2}$$

这里 $(\cdot, \cdot)$ 表 $L^2(\Omega)$ 内积.

假定 Ω 存在 5.1 节的初始区域分解, 并且在等参多线性映射下构造了多个独立步长, 以及相应的多线性有限元子空间 $S_0^h \subset H_0^1(\Omega)$, 那么 (5.3.2) 的有限元近似归结于求 $u^h \in S_0^h$, 满足

$$\sum_{i,j=1}^{d} (a_{ij}(u^h)D_i u^h, D_j v) = (f(u^h), v), \quad \forall v \in S_0^h. \tag{5.3.3}$$

关于拟线性问题 (5.3.2) 的有限元近似的误差的多参数渐近展开, 有下述定理.

定理 5.3.1 设拟线性方程 (5.3.1) 除满足 (A₃) 的假定外, 又设 $a_{ij}(u,x)$ 是 $\mathbb{R} \times \Omega$ 的有界函数, 关于变元 u 可导, 并记 $a'_{ij}(u) = \dfrac{\partial}{\partial u} a_{ij}(u,x)$, 真解 $u \in \left(\prod\limits_{k=1}^{m} H^6(\Omega_k) \right) \cap H_0^1(\Omega)$, 且

$$-\frac{1}{2} \sum_{i,j=1}^{d} D_j(a_{ij}(u)D_i u) - f'(u) \geqslant 0, \quad \text{a.e.} \Omega, \tag{5.3.4}$$

则近似问题 (5.3.2) 的解 u^h 的误差有渐近展开

$$u^h - u^I = \sum_{k=1}^{l} w_k^I \bar{h}_k^2 + R, \tag{5.3.5}$$

这里 $w_k \in H_0^1(\Omega)$ 是与独立网参数 $h = (\bar{h}_1, \cdots, \bar{h}_l)$ 无关的函数 (w_k 由下面问题 (5.3.18) 决定), 若进一步还有 $w_k \in W_p^r(\Omega), r - d/p > 0$, 则余项成立估计

$$\|R\|_{0,\infty,\Omega} = O(h_0^\mu), \quad \mu = \min\{3, 2 + r - d/p\}. \tag{5.3.6}$$

证明 设 u, u^h 分别是 (5.3.2) 和 (5.3.3) 的解, 由此构造辅助问题: 求 $\tilde{u}^h \in S_0^h$ 满足线性问题

$$A(\tilde{u}^h, \psi) \triangleq \sum_{i,j=1}^{d} (a_{ij}(u)D_i \tilde{u}^h, D_j \psi) = (f(u), \psi), \quad \forall \psi \in S_0^h. \tag{5.3.7}$$

置

$$u^h - u = (u^h - \tilde{u}^h) + (\tilde{u}^h - u) = \theta^h + \rho^h. \tag{5.3.8}$$

令 R_h 是在能量内积 $A(\cdot, \cdot)$ 意义下的 Ritz 投影算子, 于是 $\tilde{u}^h = R_h u$.

对于 (5.3.8) 中的 ρ^h 的渐近展开式可以纳入定理 5.1.1 的框架内讨论. 至于 θ^h 需要仔细分析, 注意

$$\begin{aligned}
A(\theta^h, \psi) =& A(u^h, \psi) - A(\tilde{u}^h, \psi) \\
=& (f(u^h), \psi) - (f(u), \psi) + \sum_{i,j=1}^{d} ((a_{ij}(u) - a_{ij}(u^h))D_i u^h, D_j \psi) \\
=& -(f'(u)(u - u^h), \psi) + (\varepsilon_0, \psi)
\end{aligned}$$

$$+ \sum_{i,j=1}^{d} [(a'_{ij}(u)(u-u^h)D_i u^h, D_j \psi) + (\varepsilon_{ij}, D_j \psi)]$$

$$= -(f'(u)(u-u^h), \psi) + \sum_{i,j=1}^{d} (a'_{ij}(u)D_i u(u-u^h), D_j \psi)$$

$$+ \sum_{i,j=1}^{d} (a'_{ij}(u)(u-u^h)D_i(u^h-u), D_j \psi) + (\varepsilon_0, \psi) + \sum_{j=1}^{d}(\varepsilon_j, D_j \psi)$$

$$= -(f'(u)(u-u^h), \psi) + \sum_{i,j=1}^{d} (a'_{ij}(u)D_i u(u-u^h), D_j \psi)$$

$$+ (\varepsilon_0, \psi) + \sum_{j=1}^{d}(\delta_j, D_j \psi) + \sum_{j=1}^{d}(\varepsilon_j, \varphi), \quad \forall \psi \in S_0^h. \tag{5.3.9}$$

由 Taylor 展开, 这里余项有估计

$$\|\varepsilon_0\|_{0,\infty,\Omega} \leqslant C_1 \|u-u^h\|_{0,\infty,\Omega}^2,$$

$$\|\varepsilon_j\|_{0,\infty,\Omega} \leqslant C_2 \|u^h\|_{1,\infty,\Omega} \|u-u^h\|_{0,\infty,\Omega}^2,$$

$$\|\delta_j\|_{0,\infty,\Omega} = \sum_{i=1}^{d} \|a'_{ij}(u)(u-u^h)D_i(u^h-u)\|_{0,\infty,\Omega}$$

$$\leqslant C_3 \|u-u^h\|_{0,\infty,\Omega} \|u-u^h\|_{1,\infty,\Omega}.$$

以 $u-u^h = -\theta^h - \rho^h$ 代入 (5.3.9), 并把有关 θ^h 项移到左端是

$$B(\theta^h, \psi) \triangleq A(\theta^h, \psi) + \sum_{i,j=1}^{d} (a'_{ij}(u)D_i u\theta^h, D_j \psi) - (f'(u)\theta^h, \psi)$$

$$= -\sum_{i,j=1}^{d} (a'_{ij}(u)D_i u\rho^h, D_j \psi) + (f'(u)\rho^h, \psi) + (\varepsilon_0, \psi)$$

$$+ \sum_{j=1}^{d}(\delta_j + \varepsilon_j, D_j \psi), \quad \forall \psi \in S_0^h, \tag{5.3.10}$$

即 θ^h 可视为变分方程

$$B(\theta, \psi) = -\sum_{i,j=1}^{d} (a'_{ij}(u)D_i u'\rho^h, D_j \psi)$$

$$+ (f'(u)\rho^h, \psi) + (\varepsilon_0, \psi) + \sum_{j=1}^{d}(\delta_j + \varepsilon_j, D_j \psi), \quad \forall \psi \in H_0^1(\Omega) \tag{5.3.11}$$

的有限元近似, 并且 (5.3.4) 保证了双线性形式 $B(\cdot,\cdot)$ 是强制的. 分解

$$\rho^h = \tilde{u}^h - u = (\tilde{u}^h - u^I) + (u^I - u) = \rho_1^h + \rho_2^h, \tag{5.3.12}$$

由定理 5.3.1 知存在与 h 无关的函数 $C_{sk}(u)$, 使

$$\rho_1^h = \sum_{k=1}^{d}\sum_{s=1}^{m} h_{sk}^2 C_{sk}(u) + \eta_1, \tag{5.3.13}$$

这里 η_1 是高阶余项. 代 (5.3.13) 到 (5.3.11) 中得到

$$B(\theta^h, \psi) = -\sum_{k=1}^{d}\sum_{s=1}^{m} h_{sk}^2 \sum_{i,j=1}^{d} (a_{ij}'(u)D_i u C_{sk}(u), D_j\psi)$$
$$+ \sum_{i,j=1}^{d} (a_{ij}'(u)D_i u(u^I - u), D_j\psi) + (f'(u)(u^I - u), \psi) + \eta_2. \tag{5.3.14}$$

但从引理 5.1.2, 又有

$$(a_{ij}'(u)D_i u(u^I - u), D_j\psi) = \sum_{k=1}^{d}\sum_{s=1}^{m} \frac{1}{12} h_{sk}^2 \int_{\Omega_s} a_{ij}'(u)D_i u D_k^2 u D_j\psi \mathrm{d}x$$
$$+ \eta_3, \quad i,j = 1,\cdots,d \tag{5.3.15}$$

和

$$(f'(u)(u^I - u), \psi) = \sum_{k=1}^{d}\sum_{s=1}^{m} \frac{1}{12} h_{sk}^2 \int_{\Omega_s} f'(u) D_k^2 u\psi \mathrm{d}x + \eta_4, \tag{5.3.16}$$

这里 η_2, η_3, η_4 是高阶余项. 代 (5.3.16) 和 (5.3.15) 于 (5.3.14) 中, 得到

$$B(\theta^h, \psi) = -\sum_{k=1}^{d}\sum_{s=1}^{m} h_{sk}^2 \left\{ \sum_{i,j=1}^{d} \int_{\Omega} a_{ij}'(u)D_i u C_{sk}(u)D_i\psi \mathrm{d}x \right.$$
$$+ \int_{\Omega} f'(u)C_{sk}(u)\psi \mathrm{d}x - \sum_{i,j=1}^{d} \frac{1}{12}\int_{\Omega_s} a_{ij}'(u)D_i u D_k^2 u D_j\psi \mathrm{d}x$$
$$\left. - \frac{1}{12}\int_{\Omega_s} f'(u)D_k^2 u\psi \mathrm{d}x \right\} + \eta_5, \quad \forall\psi \in S_0^h. \tag{5.3.17}$$

用 $F_{sk}(u,\psi)$ 表 (5.3.17) 右端花括号项, 并构造函数 $w_{sk} \in H_0^1(\Omega)$, 满足

$$B(w_{sk}, v) = -F_{sk}(u, v), \quad \forall v \in H_0^1(\Omega). \tag{5.3.18}$$

根据 Lax-Milgram 定理知 w_{xk} 存在并唯一. 令 $\bar{R}_h$ 表在能量内积 $B(\varphi, \psi)$ 意义下的 Ritz 投影, (5.3.18) 导出

$$B\left(\theta^h + \sum_{k=1}^{d}\sum_{s=1}^{m} h_{sk}^2 \overline{R}_h w_{sk}, \psi\right) = \eta_5, \quad \forall\psi \in S_0^h, \tag{5.3.19}$$

但由 (5.3.19) 的余项估计及非线性方程近似解的 L^∞ 范数估计, 得

$$|\eta_5| \leqslant Ch_0^3\|\psi\|_{1,1,\Omega}. \tag{5.3.20}$$

令 G_Z 为 Green 函数, 满足

$$B(v, G_Z) = v(Z), \quad \forall Z \in \Omega, v \in H_0^1(\Omega).$$

而 $G_Z^h = \overline{R}_h G_Z$ 是 G_Z 的 Ritz 投影, 在 (5.3.19) 中置 $\psi = G_Z^h$, 得到

$$\theta^h(Z) + \sum_{k=1}^d \sum_{s=1}^m h_{sk}^2 \overline{R}_h W_{sk}(Z) = O(h_0^3), \tag{5.3.21}$$

这里用到 $\|G_Z^h\|_{1,1,\Omega}$ 的一致有界性质. 进一步若设辅问题的解 $w_{sk} \in W_p^r(\Omega)$, 且 $r - d/p > 0$, 则由 (5.1.37) 得到

$$\theta^h + \sum_{k=1}^d \sum_{s=1}^m h_{sk}^2 w_{sk}^I = O(h^\mu), \tag{5.3.22}$$

其中 $\mu = \min(3, 2 + r - d/p)$, 合并非独立的网参数项后, 得到

$$\theta^h = \sum_{k=1}^l \bar{h}_k^2 w_k^I + O(h^\mu). \tag{5.3.23}$$

但

$$u^h - u^I = \theta^h + (\tilde{u}^h - u^I), \tag{5.3.24}$$

而 $\tilde{u}^h - \tilde{u}^I$ 由定理 5.1.1 可得渐近展开式, 这就完成定理的证明. □

5.3.2 算例

例 5.3.1 考虑三维拟线性椭圆型方程

$$\begin{cases} -\dfrac{\partial}{\partial x}\left((1+u^2)\dfrac{\partial u}{\partial x}\right) - \dfrac{\partial}{\partial y}\left((1+u^2)\dfrac{\partial u}{\partial y}\right) - \dfrac{\partial}{\partial z}\left((1+u^2)\dfrac{\partial u}{\partial z}\right) \\ = f(x,y,z), \quad 在 \Omega = (0,2) \times (0,1) \times (0,1) 内, \\ u = 0, \quad 在 \partial\Omega 上, \end{cases}$$

真解取为 $u = \sin\left(\dfrac{\pi x}{2}\right)\sin(xy)\sin(\pi z)$, 和例 5.1.2 一样, 设计四个独立步长, 初始步长仍取 $h_1 = h_2 = h_3 = h_4 = \dfrac{1}{4}$. 有限元近似方程用 Newton 方法求解. 计算结果: 有限元近似最大误差为 7.79×10^{-2}, 分裂外推在全局细网格点的最大误差为 1.32×10^{-2}. 取有代表性的 0 和 1 类结点的结果见表 5.3.1.

表 5.3.1   拟线性椭圆型方程的有限元误差与分裂外推误差比较置

网点坐标	网点类型	有限元解误差	分裂外推误差
$\left(\dfrac{2}{8}, \dfrac{6}{8}, \dfrac{4}{8}\right)$	0	6.58×10^{-2}	2.13×10^{-3}
$\left(\dfrac{3}{8}, \dfrac{6}{8}, \dfrac{4}{8}\right)$	1	5.95×10^{-2}	4.53×10^{-3}
$\left(\dfrac{2}{8}, \dfrac{7}{8}, \dfrac{4}{8}\right)$	1	4.50×10^{-2}	1.31×10^{-3}

从表中见到分裂外推精度大为提高.

在表 5.3.2 中还提供第 2 和第 3 类点的数值比较, 其中分裂外推值是通过 5.1.3 节的插值方法得到, 从表中见到这些类型的细网格结点的分裂外推同样有高精度.

表 5.3.2   拟线性椭圆型方程的第二、三类结点的分裂外推误

网点坐标	网点类型	有限元解误差	分裂外推误差
$\left(\dfrac{3}{8}, \dfrac{7}{8}, \dfrac{4}{8}\right)$	2	*	2.68×10^{-3}
$\left(\dfrac{3}{8}, \dfrac{7}{8}, \dfrac{5}{8}\right)$	3	*	1.14×10^{-3}
$\left(\dfrac{5}{8}, \dfrac{7}{8}, \dfrac{5}{8}\right)$	3	*	6.90×10^{-3}

其中 * 号表示其网点不是有限元的计算结点.

第 6 章　基于区域分解的多二次等参有限元分裂外推方法

在第 5 章中讨论了基于区域分解的等参意义下的多线性有限元分裂外推, 如果区域是二维多边形, 或者三维多面体并且解满足恰当的分片光滑条件, 那么结点误差具有多参数渐近展开, 从而可以使用有限元外推方法提高精度. 但是等参多线性元有明显的局限: 首先, 对于二维多边形, 或者三维多面体, 由于非光滑边界和角点污染的缘故, 通常情况解不满足分片光滑条件; 其次, 如果边界是曲面, 则等参多线性元无法弥合边界而导致方法失效. 为了克服曲边界带来的困难, 本章研究多二次等参有限元近似解的分裂外推方法, 这些工作完成于最近十余年, 其相关文献见 (Lü et al., 2002; Cao et al., 2011, 2009; He et al., 2009)

6.1　二阶椭圆型偏微分方程组的多二次等参有限元的分裂外推方法

6.1.1　二阶椭圆型方程组及其有限元近似方程

考虑 $\mathbb{R}^d(d=2,3)$ 空间的有界区域 Ω 上的二阶椭圆型方程组

$$\begin{cases} L_i(u) = -D_k(a_{ijkl}D_l u_j) + q_{ij}u_j = f_i, & \text{在}\Omega\text{内}, \\ \sigma_{ik}(u)\nu_k = a_{ijkl}D_l u_j \nu_j = t_i, & \text{在}\Gamma_1\text{上} \\ u = 0, \text{在}\Gamma_0 = \partial\Omega\backslash\Gamma_1\text{上}, \\ i = 1, \cdots, d, \end{cases} \tag{6.1.1}$$

其中 $u = (u_1, \cdots, u_d)$ 是向量函数, $\nu = (\nu_1, \cdots, \nu_d)$ 是 Neumann 边界 Γ_1 的单位外法向向量, Γ_0 为 Dirichlet 边界, 其测度不为零, $a_{ijkl}(x), q_{ij}(x) \in L^\infty(\Omega), D_i = \frac{\partial}{\partial x_i}$, 并且重复下标蕴涵对于该下标从 1 到 d 的求和. 如此的问题经常出现在弹性力学中. 为了构造 (6.1.1) 的弱形式, 定义函数空间

$$H = (H^1(\Omega))^d, \quad H_0 = \{u \in H : u_i = 0, \text{在}\Gamma_0\text{上}, i = 1, \cdots, d\},$$

并且在 H_0 上定义双线性形式

$$b(u,v) = \int_\Omega a_{ijkl}D_l u_j D_k v_i \mathrm{d}x + \int_\Omega q_{ji}u_j v_i \mathrm{d}x, \quad \forall u, v \in H_0, \tag{6.1.2}$$

为了保证方程 (6.1.1) 解的存在性和唯一性, 假定存在常数 $\mu > 0$, 使

$$b(u, u) \geqslant \mu \|u\|_{1,\Omega}^2, \quad \forall u \in H_0. \tag{6.1.3}$$

在以上假定下方程 (6.1.1) 的弱形式为: 求 $u \in H_0$ 满足

$$b(u, v) = \int_\Omega f_i v_i \mathrm{d}x + \int_{\Gamma_1} t_i v_i \mathrm{d}s, \quad \forall v \in H_0, \tag{6.1.4}$$

显然, 正定性质 (6.1.3) 保证 (6.1.4) 存在唯一解.

为了计算 (6.1.4), 首先构造 Ω 的一个初始非重叠区域分解

$$\bar{\Omega} = \bigcup_{i=1}^m \bar{\Omega}_i, \tag{6.1.5}$$

其中 $\bar{\Omega}$ 为 Ω 的闭包, 并且允许 $\Omega_i(i = 1, \cdots, d)$ 有曲边边界, 但是剖分 (6.1.5) 必须满足相容条件, 即 $\bar{\Omega}_i \cap \bar{\Omega}_j (i \neq j)$, 或者是空集, 或者仅有公共顶点、公共边和公共面. 称 $\partial\Omega_i \backslash \partial\Omega$ $(i = 1, \cdots, m)$ 为拟边界, 并且要求拟边界是问题 (6.1.1) 的不连续系数函数的界面. 此外, 要求剖分 (6.1.5) 满足以下条件:

(1) 存在参考空间中的单位立方体 $\hat{\Omega}_i \subset \mathbb{R}^d (i = 1, \cdots, m)$ 和一对一映射 $\Psi_i : \bar{\Omega}_i \to \hat{\Omega}_i$, 并且其逆映射 $\{\Psi_i^{-1}\}$ 充分光滑.

(2) $\hat{\Omega} = \bigcup_{i=1}^m \hat{\Omega}_i$ 构成关于 $\hat{\Omega}$ 的一致初始剖分, 并且剖分满足相容条件.

(3) 若 $\Gamma_{ij} = \partial\Omega_i \cap \partial\Omega_j$ $(i \neq j)$ 不是空集, 则成立: $\Psi_i(x) = \Psi_j(x), \forall x \in \Gamma_{ij}$.

(4) $\bar{\Gamma}_0 \cap \bar{\Gamma}_1 \subset \bigcup_{i \neq j} \Gamma_{ij}$.

现在在参考单元 $\hat{\Omega}_i(i = 1, \cdots, m)$ 上, 以网参数 $\bar{h}_{ij}$ $(j = 1, \cdots, d)$ 构造一致长方体剖分 $\hat{\mathfrak{F}}_i^h(i = 1, \cdots, m)$, 并且要求

$$\hat{\mathfrak{F}}^h = \bigcup_{i=1}^m \hat{\mathfrak{F}}_i^h$$

构成 $\hat{\Omega}$ 上的分片一致的一致长方体剖分. 由于相容条件的限制, $\{\bar{h}_{ij}, i = 1, \cdots, m; j = 1, \cdots, d\}$ 的 dm 个网参数中仅有 L $(L < md)$ 个是独立的, 令为 $\bar{h}_1, \cdots, \bar{h}_L$, 并且置 $\bar{h}_0 = \max_{1 \leqslant i \leqslant L} \bar{h}_i$.

令 $\hat{\Gamma}_0 = \bigcup_{i=1}^m \Psi_i(\Gamma_0 \cap \partial\Omega_i), \hat{H}_0 = \{w \in H^1(\hat{\Omega}) : w = 0, \text{在 } \hat{\Gamma}_0 \text{ 上 }\}$, 而 $\hat{S}_0^h \subset \hat{H}_0 \cap C(\hat{\Omega})$ 表示基于剖分 $\hat{\mathfrak{F}}^h$ 的 d 二次有限元子空间, 即若 $\phi \in \hat{S}_0^h$, 那么 $\phi \in Q_2(e), \forall e \in \hat{\mathfrak{F}}^h$, 其中 $Q_2(e)$ 是 e 上的 d 二次函数. 显然, 映射 $\{\Psi_i\}$ 诱导出 Ω 上的剖分 $\mathfrak{F}^h$, 使若 $\hat{z}$ 是 $\hat{\Omega}_i$ 的内点, 则 $z = \Psi_i^{-1}(\hat{z})$ 亦是 Ω_i 的内点; 若 $\hat{z} \in \hat{\Gamma}_{ij} = \partial\hat{\Omega}_i \cap \partial\hat{\Omega}_j,$

则 $z = \Psi_i^{-1}(\hat{z}) \in \Gamma_{ij} = \partial\bar{\Omega}_i \cap \partial\bar{\Omega}_j$; 若 $\hat{e} \in \hat{\mathfrak{F}}_i^h$, 则 $e \in \mathfrak{F}_i^h$. 这些条件蕴涵 $\mathfrak{F}^h = \bigcup_{i=1}^m \mathfrak{F}_i^h$
满足相容条件.

定义剖分 $\mathfrak{F}^h$ 下的试函数子空间

$$S_0^h = \{\varphi \in H^1(\Omega) \cap C(\Omega) : \varphi|_{\Gamma_0} = 0,$$
$$\hat{\varphi} = \varphi \circ \Psi_i(x) \in \hat{S}_0^h, \forall x \in \Omega_i, i = 1, \cdots, m\}. \tag{6.1.6}$$

于是 (6.1.1) 的有限元近似 $u^h = (u_1^h, \cdots, u_s^h) \in (S_0^h)^d$, 满足

$$b(u^h, v) = \int_\Omega f_i v_i \mathrm{d}x + \int_{\Gamma_1} t_i v_i \mathrm{d}s, \quad \forall v \in (S_0^h)^d. \tag{6.1.7}$$

使用积分变换可以转换 Ω 上的积分到参考区域 $\hat{\Omega}$ 上的积分, 即成立

$$B(\hat{u}^h, \hat{v}) \stackrel{\triangle}{=} b(u^h, v) = \sum_{s=1}^m \int_{\hat{\Omega}_s} (\hat{a}_{ijkl}^s \hat{D}_l \hat{u}_j^h \hat{D}_k \hat{v}_i + \hat{q}_{ji}^s \hat{u}_j^h \hat{v}_i) \mathrm{d}\hat{x}$$
$$= \int_\Omega f_i v_i \mathrm{d}x + \int_{\Gamma_1} t_i v_i \mathrm{d}s$$
$$= \sum_{s=1}^m \left[\int_{\hat{\Omega}_s} \hat{f}_i^s \hat{v}_i \mathrm{d}\hat{x} + \int_{\hat{\Gamma}_1 \cap \partial\hat{\Omega}_s} \hat{t}_i^s \hat{v}_i \mathrm{d}\hat{s} \right], \quad \forall \hat{v} \in (\hat{S}_0^h)^d, \tag{6.1.8}$$

这里

$$\hat{D}_i = \frac{\partial}{\partial \hat{x}_i}, \quad \hat{u}_i|_{\hat{\Omega}_s} = u_i \circ \Psi_s|_{\Omega_s}, \quad \hat{u}_i|_{\hat{\Omega}_s} = u_i \circ \Psi_s|_{\Omega_s},$$
$$\hat{u}_i^h|_{\hat{\Omega}_s} = u_i^h \circ \Psi_s|_{\Omega_s}, \quad \hat{v}_i|_{\hat{\Omega}_s} = \hat{v}_i \circ \Psi_s|_{\Omega_s},$$

而 $\hat{f}_i^s$ 和 $\hat{t}_i^s$ 则是 f_i^s, t_i^s 经过积分变换 Ψ_s 后在 $\hat{\Omega}_s$ 上的系数函数. 于是积分变换下 (6.1.4) 转换为: 求 $\hat{u}^h = (\hat{u}_1^h, \cdots, \hat{u}_s^h) \in (\hat{S}_0^h)^d$ 满足

$$B(\hat{u}^h, \hat{v}) = \sum_{s=1}^m \left[\int_{\hat{\Omega}_s} \hat{f}_i \hat{v}_i \mathrm{d}\hat{x} + \int_{\hat{\Gamma}_1 \cap \partial\hat{\Omega}_s} \hat{t}_i \hat{v}_i \mathrm{d}\hat{s} \right], \quad \forall \hat{v} \in (\hat{S}_0^h)^d. \tag{6.1.9}$$

因为参考区域 $\hat{\Omega}$ 是由单位立方体 $\{\hat{\Omega}_s\}$ 构成, 计算 (6.1.9) 比计算 (6.1.4) 容易.

6.1.2 Hermite 二次内插与相关的求积公式

为了研究 d 二次元的分裂外推, 引入区间 $[a, b]$ 上的一个特殊的 Hermite 二次内插函数是方便的. 令 $f \in C^2[a, b], m = (a+b)/2$ 是区间的中点, $f_I(t)$ 称为 $f(t)$ 的 Hermite 二次多项式内插, 满足如下插值条件:

$$\begin{cases} f_I(a) = f(a), \\ f_I(b) = f(b), \\ f_I^{(2)}(m) = f^{(2)}(m). \end{cases} \tag{6.1.10}$$

定义积分

$$I(f) = \int_a^b f(t)\mathrm{d}t$$

的求积公式

$$Q(f) = \frac{h}{2}\left[f(a) + f(b) - \frac{h^2}{6}f^{(2)}(m)\right], \tag{6.1.11}$$

这里 $h = b - a$. 显然, 有 $Q(f) = Q(f_I)$.

下面使用 Euler-Maclaurin 展开公式导出以下引理.

引理 6.1.1　若 $f \in C^{2n}[a, b]$, 则成立渐近展开

$$e(f) = Q(f) - I(f) = \sum_{i=2}^{n-1} \tau_i h^{2i} + O(h^{2n}), \tag{6.1.12}$$

这里常数 $\tau_i(i = 2, \cdots, n-1)$ 有显式表达

$$\begin{cases} \tau_2 = \dfrac{1}{480}\displaystyle\int_a^b f^{(4)}(t)\mathrm{d}t, \\[2mm] \tau_i = \dfrac{B_{2i}}{(2i)!}\displaystyle\int_a^b f^{(2i)}(t)\mathrm{d}t - \dfrac{B_{2i-2}(1/2)}{12(2i-2)!}\displaystyle\int_a^b f^{(2i-2)}(t)\mathrm{d}t, \\[2mm] i = 3, \cdots, n-1, \end{cases} \tag{6.1.13}$$

其中 B_j 是 Bernoulli 数.

证明　令 $T(f) = \dfrac{h}{2}[f(a) + f(b)]$ 是梯形公式, 由梯形公式和中矩形公式的 Euler-Maclaurin 展开公式导出

$$\begin{aligned} e(f) &= Q(f) - I(f) = T(f) - I(f) - \frac{h^3}{12}f^{(2)}(m) \\ &= \frac{h^2}{12}\int_a^b f^{(2)}(t)\mathrm{d}t + \sum_{i=2}^{n-1} \frac{B_{2i}h^{2i}}{(2i)!}\int_a^b f^{(2i)}(t)\mathrm{d}t - \frac{h^3}{12}f^{(2)}(m) + O(h^{2n}) \\ &= \frac{h^2}{12}\left[\int_a^b f^{(2)}(t)\mathrm{d}t - hf^{(2)}(m)\right] + \sum_{i=2}^{n-1} \frac{B_{2i}h^{2i}}{(2i)!}\int_a^b f^{(2i)}(t)\mathrm{d}t + O(h^{2n}) \\ &= \frac{h^2}{12}\left[\frac{h^2}{24}\int_a^b f^{(4)}(t)\mathrm{d}t - \sum_{i=1}^{n-1} \frac{B_{2i}(1/2)h^{2i}}{(2i)!}\int_a^b f^{(2i+2)}(t)\mathrm{d}t\right] \\ &\quad + \sum_{i=2}^{n-1} \frac{B_{2i}h^{2i}}{(2i)!}\int_a^b f^{(2i)}(t)\mathrm{d}t + O(h^{2n}). \end{aligned}$$

注意, $B_{2i}(1/2) = -(1 - 2^{1-2i})B_{2i}$, 并且合并同类项便得到 (6.1.12) 和 (6.1.13) 的证明.　□

引理 6.1.2　　若 $f \in W_p^6[a,b], q \in W_{p'}^4[a,b]$, 并且 $1/p + 1/p' = 1, p > 1$, 则成立渐近展开

$$\int_a^b q(t)(f(t) - f_I(t))\mathrm{d}t = h^4 \int_a^b \left[\frac{1}{480} f^{(4)}(t)q(t) - \frac{1}{45} f^{(3)}(t)q^{(1)}(t) \right] \mathrm{d}t + R, \quad (6.1.14)$$

并且余项有估计

$$|R| \leqslant Ch^6 ||f||_{6,p} ||q||_{4,p'}, \quad (6.1.15)$$

其中 C 是与 f, q 无关的常数, $||u||_{n,p}$ 表示 Sobolev 空间 $W_p^n[a,b]$ 的范数.

　　证明　　显然,

$$J = \int_a^b q(t)(f(t) - f_I(t))\mathrm{d}t = \int_a^b (q(t) - q(m))(f(t) - f_I(t))\mathrm{d}t$$
$$+ q(m) \int_a^b (f(t) - f_I(t))\mathrm{d}t = J_1 + J_2, \quad (6.1.16)$$

使用 Simpson 求积公式的余项估计, 得到

$$J_1 = -\frac{h^4}{180} \int_a^b \frac{\mathrm{d}^4}{\mathrm{d}t^4}[(q(t) - q(m))(f(t) - f_I(t))]\mathrm{d}t + R_1$$
$$= -\frac{h^4}{180} \int_a^b [f^{(4)}(t)(q(t) - q(m)) + 4f^{(3)}(t)q^{(1)}(t)$$
$$+ 6q^{(2)}(t)(f^{(2)}(t) - f_I^{(2)}(t)) + 4q^{(3)}(t)(f^{(1)}(t) - f_I^{(1)}(t))]\mathrm{d}t + R_1$$
$$= -\frac{h^4}{45} \int_a^b f^{(3)}(t)q^{(1)}(t)\mathrm{d}t + R_2, \quad (6.1.17)$$

其中余项有估计

$$|R_2| \leqslant Ch^6 ||f||_{6,p} ||q||_{4,p'}. \quad (6.1.18)$$

　　对于 J_2, 由引理 6.1.1 得到

$$J_2 = \frac{h^4}{480} q(m) \int_a^b f^{(4)}(t)\mathrm{d}t + R_3$$
$$= \frac{h^4}{480} \int_a^b q(t)f^{(4)}(t)\mathrm{d}t + \frac{h^4}{480} \int_a^b (q(m) - q(t))f^{(4)}(t)\mathrm{d}t + R_3$$
$$= \frac{h^4}{480} \int_a^b q(t)f^{(4)}(t)\mathrm{d}t + R_4, \quad (6.1.19)$$

使用中矩形求积公式的余项估计, 得到

$$|R_4| \leqslant Ch^6 ||f||_{6,p} ||q||_{4,p'}. \quad (6.1.20)$$

组合 (6.1.17) 和 (6.1.19) 的结果, 便得到引理证明.　　□

引理 6.1.3　若 $\phi \in P_2 = \mathrm{span}\{t^i : i = 0, 1, 2\}$, 即二次多项式, $f \in W_p^6[a,b], q \in W_\infty^4[a,b]$, 并且 $1/p + 1/p' = 1, p > 1$, 则成立渐近展开

$$\int_a^b q(f - f_I)\phi \mathrm{d}t = h^4 \int_a^b \left[\frac{1}{480} q\phi f^{(4)} - \frac{1}{45} q^{(1)}\phi f^{(3)}(t) - \frac{1}{45} q\phi^{(1)} f^{(3)}(t) \right] \mathrm{d}t + R_6,$$

(6.1.21)

并且存在与 q 相关的常数 $c(q)$, 使余项有估计

$$|R_6| \leqslant c(q) h^6 \|f\|_{6,p} \|\phi\|_{2,p'}.$$

(6.1.22)

证明　在引理 6.1.2 中, 用 $q\phi$ 代替 q, 便得到 (6.1.21) 和 (6.1.22) 的证明.　　□

下面令 $l_i = [x_{ei} - h_{ei}/2, x_{ei} + h_{ei}/2], e = \prod_{i=1}^d l_i$ 是以 $x_e = (x_{e1}, \cdots, x_{ed})$ 为中心, $h_{ei}(i = 1, \cdots, d,)$ 为边长的长方体, 令 I_i 是关于变元 x_i 的由 (6.1.10) 定义的 Hermite 二次插值算子, 并且令 $u_I = I_1 \cdots I_d u$ 是函数 u 的 d 二次 Hermite 插值, 即 $u_I \in Q_2(e), Q_2(e)$ 是 e 上的 d 二次多项式集合.

引理 6.1.4　若 $u \in W_p^6(e), q \in W_\infty^4[a,b], \phi \in Q_2(e)$, 则成立渐近展开

$$\int_e q(u - u_I)\phi \mathrm{d}x = \sum_{i=1}^d h_{ei}^4 \int_e \left[\frac{1}{480} q\phi D_i^4 u - \frac{1}{45} D_i(q\phi) D_i^3 u \right] \mathrm{d}x + R.$$

(6.1.23)

并且存在与 q 相关的常数 $C(q)$, 使余项有估计

$$|R| \leqslant C(q) h_{e0}^6 \|f\|_{6,p} \|\phi\|_{2,p'},$$

(6.1.24)

这里 $h_{e0} = \max_{1 \leqslant i \leqslant d} h_{ei}$.

证明　应用恒等式

$$u - u_I = (I - I_1)u + (I - I_2)I_1 u + \cdots + (I - I_d)I_1 \cdots I_{d-1} u$$

和中矩形公式的余项估计, 得到

$$\int_e q(u - u^I)\varphi \mathrm{d}x = \int_e q(u - I_1 u)\varphi \mathrm{d}x + \int_e q(I - I_2)I_1 u\varphi \mathrm{d}x$$
$$+ \cdots + \int_e q(I - I_d)I_1 \cdots I_{d-1} u\varphi \mathrm{d}x.$$

(6.1.25)

利用 (6.1.14) 得到

$$
\begin{aligned}
J_i &= \int_e q(I - I_i)I_1 \cdots I_{i-1} u\varphi \mathrm{d}x \\
&= h_{ei}^4 \int_e \left[\frac{1}{480} q\varphi D_i^4(I_1 \cdots I_{i-1}u) - \frac{1}{45} D_i(q\varphi)D_i^3(I_1 \cdots I_{i-1}u) \right] \mathrm{d}x + r_i \\
&= h_{ei}^4 \int_e \left[\frac{1}{480} q\varphi(D_i^4 u) - \frac{1}{45} D_i(q\varphi)D_i^3 u \right] \mathrm{d}x + \hat{r}_i.
\end{aligned}
\tag{6.1.26}
$$

注意 $I_1 \cdots I_{i-1}$ 是关于变元 $x_1, \cdots, x_{i-1}$ 的插值算子, 故代 (6.1.26) 到 (6.1.25) 中, 并用估计 (6.1.22) 便得到引理证明. □

引理 6.1.5 若 $u \in W_p^7(e), a_{ij} \in W_\infty^4(e), \varphi \in Q_2(e)$ 则成立渐近展开

$$
\begin{aligned}
&\int_e a_{ij} D_i(u - u^I) D_j\varphi \mathrm{d}x \\
&= -h_{ei}^4 \int_e \left[\frac{1}{480} D_i(a_{ij} D_j\varphi)D_i^4 u - \frac{1}{45}(D_i a_{ij} D_j\varphi)D_i^4 u + 2D_i a_{ij} D_i D_j\varphi)D_i^3 u \right] \mathrm{d}x \\
&\quad + \sum_{k \neq i} h_{ek}^4 \int_e \left[\frac{1}{480} a_{ij} D_j\varphi D_k^4 D_i u - \frac{1}{45}(D_i a_{ij} D_j\varphi)D_k^3 D_i u \right] \mathrm{d}x + R.
\end{aligned}
\tag{6.1.27}
$$

其中余项估计为

$$
|R| \leqslant Ch_{e0}^6 \|u\|_{7,p,e} \|\varphi\|_{2,p',e}.
\tag{6.1.28}
$$

证明 不妨设 $i = 1$, 由引理 6.1.4 得到

$$
\begin{aligned}
J &= \int_e a_{1j} D_1(u - u^I) D_j\varphi \mathrm{d}x \\
&= \int_e a_{1j} D_1(u - I_1 u) D_j\varphi \mathrm{d}x + \sum_{k=2}^d \int_e a_{1j}(I - I_k)u_k D_j\varphi \mathrm{d}x,
\end{aligned}
\tag{6.1.29}
$$

其中

$$
u_k = D_1 I_1 \cdots I_{k-1}, \quad k = 2, \cdots, d.
$$

由插值估计得到

$$
\begin{aligned}
J_1 &= \int_e a_{1j} D_1(u - I_1 u) D_j\varphi \mathrm{d}x = -\int_e (I - I_1)u D_1(a_{1j} D_j\varphi) \mathrm{d}x \\
&= -h_{e1}^4 \int_e \left[\frac{1}{480} D_1(a_{1j} D_j\varphi)D_1^4 u - \frac{1}{45}(D_1^2 a_{1j} D_j\varphi + 2D_1 a_{1j} D_1 D_j\varphi)D_1^3 u \right] \mathrm{d}x + R_1.
\end{aligned}
$$

$$
\tag{6.1.30}
$$

而对于固定的 $k \geqslant 2$, 有

$$
\begin{aligned}
J_k &= \int_e a_{1j}(I - I_k)u_k D_j\varphi \mathrm{d}x \\
&= h_{ek}^4 \int_e \left[\frac{1}{480}a_{1j}D_j\varphi D_k^4 u_k - \frac{1}{45}D_k(a_{1j}D_j\varphi)D_k^3 u_k\right]\mathrm{d}x + \tilde{R}_k \\
&= h_{ek}^4 \int_e \left[\frac{1}{480}a_{1j}D_j\varphi D_k^4 D_1 u - \frac{1}{45}D_k(a_{1j}D_j\varphi)D_k^3 D_1 u\right]\mathrm{d}x + R_k, \quad (6.1.31)
\end{aligned}
$$

代 (6.1.30) 和 (6.1.31) 到 (6.1.29) 中, 便得到引理证明.　□

6.1.3　有限元误差的多参数渐近展开

考虑参考单元 $\hat{e}$ 上的双线性形式

$$
B_{\hat{e}}(\hat{u}, \hat{v}) = \int_{\hat{e}} (\hat{a}_{ijkl}\hat{D}_l\hat{u}_j\hat{D}_k\hat{v}_i + \hat{q}_{ji}^s\hat{u}_j^h\hat{v}_i)\mathrm{d}\hat{x}, \quad \forall \hat{u}, \hat{v} \in (H^1(\hat{e}))^d. \quad (6.1.32)
$$

令 $\hat{u}^I = I_1\cdots I_d\hat{u} = (\hat{u}_1^I, \cdots, \hat{u}_d^I)$ 是向量函数 $\hat{u}$ 的 d 二次函数插值, 我们导出下面引理:

引理 6.1.6　若 $\hat{u} \in (W_p^7(\hat{e}))^d, \hat{a}_{ijkl} \in W_\infty^4(\hat{e}), \hat{q}_{ij} \in W_\infty^4(\hat{e})$ $(i, j, k = 1, \cdots, d)$ 和 $\hat{v} \in (\hat{S}_0^h(\hat{e}))^d$, 则成立渐近展开

$$
\begin{aligned}
&B_{\hat{e}}(\hat{u} - \hat{u}^I, \hat{v}) \\
&= -h_{\hat{e}l}^4 \int_{\hat{e}} \frac{1}{480}\Big\{[\hat{D}_l^4\hat{u}_j\hat{D}_l(\hat{a}_{ijkl}\hat{D}_k\hat{v}_i) - \hat{D}_l^4\hat{u}_j\hat{q}_{ij}\hat{v}_i] \\
&\quad - \frac{1}{45}[\hat{D}_l^3\hat{u}_j(\hat{D}_l^2\hat{a}_{ijkl}\hat{D}_k\hat{v}_i + 2\hat{D}_l\hat{a}_{ijkl}\hat{D}_l\hat{D}_k\hat{v}_i) + \hat{D}_l^3\hat{u}_j\hat{D}_l(\hat{q}_{ij}\hat{v}_i)]\Big\}\mathrm{d}\hat{x} \\
&\quad + \sum_{\substack{r=1 \\ r\neq l}}^d \hat{h}_{\hat{e}r}^4 \int_{\hat{e}} \Big\{\Big[\frac{1}{480}\{\hat{D}_r^4\hat{D}_l\hat{u}_j\hat{a}_{ijkl}\hat{D}_k\hat{v}_i + \hat{D}_l^4\hat{u}_j\hat{q}_{ij}\hat{v}_i] \\
&\quad - \frac{1}{45}[\hat{D}_r^3\hat{D}_l\hat{u}_j\hat{D}_r(\hat{a}_{ijkl}\hat{D}_k\hat{v}_i) + \hat{D}_r^3\hat{u}_j\hat{D}_k(\hat{q}_{ij}\hat{v}_i)]\Big\}\mathrm{d}\hat{x} + R, \quad (6.1.33)
\end{aligned}
$$

其中余项估计为

$$
|R| \leqslant Ch_{\hat{e}0}^6\|\hat{u}\|_{7,p,\hat{e}}\|\hat{v}\|_{2,p',\hat{e}}, \quad (6.1.34)
$$

这里 C 是与步长无关的常数, 而 $h_{\hat{e}0} = \max\limits_{1\leqslant i\leqslant d} h_{\hat{e}i}$.

证明　组合引理 6.1.4 和引理 6.1.5 的结果便得到证明.　□

引理 6.1.7　若 $\hat{u} \in \left(\prod\limits_{s=1}^d W_p^7(\hat{\Omega}_s) \cap \hat{H}_0\right)^d, \hat{a}_{ijkl} \in \prod\limits_{s=1}^d W_\infty^4(\hat{\Omega}_s) \cap L^\infty(\hat{\Omega}), \hat{q}_{ij} \in$ $\prod\limits_{s=1}^d W_\infty^4(\hat{\Omega}_s) \cap L^\infty(\hat{\Omega})$ $(i, j, k, l = 1, \cdots, d)$, 即 $\hat{u}$ 和偏微分方程的系数都是分片光滑

函数, 则对任意 $\hat{v} \in (\hat{S}_0^h)^d$, 成立渐近展开

$$
\begin{aligned}
&B(\hat{u} - \hat{u}^I, \hat{v}) \\
&= \sum_{s=1}^{m} \bigg\{ -\hat{h}_{sl}^4 \int_{\hat{\Omega}_s} \frac{1}{480} \Big\{ [\hat{D}_l^4 \hat{u}_j \hat{D}_l(\hat{a}_{ijkl} \hat{D}_k \hat{v}_i) \quad -\hat{D}_l^4 \hat{u}_j \hat{q}_{ij} \hat{v}_i] \\
&\quad -\frac{1}{45} [\hat{D}_l^3 \hat{u}_j (\hat{D}_l^2 \hat{a}_{ijkl} \hat{D}_k \hat{v}_i + 2\hat{D}_l \hat{a}_{ijkl} \hat{D}_l \hat{D}_k \hat{v}_i) + \hat{D}_l^3 \hat{u}_j \hat{D}_l(\hat{q}_{ij} \hat{v}_i)] \Big\} \mathrm{d}\hat{x} \\
&\quad + \sum_{\substack{r=1 \\ r \neq l}}^{d} \hat{h}_{sr}^4 \int_{\hat{\Omega}_s} \bigg\{ \frac{1}{480} [\hat{D}_r^4 \hat{D}_l \hat{u}_j \hat{a}_{ijkl} \hat{D}_k \hat{v}_i + \hat{D}_l^4 \hat{u}_j \hat{q}_{ij} \hat{v}_i] \\
&\quad -\frac{1}{45} [\hat{D}_r^3 \hat{D}_l \hat{u}_j \hat{D}_r(\hat{a}_{ijkl} \hat{D}_k \hat{v}_i) + \hat{D}_r^3 \hat{u}_j \hat{D}_k(\hat{q}_{ij} \hat{v}_i)] \bigg\} \mathrm{d}\hat{x} \bigg\} + R, \qquad (6.1.35)
\end{aligned}
$$

这里 $\hat{h}_{sl}(l = 1, \cdots, d)$ 是 $\hat{\Omega}_s$ 的单元的边长, 余项估计为

$$
|R| \leqslant C\hat{h}_0^6 \|\hat{u}\|_{7,p,\hat{\Omega}}' \|\hat{v}\|_{2,p',\hat{\Omega}}', \qquad (6.1.36)
$$

其中 C 是与系数函数相关的常数, $\hat{h}_0 = \max\limits_{1 \leqslant i \leqslant d} \max\limits_{\hat{e} \in \hat{\mathfrak{F}}_i^h} \hat{h}_{\hat{e}i}$, 而

$$
\|\hat{u}\|_{7,p,\hat{\Omega}}' = \left(\sum_{s=1}^{m} \|\hat{u}\|_{7,p,\hat{\Omega}_s}^p \right)^{1/p}
$$

是积空间 $\prod\limits_{s=1}^{d} W_p^7(\hat{\Omega}_s)$ 的范数.

证明　由于 $\mathfrak{F}_s^h$ 是 $\hat{\Omega}_s$ 上的一致剖分, 并且

$$
B(\hat{u} - \hat{u}^I, \hat{v}) = \sum_{\hat{e} \in \hat{\mathfrak{F}}^h} B_{\hat{e}}(\hat{u} - \hat{u}^I, \hat{v}), \qquad (6.1.37)
$$

故合并 (6.1.33) 的结果, 便得到引理证明.　□

引理 6.1.8　假定初始剖分没有内交点, 并且拟边界 $\hat{\Gamma}_{ij} = \partial\hat{\Omega}_i \cap \partial\hat{\Omega}_j$ 满足: $\partial\hat{\Gamma}_{ij} \subset \hat{\Gamma}_0$, 那么在引理 6.1.7 的假定下, 成立

$$
\left\| \hat{u}^h - \hat{u}^I - \sum_{s=1}^{m} \sum_{r=1}^{d} \hat{h}_{sr}^4 \hat{R}_h \hat{w}_{sl} \right\|_{1,\hat{\Omega}} \leqslant c\hat{h}_0^5 \|\hat{u}\|_{7,\hat{\Omega}}', \qquad (6.1.38)
$$

这里 c 是与步长无关的常数, $\hat{w}_{sl}$ 是与步长无关的函数, $\hat{R}_h : H_0 \to (S_0^h)^d$ 是 Ritz 投影算子.

证明　在引理假定下, (6.1.35) 中关于 $\hat{v}_i$ 的二阶微分项可以被简化, 例如

$$
\int_{\hat{\Omega}_s} \hat{D}_l^4 \hat{u}_j \hat{D}_l(\hat{a}_{ijkl}\hat{D}_k\hat{v}_i)\mathrm{d}\hat{x} = \int_{\hat{\Gamma}_{sl}} \hat{D}_l^4 \hat{u}_j \hat{a}_{ijkl}\hat{D}_k\hat{v}_i\mathrm{d}\hat{x}_l - \int_{\hat{\Omega}_s} \hat{D}_l^5 \hat{u}_j \hat{a}_{ijkl}\hat{D}_k\hat{v}_i\mathrm{d}\hat{x}
$$

$$
= \int_{\partial\hat{\Gamma}_{sl}} n_k \hat{D}_l^4 \hat{u}_j \hat{a}_{ijkl}\hat{D}_k\hat{v}_i\mathrm{d}\hat{s}_l - \int_{\hat{\Gamma}_{sl}} \hat{D}_k(\hat{D}_l^4 \hat{u}_j \hat{a}_{ijkl})\hat{v}_i\mathrm{d}\hat{x}_l
$$

$$
- \int_{\hat{\Omega}_s} \hat{D}_l^5 \hat{u}_j \hat{a}_{ijkl}\hat{D}_k\hat{v}_i\mathrm{d}\hat{x}, \tag{6.1.39}
$$

这里 $\hat{\Gamma}_{sl}$ 是 $\hat{\Omega}_s$ 的正交于 $\hat{x}_l$ 坐标轴的拟边界, 而 $\mathrm{d}\hat{s}_l$ 是 $\partial\hat{\Gamma}_{sl}$ 的积分元, n_k 是 $\partial\hat{\Gamma}_{sl}$ 关于 $\hat{\Gamma}_{sl}$ 的外法向向量与 $\hat{x}_k$ 坐标轴夹角的余弦, 于是 (6.1.35) 成为

$$
B(\hat{u} - \hat{u}^I, \hat{v})
$$

$$
= \sum_{s=1}^m \hat{h}_{sl}^4 \int_{\hat{\Omega}_s} \frac{1}{480}[\hat{D}_l^5 \hat{u}_j \hat{a}_{ijkl}\hat{D}_k\hat{v}_i)\hat{D}_l^4\hat{u}_j\hat{q}_{ij}\hat{v}_i]\mathrm{d}\hat{x}
$$

$$
+ \sum_{s=1}^m \hat{h}_{sl}^4 \bigg\{ \int_{\hat{\Omega}_s} \frac{1}{45}[\hat{D}_l^3 \hat{u}_j \hat{D}_l^2 \hat{a}_{ijkl}\hat{D}_k\hat{v}_i - \hat{D}_l^3 \hat{u}_j \hat{D}_l(\hat{q}_{ij}\hat{v}_i)]\mathrm{d}\hat{x}
$$

$$
+ \frac{1}{480}\bigg[\int_{\hat{\Gamma}_{sl}} \hat{D}_k(\hat{D}_l^4 \hat{u}_j \hat{a}_{ijkl})\hat{v}_i\mathrm{d}\hat{x}_l - \int_{\partial\hat{\Gamma}_{sl}} n_k \hat{D}_l^4 \hat{u}_j \hat{a}_{ijkl}\hat{v}_i\mathrm{d}\tilde{s}_l \bigg]
$$

$$
+ \frac{2}{45}\bigg[\int_{\hat{\Omega}_s} \hat{D}_l(\hat{D}_l^3 \hat{u}_j \hat{D}_l \hat{a}_{ijkl})\hat{D}_k\hat{v}_i\mathrm{d}\hat{x} + \int_{\hat{\Gamma}_{sl}} \hat{D}_l\hat{D}_k(\hat{D}_l^3 \hat{u}_j \hat{D}_l\hat{a}_{ijkl})\hat{v}_i\mathrm{d}\hat{x}_l
$$

$$
- \int_{\partial\hat{\Gamma}_{sl}} n_k \hat{D}_l(\hat{D}_l^3 \hat{u}_j \hat{a}_{ijkl})\hat{v}_i\mathrm{d}\hat{s}_l \bigg\}
$$

$$
+ \sum_{s=1}^m \sum_{\substack{r=1 \\ r\neq l}}^d \hat{h}_{sl}^4 \int_{\hat{\Omega}_s} \frac{1}{45}[\hat{D}_r^4 \hat{D}_l \hat{u}_j \hat{a}_{ijkl}\hat{D}_k\hat{v}_i - \hat{D}_r^3 \hat{u}_j \hat{q}_{ij}\hat{v}_i]\mathrm{d}\hat{x}
$$

$$
+ \frac{1}{45}\bigg[\int_{\hat{\Gamma}_{sl}} \hat{D}_k(\hat{D}_r^4 \hat{D}_l\hat{u}_j \hat{a}_{ijkl})\hat{v}_i\mathrm{d}\tilde{x}_l - \int_{\partial\hat{\Gamma}_{sl}} n_k \hat{D}_r^4 \hat{D}_l\hat{u}_j \hat{a}_{ijkl}\hat{v}_i\mathrm{d}\hat{s}_l \bigg] \bigg\} + R,
$$

$$
\forall \hat{v} \in (S_0^h)^d. \tag{6.1.40}
$$

合并同类项 (6.1.40) 简化为

$$
B(\hat{u} - \hat{u}^I, \hat{v}) = \sum_{s=1}^m \sum_{r=1}^d \hat{h}_{sl}^4 M_{sl}(\hat{u}, \hat{v}) + R, \quad \forall \hat{v} \in (\hat{S}_0^h)^d, \tag{6.1.41}
$$

其中 $M_{sl}(\hat{u}, \hat{v})$ 是 $\hat{v}$ 的线性泛函, 由 Sobolev 空间的嵌入定理和迹定理容易证明

$$
|M_{sl}(\hat{u}, \hat{v})| \leqslant C_{sl}\|\hat{u}\|_{5,\hat{\Omega}}'\|\hat{v}\|_{1,\hat{\Omega}}', \tag{6.1.42}
$$

这里 C_{sl} 是与步长无关的常数, $\|\hat{u}\|_{5,\hat{\Omega}}' = \|\hat{u}\|_{5,2,\hat{\Omega}}'$.

现在构造辅助问题: 求 $\hat{w}_{sr} \in H_0$ 满足

$$B(\hat{w}_{sr}, \hat{v}) = M_{sl}(\hat{u}, \hat{v}),$$
$$\forall \hat{v} \in H_0, \quad s = 1, \cdots, m; r = 1, \cdots, d. \qquad (6.1.43)$$

令 $\hat{w}_{sr}^h = \hat{R}_h \hat{w}_{sr} \in (\hat{S}_0^h)^d$ 是 $\hat{w}_{sr}$ 的有限元近似, 满足

$$B(\hat{w}_{sr}^h, \hat{v}) = M_{sl}(\hat{u}, \hat{v}),$$
$$\forall \hat{v} \in (\hat{S}_0^h)^d, s = 1, \cdots, m; r = 1, \cdots, d. \qquad (6.1.44)$$

将其代入 (6.1.41) 得到

$$B\left(\hat{u} - \hat{u}^I - \sum_{s=1}^{m}\sum_{r=1}^{d} \hat{h}_{sl}^4 \hat{w}_{sr}^h, \hat{v}\right) = R, \quad \forall \hat{v} \in (\hat{S}_0^h)^d$$

或者

$$B\left(\hat{u}^h - \hat{u}^I - \sum_{s=1}^{m}\sum_{r=1}^{d} \hat{h}_{sl}^4 \hat{w}_{sr}^h, \hat{v}\right) = R, \quad \forall \hat{v} \in (\hat{S}_0^h)^d$$

置

$$\hat{v} = \hat{u}^h - \hat{u}^I - \sum_{s=1}^{m}\sum_{r=1}^{d} \hat{h}_{sl}^4 \hat{w}_{sr}^h,$$

由 (6.1.3) 和 (6.1.36) 得

$$\left\|\hat{u}^h - \hat{u}^I - \sum_{s=1}^{m}\sum_{r=1}^{d} \hat{h}_{sl}^4 \hat{w}_{sr}^h\right\|_{1,\hat{\Omega}}' \leqslant c\hat{h}_0^5 \|\hat{u}\|_{7,\hat{\Omega}}', \qquad (6.1.45)$$

于是 (6.1.38) 被证明. $\square$

引理 6.1.9 在引理 6.1.8的假设下, 若辅问题 (6.1.43) 的解 $\hat{w}_{sr} \in \left(\prod_{s=1}^{m} W_p^n\right.$ $\left.(\hat{\Omega}_s) \cap C(\hat{\Omega})\right)^d$, 令 $n_1 = \min(n, 3)$, 并且 $n_1 - d/p > 0$, 则成立渐近展开

$$\hat{u}^h - \hat{u}^I - \sum_{s=1}^{m}\sum_{r=1}^{d} \hat{h}_{sl}^4 \hat{w}_{sr}^I = \hat{\varepsilon}, \qquad (6.1.46)$$

并且余项估计

$$\hat{\varepsilon} = O(\hat{h}_0^{4+\alpha} |\ln \hat{h}_0|^{(d-1)/d}), \quad \alpha = \min(2 - d/2, n_1 - d/p) > 0. \qquad (6.1.47)$$

证明 使用有限元反估计, 由 (6.1.45) 导出

$$\left\|\hat{u}^h - \hat{u}^I - \sum_{s=1}^{m}\sum_{r=1}^{d} \hat{h}_{sl}^4 \hat{w}_{sr}^h\right\|_{0,\infty,\hat{\Omega}} \leqslant c\hat{h}_0^{6-d/2} |\ln \hat{h}|^{(d-1)/d} \|\hat{u}\|_{7,\hat{\Omega}}', \qquad (6.1.48)$$

但是另一方面, 由插值估计与反估计, 又有

$$||\hat{R}_h \hat{w}_{sr} - \hat{w}_{sr}^I||_{0,\infty,\hat{\Omega}_s} \leqslant c_1 \hat{h}_0^{-d/p} ||\hat{R}_h \hat{w}_{sr} - \hat{w}_{sr}^I||_{0,p,\hat{\Omega}_s} \leqslant c_2 \hat{h}_0^{-d/p} ||\hat{R}_h \hat{w}_{sr} - \hat{w}_{sr}^I||'_{0,p,\hat{\Omega}}$$

$$\leqslant c_3 \hat{h}_0^{-d/p} ||\hat{w}_{sr} - \hat{w}_{sr}^I||'_{0,p,\hat{\Omega}} \leqslant c_4 \hat{h}_0^{n_1-d/p} ||\hat{w}_{sr}||_{n,p,\hat{\Omega}},$$

$$s = 1, \cdots, m, \tag{6.1.49}$$

这里 $c_1, \cdots, c_4$ 是与步长无关的常数. 在 (6.1.45) 中用 $\hat{w}_{sr}^I$ 代替 $\hat{w}_{sr}^h$, 应用估计 (6.1.46) 便得到引理证明. □

定理 6.1.1(Lü et al., 2002)　在引理 6.1.9 的假设下, 存在与步长无关的连续函数 $\phi_i(i = 1, \cdots, L)$, 使问题 (6.1.1) 的有限元近似 u^h 与解的插值函数 u^I 之差有渐近展开

$$u^h(x) - u^I(x) = \sum_{i=1}^{L} \bar{h}_i^4 \phi_i^I(x) + \varepsilon, \quad \forall x \in \Omega, \tag{6.1.50}$$

并且余项估计

$$||\varepsilon||_{0,\infty,\Omega} = O(\hat{h}_0^{4+\alpha} |\ln \hat{h}_0|^{(d-1)/d}), \quad \alpha > 0. \tag{6.1.51}$$

证明　由于 (6.1.46) 中, 步长 $\{\hat{h}_{sl}^4, s = 1, \cdots, m; l = 1, \cdots, d\}$ 仅有 L 个是独立的, 因此合并后成为

$$\hat{u}^h(\hat{x}) - \hat{u}^I(\hat{x}) - \sum_{i=1}^{L} \bar{h}_i^4 \hat{\phi}_i^I(\hat{x}) = \hat{\varepsilon}(\hat{x}), \quad \forall \hat{x} \in \hat{\Omega}, \tag{6.1.52}$$

代 $\hat{x} = \Psi_s^{-1}(x), \quad \forall x \in \Omega_s \ (s = 1, \cdots, m)$ 到 (6.1.52), 便得到定理的证明. □

定理 6.1.1 表明使用分裂外推可以提高有限元近似解在单元的顶点、边的中点和单元的中心的精度.

6.1.4　算法和算例

问题 (6.1.1) 的多二次等参有限元的分裂外推算法按照以下步骤执行:

(1) 按照 Ω 的维数、规模和界面条件构造初始剖分, 并且要求满足 6.1.1 节所述的剖分条件.

(2) 在参考区域 $\hat{\Omega}_s, s = 1, \cdots, m$, 上构造一致长方体剖分 $\hat{\mathfrak{F}}_s^h$, 并且使整体剖分 $\hat{\mathfrak{F}} = \bigcup_{s=1}^{m} \hat{\mathfrak{F}}_s^h$ 满足相容条件, 如此剖分的独立网参数只有 L 个, 令为 $\bar{h}_i, i = 1, \cdots, L$.

(3) 令 $h^{(0)} = (\bar{h}_1, \cdots, \bar{h}_L)$ 是初始网参数, $\hat{\Omega}^{(0)}$ 是 $h^{(0)}$ 剖分下的网格点; $h^{(i)} = (\bar{h}_1, \cdots, \bar{h}_i/2, \cdots, \bar{h}_L)$ 是单个加密的网参数, $\hat{\Omega}^{(i)}$ 是 $h^{(i)}$ 剖分下的网格点. 令 $u^{(i)}, i = 0, 1, \cdots, L$, 分别是网参数 $h^{(i)}$ 对应的有限元近似解, 它们可以并行计算出.

(4) 对粗网格上的点 A, 按公式

$$U_0(A) = \frac{6}{15}\sum_{i=1}^{L}u^{(i)}(A) + \left(-\frac{6}{15}L+1\right)u^{(0)}(A), \quad \forall A \in \Omega^{(0)} \tag{6.1.53}$$

计算分裂外推值.

(5) 若 B 是粗网格 A_1, A_2 的中点, 则分裂外推值按下面公式计算:

$$\begin{aligned}U_0(B) =&u^{(i)}(B) - \frac{1}{30}\sum_{k=1}^{2}(u^{(0)}(A_k) - u^{(i)}(A_k))\\ &- \frac{8}{15}\sum_{\substack{j=1\\j\neq i}}^{L}\sum_{k=1}^{2}(u^{(0)}(A_k) - u^{(j)}(A_k)),\\ &\forall B \in \hat{\Omega}^{(i)}\backslash\Omega^{(0)}, i=1,\cdots,L.\end{aligned} \tag{6.1.54}$$

(6) 对于全局细网格 $h_f = h^{(0)}/2$ 的其他网格点, 则按照步 (4) 和步 (5) 计算出 $U(A)$ 和 $U(B)$ 后, 再按照在单元 $e \in \hat{\mathfrak{F}}$ 上的不完全 d 三次插值计算出面元中心和体元中心的高精度近似值.

为了证明分裂外推近似值 $U_0(A)$ 有高精度, 首先由 (6.1.50) 得到

$$\hat{u}_0^h(A) = \hat{u}(A) + \sum_{i=1}^{L}\bar{h}_i^4\hat{\phi}_i(A) + \hat{\varepsilon}, \quad \forall A \in \Omega^{(0)} \tag{6.1.55}$$

和

$$\hat{u}_i^h(A) = \hat{u}(A) + \sum_{\substack{j=1\\j\neq i}}^{L}\bar{h}_i^4\hat{\phi}_i(A) + \frac{1}{16}\bar{h}_i^4\hat{\phi}_i(A) + \hat{\varepsilon}, \quad \forall A \in \Omega^{(0)}, \tag{6.1.56}$$

组合 (6.1.55) 和 (6.1.56) 得到 (6.1.53) 的右端与余项 $\hat{\varepsilon}$ 同阶.

为了证明分裂外推近似值 $U_0(B)$ 有高精度, 首先由 (6.1.55) 减 (6.1.56) 得到

$$\hat{u}_0^h(A) - \hat{u}_i^h(A) = \frac{15}{16}\bar{h}_i^4\hat{\phi}_i(A) + \hat{\varepsilon},$$

或者

$$\bar{h}_i^4\hat{\phi}_i(A) = \frac{16}{15}[\hat{u}_0^h(A) - \hat{u}_i^h(A)] + \hat{\varepsilon}, \tag{6.1.57}$$

再在 (6.1.52) 中置 $\hat{x} = B$, 并且代 (6.1.57) 右端和

$$\hat{\phi}_i(B) = \frac{\hat{\phi}_i(A_1) + \hat{\phi}_i(A_2)}{2} + O(\hat{h}_0) \tag{6.1.58}$$

到 (6.1.52), 便可以证明 $U_0(B)$ 有高精度.

下面算例表明分裂外推拥有高精度.

例 6.1.1(Lü et al., 2002)　　考虑二维边值问题

$$\frac{\partial}{\partial x}\left((1+x^2)\frac{\partial u}{\partial x}\right)+\frac{\partial}{\partial y}\left((1+y^2)\frac{\partial u}{\partial y}\right)=f, \quad 在\Omega内,$$

$$u=\mathrm{e}^{x+y}, \quad 在\partial\Omega上, \qquad (6.1.59)$$

其中 Ω 是曲边四边形: 下边是连接 $A=(0,0)$ 和 $B=(5,0)$ 的直线, 上边是连接 $C=(0,1)$ 和 $B=(5,1)$ 的直线; 左侧边是经过 A,C 和 $E=(-0.25,0.5)$ 的抛物线, 右侧边是经过 B,D 和 $F=(5.25,0.5)$ 的抛物线. 构造初始剖分 $\bar{\Omega}=\bigcup\limits_{i=1}^{5}\bar{\Omega}_i$, 其拟边界: $x=i(i=1,\cdots,4)$ 是四条与 y 轴平行的直线. 显然, Ω_1 和 Ω_5 是曲边四边形, 可以使用等参双二次元映射为单位正方形. 设计 6 个网参数 $h_i(i=1,\cdots,6)$, 其中 h_i $(i=1,\cdots,5)$ 是关于 Ω_i $(i=1,\cdots,5)$ 在 x 方向的步长, h_6 是在 y 方向的步长, 并且取 $h^{(0)}=(1/2,\cdots,1/2)$, 构造 7 个可以并行计算的以 $h^{(i)}(i=0,\cdots,6)$ 为步长的网格方程. 有关分裂外推的结果见表 6.1.1.

表 6.1.1　　例 6.1.1 的有限元误差和分裂外推误差比较

结点坐标	结点类型	有限元误差	分裂外推误差
$(0.4625,0.25)$	顶点	1.23×10^{-4}	5.16×10^{-5}
$(1.5,0.75)$	中点	2.49×10^{-4}	5.89×10^{-5}
$(1.75,0.75)$	中心	3.25×10^{-4}	5.88×10^{-5}
$(3,0.5)$	顶点	3.22×10^{-4}	3.85×10^{-5}
$(4.296875,0.75)$	曲边中点	2.68×10^{-4}	6.24×10^{-6}
最大误差		6.56×10^{-2}	6.56×10^{-3}

例 6.1.2(Lü et al.,2002)　　考虑二维界面问题

$$\nabla(a(x,y)\nabla u)=f, \quad 在\Omega内,$$

$$u=g, \quad 在\partial\Omega上, \qquad (6.1.60)$$

其中

$$a(x,y)=\begin{cases} \gamma\neq1, & x<1, \\ 1, & x\geqslant1 \end{cases}$$

是分片连续函数, Ω 是曲边四边形: 上边是连接 $A=(0,0)$ 和 $B=(2,0)$ 的直线, 下边是连接 $C=(0,1)$ 和 $B=(2,0)$ 的直线; 左侧边是经过 A,C 和 $E=(-0.25,0.5)$ 的抛物线, 右侧边是经过 B,D 和 $F=(2.25,0.5)$ 的抛物线. 已知精确解为

$$u(x,y)=\begin{cases} 50[3xy(y-1)-1.5(\gamma+1)(x-1)^2x(y-1)y], & x<1, \\ 50[3\gamma xy(y-1)-3(1-\gamma)(y-1)y-1.5(\gamma+1)(x-1)^2x(y-1)y], & x\geqslant1. \end{cases}$$

构造初始剖分 $\bar{\Omega} = \bigcup_{i=1}^{2} \bar{\Omega}_i$, 其拟边界: $x = 1$ 是界面. Ω_1 和 Ω_2 是曲边四边形. 设计 3 个网参数 $h_i, i = 1, \cdots, 3$, 其中 h_i $(i = 1, 2)$ 是关于 Ω_i $(i = 1, 2)$ 在 x 方向的步长, h_3 是在 y 方向的步长, 并且取 $h^{(0)} = (1/2, 1/2, 1/2)$, 构造 4 个可以并行计算的以 $h^{(i)}, i = 0, \cdots, 4$, 为步长的网格方程. 取 $\gamma = 0.5$, 有关分裂外推的结果见表 6.1.2.

表 6.1.2 界面问题的有限元误差和分裂外推误差比较

结点坐标	结点类型	有限元误差	分裂外推误差
$(0.43359, 0.125)$	曲边中点	3.22×10^{-3}	2.41×10^{-4}
$(0.390625, 0.25)$	曲边元中心	8.16×10^{-4}	4.62×10^{-5}
$(0.53125, 0.5)$	曲边元顶点	4.10×10^{-5}	3.45×10^{-6}
$(1, 0.875)$	界面中点	3.22×10^{-4}	3.85×10^{-5}
$(1.625, 0.5)$	顶点	2.68×10^{-4}	6.42×10^{-6}
最大误差		6.56×10^{-2}	6.65×10^{-3}

从表 6.1.1 和表 6.1.2 中看出曲边和界面问题, 分裂外推的效果是显著的.

6.2 拟线性二阶椭圆型偏微分方程的多二次等参有限元的分裂外推方法

6.2.1 拟线性二阶椭圆型方程的多二次等参有限元方法

这一节, 我们推广 6.1 节的结果到一类拟线性椭圆型偏微分方程

$$\begin{cases} Lu = -\sum_{i,j=1}^{d} D_i(a_{ij}(x,u)D_j u) = f(x,u), & \text{在}\Omega\text{内}, \\ u = g(x), & \text{在}\partial\Omega\text{上}, \end{cases} \tag{6.2.1}$$

其中 $\Omega \subset \mathbb{R}^d (d = 2, 3)$ 是有界开集, $a_{ij}(x, u) \in L_\infty(\Omega)$. 为了保证问题 (6.2.1) 的解的存在性, 假定 5.3.1 节的条件 (A_3) 成立.

与 6.1 节相同, 为了用 d 二次有限元和分裂外推计算 (6.2.1), 构造满足相容条件的区域分解: $\bar{\Omega} = \bigcup_{i=1}^{m} \bar{\Omega}_i$, 并且存在一对一的映射 $\Psi_i : \Omega_i \to \hat{\Omega}_i$, 其中 $\hat{\Omega}_i$ 是单位立方体, 而逆映射 $\{\Psi_i^{-1}\}$ 充分光滑, 并且在参考区域 $\hat{\bar{\Omega}} = \bigcup_{i=1}^{m} \hat{\bar{\Omega}}_i$ 上构成满足相容条件的初始正方体剖分.

令 $\hat{\Im}_i^h$ $(i = 1, \cdots, m)$ 是以 $\hat{h}_{ij}$ $(j = 1, \cdots, d)$ 为步长关于区域 $\hat{\Omega}_i$ 的如此的长

方体剖分, 使全局剖分 $\hat{\Im}^h = \bigcup\limits_{i=1}^{m} \hat{\Im}_i^h$ 是参考区域 $\hat{\Omega}$ 上满足相容条件的分片一致剖分. 在此假定下独立网参数仅仅有 l ($l < md$) 个, 表示为 $\hat{h}_1, \cdots, \hat{h}_l$.

使用映射 $\{\Psi_i\}$, 如 6.1 节所述: 问题 (6.2.1) 被转换到参考区域上,

$$
\begin{cases}
- \sum\limits_{i,j=1}^{d} \hat{D}_i (\hat{a}_{ij}(\hat{x}, \hat{u}) D_j \hat{u}) = \hat{f}(\hat{x}, \hat{u}), & \text{在}\hat{\Omega}\text{内}, \\
\hat{u} = \hat{g}(\hat{x}), & \text{在}\partial\hat{\Omega}\text{上},
\end{cases}
\tag{6.2.2}
$$

这里 $\hat{x} = (\hat{x}_1, \cdots, \hat{x}_d)$, $\hat{D}_i = \dfrac{\partial}{\partial \hat{x}_i}$, 而 $\hat{u}|_{\hat{\Omega}_i} = u \circ \Psi_i|_{\Omega_i}$.

为了保证问题 (6.2.2) 是椭圆的, 假定微分算子的系数满足正定性条件: 存在常数 $\mu > 0$, 使

$$
\sum_{i,j=1}^{d} \hat{a}_{ij}(\hat{x}, \hat{u}) \xi_i \xi_j \geqslant \mu \sum_{i=1}^{d} \xi_i^2, \quad \forall \hat{x} \in \hat{\Omega}, \ \forall \hat{u} \in \mathbb{R},
\tag{6.2.3}
$$

并且右端项满足

$$
\frac{\partial \hat{f}(\hat{x}, \hat{u})}{\partial \hat{u}} \leqslant 0.
\tag{6.2.4}
$$

令 $H_0^1(\hat{\Omega}) := \{ \hat{u} \in H^1(\hat{\Omega}) : \hat{u}|_{\partial\hat{\Omega}} = 0 \}$, $(\hat{u}, \hat{v}) = \int_{\hat{\Omega}} \hat{u}\hat{v} \, d\hat{x}$, 那么 (6.2.2) 的弱形式描述为: 求 $\hat{u} \in H_0^1(\hat{\Omega})$, 满足

$$
A(\hat{u}, \hat{v}) = (\hat{f}(\hat{u}), \hat{v}), \quad \forall \hat{v} \in H_0^1(\hat{\Omega}),
\tag{6.2.5}
$$

其中

$$
A(\hat{u}, \hat{v}) = \sum_{i,j=1}^{d} (\hat{a}_{ij}(\hat{x}, \hat{u}) \hat{D}_i \hat{u}, \hat{D}_i \hat{v}).
\tag{6.2.6}
$$

令 $\hat{S}_0^h \subset H_0^1(\hat{\Omega}) \cap C(\hat{\Omega})$ 表示在剖分 $\hat{\Im}^h$ 下的 d 二次有限元空间, 相应的有限元近似解为: 求 $\hat{u}_h \in \hat{S}_0^h$ 满足

$$
A(\hat{u}_h, \hat{v}_h) = (\hat{f}(\hat{u}_h), \hat{v}_h), \quad \forall \hat{v}_h \in \hat{S}_0^h.
\tag{6.2.7}
$$

下面证明: $\hat{u}_h$ 的精度不仅取决于网参数 $\{\hat{h}_1, \cdots, \hat{h}_l\}$, 而且有限元误差关于这些网参数具有多参数渐近展开.

6.2.2 d 二次等参有限元误差的多参数渐近展开

为了论证的需要, 首先引进正则 Dirac 函数 δ^z、正则 Green 函数 G^z 和离散 Green 函数 G_h^z. 以下概念和性质是已知的, 见文献 (Freshe et al.,1978).

(1) 设 $K^z \in \hat{\mathfrak{S}}^h$ 是剖分单元, 则对任何 $z \in K^z$ 皆存在 Dirac 函数 $\delta(z)$ 的正则逼近 $\delta^z \in C_0^\infty(K^z)$, 满足

$$\int_\Omega \delta^z(x)\hat{v}_h(x)\mathrm{d}x = \hat{v}_h(z), \quad \forall \hat{v}_h \in \hat{S}_0^h,$$
$$\|\nabla^k \delta^z\|_{0,\infty,\hat\Omega} \leqslant C\hat{h}_0^{-d-k}, \qquad k = 1, 2, \cdots. \tag{6.2.8}$$

(2) 令 $E(\cdot,\cdot)$ 是与椭圆型微分算子 L 关联的有界强制双线性泛函, 称 $G^z \in H_0^1(\hat\Omega)$ 是正则 Green 函数, 如果满足

$$E(G^z, \hat{v}) = \hat{v}(z) = (\delta^z, \hat{v}), \quad \forall v \in H_0^1(\hat\Omega). \tag{6.2.9}$$

(3) 称 $G_h^z \in \hat{S}_0^h$ 是离散 Green 函数如果满足

$$E(G_h^z, \hat{v}_h) = \hat{v}_h(z) = (\delta^z, \hat{v}_h), \quad \forall \hat{v}_h \in \hat{S}_0^h. \tag{6.2.10}$$

下面证明中使用 $\|\cdot\|'_{k,p,\hat\Omega} = \left(\sum_{s=1}^m \|\cdot\|_{k,p,\hat\Omega_s}^p\right)^{\frac{1}{p}}$ 表示积空间 $\prod_{s=1}^m W_p^k(\hat\Omega_s)$ 的范数, 用 C 表示与 $\hat{h}_0$ 无关的常数, 在不等式的推导中允许前后 C 的意义不同.

引理 6.2.1 只要 $\hat{h}_0$ 充分小, 则存在与步长无关的常数使

$$\|G_h^z\|'_{2,1,\Omega} \leqslant C|\ln \hat{h}_0|. \tag{6.2.11}$$

证明 由正则 Green 函数的定义, G^z 是下面方程的解

$$\begin{cases} LG^z = \delta^z, & \text{在}\hat\Omega\text{内}, \\ G^z = 0. & \text{在}\partial\hat\Omega\text{上}. \end{cases} \tag{6.2.12}$$

应用椭圆型偏微分方程的先验估计 (Grisvard,1985; 朱起定,2008) 对任何 $p = 1 + \epsilon$, $\epsilon > 0$, 成立

$$\|G^z\|'_{2,p,\hat\Omega} \leqslant \frac{C}{p-1}\|LG^z\|'_{0,p,\hat\Omega}, \tag{6.2.13}$$

其中 C 是与 p 和 $\hat{h}_0$ 无关的常数 (以下允许 C 在不等式推导中取不同值), 由于 $\delta^z \in C_0^\infty(K^z)$, 这便导出

$$\|G^z\|'_{2,p,\hat\Omega} \leqslant \frac{C}{p-1}\|\delta^z\|'_{0,p,\hat\Omega} \leqslant \frac{C}{p-1}\|\delta^z\|'_{0,\infty,\hat\Omega}\left(\int_{K_z} 1\mathrm{d}x\right)^{\frac{1}{p}}$$
$$\leqslant C\frac{q}{p}\hat{h}_0^{-d}\hat{h}_0^{\frac{d}{p}} = C\frac{q}{p}\hat{h}_0^{-d/q}, \tag{6.2.14}$$

这里 $q^{-1}=1-p^{-1}$. 取 $q=|\ln\hat{h}_0|$, 即 $p=1+\dfrac{1}{|\ln\hat{h}_0|-1}$, 故只要 $\hat{h}_0$ 充分小, 必然存在与 $\hat{h}_0$ 无关的常数 C_1 使 $0<\dfrac{1}{|\ln\hat{h}_0|-1}\leqslant C_1$, 将其代入 (6.2.14), 由 Hölder 不等式导出

$$\|G^z\|'_{2,1,\hat{\Omega}}\leqslant C\|G^z\|'_{2,p,\hat{\Omega}}\leqslant C|\ln\hat{h}_0|. \tag{6.2.15}$$

其次, 应用正则 Green 函数的估计 (Freshe et al.,1978; 朱起定等,1989)

$$\|\nabla G^z\|'_{0,2,\hat{\Omega}}+\|\nabla^2 G^z\|'_{0,1,\hat{\Omega}}\leqslant C|\ln\hat{h}_0|,$$
$$\|\nabla(G^z-G_h^z)\|'_{0,1,\hat{\Omega}}\leqslant C\hat{h}_0|\ln\hat{h}_0|,$$
$$\|(G^z-G_h^z)\|'_{s,2,\hat{\Omega}}\leqslant C\hat{h}_0^{1-s},\quad s=0,1, \tag{6.2.16}$$

又导出

$$\begin{aligned}\|G^z-G_h^z\|'_{1,1,\hat{\Omega}}&\leqslant\|G^z-G_h^z\|'_{0,1,\hat{\Omega}}+|G^z-G_h^z|'_{1,1,\hat{\Omega}}\\&\leqslant C(\|G^z-G_h^z\|'_{0,2,\hat{\Omega}}+\|\nabla(G^z-G_h^z)\|'_{0,1,\hat{\Omega}})\\&\leqslant C\hat{h}_0|\ln\hat{h}_0|.\end{aligned} \tag{6.2.17}$$

下面令 I_hG^z 表示 G^z 在有限元子空间 $\hat{S}_0^h$ 的插值函数, 由有限元反估计和插值函数的误差估计, 得到

$$\begin{aligned}\|G^z-G_h^z\|'_{2,1,\hat{\Omega}}&\leqslant\|G^z-I_hG^z\|'_{2,1,\hat{\Omega}}+\|I_hG^z-G_h^z\|'_{2,1,\hat{\Omega}}\\&\leqslant C\|G^z\|'_{2,1,\hat{\Omega}}+C\hat{h}_0^{-1}\|I_hG^z-G_h^z\|'_{1,1,\hat{\Omega}}\\&\leqslant C\|G^z\|'_{2,1,\hat{\Omega}}+C\hat{h}_0^{-1}(\|I_hG^z-G^z\|'_{1,1,\hat{\Omega}}+\|G^z-G_h^z\|'_{1,1,\hat{\Omega}})\\&\leqslant C|\ln\hat{h}_0|.\end{aligned} \tag{6.2.18}$$

因此, 导出

$$\|G_h^z\|'_{2,1,\hat{\Omega}}\leqslant\|G^z\|'_{2,1,\hat{\Omega}}+\|G_h^z-G^z\|'_{2,1,\hat{\Omega}}\leqslant C|\ln\hat{h}_0|, \tag{6.2.19}$$

这便得到引理的证明. □

有了估计 (6.2.11) 便可以使用 5.3 节的方法证明 d 二次等参有限元误差关于网参数的的多常数渐近展开.

定理 6.2.1(Cao et al.,2009)　若拟线性边值问题(6.2.2) 满足 (6.2.3) 的假定, 并且 $\hat{a}_{ij}(\hat{x},\hat{u})$ 和 $\hat{f}(\hat{x},\hat{u})$ 关于 $\hat{u}$ 可导, 解 $\hat{u}$ 有性质

$$\hat{u}\in\prod_{s=1}^m W_\infty^6(\hat{\Omega}_s)\cap H_0^1(\hat{\Omega}) \tag{6.2.20}$$

和

$$-\frac{1}{2}\sum_{i,j=1}^{d}\hat{D}_j(\hat{a}_{ij}'(\hat{u})\hat{D}_i\hat{u}) - \hat{f}'(\hat{u}) \geqslant 0, \quad \forall \hat{x} \in \hat{\Omega}, \tag{6.2.21}$$

则有限元近似方程 (6.2.7) 的解 $\hat{u}_h$ 的误差有多参数渐近展开

$$\hat{u}_h - \hat{u}^I = \sum_{k=1}^{l} \hat{\psi}_k^I \hat{h}_k^4 + \hat{\varepsilon}, \tag{6.2.22}$$

这里 $\hat{\psi}_k \in H_0^1(\hat{\Omega})$ 是与步长无关的函数, $\hat{\psi}_k^I$ 是 $\hat{\psi}_k$ 的插值函数, $\hat{u}^I$ 是 $\hat{u}$ 的插值函数, 如果进一步假定

$$\hat{\psi}_k \in W_p^r(\hat{\Omega}), \quad r - \frac{d}{p} > 0, \tag{6.2.23}$$

那么余项有估计

$$||\hat{\varepsilon}||_{0,\infty,\Omega}' = O(\hat{h}_0^{4+\beta} |\ln \hat{h}_0|^{\frac{2d-1}{d}}), \quad \beta = \min\left(1, \alpha, r - \frac{d}{p}\right). \tag{6.2.24}$$

证明　首先对于固定的解 $\hat{u}$, 定义双线性形式

$$\tilde{A}(\hat{w}, \hat{v}) = \sum_{i,j=1}^{d} (\hat{a}_{ij}(\hat{u})\hat{D}_i\hat{w}, \hat{D}_i\hat{v}), \quad \forall \hat{w}, \hat{v} \in H_0^1(\hat{\Omega}), \tag{6.2.25}$$

于是由 (6.2.5) 和 (6.2.6) 得到 $\hat{u}$,

$$\tilde{A}(\hat{u}, \hat{v}) = A(\hat{u}, \hat{v}), \quad \forall \hat{v} \in H_0^1(\hat{\Omega}). \tag{6.2.26}$$

定义 Ritz 投影算子 $\hat{R}_h : H_0^1(\hat{\Omega}) \to \hat{S}_0^h$ 满足

$$\tilde{A}(\hat{R}_h\hat{w}, \hat{v}) = \tilde{A}(\hat{w}, \hat{v}), \quad \forall \hat{w} \in H_0^1(\hat{\Omega}), \hat{v} \in \hat{S}_0^h. \tag{6.2.27}$$

置 $\tilde{u}_h = \hat{R}_h\hat{u}$, 显然 $\tilde{u}_h \in \hat{S}_0^h$ 满足

$$\tilde{A}(\tilde{u}_h, \hat{\psi}_h) = (\hat{f}(\hat{u}), \hat{\psi}_h) \quad \forall \hat{\psi}_h \in \hat{S}_0^h,$$

即

$$\sum_{i,j=1}^{d} (\hat{a}_{ij}(\hat{u})\hat{D}_i\tilde{u}_h, \hat{D}_i\hat{\psi}_h) = (\hat{f}(\hat{u}), \hat{\psi}_h) \quad \forall \hat{\psi}_h \in \hat{S}_0^h. \tag{6.2.28}$$

令 $\hat{\theta}_h = \hat{u}_h - \tilde{\hat{u}}_h$ 和 $\hat{\rho}_1 = \tilde{\hat{u}}_h - \hat{u}^I$, 于是

$$\hat{u}_h - \hat{u}^I = \hat{\theta}_h + \hat{\rho}_1. \tag{6.2.29}$$

构造线性方程: 求 $w \in H_0^1(\hat{\Omega})$, 满足

$$\sum_{i,j=1}^d (\hat{a}_{ij}(\hat{u})\hat{D}_i w, \hat{D}_i \hat{\psi}) = (\hat{f}(\hat{u}), \hat{\psi}) \quad \forall \hat{\psi} \in H_0^1(\hat{\Omega}), \tag{6.2.30}$$

显然, $w = \hat{u}$ 是 (6.2.30) 的精确解, 而 $\tilde{\hat{u}}_h$ 便是 (6.2.30) 的解 $\hat{u}$ 的有限元近似, 按照定理 6.1.1 存在 $\phi_k \in \left(\prod_{s=1}^m H^r(\hat{\Omega}_s) \cap C(\hat{\Omega})\right)$ 成立渐近展开

$$\hat{\rho}_1 = \tilde{\hat{u}}_h - \hat{u}^I = \sum_{k=1}^l \hat{h}_k^4 \hat{\phi}_k^I + \hat{\eta}_1, \tag{6.2.31}$$

其中余项估计有

$$\|\hat{\eta}_1\|'_{0,\infty,\hat{\Omega}} = O(\hat{h}_0^{4+\alpha}|\ln \hat{h}_0|^{\frac{d-1}{d}}), \quad \alpha = \min(r,2) - \frac{d}{2} > 0. \tag{6.2.32}$$

为了估计 $\hat{\theta}_h$, 由 (6.2.25) 得到

$$\begin{aligned}
\tilde{A}(\hat{u}_h, \hat{\psi}_h) &= \sum_{i,j=1}^d (\hat{a}_{ij}(\hat{u})\hat{D}_i \hat{u}_h, \hat{D}_i \hat{\psi}_h) \\
&= \sum_{i,j=1}^d ((\hat{a}_{ij}(\hat{u}) - \hat{a}_{ij}(\hat{u}_h))\hat{D}_i \hat{u}_h, \hat{D}_j \hat{\psi}_h) + (\hat{f}(\hat{u}_h), \hat{\psi}_h), \quad \forall \hat{\psi}_h \in \hat{S}_0^h.
\end{aligned}$$
$$\tag{6.2.33}$$

因此使用 Taylor 展开便导出

$$\begin{aligned}
\tilde{A}(\hat{\theta}_h, \hat{\psi}_h) =&(\hat{f}(\hat{u}_h) - \hat{f}(\hat{u}), \hat{\psi}_h) + \sum_{i,j=1}^d ((\hat{a}_{ij}(\hat{u}) - \hat{a}_{ij}(\hat{u}_h))\hat{D}_i \hat{u}_h, \hat{D}_j \hat{\psi}_h) \\
=&(\hat{f}'(\hat{u})(\hat{u}_h - \hat{u}), \hat{\psi}_h) + (\hat{\varepsilon}_0, \hat{\psi}_h) - \sum_{i,j=1}^d (\hat{a}'_{ij}(\hat{u})(\hat{u}_h - \hat{u})\hat{D}_i \hat{u}_h, \hat{D}_j \hat{\psi}_h) \\
&+ \sum_{j=1}^d (\hat{\varepsilon}_j, \hat{D}_j \hat{\psi}_h) \\
=&(\hat{f}'(\hat{u})(\hat{u}_h - \hat{u}), \hat{\psi}_h) - \sum_{i,j=1}^d (\hat{a}'_{ij}(\hat{u})\hat{D}_i \hat{u}(\hat{u}_h - \hat{u}), \hat{D}_j \hat{\psi}_h) \\
&+ \sum_{j=1}^d (\hat{\delta}_j, \hat{D}_j \hat{\psi}_h) + (\hat{\varepsilon}_0, \hat{\psi}_h) + \sum_{j=1}^d (\hat{\varepsilon}_j, \hat{D}_j \hat{\psi}_h), \quad \forall \hat{\psi}_h \in \hat{S}_0^h, \tag{6.2.34}
\end{aligned}$$

其中

$$\hat{\varepsilon}_0 = \hat{f}''(\hat{\xi}_1)(\hat{u}_h - \hat{u})^2, \quad \hat{\xi}_1 = t\hat{u} + (1-t)(\hat{u} - \hat{u}_h),$$

$$\hat{\varepsilon}_j = \sum_{i=1}^{d} -\hat{a}_{ij}''(\hat{\xi}_{ij})(\hat{u}_h - \hat{u})^2 \hat{D}_i \hat{u}_h, \ \hat{\xi}_{ij} = t_{ij}\hat{u} + (1-t_{ij})(\hat{u} - \hat{u}_h),$$

$$j = 1, \cdots, d,$$

$$\hat{\delta}_j = -\sum_{i=1}^{d} \hat{a}_{ij}'(\hat{u})(\hat{u}_h - \hat{u}) \hat{D}_i(\hat{u}_h - \hat{u}), \quad j = 1, \cdots, d,$$

而 $t, t_{ij} \in (0,1)$ 是相关的实数. 于是导出估计

$$\|\hat{\varepsilon}_0\|'_{0,\infty,\hat{\Omega}} \leqslant C\|\hat{u} - \hat{u}_h\|'^2_{0,\infty,\hat{\Omega}},$$

$$\|\hat{\varepsilon}_j\|'_{0,\infty,\hat{\Omega}} \leqslant C\|\hat{u}_h\|'_{1,\infty,\hat{\Omega}}\|\hat{u} - \hat{u}_h\|'^2_{0,\infty,\hat{\Omega}}, \quad j = 1, \cdots, d,$$

$$\|\hat{\delta}_j\|'_{0,\infty,\hat{\Omega}} \leqslant C\|\hat{u} - \hat{u}_h\|'_{0,\infty,\hat{\Omega}}\|\hat{u} - \hat{u}_h\|'_{1,\infty,\hat{\Omega}}, \quad j = 1, \cdots, d. \quad (6.2.35)$$

现在令 $\hat{\rho}_h = \tilde{\hat{u}}_h - \hat{u}$, 那么

$$\hat{u}_h - \hat{u} = \hat{\theta}_h + \hat{\rho}_h. \quad (6.2.36)$$

代 (6.2.36) 到 (6.2.34) 中, 并且重新整理: 把与 $\hat{\theta}_h$ 相关的项移到左端, 其余的项移到右端, 便得到

$$B(\hat{\theta}_h, \hat{\psi}_h) = (\hat{f}'(\hat{u})\hat{\rho}_h, \hat{\psi}_h) - \sum_{i,j=1}^{d} (\hat{a}_{ij}'(\hat{u})\hat{D}_i\hat{u}\hat{\rho}_h, \hat{D}_j\hat{\psi}_h) + (\epsilon_0, \hat{\psi}_h)$$

$$+ \sum_{j=1}^{d}(\hat{\delta}_j + \epsilon_j, \hat{D}_j\hat{\psi}_h), \quad \forall \hat{\psi}_h \in \hat{S}_0^h, \quad (6.2.37)$$

其中

$$B(\hat{\theta}_h, \hat{\psi}_h) = A(\hat{\theta}_h, \hat{\psi}_h) + \sum_{i,j=1}^{d} (\hat{a}_{ij}'(\hat{u})\hat{D}_i\hat{u}\hat{\theta}_h, \hat{D}_j\hat{\psi}_h) - (\hat{f}'(\hat{u})\hat{\theta}_h, \hat{\psi}_h). \quad (6.2.38)$$

由假设 (6.2.21) 和分部积分导出

$$B(v, v) = A(v, v) - \frac{1}{2}\sum_{i,j=1}^{d} (\hat{D}_j(\hat{a}_{ij}'(\hat{u})\hat{D}_i\hat{u})v, v) - (\hat{f}'(\hat{u})v, v)$$

$$\geqslant A(v, v),$$

即双线性泛函 $B(\cdot, \cdot)$ 是正定的.

再令

$$\hat{\rho}_2 = \hat{u}^I - \hat{u} \tag{6.2.39}$$

和

$$\hat{\rho}_h = \hat{\rho}_1 + \hat{\rho}_2. \tag{6.2.40}$$

应用引理 6.1.4 导出

$$(\hat{f}'(\hat{u})\hat{\rho}_2, \hat{\psi}_h) = -\sum_{s=1}^{m}\sum_{k=1}^{d}\hat{h}_{sk}^4 \int_{\hat{\Omega}_s} \left[\frac{1}{480}\hat{f}'(\hat{u})\hat{\psi}_h \hat{D}_k^4 \hat{u} \right.$$
$$\left. - \frac{1}{45}\hat{D}_k(\hat{f}'(\hat{u})\hat{\psi}_h)\hat{D}_k^3\hat{u} \right]\mathrm{d}\hat{x} + \hat{\eta}_2(\hat{\psi}_h) \tag{6.2.41}$$

和

$$(\hat{a}_{ij}'(\hat{u})\hat{D}_i\hat{u}\hat{\rho}_2, \hat{D}_j\hat{\psi}_h)$$
$$= -\sum_{s=1}^{m}\sum_{k=1}^{d}\hat{h}_{sk}^4 \int_{\hat{\Omega}_s} \left[\frac{1}{480}\hat{a}_{ij}'(\hat{u})\hat{D}_i\hat{u}\hat{D}_j\hat{\psi}_h \hat{D}_k^4 \hat{u} - \frac{1}{45}\hat{D}_k(\hat{a}_{ij}'(\hat{u})\hat{D}_i\hat{u}\hat{D}_j\hat{\psi}_h)\hat{D}_k^3\hat{u} \right]\mathrm{d}\hat{x}$$
$$+ \hat{\eta}_3(\hat{\psi}_h), \tag{6.2.42}$$

其中余项由反估计有

$$|\hat{\eta}_2(\hat{\psi}_h)| \leqslant C\hat{h}_0^6 \|\hat{\psi}_h\|_{2,1,\hat{\Omega}}',$$
$$|\hat{\eta}_3(\hat{\psi}_h)| \leqslant C\hat{h}_0^6 \|\hat{D}_j\hat{\psi}_h\|_{2,1,\hat{\Omega}}' \leqslant C\hat{h}_0^6 \|\hat{\psi}_h\|_{3,1,\hat{\Omega}}' \leqslant C\hat{h}_0^5 \|\hat{\psi}_h\|_{2,1,\hat{\Omega}}'. \tag{6.2.43}$$

由于独立网参数仅仅有 l ($l < md$) 个, 即 $\hat{h}_1, \cdots, \hat{h}_l$, 因此 (6.2.41) 和 (6.2.42) 可以合并为

$$(\hat{f}'(\hat{u})\hat{\rho}_2, \hat{\psi}_h) = \sum_{k=1}^{l}\hat{h}_k^4 \hat{M}_k(\hat{\psi}_h) + \hat{\eta}_2(\hat{\psi}_h), \tag{6.2.44}$$

$$(\hat{a}_{ij}'(\hat{u})\hat{D}_i\hat{u}\hat{\rho}_2, \hat{D}_j\hat{\psi}_h) = \sum_{k=1}^{l}\hat{h}_k^4 \hat{N}_k(\hat{\psi}_h) + \hat{\eta}_3(\hat{\psi}_h), \tag{6.2.45}$$

这里 $\hat{M}_k(\hat{\psi}_h)$ 和 $\hat{N}_k(\hat{\psi}_h)$ 是相关积分项的和.

代 (6.2.31), (6.2.32), (6.2.41)~(6.2.45) 到 (6.2.37), 便得到

$$B(\hat{\theta}_h, \hat{\psi}_h) = -\sum_{k=1}^{l}\hat{h}_k^4 \left\{ \sum_{i,j=1}^{d}(\hat{a}_{ij}'(\hat{u})\hat{D}_i\hat{u}\hat{\phi}_k^I, \hat{D}_j\hat{\psi}_h) \right.$$
$$\left. - (\hat{f}'(\hat{u})\hat{\phi}_k^I, \hat{\psi}_h) - \hat{M}_k(\hat{\psi}_h) + \hat{N}_k(\hat{\psi}_h) \right\} + \hat{\eta}(\hat{\psi}_h), \tag{6.2.46}$$

其中余项

$$\hat{\eta}(\hat{\psi}_h) = (\epsilon_0, \hat{\psi}_h) + \sum_{j=1}^{d} (\hat{\delta}_j + \epsilon_j, \hat{D}_j \hat{\psi}_h) + (\hat{f}'(\hat{u})\hat{\eta}_1, \hat{\psi}_h)$$
$$- \sum_{i,j=1}^{d} (\hat{a}'_{ij}(\hat{u})\hat{D}_i \hat{u}\hat{\eta}_1, \hat{D}_j \hat{\psi}_h) + \hat{\eta}_2(\hat{\psi}_h) - \hat{\eta}_3(\hat{\psi}_h). \tag{6.2.47}$$

构造双线性泛函

$$F_k(\hat{u}, \hat{\psi}_h) = \sum_{i,j=1}^{d} (\hat{a}'_{ij}(\hat{u})\hat{D}_i \hat{u}\hat{\phi}_k^I, \hat{D}_j \hat{\psi}_h) - (\hat{f}'(\hat{u})\hat{\phi}_k^I, \hat{\psi}_h) - \hat{M}_k(\hat{\psi}_h) + \hat{N}_k(\hat{\psi}_h), \tag{6.2.48}$$

于是 (6.2.46) 成为

$$B(\hat{\theta}_h, \hat{\psi}_h) = -\sum_{k=1}^{l} \hat{h}_k^4 F_k(\hat{u}, \hat{\psi}_h) + \hat{\eta}(\hat{\psi}_h). \tag{6.2.49}$$

现在构造辅助问题: 求 $\hat{w}_k \in H_0^1(\hat{\Omega})$ 满足

$$B(\hat{w}_k, \hat{v}) = F_k(\hat{u}, \hat{v}), \qquad \forall \hat{v} \in H_0^1(\hat{\Omega}). \tag{6.2.50}$$

因为双线性泛函 $B(\cdot, \cdot)$ 是正定的, 故 Lax-Milgram 定理保证了 $\hat{w}_k$ 的存在性和唯一性. 令 $\bar{R}_h$ 是对应于 $B(\cdot, \cdot)$Ritz 投影算子, 于是 (6.2.46) 导出

$$B\left(\hat{\theta}_h + \sum_{k=1}^{l} \hat{h}_k^4 \bar{R}_h \hat{w}_k, \hat{\psi}_h\right) = \hat{\eta}(\hat{\psi}_h), \qquad \forall \hat{\psi}_h \in \hat{S}_0^h. \tag{6.2.51}$$

对于余项 (6.2.47), 使用 (6.2.35), (6.2.43) 和有限元误差估计得到

$$|(\epsilon_0, \hat{\psi}_h)| \leqslant \|\hat{\varepsilon}_0\|'_{0,\infty,\hat{\Omega}} \|\hat{\psi}_h\|'_{0,1,\hat{\Omega}} \leqslant C\hat{h}_0^6 \|\hat{\psi}_h\|'_{0,1,\hat{\Omega}}, \tag{6.2.52}$$

$$|(\hat{\varepsilon}_j, \hat{D}_j \hat{\psi}_h)| \leqslant \|\varepsilon_j\|'_{0,\infty,\hat{\Omega}} \|\hat{D}_j \hat{\psi}_h\|'_{0,1,\hat{\Omega}} \leqslant C\hat{h}_0^6 \|\hat{\psi}_h\|_{1,1,\hat{\Omega}}, \quad j = 1, \cdots, d, \tag{6.2.53}$$

$$|(\hat{\delta}_j, \hat{D}_j \hat{\psi}_h)| \leqslant C\hat{h}_0^5 \|\hat{\psi}_h\|'_{1,1,\hat{\Omega}}, \quad j = 1, \cdots, d, \tag{6.2.54}$$

$$|(\hat{f}'(\hat{u})\hat{\eta}_1, \hat{\psi}_h)| \leqslant C\hat{h}_0^{4+\alpha} |\ln \hat{h}_0|^{\frac{d-1}{d}} \|\hat{\psi}_h\|'_{0,1,\hat{\Omega}} \tag{6.2.55}$$

和

$$|(\hat{a}'_{ij}(\hat{u})\hat{D}_i \hat{u}\hat{\eta}_1, \hat{D}_j \hat{\psi}_h)| \leqslant C\hat{h}_0^{4+\alpha} |\ln \hat{h}_0|^{\frac{d-1}{d}} \|\hat{\psi}_h\|'_{1,1,\hat{\Omega}}, \quad j = 1, \cdots, d. \tag{6.2.56}$$

使用估计 (6.2.52)~(6.2.56), 便导出余项估计

$$|\hat{\eta}(\hat{\psi}_h)| \leqslant C\hat{h}_0^{4+\beta_1} |\ln \hat{h}_0|^{\frac{d-1}{d}} \|\hat{\psi}_h\|'_{2,1,\hat{\Omega}}, \quad \beta_1 = \min(1, \alpha). \tag{6.2.57}$$

令 G^z 是正则 Green 函数, 满足

$$B(\hat{v}, G^z) = \hat{v}(Z), \quad \forall Z \in \hat{\Omega}, \hat{v} \in H_0^1(\hat{\Omega}),$$

而 $G_h^z = \bar{R}_h G^z$ 是 G^z 的 Ritz 投影. 在 (6.2.51) 中置 $\hat{\psi}_h = G_h^z$ 并应用引理 6.2.1 便得到

$$\left| \left(\hat{\theta}_h + \sum_{k=1}^{l} \hat{h}_k^4 \bar{R}_h \hat{w}_k \right)(Z) \right| = \left| B \left(\hat{\theta}_h + \sum_{k=1}^{l} \hat{h}_k^4 \bar{R}_h \hat{w}_k, G_h^z \right) \right|$$

$$= |\hat{\eta}(G_h^z)| \leqslant C \hat{h}_0^{4+\beta_1} |\ln \hat{h}_0|^{\frac{d-1}{d}} \|G_h^z\|_{2,1,\hat{\Omega}}', \quad \forall Z \in \hat{\Omega}, \tag{6.2.58}$$

由 (6.2.19) 导出极大范估计

$$\left\| \hat{\theta}_h + \sum_{k=1}^{l} \hat{h}_k^4 \bar{R}_h \hat{w}_k \right\|_{0,\infty,\hat{\Omega}}' \leqslant C \hat{h}_0^{4+\beta_1} |\ln \hat{h}_0|^{\frac{2d-1}{d}} \tag{6.2.59}$$

和

$$\hat{\theta}_h(Z) + \sum_{k=1}^{l} \hat{h}_k^4 \bar{R}_h \hat{w}_k(Z) = \varepsilon, \quad \|\varepsilon\|_{0,\infty,\hat{\Omega}}' \leqslant C \hat{h}_0^{4+\beta_1} |\ln \hat{h}_0|^{\frac{2d-1}{d}}. \tag{6.2.60}$$

若进一步假定辅助问题 (6.2.50) 的解有 $\hat{w}_k \in W_p^r(\hat{\Omega}), r - \frac{d}{p} > 0$, 则 $\hat{w}_k \in C(\Omega)$, 故用 $\hat{w}_k^I$ 代替 $\bar{R}_h \hat{w}_k$ 得到

$$\hat{\theta}_h = -\sum_{k=1}^{l} \hat{h}_k^4 \hat{w}_k^I + \hat{\eta}_4, \tag{6.2.61}$$

其中余项, 由反估计容易导出

$$\|\hat{\eta}_4\|_{0,\infty,\hat{\Omega}}' \leqslant C \hat{h}_0^{4+\beta} |\ln \hat{h}_0|^{\frac{2d-1}{d}},$$

$$\beta = \min \left(\beta_1, r - \frac{d}{p} \right) = \min \left(1, \alpha, r - \frac{d}{p} \right). \tag{6.2.62}$$

令

$$\hat{\psi}_k = \hat{\phi}_k - \hat{w}_k, \quad k = 1, \cdots, l. \tag{6.2.63}$$

于是由 (6.2.30)~(6.2.32), (6.2.61) 和 (6.2.63) 完成定理的证明. □

6.2.3　分裂外推与后验估计

如 6.1 节一样, 令 $\hat{u}_h^{(0)}$ 和 $\hat{u}_h^{(i)}$ 分别表示在网格 $\hat{\Omega}^{(0)}$ 和 $\hat{\Omega}^{(i)}$ 上的有限元解, 那么全局细网格的分裂外推近似值按照以下步骤计算.

(1) 类型 0, 即 $\hat{\Omega}^{(0)}$ 上的结点. 若 $A \in \hat{\Omega}^{(0)}$, 则在 A 点分裂外推值 $u_0(A)$ 由公式

$$u_0(A) = \frac{16}{15} \sum_{i=1}^{l} \hat{u}_h^{(i)}(A) + \left[-\frac{16}{15} l + 1 \right] \hat{u}_h^{(0)}(A) \tag{6.2.64}$$

计算, 其中 $\hat{u}_h^{(i)}(A)$ 是对应于网参数 $h^{(i)}$ 的有限元解.

(2) 类型 1, 即网格 $\bigcup_{i=1}^{l} \hat{\Omega}_i^h \backslash \hat{\Omega}_0^h$ 上的结点. 令 A_1 和 A_2 是两个相邻的粗网格点, $B \in \hat{\Omega}_i^h \backslash \hat{\Omega}_0^h$ 是 A_1 和 A_2 的中点, 那么在 B 点分裂外推值 $u_1(B)$ 由以下公式计算

$$\begin{aligned} u_1(B) =& \hat{u}_h^{(i)}(B) - \frac{1}{30} \sum_{k=1}^{2} \left[\hat{u}_h^{(0)}(A_k) - \hat{u}_h^{(i)}(A_k) \right] \\ &- \frac{8}{15} \sum_{\substack{j=1 \\ j \neq i}}^{l} \sum_{k=1}^{2} \left[\hat{u}_h^{(0)}(A_k) - \hat{u}_h^{(j)}(A_k) \right]. \end{aligned} \tag{6.2.65}$$

(3) 类型 2, 即面元中心点. 令 C 是以 A_k $(k = 1, \cdots, 4)$ 为顶点的正方体元侧面矩形的中心, B_k $(k = 1, \cdots, 4)$ 是矩形边的中点. 若 $u_0(A_k)$ 和 $u_1(B_k)$ 已经按照类型 0 和类型 1 计算出, 则使用不完全双二次插值得到在 C 点分裂外推值 $u_2(C)$ 由公式

$$u_2(C) = \frac{1}{2} \sum_{k=1}^{4} u_1(B_k) - \frac{1}{4} \sum_{k=1}^{4} u_0(A_k) \tag{6.2.66}$$

计算.

(4) 类型 3, 即长方体元中心, 令 D 是以 A_k $(k = 1, \cdots, 8)$ 为顶点的长方体元中心, 而 B_k $(k = 1, \cdots, 12)$ 是长方体元的 12 条棱边的中点. 若 $U_0(A_k)$ 好 $U_1(B_k)$ 已经按类型 1 和类型 2 被计算, 则使用不完全三二次插值得到在 D 点分裂外推值 $u_3(C)$ 由公式

$$u_3(D) = \frac{1}{4} \sum_{k=1}^{12} u_1(B_k) - \frac{1}{4} \sum_{k=1}^{8} u_0(A_k) \tag{6.2.67}$$

计算.

使用多参数渐近展开 (6.2.22) 还可以导出极为重要的后验误差估计. 为此, 由 (6.2.22) 导出

$$\hat{u}_h^{(0)}(A) - \hat{u}_h^{(j)}(A) = \frac{15}{16} \hat{h}_j^4 \hat{\psi}_j(A) + \varepsilon, \quad j = 1, \cdots, l. \tag{6.2.68}$$

这里余项 $\varepsilon = O(\hat{h}_0^{4+\beta} |\ln \hat{h}_0|^{\frac{2d-1}{d}})$, 于是得到

$$\hat{h}_j^4 \hat{\psi}_j(A) = \frac{16}{15} \left[\hat{u}_h^{(0)}(A) - \hat{u}_h^{(j)}(A) \right] + \varepsilon \tag{6.2.69}$$

将其代入 (6.2.68) 便导出在粗网格点的后验估计

$$|\hat{u}_h^{(0)}(A) - \hat{u}(A)| \leqslant \frac{16}{15} \sum_{j=1}^{l} |\hat{u}_h^{(0)}(A) - \hat{u}_h^{(j)}(A)| + \varepsilon \tag{6.2.70}$$

和单向加密细网格点的后验估计

$$|\hat{u}_h^{(k)}(A) - \hat{u}(A)| \leqslant \frac{16}{15} \sum_{\substack{j=1 \\ j \neq k}}^{l} |\hat{u}_h^{(0)}(A) - \hat{u}_h^{(j)}(A)| \\ + \frac{1}{15}|\hat{u}_h^{(0)}(A) - \hat{u}_h^{(k)}(A)| + \varepsilon, \tag{$6.2.71)_k$}$$

以及平均误差的后验估计

$$\left| \frac{1}{l} \sum_{j=1}^{l} \hat{u}_h^{(k)}(A) - \hat{u}(A) \right| \leqslant \left(\frac{16}{15} l - 1 \right) \left| \frac{1}{l} \sum_{k=1}^{l} \hat{u}_h^{(k)}(A) - \hat{u}_h^{(0)}(A) \right| + \varepsilon. \tag{6.2.72}$$

6.2.4 算例

例 6.2.1(Cao et al.,2009)　考虑具有不连续界面的半线性椭圆型偏微分方程

$$\begin{cases} -\nabla(a(x,y)\nabla u) = f(x,y,u), & \text{在} \Omega \text{内}, \\ u(x,y) = g(x,y), & \text{在} \partial\Omega \text{上}, \end{cases} \tag{6.2.73}$$

其中

$$a(x,y) = \begin{cases} r, & x < 1, \\ 1, & x \geqslant 1. \end{cases} \tag{6.2.74}$$

假定 Ω 是曲边四边形, 它的四个顶点分别是 $P_1 = (0,0), P_2 = (2,0), P_4 = (0,1)$ 和 $P_3 = (2,1)$. 它的上边边界是连接 P_4 和 P_3 的直线; 下边边界是连接 P_1 和 P_2 的直线; 左边边界是经过三点 $P_1, P_8 = (-0.25, 0.5)$ 和 P_4 的抛物线; 右边边界是经过 $P_1, P_8 = (-0.25, 0.5)$ 和 P_4 的抛物线. 置右端项为

$$f(x,y,u) = \begin{cases} u + 15r(r+1)(3x-2)y(y-1) - 30rx + 15r(r+1)x(x-1)^2 \\ \quad -15xy(y-1) + 7.5(r+1)(x-1)^2xy(y-1), \\ \qquad\qquad\qquad\qquad\qquad\qquad\qquad 在 \Omega \cap \{x < 1\} \text{上}, \\ u + 15(r+1)(3x-2)y(y-1) - 30(rx+1-r) + 15(r+1)x(x-1)^2 \\ \quad -15rxy(y-1) - 15(1-r)y(y-1) + 7.5(r+1)(x-1)^2xy(y-1), \\ \qquad\qquad\qquad\qquad\qquad\qquad\qquad 在 \Omega \cap \{x \geqslant 1\} \text{上}. \end{cases}$$

构造初始区域分解: $\bar{\Omega} = \bigcup_{s=1}^{2} \Omega_s$, 其中 $\Omega_1 = \Omega \bigcap \{x < 1\}, \Omega_2 = \Omega \bigcap \{x \geqslant 1\}$,

如此区域分解保证了 $\partial\Omega_1 \cap \partial\Omega_2$ 是界面. 显然, 存在等参双二次映射分别把 Ω, Ω_1 和 Ω_2 映射为 $\hat{\Omega} = [0, 2] \times [0, 1]$, $\hat{\Omega}_1 = [0, 1) \times [0, 1]$ 和 $\hat{\Omega}_2 = [1, 2] \times [0, 1]$. 设计 3 个步长, 其中 $h_i(i = 1, 2)$ 分别是 $\hat{\Omega}_i(i = 1, 2)$ 在 x 方向的步长; h_3 是在 y 方向的步长. 使用 Newton 迭代解非线性有限元方程组, 并取初始步长为: $h_i = \dfrac{1}{4}$ $(i = 1, 2, 3)$. 如此有限元剖分下的有限元误差和分裂外推误差见表 6.2.1. 使用公式 (6.2.70), (6.2.71) 和 (6.2.72) 得到的后验误差估计的最大值, 见表 6.2.2.

表 6.2.1　例 6.2.1 取 $r=0.5$ 的有限元误差和分裂外推误差

网点坐标	网点类型	有限元误差	分裂外推误差
$(0.0293, 0.8750)$	类型 0	1.7041×10^{-6}	2.6020×10^{-8}
$(1.0000, 0.1250)$	类型 0	5.3739×10^{-5}	-7.1147×10^{-8}
$(-0.0029, 0.6250)$	类型 1	1.1420×10^{-5}	-1.0005×10^{-8}
$(1.0000, 0.5625)$	类型 1	9.5820×10^{-5}	8.0716×10^{-7}
$(0.6399, 0.8125)$	类型 2		1.0381×10^{-5}
$(-0.0803, 0.1875)$	类型 2		-3.1115×10^{-4}
粗网格最大误差		9.8016×10^{-5}	-1.8928×10^{-6}
细网格最大误差			6.5470×10^{-4}

表 6.2.2　例 6.2.1 的各个后验误差估计的最大值

方法	(6.2.70)	$(6.2.71)_1$	$(6.2.71)_2$	$(6.2.71)_3$	(6.2.72)
后验误差	2.51×10^{-4}	1.80×10^{-4}	8.78×10^{-5}	2.50×10^{-4}	6.81×10^{-5}

由表 6.2.1 看出分裂外推对于类型 0 和类型 1 的点非常有效; 对于类型 2 的点, 由于不是有限元的结点, 插值得到的近似误差较大. 表 6.2.2 中 $(6.2.71)_k, k = 1, 2, 3$ 是指对步长 h_k 加密的按照 (6.2.71) 计算的后验误差估计. 表 6.2.2 表明后验误差估计有效, 尤其是平均值的后验误差估计更值得推荐.

例 6.2.2(Cao et al.,2009)　考虑拟线性椭圆型偏微分方程

$$\begin{cases} -\nabla((1 + u^2)\nabla u) = f(x, y, u), & \text{在}\,\Omega\,\text{内}, \\ u(x, y) = g(x, y), & \text{在}\,\partial\Omega\,\text{上}, \end{cases} \tag{6.2.75}$$

其中

$$\begin{aligned} f(x, y, u) = &\frac{5}{4}\pi^2(u + u^3) - \frac{\pi^2}{2}\sin^3(\pi y)\sin\left(\frac{\pi x}{2}\right)\cos^2\left(\frac{\pi x}{2}\right) \\ &- 2\pi^2\sin^3\left(\frac{\pi x}{2}\right)\sin(\pi y)\cos^2(\pi y), \end{aligned} \tag{6.2.76}$$

假定区域 Ω 及其初始区域分解, 以及相关的步长设计和例 6.2.1 的相同. 取步长 $h_i = \dfrac{1}{4}(i = 1, 2, 3)$. 使用 Newton 迭代解有限元非线性方程组, 各个类型点的有限

元误差和分裂外推误差见表 6.2.3, 各个后验误差估计见表 6.2.4.

表 6.2.3　例 6.2.2 的有限元误差和分裂外推误差

网点坐标	网点类型	有限元误差	分裂外推误差
$(0.5371, 0.3750)$	类型 0	6.6936×10^{-4}	-6.1788×10^{-7}
$(1.0000, 0.7500)$	类型 0	7.5411×10^{-4}	-2.7759×10^{-6}
$(0.3320, 0.2500)$	类型 1	6.1854×10^{-4}	5.5820×10^{-7}
$(1.0000, 0.6875)$	类型 1	6.7828×10^{-5}	-1.5739×10^{-6}
$(1.9924, 0.0625)$	类型 2		-2.6682×10^{-6}
$(0.9241, 0.6875)$	类型 2		-7.3853×10^{-5}
粗网格最大误差		7.8225×10^{-4}	-1.5310×10^{-5}
细网格最大误差			-1.0632×10^{-4}

表 6.2.4　例 6.2.2 的各个后验误差估计的最大值

方法	(6.2.70)	$(6.2.71)_1$	$(6.2.71)_2$	$(6.2.71)_3$	$(6.2.72)_4$
后验误差	8.0×10^{-4}	7.58×10^{-4}	7.58×10^{-4}	2.28×10^{-4}	5.13×10^{-5}

从上面算例中可以看出多二次有限元分裂外推对于具有曲边区域的界面问题、半线性椭圆型偏微分方程和拟线性椭圆型偏微分方程都是十分有效的.

6.3　抛物型偏微分方程的多二次等参有限元的分裂外推方法

在专著 (吕涛等, 1998) 中已经研究了二阶线性抛物型偏微分方程的多线性等参有限元分裂外推方法. 若区域是多面体 (三维情形), 或者多边形 (二维情形), 并且解充分光滑, 则方法是有效的. 但是对于曲边情形, 因为多线性元不能有效地拟合曲边边界, 故选择多二次等参元才是有效的方法. 这一节我们将提供半离散和全离散多二次等参有限元误差的多参数渐近展开和分裂外推算法.

6.3.1　二阶线性抛物型偏微分方程的多二次等参有限元法

考虑二阶线性抛物型偏微分方程的的初、边值问题

$$\begin{cases} u_t - \sum_{i,j=1}^{d} D_i(a_{ij}D_j u) + qu = f_1 \ , & \text{在} Q_T \triangleq \Omega \times [0,T] \text{内}, \\ u = 0 \ , & \text{在} \Sigma_T \triangleq \partial\Omega \times [0,T] \text{上}, \\ u(0,x) = u_0(x) \ , & \text{在} \Omega \text{上}, \end{cases} \tag{6.3.1}$$

这里 $\Omega \subset \mathbb{R}^d (d = 2, 3)$ 和 6.1 节相同假定, $a_{ij}(x,t), q(x,t) \in L^\infty(Q_T)$, $u_0(x) \in L^2(\Omega)$, $x = (x_1, \cdots, x_d)$, $D_i = \dfrac{\partial}{\partial x_i}$.

这里假定解满足齐次 Dirichlet 边界条件, 仅仅是为了简单起见, 相关的结论也可以适用非齐次边界条件和混合型边界条件. 为了保证解的存在性和唯一性, 假定存在常数 $\mu > 0$, 使

$$\sum_{i,j=1}^{d} a_{ij}\zeta_i\zeta_j \geqslant \sum_{i=1}^{d} \mu\zeta_i^2, \quad \forall(t,x) \in [0,T] \times \Omega, \ \zeta \in \mathbb{R}^d. \tag{6.3.2}$$

为了用 d 二次有限元和分裂外推计算 (6.3.1), 和 6.1 节相同: 假定 Ω 有满足相容条件的区域分解: $\bar{\Omega} = \bigcup_{i=1}^{m} \bar{\Omega}_i$, 并且存在一对一的映射 $\Psi_i : \Omega_i \to \hat{\Omega}_i$, 其中 $\hat{\Omega}_i$ 是单位立方体, 而逆映射 $\{\Psi_i^{-1}\}$ 充分光滑, 并且使在参考区域 $\hat{\bar{\Omega}} = \bigcup_{i=1}^{m} \hat{\bar{\Omega}}_i$ 上, 构成满足相容条件的初始正方体剖分. 令 $\hat{\mathfrak{S}}_i^h$ $(i = 1, \cdots, m)$ 是以 $\hat{h}_{ij}$ $(j = 1, \cdots, d)$ 为步长关于区域 $\hat{\Omega}_i$ 的长方体剖分, 并且要求全局剖分 $\hat{\mathfrak{S}}^h = \bigcup_{i=1}^{m} \hat{\mathfrak{S}}_i^h$ 是参考区域 $\hat{\Omega}$ 上满足相容条件的分片一致剖分, 在此假定下独立网参数仅仅有 l $(l < md)$ 个, 令为 $\hat{h}_1, \cdots, \hat{h}_l$.

下面用 $\|\cdot\|_{k,p,\hat{\Omega}}$ 表示 Sobolev 空间 $W_p^k(\hat{\Omega})$ 的范数, 用 $\|\cdot\|_{k,\hat{\Omega}}$ 表示空间 $H^k(\hat{\Omega})$ 的范数, $\|\cdot\|_{0,\infty,\hat{\Omega}}$ 表示空间 $L_\infty(\hat{\Omega})$ 的范数, 以及用 $\|\cdot\|'_{k,\hat{\Omega}} := \left(\sum_{s=1}^{m} \|\cdot\|_{k,\hat{\Omega}_s}^2\right)^{\frac{1}{2}}$ 表示乘积空间 $\prod_{k=1}^{m} H^k(\hat{\Omega}_k)$ 的范数. 此外, 定义空间

$$L^p(0,T; W_p^k(\hat{\Omega})) := \{\hat{u}(t,\cdot) : [0,T] \to W_p^k(\hat{\Omega})\}, \tag{6.3.3}$$

其范数定义为

$$\|\hat{u}\| := \left(\int_0^T \|\hat{u}(t,\cdot)\|_{k,p,\hat{\Omega}}^p \, \mathrm{d}t\right)^{\frac{1}{p}}, \tag{6.3.4}$$

以及空间

$$H^m(0,T;B) := \left\{\hat{u}(t,\cdot) : [0,T] \to B : \frac{\partial^i \hat{u}}{\partial t^i} \in L^2(0,T;B), i = 0, \cdots, m\right\} \tag{6.3.5}$$

和

$$C^k(0,T;B) := \{\hat{u}(t,\cdot) : [0,T] \to B : \hat{u}(t) \text{有直到} k \text{阶连续导数}\}, \tag{6.3.6}$$

这里 B 是 Banach 空间.

令 $Q_2(e)$ 表示单元 $e \in \hat{\Im}^h$ 上的 d 二次多项式, $\hat{S}_0^h \subset H_0^1(\hat{\Omega}) \cap C(\hat{\Omega})$ 表示基于剖分 $\hat{\Im}^h$ 的 d 二次有限元子空间.

借助 d 二次等参映射, 问题 (6.3.1) 被转换为参考区域 $\hat{\Omega}$ 上的抛物型偏微分方程的初、边值问题

$$
\begin{cases}
\hat{u}_t - \displaystyle\sum_{i,j=1}^d \hat{D}_i(\hat{a}_{ij}\hat{D}_j\hat{u}) + \hat{q}\hat{u} = \hat{f} \ , & \text{在}\hat{Q}_T \triangleq \hat{\Omega} \times [0,T]\text{内}, \\
\hat{u} = 0 \ , & \text{在}\hat{\Sigma}_T \triangleq \partial\hat{\Omega} \times [0,T]\text{上}, \\
\hat{u}(0,\hat{x}) = \hat{u}_0(\hat{x}) \ , & \text{在}\hat{\Omega}\text{内},
\end{cases}
\tag{6.3.7}
$$

这里 $\hat{x} = (\hat{x}_1, \cdots, \hat{x}_d)$, $\hat{D}_i = \dfrac{\partial}{\partial \hat{x}_i}$, 而 $\hat{u}|_{\hat{\Omega}_i} = u \circ \Psi_i|_{\Omega_i}$.

方程 (6.3.7) 的弱形式, 为求 $\hat{u} \in H^1(0, T; H_0^1(\hat{\Omega}))$ 满足

$$
\begin{cases}
(\hat{u}_t, \hat{v}) + \hat{A}(t; \hat{u}, \hat{v}) = (\hat{f}, \hat{v}), & \forall \hat{v} \in H_0^1(\hat{\Omega}), \\
\hat{u}(0, \hat{x}) = \hat{u}_0(\hat{x}),
\end{cases}
\tag{6.3.8}
$$

这里

$$
(\hat{u}_t, \hat{v}) = \int_{\hat{\Omega}} \hat{u}_t \hat{v} \, d\hat{x},
$$

$$
\hat{A}(t; \hat{u}, \hat{v}) = \int_{\hat{\Omega}} \left(\sum_{i,j=1}^d \hat{a}_{ij} \hat{D}_i \hat{u} \hat{D}_j \hat{v} + \hat{q}\hat{u}\hat{v} \right) d\hat{x},
$$

$$
(\hat{f}, \hat{v}) = \int_{\hat{\Omega}} \hat{f}\hat{v} d\hat{x}.
\tag{6.3.9}
$$

所谓半离散有限元方法, 便是求 $\bar{u} \in H^1(0, T; \hat{S}_0^h)$ 满足

$$
\begin{cases}
(\bar{u}_t, \hat{v}) + \hat{A}(t; \bar{u}, \hat{v}) = (\hat{f}, \hat{v}), & \forall \hat{v} \in \hat{S}_0^h, \\
\bar{u}(0, \hat{x}) = \hat{P}_h \hat{u}_0(\hat{x}),
\end{cases}
\tag{6.3.10}
$$

其中 $\hat{P}_h$ 是映 $L^2(\hat{\Omega})$ 到 $\hat{S}_0^h$ 的正交投影算子.

令 $\tau = \dfrac{T}{N}$ 为时间步长, $t_n = n\tau$. 使用 Crank-Nicolson 离散方法得到所谓全离散有限元方法: 求 $\hat{U}^n \in \hat{S}_0^h$, $n = 1, \cdots, N$ 满足

$$
\begin{cases}
(\partial_t \hat{U}^n, \hat{v}) + \hat{A}(t_{n-\frac{1}{2}}; \hat{U}^{n-\frac{1}{2}}, \hat{v}) = (\hat{f}(t_{n-\frac{1}{2}}, \cdot), \hat{v}), & \forall \hat{v} \in \hat{S}_0^h, \\
\hat{U}^0 = \hat{P}_h \hat{u}_0,
\end{cases}
\tag{6.3.11}
$$

这里 $\hat{U}^{n-\frac{1}{2}} = \dfrac{\hat{U}^n + \hat{U}^{n-1}}{2}$, $\partial_t \hat{U}^n = \dfrac{\hat{U}^n - \hat{U}^{n-1}}{\tau}$ 而 $\hat{U}^n$ 是 $\bar{u}$ 在时刻 t_n 近似解.

众所周知, 半离散和全离散等参 d 二次有限元方法是解抛物型偏微分方程的标准方法, 但是本章的目的是寻求误差的多参数渐近展开, 并且应用分裂外推得到高精度近似解.

6.3.2 半离散等参多二次有限元误差的多参数渐近展开

令 $\hat{u}^I(t,\hat{x})$ 是以 t 为参数, 函数 $\hat{u}(t,\hat{x})$ 在 $\hat{S}_0^h$ 的插值函数, 令 $\hat{R}_h^t$ 表示映 $H^1(0,T;H_0^1(\hat{\Omega}))$ 到 $H^1(0,T;\hat{S}_0^h)$ 的关于 $\hat{A}(t;\cdot,\cdot)$ 的 Ritz 投影算子, 即

$$\hat{A}(t;\hat{R}_h^t\hat{u},\hat{v}) = \hat{A}(t;\hat{u},\hat{v}), \quad \forall \hat{v} \in H^1(0,T;\hat{S}_0^h). \tag{6.3.12}$$

以下引理已经在 6.1 节证明.

引理 6.3.1 假定 $\hat{a}_{ij},\hat{q} \in \left(\prod_{s=1}^m W_\infty^4(\hat{\Omega}_s)\right) \cap L^\infty(\hat{\Omega})$ 和 $\hat{u}(t,\cdot) \in \left(\prod_{s=1}^m H^7(\hat{\Omega}_s)\right) \cap$ $H_0^1(\hat{\Omega})$, 那么一定存在以 t 为参数, 但与步长无关的函数 $\hat{Y}_{sk} \in H_0^1(\hat{\Omega})$ 满足

$$\left\| \hat{R}_h^t\hat{u} - \hat{u}^I - \sum_{s=1}^m \sum_{k=1}^d \hat{h}_{sk}^4 \hat{R}_h^t \hat{Y}_{sk} \right\|_{1,\hat{\Omega}} \leqslant C\hat{h}_0^5 \|\hat{u}\|'_{7,\hat{\Omega}}. \tag{6.3.13}$$

引理 6.3.2 在引理6.3.1 的假定下, 一定存在以 t 为参数, 但与步长无关的函数 $\hat{\phi}_i(i=1,\cdots,l)$, 满足

$$\hat{R}_h^t\hat{u} - \hat{u}^I = \sum_{i=1}^l \hat{h}_i^4 \hat{\phi}_i^I + \varepsilon, \tag{6.3.14}$$

这里 $\hat{\phi}_i^I$ 是 $\hat{\phi}_i$ 的插值函数, 而余项有估计

$$\|\varepsilon\|_{0,\infty,\hat{\Omega}} = O(\hat{h}_0^{4+\alpha}|\ln\hat{h}_0|^{\frac{d-1}{d}}), \quad \alpha > 0. \tag{6.3.15}$$

引理 6.3.3 在引理 6.3.1 和引理 6.3.2 的假定下, 若进一步假定

$$\hat{Y}_{sk} \in \left(\prod_{s=1}^m H^r(\hat{\Omega}_s)\right) \cap H_0^1(\hat{\Omega}) \cap C(\hat{\Omega}), \quad \frac{d}{2} < r \leqslant 2, \tag{6.3.16}$$

则有

$$\left\| \hat{R}_h^t\hat{u} - \hat{u}^I - \sum_{s=1}^m \sum_{k=1}^d \hat{h}_{sk}^4 \hat{P}_h \hat{Y}_{sk} \right\|_{0,\infty,\hat{\Omega}} \leqslant C\hat{h}_0^{4+r-\frac{d}{2}}. \tag{6.3.17}$$

证明 由有限元反估计、(6.3.13) 和 (6.3.15) 导出不等式

$$\left\| \hat{R}_h^t\hat{u} - \hat{u}^I - \sum_{s=1}^m \sum_{k=1}^d \hat{h}_{sk}^4 \hat{P}_h \hat{Y}_{sk} \right\|_{0,\infty,\hat{\Omega}}$$

$$\leqslant \left\| \hat{R}_h^t\hat{u} - \hat{u}^I - \sum_{s=1}^m \sum_{k=1}^d \hat{h}_{sk}^4 \hat{R}_h^t \hat{Y}_{sk} \right\|_{0,\infty,\hat{\Omega}} + \left\| \sum_{s=1}^m \sum_{k=1}^d \hat{h}_{sk}^4 (\hat{R}_h^t\hat{Y}_{sk} - \hat{P}_h\hat{Y}_{sk}) \right\|_{0,\infty,\hat{\Omega}}$$

$$\leqslant C\hat{h}_0^{4+r-\frac{d}{2}}.$$

由此得到引理的证明.　□

　　引理 6.3.4　在引理 6.3.2 和引理 6.3.3 的假定下, 一定存在以 t 为参数, 但与步长无关的函数 $\hat{Z}_{sk} \in \left(\prod\limits_{s=1}^{m} H^3(\hat{\Omega}_s) \right) \cap L_2(\hat{\Omega})$ 使

$$\left\| \hat{P}_h \hat{u} - \hat{u}^I - \sum_{s=1}^{m} \sum_{k=1}^{d} \hat{h}_{sk}^4 \hat{P}_h \hat{Z}_{sk} \right\|_{0,\infty,\hat{\Omega}} \leqslant C \hat{h}_0^{6-\frac{d}{2}}. \tag{6.3.18}$$

　　证明　由 $\hat{P}_h$ 的定义和引理 6.1.4 容易导出

$$(\hat{P}_h \hat{u} - \hat{u}^I, \phi) = (\hat{u} - \hat{u}^I, \phi)$$

$$= \sum_{s=1}^{m} \sum_{k=1}^{d} \hat{h}_{sk}^4 \int_{\hat{\Omega}_s} \left[\frac{1}{480} \phi \hat{D}_k^4 \hat{u} - \frac{1}{45} \hat{D}_k \phi \hat{D}_k^3 \hat{u} \right] \mathrm{d}\hat{x} + R,$$

$$\forall \phi \in \hat{S}_0^h, \tag{6.3.19}$$

其中余项有估计

$$|R| \leqslant C_1 \hat{h}_0^6 \|\hat{u}\|_{6,\hat{\Omega}}' \|\phi\|_{2,\hat{\Omega}}'. \tag{6.3.20}$$

　　应用 Green 公式

$$\int_{\hat{\Omega}_s} \hat{D}_k \phi \hat{D}_k^3 \hat{u} \mathrm{d}\hat{x} = \int_{\partial\hat{\Omega}_s} n_k \hat{D}_k \phi \hat{D}_k^3 \hat{u} \mathrm{d}S - \int_{\hat{\Omega}_s} \phi \hat{D}_k^4 \hat{u} \mathrm{d}\hat{x},$$

其中 n_k 是 $\partial\hat{\Omega}_s$ 的单位外法向的第 k 个分量. 将其代入 (6.3.19), 由于步长选择满足相容条件和 $\phi \in \hat{S}_0^h = \{\phi|_{\partial\hat{\Omega}} = 0\}$, 故所有 $\partial\hat{\Omega}_s$ 上的积分被抵消, 于是得到

$$(\hat{P}_h \hat{u} - \hat{u}^I, \phi) = \sum_{s=1}^{m} \sum_{k=1}^{d} \hat{h}_{sk}^4 \int_{\hat{\Omega}_s} \frac{7}{288} \phi \hat{D}_k^4 \hat{u} \, \mathrm{d}\hat{x} + R. \tag{6.3.21}$$

令

$$Z_{sk}(t,\hat{x}) = \begin{cases} \dfrac{7}{288} \hat{D}_k^4 \hat{u}(t,\hat{x}), & \hat{x} \in \hat{\Omega}_s, \\ 0, & \hat{x} \notin \hat{\Omega}_s, \end{cases} \quad s = 1,\cdots,m; k = 1,\cdots,d. \tag{6.3.22}$$

容易证明: $\hat{Z}_{sk} \in \left(\prod\limits_{s=1}^{m} H^3(\hat{\Omega}_s) \right) \cap L_2(\hat{\Omega})$. 使用 (6.3.20), 便得到

$$\left| \left(\hat{P}_h \hat{u} - \hat{u}^I - \sum_{s=1}^{m} \sum_{k=1}^{d} \hat{h}_{sk}^4 \hat{P}_h \hat{Z}_{sk}, \phi \right) \right| \leqslant C \hat{h}_0^6 \|\hat{u}\|_{6,\hat{\Omega}}' \|\phi\|_{2,\hat{\Omega}}, \quad \forall \phi \in \hat{S}_0^h.$$

置 $\phi = \hat{P}_h\hat{u} - \hat{u}^I - \sum\limits_{s=1}^{m}\sum\limits_{k=1}^{d}\hat{h}_{sk}^4\hat{P}_h\hat{Z}_{sk}$, 便得到

$$\left\|\hat{P}_h\hat{u} - \hat{u}^I - \sum_{s=1}^{m}\sum_{k=1}^{d}\hat{h}_{sk}^4\hat{P}_h\hat{Z}_{sk}\right\|_{0,\hat{\Omega}} \leqslant C\hat{h}_0^6, \tag{6.3.23}$$

使用反估计便导出

$$\left\|\hat{P}_h\hat{u} - \hat{u}^I - \sum_{s=1}^{m}\sum_{k=1}^{d}\hat{h}_{sk}^4\hat{P}_h\hat{Z}_{sk}\right\|_{0,\infty,\hat{\Omega}} \leqslant C\hat{h}_0^{6-\frac{d}{2}}. \tag{6.3.24}$$

这便完成引理证明.　□

引理 6.3.5　在引理 6.3.1 至引理 6.3.4 的假定下, 一定存在与步长无关的常数 C 和以 t 为参数的函数 $\hat{W}_i \in \left(\prod\limits_{s=1}^{m}H^r(\hat{\Omega}_s)\right)\cap L^\infty(\hat{\Omega})$, 使

$$\left\|\hat{R}_h^t\hat{u} - \hat{P}_h\hat{u} - \sum_{i=1}^{l}\hat{h}_i^4\hat{P}_h\hat{W}_i\right\|_{0,\infty,\hat{\Omega}} \leqslant C\hat{h}_0^{4+\beta_0}, \tag{6.3.25}$$

其中 $\beta_0 = \min(r,2) - \dfrac{d}{2} > 0$.

证明　由引理 6.3.1, 成立

$$\hat{R}_h^t\hat{u} - \hat{u}^I = \sum_{s=1}^{m}\sum_{k=1}^{d}\hat{h}_{sk}^4\hat{P}_h\hat{Y}_{sk}^t + R_1, \tag{6.3.26}$$

其中余项 R_1 由反估计得到: $\|R_1\|_{0,\infty,\hat{\Omega}} \leqslant C\hat{h}_0^{4+r-\frac{d}{2}}$.

又由引理 6.3.2, 成立

$$\hat{P}_h\hat{u} - \hat{u}^I = \sum_{s=1}^{m}\sum_{k=1}^{d}\hat{h}_{sk}^4\hat{P}_h\hat{Z}_{sk} + R_2, \tag{6.3.27}$$

其中余项 R_2 有估计: $\|R_2\|_{0,\infty,\hat{\Omega}} \leqslant C\hat{h}_0^{6-\frac{d}{2}}$.

组合 (6.3.26) 和 (6.3.27) 的结果, 便导出

$$\hat{R}_h^t\hat{u} - \hat{P}_h\hat{u} = \sum_{s=1}^{m}\sum_{k=1}^{d}\hat{h}_{sk}^4\hat{P}_h(\hat{Y}_{sk} - \hat{Z}_{sk}) + (R_1 - R_2). \tag{6.3.28}$$

由于仅仅只有 l 个步长 $\hat{h}_i(i=1,\cdots,l)$ 是独立的, 故合并同类项便完成引理的证明.　□

下面引理 6.3.6 的证明见专著 (吕涛等, 1998).

引理 6.3.6　在方程 (6.3.1) 中, 若 $\hat{a}_{ij}$, $D_t\hat{a}_{ij}$, $\hat{q} \in L^\infty(\hat{Q}_T)$, $\hat{f} \in L^2(\hat{Q}_T)$, 并且 $\|\hat{a}_{ij}\|_{0,\infty,\hat{Q}_T}, \|D_t\hat{a}_{ij}\|_{0,\infty,\hat{Q}_T}, \|\hat{q}\|_{0,\infty,\hat{Q}_T} \leqslant M < \infty$, 则存在与 $\hat{h}$ 无关, 但与 M 和 μ 相关的正常数 C_0 和 C_1 使半离散方程 (6.3.10) 的解有先验估计

$$\|\bar{u}(t)\|_{1,\hat{\Omega}}^2 \leqslant C_0\mathrm{e}^{C_1 t}\left(\|\hat{u}_0\|_{1,\hat{\Omega}}^2 + \int_0^t \|\hat{f}(\tau,\cdot)\|_{0,\hat{\Omega}}^2\,\mathrm{d}\tau\right). \tag{6.3.29}$$

定理 6.3.1(He et al.,2007)　在引理 6.3.1 的假定下, 存在与步长无关的函数 $\hat{\psi}_i \in H^1(0,T; H_0^1(\hat{\Omega}) \cap C(\hat{\Omega}))$ $(i = 1,\cdots,l)$ 使半离散方程 (6.3.10) 的解具有以下多参数渐近展开

$$\bar{u} - \hat{u}^I = \sum_{i=1}^l \hat{h}_i^4 \hat{\psi}_i^I + \varepsilon, \tag{6.3.30}$$

其中余项有估计

$$\|\varepsilon\|_{0,\infty,\hat{Q}_T}' = O(\hat{h}_0^{4+\beta_1}|\ln\hat{h}_0|^{\frac{d-1}{d}}), \quad \beta_1 > 0, \tag{6.3.31}$$

这便蕴涵

$$\bar{u}(\hat{X}) - \hat{u}(\hat{X}) = \sum_{i=1}^l \hat{h}_i^4\hat{\psi}_i(\hat{X}) + \varepsilon, \quad \forall \hat{X} \in \hat{\Omega}_0^h. \tag{6.3.32}$$

证明　令 $\hat{\rho} = \hat{u} - \hat{R}_h^t\hat{u}$, $\hat{\theta} = \hat{R}_h^t\hat{u} - \bar{\hat{u}}$, 于是 $\hat{P}_h\hat{\rho} = \hat{P}_h\hat{u} - \hat{R}_h^t\hat{u}$. 由 (6.3.25) 得到

$$\hat{P}_h\hat{\rho} = \sum_{i=1}^l \hat{h}_i^4\hat{P}_h\hat{W}_i(t,\hat{x}) + \varepsilon_1(t,\hat{x}), \quad \|\varepsilon_1\|_{0,\infty,\hat{\Omega}} \leqslant C\hat{h}_0^{4+\beta_0}. \tag{6.3.33}$$

按照 $\hat{\theta}$, $\hat{\rho}$, $\hat{P}_h$ 和 $\hat{R}_h^t$ 的定义及 (6.3.8), (6.3.10) 和 (6.3.33) 导出

$$\begin{aligned}
(\hat{\theta}_t, \hat{v}) + A(t;\hat{\theta},\hat{v}) &= \left[(\hat{R}_h^t\hat{u}_t,\hat{v}) + A(t;\hat{R}_h^t\hat{u},\hat{v})\right] - \left[(\bar{\hat{u}}_t,\hat{v}) + A(t;\bar{\hat{u}},\hat{v})\right]\\
&= \left[(\hat{R}_h^t\hat{u}_t,\hat{v}) + A(t;\hat{u},\hat{v})\right] - (\hat{f},\hat{v})\\
&= (\hat{R}_h^t\hat{u}_t,\hat{v}) - (\hat{u}_t,\hat{v}) = -(D_t\hat{\rho},\hat{v}) = -(D_t\hat{P}_h\hat{\rho},\hat{v})\\
&= -\sum_{i=1}^l \hat{h}_i^4(D_t\hat{P}_h\hat{W}_i,\hat{v}) - (D_t\varepsilon_1,\hat{v})\\
&= -\sum_{i=1}^l \hat{h}_i^4(D_t\hat{W}_i,\hat{v}) - (D_t\varepsilon_1,\hat{v}), \quad \forall\hat{v} \in \hat{S}_0^h
\end{aligned} \tag{6.3.34}$$

和

$$(\hat{\theta}(0,\cdot),\hat{v}) = (\hat{R}_h^t\hat{u}(0,\cdot) - \bar{\hat{u}}(0,\cdot),\hat{v}) = (\hat{R}_h^t\hat{u}_0 - \hat{P}_h\hat{u}_0,\hat{v})$$

$$= (\hat{R}_h^t\hat{u}_0 - \hat{u}_0,\hat{v}) = -(\hat{\rho}(0,\cdot),\hat{v}) = -(\hat{P}_h\hat{\rho}(0,\cdot),\hat{v})$$

$$= -\sum_{i=1}^l \hat{h}_i^4(\hat{P}_h\hat{W}_i(0,\cdot),\hat{v}) - (\varepsilon_1(0,\cdot),\hat{v})$$

$$= -\sum_{i=1}^l \hat{h}_i^4(\hat{W}_i(0,\cdot),\hat{v}) - (\varepsilon_1(0,\cdot),\hat{v}), \quad \forall\hat{v}\in\hat{S}_0^h. \tag{6.3.35}$$

下面构造辅助问题: 求 $\hat{\varphi}_i \in H^1(0,T;H_0^1(\hat{\Omega}))$ $(i=1,\cdots,l)$ 满足

$$\begin{cases} (D_t\hat{\varphi}_i,\hat{v}) + A(t;\hat{\varphi}_i,\hat{v}) = (D_t\hat{W}_i,\hat{v}), \\ (\hat{\varphi}_i(0,\cdot),\hat{v}) = (\hat{W}_i(0,\cdot),\hat{v}), \quad \forall\hat{v}\in H_0^1(\hat{\Omega}) \end{cases} \tag{6.3.36}$$

及其半离散有限元近似解 $\bar{\hat{\varphi}}_i \in H^1(0,T;\hat{S}_0^h)$ 满足

$$\begin{cases} (D_t\bar{\hat{\varphi}}_i,\hat{v}) + A(t;\bar{\hat{\varphi}}_i,\hat{v}) = (D_t\hat{W}_i,\hat{v}), \\ (\bar{\hat{\varphi}}_i(0,\cdot),\hat{v}) = (\hat{W}_i(0,\cdot),\hat{v}), \quad \forall\hat{v}\in\hat{S}_0^h. \end{cases} \tag{6.3.37}$$

令 $\bar{\psi} = \hat{\theta} + \sum_{i=1}^l \hat{h}_i^4\bar{\hat{\varphi}}_i$, 于是由 (6.3.34), (6.3.35) 和 (6.3.37) 导出 $\bar{\psi}$ 满足

$$\begin{cases} (D_t\bar{\psi},\hat{v}) + A(t;\bar{\psi},\hat{v}) = -(D_t\varepsilon_1,\hat{v}), \\ (\bar{\psi}(0,\cdot),\hat{v}) = -(\varepsilon_1(0,\cdot),\hat{v}), \quad \forall\hat{v}\in\hat{S}_0^h. \end{cases} \tag{6.3.38}$$

应用 (6.3.29) 和 (6.3.33) 到 (6.3.38), 并且使用有限元反估计便导出

$$\|\bar{\psi}(t)\|_{1,\hat{\Omega}}^2 \leqslant C_0 e^{C_1 t}\left(\|\varepsilon_1(0,\cdot)\|_{1,\hat{\Omega}}^2 + \int_0^t \|D_t\varepsilon_1\|_{0,\hat{\Omega}}^2\,\mathrm{d}\tau\right)$$

$$\leqslant C(t)\hat{h}_0^{2\left(3+\beta_0+\frac{d}{2}\right)}.$$

再次由反估计, 便有

$$\|\bar{\psi}\|_{0,\infty,\hat{\Omega}} \leqslant C(t)\hat{h}_0^{4+\beta_0}|\ln\hat{h}_0|^{\frac{d-1}{d}}. \tag{6.3.39}$$

若 $\gamma > \dfrac{d}{2} - 1$ 而 $\hat{\varphi}_i(t,\cdot) \in H^{1+\gamma}(\hat{\Omega}) \cap H_0^1(\hat{\Omega})$, 则由文献 (Thomee, 1984) 的结果应有

$$\|\hat{\varphi}_i^I(t,\cdot) - \bar{\hat{\varphi}}_i(t,\cdot)\|_{1,\hat{\Omega}} \leqslant C(t)\hat{h}^\gamma\Big[\|\hat{\varphi}_i^I(t,\cdot)\|_{1+\gamma,\hat{\Omega}} + \|\hat{W}_i(0,\cdot)\|_{1+\gamma,\hat{\Omega}}$$

$$+ \left(\int_0^t \|D_t\hat{\varphi}_i^I(t,\cdot)\|_{\gamma,\hat{\Omega}}^2\,\mathrm{d}t\right)^{\frac{1}{2}}\Big]. \tag{6.3.40}$$

按照 $\bar{\psi}$ 的定义和 (6.3.39), 使用反估计得到

$$\left\|\hat{\theta}+\sum_{i=1}^{l}\hat{h}_i^4\hat{\varphi}_i^I\right\|_{0,\infty,\hat{\Omega}} \leqslant \|\bar{\psi}\|_{0,\infty,\hat{\Omega}}+\left\|\sum_{i=1}^{l}\hat{h}_i^4(\hat{\varphi}_i-\bar{\hat{\varphi}}_i)\right\|_{0,\infty,\hat{\Omega}}+\left\|\sum_{i=1}^{l}\hat{h}_i^4(\hat{\varphi}_i^I-\hat{\varphi}_i)\right\|_{0,\infty,\hat{\Omega}}$$

$$\leqslant C(t)|\ln\hat{h}_0|^{\frac{d-1}{d}}\hat{h}_0^{4+\beta_2}, \tag{6.3.41}$$

其中

$$\beta_2=\min\left(\beta_0,\gamma+1-\frac{d}{2}\right)>0. \tag{6.3.42}$$

应用引理 6.3.2 又有

$$\hat{R}_h^t\hat{u}-\hat{u}^I=\sum_{i=1}^{l}\hat{h}_i^4\hat{\phi}_i^I+\varepsilon_2, \tag{6.3.43}$$

其中

$$\|\varepsilon_2\|_{0,\infty,\hat{\Omega}}=O(\hat{h}_0^{4+\alpha}|\ln\hat{h}_0|^{\frac{d-1}{d}}), \qquad \alpha>0. \tag{6.3.44}$$

由 $\hat{\theta}$ 的定义, 又有

$$\begin{aligned}
\bar{\hat{u}}-\hat{u}^I &= -\hat{\theta}+(\hat{R}_h^t\hat{u}-\hat{u}^I)\\
&= -\left(\hat{\theta}+\sum_{i=1}^{l}\hat{h}_i^4\hat{\varphi}_i^I\right)+\sum_{i=1}^{l}\hat{h}_i^4\hat{\varphi}_i^I+\sum_{i=1}^{l}\hat{h}_i^4\hat{\phi}_i^I+\varepsilon_2\\
&= -\left(\hat{\theta}+\sum_{i=1}^{l}\hat{h}_i^4\hat{\varphi}_i^I\right)+\sum_{i=1}^{l}\hat{h}_i^4(\hat{\varphi}_i^I+\hat{\phi}_i^I)+\varepsilon_2.
\end{aligned} \tag{6.3.45}$$

于是置 $\hat{\psi}_i=\hat{\varphi}_i+\hat{\phi}_i$ 和 $\hat{\psi}_i^I=\hat{\varphi}_i^I+\hat{\phi}_i^I$, 得出

$$\bar{\hat{u}}-\hat{u}^I=\sum_{i=1}^{l}\hat{h}_i^4\hat{\psi}_i^I+\varepsilon, \tag{6.3.46}$$

这里

$$\varepsilon=\varepsilon_2-\left(\hat{\theta}+\sum_{i=1}^{l}\hat{h}_i^4\hat{\varphi}_i^I\right). \tag{6.3.47}$$

注意估计 (6.3.41) 和 (6.3.44) 便导出

$$\|\varepsilon\|_{0,\infty,\hat{Q}_T}=O(\hat{h}_0^{4+\beta_1}|\ln\hat{h}_0|^{\frac{d-1}{d}}), \tag{6.3.48}$$

这里

$$\beta_1=\min(\beta_2,\alpha)>0.$$

因为 $\hat{u}^I(\hat{X}) = \hat{u}(\hat{X})$ 和 $\hat{\psi}_i^I(\hat{X}) = \hat{\psi}_i(\hat{X})$, $\forall \hat{X} \in \hat{\Omega}_0^h$, 便得到

$$\bar{\hat{u}}(\hat{X}) - \hat{u}(\hat{X}) = \sum_{i=1}^{l} \hat{h}_i^4 \hat{\psi}_i(\hat{X}) + \varepsilon, \quad \forall \hat{X} \in \hat{\Omega}_0^h, \tag{6.3.49}$$

这便完成定理的证明. □

6.3.3 全离散等参多二次有限元误差的多参数渐近展开

本节讨论全离散等参 d 二次有限元误差的多参数渐近展开, 利用这个展开便可以得到全离散格式 (6.3.11) 的高精度分裂外推算法. 为了清楚起见, 下面对符号再次加以说明.

$\hat{h}^{(0)} = (\hat{h}_1, \cdots, \hat{h}_{l+1})$: 粗网格的时、空步长, $\hat{h}_{l+1} = \tau$ 为时间步长;

$\hat{h}^{(i)} = \left(\hat{h}_1, \cdots, \dfrac{\hat{h}_i}{2}, \cdots, \hat{h}_{l+1} \right)$, $i = 1, \cdots, l+1$: 局部加密网格步长;

$\dfrac{\hat{h}^{(0)}}{2}$: 全局细网格的步长;

$\hat{\Omega}^{(0)}$: 在步长 $\hat{h}^{(0)} = (\hat{h}_1, \cdots, \hat{h}_{l+1})$ 剖分下的网格点;

$\hat{\Omega}^{(i)}$: 在步长 $\hat{h}^{(i)} = \left(\hat{h}_1, \cdots, \dfrac{\hat{h}_i}{2}, \cdots, \hat{h}_{l+1} \right)$, $i = 1, \cdots, l+1$, 剖分下的网格点;

$\bar{u}^n$: 在时刻 t_n 的半离散格式有限元解的近似值;

$\hat{u}^n$: 在时刻 t_n 的精确值;

U_0^n: 全离散近似解在时刻 t_n, 在 $\hat{\Omega}_0^h$ 上的值;

U_i^n: 全离散近似解在时刻 t_n, 在 $\hat{\Omega}_i^h$ 上的值;

$\bar{h}_0 = \max\limits_{1 \leqslant i \leqslant l+1} \hat{h}_i$.

应用引理 6.3.5 容易导出下面引理:

引理 6.3.7 在引理 6.3.5 的假定下, 并且解 $\bar{u} \in C^4(0, T; \hat{S}_0^h)$, 那么存在与 $\hat{h}^{(0)}$ 无关的函数 $\hat{\psi}_{l+1}$ 使误差有渐近展开

$$\hat{U}^n(\hat{X}) - \bar{\hat{u}}^n(\hat{X}) = \tau^2 \hat{\psi}_{l+1}^n(\hat{X}) + \bar{\hat{r}}^n(\hat{X}), \quad 1 \leqslant n \leqslant N, \ \forall \hat{X} \in \hat{\Omega}_0^h, \tag{6.3.50}$$

这里余项有估计

$$\max_{1 \leqslant n \leqslant N} \|\bar{\hat{r}}^n\|_{1, \hat{Q}_T} \leqslant C\tau^4 \hat{h}_0^{-1}, \tag{6.3.51}$$

而 C 是与 τ, $\hat{h}$ 和 n 无关的常数.

定理 6.3.2(He et al.,2007)　在引理 6.3.7 的假定下, 存在与 $\hat{h}^{(0)}$ 无关的函数 $\hat{\psi}_i(t,x)$ $(i=1,\cdots,l+1)$, 使得

$$\hat{U}^n(\hat{X}) - \hat{u}^n(\hat{X}) = \sum_{i=1}^l \hat{h}_i^4 \hat{\psi}_i^n(\hat{X}) + \hat{h}_{l+1}^2 \hat{\psi}_{l+1}^n(\hat{X}) + \varepsilon^n(\hat{X}), \quad \forall \hat{X} \in \hat{\Omega}_0^h, \quad (6.3.52)$$

其中余项估计为

$$\|\varepsilon^n\|_{0,\infty,\hat{Q}_T} = O(\hat{h}_0^{4+\beta_1}|\ln\hat{h}_0|^{\frac{d-1}{d}} + \hat{h}_0^{4-\frac{d}{2}}|\ln\hat{h}_0|^{\frac{d-1}{d}}). \quad (6.3.53)$$

证明　置 $\hat{h}_{l+1}=\tau$, 由定理 6.3.1 和引理 6.3.7 得到

$$\hat{U}^n(\hat{X}) - \hat{u}^n(\hat{X}) = (\hat{U}^n(\hat{X}) - \bar{u}^n(\hat{X})) + (\bar{u}^n(\hat{X}) - \hat{u}^n(\hat{X}))$$

$$= \sum_{i=1}^l \hat{h}_i^4 \hat{\psi}_i^n(\hat{X}) + \hat{h}_{l+1}^2 \hat{\psi}_{l+1}^n(\hat{X}) + \varepsilon^n(\hat{X}).$$

其中余项 $\varepsilon^n(\hat{X})$ 不难由 (6.3.31), (6.3.51) 和有限元反估计得到 (6.3.53) 的估计. □

推论 6.3.1　在粗网格点 $A \in \hat{\Omega}^{(0)}$ 上, 成立

$$\frac{16}{15}\sum_{i=1}^l U_i^n(A) + \frac{4}{3}U_{l+1}^n(A) + \left[-\frac{16}{15}l - \frac{4}{3} + 1\right]U_0^n(A) - \hat{u}^n(A) = \varepsilon^n(A). \quad (6.3.54)$$

6.3.4　全离散有限元解的分裂外推法与后验误差估计

若在步长 $\hat{h}^{(i)}(i=0,\cdots,l+1)$ 下全离散有限元近似解已经被并行地计算出, 则使用定理 6.2.3 的渐近展开, 正如在 6.2.3 小节中阐述, 在时刻 t_n 上, 一个全局细网格的分裂外推算法被导出如下:

(1) **类型 0**　在粗网格点 $A \in \hat{\Omega}^{(0)}$ 上, 由 (6.3.54) 计算分裂外推近似值

$$\tilde{U}_0^n(A) = \frac{16}{15}\sum_{i=1}^l U_i^n(A) + \frac{4}{3}U_{l+1}^n(A) + \left[-\frac{16}{15}l - \frac{4}{3} + 1\right]U_0^n(A). \quad (6.3.55)$$

(2) **类型 1**　在网点 $\bigcup_{i=1}^{l+1} \hat{\Omega}^{(i)} \backslash \hat{\Omega}^{(0)}$ 上, 令 A_1 和 A_2 上相邻的粗网格点,$B \in \hat{\Omega}_i^h \backslash \hat{\Omega}_0^h$ 是 A_1 和 A_2 的中点, 则分裂外推近似值为

$$\tilde{U}_1^n(B) = U_i^n(B) - \frac{1}{30}\sum_{k=1}^2 [U_0^n(A_k) - U_i^n(A_k)]$$

$$- \frac{8}{15}\sum_{\substack{j=1\\j\neq i}}^l \sum_{k=1}^2 \left[U_0^n(A_k) - U_j^n(A_k)\right] - \frac{2}{3}\sum_{k=1}^2 \left[U_0^n(A_k) - U_{l+1}^n(A_k)\right]. \quad (6.3.56)$$

(3) **类型 2** 若 C 是以 A_k $(k = 1, \cdots, 4)$ 为顶点的矩形元的中心, 又令 B_k $(k = 1, \cdots, 4)$ 是 4 条边的中点, 则分裂外推近似值为

$$\tilde{U}_2^n(C) = \frac{1}{2} \sum_{k=1}^{4} \tilde{U}_1^n(B_k) - \frac{1}{4} \sum_{k=1}^{4} \tilde{U}_0^n(A_k). \tag{6.3.57}$$

(4) **类型 3** 若 D 是以 A_k $(k = 1, \cdots, 8)$ 为顶点的长方体元的中心, 又令 B_k $(k = 1, \cdots, 12)$ 是 12 条边的中点, 则分裂外推近似值为

$$\tilde{U}_3^n(D) = \frac{1}{4} \sum_{k=1}^{12} \tilde{U}_1^n(B_k) - \frac{1}{4} \sum_{k=1}^{8} \tilde{U}_2^n(A_k). \tag{6.3.58}$$

显然, 定理 6.3.2 表明分裂外推近似值拥有高精度. 此外, 利用推论 6.3.1 容易导出 $U_j^n(A)$ $(j = 1, \cdots, l+1)$ 的平均值的后验误差估计:

$$\left| \frac{1}{l+1} \sum_{j=1}^{l+1} U_j^n(A) - u^n(A) \right|$$

$$\leqslant \frac{16}{15} \sum_{j=1}^{l} |U_0^n(A) - U_j^n(A)| + \frac{4}{3} \left| U_0^n(A) - U_{l+1}^n(A) \right|$$

$$+ \left| \frac{1}{l+1} \sum_{j=1}^{l+1} U_j^n(A) - U_0^n(A) \right|$$

$$+ \left| \frac{16}{15} \sum_{j=1}^{l} U_j^n(A) + \frac{4}{3} U_{l+1}^n(A) + \left[-\frac{16}{15} l - \frac{4}{3} + 1 \right] U_0^n(A) - \hat{u}^n(A) \right|$$

$$= I_1 + |\varepsilon^n(A)|, \tag{6.3.59}$$

这里 $u^n(A) = u(A, t_n)$ 是精确解, 由 (6.3.53) 知余项 $|\varepsilon^n(A)|$ 为高阶, 故可以用 I_1 作为平均值的渐近后验误差估计.

6.3.5 算例

例 6.3.1(He et al.,2007) 考虑抛物型偏微分方程

$$\begin{cases} \dfrac{\partial u}{\partial t} - \nabla((x+y) \nabla u) = f(x,y,t), & \text{在} \Omega \times [0,T] \text{内}, \\ u(x,y,0) = \mathrm{e}^{x+y}, & \text{在} \bar{\Omega} \text{上}, \\ u(x,y,t) = [x(x-2)y(y-2)+1]\mathrm{e}^{x+y+t}, & \text{在} \partial\Omega \times [0,T] \text{上}, \end{cases} \tag{6.3.60}$$

这里 $f(x,y,t) = -(2x+2y+1)\mathrm{e}^{x+y+t}$, $\Omega = [0,2] \times [0,1]$. 已知精确解 $u = \mathrm{e}^{x+y+t}$.

为了解 (6.3.60), 首先构造初始区域分解: $\bar{\Omega} = \bigcup\limits_{s=1}^{2} \Omega_s$, 其中 $\Omega_1 = [0,1) \times [0,1], \Omega_2 = [1,2] \times [0,1]$. 设计 4 个独立步长, 其中 $h_i(i=1,2)$ 是关于 $\Omega_i(i=1,2)$ 沿 x 坐标方向的步长, h_3 是沿 y 坐标方向的步长, h_4 是时间步长. 使用 Crank-Nicolson 方法构造全离散有限元格式. 取初始步长 $h_i = \frac{1}{4}$ $(i = 1, 2, 3, 4)$. 在表 6.3.1 中列出不同类型的网点的有限元误差和分裂外推误差, 表中看出分裂外推精度大为提高, 付出的代价仅仅是并行解一个粗网格方程和四个单向加密的细网格方程.

表 6.3.1　例 6.3.1 在时刻 $t = 1$ 的数值结果比较

网点坐标	网点类型	有限元误差	分裂外推误差
$(3/8, 3/8)$	类型 0	-8.2719×10^{-4}	4.7899×10^{-6}
$(1/4, 1/2)$	类型 0	-3.6183×10^{-4}	2.6807×10^{-5}
$(1, 7/8)$	类型 0	-0.0015	-1.3184×10^{-5}
$(9/8, 11/16)$	类型 1	-6.4760×10^{-4}	-3.2918×10^{-7}
$(1/8, 7/16)$	类型 1	-2.1322×10^{-4}	3.5948×10^{-6}
$(1, 5/16)$	类型 1	5.8575×10^{-4}	3.7103×10^{-6}
$(7/16, 5/16)$	类型 2		-2.1365×10^{-5}
$(1/16, 15/16)$	类型 2		-4.3547×10^{-5}
粗网格点最大误差		0.0015	-2.9409×10^{-4}
全局细网格点的最大误差			-2.9409×10^{-4}

例 6.3.2(He et al.,2007)　考虑具有界面条件和曲边边界问题

$$\begin{cases} \dfrac{\partial u}{\partial t} - \nabla(a(x,y)\,\nabla u) = f(x,y,t), & \text{在}\,\Omega \times [0,T]\text{内}, \\ u(x,y,0) = \Psi(x,y), & \text{在}\,\bar{\Omega}\text{上}, \\ u(x,y,t) = 0, & \text{在}\,\partial\Omega \times [0,T]\text{上}, \end{cases} \tag{6.3.61}$$

这里 Ω 是一个曲边四边形: 它的下边是连接点 $P_1 = (0,0)$ 和 $P_2 = (2,0)$ 的直线; 上边是连接点 $P_4 = (0,1)$ 和 $P_3 = (2,1)$ 的直线; 左边是经过点 $P_1, P_8 = (-0.25, 0.5)$ 和 P_4 的抛物线; 右边是经过点 $P_2, P_6 = (2.25, 0.5)$ 和 P_3 的抛物线. 已知传导函数 $a(x,y)$ 分片常函数, 成立

$$a(x,y) = \begin{cases} r, & x < 1, \\ 1, & x \geqslant 1, \end{cases} \tag{6.3.62}$$

其中 $r \neq 1$. 于是 Ω 按照界面构造区域分解: $\bar{\Omega} = \bar{\Omega}_1 \bigcup\limits_2 \bar{\Omega}_2$, 其中 $\bar{\Omega}_1 = \bar{\Omega} \cap \{(x,y) : x \leqslant 1\}, \bar{\Omega}_2 = \bar{\Omega} \cap \{(x,y) : x \geqslant 1\}$. 令 $P_5 = (1,0), P_7 = (1,1), P_9 = \left(1, \dfrac{1}{2}\right)$. 已知精确

解为

$$
\begin{aligned}
&u(x,y,t)\\
&=\begin{cases}
5\cos t[3xy(y-1)-1.5(r+1)(x-1)^2xy(y-1)], & x<1,\\
5\cos t[3rxy(y-1)+3(1-r)y(y-1)-1.5(r+1)(x-1)^2xy(y-1)], & x\geqslant 1.
\end{cases}
\end{aligned}
$$

如同例 6.3.1 的方式, 构造四个步长, 并取 $h_i=\dfrac{1}{4}(i=1,2,3,4)$. 在表 6.3.2 中列出不同类型的网点的有限元误差和分裂外推误差, 从表中看出分裂外推的精度大为提高.

表 6.3.2　例 6.3.2 取 $r=0.5$, 在时刻 $t=1$ 的数值结果比较

网点坐标	网点类型	有限元误差	分裂外推误差
$(-0.801, 0.6250)$	类型 0	-2.2677×10^{-4}	1.4059×10^{-6}
$(1.0000, 0.5000)$	类型 0	-0.0020	2.4338×10^{-4}
$(0.0887, 0.6875)$	类型 1	-4.2416×10^{-4}	1.1753×10^{-6}
$(1.0000, 0.5625)$	类型 1	-0.0016	7.2192×10^{-5}
$(0.8015, 0.9375)$	类型 2		-1.3655×10^{-6}
$(0.4958, 0.1875)$	类型 2		-2.3657×10^{-5}
粗网格点最大误差		-0.0020	-5.3712×10^{-4}
全局细网格点的最大误差			-5.3712×10^{-4}

例 6.3.3(He et al.,2007)　考虑半线性抛物型偏微分方程

$$
\begin{cases}
\dfrac{\partial u}{\partial t}-\bigtriangledown((x+y)\bigtriangledown u)=f(x,y,t,u), & 在 \Omega\times[0,T]内,\\[2mm]
u(x,y,0)=x(x-2)y(y-1), & 在 \bar{\Omega}上,\\[2mm]
u(x,y,t)=0, & 在 \partial\Omega\times[0,T]上,
\end{cases}
\tag{6.3.63}
$$

其中右端项

$$
f(x,y,t,u)=u-\frac{(4x+2y-2)}{x^2(x-2)^2y(y-1)\mathrm{e}^t}u^2-(2x+4y-1)x(x-2)\mathrm{e}^t
$$

是关于 u 的非线性函数, 而区域 $\Omega=[0,2]\times[0,1]$.

假定初始区域分解和步长设计与例 6.3.1 相同, 离散方法使用全隐式 Crank-Nicolson 有限元方法, 粗网格步长取为 $h_i=\dfrac{1}{4}(i=1,2,3,4)$, 非线性方程组使用预估校正方法迭代 5 次. 相关结果见表 6.3.3.

表 6.3.3   例 6.3.3 在时刻 $t=1$ 的数值结果比较

网点坐标	网点类型	有限元误差	分裂外推误差
$(13/8, 5/8)$	类型 0	-5.8388×10^{-4}	-7.6899×10^{-7}
$(1/4, 3/8)$	类型 0	1.0332×10^{-4}	2.0936×10^{-7}
$(1, 3/8)$	类型 0	1.5161×10^{-4}	6.4588×10^{-6}
$(13/8, 16/15)$	类型 1	-1.1294×10^{-5}	-1.2272×10^{-8}
$(9/8, 3/16)$	类型 1	-1.7690×10^{-4}	-4.0327×10^{-8}
$(1/16, 1/16)$	类型 2		-3.7326×10^{-5}
粗网格点最大误差		-6.4281×10^{-4}	-4.0068×10^{-5}
全局细网格点的最大误差			-6.2276×10^{-5}

从表中看出分裂外推用于非线性抛物型方程效果明显.

6.4 二阶线性双曲型偏微分方程的多二次等参有限元的分裂外推方法

在文献 (吕涛等, 1998) 中已经研究了二阶线性双曲型偏微分方程的多线性等参有限元分裂外推方法. 如果区域是多面体 (三维情形), 或者多边形 (二维情形), 只要解充分光滑, 那么方法有效; 对于曲边情形, 必须使用高次等参元才能够保证对边界的有效逼近. 这一节我们将提供半离散和全离散多二次等参有限元误差的多参数渐近展开和分裂外推算法.

6.4.1 二阶线性双曲型偏微分方程及其离散方法

考虑如下二阶线性双曲型偏微分方程的初、边值问题:

$$\begin{cases} u_{tt}(t,x) - \sum_{i,j=1}^{d} D_i(a_{ij}(t,x)D_j u(t,x)) + q(t,x)u(t,x) = f(t,x), \\ \qquad\qquad\qquad\qquad\qquad 在 Q_T = [0,T] \times \Omega 内, \\ u(t,x) = 0, \qquad\qquad\qquad 在 \Sigma_T = [0,T] \times \partial\Omega 上, \\ u(0,x) = u_0(x),\ u_t(0,x) = u_1(x), \quad 在 \bar{\Omega} 上. \end{cases} \tag{6.4.1}$$

这里 $x = (x_1, \cdots, x_d)$, $D_i = \dfrac{\partial}{\partial x_i}$, $u_t(t,x) = \dfrac{\partial u(t,x)}{\partial t}$, 而 $\Omega \subset \mathbb{R}^d (d=2,3)$ 具有分片光滑边界的有界开区域. 正如 6.3 节中一样, 假定存在初始不重叠区域分解: $\bar{\Omega} = \bigcup_{k=1}^{m} \bar{\Omega}_k$, 并且剖分满足相容条件, 又假定子区域 Ω_k 存在 d 二次等参映射 Ψ_k 一对一映 Ω_k 为单位立方体, 即 $\Psi_k : \Omega_k \to \hat{\Omega}_k$, 其中 $\hat{\Omega}_k$ 是单位立方体,

并且逆映射 $\{\Psi_k^{-1}\}$ 充分光滑. 令 $\bar{\hat{\Omega}} = \bigcup_{k=1}^{m} \bar{\hat{\Omega}}_k$, 并且 $\{\bar{\hat{\Omega}}_k\}$ 构成 $\bar{\hat{\Omega}}$ 上满足相容条件的不重叠区域分解. 令 $\hat{\Im}_k^h$ $(k = 1, \cdots, m)$ 是 $\hat{\Omega}_k$ 的一致长方体剖分, 其步长为 $\hat{h}_{kj}$ $(j = 1, \cdots, d)$, 但是要求整体剖分 $\hat{\Im}^h = \bigcup_{k=1}^{m} \hat{\Im}_k^h$ 满足相容条件, 这意味 md 个步长 $\hat{h}_{kj}$ $(k = 1, \cdots, m; j = 1, \cdots, d)$ 中, 仅仅有 l $(l < md)$ 个是独立的, 再加上时间步长, 总共有 $l+1$ 个独立步长, 令为 $\hat{h}_1, \cdots, \hat{h}_{l+1}$, 其中 $\hat{h}_{l+1} = \tau$ 表示时间步长.

经过上述等参变换, 方程 (6.4.1) 被转换为参考区域 $\hat{Q}_T = [0, T] \times \hat{\Omega}$ 上的二阶双曲型偏微分方程的初、边值问题

$$\begin{cases} \hat{u}_{tt}(t, \hat{x}) - \sum_{i,j=1}^{d} \hat{D}_i(\hat{a}_{ij}(t, \hat{x}) \hat{D}_j \hat{u}(t, \hat{x})) + \hat{q}(t, \hat{x}) \hat{u}(t, \hat{x}) = \hat{f}(t, \hat{x}), \\ \qquad\qquad\qquad\qquad\qquad 在 \hat{Q}_T = [0, T] \times \hat{\Omega} 内, \\ \hat{u}(t, \hat{x}) = 0, \qquad\qquad\qquad 在 \hat{\Sigma}_T = [0, T] \times \partial\hat{\Omega} 上, \\ \hat{u}(0, \hat{x}) = \hat{u}_0(\hat{x}), \ \hat{u}_t(0, \hat{x}) = \hat{u}_1(\hat{x}), \quad 在 \bar{\hat{\Omega}} 上. \end{cases} \quad (6.4.2)$$

这里 $\hat{x} = (\hat{x}_1, \cdots, \hat{x}_d) \in \hat{\Omega}$, $\hat{D}_i = \frac{\partial}{\partial \hat{x}_i}$, $\hat{u}|_{\hat{\Omega}_k} = \Psi_k(u|_{\Omega_k})$.

定义带时间参数的二次形式

$$A(t; \hat{u}, \hat{v}) = \int_{\hat{\Omega}} \left(\sum_{i,j=1}^{d} \hat{a}_{ij} \hat{D}_i \hat{u} \hat{D}_j \hat{v} + \hat{q} \hat{u} \hat{v} \right) \mathrm{d}\hat{x}, \quad \forall \hat{u}, \hat{v} \in H^1(\hat{\Omega}),$$

$$A'(t; \hat{u}, \hat{v}) = \int_{\hat{\Omega}} \left(\sum_{i,j=1}^{d} \frac{\partial \hat{a}_{ij}}{\partial t} \hat{D}_i \hat{u} \hat{D}_j \hat{v} + \frac{\partial \hat{q}}{\partial t} \hat{u} \hat{v} \right) \mathrm{d}\hat{x}, \quad \forall \hat{u}, \hat{v} \in H^1(\hat{\Omega}), \quad (6.4.3)$$

假定存在与 t 无关的正常数 $\mu_i (i = 1, 2, 3,)$ 满足下面强制性条件和有界性条件:

$$A(t; \hat{u}, \hat{u}) \geqslant \mu_1 \|\hat{u}\|_{1,\hat{\Omega}}^2, \quad \forall \hat{u} \in H^1(\hat{\Omega}), \forall t \in [0, T],$$

$$|A(t; \hat{u}, \hat{v})| \leqslant \mu_2 \|\hat{u}\|_{1,\hat{\Omega}} \|\hat{v}\|_{1,\hat{\Omega}}, \quad \forall \hat{u}, \hat{v} \in H^1(\hat{\Omega}), \ \forall t \in [0, T],$$

$$|A'(t; \hat{u}, \hat{v})| \leqslant \mu_3 \|\hat{u}\|_{1,\hat{\Omega}} \|\hat{v}\|_{1,\hat{\Omega}}, \quad \forall \hat{u}, \hat{v} \in H^1(\hat{\Omega}), \forall t \in [0, T]. \quad (6.4.4)$$

对于给定的 Banach 空间 B, 定义空间

$$L^p(0, T; B) = \left\{ \hat{u}(t, \cdot) : [0, T] \to B, 并且 \|\hat{u}\| = \left(\int_0^T \|\hat{u}(t, \cdot)\|_B^p \mathrm{d}t \right)^{\frac{1}{p}} < \infty \right\},$$

$$H^m(0, T; B) = \left\{ \hat{u}(t, \cdot) : [0, T] \to B, 并且 \frac{\partial^i \hat{u}}{\partial t^i} \in L^2(0, T; B), i = 0, \cdots, m \right\},$$

$$C^k(0, T; B) = \left\{ \hat{u}(t, \cdot) : [0, T] \to B, 并且 \frac{\partial^i \hat{u}}{\partial t^i} \in C(0, T; B), i = 0, \cdots, k \right\}. \quad (6.4.5)$$

在上面定义下, 问题 (6.4.2) 的弱形式被描述为, 求 $\hat{u} \in H^2(0,T;H_0^1(\hat{\Omega}))$ 满足

$$\begin{cases} (\hat{u}_{tt},\hat{v}) + A(t;\hat{u},\hat{v}) = (\hat{f},\hat{v}), & \forall \hat{v} \in H_0^1(\hat{\Omega}), \\ \hat{u}(0,\hat{x}) = \hat{u}_0(\hat{x}), \ \hat{u}_t(0,\hat{x}) = \hat{u}_1(\hat{x}). \end{cases} \tag{6.4.6}$$

为了构造有限元近似, 定义基于剖分 $\hat{\Im}^h$ 下的 d 二次有限元子空间 $\hat{S}_0^h \subset H_0^1(\hat{\Omega}) \cap C(\hat{\Omega})$, 而一个半离散有限元方法归结于求 $\bar{u} \in H^2(0,T;\hat{S}_0^h)$ 满足

$$\begin{cases} (\bar{u}_{tt},\hat{v}) + A(t;\bar{u},\hat{v}) = (\hat{f},\hat{v}), & \forall \hat{v} \in \hat{S}_0^h, \\ (\bar{u}(0,\hat{x}),\hat{v}) = (\hat{u}_0(\hat{x}),\hat{v}), & \forall \hat{v} \in \hat{S}_0^h, \\ (\bar{u}_t(0,\hat{x}),\hat{v}) = (\hat{u}_1(\hat{x}),\hat{v}), & \forall \hat{v} \in \hat{S}_0^h. \end{cases} \tag{6.4.7}$$

现在令 $\hat{P}_h$ 表示映 $L^2(\hat{\Omega})$ 到 $\hat{S}_0^h$ 的正交投影算子, 于是由 (6.4.7) 得到

$$\bar{u}(0,\hat{x}) = \hat{P}_h \hat{u}_0(\hat{x}), \quad \bar{u}_t(0,\hat{x}) = \hat{P}_h \hat{u}_1(\hat{x}). \tag{6.4.8}$$

下面取 $\hat{h}_{l+1} = \tau = \dfrac{T}{N}$, 并且置 $t_n = n\tau$ 和 $w^n = w(n\tau,\hat{x})$, 那么, 全离散有限元方法归结于: 求 $\hat{U}^n \in \hat{S}_0^h$, $n = 1,\cdots,N$, 满足

$$\begin{cases} (\bar{\partial}_{tt}\hat{U}^n,\hat{v}) + A(t_n;\hat{U}^{n,\frac{1}{4}},\hat{v}) = (\hat{f}^n,\hat{v}), & \forall \hat{v} \in \hat{S}_0^h, \\ (\hat{U}^0,\hat{v}) = (\hat{u}_0,\hat{v}), \forall \hat{v} \in \hat{S}_0^h, \\ (\hat{U}^1,\hat{v}) = (\hat{u}_0,\hat{v}) + \tau(\hat{u}_1,\hat{v}) + \dfrac{\tau^2}{2}\left[(\hat{f}^0,\hat{v}) - A(0;\hat{P}_h\hat{u}_0,\hat{v})\right] \\ \qquad + \dfrac{\tau^3}{6}\left[(\hat{f}_t^0,\hat{v}) - A'(0;\hat{P}_h\hat{u}_0,\hat{v}) - A(0;\hat{P}_h\hat{u}_1,\hat{v})\right], & \forall \hat{v} \in \hat{S}_0^h. \end{cases} \tag{6.4.9}$$

这里

$$\bar{\partial}_{tt}\hat{U}^n = \frac{\hat{U}^{n+1} - 2\hat{U}^n + \hat{U}^{n-1}}{\tau^2}, \quad \hat{U}^{n,\frac{1}{4}} = \frac{\hat{U}^{n+1} + 2\hat{U}^n + \hat{U}^{n-1}}{4}.$$

为了导出全离散近似解的多参数渐近展开, 在下一节先讨论半离散近似解的多参数渐近展开.

6.4.2 半离散有限元误差的多参数渐近展开

下面基于引理 6.3.2 和引理 6.3.5 导出如下定理:

定理 6.4.1(He et al.,2009)　在引理 6.3.5 的假定下, 存在与步长无关的函数 $\hat{\psi}_i \in H^2(0,T;H_0^1(\hat{\Omega}))(i = 1,\cdots,l,)$ 与正数 $\beta_1 > 0$, 使半离散方程 (6.4.7) 的解有多参数渐近展开

$$\bar{u} - \hat{u}^I = \sum_{i=1}^{l} \hat{h}_i^4 \hat{\psi}_i^I + \varepsilon, \quad \|\varepsilon\|_{0,\infty,\hat{\Omega}}' = O(\hat{h}_0^{4+\beta_1}|\ln\hat{h}_0|^{\frac{d-1}{d}}), \tag{6.4.10}$$

这里 $\hat{h}_0 = \max\limits_{1 \leqslant i \leqslant l} \hat{h}_i$.

证明   令 $\hat{\theta} = \hat{R}_h^t \hat{u} - \bar{\hat{u}}$, 由于

$$\bar{\hat{u}} - \hat{u}^I = -\hat{\theta} + (\hat{R}_h^t \hat{u} - \hat{u}^I), \tag{6.4.11}$$

故由引理 6.3.5 知存在正数 $\alpha > 0$ 使

$$\hat{R}_h^t \hat{u} - \hat{u}^I = \sum_{i=1}^l \hat{h}_i^4 \hat{\phi}_i^I + \varepsilon_1, \quad \|\varepsilon_1\|'_{0,\infty,\hat{\Omega}} = O(\hat{h}_0^{4+\alpha} |\ln \hat{h}_0|^{\frac{d-1}{d}}). \tag{6.4.12}$$

因此仅需要证明关于 $\hat{\theta}$ 的渐近展开, 为此令 $\hat{\rho} = \hat{u} - \hat{R}_h^t \hat{u}$. 由于 $\hat{P}_h \hat{\rho} = \hat{P}_h \hat{u} - \hat{R}_h^t \hat{u}$, 故由引理 6.3.2 导出: 存在函数 $\hat{W}_i$ 和 $\beta_0 > 0$ 使

$$\hat{P}_h \hat{\rho} = -\sum_{i=1}^l \hat{h}_i^4 \hat{P}_h \hat{W}_i + \varepsilon_2, \quad \|\varepsilon_2\|'_{0,\infty,\hat{\Omega}} = O(\hat{h}_0^{4+\beta_0}). \tag{6.4.13}$$

定义 $D_t^m = \dfrac{\partial^m}{\partial t^m}$. 显然, $\hat{P}_h$ 和 D_t^m 可以相互交换, 故对于任意 $\hat{v} \in \hat{S}_0^h$, 按照符号 $\hat{\theta}$, $\hat{\rho}$, $\hat{P}_h$ 和 $\hat{R}_h^t$ 的定义, 由 (6.4.7) 导出

$$\begin{aligned}
(\hat{\theta}_{tt}, \hat{v}) + A(t; \hat{\theta}, \hat{v}) &= [(D_t^2 \hat{R}_h^t \hat{u}, \hat{v}) + A(t; \hat{R}_h^t \hat{u}, \hat{v})] - [(\bar{\hat{u}}_{tt}, \hat{v}) + A(t; \bar{\hat{u}}, \hat{v})] \\
&= [(D_t^2 \hat{R}_h^t \hat{u}, \hat{v}) + A(t; \hat{u}, \hat{v})] - (\hat{f}, \hat{v}) \\
&= (D_t^2 \hat{R}_h^t \hat{u}, \hat{v}) - (\hat{u}_{tt}, \hat{v}) \\
&= (D_t^2 \hat{R}_h^t \hat{u}, \hat{v}) - (\hat{P}_h \hat{u}_{tt}, \hat{v}) \\
&= (D_t^2 \hat{R}_h^t \hat{u}, \hat{v}) - (D_t^2 \hat{P}_h \hat{u}, \hat{v}) = -(D_t^2 \hat{P}_h \hat{\rho}, \hat{v}) \\
&= \sum_{i=1}^l \hat{h}_i^4 (D_t^2 \hat{P}_h \hat{W}_i, \hat{v}) - (D_t^2 \varepsilon_2, \hat{v}) \tag{6.4.14a}
\end{aligned}$$

和

$$\begin{aligned}
(\hat{\theta}(0,\cdot), \hat{v}) &= (\hat{R}_h^t \hat{u}(0,\cdot) - \bar{\hat{u}}(0,\cdot), \hat{v}) = (\hat{R}_h^t \hat{u}_0 - \hat{u}_0, \hat{v}) = (\hat{P}_h \rho(0,\cdot), \hat{v}) \\
&= \sum_{i=1}^l \hat{h}_i^4 (\hat{P}_h \hat{W}_i(0,\cdot), \hat{v}) - (\varepsilon_2(0,\cdot), \hat{v}), \\
(D_t \hat{\theta}(0,\cdot), \hat{v}) &= \sum_{i=1}^l \hat{h}_i^4 (D_t \hat{P}_h \hat{W}_i(0,\cdot), \hat{v}) - (D_t \varepsilon_2(0,\cdot), \hat{v}). \tag{6.4.14b}
\end{aligned}$$

应用 (6.4.13) 构造辅助问题: 求 $\hat{\varphi}_i \in H^2(0,T; H_0^1(\hat{\Omega})), i = 1, \cdots, l$, 满足变分方程

$$\begin{cases} (D_t^2 \hat{\varphi}_i, \hat{v}) + A(t; \hat{\varphi}_i, \hat{v}) = -(D_t^2 \hat{P}_h \hat{W}_i, \hat{v}), & \forall \hat{v} \in H_0^1(\hat{\Omega}), \\ \hat{\varphi}_i(0,\cdot) = -\hat{W}_i(0,\cdot), \quad D_t \hat{\varphi}_i(0,\cdot) = -D_t \hat{W}_i(0,\cdot), \end{cases} \tag{6.4.15}$$

以及 (6.4.15) 的半离散有限元近似, 求 $\bar{\varphi}_i \in H^2(0,T;\hat{S}_0^h)(i=1,\cdots,l)$, 满足

$$\begin{cases} (D_t^2\bar{\varphi}_i,\hat{v}) + A(t;\bar{\varphi}_i,\hat{v}) = -(D_t^2\hat{P}_h\hat{W}_i,\hat{v}), & \forall\hat{v}\in\hat{S}_0^h, \\ (\bar{\varphi}_i(0,\cdot),\hat{v}) = -(\hat{W}_i(0,\cdot),\hat{v}), \quad (D_t\bar{\varphi}_i(0,\cdot),\hat{v}) = -(D_t\hat{W}_i(0,\cdot),\hat{v}), & \forall\hat{v}\in\hat{S}_0^h. \end{cases}$$
(6.4.16)

定义 $\bar{\psi} = \hat{\theta} + \sum_{i=1}^l \hat{h}_i^4\bar{\varphi}_i$, 于是由 (6.4.13)~(6.4.16) 导出

$$\begin{cases} (D_t^2\bar{\psi},\hat{v}) + A(t;\bar{\psi},\hat{v}) = -(D_t^2\varepsilon_2,\hat{v}), & \forall\hat{v}\in\hat{S}_0^h, \\ (\bar{\psi}(0,\cdot),\hat{v}) = -(\varepsilon_2(0,\cdot),\hat{v}), (D_t\bar{\psi}(0,\cdot),\hat{v}) = -(D_t\varepsilon_2(0,\cdot),\hat{v}), & \forall\hat{v}\in\hat{S}_0^h. \end{cases}$$
(6.4.17)

应用二阶双曲型偏微分方程的先验估计 (参见吕涛等, 1998), 得到不等式

$$\|\bar{\psi}_t\|_{0,\hat{\Omega}} + \|\bar{\psi}\|_{1,\hat{\Omega}} \leqslant C(\|\varepsilon_2(0)\|_{1,\hat{\Omega}} + \|D_t\varepsilon_2(0)\|_{0,\hat{\Omega}} + \|D_t^2\varepsilon_2\|_{0,\hat{Q}_T}).$$
(6.4.18)

再应用 (6.4.12), (6.4.18) 和有限元反估计, 便推出

$$\|\bar{\psi}\|_{0,\infty,\hat{\Omega}} \leqslant C(t)\hat{h}_0^{4+\beta_0}|\ln\hat{h}_0|^{\frac{d-1}{d}}.$$
(6.4.19)

因为 $d=2,3$, 故只要 $1\geqslant\gamma>\dfrac{d}{2}-1$ 和 $\hat{\varphi}_i(t,\cdot)\in H^2\left(0,T;\prod_{k=1}^m H^{1+\gamma}(\hat{\Omega}_k)\cap H_0^1(\hat{\Omega})\right)$, 容易得到

$$\|\hat{\varphi}_i - \bar{\varphi}_i\|_{1,\hat{\Omega}} \leqslant C\hat{h}_0^\gamma.$$
(6.4.20)

现在用 $\hat{\varphi}_i^I$ 代替 $\bar{\varphi}_i$, 并将 (6.4.15)~(6.4.20) 的结果代入 (6.4.14) 中, 并且应用反估计便导出

$$\left\|\hat{\theta} + \sum_{i=1}^l \hat{h}_i^4\hat{\varphi}_i^I\right\|_{0,\infty,\hat{\Omega}} \leqslant C|\ln\hat{h}_0|^{\frac{d-1}{d}}\hat{h}_0^{4+\beta_2}, \quad \beta_2 = \min\left(\beta_0,\gamma+1-\dfrac{d}{2}\right) > 0.$$
(6.4.21)

于是得到

$$\hat{\theta} = -\sum_{i=1}^l \hat{h}_i^4\hat{\varphi}_i^I + \varepsilon_3, \|\varepsilon_3\|_{0,\infty,\hat{\Omega}} \leqslant C|\ln\hat{h}_0|^{\frac{d-1}{d}}\hat{h}_0^{4+\beta_2}.$$
(6.4.22)

把 (6.4.12) 和 (6.4.22) 代入 (6.4.11) 导出

$$\bar{u} - \hat{u}^I = \sum_{i=1}^l \hat{h}_i^4(\hat{\varphi}_i^I + \hat{\phi}_i^I) + \varepsilon_2 - \varepsilon_3.$$
(6.4.23)

令 $\hat{\psi}_i = \hat{\varphi}_i + \hat{\phi}_i$ 和 $\varepsilon = \varepsilon_2 - \varepsilon_3$, 于是有 $\hat{\psi}_i^I = \hat{\varphi}_i^I + \hat{\phi}_i^I$, 及

$$\bar{u} - \hat{u}^I = \sum_{i=1}^l \hat{h}_i^4\hat{\psi}_i^I + \varepsilon,$$
(6.4.24)

其中关于 ε 的估计, 按照 (6.4.22) 和 (6.4.12) 导出

$$\|\varepsilon\|'_{0,\infty,\hat{Q}_T} = O(\hat{h}_0^{4+\beta_1}|\ln\hat{h}_0|^{\frac{d-1}{d}}), \quad \beta_1 = \min(\beta_2, \alpha) > 0. \tag{6.4.25}$$

这便完成定理的证明. □

6.4.3 全离散有限元误差的多参数渐近展开

这一节我们将在半离散有限元渐近展开的基础上导出全离散有限元误差的多参数渐近展开, 为此如同 6.4.3 节一样, 先引进某些差分算子记号, 令

$$\hat{U}^{n,\frac{1}{4}} = \frac{\hat{U}^{n+1} + 2\hat{U}^n + \hat{U}^{n-1}}{4}, \quad \hat{U}^{n+\frac{1}{2}} = \frac{\hat{U}^{n+1} + \hat{U}^n}{2},$$

$$\hat{U}^{n-\frac{1}{2}} = \frac{\hat{U}^{n-1} + \hat{U}^n}{2}, \quad \bar{\partial}_t\hat{U}^{n+\frac{1}{2}} = \frac{\hat{U}^{n+1} - \hat{U}^n}{\tau},$$

$$\bar{\partial}_t\hat{U}^n = \frac{\hat{U}^{n+\frac{1}{2}} - \hat{U}^{n-\frac{1}{2}}}{\tau}, \quad \bar{\partial}_{tt}\hat{U}^n = \frac{\hat{U}^{n+1} - 2\hat{U}^n + \hat{U}^{n-1}}{\tau^2}. \tag{6.4.26}$$

显然, 由 (6.4.26) 导出关系

$$\bar{\partial}_t\hat{U}^{n-\frac{1}{2}} = \bar{\partial}_t\hat{U}^{n-1+\frac{1}{2}} = \frac{\hat{U}^n - \hat{U}^{n-1}}{\tau},$$

$$\bar{\partial}_t\hat{U}^n = \frac{\hat{U}^{n+\frac{1}{2}} - \hat{U}^{n-\frac{1}{2}}}{\tau} = \frac{\bar{\partial}_t\hat{U}^{n+\frac{1}{2}} + \bar{\partial}_t\hat{U}^{n-\frac{1}{2}}}{2},$$

$$\bar{\partial}_{tt}\hat{U}^n = \frac{\hat{U}^{n+1} - 2\hat{U}^n + \hat{U}^{n-1}}{\tau^2} = \frac{\bar{\partial}_t\hat{U}^{n+\frac{1}{2}} - \bar{\partial}_t\hat{U}^{n-\frac{1}{2}}}{\tau},$$

$$\hat{U}^{n,\frac{1}{4}} = \frac{\hat{U}^{n+1} + 2\hat{U}^n + \hat{U}^{n-1}}{4} = \frac{\hat{U}^{n+\frac{1}{2}} + \hat{U}^{n-\frac{1}{2}}}{2}. \tag{6.4.27}$$

为了得到全离散方程 (6.4.9) 近似解的多参数渐近展开, 先引入以下引理:

引理 6.4.1(He et al.,2009) 在 (6.4.4) 的假定下, 若 $\hat{f} \in C(0, T; L^2(\hat{\Omega}))$, 则存在与 τ 无关的常数 C, 使成立不等式

$$\max_{1 \leqslant n \leqslant N}(\|\bar{\partial}_t\hat{U}^{n-\frac{1}{2}}\|^2_{0,\hat{\Omega}} + \|\hat{U}^{n-\frac{1}{2}}\|^2_{1,\hat{\Omega}}$$

$$\leqslant C(\|\hat{U}^{\frac{1}{2}}\|^2_{1,\hat{\Omega}} + \|\bar{\partial}_t\hat{U}^{\frac{1}{2}}\|^2_{0,\hat{\Omega}} + \max_{0 \leqslant n \leqslant N}\|\hat{f}\|^2_{0,\hat{\Omega}}). \tag{6.4.28}$$

证明 在 (6.4.7) 中, 置 $v = \bar{\partial}_t U^n$, 便导出

$$\|\bar{\partial}_t^{n+1/2}\hat{U}\|^2_{0,\Omega} - \|\bar{\partial}_t\hat{U}^{n-1/2}\|^2_{0,\hat{\Omega}}$$

$$+ A(t_n; \hat{U}^{n+1/2}, \hat{U}^{n+1/2}) - A(t_n; \hat{U}^{n-1/2}, \hat{U}^{n-1/2})]$$

$$= \tau(\hat{f}^n, \bar{\partial}_t\hat{U}^{n+1/2} + \bar{\partial}_t\hat{U}^{n-1/2}), \tag{6.4.29}$$

由 Taylor 展开式知存在 $\theta_n \in (0,1)$ 使

$$A(t_n; \hat{U}^{n-1/2}, \hat{U}^{n-1/2}) = A(t_{n-1}; \hat{U}^{n-1/2}, \hat{U}^{n-1/2})$$
$$+ \tau A'(t_{n-\theta_n}; \hat{U}^{n-1/2}, \hat{U}^{n-1/2}), \qquad (6.4.30)$$

这里 $t_{n-\theta_n} = t_n - \theta_n \tau$ 将其代入 (6.4.29) 后, 并对 n 从 1 到 $N-1$ 求和便得到

$$\|\bar{\partial}_t \hat{U}^{N-1/2}\|_{0,\hat{\Omega}}^2 + A(t_{N-1}; \hat{U}^{N-1/2}, \hat{U}^{N-1/2})$$

$$= \|\bar{\partial}_t \hat{U}^{1/2}\|_{0,\hat{\Omega}}^2 + A(t_0; \hat{U}^{1/2}, \hat{U}^{1/2}) + \tau \sum_{n=1}^{N-1} A'(t_{n-\theta_n}; \hat{U}^{n-1/2}, \hat{U}^{n-1/2})$$

$$+ \tau \sum_{n=1}^{N-1} (\hat{f}^n, \bar{\partial}_t \hat{U}^{n+1/2} + \bar{\partial}_t \hat{U}^{n-1/2}). \qquad (6.4.31)$$

使用 (6.4.4) 及 Cauchy 不等式, 并移项后得

$$\|\bar{\partial}_t \hat{U}^{N-1/2}\|_{0,\hat{\Omega}}^2 + \mu_1 \|\hat{U}^{N-1/2}\|_{1,\hat{\Omega}}^2$$

$$\leqslant \|\bar{\partial}_t \hat{U}^{1/2}\|_{0,\hat{\Omega}}^2 + \mu_2 \|\hat{U}^{1/2}\|_{1,\hat{\Omega}}^2 + \tau \sum_{n=1}^{N-1} \mu_3 \|\bar{\partial}_t \hat{U}^{n-1/2}\|_{1,\hat{\Omega}}$$

$$+ \tau \sum_{n=1}^{N-1} (\|\hat{f}^n\|_{0,\Omega} \|\bar{\partial}_t \hat{U}^{n+1/2}\|_{0,\hat{\Omega}}^2 + \|\hat{f}^n\|_{0,\Omega} \|\bar{\partial}_t \hat{U}^{n-1/2}\|_{0,\hat{\Omega}}^2)$$

$$\leqslant \|\bar{\partial}_t \hat{U}^{1/2}\|_{0,\hat{\Omega}}^2 + \mu_2 \|\hat{U}^{1/2}\|_{1,\hat{\Omega}}^2 + \tau \sum_{n=1}^{N-1} \mu_3 \|\bar{\partial}_t \hat{U}^{n-1/2}\|_{1,\hat{\Omega}}$$

$$+ \frac{\tau}{2} \sum_{n=1}^{N-1} (2\|\hat{f}^n\|_{0,\Omega}^2 + \|\bar{\partial}_t \hat{U}^{n+1/2}\|_{0,\hat{\Omega}}^2 + \|\bar{\partial}_t \hat{U}^{n-1/2}\|_{0,\hat{\Omega}}^2)$$

$$\leqslant \|\bar{\partial}_t \hat{U}^{1/2}\|_{0,\hat{\Omega}}^2 + \mu_2 \|\hat{U}^{1/2}\|_{1,\hat{\Omega}}^2 + \tau \sum_{n=1}^{N-1} \mu_3 \|\bar{\partial}_t \hat{U}^{n-1/2}\|_{1,\hat{\Omega}}$$

$$+ T \max_{0\leqslant t\leqslant T} \|\hat{f}\|_{0,\hat{\Omega}}^2 + \tau \sum_{n=1}^{N-1} \|\bar{\partial}_t \hat{U}^{n-1/2}\|_{0,\hat{\Omega}}^2 + \frac{\tau}{2} \|\bar{\partial}_t \hat{U}^{N-1/2}\|_{1,\hat{\Omega}}. \quad (6.4.32)$$

把 $\frac{\tau}{2}\|\bar{\partial}_t \hat{U}^{N-1/2}\|_{1,\hat{\Omega}}$ 移到左端后, 只要 τ 充分小, 便知存在与 τ 无关的常数 C_1, C_2 使

$$\|\bar{\partial}_t \hat{U}^{N-1/2}\|_{0,\hat{\Omega}}^2 + \|\hat{U}^{N-1/2}\|_{1,\hat{\Omega}}^2$$

$$\leqslant C_1 \left(\|\hat{U}^{1/2}\|_{0,\hat{\Omega}}^2 + \|\bar{\partial}_t \hat{U}^{1/2}\|_{1,\hat{\Omega}}^2 + \max_{0\leqslant t\leqslant T} \|\hat{f}\|_{0,\Omega}^2 \right)$$

$$+ C_2 \tau \sum_{n=1}^{N-1} (\|\bar{\partial}_t \hat{U}^{n-1/2}\|_{0,\hat{\Omega}}^2 + \|\hat{U}^{n-1/2}\|_{0,\hat{\Omega}}^2). \qquad (6.4.33)$$

最后使用离散 Gronwall 不等式, 便从 (6.4.33) 得到引理的证明. □

由引理 6.4.1 已得到全离散有限元方程 (6.4.9) 解的存在性、唯一性, 因为不等式 (6.4.28) 蕴涵齐次方程无非零解. 但是差分方程 (6.4.9) 的解仅有 $O(\tau^2)$ 精度. 下面引理提供差分近似的渐近展开.

引理 6.4.2(He et al.,2009) 假定问题 (6.4.7) 的解 $\bar{u} \in C^5(0,T;\hat{S}_0^h)$, 那么存在与 h 无关的函数 $\hat{\psi}_{l+1} \in H^2(0,T;\hat{S}_0^h)$, 使

$$\hat{U}^n(\hat{X}) - \bar{u}^n(\hat{X}) = \tau^2 \hat{\psi}_{l+1}^n(\hat{X}) + \bar{r}^n(\hat{X}), \quad \forall \hat{X} \in \hat{\Omega}_0^h, 1 \leqslant n \leqslant N,$$

$$\max_{1 \leqslant n \leqslant N}(||\partial_t \bar{r}^{n-\frac{1}{2}}||_{0,\hat{\Omega}} + ||\bar{r}^{n-\frac{1}{2}}||_{0,\hat{\Omega}}) \leqslant C\tau^3, \tag{6.4.34}$$

其中 $\hat{\Omega}_0^h$ 是在初始网参数为 $\hat{h} = (\hat{h}_1, \cdots, \hat{h}_{l+1})$ 的剖分下的网格点.

证明 假定成立

$$\hat{U}^n - \bar{u}^n = \tau^2 \hat{\psi}_{l+1}^n + \bar{r}^n, \tag{6.4.35}$$

这里 $\hat{\psi}_{l+1}^n$ 和 $\bar{r}^n$ 是待定系数. 对函数 $\bar{u}^{n+1}$ 和 $\bar{u}^{n-1}$ 在点 $n\tau$ 使用 Taylor 展开得到

$$\bar{u}^{n,\frac{1}{4}} = \frac{\bar{u}^{n+1} + 2\bar{u}^n + \bar{u}^{n-1}}{4} = \bar{u}^n + \frac{1}{4}\tau^2 D_t^2 \bar{u}^n + \varepsilon_1^n,$$

$$\varepsilon_1^n = \frac{\tau^4}{96}(D_t^4 \bar{u}(\theta_1, \hat{x}) + D_t^4 \bar{u}(\theta_2, \hat{x})), \tag{6.4.36}$$

这里 $(n-1)\tau \leqslant \theta_1 \leqslant n\tau$, $n\tau \leqslant \theta_2 \leqslant (n+1)\tau$. 类似对于由 (6.4.26), (6.4.34) 和 (6.4.36) 导出

$$\hat{U}^{n,\frac{1}{4}} = \bar{u}^{n,\frac{1}{4}} + \tau^2 \hat{\psi}_{l+1}^{n,\frac{1}{4}} + \bar{r}^{n,\frac{1}{4}}$$

$$= \bar{u}^n + \frac{1}{4}\tau^2 D_t^2 \bar{u}^n + \tau^2 \hat{\psi}_{l+1}^{n,\frac{1}{4}} + \bar{r}^{n,\frac{1}{4}} + \varepsilon_1^n. \tag{6.4.37}$$

同样对函数 $\bar{u}^{n+1}$ 和 $\bar{u}^{n-1}$ 在点 $n\tau$ 使用 Taylor 展开得到

$$\bar{\partial}_{tt}\bar{u}^n = \frac{\bar{u}^{n+1} - 2\bar{u}^n + \bar{u}^{n-1}}{\tau^2} = \bar{u}_{tt}^n + \frac{1}{12}\tau^2 D_t^4 \bar{u}^n + \varepsilon_2^n,$$

$$\varepsilon_2^n = \frac{\tau^3}{120}(-D_t^5 \bar{u}(\theta_3, \hat{x}) + D_t^5 \bar{u}(\theta_4, \hat{x})), \tag{6.4.38}$$

其中 $(n-1)\tau \leqslant \theta_3 \leqslant n\tau$, $n\tau \leqslant \theta_4 \leqslant (n+1)\tau$. 于是由 (6.4.27), (6.4.34) 和 (6.4.36) 导出

$$\bar{\partial}_{tt}\hat{U}^n = \bar{\partial}_{tt}\bar{u}^n + \tau^2 \bar{\partial}_{tt}\hat{\psi}_{l+1}^n + \bar{\partial}_{tt}\bar{r}^n$$

$$= \bar{u}_{tt}^n + \frac{1}{12}\tau^2 D_t^4 \bar{u}^n + \tau^2 \bar{\partial}_{tt}\hat{\psi}_{l+1}^n + \bar{\partial}_{tt}\bar{r}^n + \varepsilon_2^n. \tag{6.4.39}$$

因此, 使用 (6.4.7), (6.4.9) 和 (6.4.39) 便得到

$$\left(\frac{1}{12} \tau^2 D_t^4 \bar{\bar{u}}^n + \tau^2 \bar{\partial}_{tt} \hat{\psi}_{l+1}^n + \bar{\partial}_{tt} \bar{\bar{r}}^n + \varepsilon_2^n, \hat{v} \right)$$

$$+ A \left(t_n; \frac{1}{4} \tau^2 D_t^2 \bar{\bar{u}}^n + \tau^2 \hat{\psi}_{l+1}^{n,\frac{1}{4}} + \bar{\bar{r}}^{n,\frac{1}{4}} + \varepsilon_1^n, \hat{v} \right) = 0, \quad \forall \hat{v} \in \hat{S}_0^h. \tag{6.4.40}$$

现在选择 $\hat{\psi}_{l+1} \in H^2(0, T; \hat{S}_0^h)$ 满足方程

$$(\bar{\partial}_{tt} \hat{\psi}_{l+1}^n, \hat{v}) + A(t_n; \hat{\psi}_{l+1}^{n,\frac{1}{4}}, \hat{v})$$

$$= -\frac{1}{12} (D_t^4 \bar{\bar{u}}^n, \hat{v}) - \frac{1}{4} A(t_n; D_t^2 \bar{\bar{u}}^n, \hat{v}), \quad \forall \hat{v} \in \hat{S}_0^h,$$

$$\hat{\psi}_{l+1}^0 = 0, \quad \hat{\psi}_{l+1}^1 = 0. \tag{6.4.41}$$

注意对 (6.4.7) 和 (6.4.9) 使用 Taylor 展开, 容易导出

$$\bar{\bar{u}}^1 = \bar{\bar{u}}(\tau, \hat{x}) = \bar{\bar{u}}(0, \hat{x}) + \tau \bar{\bar{u}}_t(0, \hat{x}) + \frac{\tau^2}{2} \bar{\bar{u}}_{tt}(0, \hat{x})$$

$$+ \frac{\tau^3}{6} D_t^3 \bar{\bar{u}}(0, \hat{x}) + \frac{\tau^4}{24} D_t^4 \bar{\bar{u}}(\theta_5, \hat{x})$$

$$= \hat{U}^1 + \frac{\tau^4}{24} D_t^4 \bar{\bar{u}}(\theta_5, \hat{x}), \tag{6.4.42}$$

这里 $0 \leqslant \theta_5 \leqslant \tau$. 应用 (6.4.7), (6.4.9), (6.4.35), (6.4.40), (6.4.41) 和 (6.4.42) 得到

$$\begin{cases} (\bar{\partial}_{tt} \bar{\bar{r}}^n, \hat{v}) + A(t_n; \bar{\bar{r}}^{n,\frac{1}{4}}, \hat{v}) = -(\varepsilon_2^n, \hat{v}) - A(t_n; \varepsilon_1^n, \hat{v}), \quad \forall \hat{v} \in \hat{S}_0^h, \\ \bar{\bar{r}}^0 = 0, \quad \bar{\bar{r}}^1 = -\frac{\tau^4}{24} D_t^4 \bar{\bar{u}}(\theta_5, \hat{x}). \end{cases} \tag{6.4.43}$$

重复引理 6.4.1 的证明, 便导出

$$\max_{1 \leqslant n \leqslant N} \left(\| \partial_t \bar{\bar{r}}^{n-\frac{1}{2}} \|_{0,\hat{\Omega}} + \| \bar{\bar{r}}^{n-\frac{1}{2}} \|_{1,\hat{\Omega}} \right)$$

$$\leqslant C \left(\| \bar{\partial}_t \bar{\bar{r}}^{\frac{1}{2}} \|_{0,\hat{\Omega}} + \| \bar{\bar{r}}^{\frac{1}{2}} \|_{1,\hat{\Omega}} + \max_{1 \leqslant n \leqslant N} (\| \varepsilon_2^n \|_{0,\hat{\Omega}} + \| \varepsilon_1^n \|_{1,\hat{\Omega}}) \right). \tag{6.4.44}$$

应用 (6.4.26), (6.4.27) 和 (6.4.23) 便得到

$$\| \bar{\bar{r}}^{\frac{1}{2}} \|_{1,\hat{\Omega}} \leqslant C\tau^4, \quad \| \bar{\partial}_t \bar{\bar{r}}^{\frac{1}{2}} \|_{0,\hat{\Omega}} \leqslant C\tau^3. \tag{6.4.45}$$

将 (6.4.36), (6.4.38) 和 (6.4.45) 代入到 (6.4.44) 便得到引理证明. □

　　组合上面引理和定理 6.3.1 的结果便导出全离散 d 二次等参有限元误差的多参数渐近展开.

定理 6.4.2(He et al.,2009)　　在引理 6.4.2 和定理 6.3.1 的假定下, 存在与步长无关的函数 $\hat{\psi}_i(t,x)(i=1,\cdots,l+1)$ 使

$$\hat{U}^n(X) - \hat{u}^n(X) = \sum_{i=1}^{l} \hat{h}_i^4 \hat{\psi}_i^n(X) + \hat{h}_{l+1}^2 \hat{\psi}_{l+1}(X) + \varepsilon^n,$$

$$\forall X \in \hat{\Omega}_0^h, 1 \leqslant n \leqslant N, \tag{6.4.46}$$

其中

$$||\varepsilon^n||'_{0,\infty,\hat{Q}_T} = O(\hat{h}_0^{4+\beta_1}|\ln\hat{h}_0|^{\frac{d-1}{d}} + \hat{h}_{l+1}^{4-\frac{d}{2}}|\ln\hat{h}_{l+1}|^{\frac{d-1}{d}}), \quad \hat{h}_{l+1}=\tau. \tag{6.4.47}$$

证明　　因 $\hat{u}^n(\hat{X}) = \hat{u}^{nI}(\hat{X})$, $\forall \hat{X} \in \hat{\Omega}_0^h$, $1 \leqslant n \leqslant N$, 由引理 6.4.2 和定理 6.4.1 得到

$$\hat{U}^n(\hat{X}) - \hat{u}^n(\hat{X}) = (\hat{U}^n(\hat{X}) - \bar{\bar{u}}^n(\hat{X})) + (\bar{\bar{u}}^n(\hat{X}) - \hat{u}^n(\hat{X}))$$

$$= \sum_{i=1}^{l} \hat{h}_i^4 \hat{\psi}_i^n(\hat{X}) + \hat{h}_{l+1}^2 \hat{\psi}_{l+1}^n(\hat{X}) + \varepsilon^n. \tag{6.4.48}$$

使用 (6.4.10) 和 (6.4.34) 又得到 ε^n 的估计 (6.4.47).　　□

6.4.4　全局细网格的分裂外推算法与算例

应用全离散近似解误差的渐近展开 (6.4.48), 类似 6.3 节方法导出全局细网格的分裂外推算法, 并且外推值具有高精度.

为了构造算法, 首先置 $\hat{h}^{(0)} = (\hat{h}_1, \cdots, \hat{h}_{l+1})$ 为粗网格步长; $\hat{h}^{(i)} = (\hat{h}_1, \cdots, \frac{\hat{h}_i}{2}, \cdots, \hat{h}_{l+1})$ $(i=1, \cdots, l+1)$ 为单个加密步长; $\frac{\hat{h}}{2}$ 为细网格. $\hat{\Omega}^{(i)}$ 为 $\hat{h}^{(i)}$ 剖分下的网点, $i=1, \cdots, l+1$.

令 $\varepsilon = O(\hat{h}_0^{4+\beta_1}|\ln\hat{h}_0|^{\frac{d-1}{d}} + \hat{h}_{l+1}^{4-\frac{d}{2}}|\ln\hat{h}_{l+1}|^{\frac{d-1}{d}})$ 表示余项, 则 (6.4.48) 蕴涵: 若 $E \in \hat{\Omega}_0^h$, 则粗网格点 E 的分裂外推值由公式

$$U_0(E) = \frac{16}{15} \sum_{i=1}^{l} \hat{U}_i^n(E) + \frac{4}{3}\hat{U}_{(l+1)}^n(E) + \left[-\frac{16}{15}l - \frac{1}{3}\right]\hat{U}_0^n(E) \tag{6.4.49}$$

给出, 并且 $U_0(E)$ 的误差为 ε. 对于线元中点、面元中心和体元中心, 即所谓细网格点则可以使用插值方法, 分别由 (6.3.56), (6.3.57) 和 (6.3.58) 的公式计算; 平均值的后验误差估计则由公式 (6.3.59) 计算.

下面的算例表明分裂外推效果明显.

例 6.4.1(He et al.,2009)　　考虑如下具有齐次 Dirichlet 边界的双曲型偏微分方程的初、边值问题

$$
\begin{cases}
\dfrac{\partial^2 u}{\partial t^2} - \nabla((t^{\frac{3}{2}} + x^{\frac{3}{2}} + y^{\frac{3}{2}}) \nabla u) = f(t,x,y), & 在[0,T]\times\Omega内, \\
u(0,x,y) = x(x-2)y(y-1), u_t(0,x,y) = x(x-2)y(y-1), & 在\bar{\Omega}上, \\
u(t,x,y) = 0, & 在[0,T]\times\partial\Omega上,
\end{cases}
\tag{6.4.50}
$$

这里 $\Omega = (0,2) \times (0,1)$, 而

$$
\begin{aligned}
f(t,x,y) =& x(x-2)y(y-1)e^t - 2(y^2 - y + x^2 - x)t^{\frac{3}{2}}e^t \\
& - [(5x-3)y(y-1) + 2x^2(x-2)]\sqrt{x}e^t \\
& - [2y^2(y-1) + x(x-2)(5y-1.5)]\sqrt{y}e^t.
\end{aligned}
$$

已知精确解 $u(t,x,y) = x(x-2)y(y-1)e^t$.

为了执行分裂外推算法, 首先构造初始区域分解: $\bar{\Omega} = \bigcup_{s=1}^{2} \bar{\Omega}_s$, 这里 $\Omega_1 = (0,1)\times(0,1), \Omega_2 = (1,2)\times(0,1)$. 设计 4 个独立步长, 其中 $h_i(i=1,2)$ 是 $\Omega_i(i=1,2)$ 沿 x 轴的步长, h_3 是沿 y 轴的步长, h_4 是时间步长.

取初始步长 $h_i = \frac{1}{4}$, $i = 1,2,3,4$. 在表 6.4.1 中提供不同类型的细网格点的有限元误差和分裂外推误差, 两相比较不难看出分裂外推的精度大为提高.

表 6.4.1　例 6.4.1 在时刻 $t=1$ 的数值结果比较

网点坐标	网点类型	有限元误差	分裂外推误差
$(0.125, 0.5)$	类型 0	-3.5592×10^{-3}	4.3025×10^{-6}
$(1.0, 0.625)$	类型 0	-1.2887×10^{-2}	5.6543×10^{-4}
$(0.5625, 0.375)$	类型 1	-1.2191×10^{-2}	-7.6842×10^{-6}
$(1.0, 0.6875)$	类型 1	-1.1420×10^{-2}	1.6120×10^{-6}
$(0.0625, 0.9375)$	类型 2		-9.2033×10^{-5}
$(1.6875, 0.4375)$	类型 2		-4.0577×10^{-7}
粗网格点最大误差		-1.4938×10^{-2}	1.3375×10^{-3}
全局细网格点的最大误差			1.3375×10^{-3}

例 6.4.2(He et al.,2009)　　考虑具有混合边界条件的双曲型偏微分方程的初、边值问题

$$\begin{cases} \dfrac{\partial^2 u}{\partial t^2} - \bigtriangledown((t+x+y)\bigtriangledown u) = f(t,x,y), & \text{在}[0,T]\times\Omega\text{内}, \\[2mm] u(0,x,y) = (x^2-4)y(y-1), & \text{在}\bar{\Omega}\text{上}, \\ u_t(0,x,y) = (x^2-4)y(y-1), & \\[2mm] \dfrac{\partial u}{\partial n} = 0, & \text{在}[0,T]\times\Gamma\text{上}, \\[2mm] u(t,x,y) = 0, & \text{在}[0,T]\times\partial\Omega\backslash\Gamma\text{上}, \end{cases} \tag{6.4.51}$$

这里 Ω 是一个曲边四边形, 它的下底连接 $P_1 = (0,0)$ 和 $P_2 = (2,0)$ 的直线; 上底是连接 $P_4 = (0,1)$ 和 $P_3 = (2,1)$ 的直线. 左端边界是经过 P_1, $P_8 = (-0.25, 0.5)$ 和 P_4 的抛物线; 右端边界是经过 P_2, $P_6 = (2.25, 0.5)$ 和 P_3 的抛物线. 并且 Γ 表示 Ω 的右端边界, 而

$$f(t,x,y) = (x^2-4)y(y-1)\mathrm{e}^t - 2(2x+y)y(y-1)\mathrm{e}^t - (4y+2x-1)(x^2-4)\mathrm{e}^t.$$

计算 (6.4.51) 的第一步是构造初始区域分解: $\bar{\Omega} = \bigcup\limits_{s=1}^{2}\bar{\Omega}_s$, 其中 $\Omega_1 = \Omega\bigcap \{x<1\}$, $\Omega_2 = \Omega\bigcap\{x>1\}$. 显然, 存在双二次等参映射分别映 Ω_1 和 Ω_2 为 $\hat{\Omega}_1 = (0,1)\times(0,1)$ 和 $\hat{\Omega}_2 = (1,2)\times(0,1)$, 即映 Ω 为 $\hat{\Omega} = (0,2)\times(0,1)$. 在 $\hat{\Omega}$ 上可以设计 4 个独立步长, 其中 $h_i (i=1,2)$ 是 $\hat{\Omega}_i (i=1,2)$ 在 x 轴方向; h_3 在 y 轴方向; h_4 是时间步长. 粗网格步长取 $h_i = \dfrac{1}{4}$, $i=1,2,3,4$. 在表 6.4.2 中比较了有限元误差和分裂外推误差, 从表中可以看出分裂外推在解曲边双曲型偏微分方程的初、混合边值问题也是非常有效的.

表 6.4.2　例 6.4.2 在时刻 $t=1$ 的数值结果比较

网点坐标	网点类型	有限元误差	分裂外推误差
$(0.0074, 0.3750)$	类型 0	-3.1459×10^{-2}	-2.7882×10^{-4}
$(1.0, 0.75)$	类型 0	-2.7605×10^{-2}	4.1147×10^{-5}
$(0.3926, 0.3125)$	类型 1	-4.4736×10^{-2}	1.5628×10^{-5}
$(1.0, 0.6875)$	类型 1	-3.2676×10^{-2}	1.4491×10^{-4}
$(0.2407, 0.8125)$	类型 2		3.7348×10^{-6}
$(1.5835, 0.3125)$	类型 2		-4.3718×10^{-4}
粗网格点最大误差		-5.8597×10^{-2}	2.7915×10^{-3}
全局细网格点的最大误差			2.7915×10^{-3}

例 6.4.3(He et al.,2009)　考虑具有界面的双曲型偏微分方程初、边值问题:

$$\begin{cases} \dfrac{\partial^2 u}{\partial t^2} - \bigtriangledown(a(x,y)\bigtriangledown u) = f(t,x,y), & \text{在}[0,T]\times\Omega\text{内}, \\[2mm] u(0,x,y) = \Psi(x,y), u_t(0,x,y) = 0, & \text{在}\bar{\Omega}\text{上}, \\[2mm] u(t,x,y) = 0, & \text{在}[0,T]\times\partial\Omega\text{上}, \end{cases} \tag{6.4.52}$$

这里 Ω 和初始区域分解与例 6.4.2 相同, 而

$$a(x,y) = \begin{cases} r, & \text{在}\Omega_1\text{内}, \\ 1, & \text{在}\Omega_2\text{内} \end{cases}$$

是分片常函数. 已知右端函数

$$f(t,x,y) = \begin{cases} -5\cos t[3xy(y-1) - 1.5(r+1)(x-1)^2xy(y-1)] \\ \quad +15r(r+1)y(y-1)(3x-2)\cos t \\ \quad -30r[x - \frac{1}{2}(r+1)x(x-1)^2]\cos t, \quad x < 1, \\ -5\cos t[3rxy(y-1) + 3(1-r)y(y-1) \\ \quad -1.5(r+1)(x-1)^2xy(y-1)] \\ \quad +15(r+1)y(y-1)(3x-2)\cos t \\ \quad -30[rx+1-r - \frac{1}{2}(r+1)x(x-1)^2]\cos t, \quad x \geqslant 1 \end{cases}$$

及初始分布函数

$$\Psi(x,y) = \begin{cases} 5[3xy(y-1) - 1.5(r+1)(x-1)^2xy(y-1)], & x < 1, \\ 5[3rxy(y-1) + 3(1-r)y(y-1) - 1.5(r+1)(x-1)^2xy(y-1)], & x \geqslant 1. \end{cases}$$

取初始网参数与例 6.4.2 相同, 这蕴涵界面位于子区域的公共边上. 取初始步长 $h_i = \dfrac{1}{4}$, $i = 1,2,3,4$. 相关的数值结果比较见表 6.4.3, 从表中可以看到分裂外推有效地改善了界面问题有限元近似解的精度.

表 6.4.3　例 6.4.3 在时刻 $t = 1$ 和 $r = 0.5$ 的数值结果比较

网点坐标	网点类型	有限元误差	分裂外推误差
(1.4453, 0.750)	类型 0	-7.1385×10^{-2}	-7.4270×10^{-4}
(1.0, 0.125)	类型 0	-3.6829×10^{-2}	-3.8148×10^{-4}
(1.2314, 0.6250)	类型 1	-9.7270×10^{-2}	-9.3504×10^{-5}
(1.0, 0.4375)	类型 1	-9.6935×10^{-2}	-2.1257×10^{-3}
(2.1682, 0.5625)	类型 2		2.9016×10^{-5}
(0.0076, 0.9325)	类型 2		-1.9155×10^{-4}
粗网格点最大误差		-1.0852×10^{-1}	-9.5572×10^{-3}
全局细网格点的最大误差			-9.5572×10^{-3}

例 6.4.4(He et al.,2009)　考虑半线性双曲型偏微分方程初、边值问题:

$$\begin{cases} \dfrac{\partial^2 u}{\partial t^2} - \nabla((x+y)\nabla u) = f(t,x,y,u), & \text{在}[0,T] \times \Omega\text{内}, \\ u(0,x,y) = x(x-2)y(y-1), & \text{在}\bar{\Omega}\text{上}, \\ u_t(0,x,y) = x(x-2)y(y-1), \\ u(t,x,y) = 0, & \text{在}[0,T] \times \partial\Omega\text{上}, \end{cases} \quad (6.4.53)$$

这里区域 Ω 与例 6.4.1 相同, 右端为 u 的非线性函数

$$f(t, x, y, u) = u - \frac{(4x + 2y - 2)}{x^2(x-2)^2 y(y-1)\mathrm{e}^t} u^2 - (2x + 4y - 1)x(x-2)\mathrm{e}^t,$$

假定初始区域分解和网参数设计与例 6.4.1 相同, 初始步长取为 $h_i = \dfrac{1}{4}$, $i = 1, 2, 3, 4$. 应用全离散方法, 近似方程的每一步归结于解非线性代数方程, 并且使用迭代法计算, 在表 6.4.4 中给出有限元误差与分裂外推误差的数值结果比较, 可以见到外推的效果十分显著.

表 6.4.4　例 6.4.4 在时刻 $t = 1$ 的数值结果比较

网点坐标	网点类型	有限元误差	分裂外推误差
(0.3750, 0.750)	类型 0	8.8577×10^{-2}	-1.1659×10^{-5}
(1.0, 0.6250)	类型 0	2.3505×10^{-2}	2.3972×10^{-4}
(1.3125, 0.50)	类型 1	2.6245×10^{-2}	9.4865×10^{-6}
(1.0, 0.4375)	类型 1	2.6621×10^{-2}	4.3551×10^{-4}
(0.8125, 0.9375)	类型 2		2.7611×10^{-4}
(0.0625, 0.3125)	类型 2		6.7384×10^{-6}
粗网格点最大误差		2.7194×10^{-2}	6.3560×10^{-4}
全局细网格点的最大误差			6.3560×10^{-4}

第7章 有限差分法的高精度外推与校正法

数值解微分方程的主要方法是有限差分法、有限元方法和有限体积法. 有限元近似解的外推和分裂外推已经在前面三章阐述, 其优点是剖分的灵活性和对于复杂边界的适应性. 一般说, 对于固体力学问题使用有限元更方便, 但是对于其他工程问题, 如油、气藏的数值模拟, 差分法和有限体积法仍然是主流.

数学史上差分方法的外推研究比有限元外推得更早, Richardson 于 1910 年就使用著名的 Richardson 外推提高差分近似解的精度, 1979 年 Marchuk 和 Shaidurov 的专著 (英译本见 Marchuk et al. 1983) 详细总结了差分法及其外推的理论与应用, 成为这一领域的经典著作. 但是对于高维问题, Richardson 外推要求整体加密, 从而导致外推法的计算复杂度与存贮复杂度随维数指数增长. 与之相反, 分裂外推用多个单向加密的辅问题代替 Richardson 整体加密的辅问题, 分裂外推精度与 Richardson 外推同阶, 但计算复杂度、存贮复杂度大为降低, 而并行度大为提高.

本章主要讨论偏微分方程的差分法及其分裂外推和差分解的高精度校正法. 对于有限体积方法的外推和分裂外推, 目前理论成果不多, 本章将提供算例表明分裂外推仍然有效.

7.1 差分方程近似解的分裂外推算法

7.1.1 差分方程的构造与离散极大值原理

考虑线性椭圆型方程的 Dirichlet 问题

$$Lu = \sum_{i=1}^{s} a_i(x)\frac{\partial^2 u}{\partial x_i^2} + \sum_{i=1}^{s} b_i(x)\frac{\partial u}{\partial x_i} + d(x)u = f(x), \quad \text{在}\,\Omega\text{内},$$
$$u(x) = g(x), \quad \text{在}\,\partial\Omega\text{上}, \tag{7.1.1}$$

这里 Ω 是 $\mathbb{R}^s$ 的有界开区域, $a_i, b_i, d, f \in C(\Omega), g \in C(\partial\Omega)$, 并且假定 $\bar{a} = \min\limits_{1\leqslant i\leqslant s} \min\limits_{x\in\bar\Omega} a_i(x) > 0$, 方程 (7.1.1) 有唯一解 u 存在.

为了构造 (7.1.1) 的差分格式, 定义 $\mathbb{R}^s$ 上的网线 $\Gamma_{h,l}$ 与网格 Γ_h 如下: 首先取步长 $h = (h_1, \cdots, h_s)$, 然后定义

$$\Gamma_{h,l} = \{x \in \mathbb{R}^s : x_j \in \mathbb{R}, x_i = n_i h_i, n_i \in \mathbb{Z},$$
$$i = 1, \cdots, s, i \neq j\}, \tag{7.1.2a}$$

$$\Gamma_h = \{x \in \mathbb{R}^s : x_i = n_i h_i, i = 1, \cdots, s\}, \tag{7.1.2b}$$

这里 $\mathbb{Z}$ 表示全体整数集合. 用 e_i 表示第 i 坐标方向的单位向量, 令

$$\begin{aligned}
&\Omega_h = \{x \in \Omega : x \pm h_i e_i \in \bar{\Omega}, i = 1, \cdots, s\} \cap \Gamma_h, \\
&\Omega_{h,i} = (\Omega \cap \Gamma_h) \setminus \Omega_h, \\
&\partial\Omega_h = \partial\Omega \cap \Gamma_{h,l}, \Omega_{h,t} = \Omega_h \cup \Omega_{h,i} \cup \partial\Omega.
\end{aligned} \tag{7.1.3}$$

Ω_h 称为正则网点集, $\Omega_{h,i}$ 称为非正则网点集, $\partial\Omega_h$ 称为边界网点集, $\Omega_{h,t}$ 是这三类网点和集. 对于规则区域 $\Omega_{h,i} = \varnothing$, 利用中心差商容易构造 (7.1.1) 的差分方程.

$$\begin{aligned}
L^h u^h = &\sum_{i=1}^s a_i(x)[u^h(x + h_i e_i) - 2u^h(x) + u^h(x - h_i e_i)]/h_i^2 \\
&+ \sum_{i=1}^s b_i(x)[u^h(x + h_i e_i) - u^h(x - h_i e_i)]/(2h_i) \\
&+ d(x)u^h(x) = f(x), \quad \forall x \in \Omega_h \tag{7.1.4a}
\end{aligned}$$
$$u^h(x) = g(x), \quad \forall x \in \partial\Omega_h. \tag{7.1.4b}$$

如果 $\Omega_{h,i} \neq \varnothing$, 并且 $x \in \Omega_{h,i}$, 则存在一个方向 e_j 使 $x + h_j e_j \notin \Omega$. 为了构造在非正则点 $x \in \Omega_{h,i}$ 处的差分方程有多种方法, 例如假定 $x^* = x + s_j h_j e_j \in \partial\Omega_h, 0 < s_j < 1$, 是连接 x 和 $x + h_j e_j$ 的线段与 $\partial\Omega$ 的交点, 便可以利用 x^* 与 $x \pm h_j e_j$ 以不等距差分代替 (7.1.4a) 的中心差分; 还可以采用简单迁移法: 令 $u^h(x) := u^h(x^*)$ 代到 (7.1.4a); 如果希望得到高阶精度格式, 特别是要求差分近似有渐近展开式, 这就需要使用 Lagrange 内插方法. 具体构造在下节阐述.

总之, 无论用怎样的离散方法, 总可以把差分方程表达为

$$L^h u^h(x) = \sum_{y \in \Omega_h \cup \Omega_{h,i}} A(x,y)u^h(y) = F^h(x), \quad \forall x \in \Omega_h \cup \Omega_{h,i}. \tag{7.1.5}$$

这里 $A(x,y)$ 是依赖于 $x,y \in \Omega_h \cup \Omega_{h,i}$ 的系数, 右端项 F^h 则是依赖于 a_i, b_i, f, g 和 x 的函数.

定义 7.1.1 对于任意 $x \in \Omega_h \cup \Omega_{h,i}$, 集合

$$N(x) = \{y \in \Omega_h \cup \Omega_{h,i} : A(x,y) \neq 0\}$$

称为 x 的邻域.

定义 7.1.2 称集合 $\Omega_h \cup \Omega_{h,i}$ 是连通的, 如果对任意 $x,y \in \Omega_h \cup \Omega_{h,i}$ 皆存在有穷序列 $\{x^{(n)}\}_{n=1}^m$ 使 $x^{(1)} = x, x^{(m)} = y$, 及

$$x^{(n)} \in N(x^{(n-1)}), \quad n = 2, 3, \cdots, m. \tag{7.1.6}$$

利用定义 7.1.1 可以把差分方程描述为

$$L^h u^h(x) = \sum_{y \in N(x)} A(x, y) u^h(y) = F^h(x), \quad \forall x \in \Omega_h \cup \Omega_{h,i}. \tag{7.1.7}$$

我们关心差分方程的稳定性和收敛性, 研究这一问题的主要工具是离散极大值原理, 它是微分方程极大值原理的离散模拟, 为叙述这个原理, 先定义正型算子概念.

定义 7.1.3　差分算子 L^h 称为正型算子, 如果满足条件

$$A(x, y) < 0, \quad \forall x \in \Omega_h \cup \Omega_{h,i}, y \in N(x), x \neq y \tag{7.1.8a}$$

和

$$\sum_{y \in N(x)} A(x, y) \geqslant 0, \quad \forall x \in \Omega_h \cup \Omega_{h,i}. \tag{7.1.8b}$$

定理 7.1.1(离散极大值原理)　设 L^h 是正型算子, Ω_h' 是 $\Omega_h \cup \Omega_{h,j}$ 的连通子集, 若 $u^h(x)$ 在集合

$$\bar{\Omega}_h' = \bigcup_{x \in \Omega_h'} N(x) \tag{7.1.9}$$

上不是常数, 并且

$$L^h u^h(x) \leqslant 0(\text{或} L^h u^u \geqslant 0), \forall x \in \Omega_h, \tag{7.1.10}$$

则 $u^h(x)$ 在 Ω_h' 上不能取得正的极大 (或负的极小) 值.

证明　设 $L^h u^h(x) \leqslant 0, \forall x \in \Omega_h'$, 并在点 $\bar{x} \in \Omega_h', u^h(x)$ 取得正的极大值

$$u^h(\bar{x}) = \max_{x \in \Omega_h}, \quad u^h(x) > 0. \tag{7.1.11}$$

但在点 $\bar{x}$ 上, 有

$$L^h u^h(\bar{x}) = A(\bar{x}, \bar{x}) u^h(\bar{x}) + \sum_{\substack{y \in N(\bar{x}) \\ y \neq x}} A(\bar{x}, y) u^h(y)$$

$$= \left[\sum_{y \in N(\bar{x})} A(\bar{x}, y) \right] u^h(\bar{x}) + \sum_{\substack{y \in N(\bar{x}) \\ y \neq x}} A(\bar{x}, y)(u^h(y) - u^h(\bar{x})). \tag{7.1.12}$$

由 (7.1.8b), 知 (7.1.12) 右端的第一项是非负的, 由条件 (7.1.8a) 及 (7.1.10) 知第二项也非负. 故

$$L^h u^h(\bar{x}) \geqslant 0, \tag{7.1.13}$$

但由假设 $L^h u^h(\bar{x}) \leqslant 0$, 这蕴涵

$$L^h u^h(\bar{x}) = 0, \tag{7.1.14}$$

按 (7.1.9) 欲 (7.1.12) 成立, 仅当

$$\sum_{y \in N(\bar{x})} A(\bar{x}, y) = 0 \tag{7.1.15}$$

及

$$u^h(\bar{x}) = u^h(y), \quad \forall y \in N(\bar{x}) \tag{7.1.16}$$

同时成立, 但据定理假设 $u^h(x)$ 不是 $\bar{\Omega}'_h$ 上的常函数, 故总可找到原点 $\hat{x} \in \bar{\Omega}'_h$ 使 $u^h(\hat{x}) < u^h(\bar{x})$, 又据 Ω'_h 的连通性可找到点列 $x^{(i)} \in \Omega'_h (i = 1, \cdots, m)$, 使 $x^{(1)} \in N(\bar{x}), x^{(i)} \in N(x^{(i-1)}) (i = 2, \cdots, m), \hat{x} \in N(x^{(m)})$, 从 (7.1.16) 便得到 $u^h(\bar{x}) = u^h(x^{(1)})$, 不妨假定成立

$$0 < u^h(\bar{x}) = u^h(x^{(1)}) = \cdots = u^h(x^{(m)}), \tag{7.1.17}$$

如果这个等式串仅仅能到达 $x^{(m_0)}, 1 \leqslant m_0 < m$, 不妨就取 $\hat{x} = x^{(m_0+1)}$.

再计算 $L^h u^h(x^{(m)})$, 得

$$
\begin{aligned}
L^h u^h(x^{(m)}) &= \left(\sum_{y \in N(x^{(m)})} A(x^{(m)}, y) \right) u^h(x^{(m)}) \\
&\quad + \sum_{\substack{y \in N(x^{(m)}) \\ y \neq x^{(m)}}} A(x^{(m)}, y)(u^h(y) - u^h(x^{(m)})) \\
&\geqslant A(x^{(m)}, \hat{x})(u^h(\hat{x}) - u^h(x^{(m)})) \\
&= A(x^{(m)}, \hat{x})(u^h(\hat{x}) - u^h(\bar{x})) > 0,
\end{aligned} \tag{7.1.18}
$$

这与假设 $L^h u^h(x) \leqslant 0, \forall x \in \Omega'_h$ 相矛盾.

类似, 若 $L^h u^h(x) \geqslant 0$ 只要把 $u^h(x)$ 换为 $-u^h(x)$, 重复前面论证得到 $u^h(x)$ 不能在 Ω'_h 上达到负的极小. $\quad \square$

推论 7.1.1 若 $\Omega_h \cup \Omega_{h,i}$ 上有 $L^h u^h(x) \leqslant 0$ (或 $L^h u^h(x) \geqslant 0$), 且至少存在一个网点 $x^{(0)}$ 使得

$$D(x^{(0)}) = \sum_{y \in N(x^{(0)})} A(x^{(0)}, y) > 0, \quad x^{(0)} \in \Omega_h \cup \Omega_{h,i}, \tag{7.1.19}$$

则在 $\Omega_h \cup \Omega_{h,i}$ 上恒有 $u^h(x) \leqslant 0$ (或 $u^h(x) \geqslant 0$).

证明　取 $\Omega_h' = \Omega_h \cup \Omega_{h,i}$, 若 $u^h(x)$ 不是 $\bar{\Omega}_h'$ 上的常函数, 则由定理 7.1.1 知 $u^h(x) \leqslant 0$(或 $u^h(x) \geqslant 0$). 若 $u^h(x) \equiv \mathrm{const}$, 则由

$$L^h u^h(x^{(0)}) = D(x^{(0)})u^h(x^{(0)}) + \sum_{\substack{y \in N(x^{(0)}) \\ y \neq x^{(0)}}} A(x^{(0)}, y)(u^h(y) - u^h(x^{(0)}))$$

$$= D(x^{(0)})u^h(x^{(0)}) \leqslant 0,$$

这就得出 $u^h(x) = u^h(x^{(0)}) \leqslant 0, \forall x \in \Omega_h \cup \Omega_{h,i}$. 对于 $L^h u^h(x) \geqslant 0$ 情形可以类似地证明.　□

推论 7.1.2　若差分算子 L^h 有定理 7.1.2 及推论 7.1.1 的假设, 则差分方程 (7.1.5) 有唯一的解存在.

证明　仅需要证明齐次方程 $L^h u^h(x) = 0, \forall x \in \Omega_h \cup \Omega_{h,i}$, 仅有平凡解. 事实上, 由推论 7.1.1 条件 $L^h u^h(x) = 0$ 保证了 $u^h(x) \leqslant 0$ 与 $u^h(x) \geqslant 0$ 同时成立, 这蕴涵 $u^h(x) \equiv 0$.　□

推论 7.1.3(比较定理)　设 $\bar{u}^h(x)$ 是差分方程 (7.1.7) 的解, 但右端为 $\bar{F}^h(x)$, 并且

$$|F^h(x)| \leqslant \bar{F}^h(x), \quad \forall x \in \Omega_h \cup \Omega_{h,j} \tag{7.1.20}$$

则成立

$$|u^h(x)| \leqslant \bar{u}^h(x), \forall x \in \Omega_h \cup \Omega_{h,i}. \tag{7.1.21}$$

证明　由推论 7.1.1 并注意

$$L^h(\bar{u}^h \pm u^h) = \bar{F}^h(x) \pm F^h(x) \geqslant 0,$$

便知 $\bar{u}^h(x) \pm u^h(x) \geqslant 0$, 故 $|u^h(x)| \leqslant \bar{u}^h(x)$.　□

定理 7.1.2　设差分方程

$$L^h u^h(x) = F^h(x), \quad x \in \Omega_h \cup \Omega_{h,i}, \qquad u^h(x) = g^h(x), \quad x \in \partial\Omega_h \tag{7.1.22}$$

的系数有性质: $D(x) \geqslant 0, \forall x \in \Omega_h; D(x) > 0, \forall x \in \Omega_{h,i}$, 则方程 (7.1.22) 有唯一解存在, 并且这个解有估计

$$\max_{\Omega_{h,t}} |u^h(x)| \leqslant \max_{\partial\Omega_h} |g^h(x)| + \max_{\Omega_h} |U^h(x)| + \max_{\Omega_{h,i}} |F^h(x)/D(x)|, \tag{7.1.23}$$

这里 $U^h(x)$ 是强函数, 它满足方程

$$\begin{cases} L^h U^h(x) = \bar{F}^h(x), & x \in \Omega_h \cup \Omega_{h,i}, \\ U^h(x) \geqslant 0, & x \in \partial\Omega_h, \end{cases} \tag{7.1.24}$$

其中 $\bar{F}^h \geqslant |F^h(x)|, \forall x \in \Omega_h$, 且 $\bar{F}^h(x) \geqslant 0, \forall x \in \Omega_{h,i}$.

证明 (7.1.22) 解的唯一性由推论 7.1.2 得到, 为了证明 (7.1.23), 令

$$u^h(x) = u_1^h(x) + u_2^h(x) + u_3^h(x),$$

$u_i^h(x)(i = 1, 2, 3)$ 分别满足方程

$$L^h u_1^h(x) = 0, \quad x \in \Omega_h \cup \Omega_{h,i}; \quad u_1^h(x) = g(x), \quad x \in \partial\Omega \tag{7.1.25a}$$

$$\begin{cases} L^h u_2^h(x) = F^h(x), & x \in \Omega_h, \\ L^h u_2^h(x) = 0, & x \in \Omega_{h,i}; \quad u_2^h(x) = 0, \quad x \in \partial\Omega_h \end{cases} \tag{7.1.25b}$$

和

$$\begin{cases} L^h u_3^h(x) = 0, & x \in \Omega_h, \\ L^h u_3^h(x) = F^h(x), x \in \Omega_{h,i}; \quad u_3^h(x) = 0, x \in \partial\Omega_h. \end{cases} \tag{7.1.25c}$$

由定理 7.1.1 及推论 7.1.3, 得

$$\max_{\Omega_{h,t}} |u_1^h(x)| \leqslant \max_{x \in \partial\Omega_h} |g(x)|, \tag{7.1.26a}$$

$$\max_{\Omega_{h,t}} |u_2^h(x)| \leqslant \max_{\Omega_{h,t}} |U^h(x)|. \tag{7.1.26b}$$

今证

$$\max_{\Omega_h \cup \Omega_{h,i}} |u_3^h(x)| \leqslant \max_{x \in \Omega_{h,i}} |F^h(x)/D(x)|, \tag{7.1.26c}$$

为此, 以 $\bar{F}^h(x) = |F^h(x)|$ 取代 (7.1.25c) 右端的 $F^h(x)$, 令其解为 $\bar{u}_3^h(x)$, 由推论 7.1.3 得

$$|u_3^h(x)| \leqslant \bar{u}_3^h(x), \quad \forall x \in \Omega_h \cup \Omega_{h,i}.$$

由定理 7.1.1, $\bar{u}_3^h(x)$ 只能在 $\Omega_{h,i}$ 上的某个点 $x^{(0)}$ 上达到极大值, 但在此点上有

$$|\bar{F}(x^{(0)})| = D(x^{(0)})\bar{u}_3^h(x^{(0)}) + \sum_{y \in N(x^{(0)})} A(x^{(0)}, y)(\bar{u}_3^h(y) - \bar{u}_3^h(x^{(0)}))$$

$$\geqslant D(x^{(0)})\bar{u}_3^h(x^{(0)}), \quad x^{(0)} \in \Omega_{h,i}.$$

于是得到

$$|u_3^h(x)| \leqslant \max_{x \in \Omega_h \cup \Omega_{h,i}} \bar{u}_3^h(x) = \bar{u}_3^h(x^{(0)}) \leqslant |F(x^{(0)})/D(x^{(0)})|,$$

这就证得 (7.1.26c). 由 (7.1.26) 立即得 (7.1.23) 的估计. □

7.1.2　光滑边界区域上差分近似解的误差的多参数渐近展开

为简单起见, 考虑 Poisson 方程的 Dirichlet 问题

$$-\Delta u = f, \quad 在 \Omega \subset \mathbb{R}^s 内, \tag{7.1.27a}$$

$$u = g, \quad 在 \Omega 上. \tag{7.1.27b}$$

假定边界 $\partial\Omega \in C^{4+a}$. 取步长 $h = (h_1, \cdots, h_s)$ 构造网线 $\Gamma_{h,l}$ 与网点 Γ_h, 并按 (7.1.3) 定义正则网点集 Ω_h, 非正则网点集 $\Omega_{h,i}$ 及边界网点集 $\partial\Omega_h$. 若 $x \in \Omega_h$, 则用中心差商构造差分方程

$$-\sum_{j=1}^{s} \delta_j^2 u^h(x) = f(x), \quad \forall x \in \Omega_h, \tag{7.1.28}$$

其中差分算子 δ_j^2 定义为

$$\delta_j^2 u^h(x) = [u^h(x + h_j e_j) - 2u^h(x) + u^h(x - h_j e_j)]/h_j^2. \tag{7.1.29}$$

若 $x \in \Omega_{h,i}$ 且 $x+h_j e_j \notin \bar{\Omega}$, 则不能按照 (7.1.24) 建立差分方程, 但可以通过插值方法确定出 $u^h(x + h_j e_j)$ 后, 再用 (7.1.29) 构造差分方程, 其法如下: 设 $x + h_j e_j \notin \bar{\Omega}$ 但 $x - kh_j e_j \in \Omega_h \cup \Omega_{h,i}, k = 1, \cdots, n$, 由于连接 x 与 $x + h_j e_j$ 的直线必与 $\partial\Omega$ 有一个交点, 令其为 $x + \eta h_j e_j, 0 < \eta < 1$. 于是可以用 $u^h(x - kh_j e_j), k = 0, \cdots, n$ 及 $u^h(x + \eta h_j e_j) = g(x + \eta h_j e_j)$ 的值构造一个 $n+1$ 阶 Lagrange 插值多项式 $P_n(t)$ 使

$$P_n(-kh_j) = u^h(x - kh_j e_j), k = 0, \cdots, n; \quad P_n(\eta h_j) = g(x + \eta h_j e_j). \tag{7.1.30}$$

定义

$$\tilde{u}^h(x + h_j e_j) = P_n(h_j) \tag{7.1.31}$$

和

$$\tilde{\delta}_j^2 u^h(x) = [\tilde{u}^h(x+h_j e_j) - u^h(x) + u^h(x - h_j e_j)]/h_j^2,$$
$$x \in \Omega_{h,i}, x + h_j e_j \notin \bar{\Omega}. \tag{7.1.32}$$

于是对于 $x \in \Omega_{h,i}$, 即使 $x - h_j e_j \notin \bar{\Omega}$ 也可以定义差分算子. 这样 $\forall x \in \Omega_{h,i}$ 皆建立差分方程

$$-\sum_{j \in J_1(x)} \tilde{\delta}_j^2 u^h(x) - \sum_{j \in J_2(x)} \delta_j^2 u^h(x) = f(x), \quad \forall x \in \Omega_{h,i}, \tag{7.1.33}$$

这里

$$J_1(x) = \{j \in \{1,2,\cdots,s\} : x \pm jh_j \notin \bar{\Omega}, x \in \bar{\Omega}_{h,i}\}, \quad J_2(x) = \{1,2,\cdots,s\}\backslash J_1(x).$$

联立 (7.1.28) 与 (7.1.33) 便构成问题 (7.1.27) 差分方程. 这个方程的收敛性、稳定性取决于它是否满足离散极大值原理, 即需要仔细验证 (7.1.33) 是否满足 (7.1.8), 为此证明以下引理.

引理 7.1.1 (Marchuk et al., 1983)   若 $\psi(t) \in C^{m+a}[-1,1], \tilde{\psi}(t)$ 是 $\psi(t)$ 的 Lagrange 插值多项式, 其插值基点为: $\eta h_j, 0, -h_j, \cdots, -nh_j$ 并且 $\eta \in (0,1)$, 则

$$\tilde{\delta}^2\psi(0) - \psi''(0) = \frac{\tilde{\psi}(h_j) - 2\psi(0) + \psi(-h_j)}{h_j^2} - \psi''(0)$$

$$= \sum_{k=1}^{r} \frac{2h_j^{2k}}{(2k+2)!}\psi^{(2k+2)}(0) + R_1^h, \qquad (7.1.34)$$

这里 $r = [\min\{n-1, m-2\}]/2$, 余项

$$|R_1^h| \leqslant \begin{cases} C_5 h_j^n, & n+2 \leqslant m, \\ C_6 h_j^{m-2+a}, & 1 \leqslant m \leqslant n+1. \end{cases} \qquad (7.1.35)$$

证明   由 Lagrange 插值公式计算 $\tilde{\psi}(h)$ 的值为

$$\tilde{\psi}(h_j) = \sum_{k=0}^{n} a_{n,k}\psi(-kh_j) + a_{n,\eta}\psi(\eta h_j), \qquad (7.1.36)$$

这里

$$a_{n,k} = \frac{(-1)^{k+1}(n+1)!(1-\eta)}{(k+1)!(k+\eta)(n-k)!}, \quad a_{n,\eta} = \prod_{k=0}^{n} \frac{k+1}{k+\eta}, \qquad (7.1.37)$$

令 $R^h = \psi(h_j) - \tilde{\psi}(h_j)$ 为插值误差. 若 $m \geqslant n+2$, 则由插值余项估计

$$|R^h| \leqslant (h_j - \eta h_j)h_j(2h_j)\cdots((n+1)h_j)$$

$$\times \max_{-1\leqslant t\leqslant 1} |\psi^{(n+2)}(t)|/(n+2)!$$

$$\leqslant h_j^{n+2}(1-\eta) \max_{-1\leqslant t\leqslant 1} |\psi^{(n+2)}(t)|/(n+2)! \qquad (7.1.38)$$

若 $m < n+2$, 任取 m 阶多项式 $\varphi(x)$, 显然, $\varphi(x) \equiv \tilde{\varphi}(x)$. 把 $\psi(x)$ Taylor 展开

$$\psi(x) = \sum_{i=0}^{m} x^i\frac{\psi^{(i)}(0)}{i!} + x^{m+a}\frac{\theta_x}{m!}, \quad |x| \leqslant 1, \qquad (7.1.39)$$

这里 $\max\limits_{-1\leqslant x\leqslant 1}|\theta_x|\leqslant\|\psi\|_{c^{m+a}[-1,1]}$, 取 $\varphi(x)=\sum\limits_{i=0}^{m}x^i\psi^{(i)}(0)/i!$, 得到估计

$$|R^h|=|\psi(h_j)-\tilde\psi(h_j)|\leqslant|\psi(h_j)-\varphi(h_j)|+|\tilde\psi(h_j)-\tilde\varphi(h_j)|$$

$$\leqslant|\psi(h_j)-\varphi(h_j)|+\sum_{k=0}^{n}a_{n,k}|\psi(-kh_j)-\varphi(-kh_j)|$$

$$+a_{n,\eta}|\psi(\eta h_j)-\varphi(\eta h_j)|$$

$$\leqslant\frac{h_j^{m+a}}{m!}\|\psi\|_{c^{m+a}[-1,1]}\left(1+\sum_{k=1}^{n}|a_{n,k}|k^{m+a}+a_{n,\eta}\eta^{m+a}\right). \tag{7.1.40}$$

但由 (7.1.37) 知

$$|a_{n,k}|\leqslant(n+1)!,\quad \eta a_{n,\eta}\leqslant\eta a_{n,0}\leqslant n+1,$$

代到 (7.1.40), 得

$$|R^h|\leqslant C_4 h_j^{m+a},\quad m<n+2, \tag{7.1.41}$$

这里

$$C_4=\frac{1}{m!}\|\psi\|_{c^{m+a}[-1,1]}\{1+(n+1)[(n+1)!n^{m+a}+2^m]\}.$$

利用 (7.1.36) 导出

$$\tilde\delta^2\psi(0):=\frac{\tilde\psi(h_j)-2\psi(0)+\psi(-h_j)}{h_j^2}$$

$$=\sum_{k=0}^{n}b_{n,k}\psi(-kh_j)+b_{n,\eta}\psi(\eta h_j), \tag{7.1.42}$$

其中

$$\begin{cases} b_{n,0}=(a_{n,0}-2)/h_j^2,\quad b_{n,1}=(a_{n,1}+1)/h_j^2,\\ b_{n,\eta}=a_{n,\eta}/h_j^2,\quad b_{n,k}=a_{n,k}/h_j^2,\quad k=2,\cdots,n. \end{cases} \tag{7.1.43}$$

最后, 由

$$\tilde\delta^2\psi(0)-\psi''(0)=\frac{\psi(h_j)-2\psi(0)+\psi(-h_j)}{h_j^2}$$

$$-\psi''(0)+\frac{\tilde\psi(h_j)-\psi(h_j)}{h_j^2},$$

结合 (7.1.38), (7.1.40) 及 Taylor 展开式知 (7.1.34) 和 (7.1.35) 成立.　□

引理 7.1.2　对于 $n=1,2,3$, 由 (7.1.42) 定义的系数 $b_{n,k}$ 成立

$$\left(-b_{n,0}-\sum_{k=1}^{n}|b_{n,k}|\right)\div\left(2/h_j^2+\sum_{k=1}^{n}|b_{n,k}|\right)\geqslant c_7>0, \tag{7.1.44}$$

这里 c_7 是与 h_j, η 无关, 但与 n 相关的常数.

证明 对于 $n = 1$, 由 (7.1.37) 算出系数

$$b_{1,\eta} = \frac{2}{\eta(\eta+1)h_j^2}, \quad b_{1,0} = \frac{2}{\eta h_j^2}, \quad b_{1,1} = \frac{2}{(1+\eta)h_j^2},$$

故直接计算 (7.1.44) 左端, 得

$$\left(\frac{2}{\eta h_j^2} - \frac{2}{(1+\eta)h_j^2}\right) \div \left(\frac{2}{h_j^2} + \frac{2}{(1+\eta)h_j^2}\right)$$
$$= \frac{1}{2\eta + \eta^2} \geqslant \frac{1}{3}, \quad \text{当} \eta \in (0,1).$$

故 $n = 1$ 的情形得 $c_7 = \frac{1}{3}$; 其次, 对于 $n = 2$, 算出系数为

$$b_{2,\eta} = \frac{6}{\eta(\eta+1)(\eta+2)h_j^2}, \quad b_{2,0} = -\frac{3-\eta}{\eta h_j^2},$$
$$b_{2,1} = \frac{4-2\eta}{(1+\eta)h_j^2}, \qquad b_{2,2} = -\frac{1-\eta}{(2+\eta)h_j^2}$$

代到 (7.1.44) 左端, 得到

$$\left[\frac{3-\eta}{\eta h_j^2} - \frac{4-2\eta}{(1+\eta)h_j^2} - \frac{1-\eta}{(2+\eta)h_j^2}\right] \div \left[\frac{2}{h_j^2} + \frac{4-2\eta}{(1+\eta)h_j^2} + \frac{1-\eta}{(2+\eta)h_j^2}\right]$$
$$\geqslant \left[\frac{3-\eta}{\eta} - \frac{4-2\eta}{1+\eta} - \frac{1-\eta}{2}\right] \div \left[2 + \frac{4-2\eta}{1+\eta} + \frac{1-\eta}{2}\right]$$
$$= \frac{6-5\eta+2\eta^2+\eta^3}{\eta(13-\eta^2)} \geqslant (6-5\eta+2\eta^2)/13 \geqslant 3/13, \quad \forall \eta \in (0,1),$$

这就证得 $n = 2$ 情形 $c_7 = 3/13$.

最后, 对于 $n = 3$, 计算出系数为

$$b_{3,\eta} = \frac{24}{\eta(1+\eta)(2+\eta)(3+\eta)h_j^2}, \quad b_{3,0} = -\frac{2(2-\eta)}{\eta h_j^2},$$
$$b_{3,1} = \frac{7-5\eta}{(1+\eta)h_j^2}, \quad b_{3,2} = \frac{-4(1-\eta)}{(2+\eta)h_j^2}, \quad b_{3,3} = \frac{1-\eta}{(3+\eta)h_j^2},$$

代到 (7.1.44) 的左端, 得到

$$\left[\frac{2(2-\eta)}{\eta h_j^2} - \frac{7-5\eta}{(1+\eta)h_j^2} - \frac{4(1-\eta)}{(2+\eta)h_j^2} - \frac{1-\eta}{(3+\eta)h_j^2}\right]$$

$$\div \left[\frac{2}{h_j^2} + \frac{7-5\eta}{(1+\eta)h_j^2} + \frac{4(1-\eta)}{(2+\eta)h_j^2} + \frac{1-\eta}{(3+\eta)h_j^2}\right]$$

$$\geqslant \left[\frac{2(2-\eta)}{\eta} - \frac{7-5\eta}{1+\eta} - \frac{4(1-\eta)}{2+\eta} - \frac{1}{3}\right]$$

$$\div \left[2 + \frac{7-5\eta}{1+\eta} + \frac{4(1-\eta)}{2+\eta} + \frac{1}{3}\right]$$

$$\geqslant (24 - 32\eta + 20\eta^2)/(68\eta + 12\eta^2 - 20\eta^3)$$

$$\geqslant (6 - 8\eta + 8\eta^3/3)/(17\eta + 3\eta^2) \geqslant \frac{1}{30}, \quad \eta \in (0,1),$$

故证得 $n=3$ 的情形, $c_7 = \dfrac{1}{30}$.　　$\square$

引理 7.1.3　若 u^h 是差分方程 (7.1.28) 和 (7.1.33) 的解, 并且边界条件 $u^h(x) = 0, \forall x \in \partial\Omega_h$, 则有估计

$$\max_{x \in \Omega_{h,t}} |u^h(x)| \leqslant \frac{b^2}{2} \max_{x \in \Omega_h} |f(x)| + \frac{1}{2c_7} h_0^2 \max_{x \in \Omega_{h,i}} |f(x)|, \tag{7.1.45}$$

其中常数 $b > 0$, 使 $\Omega \subset (-b, b)^s$, c_7 由 (7.1.44) 定义, $h_0 = \max\limits_{1 \leqslant j \leqslant s} h_j$.

证明　由定理 7.1.2, 分解 $u^h = u_2^h + u_3^h$, 其中 u_2^h 满足

$$L^h u_2^h(x) = -\sum_{j=1}^{s} \delta_j^2 u_2^h(x) = f(x), \quad x \in \Omega_h, \tag{7.1.46a}$$

$$u_2^h(x) = 0, \quad x \in \Omega_{h,i} \cup \partial\Omega_h; \tag{7.1.46b}$$

u_3^h 满足

$$-\sum_{j=1}^{s} \delta_j^2 u_3^h(x) = 0, \quad x \in \Omega_h, \tag{7.1.47a}$$

$$-\sum_{j \in J_1} \bar{\delta}_j^2 u_3^h(x) - \sum_{j \in J_2} \delta_j^2 u_3^h(x) = f(x), \quad x \in \Omega_{h,i}, \tag{7.1.47b}$$

$$u_3^h = 0, \quad x \in \partial\Omega_h. \tag{7.1.47c}$$

构造 $u_2^h(x)$ 的强函数

$$U(x) = \left(sb^2 - \sum_{i=1}^{s} x_i^2\right) \max_{x \in \Omega_h} |f(x)|/(2s), \tag{7.1.48}$$

显然, $U(x)$ 是二次函数, 适合

$$-\Delta U(x) = -\sum_{i=1}^{s} \delta_j^2 U(x) = \max_{x \in \Omega_h} |f(x)|, \quad x \in \Omega_h, \tag{7.1.49a}$$

$$U(x) \geqslant 0, \quad x \in \Omega_{h,i} \cup \partial \Omega_h, \tag{7.1.49b}$$

这蕴涵

$$|u_2^h(x)| \leqslant U(x), \quad \forall x \in \Omega_{h,t}. \tag{7.1.50}$$

另外, 由 (7.1.26c),

$$\max_{x \in \Omega_{h,t}} |u_3^h(x)| \leqslant \max_{x \in \Omega_{h,i}} |F^h(x)/D(x)|, \tag{7.1.51}$$

故须从 (7.1.47b) 计算 $D(x), x \in \Omega_{h,i}$. 因为 $x \in \Omega_{h,i}$, 故 $J_1 \neq \varnothing$. 令 $j \in J_1$, 则由 (7.1.42) 导出

$$\bar{\delta}_j^2 u_3^h(x) = \frac{\tilde{u}_3^h(x + h_j e_j) - 2u_3^h(x) + u_3^h(x - h_j e_j)}{h_j^2}$$

$$= \sum_{k=0}^{n} b_{n,k} u^h(x - k h_j e_j), \quad 1 \leqslant n \leqslant 3, \tag{7.1.52}$$

这里已设 $x \in \Omega_{hi}, x + h_j e_j \in \bar{\Omega}$ 及 $u^h(x + \eta h_j e_j) = 0$, 系数 $b_{n,k}$ 是与 x 及 j 有关, 但与 h_j 无关的常数. 于是由 (7.1.44) 得 (7.1.47b) 的系数满足以下估计:

$$D(x) \geqslant \left(-b_{n,0} - \sum_{k=1}^{n} |b_{n,k}| \right) \geqslant c_7 \left(2/h_j^2 + \sum_{k=1}^{n} |b_{n,k}| \right)$$

$$\geqslant 2c_7 h_0^{-2}, \quad 1 \leqslant n \leqslant 3. \tag{7.1.53}$$

因 $u_3^h(x) = 0, \forall x \in \partial \Omega$, 故置 $F^h(x) = f(x)$, 应用 (7.1.51) 得到

$$\max_{\Omega_{h,t}} |u_3^h(x)| \leqslant \max_{\Omega_{h,i}} |f(x)/D(x)| \leqslant \frac{1}{2c_7} h_0^2 \max_{\Omega_{h,i}} |f(x)|. \tag{7.1.54}$$

最后由

$$|u^h(x)| \leqslant |u_2^h(x)| + |u_3^h(x)| \leqslant U(x) + \frac{1}{2c_7} h_0^2 \max_{\Omega_{h,i}} |f(x)|$$

$$\leqslant \frac{b^2}{2} \max_{\Omega_h} |f(x)| + \frac{1}{2c_7} h_0^2 \max_{\Omega_{h,i}} |f(x)|, \quad \forall x \in \Omega_{h,t}, \quad 1 \leqslant n \leqslant 3,$$

证毕. □

定理 7.1.3　若问题 (7.1.27) 有 $\partial\Omega \in C^{5+\sigma}, f \in C^{3+\sigma}(\Omega), g \in C^{5+\sigma}(\partial\Omega), 0 < \sigma < 1$, 插值点数 $n = 2$, 则 (7.1.28) 和 (7.1.33) 的差分方程的近似解 u^h 的误差有多参数渐近展开

$$u^h(x) - u(x) = \sum_{j=1}^{s} w_j(x)h_j^2 + O(h_0^{3+\sigma}), \quad \forall x \in \Omega_h \cup \Omega_{h,i}, \tag{7.1.55}$$

其中 $w_j(x)$ 是与 h 无关的函数.

证明　在定理的假定下, 知 $u \in C^{5+\sigma}(\Omega)$, 且

$$-L^h u_x - \Delta u(x) = \sum_{j=1}^{s} \frac{h_j^2}{12}\frac{\partial^4 u(x)}{\partial x_j^4} + O(h_0^{3+\sigma}), \quad x \in \Omega_h \cup \Omega_{h,i}. \tag{7.1.56}$$

令

$$\frac{1}{12}\frac{\partial^4 u(x)}{\partial x_j^4} = v_j(x) \in C^{1+\sigma}(\Omega), \quad j = 1, \cdots, s,$$

并构造辅助问题

$$\begin{cases} -\Delta w_j(x) = v_j(x), & \text{在}\Omega\text{内}, \\ w_j(x) = 0, & \text{在}\partial\Omega\text{上}, j = 1, \cdots, s. \end{cases} \tag{7.1.57}$$

其解 $w_j(x) \in C^{3+\sigma}$. 从 (7.1.5) 得到

$$-L^h w_j(x) - \Delta w_j(x) = O(h_0^{1+\sigma}), \quad x \in \Omega_h \cup \Omega_{h,i},$$

于是有

$$\begin{aligned} L^h\left(u^h - u - \sum_{j=1}^{s} h_j^2 w_j\right) &= -\Delta u - L^h u - \sum_{j=1}^{s} h_j^2 v_j \\ &= O(h_0^{3+\sigma}), \quad \forall x \in \Omega_h \cup \Omega_{h,i} \end{aligned} \tag{7.1.58a}$$

和

$$u^h - u - \sum_{j=1}^{s} h_j^2 w_j = 0, \quad \forall x \in \partial\Omega. \tag{7.1.58b}$$

由定理 7.1.1 及推论 7.1.1 知 (7.1.55) 成立. □

定理 7.1.3 表明: 若边界与数据光滑, 取插值点 $n = 2$, 可以用一次分裂外推提高精度; 若边界与数据更光滑, 下面定理表明: 取 $n = 3$, 还可以用二次分裂外推得到更高的精度.

定理 7.1.4 若问题 (7.1.27) 的边界 $\partial\Omega \in C^{7+\sigma}$, 数据 $f \in C^{5+6}(\Omega), g \in C^{7+\sigma}(\partial\Omega), 0 < \sigma < 1$, 并且插值点数 $n = 3$, 则 (7.1.28) 与 (7.1.23) 的差分近似解 $u^h(x)$ 的误差有多参数渐近展开

$$u^h(x) - u(x) = \sum_{1 \leqslant |\beta| \leqslant 2} h^{2\beta} w_\beta(x) + O(h_0^{5+\sigma}), \tag{7.1.59}$$

这里 $w_\beta(x)$ 是与 h 无关的函数.

证明 在定理假定下有 $u \in C^{7+\sigma}(\Omega)$, 从 (7.1.34) 得到

$$-L^h u - \Delta^h u = \frac{1}{12}\sum_{j=1}^s h_j^2 \frac{\partial^4 u}{\partial x_j^4} + \frac{1}{360}\sum_{j=1}^s h_j^4 \frac{\partial^6 u}{\partial x_j^6}$$
$$+ O(h_0^{5+\sigma}), \quad 在\Omega_h \cup \Omega_{h,i}内 \tag{7.1.60}$$

令 $\hat{v} = \frac{1}{360}\frac{\partial^6 u}{\partial x_j^6} \in C^{1+\sigma}(\Omega), \hat{w}_j$ 适合

$$\begin{cases} -\Delta\hat{w}_j = \hat{v}_j, & 在\Omega内, \\ \hat{w}_j = 0, & 在\partial\Omega上, \end{cases} \quad j = 1, \cdots, s. \tag{7.1.61}$$

显然 $\hat{w}_j \in C^{5+\sigma}(\Omega)$, 并且

$$-L^h \hat{w}_j - \Delta\hat{w}_j = O(h_0^{1+\sigma}), \quad j = 1, \cdots, s. \tag{7.1.62}$$

令 $\tilde{v}_j = \frac{1}{12}\frac{\partial^4 u}{\partial x^4} \in C^{3+\sigma}(\Omega), \tilde{w}_j$ 适合

$$\begin{cases} -\Delta\tilde{w}_j = \tilde{v}_j, & 在\Omega内 \\ \tilde{w}_j = 0, & 在\partial\Omega上, \end{cases} \quad j = 1, \cdots, s. \tag{7.1.63}$$

显然 $\tilde{w}_j \in C^{5+\sigma}(\Omega)$, 令 $\tilde{w}_j^h$ 是 $\tilde{w}_j$ 的差分近似, 满足

$$\begin{cases} L^h \tilde{w}_j^h = \tilde{v}_j, & 在\Omega \cup \Omega_{h,i}内, \\ \tilde{w}_j^h = 0, & 在\partial\Omega_h上. \end{cases} \tag{7.1.64}$$

故按定理 7.1.3, 必存在与 h 无关函数 $\tilde{w}_{j,k}$ 使成立多参数渐近展开

$$\tilde{w}_j^h(x) - \tilde{w}_j(x) = \sum_{k=1}^s h_k^2 \tilde{w}_{j,k}(x) + O(h_0^{3+\sigma}), \quad x \in \Omega_h \cup \Omega_{h,i}. \tag{7.1.65}$$

应用 (7.1.61)~(7.1.65), 得到

$$
L^h\left(u^h - u - \sum_{j=1}^s \tilde{w}_j^h h_j^2 - \sum_{j=1}^s \hat{w}_j h_j^4\right)
$$

$$
= -\Delta u - L^h u - \sum_{j=1}^s \tilde{v}_j h_j^2 - \sum_{j=1}^s \hat{v}_j h_j^4 + O(h_0^{5+\sigma})
$$

$$
= O(h_0^{5+\sigma}), \quad \text{在} \Omega \cup \Omega_{h,i} \text{内}, \tag{7.1.66a}
$$

$$
u^h - u - \sum_{j=1}^s \tilde{w}_j^h h_j^4 - \sum_{j=1}^s \hat{w}_j h_j^4 = 0, \quad \text{在} \partial\Omega_h \text{上}. \tag{7.1.66b}
$$

于是由定理 7.1.1 和 (7.1.65) 知

$$
u^h - u = \sum_{j=1}^s \tilde{w}_j^h h_j^2 + \sum_{j=1}^s \hat{w}_j h_j^4 + O(h_0^{5+\sigma})
$$

$$
= \sum_{j=1}^s h_j^2\left(\tilde{w} + \sum_{k=1}^s h_k^2 \tilde{w}_{j,k}\right) + \sum_{j=1}^s \hat{w}_j h_j^4 + O(h_0^{5+\sigma}),
$$

$$
\text{在} \Omega \cup \Omega_{h,i} \text{内}, \tag{7.1.67}
$$

合并 (7.1.67) 中 $h_1, \cdots, h_s$ 的同幂项, 并令 $w_\beta(x)$ 是 $h^{2\beta}(1 \leqslant |\beta| \leqslant 2)$ 的系数函数. 便证得 (7.1.59) 成立.　□

注 7.1.1　当 $n \geqslant 4$ 时, 引理 7.1.2 不成立, 这表明由 (7.1.30) 定义的插值多项式只能取 $n \leqslant 3$, 并且只能使用到二次分裂外推, 但是 Marchuk 用更宽的结点间距 $\bar{h} = ph, p$ 是某个适当正整数, 仍可保证在 $n \geqslant 4$ 时, 不等式 (7.1.44) 成立, 但相应的差分格式也更复杂.

注 7.1.2　对于 (7.1.1) 类型的变系数椭圆型差分方程定理 7.1.3 和定理 7.1.4 也成立, 证明的关键仍然是验证极大值原理, 对此可参见 (Bömer, 1981) 的证明.

7.1.3　长方体上差分近似解的误差的多参数渐近展开

考虑半线性椭圆型偏微分方程

$$
\begin{cases} \Delta u = f(x, u), & \text{在} \Omega = \prod_{i=1}^s (0, b_i) \text{内}, \\ u = 0, & \text{在} \partial\Omega \text{上}. \end{cases} \tag{7.1.68}
$$

为了保证 (7.1.28) 存在唯一解, 我们假定 $f(x, u)$ 是 $\Omega \times \mathbb{R}$ 上光滑函数, 并且

$$
f_1(u) = \frac{\partial}{\partial u} f(x, u) \geqslant 0. \tag{7.1.69}
$$

取步长 $h = (h_1, \cdots, h_s), h_i = b_i/N_i, i = 1, \cdots, s$, 令

$$\bar{\Omega}_h = \{x = (x_1, \cdots, x_s) : x_i = jh_i, 0 \leqslant j \leqslant N_i, 1 \leqslant i \leqslant s\},$$

$$\partial\Omega_h = \bar{\Omega}_h \cap \partial\Omega, \quad \Omega_h = \bar{\Omega}_h \setminus \partial\Omega.$$

构造差分算子

$$\Delta^h u(x) = \sum_{k=1}^{s} [u(x + h_k e_k) - 2u(x) + u(x - h_k e_k)]/h_k^2,$$

$$\forall x \in \Omega_h, \tag{7.1.70}$$

及差分方程

$$\Delta^h u^h(x) = f(x, u^h(x)), \quad \text{在} \Omega_h \text{内},$$

$$u^h(x) = 0, \qquad\qquad \text{在} \partial\Omega_h \text{上}. \tag{7.1.71}$$

由于差分方程 (7.1.71) 没有非正则网点存在, 故格式较光滑区域简单, 困难来自如何保证辅问题的光滑性. 以下引理给出解的光滑性条件, 其证明见 [Marchuk et al.1983].

引理 7.1.4 考虑方程

$$\begin{cases} -\Delta u + du = f, & \text{在} \Omega = (0, b_1) \times (0, b_2) \text{内}, \\ u = 0, & \text{在} \partial\Omega \text{上}. \end{cases} \tag{7.1.72}$$

若系数 $d, f \in C^{1+\sigma}(\bar{\Omega}), 0 < \sigma \leqslant 1(\bar{\Omega})$, 并且在矩形角点上 $f(x) = 0$, 则解 $u \in C^{3+\sigma}(\bar{\Omega})$.

引理 7.1.5 若方程 (7.1.72) 的系数 $d, f \in C^{3+\sigma}(\bar{\Omega})$, 并且在矩形角点上满足附加条件 (coherence condition)

$$f(x) = 0, \quad \frac{\partial^2 f}{\partial x_1^2}(x) - \frac{\partial^2 f}{\partial x_2^2}(x) = 0, \tag{7.1.73}$$

则 $u \in C^{5+\sigma}(\bar{\Omega})$.

容易看出引理 7.1.4 与引理 7.1.5 关于在角点的附加条件不仅是充分的, 也是必要的. 事实上, 若 $u \in C^{3+\sigma}(\bar{\Omega})$, 则在角点上,

$$0 = \frac{\partial^2 u(x)}{\partial x_1^2} + \frac{\partial^2 u(x)}{\partial x_2^2} = -f(x); \tag{7.1.74}$$

若 $u \in C^{5+\sigma}(\bar{\Omega})$, 则不仅满足 (7.1.74) 而且角点上还满足

$$0 = \frac{\partial^4 u(x)}{\partial x_1^4} - \frac{\partial^4 u(x)}{\partial x_2^4} = \left(\frac{\partial^2}{\partial x_1^2} - \frac{\partial^2}{\partial x_2^2} \right) \Delta u(x)$$

$$= -\frac{\partial^2 f}{\partial x_1^2}(x) + \frac{\partial^2 f}{\partial x_2^2}(x). \tag{7.1.75}$$

引理 7.1.4 和引理 7.1.5 的结果也可以推广到 s 维上.

引理 7.1.6　方程

$$\begin{cases} -\Delta u + du = f, & \text{在}\,\Omega = \prod_{j=1}^{s}(0,b_j), s \geqslant 3\text{内,} \\ u = 0, & \text{在}\,\partial\Omega\text{上.} \end{cases} \tag{7.1.76}$$

若函数 $d,f \in C^{1+\sigma}(\bar{\Omega})$, 则为了 $u \in C^{3+\sigma}(\bar{\Omega})$ 的必要和充分条件是

$$f(x) = 0, \quad \forall x \in M; \tag{7.1.77}$$

若函数 $d,f \in C^{3+\sigma}(\bar{\Omega})$, 则为了 $u \in C^{5+\sigma}$ 的必要和充分条件是 (7.1.77) 和

$$\frac{\partial^2 f}{\partial x_i^2}(x) = \frac{\partial^2 f}{\partial x_j^2}(x), \quad \forall x \in M, i \neq j, \tag{7.1.78}$$

这里 M 是 Ω 的所有 $k(k \leqslant s-2)$ 维边界的集合.

证明　当 $s=3$ 的情形, 条件必要性是容易证明的. 事实上, 任取棱边上一点, 如取 $A = (a_1,0,0), 0 \leqslant a_1 \leqslant b_2$, 若 $u \in C^{3+\sigma}(\bar{\Omega})$, 则以 A 为顶点作平行于 x_2 和 x_3 坐标轴的直线皆在 $\partial\Omega$ 上, 故由边界条件, 应有

$$0 = \left[\frac{\partial^2 u}{\partial x_1^2} + \frac{\partial^2 u}{\partial x_2^2} + \frac{\partial^2 u}{\partial x_3^2}\right]_{x=A} = f(A). \tag{7.1.79}$$

若 $u \in C^{5+\sigma}(\bar{\Omega})$, 则 A 点的两个内法向向量也在 $\partial\Omega$ 上, 并分别与 x_2 和 x_3 坐标轴平行, 故

$$\begin{aligned} 0 &= \frac{\partial^4 u}{\partial x_2^4}(A) - \frac{\partial^4 u}{\partial x_3^4}(A) = \left(\frac{\partial^2}{\partial x_2^2} - \frac{\partial^2}{\partial x_3^2}\right)\left(\frac{\partial^2}{\partial x_2^2} + \frac{\partial^2}{\partial x_3^2}\right)u|_{x=A} \\ &= \left(\frac{\partial^2}{\partial x_2^2} - \frac{\partial^2}{\partial x_3^2}\right)\left(\frac{\partial^2}{\partial x_1^2} + \frac{\partial^2}{\partial x_2^2} + \frac{\partial^2}{\partial x_3^2}\right)u|_{x=A} \\ &= \frac{\partial^2 f}{\partial x_2^2}(A) - \frac{\partial^2 f}{\partial x_3^2}(A), \end{aligned} \tag{7.1.80}$$

这里用到 $\frac{\partial^2 u}{\partial x_1^2}(A) = 0$. 这就证得 $s=3$ 时顶点和棱边的附加条件是必要的.

为了证明充分性, 任取 $A = (a_1,a_2,a_3) \in \Omega$, 令 $\Omega_1 = \Omega \cap \{x : x_1 = a_1\}$ 是垂直于 x_1 轴并经过 A 的截面和 $u_1(x_2,x_3) = u(a_1,x_2,x_3)$, 显然 u_1 是二维问题

$$\begin{aligned} -\frac{\partial^2 u_1}{\partial x_2^2} - \frac{\partial^2 u_1}{\partial x_3^2} + du_1 &= -\frac{\partial^2 u_1}{\partial x_1^2} - \frac{\partial^2 u_1}{\partial x_2^2} - \frac{\partial^2 u_1}{\partial x_3^2} + du_1 \\ &= f(a_1,x_2,x_3), \quad \text{在}\,\Omega_1\text{内,} \\ u_1 &= 0, \quad \text{在}\,\partial\Omega_1\text{上} \end{aligned} \tag{7.1.81}$$

的解, 并满足引理 7.1.4(或引理 7.1.5) 的附加条件, 这蕴涵 $u(a_1, x_2, x_3)$ 关于 x_2 和 x_3 的三阶 (或五阶) 导数是 Hölder 连续. 因 a_1 可以取 $(0, b_1)$ 中任何值, 故 $u(x_1, x_2, x_3)$ 对固定的 x_1 属于 $C^{3+\sigma}(\Omega_1)$(或 $C^{5+\sigma}(\Omega_1)$), 另一方面考虑问题

$$\frac{\partial^2 v_1}{\partial x_2^2} + \frac{\partial^2 v_1}{\partial x_3^2} + dv_1 = f_{x_1}(a_1, x_2, x_3), \quad \text{在} \Omega_1 \text{内},$$

$$v_1 = 0, \quad \text{在} \partial\Omega_1 \text{上}, \tag{7.1.82}$$

这里 $\dfrac{\partial}{\partial x_1} f(x_1, x_2, x_3) = f_{x_1}(x_1, x_2, x_3)$. 若 $f \in C^{1+\sigma}(\Omega)$, 则 $f_{x_1} \in C^{\sigma}(\Omega)$, 从而 $v_1 \in C^{2+\sigma}(\Omega)$, 但

$$v_1(x_2, x_3) = \frac{\partial u}{\partial x_1}(a_1, x_2, x_3),$$

于是得

$$\frac{\partial^3 u}{\partial x_1 \partial x_2^2}, \frac{\partial^3 u}{\partial x_1 \partial x_3^2}, \frac{\partial^3 u}{\partial x_1 \partial x_2 \partial x_3} \in C^{\sigma}(\Omega).$$

若 $f \in C^{3+\sigma}(\Omega)$, 则 $f_{x_1} \in C^{2+\sigma}(\Omega)$, 易证 $f_{x_1}(a_1, x_2, x_3)$ 在 Ω_1 的四个角点成立:

$$f_{x_1}(a_1, x_2, x_3) = 0, \quad \frac{\partial f_{x_1}}{\partial x_2^2} - \frac{\partial f_{x_1}}{\partial x_3^2} = 0,$$

这就得到 $v_1 \in C^{4+\sigma}(\Omega_1)$, 或者 $D^a u \in C^{\sigma}(\Omega), |a| = 4, \alpha_1 = 1$. 同理, 在过 A 点垂直于 x_2 轴作截面上考虑又可证明 $u(x)$ 的其他混合三阶导数也成立.

对于 $s > 3$ 情形, 定理的结果容易用维数归纳法证明, 这里不再赘述. □

定理 7.1.5 若问题 (7.1.68) 的解 $u \in C^{5+\sigma}(\bar{\Omega})$, 则对应的差分方程 (5.2.71) 的解 u^h 有渐近展开式

$$u^h - u + \sum_{i=1}^{s} h_i^2 w_i = O(h_0^{3+\sigma}), \quad \text{在} \Omega_h \text{上}, \tag{7.1.83}$$

这里 $w_i \in C^{3+\sigma}(\Omega)(i = 1, \cdots, s)$ 是与 h 无关的函数.

证明 因为 $u \in C^{5+\sigma}(\bar{\Omega})$, 故

$$\Delta^h u - \Delta u = \sum_{i=1}^{s} \frac{h_i^2}{12} \frac{\partial^4 u}{\partial x_i^4} + O(h_0^{3+\sigma}), \quad \text{在} \Omega_h \text{上}, \tag{7.1.84}$$

令 $v_i = \dfrac{1}{12} \dfrac{\partial^4 u}{\partial x_i^4} \in C^{1+\sigma}(\bar{\Omega}), i = 1, \cdots, s$, 留意

$$u^h = u + O(h_0^2), \quad \text{在} \Omega_h \text{上},$$

得

$$(\Delta^h - f_1(u))(u^h - u) = f(x, u^h) - f(x, u) - \Delta^h u + \Delta u - f_1(u)(u^h - u)$$

$$= -\sum_{i=1}^{s} h_i^2 v_i + O(h_0^{3+\sigma}), \quad 在\Omega_h上, \tag{7.1.85}$$

构造辅助问题

$$\begin{cases} (\Delta - f_1(u))w_i = v_i, & 在\Omega内, \\ w_i = 0, & 在\partial\Omega上, \quad i = 1, \cdots, s. \end{cases} \tag{7.1.86}$$

今证 $w_i \in C^{3+\sigma}(\bar{\Omega})$, 为此注意 $f_1(u), v_i \in C^{1+\sigma}(\bar{\Omega})$, 故由引理 7.1.6, 仅需证明

$$v_i(x) = 0, \quad \forall x \in M, \tag{7.1.87}$$

这里 M 是所有 $k(\leqslant s-2)$ 维边界点的集合. 事实上, 任取 $x \in M$ 并从 x 点作平行 x_i 轴的充分短的线段 l_i, 显然 $l_i \subset \partial\Omega$, 故由边界条件 (7.1.68) 推出

$$\frac{1}{12}\frac{\partial^4 u}{\partial x_i^4} = v_i(x) = 0, \quad \forall x \in M, \tag{7.1.88}$$

这就得到 $w_i \in C^{3+\sigma}(\bar{\Omega})$, 使用 Taylar 展开式得

$$(\Delta^h - \Delta)w_i = O(h_0^{1+\sigma}). \tag{7.1.89}$$

把 (7.1.86) 与 (7.1.89) 代到 (7.1.85), 导出

$$(\Delta - f_1(u))\left(u^h - u + \sum_{i=1}^{s} h_i^2 w_i\right)$$

$$= -\sum_{i=1}^{s} h_i^2 v_i + \sum_{i=1}^{s} h_i^2(\Delta^h - f_1(u))w_i + O(h_0^{3+\sigma})$$

$$= \sum_{i=1}^{s} h_i^2(\Delta^h - \Delta)w_i + O(h_0^{3+\sigma}) = O(h_0^{3+\sigma}), \quad 在\Omega_h内 \tag{7.1.90a}$$

及

$$u^h - u + \sum_{i=1}^{s} h_i^2 w_i = 0, \quad 在\partial\Omega_h上. \tag{7.1.90b}$$

由离散极大值原理, 这便完成 (7.1.83) 的证明. □

如果 $u \in C^{7+\sigma}(\bar{\Omega})$, 下面定理表明还有高阶的展开式.

定理 7.1.6 若问题 (7.1.68) 的解 $u \in C^{7+\sigma}(\bar{\Omega})$, 则有渐近展开

$$u^h - u - \sum_{1 \leqslant |\beta| \leqslant 2} h_0^{2\beta} w_\beta = O(h_0^{5+\sigma}), \quad 在\Omega_h内, \tag{7.1.91}$$

这里 $\beta = (\beta_1, \cdots, \beta_s), w_\beta \in C^{7-2|\beta|+\sigma}(\Omega)(1 \leqslant |\beta| \leqslant 2)$ 是与 h 无关的函数.

证明 由于 $u \in C^{7+\sigma}(\bar{\Omega})$, 故成立高阶展开式

$$\Delta^k u - \Delta u = \sum_{1 \leqslant |\beta| \leqslant 2} h^{2\beta} V_\beta + O(h_0^{5+\sigma}), \tag{7.1.92}$$

这里 $V_\beta \in C^{5+\sigma-2|\beta|}(\bar{\Omega})$ 是与 h 无关的函数. 利用定理 7.1.5 及 (7.1.92) 导出: 在 Ω 中有

$$\begin{aligned}
&(\Delta^h - f_1(u))(u^h - u) \\
&= f(x, u^h) - f(x, u) - f_1(u)(u^h - u) + \Delta u - \Delta^h u \\
&= \sum_{1 \leqslant |\beta| \leqslant 2} h^{2\beta} \tilde{w}_\beta + O(h_0^{5+\sigma}),
\end{aligned} \tag{7.1.93}$$

这里 $\tilde{w}_\beta \in C^{5+\sigma-2|\beta|}(\bar{\Omega})$ 是与 h 无关的函数.

现在构造辅助方程

$$\begin{aligned}
(\Delta u - f_1(u))w_\beta &= \tilde{w}_\beta, \quad \text{在}\Omega\text{内}, \\
w_\beta &= 0, \quad \text{在}\partial\Omega\text{上}
\end{aligned} \tag{7.1.94}$$

及近似方程

$$\begin{cases}
(\Delta^h - f_1(u))w_\beta^h = \tilde{w}_\beta, & \text{在}\Omega_h\text{内}, \\
w_\beta^h = 0, & \text{在}\partial\Omega_h\text{上},
\end{cases} \tag{7.1.95}$$

今证 $w_\beta \in C^{7+\sigma-2|\beta|}(\bar{\Omega}), 1 \leqslant |\beta| \leqslant 2$. 首先, 考虑 $|\beta| = 2$ 情形, 欲证 $w_\beta \in C^{3+\sigma}(\Omega)$, 由引理 7.1.6 只需证

$$\tilde{w}_\beta(x) = 0, \quad \forall x \in M,$$

这里 M 是 Ω 的所有 $k(\leqslant s-2)$ 维边集合. 为此, 比较 (7.1.93) 与恒等式

$$f(x, u^h) - f(x, u) - f_1(u)(u^h - u) = 0, \quad \forall x \in M, \tag{7.1.96}$$

便知

$$v_\beta(x) = \tilde{w}_\beta(x), \quad \forall x \in M, 1 \leqslant |\beta| \leqslant 2. \tag{7.1.97}$$

若 $|\beta| = 2, v_\beta$ 是 u 的某个 6 阶偏导数, 这便从 $u|_{\partial\Omega} = 0$ 导出 $v_\beta(x) = 0, \forall x \in M$, 于是由引理 7.1.6 得 $w_\beta \in C^{3+\sigma}(\bar{\Omega})$; 其次, 若 $|\beta| = 1$, 今证明 $w_\beta \in C^{5+\sigma}(\bar{\Omega})$, 注意 v_β 是 u 的某个 4 阶偏导数, 故有 $\tilde{w}_\beta(x) = \tilde{v}_\beta(x) = 0, \forall x \in M$ 及

$$\frac{\partial^2 \tilde{w}_\beta}{\partial x_i^2}(x) = \frac{\partial^2 v_\beta}{\partial x_i^2}(x) = 0, \quad \forall x \in M, i = 1, \cdots, s,$$

由引理 7.1.6 便得到 $w_\beta \in C^{5+\sigma}(\bar{\Omega})$. 使用定理 7.1.5, 得到 w_β 的近似解 $w_\beta^h(|\beta|=1)$ 有渐近展开式

$$w_\beta - w_\beta^h = \sum_{|a|=1} h^{2a} w_{\beta a} + O(h_0^{3+\sigma}), \quad 在 \Omega_h 内, \tag{7.1.98}$$

这里 $w_{\beta a}$ 是与 h 无关的函数. 由 (7.1.93) 与 (7.1.95) 得

$$(\Delta^h - f_1(u)) \left(u^h - u - \sum_{1 \leqslant |\beta| \leqslant 2} h^{2\beta} w_\beta^h \right)$$

$$= (\Delta^h - f_1(u)) \left(u^h - u - \sum_{1 \leqslant |\beta| \leqslant 2} h^{2\beta} w_\beta + \sum_{1 \leqslant |\beta| \leqslant 2} h^{2\beta}(w_\beta - w_\beta^h) \right)$$

$$= (\Delta^h - f_1(u)) \left(u^h - u - \sum_{1 \leqslant |\beta| \leqslant 2} h^{2\beta} w_\beta + \sum_{|\beta|=1} \sum_{|a|=1} h^{2(\beta+a)} w_{\beta a} + O(h_0^{5+\sigma}) \right)$$

$$= O(h_0^{5+\sigma}), \quad 在 \Omega_h 内, \tag{7.1.99}$$

合并 w_β 与 $w_{\beta a}$ 关于 h 的同幂项, 从 (7.1.99) 导出

$$(\Delta^h - f_1(u)) \left(u^h - u - \sum_{1 \leqslant |\beta| \leqslant 2} h^{2\beta} w_\beta + O(h_0^{5+\sigma}) \right)$$
$$= O(h_0^{5+\sigma}), \quad 在 \Omega_h 内, \tag{7.1.100a}$$

结合边界条件

$$u^h - u - \sum_{1 \leqslant |\beta| \leqslant 2} h^{2\beta} w_\beta = 0, \quad 在 \partial\Omega 上, \tag{7.1.100b}$$

便由离散极大值原理导出 (7.1.91) 成立. □

注 7.1.3 Marchuk 和 Shaidurov(1983) 认为辅助问题不能满足附加条件, 故高阶展开式即使 $f \in C^{k+a}(\bar{\Omega}), k \geqslant 4$, 也未必成立. 定理 7.1.6 是在假定 $u \in C^{7+a}(\bar{\Omega})$ 条件下证明的. 实际上只要假定 u 更光滑, 还可以证明更高阶的展开式也成立.

7.1.4 算例

例 7.1.1 已知二维 Poisson 方程

$$-\Delta u = f, \quad 在 \Omega = (0,1)^2 内,$$

$$u = 0, 在 \partial\Omega 上, \tag{7.1.101}$$

的精确解是 $u(x,y) = x(1-x)y(1-y)\cos(\pi x/2)\cos(\pi y/2)$. 用五点差分格式离散, 使用 Richardson 外推与类型 1 和类型 2 两种分裂外推结果与计算时间, 结果见表 7.1.1 和表 7.1.2.

表 7.1.1　例 7.1.1 在初始步长取 $h_x = h_y = 1/4$ 的外推数值比较

外推类型 外推次数	Richardson 外推		类型 1		类型 2	
	最大误差	CPU 时间/s	最大误差	CPU 时间/s	最大误差	CPU 时间/s
1	1.230×10^{-5}	0.17	6.564×10^{-5}	0.12	6.564×10^{-5}	0.14
2	4.113×10^{-8}	1.59	6.159×10^{-7}	0.71	5.977×10^{-7}	0.52
3	7.008×10^{-11}	14.60	1.460×10^{-8}	3.80	1.754×10^{-8}	1.80
4	9.6×10^{-14}	125.13	3.215×10^{-10}	17.69	8.865×10^{-9}	4.35
5			8.739×10^{-12}	79.32	5.266×10^{-9}	9.84

表 7.1.2　例 7.1.1 在初始步长取 $h_x = h_y = 1/8$ 的外推数值比较

外推类型 外推次数	Richardson 外推		类型 1		类型 2	
	最大误差	CPU 时间/s	最大误差	CPU 时间/s	最大误差	CPU 时间/s
0	6.111×10^{-4}	0.14	6.111×10^{-4}	0.13	6.111×10^{-4}	0.13
1	8.825×10^{-7}	1.65	4.724×10^{-6}	1.43	4.724×10^{-6}	1.45
2	6.786×10^{-10}	15.10	1.168×10^{-8}	8.16	8.086×10^{-9}	5.74
3			1.729×10^{-10}	40.02	5.635×10^{-9}	17.60
4			3.803×10^{-12}	179.00	9.000×10^{-9}	42.83
5					3.0514×10^{-9}	93.20

本例的解是光滑的, 所以三种外推皆很有效. Richardson 外推虽然稳定性最好, 但随着外推次数增加, 工作量和存贮量急剧增加; 分裂外推尤其是类型 2 的工作量和贮量仅随外推次数缓慢增长, 但稳定性较差, 故高次外推因舍入误的影响而受到限制.

例 7.1.2　解二维 Poisson 方程 (7.1.101), 其精确解 $u(x,y) = \sin(16x+16y)x(1-x)y(1-y)$ 是振荡函数, 使用 Richardson 外推与分裂外推的数值结果比较见表 7.1.3 和表 7.1.4.

本例中初次外推精度改进不大是因为初始步长 h_x 与 h_y 太大, 不能反映函数的振荡性, 但是随着外推次数增加, 分裂外推精度便迅速提高. 尤其是类型 2 的工作量和存贮量仅随分裂次数增加而缓慢增长. Richardson 外推效果很差, 甚至出现了外推次数增加, 精度反而下降情况, 这是由于 Richardson 整体加密导致线性方程组规模太大的缘故.

例 7.1.3　解三维 Poisson 方程

$$\Delta u = f, \quad 在 \Omega = (0,1)^3 内,$$

$$u = 0, \quad \text{在} \partial\Omega \text{上},$$

已知精确解

$$u(x_1, x_2, x_3) = \prod_{i=1}^{3} \left[x_i(1 - x_i) \cos\left(\frac{\pi x_i}{2}\right) \right].$$

使用 Richardson 外推与分裂提高精度, 相关数值比较见表 7.1.5, 存贮量比较见表 7.1.6.

表 7.1.3　例 7.1.2 在初始步长取 $h_x = h_y = 1/4$ 的外推数值比较

外推类型 外推次数	Richardson		类型 1		类型 2	
	最大误差	CPU时间/s	最大误差	CPU时间/s	最大误差	CPU时间/s
0	2.704×10^{-1}	0.02	2.704×10^{-1}	0.02	2.704×10^{-1}	0.02
1	6.110×10^{-2}	0.19	2.823×10^{-1}	0.14	2.823×10^{-1}	0.15
2	2.730×10^{-2}	1.95	9.970×10^{-2}	0.75	1.019×10^{-1}	0.56
3	1.733×10^{-3}	18.04	1.591×10^{-2}	4.23	1.927×10^{-2}	1.83
4	4.895×10^{-4}	152.11	1.122×10^{-3}	19.92	2.227×10^{-3}	4.69
5			4.064×10^{-5}	89.47	1.751×10^{-4}	10.69
6					9.860×10^{-6}	20.76
7					2.696×10^{-6}	37.83

表 7.1.4　例 7.1.2 在初始步长取 $h_x = h_y = 1/8$ 的外推数值比较

外推类型 外推次数	Richardson		类型 1		类型 2	
	最大误差	CPU时间/s	最大误差	CPU时间/s	最大误差	CPU时间/s
1	1.485×10^{-3}	1.86	4.992×10^{-3}	1.79	4.992×10^{-3}	1.64
2	6.040×10^{-3}	17.28	3.538×10^{-4}	9.70	3.518×10^{-4}	6.53
3			1.551×10^{-5}	47.58	1.630×10^{-5}	20.25
4			3.538×10^{-7}	213.64	6.464×10^{-7}	48.49
5					5.578×10^{-8}	105.91

表 7.1.5　例 7.1.3 的外推数值比较 ($h_x = h_y = h_z = 1/4$)

外推类型 外推次数	Richardson		类型 1		类型 2	
	最大误差	CPU时间/s	最大误差	CPU时间/s	最大误差	CPU时间/s
0	3.91×10^{-4}	0.04	3.91×10^{-4}	0.04	3.91×10^{-4}	0.04
1	2.44×10^{-6}	0.71	6.79×10^{-6}	0.52	6.79×10^{-6}	0.49
2	7.61×10^{-9}	13.6	1.90×10^{-7}	2.53	1.90×10^{-7}	2.09
3	3.23×10^{-11}	285.67	5.06×10^{-9}	12.98	5.32×10^{-9}	7.14
4					1.41×10^{-10}	21.94
5					7.89×10^{-12}	57.11

表 7.1.6 例 7.1.3 三种外推占用的存贮量比较

$$(h_x = h_y = h_z = 1/4)$$

外推次数	Richardson	类型 1	类型 2
0	162	162	162
1	1769	339	339
2	16956	945	945
3	149063	2135	2135
4	1250370	4410	3430
5	2048543	9051	5411

例 7.1.4 解 4 维 Poisson 方程

$$\Delta u = f, \quad \text{在}\Omega = (0,1)^4\text{内},$$
$$u = 0, \quad \text{在}\partial\Omega\text{上}.$$

已知精确解

$$u(x_1, x_2, x_3, x_4) = \prod_{i=1}^{4} \left[x_i(1 - x_i)\cos\left(\frac{\pi x_i}{2}\right) \right],$$

有关外推的精度比较, 见表 7.1.7.

表 7.1.7 例 7.1.4 的外推数值比较

$$(h_1 = h_2 = h_3 = h_4 = 1/4)$$

外推类型	Richardson		类型 1		类型 2	
外推次数	最大误差	CPU 时间/s	最大误差	CPU 时间/s	最大误差	CPU 时间/s
0	6.8×10^{-5}	0.18	6.8×10^{-5}	0.14	6.8×10^{-5}	0.14
1	4.76×10^{-7}	8.23	3.24×10^{-6}	1.85	3.24×10^{-6}	1.91
2	2.10×10^{-9}	407.30	8.21×10^{-9}	14.48	8.26×10^{-8}	12.73
3					2.00×10^{-9}	60.86

本例表明维数越高, 分裂外推越有效.

例 7.1.5 解二维散度型非齐次边值问题

$$\frac{\partial}{\partial x}\left(e^{-5x}\frac{\partial u}{\partial x}\right) + \frac{\partial}{\partial y}\left(e^{-5x}\frac{\partial u}{\partial y}\right) = f, \quad \text{在}\Omega = (0,1)^2\text{内},$$
$$u = g, \quad \text{在}\partial\Omega\text{上}.$$

已知精确解 $u = (1 - e^{5(x-1)})\sin(\pi y)$, 其数值结果见表 7.1.8.

表 7.1.8　　例 7.1.5 三种外推误差比较

$$(h_1 = h_2 = 1/4)$$

外推次数 ＼ 外推类型	Richardson		类型 1		类型 2	
	最大误差	CPU时间/s	最大误差	CPU时间/s	最大误差	CPU 时间/s
0	2.22×10^{-2}	0.09	2.22×10^{-2}	0.02	2.22×10^{-2}	0.05
1	3.68×10^{-4}	0.23	1.48×10^{-3}	0.15	1.48×10^{-3}	0.20
2	1.73×10^{-6}	1.96	2.74×10^{-5}	1.22	2.72×10^{-5}	0.60
3	3.93×10^{-9}	105.13	3.96×10^{-7}	11.03	5.33×10^{-7}	2.08
4	2.68×10^{-12}	591.71	3.75×10^{-9}	47.42	8.57×10^{-9}	7.88
5	3.0×10^{-15}	1282.95	1.76×10^{-11}	274.8	1.14×10^{-10}	22.78
6					1.20×10^{-12}	52.85
7					3.00×10^{-14}	155.45

7.2　两点边值问题的差分方程解的高精度校正法

在 7.1 节已经阐述二阶偏微分方程的差分方法仅有 $O(h^2)$ 阶精度, 只有通过外推才能够得到高精度, 但是外推的前提除了误差必须拥有高阶的渐近展开, 还需要解细网格方程, 其计算量相应加大. 本节阐述差分方程的高精度校正法, 只需要构造一个新型差分方程, 经过简单校正计算便得到 $O(h^4)$ 的高精度, 校正几乎不增加计算量, 因此校正方法更节省.

校正方法最早由林群、吕涛基于二维 Laplace 算子的九点差分格式提出 (Lin et al., 1984a). 对于一维变系数方法则是由 Samarsky 和 Andreev(1976) 提出, 并且应用于构造两点边值问题的四阶差分格式. 吕涛等进一步推广 Samarsky 的方法应用于二维变系数线性与非线性散度椭圆型偏微分方程和特征值问题(1990), 此外, 借助 Laplace 反演技巧, 校正方法还可以应用于发展方程.

7.2.1　一维问题的高精度差分格式

考虑两点边值问题

$$\frac{\mathrm{d}}{\mathrm{d}x}\left(\frac{1}{p(x)}\frac{\mathrm{d}u}{\mathrm{d}x}\right) = -f(x), \quad 0 < x < 1,$$

$$u(0) = u(1) = 0, \tag{7.2.1}$$

已知

$$p(x) > c > 0,$$

并且 $p(x)$ 在 $(0,1]$ 上连续可导, $f(x)$ 连续. 为了构造 (7.2.1) 的差分方程, 取步长

$h = 1/N, N$ 是正整数, $ih(i = 0, 1, \cdots, N)$ 是结点, 定义前、后差分算子

$$\delta_x u = \frac{1}{h}(u(x + h) - u(x)),$$

$$\delta_{\bar{x}} u = \frac{1}{h}(u(x) - u(x - h)). \tag{7.2.2}$$

令

$$Lu = \frac{\mathrm{d}}{\mathrm{d}x}\left(\frac{1}{p(x)}\frac{\mathrm{d}u}{\mathrm{d}x}\right), \tag{7.2.3}$$

令 $a_i = a(ih), a(x)$ 是待定函数. 称差分算子

$$\begin{aligned}
\Lambda u &= \delta_x\left(\frac{1}{a(x)}\delta_{\bar{x}} u\right)\\
&= \frac{1}{h}\left(\frac{1}{a_{i+1}}\frac{u_{i+1} - u_i}{h} - \frac{1}{a_i}\frac{u_i - u_{i-1}}{h}\right),\\
& i = 1, \cdots, N - 1
\end{aligned} \tag{7.2.4}$$

是 Lu 的二阶逼近, 如果成立

$$\Lambda u - Lu = O(h^2). \tag{7.2.5}$$

容易证明: 为了 (7.2.5) 成立的充分必要条件是函数 $a(x)$ 满足条件

$$\frac{1}{2}\left[\frac{1}{a(x + h)} + \frac{1}{a(x)}\right] = \frac{1}{p(x)} + O(h^2),$$

$$\frac{1}{h}\left[\frac{1}{a(x + h)} - \frac{1}{a(x)}\right] = \left(\frac{1}{p(x)}\right)' + O(h^2), \tag{7.2.6}$$

显然, 只要取 $a(x) = p(x)$,(7.2.6) 被满足. Samarsky 证明如果取 $a(x)$ 是 $p(x)$ 的扰动, 例如取

$$a(x) = \bar{p}(x) + \frac{h^2}{24}\bar{p}''(x) + O(h^4), \tag{7.2.7}$$

其中 $\bar{p}(x) = p(x - h/2)$, 那么由 (7.2.7) 构造的差分算子 (7.2.4) 有逼近性质

$$\Lambda u - Lu = \frac{h^2}{12}L(pLu) + O(h^4), \tag{7.2.8}$$

为此, 可以使用 Taylor 展开验证, 详细可见专著 (Samarsky et al.,1976). 注意若 u 是 (7.2.1) 的解, 则

$$L(pLu) = L(pf) = \Lambda(pf) + O(h^2), \tag{7.2.9}$$

据此可以构造 (7.2.1) 的四阶差分格式

$$\Lambda u_i^h = \delta_x\left(\frac{1}{a}\delta_{\bar{x}} u_i^h\right) = -f_i - \frac{h^2}{12}\Lambda(pf)_i,$$

$$i = 1, \cdots, N - 1, \tag{7.2.10}$$

这里 u_i^h 是 $u(ih)$ 的近似, 并且 $u_0^h = u_N^h = 0$, 其误差有

$$u_i^h - u(ih) = O(h^4), \quad i = 1, \cdots, N - 1.$$

一个比解 (7.2.10) 更简单的方法是校正法: 先解方程

$$\Lambda v_i^h = -f_i, \quad i = 1, \cdots, N - 1,$$

$$v_0^h = \frac{h^2}{12} p(0) f(0), \quad v_N^h = \frac{h^2}{12} p(1) f(1), \tag{7.2.11}$$

然后校正得到

$$u_i^h = v_i^h - \frac{h^2}{12} (pf)_i, \quad i = 1, \cdots, N - 1. \tag{7.2.12}$$

显然, 有许多方法得到 (7.2.7) 的 $a(x)$, 一个简单方便的方法是构造网函数

$$a_i = \frac{1}{6} (p_{i-1} + 4p_{i-1/2} + p_i), \tag{7.2.13}$$

容易检验, 如此构造的 a_i 满足 (7.2.7).

7.2.2　Sturm-Liouville 特征值问题的四阶差分法

7.2.1 节的方法可用于构造 Sturm-Liouville 特征值问题的四阶差分格式, 为此考虑特征值问题

$$\frac{\mathrm{d}}{\mathrm{d}x} \left(\frac{1}{p(x)} \frac{\mathrm{d}u}{\mathrm{d}x} \right) + (\lambda q - r)u = 0, \quad 0 < x < 1,$$

$$u(0) = u(1) = 0, \tag{7.2.14a}$$

并要求特征函数满足

$$(u, u) = \int_0^1 u^2 \mathrm{d}x = 1, \tag{7.1.14b}$$

这里

$$p(x) > c > 0, q(x) \geqslant 0, r(x) \geqslant 0, \quad \forall x \in [0, 1].$$

令步长 $h = 1/(N+1)$, $\Omega_h = \{x_i = ih, i = 1, \cdots, N\}$ 是网格点, $a(x)$ 是由 (7.2.7) 或 (7.2.13) 确定的函数, 定义微分算子

$$Mu = \left(\frac{1}{p} u' \right)' \tag{7.2.15}$$

与差分算子

$$M_h u = \delta_x \left(\frac{1}{a(x)} \delta_{\bar{x}} u \right). \tag{7.2.16}$$

由 (7.2.8) 成立

$$M_h u - M u = \frac{h^2}{12} M(pMu) + O(h^4). \tag{7.2.17}$$

为了导出 (7.2.14) 的高精度差分格式, 首先定义差分算子

$$\tilde{M}_h u = M_h u - \frac{h^2}{12} pr M_h u - \frac{h^2}{12} M_h(pru) + \frac{h^2}{12} pr^2 u, \tag{7.2.18}$$

再构造近似特征值问题

$$\begin{cases} (\tilde{M}_h + \lambda_h q - r)u_h = 0, & \text{在 } \Omega_h \text{上}, \\ u_h(0) = u_h(1) = 0, & (u_h, u_h)_h = 1, \end{cases} \tag{7.2.19}$$

其中 u_h 是网函数,

$$(u_h, u_h)_h = h^2 \sum_{i=0}^{N+1} u_h^2(ih)$$

是离散范数. 由于 $\tilde{M}_h$ 是 M_h 的扰动, 因此近似特征值问题 (7.2.19) 有 $O(h^2)$ 精度. 但是下面定理表明经过校正后达到 $O(h^4)$ 精度.

定理 7.2.1(Shih et al.,1989) 若 λ 是问题 (7.2.14) 特征值, λ_h 作为 λ 的近似是问题 (7.2.19) 的对应特征值, 则有

$$\tilde{\lambda}_h = \lambda_h + \frac{h^2}{12} \frac{(pq^2 u_h, u_h)_h}{(qu_h, u_h)_h} \lambda_h^2 = \lambda + O(h^4). \tag{7.2.20}$$

证明 令 u 是 (7.2.14) 的特征函数, λ 是对应的特征值, 由于 $\tilde{M}_h u$ 是 M_h 的 $O(h^2)$ 项下的扰动, 故

$$\lambda_h = \lambda + O(h^4),$$

经过直接计算, 得到

$$\begin{aligned}
(\tilde{M}_h + \lambda_h q - r)u &= \tilde{M}_h u + (\lambda q - r)u + (\lambda_h - \lambda)qu \\
&= M_h u - M u - \frac{h^2}{12} pr M_h u - \frac{h^2}{12} M_h(pru) \\
&\quad + \frac{h^2}{12} pr^2 u + (\lambda_h - \lambda)qu \\
&= \frac{h^2}{12} M(pMu) - \frac{h^2}{12} pr M u - \frac{h^2}{12} M(pru) \\
&\quad + \frac{h^2}{12} pr^2 u + (\lambda_h - \lambda)qu + O(h^4) \\
&= \frac{h^2}{12}(M - r)[p(M - r)u] + (\lambda_h - \lambda)qu + O(h^4) \\
&= -\frac{h^2}{12} \lambda_h(\tilde{M}_h - r)pqu + (\lambda_h - \lambda)qu + O(h^4). \tag{7.2.21}
\end{aligned}$$

令 u_h 是 (7.2.19) 的特征函数, 在 (7.2.21) 两端与 u_h 作离散内积, 注意 $\tilde{M}_h$ 是对称算子, 得

$$0 = \frac{h^2}{12}\lambda_h^2(pqu, qu_h)_h + (\lambda_h - \lambda)(qu_h, qu_h)_h + O(h^4), \qquad (7.2.22)$$

由此导出 (7.2.20) 的证明. □

推论 7.2.1　若 $p(x)q(x) = 1, \forall x \in [0,1]$, 则 (7.2.20) 简化为

$$\tilde{\lambda}_h = \lambda_h + \frac{h^2}{12}\lambda_h^2 = \lambda + O(h^4). \qquad (7.2.23)$$

推论 7.2.2　若 h 充分小, 则近似特征值有上、下界估计

$$\lambda_h + \frac{h^2}{12}\lambda_h^2 \min_{0\leqslant x\leqslant 1}(p(x)q(x)) \leqslant \lambda \leqslant \lambda_h + \frac{h^2}{12}\lambda_h^2 \max_{0\leqslant x\leqslant 1}(p(x)q(x)). \qquad (7.2.24)$$

为了改善特征函数的精度, 假定 u_h 已经解出, 构造离散线性方程: 求 v_h 满足

$$\begin{cases} (\tilde{M}_h + \lambda_h q - r)v_h = \left(pq - \frac{(pq^2u_h, u_h)_h}{(qu_h, u_h)_h}\right)qu_h, & \text{在}\Omega_h\text{上}, \\ v_h(0) = v_h(1) = 0, & (v_h, u_h)_h = 1. \end{cases} \qquad (7.2.25)$$

容易证明: 只要 λ_h 是 (7.2.19) 的简单特征值, 则 (7.2.25) 有唯一解.

定理 7.2.2(Shih et al.,1989)　若 λ_h 是 (7.2.19) 的简单特征值, v_h 是 (7.2.25) 的解, 则

$$\tilde{u}_h = u_h - \frac{h^2}{12}\lambda_h pqu_h + \frac{h^2}{12}\lambda_h^2 v_h + \frac{h^2}{12}\lambda_h^2(pq^2u_h, u_h)_h u_h$$
$$= u + O(h^4). \qquad (7.2.26)$$

证明　由 (7.2.20), (7.2.21) 和 $u_h = u + O(h^4)$, 导出

$$(\tilde{M}_h + \lambda_h q - r)u = -\frac{h^2}{12}\lambda_h(\tilde{M}_h + \lambda_h q - r)pqu_h + \frac{h^2}{12}\lambda_h^2 pq^2u_h$$
$$- \frac{h^2}{12}\lambda_h^2 \frac{(pq^2u_h, u_h)_h}{(qu_h, u_h)_h}qu_h + O(h^4).$$

应用 (7.2.19), 又有

$$(\tilde{M}_h + \lambda_h q - r)\left(u + \frac{h^2}{12}\lambda_h pqu_h - \varepsilon_h u_h\right)$$
$$= \frac{h^2}{12}\lambda_h^2\left(pq - \frac{(pq^2u_h, u_h)_h}{(qu_h, u_h)_h}\right)qu_h + O(h^4), \qquad (7.2.27)$$

其中 ε_h 是待定系数, 在下面确定. 应用 (7.2.25), (7.2.27) 简化为

$$(\tilde{M}_h + \lambda_h q - r)\left(u + \frac{h^2}{12}\lambda_h pqu_h - \frac{h^2}{12}\lambda_h^2 v_h - \varepsilon_h u_h\right)$$
$$= O(h^4), \quad \text{在}\,\Omega_h\text{上}. \tag{7.2.28}$$

置

$$w = u + \frac{h^2}{12}\lambda_h pqu_h - \frac{h^2}{12}\lambda_h^2 v_h - \varepsilon_h u_h, \tag{7.2.29a}$$

显然

$$w(0) = w(1) = 0. \tag{7.2.29b}$$

现在选择 ε_h 使 $(w, u_h)_h = 0$. 由于 $(v_h, u_h)_h = 0, (u_h, u_h)_h = 1$, 于是得到

$$\varepsilon_h = (u, u_h)_h + \frac{h^2}{12}\lambda_h(pqu_h, u)_h,$$

又因为 $(u, u_h)_h = 1 + O(h^4)$, 得

$$\varepsilon_h = 1 + \frac{h^2}{12}\lambda_h(pqu_h, u)_h + O(h^4). \tag{7.2.30}$$

因此, (7.2.2) 和 (7.2.29) 蕴涵 $w = O(h^4)$. 代 (7.2.30) 到 (7.2.29a) 便得到

$$u - u_h + \frac{h^2}{12}\lambda_h pqu_h - \frac{h^2}{12}\lambda_h^2 v_h - \frac{h^2}{12}\lambda_h(pqu_h, u_h)_h u_h = O(h^4), \tag{7.2.31}$$

即定理被证明. $\quad\square$

推论 7.2.3 若 $p(x)q(x) = 1, \forall x \in [0, 1]$, 则

$$u_h = u + O(h^4). \tag{7.2.32}$$

证明 若 $p(x)q(x) = 1, \forall x \in [0, 1]$, 则容易由 (7.2.25) 得到 $v_h = 0$, 故由 (7.2.31) 得到 (7.2.32) 的证明. $\quad\square$

定理 7.2.2 的特征函数的校正代价是解线性方程 (7.2.25), 相比解特征值问题计算量小, 而校正后的特征函数 $\tilde{u}_h$ 有 $O(h^4)$ 的高精度.

例 7.2.1 考虑特征值问题

$$-\frac{\mathrm{d}}{\mathrm{d}x}\left((2\alpha x + 1)^2\frac{\mathrm{d}u}{\mathrm{d}x}\right) + \lambda u = 0, \quad 0 < x < 1,$$
$$u(0) = u(1) = 0, \tag{7.2.33}$$

其中 $\alpha = (\mathrm{e}^2 - 1)/2$. 已知精确特征值是

$$\lambda_n = (1 + n^2\pi^2)\alpha^2, \quad n = 1, 2, \cdots,$$

最小特征值 $\lambda_1 = 110.924$.

此情形, $p(x) = 1/(2\alpha x + 1)^2, q(x) = 1, r(x) = 0$. 定义差分算子

$$\tilde{M}_h u(x) = \frac{1}{h^2}\left\{\frac{1}{a(x+h)}u(x+h) - \left(\frac{1}{a(x+h)} + \frac{1}{a(x)}\right)u(x)\right.$$
$$\left. + \frac{1}{a(x)}u(x+h)\right\}, \quad x \in \Omega_h,$$

这里

$$a(x) = \frac{1}{6}\left\{p(x) + 4p\left(x - \frac{h}{2}\right) + p(x - h)\right\}. \tag{7.2.34}$$

使用反幂法求最小特征值, 相关结果见表 7.2.1.

表 7.2.1　例 7.2.1 校正前后的误差比较

$N+1$	$|\lambda_1 - \lambda_{1h}|$	r_1	$|\lambda_1 - \tilde{\lambda}_{1h}|$	r_2
32	0.1693		0.5283×10^{-2}	
64	0.4337×10^{-1}	3.904	0.3364×10^{-3}	15.719
128	0.1091×10^{-1}	3.975	0.2112×10^{-4}	15.928
256	0.2731×10^{-2}	3.995	0.1321×10^{-5}	15.988

这里 $r_1 = |\lambda_1 - \lambda_{1h}|/|\lambda_1 - \lambda_{1h/2}|$, 理论值为 4; $r_2 = |\lambda_1 - \tilde{\lambda}_{1h}|/|\lambda_1 - \tilde{\lambda}_{1h/2}|$, 理论值为 16. 可见校正十分有效.

例 7.2.2　考虑特征值问题

$$-\frac{\mathrm{d}}{\mathrm{d}x}\left(x\frac{\mathrm{d}u}{\mathrm{d}x}\right) + \lambda x u = 0, \quad 1 < x < 2,$$
$$u(1) = u(2) = 0, \tag{7.2.35}$$

这里 $p(x) = 1/x, q(x) = x, r(x) = 0$. 相关结果见表 7.2.2.

表 7.2.2　例 7.2.2 校正前后的误差比较

$N+1$	$|\lambda_1 - \lambda_{1h}|$	r_1	$|\lambda_1 - \tilde{\lambda}_{1h}|$	r_2
32	0.7739×10^{-1}		0.9908×10^{-5}	
64	0.1935×10^{-2}	3.999	0.6200×10^{-6}	15.981
128	0.4838×10^{-3}	3.999	0.3900×10^{-7}	15.897
256	0.1210×10^{-3}	3.998	0.2654×10^{-8}	15.892

7.2.3 拟线性两点边值问题的四阶差分法

考虑拟线性两点边值问题

$$\frac{\mathrm{d}}{\mathrm{d}x}\left(\frac{1}{p(u)}\frac{\mathrm{d}u}{\mathrm{d}x}\right) = f(u), \quad 0 < x < 1,$$
$$u(0) = u(1) = 0, \tag{7.2.36}$$

其中 $p(u) = p(u, x), f(u) = f(u, x)$.

为了导出 (7.2.36) 的四阶差分法, 取步长 $h = 1/(N+1)$, 定义

$$a(u(x)) = \begin{cases} \dfrac{13}{24}[p(u(x)) + p(u(x-h))] \\ \quad -\dfrac{1}{24}[p(u(x+h)) + p(u(x-2h))], \quad x = ih, i = 2, \cdots N, \\ \dfrac{1}{24}[9p(u(x-h)) + 19p(u(x)) \\ \quad -5p(u(x+h)) + p(u(x+2h))], \quad x = h. \end{cases} \tag{7.2.37}$$

使用 Taylor 展开, 容易证明

$$a(u(x)) = \bar{p}(u(x)) + \frac{h^2}{24}\bar{p}''(u(x)) + O(h^4), \tag{7.2.38}$$

这里

$$\bar{p}(u(x)) = \bar{p}\left(u\left(x - \frac{h}{2}\right)\right).$$

构造差分算子

$$M_h(v)u = \delta_x\left(\frac{1}{a(v)}\delta_{\bar{x}}u\right) \tag{7.2.39}$$

及对应的非线性差分方程

$$M_h(u_h)u_h = f(u_h) + \frac{h^2}{12}M_h(u_h)(p(u_h)f(u_h)),$$
$$u_h(0) = u_h(1) = 0, \tag{7.2.40}$$

这里 $f(u_h) = \{f(x_1, u_h(x_1)), \cdots, f(x_N, u_h(x_N))\}$ 是向量, $x_i = ih, i = 0, \cdots, N+1$.

类似于 (7.2.17) 容易证明

$$(M_h(u) - M(u))u = \frac{h^2}{12}M(u)(p(u)M(u)u) + O(h^4). \tag{7.2.41}$$

回顾二阶常微分方程

$$F(x, u, u', u'') = 0 \tag{7.2.42}$$

满足极大值原理, 如果成立

$$F_u(x, u, u', u'') \leqslant 0 \qquad (7.2.43)$$

和

$$F_{u''}(x, u, u', u'') > 0, \qquad (7.2.44)$$

这里 $u' = \dfrac{\mathrm{d}u}{\mathrm{d}x}, u'' = \dfrac{\mathrm{d}^2 u}{\mathrm{d}x^2}, F_u = \dfrac{\partial F}{\partial u}$ 和 $F_{u''} = \dfrac{\partial F}{\partial u''}$. 因此, 对于问题 (7.2.36) 作如下假设:

(A_1)　存在常数 $\alpha > 0$, 使 $k(x) = \dfrac{1}{p(x)} > \alpha > 0, \forall x \in (-\infty, \infty)$.

(A_2)　令 u 是 (7.2.36) 的解, $k(u)$ 关于 u 二次可导, 并且

$$k_1(u)u'' + k_2(u)(u')^2 - f_1(u) < 0, \qquad (7.2.45)$$

这里

$$k_1(u) = \frac{\partial k(u, x)}{\partial u}, \quad k_2(u) = \frac{\partial^2 k(u, x)}{\partial u^2}, \quad f_1(u) = \frac{\partial f(u, x)}{\partial u}.$$

　　定理 7.2.3(Shih et al.,1994)　在条件 (A_1) 和 (A_2) 的假定下, 差分方程 (7.2.40) 的解有误差估计

$$u_h(x) - u(x) = O(h^4), \quad \forall x = ih, i = 0, \cdots, N + 1. \qquad (7.2.46)$$

　　证明　首先使用离散极大值原理, 容易导出

$$u_h(x) - u(x) = O(h^2), \quad \forall x = ih, i = 0, \cdots, N + 1. \qquad (7.2.47)$$

令 $\theta = u_h - u, A(u) = \dfrac{1}{a(u)}$ 和 $A_1(u) = \dfrac{\partial A(u)}{\partial u}$, 于是由 (7.2.47) 与假设 ($A_1$) 和 ($A_2$) 得到

$$
\begin{aligned}
M_h(u)\theta =& M_h(u)u_h - f(u) - \frac{h^2}{12} M_h(u)(p(u)M(u)u) + O(h^4) \\
=& (M_h(u)u_h - M_h(u_h))u_h + f(u_h) + \frac{h^2}{12} M_h(u_h)(f(u_h)p(u_h)) \\
& - f(u) - \frac{h^2}{12} M_h(u)(f(u)p(u)) + O(h^4) \\
=& -\delta_x(A_1(u)\theta\delta_{\bar{x}}u_h) + f_1(u)\theta + O(h^4) \\
=& -\delta_x(A_1(u)\theta\delta_{\bar{x}}u) + f_1(u)\theta + O(h^4).
\end{aligned} \qquad (7.2.48)
$$

定义

$$L_h(u)\theta = M_h(u)\theta + \delta_{\bar{x}}(A_1(u)\theta\delta_x u) - f_1(u)\theta,$$

于是由 (7.2.48) 得到

$$L_h(u)\theta|_{x=ih} = O(h^4), \qquad (7.2.49)$$

或者

$$
\begin{aligned}
L_h(u)\theta|_{x=ih} =& \frac{1}{h^2}\{A(u_i)\theta_{i-1} - (A(u_i) + A(u_{i+1}))\theta_i + A(u_{i+1})\theta_{i+1}\} \\
& + \frac{1}{h^2}\{A_1(u_i)\theta_i u_{i-1} - (A_1(u_i)\theta_i + A(u_{i+1})\theta_{i+1})u_i \\
& + A_1(u_{i+1})\theta_{i+1}u_{i+1}\} - f_1(u_i)\theta_i \\
=& \frac{1}{h^2}\{A(u_i)\theta_{i-1} - [A(u_i) + A(u_{i+1}) + A_1(u_i)(u_i - u_{i-1}) + h^2 f_1(u_i)]\theta_i \\
& + [A(u_{i+1}) + A_1(u_{i+1})(u_{i+1} - u_i)]\theta_{i+1}\}, \quad i = 1, \cdots, N, \quad (7.2.50)
\end{aligned}
$$

其中, $\theta_0 = \theta_1 = 0$.

显然, 在 (A_1) 的假定下, 欲 $L_h(u)$ 满足离散极大值原理等价于

$$
-\{A_1(u_i)u_{i-1} - [A_1(u_i) + A(u_{i+1})]u_i + A_1(u_{i+1})u_{i+1}\} + h^2 f_1(u_i) \geqslant 0
$$

$$
i = 1, \cdots, N, \quad (7.2.51)
$$

或

$$
-\delta_x(A_1(u)\delta_{\bar{x}}u)|_{x=ih} + f_1(u)|_{x=ih} \geqslant 0, \quad i = 1, \cdots, N. \quad (7.2.52)
$$

注意 (7.5.52) 恰好是微分不等式

$$
-\frac{\mathrm{d}}{\mathrm{d}x}\left(k_1(u)\frac{\mathrm{d}u}{\mathrm{d}x}\right) + f_1(u) > 0, \quad (7.2.53)
$$

的离散模拟, 由假设 (A_2), 只要 h 充分小, (7.2.52) 必定成立. 这蕴涵 θ 满足差分方程

$$
\begin{cases}
L_h(u)\theta|_{x=ih} = O(h^4), \quad i = 1, \cdots, N, \\
\theta_0 = \theta_1 = 0.
\end{cases} \quad (7.2.54)
$$

应用离散极大值原理便得到定理的证明. $\quad\square$

7.3 多维椭圆型微分方程的高精度校正法

7.3.1 二维 Laplace 算子的差分格式

二维 Laplace 算子

$$
\Delta u = \frac{\partial^2 u}{\partial x^2} + \frac{\partial^2 u}{\partial y^2} \quad (7.3.1)
$$

在步长为 h 的正方形网格上的差分逼近, 有五点差分格式, 其构造如下: 设 P 是网点, E, N, W 和 S 分别是与 P 相邻的东、北、西和南的四个网点, 则定义

$$
\Delta_h U = \frac{1}{h^2}[U(E) + U(N) + U(W) + U(S) - 4U(P)] \quad (7.3.2)
$$

称为正五点差分算子, 为了直观起见通常使用框图描述为

$$\Delta_h U = \frac{1}{h^2} \begin{bmatrix} 0 & 1 & 0 \\ 1 & -4 & 1 \\ 0 & 1 & 0 \end{bmatrix} U \tag{7.3.3}$$

使用 Taylor 展开容易证明微分算子与差分算子之间有渐近展开

$$\Delta_h u(P) - \Delta u(P) = \frac{h^2}{12}[u_{xxxx}(P) + u_{yyyy}(P)] + O(h^4), \tag{7.3.4}$$

余项与 u 的 6 阶偏导数相关. 又可以定义斜五点差分算子, 其框图描述为

$$\Delta_h^* U = \frac{1}{2h^2} \begin{bmatrix} 1 & 0 & 1 \\ 0 & -4 & 0 \\ 1 & 0 & 1 \end{bmatrix} U, \tag{7.3.5}$$

使用 Taylor 展开容易证明渐近展开

$$\Delta_h^* u(P) - \Delta u(P) = \frac{h^2}{12}[u_{xxxx}(P) + 6u_{xxyy}(P) + u_{xxxx}(P)] + O(h^4). \tag{7.3.6}$$

另外, 组合正、斜五点格式, 构造九点差分算子

$$\Delta_h^{(9)} = \frac{2}{3}\Delta_h + \frac{1}{3}\Delta_h^*, \tag{7.3.7}$$

其框图描述为

$$\Delta_h^{(9)} U = \frac{1}{6h^2} \begin{bmatrix} 1 & 4 & 1 \\ 4 & -20 & 4 \\ 1 & 4 & 1 \end{bmatrix} U, \tag{7.3.8}$$

相应的渐近展开为

$$\begin{aligned} \Delta_h^{(9)} u(P) - \Delta u(P) = {} & \frac{h^2}{12}\Delta^2 u(P) + \frac{2}{6!}h^4[\Delta^3 u + 2(\Delta u)_{xxyy}(P)] \\ & + \frac{2}{3}\frac{h^6}{8!}[3\Delta^4 u + 16(\Delta^2 u)_{xxyy}(P) \\ & + 20u_{xxxxyyyy}(P)] + \cdots . \end{aligned} \tag{7.3.9}$$

(7.3.9) 蕴涵对于调和函数九点差分格式逼近 Δu 达 $O(h^6)$. 并且格式是盒式的, 满足离散极大值原理. 下面将使用 $\Delta_h^{(9)}$ 构造高精度校正方法.

7.3.2 二维半线性问题的高精度校正法

考虑二维半线性 Diichlet 边值问题

$$\begin{cases} \Delta u = f(x, u), & \text{在}\,\Omega\text{内}, \\ u = g, & \text{在}\,\partial\Omega\text{上}. \end{cases} \tag{7.3.10a}$$

取步长 h, 构造正方形网格, 并且令 Ω_h 是 Ω 内的网点集合, 假定 Ω_h 是正则的, 即 $P \in \Omega_h$, 则与 P 相邻的 8 个网点在 $\Omega \cup \partial\Omega$ 上. 假定

$$f_1(u) = \frac{\partial f(x, u)}{\partial u} \geqslant 0. \tag{7.3.10b}$$

现在解非线性九点差分方程

$$\begin{cases} \Delta_h^{(9)} u_h = f(x, u_h) + \dfrac{h^2}{12} f_1(x, u_h) f(x, u_h), & \text{在}\,\Omega_h\text{内}, \\ u = g - \dfrac{h^2}{12} f(x, g), & \text{在}\,\partial\Omega_h\text{上}, \end{cases} \tag{7.3.11}$$

一旦 u_h 被解出, 那么校正解

$$\hat{u}_h = u_h + \frac{h^2}{12} f(x, u_h). \tag{7.3.12}$$

下面定理将证明 $\hat{u}_h$ 有 $O(h^4)$ 阶精度, 由于校正过程几乎不增加工作量, 因此方法十分有效.

定理 7.3.1(Lin et al.,1984b)　若问题 (7.3.11) 的解 u_h 是问题 (7.3.10) 的解 u 的近似, 则有误差估计

$$u - \hat{u}_h = O(h^4). \tag{7.3.13}$$

证明　固定 u 构造辅助线性差分方程

$$\begin{cases} \Delta_h^{(9)} \tilde{u}_h = f(x, u), & \text{在}\,\Omega_h\text{内}, \\ \tilde{u}_h = g - \dfrac{h^2}{12} f(x, g), & \text{在}\,\partial\Omega_h\text{上}, \end{cases} \tag{7.3.14}$$

应用 (7.3.9), 容易证明

$$u - \tilde{u}_h - \frac{h^2}{12} f(x, u) = O(h^4), \tag{7.3.15}$$

但

$$\begin{aligned} u - \hat{u}_h &= u - u_h - \frac{h^2}{12} f(x, u_h) \\ &= u - \tilde{u}_h - \frac{h^2}{12} f(x, u) + \tilde{u}_h - u_h + O(h^4) \\ &= \tilde{u}_h - u_h + O(h^4). \end{aligned} \tag{7.3.16}$$

今证: $\theta = \tilde{u}_h - u_h = O(h^4)$, 为此, 由 (7.3.10b) $f_1(u) \geqslant 0$, 故

$$(\Delta_h^{(9)} - f_1(u))\theta = f(x,u) - f(x,u_h) - f_1(u)\theta - \frac{h^2}{12}f_1(u_h)f(x,u_h)$$

$$= f_1(u)(u - u_h) - f_1(u)(\tilde{u}_h - u_h) - \frac{h^2}{12}f_1(u_h)f(x,u_h) + O(h^4)$$

$$= f_1(u)(u - \tilde{u}_h - \frac{h^2}{12}f_1(u_h)f(x,u_h)) + O(h^4)$$
$$= O(h^4), \quad 在\Omega_h内,$$

$$\theta = 0, \quad 在\partial\Omega_h上. \tag{7.3.17}$$

由离散极大值原理, 得 $\theta = O(h^4)$, 证毕.　□

7.3.3　二维特征值问题的高精度校正法

在文献 (Lin et al.,1984a) 中, 考虑如下特征值问题:

$$\begin{cases} \Delta u + (\lambda - p)u = 0, & 在\Omega内, \\ u = 0, 在\partial\Omega上, & (u,u) = 1, \end{cases} \tag{7.3.18}$$

并提供一个校正过程: 首先, 解近似特征值问题

$$\begin{cases} \Delta_h^{(9)}u_h + (\lambda_h - p)u_h = 0, & 在\Omega_h内, \\ u_h = 0, 在\partial\Omega_h上, (u_h,u_h)_h = 1; \end{cases} \tag{7.3.19}$$

其次, 解校正方程

$$\begin{cases} (\Delta_h^{(9)} + \lambda_h - p)v_h = (\lambda_h - p)^2 u_h \\ \quad -((\lambda_h - p)_h^2 u_h, u_h)_h u_h, & 在\Omega_h内, \\ v_h = 0, & 在\partial\Omega_h上, \\ (v_h, u_h)_h = \lambda_h - (pu_h, u_h)_h; \end{cases} \tag{7.3.20}$$

最后校正得

$$\lambda_h + \frac{h^2}{12}((\lambda_h - p)^2 u_h, u_h)_h = \lambda + O(h^4), \tag{7.3.21}$$

$$u_h + \frac{h^2}{12}((p - \lambda_h) + v_h) = \pm u + O(h^4), \tag{7.3.22}$$

这里校正过程需要解差分方程 (7.3.20). 下面另觅算法, 免去 (7.3.20) 的计算.

为此构造差分算子

$$M_h u = \Delta_h^{(9)} u - \frac{h^2}{12}p\Delta_h^{(9)} u - \frac{h^2}{12}\Delta_h^{(9)}(pu) + \frac{h^2}{12}p^2 u \tag{7.3.23}$$

和对应的特征值问题

$$\begin{cases} M_h u_h + (\lambda_h - p)u_h = 0, & \text{在} \Omega_h \text{内}, \\ u_h = 0, & \text{在} \partial\Omega_h \text{上}, \\ (u_h, u_h)_h = 1, \end{cases} \tag{7.3.24}$$

下面证明近似特征值问题有高精度.

定理 7.3.2(吕涛,1990) 在定理 7.3.1的假定下, 特征值近似问题 (7.3.24) 的解, 校正后特征值有误差估计

$$\hat{\lambda}_h = \lambda_h + \frac{h^2}{12}\lambda_h^2 = \lambda + O(h^4), \tag{7.3.25}$$

特征函数有误差估计

$$u_h = \pm u + O(h^4). \tag{7.3.26}$$

证明 由 (7.3.9) 导出

$$(M_h + \lambda_h - p)u$$

$$= M_h u + \lambda u + (\lambda_h - \lambda)u - pu$$

$$= \Delta_h^{(9)} u - \Delta u + \frac{h^2}{12}[-p\Delta_h^{(9)}u - \Delta_h^{(9)}(pu) + p^2 u] + (\lambda_h - \lambda)u$$

$$= \frac{h^2}{12}(\Delta_h^{(9)} - p)^2 u + (\lambda_h - \lambda)u + O(h^4)$$

$$= \frac{h^2}{12}(\Delta - p)^2 u + (\lambda_h - \lambda)u + O(h^4)$$

$$= \frac{h^2}{12}\lambda^2 u + (\lambda_h - \lambda)u + O(h^4). \tag{7.3.27}$$

令 $\bar{u}_h = u_h/(u, u_h)_h$, 用 $\bar{u}_h$ 对 (7.3.27) 的两端取离散内积, 得

$$\lambda_h + \frac{h^2}{12}\lambda_h^2 - \lambda = O(h^4),$$

即 (7.3.25) 被证. 其次, 令 $\varepsilon = 1/(\bar{u}_h, u_h)_h$, 代入 (7.3.27), 由 (7.3.24) 得

$$(M_h + \lambda_h - p)(u - \varepsilon u_h) = O(h^4), \quad \text{在} \Omega_h \text{内},$$

$$u - \varepsilon u_h = 0, \text{在} \partial\Omega_h \text{上},$$

这蕴涵

$$u - \varepsilon u_h = O(h^4), \quad \text{在} \Omega_h \text{内}. \tag{7.3.28}$$

但是

$$\varepsilon = 1/(\bar{u}_h, u_h)_h = (u, u_h)_h = 1 - [2 - 2(u, u_h)_h]/2$$

$$= 1 - (u - u_h, u - u_h)_h/2 + O(h^4)$$

$$= 1 + O(h^4),$$

故由 (7.3.28) 得到 (7.3.26) 的证明.　□

一个更为一般的特征值问题是

$$\begin{cases} \Delta u - pu + \lambda qu = 0, q(x,y) > 0, & \text{在}\Omega\text{内}, \\ u = 0, & \text{在}\partial\Omega\text{上}, \\ (u,u) = 1, \end{cases} \tag{7.3.29}$$

对应的近似特征值问题是

$$\begin{cases} \Delta_h^{(9)} u_h - pu_h + \lambda_h qu_h = 0, & \text{在}\Omega_h\text{内}, \\ u_h = 0, & \text{在}\partial\Omega_h\text{上}, \\ (u_h, u_h)_h = 1. \end{cases} \tag{7.3.30}$$

对于这个特征值问题, 特征值的校正是简单的, 但是特征函数的校正要解一个差分方程, 即有下面定理:

定理 7.3.3(吕涛,1990)　特征值近似问题 (7.3.30) 的解校正近似解成立误差估计

$$\hat{\lambda}_h = \lambda_h + \frac{h^2}{12}\lambda_h^2 \frac{(q^2 u_h, u_h)_h}{(qu_h, u_h)_h} = \lambda + O(h^4) \tag{7.3.31}$$

和

$$u - u_h - \frac{h^2}{12}\lambda_h(qu_h, u_h)_h u_h + \frac{h^2}{12}qv_h - \frac{h^2}{12}\lambda_h v_h = O(h^4), \tag{7.3.32}$$

其中 v_h 是如下差分方程的解:

$$\begin{cases} (\Delta_h^{(9)} + \lambda_h q - p)v_h = \left[q - \frac{(q^2 u_h, u_h)_h}{(qu_h, u_h)_h}\right] qu_h, & \text{在}\Omega_h\text{内}, \\ v_h = 0, & \text{在}\partial\Omega_h\text{上}, \\ (v_h, u_h)_h = 0. \end{cases} \tag{7.3.33}$$

证明　由于在 Ω_h 内, 有

$$(M_h + \lambda_h q - p)u$$

$$= M_h u + (\lambda q - p)u + (\lambda_h - \lambda)qu$$

$$= M_h u - \Delta u + (\lambda_h - \lambda)qu$$

$$= \frac{h^2}{12}\Delta^2 u + \frac{h^2}{12}[-p\Delta_h^{(9)} u - \Delta_h^{(9)}(pu) + p^2 u] + (\lambda_h - \lambda)qu + O(h^4)$$

$$= \frac{h^2}{12}(\Delta - p)^2 u + (\lambda_h - \lambda)qu + O(h^4)$$

$$= -\frac{h^2}{12}\lambda(\Delta - p)(qu) + (\lambda_h - \lambda)qu + O(h^4)$$

$$= -\frac{h^2}{12}\lambda_h(M_h - p)(qu_h) + (\lambda_h - \lambda)qu + O(h^4). \tag{7.3.34}$$

使用 u_h 对 (7.3.34) 两端作离散内积, 得

$$0 = -\frac{h^2}{12}\lambda_h^2(q^2u_h, u_h)_h + (\lambda_h - \lambda)(qu_h, u_h)_h + O(h^4), \qquad (7.3.35)$$

即 (7.3.31) 被证. 把 (7.3.35) 代入 (7.3.34), 注意 $q > 0$, 得

$$(M_h + \lambda_h q - p)u = -\frac{h^2}{12}\lambda_h(M_h - p - \lambda_h q)(qu_h)$$
$$+ \frac{h^2}{12}\lambda_h^2 q^2 u_h - \frac{h^2}{12}\lambda_h^2 (qu_h, u_h)_h qu_h$$
$$+ \left[\lambda_h + \frac{h^2}{12}\lambda_h^2 \frac{(qu_h, qu_h)_h}{(qu_h, u_h)_h} - \lambda\right](qu_h, u_h)_h qu_h + O(h^4), \quad (7.3.36)$$

移项后, 得

$$(M_h + \lambda_h q - p)\left(u + \frac{h^2}{12}\lambda_h qu_h + \varepsilon u_h\right)$$
$$= \frac{h^2}{12}\lambda_h^2\left(q - \frac{(qu_h, qu_h)_h}{(qu_h, u_h)_h}\right)qu_h + O(h^4), \qquad (7.3.37)$$

令

$$w_h = u + \frac{h^2}{12}\lambda_h qu_h - \frac{h^2}{12}\lambda_h^2 v_h + \varepsilon u_h,$$

其中待定系数 ε 如此选择, 使

$$(w_h, u_h)_h = 0, \qquad (7.3.38)$$

由于 v_h 满足 (7.3.33), 应用 (7.3.34) 导出

$$\begin{cases} (M_h + \lambda_h q - p)w_h = O(h^4), & \text{在} \Omega \text{内}, \\ w_h = 0, \text{在} \partial\Omega \text{上}, \end{cases} \qquad (7.3.39)$$

结合 (7.3.38) 导出

$$w_h = O(h^4), \quad \text{在} \Omega \text{内}.$$

因 ε 满足 (7.3.38) 容易导出

$$(u, u_h)_h + \frac{h^2}{12}\lambda_h(qu_h, u_h)_h + \varepsilon = 0, \qquad (7.3.40)$$

但

$$(u, u_h)_h = 1 + O(h^4),$$

故

$$\varepsilon = -1 - \frac{h^2}{12}\lambda_h(qu_h, u_h)_h + O(h^4), \qquad (7.3.41)$$

即

$$u - u_h - \frac{h^2}{12} \lambda_h (q u_h, u_h)_h u_h + \frac{h^2}{12} q v_h - \frac{h^2}{12} \lambda_h v_h = O(h^4), \tag{7.3.42}$$

定理证毕.　□

定理 7.3.3 表明 λ_h 是 λ 的下界, 注意使用标准有限元计算的近似的特征值一定是 λ 的上界.

7.3.4　二维变系数散度型椭圆型偏微分方程的高精度校正法

本节推广 7.1 节关于一维问题的高精度校正方法到二维变系数散度型椭圆型偏微分方程上. 为此, 考虑

$$\begin{cases} Lu = \operatorname{div}\left(\dfrac{1}{p}\operatorname{grad} u\right) = f, & \text{在}\,\Omega\,\text{内}, \\ u = g, & \text{在}\,\partial\Omega\,\text{上}, \end{cases} \tag{7.3.43}$$

这里 Ω 是 $\mathbb{R}^2$ 的有界区域, $p = p(x,y), f = f(x,y)$ 是 Ω 上的连续可微函数, 并且存在常数 $c > 0$, 使

$$p = p(x,y) \geqslant c > 0, \quad \forall (x,y) \in \Omega.$$

令

$$L_1 u = \frac{\partial}{\partial x}\left(\frac{1}{p(x,y)}\frac{\partial u}{\partial x}\right), \quad L_2 u = \frac{\partial}{\partial y}\left(\frac{1}{p(x,y)}\frac{\partial u}{\partial y}\right), \tag{7.3.44}$$

于是 $L = L_1 + L_2$. 类似 7.3.2 节, 取步长 h, 构造正方形网格, 并且令 Ω_h 是 Ω 内的网点集合, 假定 Ω_h 是正则的, 即 $P \in \Omega_h$, 则与 P 相邻的 8 个网点在 Ω 上. 使用步长 h 定义函数

$$a_1(x,y) = \frac{1}{6}\left[p(x,y) + 4p\left(x - \frac{h}{2}, y\right) + p(x-h, y)\right],$$

$$a_2(x,y) = \frac{1}{6}\left[p(x,y) + 4p\left(x, y - \frac{h}{2}\right) + p(x, y-h)\right], \tag{7.3.45}$$

并由 (7.2.2) 定义差分算子

$$\Lambda_1 u = \delta_x\left(\frac{1}{a_1}\delta_{\bar{x}} u\right), \quad \Lambda_2 = \delta_x\left(\frac{1}{a_2}\delta_{\bar{x}} u\right). \tag{7.3.46}$$

于是按照 (7.2.8), 若 $u \in C^6(\Omega)$, 则成立

$$(\Lambda_i - L_i)u = \frac{h^2}{12} L_i(p L_i u) + O(h^4), \quad i = 1, 2. \tag{7.3.47}$$

置 $\Lambda = \Lambda_1 + \Lambda_2$, 那么

$$(\Lambda - L)u = \frac{h^2}{12}[L_1(p L_1 u) + L_2(p L_2 u)] + O(h^4). \tag{7.3.48}$$

为了得到二维问题的校正方法, 定义

$$\Lambda_1^* u = \frac{1}{2} \left\{ \Lambda_1 \left[\left(1 - \frac{1}{4} \ln \frac{p(x, y+h)}{p(x, y-h)} \right) u(x, y+h) \right] \right.$$
$$\left. + \Lambda_1 \left[\left(1 + \frac{1}{4} \ln \frac{p(x, y+h)}{p(x, y-h)} \right) u(x, y+h) \right] \right\} \tag{7.3.49}$$

和

$$\Lambda_2^* u = \frac{1}{2} \left\{ \Lambda_2 \left[(1 - \frac{1}{4} \ln \frac{p(x+h, y)}{p(x-h, y)}) u(x+h, y) \right] \right.$$
$$\left. + \Lambda_2 \left[(1 + \frac{1}{4} \ln \frac{p(x+h, y)}{p(x-h, y)}) u(x-h, y) \right] \right\}. \tag{7.3.50}$$

使用 Taylor 展开容易得到

$$(\Lambda_1^* - L_1)u = (\Lambda_1 - L_1)u + \frac{h^2}{2} \Lambda_1 \left(\frac{\partial^2 u}{\partial y^2} - \frac{1}{p} \frac{\partial p}{\partial y} \frac{\partial u}{\partial y} \right) + O(h^4)$$
$$= \frac{h^2}{12} L_1(pL_1 u) + \frac{h^2}{2} L_1(pL_2 u) + O(h^4) \tag{7.3.51}$$

和

$$(\Lambda_2^* - L_2)u = \frac{h^2}{12} L_2(pL_2 u) + \frac{h^2}{2} L_2(pL_1 u) + O(h^4). \tag{7.3.52}$$

令 $\Lambda^* = \Lambda_1^* + \Lambda_2^*$, 应用 (7.3.51) 和 (7.3.52) 导出

$$(\Lambda^* - L)u = \frac{h^2}{12} [L_1(pL_1 u) + L_2(pL_2 u) + 6L_1(pL_2 u)$$
$$+ 6L_2(pL_1 u)] + O(h^4). \tag{7.3.53}$$

组合 (7.3.48) 和 (7.3.51), 得到

$$\left(\frac{5}{6} \Lambda + \frac{1}{6} \Lambda^* \right) u - Lu$$
$$= \frac{h^2}{12} (L_1 + L_2)[p(L_1 + L_2)u] + O(h^4)$$
$$= \frac{h^2}{12} L(pLu) + O(h^4). \tag{7.3.54}$$

置

$$M_h = \frac{5}{6} \Lambda + \frac{1}{6} \Lambda^*, \tag{7.3.55}$$

显然, M_h 是九点差分算子, 若 $p(x, y) = 1$, 则 $L = \Delta$, 并且 $M_h = \Delta_h^{(9)}$.

应用 M_h 构造 (7.3.43) 差分方程

$$\begin{cases} M_h u_h = f, & \text{在}\Omega_h\text{内}, \\ u_h = g - \dfrac{h^2}{12}fp, & \text{在}\partial\Omega_h\text{上}. \end{cases} \tag{7.3.56}$$

定理 7.3.4(Shih et al.,1994) 令 u 是 (7.3.43) 的解, 并且 $u \in C^6(\Omega)$, 则差分方程 (7.3.56) 的解 u_h 的校正近似解 $\hat{u}_h$ 成立误差估计

$$\hat{u}_h = u_h + \frac{h^2}{12}fp = u + O(h^4), \quad \text{在}\Omega_h\text{内}. \tag{7.3.57}$$

证明 容易检验 M_h 是正型算子, 即 M_h 满足离散极大值原理, 直接计算得

$$M_h\left(u - u_h - \frac{h^2}{12}fp\right)$$
$$= M_h u - Lu - \frac{h^2}{12}M_h(fp)$$
$$= \frac{h^2}{12}L(pLu) - \frac{h^2}{12}M_h(fp) + O(h^4)$$
$$= O(h^4), \quad \text{在}\Omega_h\text{内}, \tag{7.3.58a}$$

由 (7.3.43) 与 (7.3.56) 又导出

$$u - u_h - \frac{h^2}{12}fp = 0, \quad \text{在}\partial\Omega_h\text{上}, \tag{7.3.58b}$$

这便蕴涵 (7.3.57) 成立. □

对于更一般的方程

$$\begin{cases} Lu - qu = f, & \text{在}\Omega\text{内}, \\ u = g, & \text{在}\partial\Omega\text{上}, \end{cases} \tag{7.3.59}$$

其中 $q(x,y) \geqslant c > 0, \forall(x,y) \in \Omega$. 构造差分方程

$$\begin{cases} M_h u_h - \left(q + \dfrac{h^2}{12}q^2p\right)u_h = f + \dfrac{h^2}{12}pqf, & \text{在}\Omega_h\text{内}, \\ u_h = g - \dfrac{h^2}{12}(qg+f)p, & \text{在}\partial\Omega_h\text{上}. \end{cases} \tag{7.3.60}$$

相关的误差估计见定理 7.3.5.

定理 7.3.5(张麟等,2010) 令 u 是 (7.3.59) 的解, 并且 $u \in C^6(\Omega)$, 则差分方程 (7.3.60) 的解 u_h 的校正解 $\hat{u}_h$ 成立误差估计

$$\hat{u}_h = u_h + \frac{h^2}{12}(qu_h + f)p = u + O(h^4), \quad \text{在}\Omega_h\text{内}. \tag{7.3.61}$$

证明 构造辅助问题

$$\begin{cases} M_h \tilde{u}_h = qu + f, \text{在} \Omega_h \text{内}, \\ \tilde{u}_h = g - \dfrac{h^2}{12}(qg + f)p, \quad \text{在} \partial\Omega_h \text{上}. \end{cases} \tag{7.3.62}$$

由定理 7.3.4 知

$$u - \tilde{u}_h - \frac{h^2}{12}(qg + f)p = O(h^4), \tag{7.3.63}$$

由 (7.3.60) 得

$$u - \hat{u}_h = O(h^2), \quad \text{在} \Omega_h \text{内},$$

故

$$\begin{aligned} u - \hat{u}_h &= u - u_h - \frac{h^2}{12}(qu_h + f)p \\ &= u - \tilde{u}_h - \frac{h^2}{12}(qu + f)p + \tilde{u}_h - u_h + O(h^4), \end{aligned}$$

由 (7.3.63) 便得到

$$u - \hat{u}_h = \tilde{u}_h - u_h + O(h^4), \quad \text{在} \Omega_h \text{内}.$$

令 $\theta = \tilde{u}_h - u_h$, 使用 (7.3.63) 便导出 θ 满足差分方程

$$\begin{aligned} &(M_h - q)\theta \\ &= qu - qu_h - q\theta - \frac{h^2}{12}q(qu_h + f)p \\ &= q(u - \tilde{u}_h) - \frac{h^2}{12}q(qu_h + f)p \\ &= q\left[\frac{h^2}{12}(qu + f)p - \frac{h^2}{12}q(qu_h + f)p\right] \\ &= O(h^4), \quad \text{在} \Omega_h \text{内}, \end{aligned}$$

边界条件又导出

$$\theta = \tilde{u}_h - u_h = 0, \quad \text{在} \partial\Omega_h \text{上}. \tag{7.3.64}$$

于是由离散极大值原理得到定理的证明. □

7.3.5 二维变系数散度型椭圆型偏微分方程的特征值问题的高精度校正法

本节考虑特征值问题

$$\begin{cases} Lu + (\lambda q - r)u = 0, \quad \text{在} \Omega \text{内}, \\ u = 0, \text{在} \partial\Omega \text{上}, \\ (u, u) = 1, \end{cases} \tag{7.3.65}$$

这里微分算子 L 由 (7.3.43) 定义, 并且在 Ω 上有: $p(x,y) \geqslant c > 0, q(x,y) \geqslant 0$ 和 $r(x,y) \geqslant 0$. 按照 (7.3.55) 构造差分算子 M_h, 再应用 M_h 定义

$$\hat{M}_h u = M_h u - \frac{h^2}{12} pr M_h u - \frac{h^2}{12} M_h(pru) + \frac{h^2}{12} pr^2 u, \tag{7.3.66}$$

显然, $\hat{M}_h$ 是 M_h 的扰动, 并且 $\hat{M}_h = M_h$, 若 $r(x,y) = 0, \forall (x,y) \in \Omega$. 下面使用 $\hat{M}_h$ 构造近似特征值问题

$$\begin{cases} (\hat{M}_h + \lambda_h q - r) u_h = 0, & \text{在} \Omega_h \text{内}, \\ u_h = 0, \text{在} \partial\Omega_h \text{上}, (u_h, u_h)_h = 1. \end{cases} \tag{7.3.67}$$

定理 7.3.6(Liem et al.,1996)　令 (λ, u) 是 (7.3.65) 的特征对, 并且 $u \in C^6(\Omega)$, (λ_h, u_h) 是近似问题 (7.3.67) 对应的特征对, 则成立误差估计

$$\hat{\lambda}_h = \lambda_h + \frac{h^2}{12} \frac{(pq^2 u_h, u_h)_h}{(qu_h, u_h)_h} \lambda_h^2 = \lambda + O(h^4). \tag{7.3.68}$$

证明　显然, (λ_h, u_h) 有二阶精度

$$\|u - u_h\|_h = O(h^2), \quad \lambda_h - \lambda = O(h^2).$$

由

$$\begin{aligned}
&(\hat{M}_h + \lambda_h q - r)u \\
=& \hat{M}_h u + (\lambda q - r)u + (\lambda_h - \lambda)qu \\
=& M_h u - Lu - \frac{h^2}{12} pr M_h u - \frac{h^2}{12} M_h(pru) \\
&+ \frac{h^2}{12} pr^2 u + (\lambda_h - \lambda)qu + O(h^4) \\
=& \frac{h^2}{12} L(pLu) - \frac{h^2}{12} pr Lu - \frac{h^2}{12} L(pru) \\
&+ \frac{h^2}{12} pr^2 u + (\lambda_h - \lambda)qu + O(h^4) \\
=& \frac{h^2}{12}(L-r)[p(L-r)u] + (\lambda_h - \lambda)qu + O(h^4) \\
=& -\frac{h^2}{12}\lambda(L-r)(pqu) + (\lambda_h - \lambda)qu + O(h^4) \\
=& -\frac{h^2}{12}\lambda_h(\hat{M}_h - r)(pqu) + (\lambda_h - \lambda)qu + O(h^4), \tag{7.3.69}
\end{aligned}$$

以 u_h 对 (7.3.69) 两端取离散内积, 得

$$0 = \frac{h^2}{12}\lambda_h^2(pq^2 u, u_h)_h + (\lambda_h - \lambda)(qu, u_h)_h + O(h^4),$$

简化后, 得到 (7.3.68) 的证明. □

推论 7.3.1 若特征函数充分光滑, 则差分方法得到的近似特征值是特征值的下界.

推论 7.3.2 若 $pq = 1$, 则 (7.3.68) 简化为

$$\lambda_h + \frac{h^2}{12}\lambda_h^2 = \lambda + O(h^4). \tag{7.3.70}$$

推论 7.3.3 若 h 充分小, 则有误差估计

$$\lambda_h + \frac{h^2}{12}\lambda_h^2 \min_{z\in\Omega}\{p(z)q(z)\} \leqslant \lambda \leqslant \lambda_h + \frac{h^2}{12}\lambda_h^2 \max_{z\in\Omega}\{p(z)q(z)\}, \tag{7.3.71}$$

这里 $z = (x, y)$.

为了改善特征函数的精度, 需要解差分方程:

$$\begin{cases} (\hat{M}_h + \lambda_h q - r)v_h = \left[pq - \dfrac{(q^2 u_h, u_h)_h}{(q u_h, u_h)_h}\right]q u_h, & \text{在}\Omega_h\text{内}, \\ v_h = 0, \text{在}\partial\Omega_h\text{上}, \\ (v_h, u_h)_h = 0, \end{cases} \tag{7.3.72}$$

显然, 若 λ_h 是简单的, 则 (7.3.72) 有唯一解, 否则需要 v_h 与所有 λ_h 对应的特征向量正交.

定理 7.3.7(Liem et al.,1996) 在定理 7.3.6 的假定下, 并且 λ_h 是简单的, 成立

$$\hat{u}_h = u_h - \frac{h^2}{12}\lambda_h p q u_h + \frac{h^2}{12}\lambda_h^2 v_h + \frac{h^2}{12}\lambda_h^2 (pq u_h, u_h)_h u_h$$
$$= u + O(h^4), \quad \text{在}\Omega_h\text{内}. \tag{7.3.73}$$

证明 由 (7.3.69), 导出

$$(\hat{M}_h + \lambda_h q - r)u$$
$$= -\frac{h^2}{12}\lambda_h(\hat{M}_h + \lambda_h q - r)(pq u_h)$$
$$+ \frac{h^2}{12}pq^2 u_h + \left(\lambda_h - \lambda + \frac{h^2}{12}\lambda_h^2 \frac{(pq^2 u_h, u_h)_h}{(q u_h, u_h)_h}\right)q u_h$$
$$- \frac{h^2}{12}\lambda_h^2 \frac{(pq^2 u_h, u_h)_h}{(q u_h, u_h)_h} q u_h + O(h^4). \tag{7.3.74}$$

应用定理 7.3.6 便导出

$$(\hat{M}_h + \lambda_h q - r)\left(u + \frac{h^2}{12}\lambda_h p q u_h - \varepsilon_h u_h\right)$$

$$= -\frac{h^2}{12}\lambda_h^2\left[pq - \frac{(pq^2u_h, u_h)_h}{(qu_h, u_h)_h}\right]qu_h + O(h^4), \tag{7.3.75}$$

这里 ε_h 是待定系数. 代 (7.3.72) 到 (7.3.75) 便得到

$$(\hat{M}_h + \lambda_h q - r)\left(u + \frac{h^2}{12}\lambda_h pqu_h - \frac{h^2}{12}\lambda_h^2 v_h - \varepsilon_h u_h\right)$$
$$= O(h^4), \quad 在 \Omega_h 内. \tag{7.3.76}$$

令

$$w_h = u + \frac{h^2}{12}\lambda_h pqu_h - \frac{h^2}{12}\lambda_h^2 v_h - \varepsilon_h u_h,$$

显然,

$$w_h = 0, \quad 在 \partial\Omega_h 上. \tag{7.3.77}$$

现在选择 ε_h 使

$$(w_h, u_h)_h = 0, \tag{7.3.78}$$

直接计算, 有

$$\varepsilon_h = 1 + \frac{h^2}{12}\lambda_h(pqu_h, u_h)_h + O(h^4).$$

组合 (7.3.76), (7.3.77) 和 (7.3.78) 的结果, 得到

$$w_h = O(h^4), \quad 在 \Omega_h 内. \tag{7.3.79}$$

这便完成定理的证明. □

7.3.6 二维拟线性散度型椭圆型偏微分方程的高精度校正法

考虑拟线性散度型椭圆型偏微分方程

$$\begin{cases} Lu = \mathrm{div}\left(\dfrac{1}{p(u)}\mathrm{grad}u\right) = f(x, y, u), & 在 \Omega = (0,1)^2 内, \\ u = g, & 在 \partial\Omega 上, \end{cases} \tag{7.3.80}$$

这里 $p(u) = p(u(x, y)) > 0$, 取步长 $h = 1/(N+1)$, 令 $(x, y) = (ih, jh)$ 是网点, 类似

于 (7.3.45), 定义

$$
a_1(u(x,y)) = \begin{cases}
\begin{aligned}
&\frac{13}{24}[p(u(x,y)) + p(u(x-h,y))] \\
&\quad - \frac{1}{24}[p(u(x+h,y)) + p(u(x-2h,y))],
\end{aligned} & i = 2,\cdots,N, \\[2ex]
\begin{aligned}
&\frac{1}{24}[9p(u(x-h,y)) + 19p(u(x,y)) - 5p(u(x+h,y)) \\
&\quad + p(u(x-2h,y))],
\end{aligned} & i = 1 \\[2ex]
\begin{aligned}
&\frac{1}{24}[9p(u(x,y)) + 19p(u(x-h,y)) - 5p(u(x-2h,y)) \\
&\quad + p(u(x-3h,y))],
\end{aligned} & i = N+1.
\end{cases}
$$

$$(7.3.81)$$

同样只要交换 x 和 y 的位置可以定义 $a_2(u(x,y))$. 使用 Taylor 展开, 容易证明

$$
a_1(u(x,y)) = p\left(u\left(x - \frac{h}{2}, y\right)\right) + \frac{h^2}{24}p''\left(u\left(x - \frac{h}{2}, y\right)\right) + O(h^4),
$$

$$
a_2(u(x,y)) = p\left(u\left(x, y - \frac{h}{2}\right)\right) + \frac{h^2}{24}p''\left(u\left(x, y - \frac{h}{2}\right)\right) + O(h^4), \qquad (7.3.82)
$$

其中

$$
p''(u) = \frac{\mathrm{d}^2 p(u)}{\mathrm{d}u^2}. \tag{7.3.83}
$$

置 $A_1(u) = 1/a_1(u)$ 和 $A_2(u) = 1/a_2(u)$, 并定义差分算子

$$
\Lambda_1(u)u = \delta_x(A_1(u)\delta_{\bar{x}}u), \quad \Lambda_2(u)u = \delta_x(A_2(u)\delta_{\bar{x}}u) \tag{7.3.84}
$$

和

$$
\begin{aligned}
\Lambda_1^*(u)u = \frac{1}{2}\Bigg\{ &\Lambda_1\left[1 - \frac{1}{4}\ln\frac{p(u(x,y+h))}{p(u(x,y-h))}u(x,y+h)\right] \\
&+ \Lambda_1\left[1 + \frac{1}{4}\ln\frac{p(u(x,y+h))}{p(u(x,y-h))}u(x,y-h)\right]\Bigg\},
\end{aligned} \tag{7.3.85}
$$

$$
\begin{aligned}
\Lambda_2^*(u)u = \frac{1}{2}\Bigg\{ &\Lambda_2\left[1 - \frac{1}{4}\ln\frac{p(u(x+h,y))}{p(u(x-h,y))}u(x+h,y)\right] \\
&+ \Lambda_2\left[1 + \frac{1}{4}\ln\frac{p(u(x+h,y))}{p(u(x-h,y))}u(x-h,y)\right]\Bigg\}.
\end{aligned} \tag{7.3.86}
$$

令 $\Lambda(u) = \Lambda_1(u) + \Lambda_2(u)$ 和 $\Lambda^*(u) = \Lambda_1^*(u) + \Lambda_2^*(u)$, 并且置

$$
M_h(u) = \frac{5}{6}\Lambda(u) + \frac{1}{6}\Lambda^*(u). \tag{7.3.87}
$$

应用 M_h 构造 (7.3.80) 的差分方程

$$
\begin{cases}
M_h(u_h)u_h = f + \dfrac{h^2}{12}M_h(u_h)(f(u_h)p(u_h)), & \text{在 } \Omega_h \text{ 内,} \\[3mm]
u_h = g, \text{ 在 } \partial\Omega_h \text{ 上,}
\end{cases}
\tag{7.3.88}
$$

这里 $f(u_h) = f(x, y, u_h(x, y))$.

注意非线性偏微分方程

$$
F(x, u, u_i, u_{ij}) = F\left(x, u, \frac{\partial u}{\partial x_i}, \frac{\partial^2 u}{\partial x_i \partial x_j}\right) = 0, \quad x = (x_1, x_2)
$$

满足极大值原理的充要条件是: $\dfrac{\partial F}{\partial u} \leqslant 0$, 并且 Jacobi 矩阵 $\left[\dfrac{\partial F}{\partial u_{ij}}\right]$ 是正定的. 为了保证 (7.3.88) 有 4 阶近似, 需要假定 (7.3.80) 满足以下条件:

(A_1) 存在常数 $\alpha > 0$, 使 (7.3.80) 的任何解成立 $k(u) = \dfrac{1}{p(u)} \geqslant \alpha > 0$.

(A_2) (7.3.80) 的任何解 u 满足不等式

$$
k_1(u)\Delta u + k_2(u)\left[\left(\frac{\partial u}{\partial x}\right)^2 + \left(\frac{\partial u}{\partial y}\right)^2\right] - f_1(u) < 0, \quad \forall (x, y) \in \Omega,
$$

这里 $k_1(u) = \dfrac{\partial k(u)}{\partial u}, k_2(u) = \dfrac{\partial^2 k(u)}{\partial u^2}$ 和 $f_1(u) = \dfrac{\partial f(u)}{\partial u}$.

定理 7.3.8(Shih et al.,1994)　在 (A_1) 和 (A_2) 的假定下, 假设 u 是 (7.3.80) 的解, 并且 $u \in C^6(\Omega)$, 又设 u_h 是差分方程 (7.3.88) 的解, 则成立误差估计

$$
u - u_h = O(h^4), \quad \text{在 } \Omega_h \text{ 内.}
\tag{7.3.89}
$$

证明　由 (7.3.82), (7.2.7) 和 (7.2.8) 容易证明

$$
M_h(u)u - \frac{h^2}{12}M_h(u)(f(u)p(u)) - f(u) = O(h^4), \quad \text{在 } \Omega_h \text{ 内.}
\tag{7.3.90}
$$

令 $\theta = u - u_h$, 便导出

$$
\begin{aligned}
M_h(u)\theta =\,& M_h(u)u - M_h(u)u_h \\
=\,& (M_h(u_h) - M_h(u))u_h \\
& + \frac{h^2}{12}[M_h(u)(f(u)p(u)) - M_h(u_h)(f(u_h)p(u_h))] \\
& + f(u) - f(u_h) + O(h^4) \\
=\,& (M_h(u_h)u - M_h(u))u_h + f_1(u)\theta + O(h^4) \\
=\,& \frac{5}{6}(\Lambda(u_h) - \Lambda(u))u + \frac{1}{6}(\Lambda^*(u_h) - \Lambda^*(u))u + f_1(u)\theta + O(h^4),
\end{aligned}
\tag{7.3.91}
$$

但是

$$(\varLambda_1(u_h) - \varLambda_1(u))u = \delta_x((A_1(u_h) - A_1(u))\delta_{\bar{x}}u)$$
$$= -\delta_x(\alpha_1(u)\theta\delta_{\bar{x}}u) + O(h^4), \tag{7.3.92}$$

这里 $A_1(u) = 1/a_1(u), A_2(u) = 1/a_2(u)$. 其次又有

$$(\varLambda_1^*(u_h) - \varLambda_1^*(u))u$$
$$= \frac{1}{2}\delta_x\left\{\left[A_1(u_h)\delta_{\bar{x}}\left(1 - \frac{1}{4}\ln\frac{p(u(x,y+h))}{p(u(x,y-h))}\right)\right]u(p(u(x,y+h)))\right\}$$
$$+ \frac{1}{2}\delta_x\left\{\left[A_1(u_h)\delta_{\bar{x}}\left(1 + \frac{1}{4}\ln\frac{p(u(x,y+h))}{p(u(x,y-h))}\right)\right]u(p(u(x,y-h)))\right\}$$
$$+ \frac{1}{2}\delta_x\left\{\left[A_1(u)\delta_{\bar{x}}\left(1 - \frac{1}{4}\ln\frac{p(u(x,y+h))}{p(u(x,y-h))}\right)\right]u(p(u(x,y+h)))\right\}$$
$$+ \frac{1}{2}\delta_x\left\{\left[A_1(u)\delta_{\bar{x}}\left(1 + \frac{1}{4}\ln\frac{p(u(x,y+h))}{p(u(x,y-h))}\right)\right]u(p(u(x,y-h)))\right\}$$
$$= -\delta_x(\alpha_1(u)\theta\delta_{\bar{x}}u) + O(h^4), \quad 在\varOmega_h内, \tag{7.3.93}$$

这里已经使用 $u - u_h = O(h^4)$.

类似地, 又有

$$(\varLambda_2(u_h) - \varLambda_2(u))u = -\delta_y(\alpha_2(u)\theta\delta_{\bar{y}}u) + O(h^4),$$
$$(\varLambda_2^*(u_h) - \varLambda_2^*(u))u = -\delta_y(\alpha_2(u)\theta\delta_{\bar{y}}u) + O(h^4), \tag{7.3.94}$$

这里 $A_2(u) = \dfrac{1}{a_2(u)}, \alpha_2(u) = \dfrac{\mathrm{d}A_2(u)}{\mathrm{d}u}$. 定义

$$L_h(u)\theta = M_h(u)\theta + \delta_x(\alpha_1(u)\theta\delta_{\bar{x}}u) + \delta_y(\alpha_2(u)\theta\delta_{\bar{y}}u) - f_1(u)\theta, \tag{7.3.95}$$

由 (7.3.92)∼(7.3.95) 得

$$\begin{cases} L_h(u)\theta = O(h^4), \quad 在\varOmega_h内, \\ \theta = 0, 在\partial\varOmega_h上, \end{cases} \tag{7.3.96}$$

因此, (7.3.89) 被证, 若差分算子 $L_h(u)$ 满足离散极大值原理. 由于 $M_h(u)$ 是正型矩阵, 仅仅需要讨论 (7.3.95) 右端的后三项关于 θ 的差分算子, 令 $u_{ij} = u(ih, jh)$,

展开在网点 (ih, jh) 上的差分格式

$$
\begin{aligned}
&\delta_x(\alpha_1(u_{ij})\theta_{ij}\delta_{\bar{x}}u_{ij}) \\
&= \frac{1}{h^2}\{\alpha_1(u_{i+1,j})\theta_{i+1,j}u_{i+1,j} - (\alpha_1(u_{i+1,j})\theta_{i+1,j} + \alpha_1(u_{ij})\theta_{ij})u_{i,j} \\
&\quad + \alpha_1(u_{ij})\theta_{ij}u_{i-1,j}\} \\
&= \frac{1}{h^2}\{[\alpha_1(u_{i+1,j})u_{i+1,j} - \alpha_1(u_{i+1,j})u_{i+1,j}]\theta_{i+1,j} \\
&\quad - [\alpha_1(u_{ij})u_{i,j} - \alpha_1(u_{ij})u_{i-1,j}]\theta_{ij}\}.
\end{aligned} \tag{7.3.97}
$$

类似地, 又得到

$$
\begin{aligned}
\delta_y(\alpha_2(u_{ij})\theta_{ij}\delta_{\bar{y}}u_{ij}) = \frac{1}{h^2}\{&[\alpha_2(u_{i,j+1})u_{i,j+1} - \alpha_2(u_{i,j+1})u_{i,j+1}]\theta_{i,j+1} \\
&- [\alpha_2(u_{ij})u_{i,j} - \alpha_2(u_{ij})u_{i,j-1}]\theta_{ij}\},
\end{aligned} \tag{7.3.98}
$$

合并 (7.3.97) 与 (7.3.98) 后, 容易看出, 若能证明对于充分小的 h,

$$
-\delta_x(\alpha_1(u)\delta_{\bar{x}}u) - \delta_y(\alpha_2(u)\delta_{\bar{y}}u) + f_1(u) \geqslant 0, \tag{7.3.99}
$$

则 $L_h(u)$ 满足离散极大值原理. 由条件 (A_2), 得到微分不等式

$$
\begin{aligned}
&-\frac{\partial}{\partial x}\left(k_1(u)\frac{\partial u}{\partial x}\right) - \frac{\partial}{\partial y}\left(k_1(u)\frac{\partial u}{\partial y}\right) + f_1(u) \\
&= -k_1(u)\Delta u - k_2(u)\left[\left(\frac{\partial u}{\partial x}\right)^2 + \left(\frac{\partial u}{\partial y}\right)^2\right] + f_1(u) > 0, \quad \forall(x, y) \in \Omega,
\end{aligned} \tag{7.3.100}
$$

而 (7.3.99) 作为 (7.3.100) 左端的差分逼近, 这便蕴涵对于充分小的 h, (7.3.99) 成立, 于是由 (7.3.96) 得到 (7.3.89) 的证明. □

7.3.7　多维散度型椭圆型偏微分方程的高精度校正法

对于多维散度型椭圆型偏微分方程

$$
\begin{cases}
Lu = \text{div}\left(\dfrac{1}{p(u)}\text{grad}\,u\right) = f(x_1, x_2, \cdots, x_n, u), & \text{在}\Omega\text{内}, \\
u = g, & \text{在}\partial\Omega\text{上},
\end{cases} \tag{7.3.101}
$$

Ω 是 $\mathbb{R}^n$ 的有界区域, $n \geqslant 3, h = 1/(N+1)$ 是步长. 可以仿前节方法, 构造差分算子 M_h, 使 $u \in C^6(\Omega)$, 有

$$
M_h u - Lu = \frac{h^2}{12}L(pLu) + O(h^4), \tag{7.3.102}
$$

为此令

$$a_1(x) = \frac{1}{6}\left[p(x_1, x_2, \cdots, x_n) + 4p\left(x_1 - \frac{h}{2}, x_2, \cdots, x_n\right) + p(x_1 - h, x_2, \cdots, x_n)\right],$$

$$(7.3.103)$$

这里 $x = (x_1, \cdots, x_n)$. 类似可以定义 $a_2(x)$ 和 $a_3(x)$.

令

$$L_i u = \frac{\partial}{\partial x_i}\left(\frac{1}{p}\frac{\partial u}{\partial x_i}\right), \quad i = 1, \cdots, n \qquad (7.3.104)$$

及对应的差分算子

$$\Lambda_i u = \delta_{x_i}\left(\frac{1}{a_i}\delta_{\bar{x}_i}u\right), \quad i = 1, \cdots, n. \qquad (7.3.105)$$

在 (7.2.8) 已经证明, 成立

$$\Lambda_i u - L_i u = \frac{h^2}{12}L_i(pL_i u) + O(h^4), \quad i = 1, \cdots, n. \qquad (7.3.106)$$

置 $\Lambda = \displaystyle\sum_{i=1}^{n}\Lambda_i$, 于是 Λ 有渐近展开

$$(\Lambda - L)u = \frac{h^2}{12}\sum_{i=1}^{n}L_i(pL_i u) + O(h^4). \qquad (7.3.107)$$

为了构造满足 (7.3.102) 的差分算子, 令

$$\omega_k = \ln\frac{p(\cdots, x_k + h, \cdots)}{p(\cdots, x_k - h, \cdots)}, \quad k = 1, \cdots, n,$$

并定义差分算子

$$\Lambda_i^* u = \frac{1}{2(n-1)}\left\{ \Lambda_i\left[\sum_{j=1}^{n} u(x_1 + (1 - \delta_{ij})jh, \cdots, x_n + (1 - \delta_{in})jh)\right]\right\}$$

$$- \frac{h}{2}\sum_{\substack{k=1 \\ k \neq i}}^{n}\omega_k\delta_{\bar{x}_i}u(x), \qquad (7.3.108)$$

直接计算得到

$$(\Lambda_i^* - L_i)u = (\Lambda_i - L_i)u + \frac{h^2}{(2n-1)}\Lambda_i\left(\sum_{\substack{k=1 \\ k \neq i}}^{n}pL_k u\right) + O(h^4)$$

$$= (\Lambda_i - L_i)u + \frac{h^2}{(2n-1)}\sum_{\substack{k=1 \\ k \neq i}}^{n}L_i(pL_k u)$$

$$+ O(h^4), \quad i = 1, \cdots, n. \qquad (7.3.109)$$

置 $\Lambda^* = \sum\limits_{i=1}^{n} \Lambda_i^*$, 并令

$$M_h u = \left(1 - \frac{n-1}{6}\right) \Lambda u + \frac{n-1}{6} \Lambda^* u, \qquad (7.3.110)$$

由此导出关系

$$(M_h - L)u = \left(1 - \frac{n-1}{6}\right)\left(\Lambda - L\right)u + \frac{n-1}{6}(\Lambda^* - L)u$$

$$= \frac{h^2}{12} L(pLu) + O(h^4). \qquad (7.3.111)$$

尽管如此, 使用 M_h 构造的差分方程还必须满足离散极大值原理才能够保证差分解的收敛性和稳定性. 容易证明: 若 h 充分小, 并且

$$1 - \frac{n-1}{6} > \frac{n-1}{6},$$

则 M_h 满足离散极大值原理, 这蕴涵: $n < 4$, 即三维散度问题 (7.3.101) 能够构造高精度校正方法, 类似的结论也可以用来解三维特征值问题和拟线性问题.

注 7.3.1　作为一般形式的特例, 考虑三维 Poisson 方程

$$Lu = \sum_{i=1}^{3} \frac{\partial^2 u}{\partial x_i^2} = f, \quad 在 \ \Omega = (-1,1)^3 \ 内,$$

$$u = g, \quad 在 \partial\Omega 上.$$

对于给定的步长 h, 可以构造两个差分算子, 即七点差分算子

$$\begin{aligned}
L_7^h u = &\frac{1}{h^2}\{u(x_1 + h, x_2, x_3) + u(x_1 - h, x_2, x_3) \\
&+ u(x_1, x_2 + h, x_3) + u(x_1, x_2 - h, x_3) + u(x_1, x_2, x_3 + h) \\
&+ u(x_1, x_2, x_3 - h) - 6u(x_1, x_2, x_3)\}
\end{aligned}$$

和九点差分算子

$$\begin{aligned}
L_9^h u = &\frac{1}{4h^2}\{u(x_1 + h, x_2 + h, x_3 + h) + u(x_1 - h, x_2 + h, x_3 + h) \\
&+ u(x_1 + h, x_2 - h, x_3 + h) + u(x_1 - h, x_2 - h, x_3 + h) \\
&+ u(x_1 + h, x_2 + h, x_3 - h) + u(x_1 - h, x_2 + h, x_3 - h) \\
&+ u(x_1 + h, x_2 - h, x_3 - h) + u(x_1 - h, x_2 - h, x_3 - h) \\
&- 8u(x_1, x_2, x_3)\}.
\end{aligned}$$

使用 Taylor 展开容易证明

$$L_i^h u - Lu = h^2 l_i(u) + O(h^4), \quad i = 7, 9,$$

其中

$$l_7(u) = \frac{1}{12} \sum_{i=1}^{3} \frac{\partial^4 u}{\partial x_i^4},$$

$$l_9(u) = \frac{1}{12} \left(\sum_{k=1}^{3} \frac{\partial^4 u}{\partial x_k^4} + 6 \sum_{i=1}^{3} \sum_{j>i} \frac{\partial^4 u}{\partial x_i^2 \partial x_j^2} \right),$$

由此构造 19 点差分算子

$$L_{19}^h = \frac{2}{3} L_7^h + \frac{1}{3} L_9^h = \frac{1}{12} L^2 u = \frac{1}{12} Lf,$$

成为 (7.3.111) 的特例.

7.3.8　算例

例 7.3.1　考虑如下散度型椭圆型偏微分方程的边值问题:

$$\begin{cases} \mathrm{div}(\mathrm{e}^{-5x}\mathrm{grad}u) = f, & \text{在}\Omega\text{内}, \\ u = g, & \text{在}\partial\Omega\text{上}, \end{cases} \tag{7.3.112}$$

这里 $\Omega = (0,1)^2, f = f(x,y) = \pi^2(\mathrm{e}^{-5} - \mathrm{e}^{-5x})\sin(\pi y)$, 而

$$g = \begin{cases} (1 - \mathrm{e}^{-5})\sin(\pi y), & x = 0, 0 \leqslant y \leqslant 1, \\ 0, & \text{在}\partial\Omega\text{的其他边界上}, \end{cases}$$

容易检验 (7.3.112) 的精确解是 $u = (1 - \mathrm{e}^{-5(x-1)})\sin(\pi y)$.

按照 7.3.4 小节的方法, 令 u_h 是 (7.3.60) 的数值解, $\hat{u}_h$ 是按 (7.3.61) 的校正解, 相关结果见表 7.3.1.

表 7.3.1　例 7.3.1 在不同步长的校正解的精度阶比较

i	h_i	最大误差	r_i	$(h_i/h_{i+1})^4$
1	1/8	0.711×10^{-4}		
2	1/12	0.133×10^{-4}	5.34	5.06
3	1/16	0.426×10^{-5}	3.12	3.16
4	1/32	0.766×10^{-6}	5.56	5.06

这里最大误差解是 $||u - \hat{u}_h||_{\infty}$, 而 $r_i = ||u - \hat{u}_{h_i}||_{\infty}/||u - \hat{u}_{h_{i+1}}||_{\infty}$, 其理论值是 $(h_i/h_{i+1})^4$, 从表中看出 $\hat{u}_h$ 的误差是 $O(h^4)$.

例 7.3.2　考虑如下散度型椭圆型偏微分方程的特征值问题

$$\begin{cases} Lu = -\mathrm{div}(xy\,\mathrm{grad}\,u) = \lambda xyu, & \text{在}\Omega\text{内}, \\ u = 0, \text{在}\partial\Omega\text{上}, \end{cases} \tag{7.3.113}$$

这里 $\Omega = (1,2)^2$. 按照 7.3.5 小节方法, 这里 $p(x,y) = 1/(xy) \geqslant 1/4 > 0, q(x,y) = xy$.

使用 (7.3.68) 校正后近似特征值 $\hat{\lambda}_h$ 的精度达 $O(h^4)$, 表 7.3.2 中提供最小特征值的误差比较.

表 7.3.2　例 7.3.2 最小特征值在不同步长校正值的精度阶比较

i	h_i	$|\lambda_{\min} - \hat{\lambda}_{i,\min}|$	r_i	$(h_i/h_{i+1})^4$
1	1/8	0.172×10^{-2}		
2	1/12	0.346×10^{-2}	4.97	5.06
3	1/16	0.110×10^{-2}	3.15	3.16
4	1/32	0.220×10^{-3}	5.00	5.06

这里 $r_i = |\lambda_{\min} - \hat{\lambda}_{i,\min}|/|\lambda - \hat{\lambda}_{i+1,\min}|, \hat{\lambda}_{i,\min} = \hat{\lambda}_{h_i,\min}$ 是步长 h_i 下的离散特征值问题的最小特征值.

例 7.3.3　考虑如下一维拟线性两点边值问题:

$$\begin{cases} Lu = \dfrac{\mathrm{d}}{\mathrm{d}x}\left((1+u^2)\dfrac{\mathrm{d}u}{\mathrm{d}x}\right) = 4u^5 + 2u^3, \\ u(1) = -1, \quad u(2) = 0.5. \end{cases} \tag{7.3.114}$$

已知精确解 $u(x) = -1/x$. 令 u_h 是 (7.2.40) 的差分方程计算得到的近似解, 由 (7.2.46), u_h 有 $O(h^4)$ 阶精度. 相关的数值比较见表 7.3.3.

表 7.3.3　例 7.3.3 在不同步长的校正解的精度阶比较

i	h_i	最大误差	r_i	$(h_i/h_{i+1})^4$
1	1/8	0.2171×10^{-4}		
2	1/16	0.1362×10^{-5}	15.94	16
3	1/32	0.8540×10^{-7}	15.95	16
4	1/64	0.5424×10^{-8}	16.29	16

这里 $r_i = ||u - \hat{u}_{h_i}||_\infty/||u - \hat{u}_{h_{i+1}}||_\infty$. 表中看出 r_i 与理论值接近.

7.4　L 形区域特征值问题的高精度校正法

在 7.3 节讨论的特征值问题总假定特征函数充分光滑, 这只有极小区域, 或者至少是凸区域才有可能. 对于凹角域前面校正方法便失效. 本节以 L 形区域为例阐述对于凹角域校正方法仍然可以提高精度.

7.4.1 L 形区域特征值问题

假设 $\Omega = (-1,1)^2/(-1,0)^2$ 是由三个正方形构成的 L 形区域, 考虑其上的特征值问题

$$
\begin{cases}
-\Delta u = \lambda u, & \text{在}\Omega\text{内}, \\
u = 0, & \text{在}\partial\Omega\text{上}, \\
(u,u) = 1,
\end{cases}
\tag{7.4.1}
$$

这里 (u,u) 是 $L_2(\Omega)$ 的内积. 如此的问题在薄膜振动和波导理论中应用, 由于这个区域是典型的凹区域, 其凹点对数值结果的影响历来受到关注. 专著 (Forsythe et al.,1960) 提到 Vogelaere 猜想 (7.4.1) 的第一个特征值有渐近展开

$$
\lambda_{h,1} = \lambda_1 + ah^{4/3} + bh^2 + dh^2 \ln h + \cdots,
\tag{7.4.2}
$$

并且计算出 $\lambda_1 \approx 9.636, \lambda_2 \approx 15.2$. 然而令人惊异的是对于第一特征值 λ_1 的近似特征值 $\lambda_{h,1}$ 并不随 h 单调逼近, 误差呈振荡下降, 但是第二特征值的差分近似 $\lambda_{h,2}$ 的误差则随 h 单调下降. Forsythe 没有对 $\lambda_{h,1}$ 的为何随 h 振荡逼近的原因提供合理解释. 本节将分析 (7.4.1) 的特征函数数在凹点邻域的渐近展开, 从而对于第一近似特征值的误差振荡原因通过合理解释.

引理 7.4.1(胡朝浪等,2004) 特征值问题 (7.4.1) 的第 i 个特征函数在凹点 $(0,0)$ 的充分小的邻域内, 存在常数 A_i 使

$$
u_i(r,\theta) = A_i \sin\left(\frac{2i\theta}{3}\right)[r^{\frac{2i}{3}} + O(r^{\frac{2i}{3}+2})], \quad r \to 0.
\tag{7.4.3}
$$

证明 考虑在扇形区域 $\Omega_1 = \left\{ (r,\theta) : 0 \leqslant r \leqslant 1, 0 \leqslant \theta \leqslant \dfrac{3\pi}{2} \right\}$ 上的特征值问题

$$
\begin{cases}
\dfrac{1}{r}\dfrac{\partial}{\partial r}\left(r\dfrac{\partial u}{\partial r}\right) + \dfrac{1}{r^2}\dfrac{\partial^2 u}{\partial \theta^2} + \lambda u = 0, & \text{在}\Omega_1\text{内}, \\
u = 0, & \text{在}\partial\Omega_1\text{上}, \\
(u,u) = 1,
\end{cases}
\tag{7.4.4}
$$

这里 (u,u) 是 $L_2(\Omega_1)$ 的内积. 由已知结果: (7.4.1) 的特征函数与 (7.4.4) 特征函数在凹点充分小邻域内有相近的性态, 即

$$
u_i(r,\theta) = A_i \sin\left(\frac{2i\theta}{3}\right)[r^{\frac{2i}{3}} + O(r^{\frac{2i}{3}+2})], \quad i = 1,2,\cdots.
\tag{7.4.5}
$$

为此使用分离变量法, 令 $u(r,\theta) = R(r)\Phi(\theta)$, 代入 (7.4.4) 得到

$$
\frac{r}{R}\frac{\partial}{\partial r}\left(r\frac{\partial R}{\partial r}\right) + \frac{1}{\Phi}\frac{\partial^2 \Phi}{\partial \theta^2} = -r^2\lambda,
\tag{7.4.6}
$$

这蕴涵存在常数 c^2 使

$$\frac{1}{\Phi}\frac{\partial^2 \Phi}{\partial \theta^2} = -c^2,$$

其通解为

$$\Phi(\theta) = b_1 \cos(c\theta) + b_2 \sin(c\theta),$$

由边界条件: $\Phi(0) = 0$, 得 $b_1 = 0$, 故 $\Phi(\theta) = b_2 \sin(c\theta)$; 又由边界条件: $\Phi\left(\frac{3\pi}{2}\right) = 0$, 得

$$c = \frac{2k}{3}, \quad k = 1, 2, \cdots, \tag{7.4.7}$$

代入 (7.4.6) 得

$$r^2 \frac{\partial^2 R}{\partial r^2} + r \frac{\partial R}{\partial r} + (r^2 \lambda - c^2) = 0, \tag{7.4.8}$$

显然, 这是贝塞尔方程, 其通解为

$$R(r) = B_1 J_c(\sqrt{\lambda}r) + B_2 Y_c(\sqrt{\lambda}r),$$

由于边界条件要求 $\lim\limits_{r \to 0} \Phi(\theta) = 0$, 必取 $B_2 = 0$, 故 $R(r) = B_1 J_c(\sqrt{\lambda}r)$. 又由边界条件要求 $R(1) = 0$, 这蕴涵应选择 λ 为方程: $J_c(\sqrt{\lambda}) = 0$ 的根, 置 $\lambda = \mu_i^2, i = 1, 2, \cdots$, 而 μ_i 是方程

$$J_c(x) = 0$$

的根. 对于固定的 c, 则有

$$R(r) = B_1 J_c(\mu_i r), \quad i = 1, 2, \cdots,$$

即

$$\begin{aligned}
u(r, \theta) &= b_2 \sin(c\theta) B_1 J_c(\mu_i r) \\
&= B \sin(c\theta) J_c(\mu_i r), \quad i = 1, 2, \cdots,
\end{aligned} \tag{7.4.9}$$

由渐近展开 (参见王竹溪等 1979)

$$J_\nu(x) = \left(\frac{x}{2}\right)^\nu / \Gamma(\nu + 1) + O(x^{2+\nu}), \quad x \to 0 \tag{7.4.10}$$

因此

$$\begin{aligned}
u(r, \theta) &= B \sin(c\theta) J_c(\mu_i r) \\
&= B \sin(c\theta) \left(\frac{\mu_i r}{2}\right)^c / \Gamma(c + 1) + O(r^{2+c}) \\
&= B \sin(c\theta) \frac{\mu_i^c}{2^c \Gamma(\nu + 1)} r^c + O(r^{2+c}), \quad r \to 0. \tag{7.4.11}
\end{aligned}$$

由 (7.4.7), $c = \dfrac{2k}{3}, k = 1, 2, \cdots$, 因此前三个特征函数在原点的渐近展开是

$$u_1(r, \theta) = A_1 \sin\left(\frac{2}{3}\theta\right)[r^{2/3} + O(r^{8/3})], \tag{7.4.12a}$$

$$u_2(r, \theta) = A_2 \sin\left(\frac{4}{3}\theta\right)[r^{4/3} + O(r^{10/3})], \tag{7.4.12b}$$

$$u_3(r, \theta) = A_3 \sin(2\theta)[r^2 + O(r^4)], \tag{7.4.12c}$$

引理证毕. □

引理 7.4.1 表明: 第一个特征函数光滑度最低, 其次是第二个和第三个, 这些性质影响特征值计算的精度.

7.4.2 L 形区域特征值问题的九点差分格式与特征值估计

特征值问题 (7.4.1) 使用九点差分格式描述为

$$\begin{cases} -\Delta_h^{(9)} u_h = \lambda_h u_h, & \text{在 } \Omega_h \text{ 内}, \\ u_h = 0, & \text{在 } \partial\Omega_h \text{ 上}, \\ (u_h, u_h)_h = 1, \end{cases} \tag{7.4.13}$$

其中 $\Delta_h^{(9)}$ 的构造见 (7.3.8), 离散内积定义为

$$(u_h, v_h)_h = h^2 \sum_{A \in \Omega_h} u_h(A) v_h(A). \tag{7.4.14}$$

在 7.3 节中已经阐明: 在特征函数光滑条件下, 一旦 (7.4.13) 的特征值 λ_h 被计算出, 则校正值 $\hat\lambda_h = \lambda_h + \dfrac{h^2}{12}\lambda_h^2$ 有高精度, 但是在特征函数不光滑情形校正可能无效. 为此, 下面定理给出 L 形区域第 i 个特征值的误差估计.

定理 7.4.1(胡朝浪等,2004) 特征值问题 (7.4.1) 的差分近似 (7.4.13) 的第 i 个特征值的误差估计有

$$\lambda_{h,i} - \lambda_i = \begin{cases} O(h^{5/3}|\ln h|^{1/2}), & i = 1, \\ O(h^2), & i \geqslant 2. \end{cases} \tag{7.4.15}$$

证明 直接计算容易证明: 若函数 $v = O(r^{2/3})$, 当 $r \to 0$, 则

$$D_x^2 D_y^2 v = \frac{\partial^4 v}{\partial x^2 \partial y^2} = O(r^{-10/3}), \quad r \to 0;$$

若 $w = O(r^{-1+\varepsilon})$, 当 $r \to 0$, 其中 $\varepsilon > 0$, 则 $w \in L_2(\Omega)$. 直接计算容易估计存在常数 A, 使

$$|(D_x^2 D_y^2 v, u_h)_h| \leqslant |(Ar^{-10/3} r^{7/3+\varepsilon}, u_h r^{-(7/3+\varepsilon)})_h|$$
$$\leqslant \|Ar^{-10/3} r^{7/3+\varepsilon}\|_h \|u_h r^{-(7/3+\varepsilon)}\|_h, \tag{7.4.16}$$

由定义 (7.4.14) 与函数 $r^{-1+\varepsilon}$ 的单调性质导出

$$|||Ar^{-10/3}r^{7/3+\varepsilon}||_h^2 \leqslant A^2 \int_0^{\frac{3\pi}{2}} \int_0^1 (r^{-1+\varepsilon})^2 r dr d\theta = \frac{c_1}{\varepsilon}, \qquad (7.4.17)$$

其中 c_1 是常数. 另一方面,

$$\begin{aligned}
||u_h r^{-(7/3+\varepsilon)}||_h^2 &= \sum_{(ih,jh)\in\Omega_h} h^2 u_h^2(ih,jh)[(ih)^2+(jh)^2]^{-7/3-\varepsilon} \\
&\leqslant c_2 h^{-2(7/3+\varepsilon)} \sum_{(ih,jh)\in\Omega_h} h^2 u_h^2(ih,jh) \\
&\leqslant c_2 h^{-2(7/3+\varepsilon)}, \qquad (7.4.18)
\end{aligned}$$

其中 c_2 是常数, 证明中用到 (7.4.13) 和

$$\sum_{(ih,jh)\in\Omega_h} [i^2+j^2]^{-7/3-\varepsilon} \leqslant \sum_{\substack{i,j=-\infty\\ij\neq0}}^{\infty} [i^2+j^2]^{-7/3-\varepsilon} < \infty.$$

在 (7.4.17) 和 (7.4.18) 中置 $\varepsilon = |\ln h|^{-1}$, 再代入 (7.4.16) 便得到

$$|(D_x^2 D_y^2 v, u_h)_h| \leqslant c_2 h^{-7/3}|\ln h|^{1/2}. \qquad (7.4.19)$$

现在令 u 是 (7.4.1) 的第一个特征函数, 于是由 (7.4.12a) 知 $u = O(r^{2/3}), r \to 0$. 应用展开式 (7.3.9), 导出

$$\begin{aligned}
\Delta_h^{(9)}u + \lambda_1 u &= \Delta_h^{(9)}u - \Delta u \\
&= \frac{h^2}{12}\Delta^2 u + \frac{h^4}{360}(\Delta^3 + 2D_x^2 D_y^2\Delta)u + \delta \\
&= \frac{h^2}{12}\lambda_1^2 u - \frac{h^4}{360}\lambda_1^3 u - \frac{h^4}{360}2\lambda_1 D_x^2 D_y^2 u + \delta, \qquad (7.4.20)
\end{aligned}$$

这里 δ 是高阶余项. 用 u_h 对 (7.4.20) 的两端作离散内积, 注意 $(u,u_h)_h = 1$, 得到

$$-\lambda_{1,h} + \lambda_1 = \frac{h^2}{12}\lambda_1^2 - \frac{h^4}{360}\lambda_1^3 - \frac{h^4}{180}\lambda_1(D_x^2 D_y^2 u, u_h)_h + \varepsilon_1,$$

这里 ε_1 是高阶余项, 由 (7.4.19) 得到

$$-\lambda_{1,h} + \lambda_1 = \frac{h^2}{12}\lambda_1^2 - \frac{h^4}{360}\lambda_1^3 + O(h^{5/3}|\ln h|^{1/2}), \qquad (7.4.21)$$

于是得到在 $i = 1$ 情形下, (7.4.15) 的证明.

类似地, 对于第二个特征函数 u, 因为 $u = O(r^{4/3}), r \to 0$, 容易导出

$$-\lambda_{2,h} + \lambda_2 = \frac{h^2}{12}\lambda_2^2 - \frac{h^4}{360}\lambda_2^3 + O(h^{7/3}|\ln h|^{1/2}), \qquad (7.4.22)$$

至于 $i \geqslant 3$ 的证明可以类推.　□

(7.4.21) 表明 Vogelaere 猜想 (7.4.2) 是错的, 第一个近似特征值的误差是 $O(h^{5/3}|\ln h|^{1/2})$, 而非 $O(h^{4/3})$. 另外, 这个估计也能够解释第一个特征值误差振荡的原因: 事实上, 函数 $f(h) = h^{5/3}|\ln h|^{1/2}, 0 < h < 1$, 成立 $f(1) = 0$, 而 $f(h) \to 0$, 当 $h \to 0$, 因此 $f(h)$ 是一个先增后减的函数. 表 7.4.1 列出各个步长的误差与误差比.

表 7.4.1　第一特征值的误差与误差比

h_i	$\lambda_{h_i,1} - \lambda_1$	$\frac{\lambda_{h_i,1}-\lambda_1}{\lambda_{h_{i+1},1}-\lambda_1}$
1/8	-0.01375	
1/16	0.01497	-0.9185
1/18	0.01526	0.98100
1/20	0.01517	1.00593
1/22	0.01487	1.02017

由表 7.4.1 中看出对于第一特征值而言, 近似特征值未必是特征值的下界.

7.4.3　L 形区域特征值问题的校正方法

类似于 7.3 节, 一旦使用九点差分格式得到第 i 个特征值 λ_i 的近似特征值 $\lambda_{h,i}$, 则令校正值

$$\hat{\lambda}_i = \lambda_{h,i} + \frac{h^2}{12}\lambda_{h,i}^2, \tag{7.4.23}$$

下面定理表明: 对于第一个特征值校正值无效, 但是对其余特征值有效.

定理 7.4.2　第 i 个特征值的校正值 (7.4.23) 有误差估计

$$\hat{\lambda}_{h,i} - \lambda_i = \begin{cases} O(h^{5/3}|\ln h|^{1/2}), & i = 1, \\ O(h^{7/3}|\ln h|^{1/2}), & i = 2, \\ O(h^4), & i \geqslant 3. \end{cases} \tag{7.4.24}$$

证明　由定理 7.4.1 的估计, 对于第一个特征值, 校正值显然不能够提高精度; 对于第二个特征值, 由 (7.4.22)

$$\lambda_2 = \lambda_{2,h} + \frac{h^2}{12}\lambda_2^2 - \frac{h^4}{360}\lambda_2^3 + O(h^{7/3}|\ln h|^{1/2})$$
$$= \lambda_{2,h} + \frac{h^2}{12}\lambda_{2,h}^2 + O(h^{7/3}|\ln h|^{1/2}). \tag{7.4.25}$$

对于第 i 个特征值 $(i \geqslant 3)$, 由于对应的特征函数光滑, 容易得到证明.　□

在表 7.4.2 与表 7.4.3 中提供第二与第三个特征值的近似值与校正值误差, 表中可见校正值与理论值符合, 十分有效.

表 7.4.2　第二特征值的误差与校正误差比

h_i	$\lambda_{2,h_i} - \lambda_2$	$\hat{\lambda}_{h_i,2} - \lambda_2$	$\dfrac{h_i^{7/3}|\ln h_i|^{1/2}}{h_{i+1}^{7/3}|\ln h_{i+1}|^{1/2}}$	$\left\|\dfrac{\hat{\lambda}_{h_i,2} - \lambda_2}{\hat{\lambda}_{h_{i+1},2} - \lambda_2}\right\|$	$\dfrac{h_i^2}{h_{i+1}^2}$	$\left\|\dfrac{\lambda_{h_i,2} - \lambda_2}{\lambda_{h_{i+1},2} - \lambda_2}\right\|$
1/8	-0.30530	-0.01643				
1/12	-0.13749	-0.00620	2.35612	2.65000	2.25	2.22053
1/16	-0.07853	-0.00410	1.85241	1.15220	1.7778	1.75080
1/18	-0.06261	-0.00368	1.28920	1.11430	1.26563	1.25427

表 7.4.3　第三特征值的误差与校正误差比

h_i	$\lambda_{3,h_i} - \lambda_3$	$\hat{\lambda}_{h_i,3} - \lambda_3$	$\dfrac{h_i^4}{h_{i+1}^4}$	$\left\|\dfrac{\hat{\lambda}_{h_i,3} - \lambda_3}{\hat{\lambda}_{h_{i+1},3} - \lambda_3}\right\|$	$\dfrac{h_i^2}{h_{i+1}^2}$	$\left\|\dfrac{\lambda_{h_i,3} - \lambda_3}{\lambda_{h_{i+1},3} - \lambda_3}\right\|$
1/4	-1.90910	-0.25330				
1/8	-0.49959	-0.01764	16	14.3837	4	3.82133
1/16	-0.12635	-0.00113	16	15.58407	4	3.95402

7.5　基于 Laplace 反演的发展方程的高精度校正方法

发展方程指与时间相关的偏微分方程, 如抛物型方程、双曲型方程和积微方程. 如此问题经常出现在声波、电磁波和流体力学的问题中. 计算这一类问题的数值方法主要有差分方法和有限元方法, 前面几章已经讨论. 这类方法的共同缺点是:

(1) 算法依赖于时间步长, 必须从初始步开始, 每步解线性方程组, 直到关心的时刻, 如果时间步长太小, 则计算量太大而且数值不稳定;

(2) 精度低, 即使使用所谓 C-N 格式也仅有 $O(\tau^2 + h^2)$. 对于积微方程, 由于非局域性的缘故, 难度更大.

Laplace 变换是工程界广为使用的方法, 但是基于 Laplace 变换求发展方程数值解的论文并不多. 诚然线性发展方程通过 Laplace 变换被转换为椭圆型方程, 但是这个椭圆型方程强烈依赖于变元符号 s, 故不能够直接用于数值方法计算, 除非使用数值 Laplace 反演. 有关 Laplace 数值反演方法主要有 Fourier 方法, 通常需要数十, 甚至数百个样本才能得到满意精度, 而样本多, 意味着需要解同样多的椭圆型方程. 另一方面, Zakian(1969) 提供的方法却只需要 5 到 10 个样本便可以得到满意结果. 文献 (Hassanzadeh et al.,2007) 对于各个 Laplace 数值反演方法进行了比较, 表明 Zakian 方法优于其他方法. 本节将使用 Zakian 方法解双曲型方程和抛物型积微方程, 算例表明仅需要并行解 5 个椭圆型方程便能够得到任何时刻的方程的解, 与其他方法比较具有计算量小、精度高的特点.

7.5.1　Laplace 变换及其数值反演

熟知, 函数 $f(t)$ 的 Laplace 变换定义为

$$F(s) = \int_0^\infty e^{-st} f(t) dt, \tag{7.5.1}$$

其反演变换为

$$f(t) = \frac{1}{2\pi i} \int_{\sigma - i\infty}^{\sigma + i\infty} e^{st} F(s) ds, \quad t \geqslant 0, s \geqslant 0. \tag{7.5.2}$$

然而只有少数函数能够直接使用 (7.5.2), 一般只能使用数值反演方法. 常见的数值反演方法有:

(1) Fourier 方法:

$$f(t) = \frac{e^{at}}{t} \left\{ \frac{1}{2} F(a) + \mathrm{Re} \sum_{k=1}^n F\left(a + i\frac{k\pi}{t}\right) (-1)^k \right\}, \tag{7.5.3}$$

其中 a 是参数, 通常建议 at 界于 4 和 5 之间, 而样本个数 n 要 100 以上.

(2) Zakian 方法: Zakian(1969) 提出如下反演法,

$$f(t) = \frac{2}{t} \sum_{k=1}^N \mathrm{Re}\left[K_k F\left(\frac{\alpha_k}{t}\right)\right], \tag{7.5.4}$$

其中 K_i, α_i 是复常数. 对于 $N = 5$ 的常数值见表 7.5.1.

表 7.5.1　Zakian 反演的常数 $(N = 5)$

k	α	K
1	12.83767675+1.666063445i	$-36902.0821 + 196990.4257i$
2	12.22613209+5.012718792i	$61277.02524 - 95408.6255i$
3	10.93430308+8.409673116i	$-28916.56288 + 18169.18531i$
4	8.776434715+11.92185389i	$4655.361138 - 1.901528642i$
5	5.225453361+15.72952905i	$-118.7414011 - 141.3036911i$

由于 Zakian 反演只需要 5 个样本便达到满意精度, 故工程界广泛应用, 下面将应用于解发展方程.

7.5.2　基于 Zakian 反演的双曲型方程的高精度校正方法

考虑以下的双曲型方程:

$$\begin{cases} \dfrac{\partial^2 u}{\partial t^2} - \nabla(a(x) \nabla u) = f(x,t), & (x,t) \in (\Omega \times J), \\ u(x,t) = g(x,t), & (x,t) \in (\Gamma \times J), \\ u(x,0) = 0, u_t(x,0) = 0, & x \in \Omega, \end{cases} \tag{7.5.5}$$

这里 $J = (0, T)$ 是时间区间, $\Omega \subset \mathbb{R}^n, n \leqslant 3$ 是有界的开区域, Γ 是边界, $f(x,t), g(x,t)$ 是给定的光滑函数, $x = (x_1, \cdots, x_n)$,

$$a(x) \geqslant c > 0, \quad \forall x \in \Omega.$$

对 (7.5.5) 两端取 Laplace 变换得到如下带参数 s 的椭圆型偏微分方程

$$\begin{cases} \nabla(a(x)\nabla\widehat{u}) - s^2\widehat{u} = -\widehat{f}, & \text{在}\Omega\text{内}, \\ \widehat{u} = \widehat{g}, \text{在}\partial\Omega\text{上}, \end{cases} \tag{7.5.6}$$

其中 $\widehat{u}$ 是 u 的 Laplace 变换的象函数.

(7.5.6) 对固定的 s, 无论使用有限元或有限差分法都容易处理, 特别是基于定理 7.3.5 的高精度校正方法效果更好, 其算法如下:

算法 7.5.1(张麟等,2010)　(基于 Zakian 反演的高精度校正法, $N = 5$)

步 1　对方程 (7.4.5) 两端取 Laplace 变换得到 (7.5.6).

步 2　令 t 为要计算的时间, 在 (7.3.59) 中置 $p(x) = 1/a(x), w(s) = s^2$, 并且取 $s = s_1, s_2, \cdots, s_5$, 其中

$$s_k = \frac{\alpha_k}{t}, \quad k = 1, 2, \cdots, 5,$$

$\alpha_k(k = 1, 2, \cdots, 5)$, 的值见表 7.5.1, 以 $s_k(k = 1, \cdots, 5)$ 为参数并行解五个差分方程

$$\begin{cases} M_h u_{h,k} - (w(s_k) + \dfrac{h^2}{12}w^2(s_k)p)(s_k)u_{h,k} \\ = -f(s_k) - \dfrac{h^2}{12}w(s_k)fp, \quad \text{在}\Omega_h\text{内}, \\ u_{h,k} = g(s_k) - \dfrac{h^2}{12}(w(s_k)g(s_k) - f(s_k))p, \quad \text{在}\partial\Omega_h\text{上}, \\ \qquad\qquad k = 1, 2, \cdots, 5. \end{cases} \tag{7.5.7}$$

步 3　使用校正方法 (7.3.61) 得到四阶精度的数值解 $\widehat{u}_{h,k}(s_k)$,

$$\widehat{u}_{h,k} = u_{h,k} + \frac{h^2}{12}(w(s_k)u_{h,k} - f(s_k))p, \quad k, = 1, 2, \cdots, 5, \tag{7.5.8}$$

步 4　把步 3 中得到的 $\widehat{u}_{h,k}(s_k)$ 代入反演公式 (7.5.4) 中, 即可得到 $u(x,t)$ 的高精度校正解.

例 7.5.1　考虑双曲型方程的初、边值问题:

$$\begin{cases} \dfrac{\partial^2 u}{\partial t^2} - \Delta u = 3e^t \sin x_1 \sin x_2, & \forall(x,t) \in (\Omega \times J), \\ u(x,t) = 0, & \forall(x,t) \in (\Gamma \times J), \\ u(x,0) = \sin x_1 \sin x_2, u_t(x,0) = \sin x_1 \sin x_2, & x \in \Omega, \end{cases} \tag{7.5.9}$$

这里 $\Omega = [0,\pi]^2$, 已知解为 $u = e^t \sin x_1 \sin x_2$. 表 7.5.2 提供各个时刻的计算结果的最大误差.

表 7.5.2 基于 Zakian 反演的双曲型方程的校正数值解误差

t \ h	10^{-1}	20^{-1}	30^{-1}
0.2	3.4343×10^{-4}	1.8363×10^{-5}	1.9680×10^{-6}
0.4	2.4781×10^{-4}	3.2668×10^{-5}	1.0199×10^{-6}
0.6	1.6641×10^{-4}	1.7303×10^{-5}	1.8741×10^{-6}
0.8	5.0129×10^{-4}	1.7941×10^{-5}	1.4886×10^{-6}
1	2.0735×10^{-4}	2.8744×10^{-5}	1.6486×10^{-6}

数值结果表明基于 Zakian 反演的双曲型方程的校正数值解且具有精度高, 并行度高和计算复杂度低等优点, 对需要计算的时刻 t, 可直接反演, 无须逐层计算得到.

7.5.3 基于 Zakian 反演的一类 Volterra 型积微方程的高精度校正方法

许多工程问题, 如渗流、非 Newton 流和带记忆材料力学中问题归结于如下抛物型积微方程:

$$
\begin{cases}
\dfrac{\partial u}{\partial t} = \nabla \left\{ a(x)\nabla u + \int_0^t b(x, t-\tau)\nabla u(x,\tau)\mathrm{d}\tau \right\} + f(x,t), \\
\qquad\qquad\qquad \text{在}\,\Omega \times (0,T)\text{内}, \\
u(x,0) = 0, \qquad \text{在}\,\Omega\text{上}, \\
u(x,t) = g(x,t), \quad \text{在}\,\Gamma \times [0,T]\text{上},
\end{cases}
\tag{7.5.10}
$$

其中 $\Omega \subset \mathbb{R}^n, n \leqslant 3$ 是有界的开区域, Γ 是 Ω 的边界, $x = (x_1, \cdots, x_n), f(x,t), g(x,t)$ 是光滑函数, $b(x,t) \geqslant 0$, 而

$$
a(x) \geqslant c > 0, \quad \forall x \in \Omega.
$$

目前已经有许多文献讨论积微方程的数学理论和数值方法, 数值处理的困难主要由积分项的非局域带来, 例如使用差分或者全离散有限元, 为了计算积分项需要储存每个时间步的数据. 对于 (7.5.10) 类型的卷积型问题, 使用 Laplace 变换, (7.5.10) 便转换为带参数的椭圆型偏微分方程

$$
\begin{cases}
\nabla\{[a(x) + \hat{b}(x,s)]\nabla \hat{u}(x,s)\} - s\hat{u}(x,s) = -\hat{f}(x,s), \quad \text{在}\,\Omega\text{内}, \\
\hat{u}(x,s) = \hat{g}(x,s), \text{在}\,\Gamma\text{上},
\end{cases}
\tag{7.5.11}
$$

这里 $\hat{u}(x,s)$ 表示 $u(x,t)$ 的 Laplace 变换. 如同处理 (7.5.6) 一样, 采用算法 7.5.1 计算. 下面算例表明算法十分有效.

例 7.5.2(张麟等,2010)　考虑积微方程

$$\begin{cases} \dfrac{\partial u}{\partial t} = \nabla\{\nabla u + \int_0^t \nabla u(x,\tau)d\tau\} + f(x,t), \\[2mm] \quad 在 \Omega \times (0,T)内, \\[2mm] u(x,0) = \sin x \sin y, \quad 在 \Omega 上, \\[2mm] u(x,t) = 0, 在 \Gamma \times [0,T]上, \end{cases} \tag{7.5.12}$$

其中 $\Omega = (0,\pi)^2$, $f(x,t) = (5\mathrm{e}^t - 2)\sin x \sin y$. 表 7.5.3 中列出在时刻 $T = 1$, 在不同的时空步长的最大误差.

表 7.5.3　基于 Zakian 反演的积微方程的校正解在 $T=1$ 的数值结果

(τ, h)	$\left(\dfrac{1}{5}, \dfrac{\pi}{5}\right)$	$\left(\dfrac{1}{10}, \dfrac{\pi}{10}\right)$	$\left(\dfrac{1}{5}, \dfrac{\pi}{15}\right)$	$\left(\dfrac{1}{10}, \dfrac{\pi}{30}\right)$
最大误差	1.48×10^{-2}	2.6311×10^{-4}	7.6789×10^{-5}	7.6789×10^{-6}

由表中看出本方法的精度很高.

由于 (7.5.10) 中取 $b(x, t - \tau) = 0$, 则成为通常的抛物型偏微分方程, 故这里算法当然可以用于解抛物型方程.

7.6　有限体积法及其分裂外推

有限体积法也称为广义差分法, 是继有限差分法和有限元法后的解偏微分方程的重要方法, 目前已经广泛用于油、气藏数值模拟等大型工程问题工程中. 众所周知, 有限差分法是基于差分对微分的逼近; 有限元基于变分形式; 有限体积法则是基于物理学的守恒定律, 并且兼有有限元剖分灵活性和差分法容易理解的优点, 故广泛被工程界接受和应用. 当今虽然关于有限体积法的论著不少, 但是总的说来有限体积法的数学理论还处于发展、研究阶段, 特别是有限体积法近似解能否通过外推或者分裂外推加速收敛? 这方面理论尚欠成熟, 文献 (Cao et al.,2011) 的算例表明有限体积法可以借助分裂外推提高精度, 本节予以介绍.

7.6.1　数值解二阶椭圆型偏微分方程的有限体积法

考虑二阶椭圆型偏微分方程的 Dirichlet 问题

$$\begin{aligned} -\nabla(a(x,y)\nabla u) &= f(x,y), \quad (x,y) \in \Omega, \\ u|_{\partial\Omega} &= g(x,y). \end{aligned} \tag{7.6.1}$$

这里假定 Ω 是矩形. 令 $\mathfrak{F}_h$ 是 Ω 的一个协调矩形剖分, 定义 $\hat{\mathfrak{F}}_h$ 是 $\mathfrak{F}_h$ 的对偶剖分, 它是 $\mathfrak{F}_h$ 的每个矩形元素的中心与相邻元素的中心沿水平与垂直方向连接构成

的矩形网. 令 $\widehat{K}_i$ 是 $\hat{\mathfrak{F}}_h$ 上的单元, 考虑其上的积分

$$-\int_{\widehat{K}_i} -\nabla(a(x,y)\nabla u)\,\mathrm{d}x\mathrm{d}y = \int_{\widehat{K}_i} f\,\mathrm{d}x\mathrm{d}y. \tag{7.6.2}$$

使用 Green 公式导出

$$-\int_{\partial\widehat{K}_i} a(x,y)\frac{\partial u}{\partial N}\,\mathrm{d}s = \int_{\widehat{K}_i} f\,\mathrm{d}x\mathrm{d}y, \tag{7.6.3}$$

这里 $\dfrac{\partial u}{\partial N}$ 是外法向导数. 令 $S_h(\Omega)$ 是基于剖分 $\mathfrak{F}_h$ 的双线性有限元子空间, $\phi_j, j = 1, \cdots, n$, 是构成 $S_h(\Omega)$ 的基函数, 那么所谓有限体积法便是寻求 $u_h \in S_h(\Omega)$ 使

$$-\int_{\partial\widehat{K}_i} a(x,y)\frac{\partial u_h}{\partial N}\,\mathrm{d}s = \int_{\widehat{K}_i} f\,\mathrm{d}x\mathrm{d}y, \quad \forall \widehat{K}_i \in \hat{\mathfrak{F}}_h. \tag{7.6.4}$$

假定 $u_h = \sum_{j=1}^{n} u_j\phi_j$, 待定系数 $\{u_j, j = 1, \cdots, n,\}$ 归结于如下线性方程组的解:

$$-\sum_{j=1}^{n} u_j\left(\int_{\partial\widehat{K}_i} a(x,y)\frac{\partial\phi_j}{\partial N}\,\mathrm{d}s\right) = \int_{\widehat{K}_i} f\,\mathrm{d}x\mathrm{d}y, \quad \forall \widehat{K}_i \in \hat{\mathfrak{F}}_h. \tag{7.6.5}$$

显然, $\hat{\mathfrak{F}}_h$ 的单元数也是 n, 并且 (7.6.5) 的系数矩阵是稀疏的.

7.6.2 有限体积法的分裂外推算例

为了有效使用分裂外推假定 Ω 存在不重叠区域分解 $\bar{\Omega} = \bigcup_{i=1}^{m} \bar{\Omega}_i$, 并且满足相容条件, 即 $\bar{\Omega}_i \bigcap \bar{\Omega}_j (i \neq j)$ 或者是空集, 或者有公共边, 或者有公共顶点. 令 $\mathfrak{S}_i^h$ $(i = 1, \cdots, m)$ 是 Ω_i 上的一个矩形网剖分, $h_{ij}(j=1,2)$ 是其步长, 令 $\mathfrak{S}^h = \bigcup_{i=1}^{m} \mathfrak{S}_i^h$, 是 Ω 上的剖分, 为了保证 $\mathfrak{S}^h$ 的相容性, $2m$ 个步长 $h_{ij}(i = 1, \cdots, m, j = 1, 2)$ 中, 仅有 l $(l < md)$ 个是独立的. 在第 2 章已经阐述: 若数值解的误差关于独立步长有多参数渐近展开

$$u_h(X) - u(X) = \sum_{k=1}^{l} \psi_k(X)h_k^2 + O(h_0^3), \quad \forall X \in \Omega_0^h, \tag{7.6.6}$$

则组合各个局部加密的近似解便得到整体加密的高精度近似解, 这里 $h_0 = \max_{1\leqslant j\leqslant l} h_j$, $\psi_k \in H_0^1(\Omega)$ 是与步长 $h_1, \cdots, h_l$ 无关的函数. 迄今, 尚不能证明有限体积法有 (7.6.6) 形式的渐近展开, 但是下面算例表明分裂外推仍然有效.

例 7.6.1(Cao et al.,2011)　考虑 Dirichlet 问题

$$\begin{cases} -\nabla(a(x,y)\nabla u) = f(x,y), & \text{在}\Omega\text{内}, \\ u(x,y) = g(x,y), & \text{在}\partial\Omega\text{上}, \end{cases} \tag{7.6.7}$$

这里 $\Omega = (0,2) \times (0,1)$, $a(x,y) = \cos(x/2)\cos(y)$, 已知精确解 $u(x,y) = \sin(\pi x/2)$ $\sin(\pi y)$. 构造初始区域分解: $\bar{\Omega} = \bigcup\limits_{s=1}^{2} \bar{\Omega}_s$, 其中 $\Omega_1 = (0,1) \times (0,1)$, $\Omega_2 = (1,2) \times (0,1)$. 设计 3 个步长, 其中 $h_i(i=1,2)$ 是 $\Omega_i(i=1,2)$ 沿 x 坐标方向设置的步长; h_3 沿 y 坐标方向设置的步长.

初始取 $h_i = 1/4, i = 1,2,3$. 表 7.6.1 中列出用有限体积法和分裂外推在各个不同类型的网点误差比较, 从中看出分裂外推非常有效.

表 7.6.1　有限体积法的分裂外推误差比较

网点坐标	网点类型	有限体积法误差	分裂外推误差
$(1/2, 1/4)$	顶点	2.1509×10^{-2}	-1.7076×10^{-4}
$(1, 1/2)$	顶点	4.2963×10^{-2}	-2.5155×10^{-4}
$(13/8, 3/4)$	边中点	1.3576×10^{-3}	4.4738×10^{-5}
$(1, 7/8)$	边中点	7.4202×10^{-3}	4.4946×10^{-4}
$(1/8, 7/8)$	单元中心	$*$	1.5743×10^{-4}
$(11/8, 3/8)$	单元中心	$*$	1.2525×10^{-4}
最大误差		4.2963×10^{-2}	-2.9563×10^{-4}

例 7.6.2(Cao et al.,2011)　考虑界面问题

$$\begin{cases} -\nabla(a(x,y)\nabla u) = f(x,y), & \text{在}\Omega = (0,2) \times (0,1)\text{内}, \\ u(x,y) = g(x,y), & \text{在}\partial\Omega\text{上}, \end{cases} \tag{7.6.8}$$

其中

$$a(x,y) = \begin{cases} r, & \text{在}[0,1] \times [0,1]\text{内}, \\ 1, & \text{在}(1,2] \times [0,1]\text{内}, \end{cases}$$

故当 $r \neq 1$, 函数 $a(x,y)$ 不连续, 并且 $\Gamma = \{(x,y) : x = 1, 0 \leqslant y \leqslant 1\}$ 是界面. 今取 $r = 0.5$. 选择函数 $f(x,y)$ 和 $g(x,y)$ 使精确解为

$$u(x,y) = \begin{cases} 15xy(y-1) - 7.5(r+1)(x-1)^2xy(y-1), \\ \qquad\qquad \text{在}[0,1] \times [0,1]\text{内}, \\ 15rxy(y-1) + 15(1-r)y(y-1) - 7.5(r+1)(x-1)^2xy(y-1), \\ \qquad\qquad \text{在}(1,2] \times [0,1]\text{内}, \end{cases}$$

如此的解显然满足界面条件. 初始区域分解和步长设计与例 7.6.1 相同. 使用有限体积法和分裂外推在各个不同类型的网点的误差比较见表 7.6.2 中, 结果表明: 对于界面问题只要界面被作为初始剖分单元的边界, 分裂外推便非常有效.

表 **7.6.2** 界面问题的有限体积法与分裂外推的误差比较

网点坐标	网点类型	有限体积法误差	分裂外推误差
$(1/2, 1/2)$	顶点	4.8341×10^{-3}	1.3382×10^{-5}
$(1, 1/4)$	顶点	-4.8937×10^{-2}	2.7037×10^{-5}
$(13/8, 3/4)$	边中点	-6.0719×10^{-2}	-6.5934×10^{-4}
$(1, 5/8)$	边中点	-3.7482×10^{-2}	-1.5561×10^{-3}
$(5/8, 7/8)$	单元中心	$*$	-9.8845×10^{-4}
$(11/8, 3/8)$	单元中心	$*$	4.6194×10^{-3}
最大误差		-1.0152×10^{-1}	1.8330×10^{-3}

第 8 章　基于多网格的 τ 外推法

多层网格是当今解大型科学和工程问题的最有效的一个方法, 它的计算复杂度几乎与网点 (未知数) 成正比. 尽管这个方法早在 1961 年被苏联数学家 Fedorenko 提出, 但是当时并未引起重视, 直到 20 世纪 70 年代经过 Brandt 等的研究才大受关注. 80 年代后与多层网格法相关的文献大量出现在计算数学的核心期刊, 其中 Hackbusch(1985) 和 Bramble(1993) 的专著分别从代数与分析方法阐述了多层网格法的原理, 使多层网格法的收敛性理论臻于完善.

多层网格算法是以最低计算复杂度解细网格的离散方程为目标, 数值解的精度与步长相关, 例如误差达到 $O(h^2)$. 由于多层网格算法需要涉及不同层次的网格方程的计算, 因此自然想到与外推法结合, 即使用外推系数组合各个层次网格方程结果, 以便得到比 $O(h^2)$ 更高阶的近似解.

外推法中最容易想到的便是 Richardson 外推, 但是 Richardson 外推的有效性有两个前提: 其一, 数值解的误差关于步长存在渐近展开, 这在许多情形, 例如有曲边边界的差分方程便可能失效; 其二, 各个层次的网格方程需要显式解出, 这在多层网格法中难于实现, 故 Richardson 外推在多层网格法中实际应用的意义不大. 另一方面, 一个稳定的差分格式的截断误差决定了差分方程近似解的误差阶, 所谓截断误差外推是基于差分方程的截断误差关于步长的渐近展开, 使用 Taylor 展开容易证明差分方程的截断误差通常有渐近展开, 因此组合各个层次网格方程的截断误差便得到高阶截断误差. 由于截断误差外推不需要各个层次离散方程的显示解, 在多层网格方法中容易实现, Brandt(1984) 最先建议使用, 并称为 τ 外推. 在 Hackbusch 的专著 (1985) 中分析了二网格方法的 τ 外推法, 使细网格解的精度达到 $O(h^4)$, Rüde(1987) 证明了三网格的 τ 外推, 使细网格解精度达到 $O(h^6)$, 并且指明: 使用更复杂的演算, 对于多于三层网格的 τ 外推法可以达到更高阶精度.

τ 外推法与前面各章介绍的外推不同, 它不显式地依赖于近似解误差关于步长的渐近展开, Rüde 把这一类型的外推称为隐式外推.

8.1　二网格法的 τ 外推

8.1.1　多网格法的基本思想

多层网格算法简单说, 由细网格磨光和粗网格求解两个步骤构成, 为此举简单

例子阐释: 考虑两点边值问题

$$-u''(x) = f(x),$$
$$u(0) = u(1) = 0, \tag{8.1.1}$$

为了导出离散方程, 取步长 $h = 1/(N+1)$, 结点 $x_i = ih, i = 1, \cdots, N$, 使用差分法近似方程为

$$\frac{-U_{i-1} + 2U_i - U_{i+1}}{h^2} = F_i, \quad i = i = 1, \cdots, N,$$
$$U_0 = U_{N+1} = 0, \tag{8.1.2}$$

这里 U_i 是 $u(x_i)$ 的近似, $F_i = f(x_i)$. 把 (8.1.2) 用矩阵形式描述

$$LU = F, \tag{8.1.3}$$

分解 $L = D - B$, 其中 D 是 L 的对角部分, 并且使用阻尼 Jacobi 迭代

$$U^{j+1} = U^j - \theta D^{-1}(LU^j - F), \quad j = 0, 1, \cdots, \theta \in (0, 1) \tag{8.1.4a}$$

解 (8.1.3). 在本例中因为 $D^{-1} = \frac{1}{2}h^2 I$, 故置 $\omega = \theta/2$, (8.1.4a) 简化为

$$U^{j+1} = U^j - \omega h^2(LU^j - F), \quad j = 0, 1, \cdots, \omega \in \left(0, \frac{1}{2}\right). \tag{8.1.4b}$$

为了分析迭代法的收敛性, 注意 (8.1.2) 对应的矩阵的特征向量是

$$e^k = \sqrt{2h}\{\sin(ki\pi h)\}_{i=1}^N, \quad k = 1, \cdots, N, \tag{8.1.5}$$

对应的特征值是 $4h^{-2}\sin(i\pi h/2)$, 满足

$$Le^k = 4h^{-2}\sin(i\pi h/2)e^k, \quad k = 1, \cdots, N. \tag{8.1.6}$$

令 $E^j = U^j - U$ 表迭代误差, 由 (8.1.4) 导出误差传播为

$$E^{j+1} = (I - \omega h^2)LE^j = ME^j, \quad j = 0, 1, \cdots, \tag{8.1.7}$$

其中矩阵

$$M = (I - \omega h^2)L,$$

因此只要谱半径 $\rho(M) < 1$, 迭代 (8.1.4) 便收敛. 显然, M 的特征向量与 L 相同, 而特征值为

$$\lambda_k(\omega) = 1 - 4\omega\sin^2(k\pi h/2), \quad k = 1, \cdots, N. \tag{8.1.8}$$

取 $\omega = 1/4$ 分析, 此情形

$$\rho(M) = \lambda_1(1/4) = 1 - \sin^2(\pi h/2) = 1 - \frac{1}{4}\pi^2 h^2 + O(h^4), \qquad (8.1.9)$$

因此步长越小, 收敛越慢.

为了具体分析迭代收敛状况, 令初始误差按照特征向量分解为

$$U^0 = \sum_{k=1}^{N} c_k e^k,$$

于是

$$M^j U^0 = \sum_{k=1}^{N} c_k \lambda_k^j(\omega) e^k, \qquad (8.1.10)$$

注意当 $k \geqslant (N+1)/2$, 按照 (8.1.8) 有

$$\lambda_k(1/4) \leqslant 1 - \sin^2(\pi/4) = 1/2,$$

这便蕴涵迭代过程中初始误差 U^0 的高频部分很快趋于零, 而低频部分 (特征值接近于 1 的部分) 收敛缓慢.

以下称 M 为磨光算子, 因为经过多次迭代后误差的高频部分很快衰减, 仅剩下较光滑的低频部分. 由于低频部分迭代收敛慢, 不妨将其转移到下一层粗网格上, 那里或者网点少容易直算出, 或者再经过磨光后转移到更下一层的粗网格上计算. 上面 (8.1.4) 的迭代过程称为磨光过程. 通常若存在解 (8.1.3) 迭代法

$$U^{j+1} = SU^j + TF, \qquad (8.1.11a)$$

则磨光过程表示为

$$U^{j+1} = \Im(U^j, F) = \Im^{j+1}(U^0, F). \qquad (8.1.11b)$$

8.1.2   二网格的算法

前述多网格算法既然是由细网格磨光和粗网格求解组成, 那么粗、细网格间由于维数不同, 必须通过限制和延拓算子联系, 以二网格为例说明如下: 令 Ω_h 是细网格, Ω_H 是粗网格, $H = 2h$. 定义在 Ω_h 上的网函数 U_h, 可以通过限制算子 $r = I_h^H$ 映射为 Ω_H 上的网函数. 方法有二: 其一, 自然的嵌入, 即置

$$U_H(x) = U_h(x), \quad \forall x \in \Omega_H, \qquad (8.1.12)$$

这是因为 $\Omega_H \subset \Omega_h$; 其二, 加权平均, 例如 $x_5 \in \Omega_H$, 并且 x_5 是 Ω_h 的相邻 4 个正方形的中点, 则置

$$U_H(x_5) = \frac{1}{16}[4U_h(x_5) + 2(U_h(x_2) + U_h(x_4) + U_h(x_6) + U_h(x_8))$$
$$+ U_h(x_1) + U_h(x_2) + U_h(x_7) + U_h(x_9)], \quad \forall x_5 \in \Omega_H, \quad (8.1.13)$$

这里 $x_i(i = 2,4,6,8)$ 与 x_5 同在正方形的一条边上, $x_i(i = 1,2,7,9)$ 位于 x_5 为顶点的正方形的对角线上. 为了直观起见, (8.1.13) 表达为

$$I_H^h = \frac{1}{16} \begin{bmatrix} 1 & 2 & 1 \\ 2 & 4 & 2 \\ 1 & 2 & 1 \end{bmatrix} \tag{8.1.14}$$

定义在 Ω_H 上的网函数 U_H, 可以通过延拓算子 $p = I_H^h$ 映射为 Ω_h 上的网函数. 为此可以使用插值方法实现, 例如在二维正方形网格上使用双线性插值, 即细网格点若是相邻两个粗网格的中点, 则取这两点的平均值; 若在 4 个粗网格构成的正方形中心, 则取这 4 个点的平均值; 若细网格点 $x \in \Omega_H$, 则 $I_H^h U_h(x) = U_h(x)$. 延拓算子 I_H^h 也可以定义为 I_h^H 的共轭算子, 描绘为

$$I_h^H = (I_H^h)^* = \frac{1}{4} \begin{bmatrix} 1 & 2 & 1 \\ 2 & 4 & 2 \\ 1 & 2 & 1 \end{bmatrix} \tag{8.1.15}$$

现在考虑 Ω_h 上的方程

$$L_h u = f, \tag{8.1.16}$$

一个给定的光滑次数 ν 的前光滑的二网格过程描述为:

算法 8.1.1 只有前光滑过程的二网格方法: $\mathrm{TGM}(h, u, f, \nu)$

(1) 解粗网格方程: $u := L_H^{-1} I_H^h f$;

(2) 延拓到细网格并执行 ν 次磨光: $u := \Im^\nu(I_h^H u, f)$;

(3) 计算剩余: $d := I_H^h(L_h u - f)$;

(4) 解粗网格方程: $w := L_H^{-1} d$;

(5) 置 $u := u - I_h^H w$, 转 (1) 直到收敛.

一个给定的前光滑次数 ν_1 和后光滑次数 ν_2 的前、后光滑的二网格过程描述为:

算法 8.1.2 有前、后光滑过程的二网格方法: $\mathrm{TGM}(h, u, f, \nu_1, \nu_2)$

(1) 解粗网格方程: $u := L_H^{-1} I_H^h f$;

(2) 延拓到细网格并执行 ν_1 次磨光: $u := \Im^{\nu_1}(I_h^H u, f)$;

(3) 计算剩余: $d := I_H^h(L_h u - f)$;

(4) 解粗网格方程: $u := u - I_h^H L_H^{-1} d$;

(5) 置 $u := \Im^{\nu_2}(I_h^H u, f)$, 转 (1) 直到收敛.

无论算法 8.1.1 和算法 8.1.2 都属于 V 循环范畴. 此外, 常见的多网格法还有 W 循环和瀑布式多网格法等, 因为在 τ 外推中不常使用, 故不予介绍.

下面用 $\mathrm{TGM}^{(\nu_1,\nu_2)}$ 表示算法 8.1.2, $\mathrm{TGM}^{(\nu,0)}$ 表示算法 8.1.1.

8.1.3　二层网格算法的磨光性质与逼近性质

注意算法 8.1.2 依然是一个迭代过程

$$u^{j+1} = Mu^j + Nf,$$

其中迭代矩阵与 ν_1, ν_2 相关, 并且使用 $S^{(\nu_1)}$ 表示经过 $\mathfrak{S}^{\nu_1}$ 磨光过程的迭代矩阵, 于是算法 8.1.2 的迭代矩阵 M 为

$$M(\nu_1, \nu_2) = S^{(\nu_2)}(I - I_h^H L_H^{-1} I_H^h L_h) S^{(\nu_1)}. \tag{8.1.17a}$$

类似地, 算法 8.1.1 的迭代过程的矩阵记为

$$M(\nu) = [L_h^{-1} - I_h^H L_H^{-1} I_H^h][L_h S^{(\nu)}]. \tag{8.1.17b}$$

通常 (8.1.16) 的解 u 是磨光过程的不动点, 即

$$\mathfrak{S}^{(\nu)}(u, f) = u, \tag{8.1.18}$$

故 u 也是二网格迭代的不动点.

为了证明收敛性, 令 $\mathfrak{U}$ 和 $\mathfrak{F}$ 分别表示两个网函数构成的向量空间, 并用 $\|\cdot\|_{\mathfrak{U}}$ 和 $\|\cdot\|_{\mathfrak{F}}$ 表示其上的范数, 用 $\|\cdot\|_{\mathfrak{U},\mathfrak{F}}$ 表示映 $\mathfrak{F}$ 到 $\mathfrak{U}$ 的算子范数. 于是 (8.1.17b) 的矩阵范数有估计

$$\|M(\nu)\|_{\mathfrak{U},\mathfrak{U}} \leqslant \|L_h^{-1} - I_h^H L_H^{-1} I_H^h\|_{\mathfrak{U},\mathfrak{F}} \|L_h S^{(\nu)}\|_{\mathfrak{F},\mathfrak{U}} \tag{8.1.19a}$$

和

$$\|M(\nu)\|_{\mathfrak{U},\mathfrak{U}} \leqslant \|I - I_h^H L_H^{-1} I_H^h L_h\|_{\mathfrak{U},\mathfrak{U}} \|S^{(\nu)}\|_{\mathfrak{U},\mathfrak{U}}. \tag{8.1.19b}$$

为了证明收敛性质, 引入下面定义:

定义 8.1.1 (磨光性质)　称 $S^{(\nu)}$ 关于 L_h 有磨光性质, 若存在函数 $\eta(\nu), \bar{\nu}(h)$ 和数 α 满足以下条件:

$$\|L_h S^{(\nu)}\|_{\mathfrak{F},\mathfrak{U}} \leqslant \eta(\nu) h^{-\alpha}, \quad 1 \leqslant \nu \leqslant \bar{\nu}(h), \tag{8.1.20}$$

$$\eta(\nu) \to 0, \quad \text{当 } \nu \to \infty \tag{8.1.21}$$

和

$$\bar{\nu}(h) = \infty, \text{或 } \bar{\nu}(h) \to \infty, \quad \text{当 } h \to 0. \tag{8.1.22}$$

注意若函数 $\eta, \bar{\nu}$ 与 h 无关, 则 (8.1.20) 简化为

$$\|L_h S^{(\nu)}\|_{\mathfrak{F},\mathfrak{U}} \leqslant \eta(\nu) h^{-\alpha}, \quad \forall \nu \geqslant 1. \tag{8.1.23}$$

定义 8.1.2(逼近性质) 称 L_H 关于 L_h 有逼近性质, 若存在常数 C_A 使成立

$$\|L_h^{-1} - I_h^H L_H^{-1} I_H^h\|_{\mathfrak{U},\mathfrak{F}} \leqslant C_A h^{\alpha}, \tag{8.1.24}$$

这里 α 与 (8.1.20) 一致.

L_H 关于 L_h 有逼近性质, 也称为 L_H 关于 I_h^H 和 I_H^h 逼近于 L_h.

注意若 ν 次磨光 $\mathfrak{S}^{\nu}$ 都使用同一个迭代方法, 则 $S^{(\nu)} = S^{\nu}, S$ 是迭代过程

$$u^{j+1} = \mathfrak{S}(u^j, f) = Su^j + Tf \tag{8.1.25}$$

的矩阵. 由此导出引理:

引理 8.1.1 若 L_h 是非奇的, $S^{(\nu)} = S^{\nu}$, 并且 (8.1.23) 成立, 则算法 8.1.1 是收敛的.

证明 由

$$\|S^{(\nu)}\|_{\mathfrak{U},\mathfrak{U}} \leqslant \|L_h^{-1}\|_{\mathfrak{U},\mathfrak{F}}\|L_h S^{(\nu)}\|_{\mathfrak{F},\mathfrak{U}} \leqslant C_1 \eta(\nu) \to 0, \quad \text{当} \nu \to \infty,$$

故谱半径 $\rho(S) < 1$. □

8.1.4 二层网格算法的收敛性证明

定理 8.1.1($\mathrm{TGM}^{(\nu,0)}$ 的收敛性) 假定 $\mathrm{TGM}^{(\nu,0)}$ 有磨光性质和逼近性质, 令 $\rho > 0$ 是固定的正数, 那么

(1) 若 (8.1.22) 中 $\bar{\nu}(h) = \infty$, 则存在正数 $\hat{\nu}$ 使二网格压缩因子满足

$$\|M(\nu)\|_{\mathfrak{U},\mathfrak{U}} \leqslant C_A \eta(\nu) \leqslant \rho, \quad \forall \nu \geqslant \hat{\nu}. \tag{8.1.26}$$

(2) 在 (8.1.22) 中 $\bar{\nu}(h) \to \infty$ 的情形下, 存在 $\bar{h}$ 和 $\hat{\nu}$ 使当 $\hat{\nu} \leqslant \nu < \bar{\nu}(h)$ 和 $h \leqslant \bar{h}$ 被满足时, 不等式 (8.1.26) 成立, 并且区间 $[\hat{\nu}, \bar{\nu}(h)]$ 是非空集合.

(3) 若 (8.1.18) 成立, 并且 $\rho < 1$, 则

$$u^j \to u = L_h^{-1} f. \tag{8.1.27}$$

证明 若 $\bar{\nu}(h) = \infty$, 则由磨光性质 (8.1.20)、逼近性质 (8.1.24) 和 (8.1.19) 导出 (8.1.26), 但按 (8.1.21) 一定存在 $\hat{\nu}$ 使

$$C_A \eta(\nu) \leqslant \rho, \quad \nu \geqslant \hat{\nu},$$

故 (1) 被证明.

其次, 由 (2) 的假定, 存在 $\bar{h}$ 使

$$\bar{\nu}(h) > \hat{\nu}, \quad \forall h \leqslant \bar{h},$$

故 $[\hat\nu, \bar\nu(h)]$ 非空, 并且对任意 $\nu \in [\hat\nu, \bar\nu(h)]$, 因为 (8.1.20) 成立, 故导出 (8.1.26) 成立.

最后, 由 (8.1.17) 和 (8.1.18) 与 $\rho < 1$, 得到 (8.1.27) 的证明.　□

8.1.5　二网格迭代的磨光性质的证明

前面已经阐述二网格迭代的收敛性, 取决于迭代的磨光性质和逼近性质, 本节证明常见的迭代法, 如阻尼 Jacobi 迭代具有磨光性质.

引理 8.1.2　假定 $\mathfrak{U}$ 是 Hilbert 空间, $A : \mathfrak{U} \to \mathfrak{U}$, 并且满足 $0 \leqslant A = A^* \leqslant I$, 那么

$$\|A(I-A)^\nu\|_{\mathfrak{U},\mathfrak{U}} \leqslant \eta_0(\nu), \tag{8.1.28}$$

这里 $\eta_0(\nu) = \nu^\nu/(\nu+1)^{\nu+1}$.

证明　因为 $A = A^*$, 故由自共轭算子的性质

$$\|A(I-A)^\nu\| = \max\{f(\lambda) : \lambda \in \sigma(A)\}, \tag{8.1.29}$$

其中 $\sigma(A)$ 是 A 的谱, $f(x) = x(1-x)^\nu$. 注意 $0 \leqslant \lambda \leqslant 1$, 故 $x_0 = 1/(1+\nu)$ 是 $f(x)$ 的极大值, 由此得证明.　□

推论 8.1.1　$\eta_0(\nu)$ 有渐近展开

$$\eta_0(\nu) = \frac{1}{e\nu} + O(\nu^{-2}), \quad 当 \nu \to \infty, \tag{8.1.30a}$$

和

$$\eta_0(\nu) \leqslant \frac{3/8}{\nu+1/2}, \quad 当 \nu \geqslant 1. \tag{8.1.30b}$$

推论 8.1.2　在引理 8.1.2 的假定下, 有估计

$$\|A^\alpha(I-A)^\beta\|_{\mathfrak{U},\mathfrak{U}} \leqslant \left(\eta_0\left(\frac{\beta}{\alpha}\right)\right)^\alpha, \quad \alpha > 0, \beta \geqslant 0. \tag{8.1.31}$$

证明　由不等式

$$\|A^\alpha(I-A)^\beta\|_{\mathfrak{U},\mathfrak{U}} = \|[A(I-A)^{\beta/\alpha}]^\alpha\|_{\mathfrak{U},\mathfrak{U}} \leqslant \|A(I-A)^{\beta/\alpha}\|_{\mathfrak{U},\mathfrak{U}}^\alpha$$
$$\leqslant \left(\eta_0\left(\frac{\beta}{\alpha}\right)\right)^\alpha, \quad \alpha > 0, \beta \geqslant 0,$$

得到证明.　□

下面使用 $\langle \cdot, \cdot \rangle$ 表 $\mathfrak{U}$ 的内积, 定义范数

$$|u|_0 = \langle u, u \rangle^{1/2}, \quad \forall u \in \mathfrak{U}. \tag{8.1.32}$$

令 Λ 是 $\mathfrak{U}$ 上的正定矩阵, 定义新范数

$$|u|_s = |\Lambda^s u|_0, \quad \forall u \in \mathfrak{U}, \tag{8.1.33}$$

显然, $\{\mathfrak{U}, |\cdot|_s\}$ 构成新的 Hilbert 空间. 若 $L_h = L_h^* > 0$, 自然可以选择 $\Lambda = L_h^{1/2}$, 相应的矩阵范数定义为

$$|A|_{s,t} = \sup\{|Au|_s/|u|_t : u \neq 0\}, \forall s,t \in \mathbb{R}, \tag{8.1.34}$$

并且置 $\|\cdot\| = |\cdot|_{0,0}$, 而 $\mathfrak{U}$ 上和 $\mathfrak{F}$ 上的的范数记为

$$\|\cdot\|_{\mathfrak{U}} = |\cdot|_{s_{\mathfrak{U}}}, \|\cdot\|_{\mathfrak{F}} = |\cdot|_{s_{\mathfrak{F}}},$$

其中 $s_{\mathfrak{U}}$ 和 $s_{\mathfrak{F}}$ 表示 $\mathfrak{U}$ 和 $\mathfrak{F}$ 为 (8.1.33) 类型的 Hilbert 空间的下标.

回到磨光性质定义 (8.1.20), 因为相似矩阵有相同特征值, 故磨光性质等价于

$$\|\Lambda^{s_{\mathfrak{F}}} L_h S^{(\nu)} \Lambda^{-s_{\mathfrak{U}}}\| \leqslant \eta(\nu) h^{-\alpha}, \tag{8.1.35a}$$

或者简化为

$$\|L_h^{1+s_{\mathfrak{F}}/2} S^{(\nu)} L_h^{-s_{\mathfrak{U}}/2}\| \leqslant \eta(\nu) h^{-\alpha}, \tag{8.1.35b}$$

如果补充条件 $S^{(\nu)}$ 与 L 可以交换, 那么进一步简化为

$$\|L_h^{1+(s_{\mathfrak{F}}-s_{\mathfrak{U}})/2} S^{(\nu)}\| \leqslant \eta(\nu) h^{-\alpha}. \tag{8.1.35c}$$

若 L_h 是 $2m$ 阶微分算子的差分近似, 则显然存在常数 C_L 使

$$\|L_h\| \leqslant C_L h^{-2m}, \tag{8.1.36}$$

并且

$$s_{\mathfrak{U}} \leqslant s_{\mathfrak{F}} + 2,$$

因此导出

$$\|L_h\|_{\mathfrak{F},\mathfrak{U}} = \|L_h^{1+(s_{\mathfrak{F}}-s_{\mathfrak{U}})/2}\| = \|L_h\|^{1+(s_{\mathfrak{F}}-s_{\mathfrak{U}})/2} = O(h^{-2m-(s_{\mathfrak{F}}-s_{\mathfrak{U}})m}),$$

于是证得 (8.1.35) 中,

$$\alpha = (2 + s_{\mathfrak{F}} - s_{\mathfrak{U}})m. \tag{8.1.37}$$

下面考虑阻尼 Jacobi 迭代 (8.1.4), 即取 $S = I - \omega h^{2m} L_h$, 其中取

$$0 < \omega \leqslant \|h^{2m} L_h^{-1}\|, \tag{8.1.38}$$

并且假定 L_h 是对称正定矩阵.

定理 8.1.1(Hackbusch, 1985)   若 $L_h = L_h^* > 0, \omega$ 满足条件 (8.1.38), 则阻尼 Jacobi 迭代 (8.1.4) 满足

$$||L_h S^\nu|| \leqslant \frac{1}{\omega} h^{-2m} \eta_0(\nu), \quad \forall \nu \geqslant 1, \tag{8.1.39}$$

其中 $\eta_0(\nu)$ 由引理 8.1.2 定义, 并且在 $|| \cdot ||_{\mathfrak{U}} = || \cdot ||_{\mathfrak{F}} = | \cdot |_0$ 的假定下, 磨光性质 (8.1.20) 成立, 且由 (8.1.30b) 导出

$$\eta(\nu) := C_0 \eta_0(\nu) \leqslant \frac{3C_0}{8} / (\nu + 1/2), \quad \alpha = 2m, \bar{\nu}(h) = \infty, \tag{8.1.40}$$

其中 C_0 满足条件: $1/C_0 \leqslant \omega$.

定理 8.1.1 是下面定理 8.1.2 的推论.

定理 8.1.2(Hackbusch, 1985)   在定理 8.1.1 的假定下, 若 $s - t < 2$, 则阻尼 Jacobi 迭代满足

$$|L_h S^\nu|_{t,s} \leqslant \left[\frac{1}{\omega} \eta_0 \left(\frac{2\nu}{2 + t - s} \right) h^{-2m} \right]^{1 + (t-s)/2}, \tag{8.1.41}$$

因此当 $1/C_0 \leqslant \omega$, 磨光性质 (8.1.20) 在 $|| \cdot ||_{\mathfrak{U}} = | \cdot |_s, || \cdot ||_{\mathfrak{F}} = | \cdot |_t$ 的意义下成立, 并且

$$\eta(\nu) = \left[C_0 \eta_0 \left(\frac{2m\nu}{\alpha} \right) \right]^{\alpha/(2m)}. \tag{8.1.42}$$

证明   由 (8.1.35c) 得 $|L_h S^\nu|_{t,s} = ||L_h^{\alpha/(2m)} S^\nu||$, 定义 $A_h = \omega h^{2m} L_h$, 并且选择 ω 以保证: $0 \leqslant A_h \leqslant I$. 于是由 (8.1.31) 导出

$$||L_h^{\alpha/2m} S^\nu|| = (\omega h^{2m})^{-\alpha/(2m)} ||A_h^{\alpha/(2m)} (I - A_h)^\nu||$$

$$\leqslant \omega^{-\alpha/(2m)} h^{-\alpha} \eta_0 \left(\frac{2m\nu}{\alpha} \right)^{\alpha/(2m)}, \quad \forall \nu \geqslant 1, \tag{8.1.43}$$

注意 C_0 的定义, 便得到 (8.1.42) 的证明. □

在 (Hackbusch, 1985) 中还提供其他迭代法的磨光性质证明, 这里不再赘述.

8.1.6   二网格迭代的逼近性质的证明

本节证明有关差分格式的逼近性质, 为此首先引入离散范数: 令

$$Q_h = \{x \in \mathbb{R}^d : x = (\alpha_1 h, \cdots, \alpha_d h), \alpha_j \in \mathbb{Z}\},$$

$\Omega_h = Q_h \cap \Omega$, 定义

$$|u_h|_0 = \left[h^d \sum_{x \in \Omega_h} (u(x))^2 \right]^{1/2}, \tag{8.1.44}$$

$|u_h|_0$ 可以视为 $L^2(\Omega)$ 范数的离散模拟, 又定义

$$|u_h|_1 = \left[\sum_{|\alpha| \leqslant 1} |\partial^\alpha \tilde{u}_h|_0^2 \right]^{1/2}, \tag{8.1.45}$$

为 Sobolev 空间 $H_0^1(\Omega)$ 的范数的离散模拟, 这里

$$\tilde{u}_h = \begin{cases} u_h, & \text{在}\Omega_h\text{内}, \\ 0, & \text{在}Q_h\backslash\Omega_h\text{内}, \end{cases}$$

而 $\partial^\alpha = \partial_1^{\alpha_1} \cdots \partial_d^{\alpha_d}, \partial_j = h^{-1}(I - T_j^{-1})$, 其中 T_j 是移位算子, 定义为

$$T_j^k u(x_1, \cdots, x_j, \cdots, x_d) = u(x_1, \cdots, x_j + kh, \cdots, x_d). \tag{8.1.46}$$

由于差分算子可以用移位算子表达, 应用 Fourier 变换性质, $H_0^s(\Omega)$ 的范数的离散模拟可以定义为

$$|u_h|_s = ||v||_{L^2([-\pi,\pi]^d)}, \quad s \geqslant 0, \tag{8.1.47}$$

其中 $s \neq 1/2+$ 整数,

$$v(y) = [1 + h^{-2}|y|^2]^{s/2} \hat{u}(y),$$
$$\hat{u}(y) = (h/(2\pi))^{d/2} \sum_{x \in \Omega_h} u_h(x) e^{ixy/h},$$

而

$$|y|^2 = \sum_{j=1}^d |y_j|^2, \quad xy = \sum_{j=1}^d x_j y_j.$$

对于负指标的范数可以使用对偶范数定义为

$$|u_h|_{-s} = \sup\{|\langle u_h, v_h \rangle| : v_h \in \mathfrak{U}, |v_h|_s = 1\}. \tag{8.1.48}$$

如所周知一个稳定的差分格式, $||L_h^{-1}||$ 是一致有界的, 然而基于椭圆型偏微分方程边值问题的先验估计, 存在一个更精密的事实: $|L_h^{-1}|_{s+2,s}$ 可能是有界的, 为此 Hackbusch 给出以下定义:

定义 8.1.3 称 L_h 是 t 正则的, 如果存在常数 C_R, 使

$$|L_h^{-1}|_{t,t-2} \leqslant C_R. \tag{8.1.49}$$

Hackbusch 证明在许多情况下 $||L_h^{-1}|| \leqslant C$, 蕴涵 L_h 的 t 正则性. 为了证明逼近性质 (8.1.24), 考虑

$$\delta_H = rL_h p - L_H, \tag{8.1.50}$$

这里 r 是限制算子, p 是延拓算子, 由差分格式的相容性应当有 $\delta_H u_H = O(H^\kappa)$, 又因为 L_h, L_H 是 $2m$ 阶偏微分算子的相容的差分离散, 故可以合理的假设

$$|\delta_H|_{s_\mathfrak{U}-2,s_\mathfrak{F}+2} \leqslant C_\delta h^{(s_\mathfrak{F}-s_\mathfrak{U}+2)m}, \tag{8.1.51a}$$

其中 $s_\mathfrak{F}$ 满足 $s_\mathfrak{U} < s_\mathfrak{F} + 2$, 并且 $(s_\mathfrak{F} - s_\mathfrak{U} + 2)m \leqslant \kappa$. 如果 $\kappa = 2m$, 则可假定

$$|\delta_H|_{-2,2} \leqslant C_\delta h^{2m}; \tag{8.1.51b}$$

如果 L_h 是 $s_\mathfrak{U}$ 正则和 $s_\mathfrak{F} + 2$ 正则, 则有

$$|L_h^{-1}|_{s_\mathfrak{U},,s_\mathfrak{U}-2} \leqslant C_R, \quad |L_h^{-1}|_{s_\mathfrak{F}+2,,s_\mathfrak{F}} \leqslant C_R. \tag{8.1.51c}$$

由于 L_h 的 $s_\mathfrak{U}$ 正则, 等价于 L_h^* 的 $(2-s_\mathfrak{U})$ 正则, 因此 L_h 和 L_h^* 的 2 正则性质蕴涵

$$|L_h^{-1}|_{0,-2} \leqslant C_R, \quad |L_h^{-1}|_{2,,0} \leqslant C_R. \tag{8.1.51d}$$

此外, 一个更自然的假定是

$$|L_h|_{s_\mathfrak{U}-2,,s_\mathfrak{U}} \leqslant C_L, \quad |L_h|_{-2,0} = |L_h^*|_{0,2} \leqslant C_L. \tag{8.1.51e}$$

注意延拓算子 p 的插值误差能够使用 $I - pr'$ 描述, 其中 $r' : \mathfrak{U}_h \to \mathfrak{U}_H$ 是一个恰当的限制算子, 满足

$$|I - pr'|_{s_\mathfrak{U},s_\mathfrak{F}+2} \leqslant C_I h^{(s_\mathfrak{F}-s_\mathfrak{U}+2)m}, \tag{8.1.51f}$$

如此的 r' 存在, 例如若 p 是分片线性插值算子和 $m = 1$, 则取 r' 是内射, 便成立

$$|I - pr'|_{0,2} \leqslant C_I h^2. \tag{8.1.51g}$$

容易证明: r', r 和 p 都满足稳定性条件

$$|r|_{s_\mathfrak{U}-2,,s_\mathfrak{U}-2} \leqslant C_r, \quad |r'|_{s_\mathfrak{F}+2,,s_\mathfrak{F}+2} \leqslant C_r', \quad |p|_{s_\mathfrak{U},,s_\mathfrak{U}} \leqslant C_p. \tag{8.1.51h}$$

若 $s_\mathfrak{U} = s_\mathfrak{F} = 0$, 则 (8.1.51h) 成为

$$|r|_{-2,-2} \leqslant C_r, \quad |r'|_{2,2} \leqslant C_r', \quad |p|_{0,0} \leqslant C_p. \tag{8.1.51i}$$

由 (8.1.51) 导出下面引理.

引理 8.1.3(Hackbusch, 1985)　定义 $||\cdot||_\mathfrak{U} = |\cdot|_{s_\mathfrak{U}}, ||\cdot||_\mathfrak{F} = |\cdot|_{s_\mathfrak{F}}$ 则 (8.1.51) 的诸假设蕴涵

$$||L_H^{-1}\delta_H r' L_h^{-1}||_{\mathfrak{U},\mathfrak{F}} \leqslant C_1 h^\alpha, \tag{8.1.52a}$$

$$||L_H^{-1} r L_h||_{\mathfrak{U},\mathfrak{U}} \leqslant C_2, \quad ||p||_{\mathfrak{U},\mathfrak{U}} \leqslant C_p, \tag{8.1.52b}$$

$$||(I - pr') L_h^{-1}||_{\mathfrak{U},\mathfrak{F}} \leqslant C_3 h^\alpha, \tag{8.1.52c}$$

这里 $C_1 = C_R^2 C_\delta C_r', C_2 = C_R C_r C_L, C_3 = C_l C_R$, 而

$$\alpha = (s_{\mathfrak{F}} - s_{\mathfrak{U}} + 2)m. \tag{8.1.52d}$$

定理 8.1.3(Hackbusch, 1985) 假定存在 $r' : \mathfrak{U}_h \to \mathfrak{U}_H$ 使(8.1.50) 与 (8.1.52) 成立, 则逼近性质 (8.1.24) 成立, 并且

$$C_A = (1 + C_p C_2) C_3 + C_p C_1. \tag{8.1.53}$$

证明 由恒等式

$$(I - p L_H^{-1} r L_h) p = -p L_H^{-1} \delta_H$$

容易导出

$$\begin{aligned}
||L_h^{-1} - p L_H^{-1} r||_{\mathfrak{U},\mathfrak{F}} &= ||(I - p L_H^{-1} r L_h) L_h^{-1}||_{\mathfrak{U},\mathfrak{F}} \\
&= ||(I - p L_H^{-1} r L_h)(I - pr') L_h^{-1} - p L_H^{-1} \delta_H r' L_h^{-1}||_{\mathfrak{U},\mathfrak{F}} \\
&\leqslant ||I - p L_H^{-1} r L_h||_{\mathfrak{U},\mathfrak{U}} ||(I - pr') L_h^{-1}||_{\mathfrak{U},\mathfrak{F}} \\
&\quad + ||p||_{\mathfrak{U},\mathfrak{U}} ||L_H^{-1} \delta_H r' L_h^{-1}||_{\mathfrak{U},\mathfrak{F}} \\
&\leqslant [(1 + C_p C_2) C_3 + C_p C_1] h^\alpha. \tag{8.1.54}
\end{aligned}$$

由于这里的 α 与磨光性质定义的 (8.1.20) 的 α 一致, 于是定理证毕. $\square$

注 8.1.1 在逼近性质的证明上, 差分法和有限元法采取不同路线, 由于本书只关注差分法的多网格 τ 外推, 对于有限元逼近性质的证明, 有兴趣的读者可以参考专著 (Hackbusch, 1985; Bramble, 1993) .

8.1.7 二网格迭代的 τ 外推

前面各章阐述的外推, 如 Richardson 外推与分裂外推称为显式外推, 它基于近似解的误差关于一个步长或多个步长的多项式渐近展开. τ 外推则不依赖于近似解的误差的渐近展开, 而是基于截断误差的渐近展开. 例如给定算子 $L : U \to F$ 上的一个连续方程

$$\mathcal{L}(u) = Lu - f = 0, \tag{8.1.55}$$

在步长 $h_k = h/2^k$ 的剖分下构造近似离散算子 $L_k : U_k \to F_k$, 令 u_k 满足近似方程

$$\mathcal{L}_k(u_k) = L_k u_k - r_k f = 0, \tag{8.1.56}$$

其中 $r_k : F \to F_k$ 的限制算子, 通常为内射. 置

$$t_k = \mathcal{L}_k(r_k u) \tag{8.1.57}$$

称为截断误差, 又令 $r_{kl} : F_l \to F_k$ 的限制算子, 其中 $k < l$, 并且 $r_{kl} r_l = r_k$; 置

$$t_{kl} = \mathcal{L}_k(r_{kl} u_l) \tag{8.1.58}$$

称为相对截断误差. 显然

$$t_k = \mathcal{L}_k(r_k u) - r_k \mathcal{L}(u),$$
$$t_{kl} = \mathcal{L}_k(r_{kl} u_l) - r_{kl} \mathcal{L}_k(u_k). \tag{8.1.59}$$

假定存在函数 t 使截断误差有渐近展开

$$t_k = h_k^\kappa r_k t + O(h_k^\tau),$$
$$t_{kl} = (h_k^\kappa - h_l^\kappa) r_k t + O(h_k^\tau), \quad \tau > \kappa, \tag{8.1.60}$$

容易证明在一些情况下, 例如近似解误差有渐近展开, (8.1.60) 成立. 使用 (8.1.60) 容易导出

$$\hat{t}_{l-1} = (1 - h_l^\kappa / h_{l-1}^\kappa)^{-1} t_{l-1,l} = t_{l-1} + O(h_{l-1}^\tau). \tag{8.1.61}$$

由此看出: 如果离散方程 $\mathcal{L}_k(u_k) = 0, k = l - 1, l$, 的解和相对截断误差 $t_{l-1,l}$ 已经计算出, 那么应用 (8.1.61) 计算得到的外推值 $\hat{t}_{l-1}$ 构造的方程

$$\mathcal{L}_{l-1}(\hat{u}_{l-1}) = \hat{t}_{l-1}, \tag{8.1.62}$$

其解 $\hat{u}_{l-1}$ 可以期望有高精度

$$\hat{u}_{l-1} = r_{l-1} u + O(h_{l-1}^\tau). \tag{8.1.63}$$

设 r, p 分别表示限制与延拓算子, f 视为 (8.1.55) 的 f 在细网格的限制, $h_{l-1} = H, h_l = h$, 则构造 τ 外推如下:

算法 8.1.3(二网格 τ 外推方法)

(1) 解粗网格方程: $u := L_H^{-1} r f$;

(2) 延拓到细网格并执行 ν 次磨光: $u := \mathfrak{S}^{(\nu)}(pu, f)$;

(3) 计算截断误差外推: $d_H := (1 - h^\kappa / H^\kappa)^{-1}[(L_H r u - r f) - r(L_h u - f)]$;

(4) 置 $u := u + p[L_H^{-1}(f_H + d_H) - ru]$;

(5) 转 (1) 直到收敛.

不难看出算法 8.1.3 与算法 8.1.1 的主要区别在第三步上, Hackbusch 在恰当的假定下证明了算法 8.1.3 的精度可以达到 $O(h^\tau)$. 由于二网格 τ 外推方法是三网格 τ 外推方法的特例, 相关证明将放在下一节中讨论.

8.2 多层网格法的 τ 外推

(Hackbusch, 1985) 中没有讨论三层以上的多网格法的 τ 外推, 一般说证明多网格法的 τ 外推的高精度比二网格更困难. Rüde(1987) 研究了三网格的 τ 外推法, 证明了三网格的 τ 外推能够得到比二网格 τ 外推更高的精度, 并且指出: 一般多网格 τ 外推也能够证明, 只是推导更复杂而已. 以下介绍 Rüde 的证明.

8.2.1 三网格的 V- 循环算法

首先提供一个平凡结果:

引理 8.2.1 若 A 是压缩算子, 即 $||A|| \leqslant c < 1$, 则迭代

$$x^{i+1} = Ax^i + y$$

对任意初始 x^0 皆收敛到不动点 x^*, 并且

$$||x^* - x^0|| \leqslant \frac{1}{1-c}||x^1 - x^0||.$$

证明 由

$$||x^* - x^0|| = \left\|\sum_{i=1}^{\infty}(x^i - x^{i-1})\right\| \leqslant \sum_{i=1}^{\infty}||(x^i - x^{i-1})||$$

$$\leqslant ||(x^1 - x^0)||\sum_{i=0}^{\infty}c^i \leqslant \frac{1}{1-c}||(x^1 - x^0)||,$$

证毕. $\quad\square$

引理 8.2.1 表明: 如果多网格迭代有与 h 无关的收敛性质, 那么近似解的精度可以通过近似解经过一个多网格迭代循环后的结果的差来估计.

假定连续问题

$$Lu = f, \tag{8.2.1}$$

可以借助步长 $h_i(i = 1, 2, 3,)$ 在网格 $G_i(i = 1, 2, 3,)$ 上构造了三个近似离散方程

$$L_i u_i = f_i, \quad i = 1, 2, 3, \tag{8.2.2}$$

这里步长 $h_1 = h, h_2 = 2h, h_3 = 4h$, 即

$$G_3 \subset G_2 \subset G_1,$$

而 $L_i : U_i \to F_i$ 是映有限维赋范空间 U_i 到有限维赋范空间 F_i 的算子, 并用 $||\cdot||_{U_i}$ 和 $||\cdot||_{F_i}$ 表示其范数, 用 $||\cdot||_{U_i, F_i}$ 表示映 F_i 到 U_i 的算子的范数.

若 $i > j$, 令 I_i^j 表示由 G_i 到 G_j 的插值算子; 若 $i < j$, 令 I_i^j 表示由 G_i 到 G_j 的限制算子; 若 $i = j$, 则 I_i^i 表示恒等算子.

与二网格相同, 三网格法 V 循环算法的收敛性也依赖于磨光性质和逼近性质, 为此定义如下:

定义 8.2.1   一个迭代 $U_\mu \to U_\mu$,

$$u_\mu^{i+1} = S_\mu^{(\nu)} u^i + T_\mu^{(\nu)} f_\nu \tag{8.2.3}$$

称为关于 L_μ 有磨光性质, 如果存在函数 $\eta(\nu), \bar{\nu}(h_\mu)$ 和数 α 使得

$$||L_\mu S_\mu^{(\nu)}|| \leqslant \eta(\nu)(h_\mu)^{-\alpha}, \quad 1 \leqslant \nu < \bar{\nu}(h_\mu), \tag{8.2.4}$$

这里

$$\lim_{\nu \to \infty} \eta(\nu) = 0,$$
$$\bar{\nu}(h_\mu) = \infty, \text{或者} \lim_{h_\mu \to 0} \bar{\nu}(h_\mu) = \infty, \tag{8.2.5}$$

其中 $\eta(\nu)$ 与 h_μ 无关, L_μ 是映 U_μ 到 F_μ 的算子, 相关的算子范数也应做相应的理解.

定义 8.2.2   称 L_λ 关于 I_λ^μ 和 $I_\mu^\lambda (\lambda > \mu)$ 逼近于 L_μ, 如果存在常数 c_μ^λ 使

$$||(L_\mu)^{-1} - I_\lambda^\mu (L_\lambda)^{-1} I_\mu^\lambda||_{U,F} \leqslant c_\mu^\lambda (h_\mu)^\alpha. \tag{8.2.6}$$

注意: 定义 8.2.1 和 8.2.2 的指数 α 必须一致.

算法 8.2.1   三网格 V 循环算法: $V(\gamma_2, \gamma_3)$
对给定的 u_1 和右端项 f_1, 执行:
(1) 计算 ν 次磨光: $\hat{u}_1 = S_1^{(\nu)} u_1 + T_1^{(\nu)} f_1$;
(2) 限制: $f_2 = I_1^2 f_1 + \gamma_2 (L_2 I_1^2 - I_1^2 L_1) \hat{u}_1$;
(3) 限制: $f_3 = I_2^3 f_2 + \gamma_3 (L_3 I_2^3 - I_2^3 L_2) I_1^2 \hat{u}_1$;
(4) 解粗网格方程: $\tilde{u}_3 = L_3^{-1} f_3$;
(5) 校正: $\tilde{u}_2 = I_1^2 \hat{u}_1 + I_3^2 (\tilde{u}_3 - I_2^3 I_1^2 \hat{u}_1)$;
(6) 校正: $\tilde{u}_1 = \hat{u}_1 + I_2^1 (\tilde{u}_2 - I_1^2 \hat{u}_1)$;
(7) 置 $u_1 := \tilde{u}_1$, 转 (1) 直到收敛.

算法 8.2.1 中 γ_2 和 γ_3 是外推系数, 其值待定. 注意算法 8.2.1 经过一次 V 循环, 相当于执行一次线性迭代

$$\tilde{u}_1 = A u_1 + b.$$

8.2.2 三网格算法的收敛性证明

本节证明三网格的 V 循环算法其收敛性与 h 无关, 即成立如下引理:

引理 8.2.2 假定迭代 (8.2.3) 的算子 S_1 关于 L_1 和 $L_2 I_1^2$ 有磨光性质, L_3 关于 $I_2^1 I_3^2$ 和 $I_2^3 I_1^2$ 逼近 L_1, L_3 关于 I_3^2 和 I_2^3 逼近 L_2, 此外又假定存在常数 d_1, d_2 和 d_3 使得

$$||(I_2^1 I_3^2 I_2^3 I_1^2 - I_1^1)(L_1)^{-1}||_{U_1, F_1} \leqslant d_1 h^\alpha, \tag{8.2.7a}$$

$$||(I_3^2 I_2^3 - I_2^2)(L_2)^{-1}||_{U_2, U_1} \leqslant d_2 h^\alpha, \tag{8.2.7b}$$

$$||I_2^1||_{U_1, U_2} \leqslant d_3, \tag{8.2.7c}$$

那么三网格算法 $V(\gamma_2, \gamma_3)$ 收敛, 其收敛速度与 h 无关.

证明 按照算法 8.2.1 有

$$\begin{aligned}
f_3 = &I_2^3 I_1^2 f_1 + \gamma_2 I_2^3 (L_2 I_1^2 - I_1^2 L_1) \hat{u}_1 \\
&+ \gamma_3 (L_3 I_2^3 I_1^2 - I_2^3 L_2 I_1^2) \hat{u}_1,
\end{aligned} \tag{8.2.8}$$

另一方面, 又有

$$\tilde{u}_1 = \hat{u}_1 - I_2^1 I_3^2 I_2^3 I_1^2 \hat{u}_1 + I_2^1 I_3^2 (L_3)^{-1} f_3. \tag{8.2.9}$$

(8.2.9) 描述了算法 8.2.1 的一次循环的结果. 由算法 8.2.1, (8.2.8) 和 (8.2.9) 导出

$$\begin{aligned}
\tilde{u}_1 = &Au_1 + b \\
= &\{I_1^1 - I_2^1 I_3^2 I_2^3 I_1^2 + I_2^1 I_3^2 (L_3)^{-1} [\gamma_3 L_3 I_2^3 I_1^2 \\
&+ (\gamma_2 - \gamma_3) I_2^3 L_2 I_1^2 - \gamma_2 I_2^3 I_1^2 L_1] \} S_1^{(\nu)} u_1 + b \\
= &\{\gamma_2 [I_1^1 - I_2^1 I_3^2 (L_3)^{-1} I_2^3 I_1^2 L_1] + (\gamma_2 - 1) [I_2^1 I_3^2 I_2^3 I_1^2 - I_1^1] \\
&+ (\gamma_3 - \gamma_2) [I_2^1 I_1^2 - I_2^1 I_3^2 (L_3)^{-1} I_2^3 L_2 I_1^2] \\
&+ (\gamma_3 - \gamma_2) [I_2^1 I_3^2 I_2^3 I_1^2 - I_2^1 I_1^2] \} S_1^{(\nu)} u_1 + b \\
= &\{\gamma_2 [(L_1)^{-1} - I_2^1 I_3^2 (L_3)^{-1} I_2^3 I_1^2] L_1 \\
&+ (\gamma_2 - 1) [I_2^1 I_3^2 I_2^3 I_1^2 - I_1^1] (L_1)^{-1} L_1 \\
&+ (\gamma_3 - \gamma_2) I_2^1 [(L_2)^{-1} - I_3^2 (L_3)^{-1} I_2^3] L_2 I_1^2 \\
&+ (\gamma_3 - \gamma_2) I_2^1 [I_3^2 I_2^3 - I_2^2] (L_2)^{-1} L_2 I_1^2 \} S_1^{(\nu)} u_1 + b.
\end{aligned} \tag{8.2.10}$$

现在估计 (8.2.10) 右端最后四项, 利用引理的假设得到

$$||\gamma_2 [(L_1)^{-1} - I_2^1 I_3^2 (L_3)^{-1} I_2^3 I_1^2] L_1 S_1^{(\nu)}||_{U_1, U_1} \leqslant \gamma_2 c_1^3 h^\alpha \eta_1(\nu) h^{-\alpha}, \tag{8.2.11a}$$

$$||(\gamma_2 - 1) [I_2^1 I_3^2 I_2^3 I_1^2 - I_1^1] (L_1)^{-1} L_1 S_1^{(\nu)}||_{U_1, U_1} \leqslant (\gamma_2 - 1) d_1 h^\alpha \eta_1(\nu) h^{-\alpha}, \tag{8.2.11b}$$

$$\|(\gamma_3 - \gamma_2)I_2^1[(L_2)^{-1} - I_3^2(L_3)^{-1}I_2^3]L_2I_1^2S_1^{(\nu)}\|_{U_1, U_1} \leqslant (\gamma_3 - \gamma_2)c_2^3 h^{\alpha}\eta_2(\nu)h^{-\alpha}, \quad (8.2.11c)$$

$$\|(\gamma_3 - \gamma_2)I_2^1[I_3^2I_2^3 - I_2^2](L_2)^{-1}L_2I_1^2S_1^{(\nu)}\|_{U_1, U_1} \leqslant (\gamma_3 - \gamma_2)d_2d_3 h^{\alpha}\eta_2(\nu)h^{-\alpha}, \quad (8.2.11d)$$

这里 c_1^3, c_2^3, d_2 和 d_3 是与 h 无关的常数, 并且 $\gamma_3 > \gamma_2 > 1$. 把 (8.2.11) 代入 (8.2.10) 得到迭代矩阵范数的估计

$$\begin{aligned}
\|A\| \leqslant &[\gamma_2 c_1^3 + (\gamma_2 - 1)d_1]\eta_1(\nu) \\
&+ (\gamma_3 - \gamma_2)(c_2^3 + d_3d_2)\eta_2(\nu) \to 0, \quad \text{当}\nu \to \infty.
\end{aligned} \quad (8.2.12)$$

注意 (8.2.12) 的右端与 h 无关便得到证明.　□

(8.2.12) 表明当 ν 充分大, 三网格迭代不仅收敛而且收敛速度与 h 无关, 这便蕴涵三网格算法的计算量为 $O(h^{-1})$, 因为算法 8.2.1 的主要计算是矩阵与向量的积, 而矩阵是稀疏的, 其非零元素为 $O(h^{-1})$ 个. 这个结论对于二网格和多网格也成立.

8.2.3　辅助定理及其证明

为了研究三网格的 τ 外推, 需要研究从分析解的限制出发的三网格近似解的偏差, 这个偏差又被分解为由磨光效应导致的 u_G 与由三网格的剩余组合导致的 u_R, 其相关估计见以下引理和定理.

引理 8.2.3　令 u^* 是连续问题 (8.1.55) 的精确解在细网格 G_1 上的限制, $\tilde{u}_1$ 是以 u^* 作为三网格迭代算法的初始, 经过一个循环后的结果. 又假设存在常数 C_R, C_G 使

$$\|I_2^1I_3^2(L_3)^{-1}u_R\|_{U_1} \leqslant C_R h^{\tau}, \quad (8.2.13a)$$

$$\|(I_1^1 + I_2^1I_3^2(L_3)^{-1}M)u_G\|_{U_1} \leqslant C_G h^{\tau}, \quad (8.2.13b)$$

这里

$$M = [(\gamma_3 - 1)L_3I_2^3I_1^2 + (\gamma_2 - \gamma_3)I_2^3L_2I_1^2 - \gamma_2 I_2^3I_1^2L_1], \quad (8.2.14a)$$

$$u_R = I_2^3I_1^2f_1 + Mu^*, \quad (8.2.14b)$$

$$u_G = (S_1^{(\nu)}u^* + T_1^{(\nu)}f_1) - u^*, \quad (8.2.14c)$$

则存在常数 C, 使

$$\|u^* - \tilde{u}_1\|_{U_1} \leqslant Ch^{\tau}. \quad (8.2.15)$$

证明　在引理的假定下, 由算法 8.2.1 得到

$$\hat{u}_1 = u^* + u_G,$$

$$f_2 = I_1^2f_1 + \gamma_2(L_2I_1^2 - I_1^2L_1)(u^* + u_G)$$

和

$$
\begin{aligned}
f_3 =& I_2^3 I_1^2 f_1 + \gamma_2 I_2^3 (L_2 I_1^2 - I_1^2 L_1)(u^* + u_G) \\
& + \gamma_3 (L_3 I_2^3 I_1^2 - I_2^3 L_2 I_1^2)(u^* + u_G).
\end{aligned}
\tag{8.2.16}
$$

使用 (8.2.14) 简化 (8.2.16) 后导出

$$
\begin{aligned}
f_3 &= I_2^3 I_1^2 f_1 + M(u^* + u_G) + L_3 I_2^3 I_1^2 (u^* + u_G) \\
&= u_R + M u_G + L_3 I_2^3 I_1^2 (u^* + u_G),
\end{aligned}
\tag{8.2.17}
$$

和

$$
\tilde{u}_3 = (L_3)^{-1} u_R + (L_3)^{-1} M u_G + I_2^3 I_1^2 (u^* + u_G).
\tag{8.2.18}
$$

于是按算法 8.2.1 得到

$$
\begin{aligned}
\tilde{u}_2 &= I_1^2 \hat{u}_1 + I_3^2 (\tilde{u}_3 - I_2^3 I_1^2 \hat{u}_1) \\
&= I_1^2 \hat{u}_1 + I_3^2 [(L_3)^{-1} u_R + (L_3)^{-1} M u_G]
\end{aligned}
\tag{8.2.19}
$$

与

$$
\begin{aligned}
\tilde{u}_1 &= \hat{u}_1 + I_2^1 (\tilde{u}_2 - I_1^2 \hat{u}_1) \\
&= \hat{u}_1 + I_2^1 [I_3^2 (L_3)^{-1} u_R + I_3^2 (L_3)^{-1} M u_G] \\
&= u^* + u_G + I_2^1 I_3^2 (L_3)^{-1} u_R + I_2^1 I_3^2 (L_3)^{-1} M u_G \\
&= u^* + I_2^1 I_3^2 (L_3)^{-1} u_R + [I_1^1 + I_2^1 I_3^2 (L_3)^{-1} M] u_G.
\end{aligned}
\tag{8.2.20}
$$

应用假设 (8.2.13) 便得到

$$
\| u^* - \tilde{u}_1 \|_{U_1} \leqslant (C_R + C_G) h^\tau,
$$

引理证毕.　□

引理 8.2.4　若 L_3 关于 I_2^3 和 I_3^2 逼近于 L_2, L_3 关于 $I_1^2 I_2^3$ 和 $I_3^2 I_2^1$ 逼近于 L_1, 并且存在常数 $c_{1,2}, c_{1,3}, b_1, b_2$ 和 d_3 满足

$$
\| I_2^1 I_1^2 - I_1^1 \|_{U_1, U_1} \leqslant c_{1,2},
\tag{8.2.21a}
$$

$$
\| I_2^1 I_3^2 I_2^3 I_1^2 - I_1^1 \|_{U_1, U_1} \leqslant c_{1,3},
\tag{8.2.21b}
$$

$$
\| L_2 I_1^2 \|_{F_2, U_1} \leqslant b_2 h^{-\alpha},
\tag{8.2.21c}
$$

$$
\| L_1 \|_{F_1, U_1} \leqslant b_1 h^{-\alpha}
\tag{8.2.21d}
$$

和

$$||I_2^1||_{U_1,U_2} \leqslant d_3, \tag{8.2.21e}$$

则存在常数 C, 使

$$||I_1^1 + I_2^1 I_3^2 (L_3)^{-1} M||_{U_1,U_1} \leqslant C, \tag{8.2.22}$$

这里 M 由 (8.2.14a) 定义.

证明　由 (8.2.21) 直接导出

$$\begin{aligned}
&||I_1^1 + I_2^1 I_3^2 (L_3)^{-1} M||_{U_1,U_1}\\
=&||I_1^1 + I_2^1 I_3^2 (L_3)^{-1}[(\gamma_3-1)L_3 I_2^3 I_1^2\\
&\quad + (\gamma_2-\gamma_3)I_2^3 L_2 I_1^2 - \gamma_2 I_2^3 I_1^2 L_1]||_{U_1,U_1}\\
=&||(\gamma_2-\gamma_3)I_2^1[I_3^2(L_3)^{-1}I_2^3 - (L_2)^{-1}]L_2 I_1^2\\
&\quad - \gamma_2[I_2^1 I_3^2(L_3)^{-1}I_2^3 I_1^2 - (L_1)^{-1}]L_1\\
&\quad + (\gamma_2-\gamma_3)[I_2^1 I_1^2 - I_1^1] + (\gamma_3-1)[I_2^1 I_3^2 I_2^3 I_1^2 - I_1^1]||_{U_1,U_1}\\
\leqslant& |\gamma_2-\gamma_3|d_3 c_2^3 b_2 + \gamma_2 c_1^3 b_1 + |\gamma_2-\gamma_3|c_{1,2} + |\gamma_3-1|c_{1,3}, \tag{8.2.23}
\end{aligned}$$

令 C 为 (8.2.23) 右端的常数, 便完成引理证明.　□

引理 8.2.5　在引理 8.2.4 的假设下, 若

$$||u_G||_U \leqslant \bar{c}_G h^\tau, \tag{8.2.24}$$

则存在常数 c_G, 使

$$||[I_1^1 + I_2^1 I_3^2 (L_3)^{-1} M]u_G||_{U_1} \leqslant c_G h^\tau. \tag{8.2.25}$$

证明　由 (8.2.22) 与 (8.2.24), 并置 $c_G = \bar{c}_G C$, 便得到证明.　□

上述引理的结果将保证三网格方法达到 $O(h^\tau)$ 精度, 即成立下面定理.

定理 8.2.1(Rüde, 1987)　在引理 8.2.2 到引理 8.2.5 的假设下, 若 L_3 关于 $I_2^1 I_2^3$ 和 $I_2^3 I_1^2$ 逼近于 L_1, L_3 关于 I_2^1 和 I_1^2 逼近于 L_2, $S_1^{(\nu)}$ 关于 L_1 有磨光性质, $S_1^{(\nu)}$ 关于 $L_2 I_1^2$ 有磨光性质, 此外

$$||I_2^1 I_3^2(L_3)^{-1}u_R||_{U_1} \leqslant c_R h^\tau, \tag{8.2.26a}$$

$$||I_2^1 I_1^2 - I_1^1||_{U_1,U_1} \leqslant c_{1,2}, \tag{8.2.26b}$$

$$||I_2^1 I_3^2 I_2^3 I_1^2 - I_1^1||_{U_1,U_1} \leqslant c_{1,3}, \tag{8.2.26c}$$

$$||L_2 I_1^2||_{F_2,U_1} \leqslant b_2 h^{-\alpha}, \tag{8.2.26d}$$

$$||L_1||_{F_1, U_1} \leqslant b_1 h^{-\alpha}, \tag{8.2.26e}$$

$$||I_2^1||_{U_1, U_2} \leqslant d_3, \tag{8.2.26f}$$

$$||(I_2^1 I_3^2 I_2^3 I_1^2 - I_1^1)(L_1)^{-1}||_{U_1, F_1} \leqslant d_1 h^{\alpha}, \tag{8.2.26g}$$

$$||(I_3^2 I_2^3 - I_2^2)(L_2)^{-1}||_{U_2, F_2} \leqslant d_2 h^{\alpha}, \tag{8.2.26h}$$

$$||u_G||_{U_1} = ||S_1^{(\nu)} u^* + T_1^{(\nu)} f_1 - u^*||_{U_1} \leqslant \bar{c}_G h^{\tau}, \tag{8.2.26i}$$

则取 $u^* = u_1$ 的三网格方法 $V(\gamma_1, \gamma_2)$ 有 $O(h^{\tau})$ 精度.

证明 由引理 8.2.2 知算法有与 h 无关的收敛速度, 再联合引理 8.2.1 与引理 8.2.3 便保证收敛的极限值有 $O(h^{\tau})$ 精度. $\square$

8.2.4 一类新的磨光过程

前面一节已经看出: 一个恰当的磨光过程可能得到高阶精度, 条件是磨光过程不破坏离散方程的高阶截断误差. 考虑方程

$$L_1 u_1 = f_1 \tag{8.2.27}$$

的一般磨光过程

$$\hat{u}_1 = S u_1 + T f_1. \tag{8.2.28}$$

一个典型的例子便是阻尼 ω-Jacobi 松弛, 那里

$$S = I - \omega D_1^{-1} L_1 \tag{8.2.29}$$

其中 D_1 是 L_1 的对角部分, 但是为了得到三网格 τ 外推的高阶精度, 阻尼 ω-Jacobi 松弛与相关的 Gauss-Seidel 迭代并不适合, 原因是这些磨光迭代仅仅得到

$$\hat{u}_1 - u^* = O(h_1^4), \tag{8.2.30}$$

而三网格 τ 外推期望达到 $O(h_1^6)$. 为此, Rüde 建议使用新型的磨光迭代, 取 $S = I - \omega L_1^2$, 而 $\omega = O(h_1^4)$ 是恰当的参数. 以下引理将证明这个迭代关于细网格和粗网格都具有磨光性质和高阶精度. 为了证明简单起见, 以下假定 L_1 是对称正定矩阵.

引理 8.2.6 若 L_1 是对称正定矩阵, 则存在 ω 使迭代

$$\hat{u}_1 = (I - \omega L_1^2) u_1 + \omega L_1 f_1 \tag{8.2.31}$$

关于 L_1 有磨光性质.

证明   显然存在 $\sigma \in (0, 1/\rho(L_1)]$, 使 $0 \leqslant \rho(\sigma L_1) \leqslant 1$, 于是

$$L_1 S^\nu = L_1(I - \omega L_1^2)^\nu = \frac{1}{\sigma}A(I - A^2)^\nu, \tag{8.2.32}$$

这里取 $A = \sigma L_1$ 和 $\omega = \sigma^2$. 因 L_1 是对称正定矩阵, 由 (8.3.32) 导出

$$\begin{aligned}
||L_1 S^\nu|| &= \frac{1}{\sigma}||A(I - A^2)^\nu|| \\
&\leqslant \frac{1}{\sigma} \max_{0 \leqslant x \leqslant 1}[x(1 - x^2)^\nu] \\
&= \frac{1}{\sigma}(1 + 2\nu)^{-1/2}\left[\frac{2\nu}{1 + 2\nu}\right]^\nu \\
&= \frac{1}{\sigma}\eta(\nu).
\end{aligned} \tag{8.2.33}$$

因

$$\eta(\nu) \sim \nu^{-1/2} \to 0, \quad \text{当} \ \nu \to \infty,$$

故按定义 8.2.1 得到引理证明.   □

引理 8.2.7   若 L_1 是对称正定矩阵, 并且存在常数 C 满足

$$||L_2 I_1^2 (L_1)^{-1}||_{F_2, F_1} \leqslant C, \tag{8.2.34}$$

则迭代

$$\hat{u}_1 = (I - \omega L_1^2)u_1 + \omega L_1 f_1 \tag{8.2.35}$$

关于 $L_2 I_1^2$ 有磨光性质.

证明   由

$$L_2 I_1^2 S^\nu = [L_2 I_1^2 (L_1)^{-1}]L_1 S^\nu, \tag{8.2.36}$$

应用引理 8.2.6 便得到证明.   □

下面引理证明: 若截断误差有 h_1^2 指数的渐近展开, 则在新的磨光将取得 $O(h_1^6)$ 阶精度.

引理 8.2.8   若

$$S = I - \omega(L_1)^2, \quad T = \omega L_1,$$

$$||L_1||_{F_1, U_1} \leqslant C_1 h_1^{-2}, \tag{8.2.37}$$

并且截断误差有渐近展开

$$f_1 - L_1 u^* = h_1^2 r^* + O(h_1^4), \tag{8.2.38}$$

其中 u^* 是分析解, r^* 光滑, 并且存在常数 C_2 使

$$||L_1 r^*||_{F_1} \leqslant C_2, \tag{8.2.39}$$

则存在与 ν 有关的常数 $C_3(\nu)$ 满足

$$||u_{G,\nu}||_{U_1} = ||S_1^{(\nu)} u^* + T^{(\nu)} f_1 - u^*||_{U_1} \leqslant C_3(\nu) h_1^6. \tag{8.2.40}$$

证明　由 $\omega = \sigma^2$ 和 $||\sigma L_1||_{F_1,U_1} \leqslant 1$, 故由 (8.2.37) 应有常数 C_4, 使 $\omega = C_4 h_1^4$. 下面使用归纳法证明 (8.2.40), 对于 $\nu = 0$, 因为

$$||u_{G,0}||_{U_1} = ||u^* - u^*||_{U_1} = 0,$$

今设 (8.2.40) 对于 ν 成立, 于是由 (8.2.35) 得

$$u^* + u_{G,\nu+1} = u^* + u_{G,\nu} + \omega L_1[f_1 - L_1(u^* + u_{G,\nu})], \tag{8.2.41}$$

由归纳假设得到

$$||u_{G,\nu+1}||_{U_1} \leqslant (1 + C_1^2 C_4)||u_{G,\nu}||_{U_1} + O(h_1^6). \tag{8.2.42}$$

递推下去便导出对于有限的 ν 成立

$$||u_{G,\nu}||_{U_1} \leqslant C_3(\nu) h_1^6, \tag{8.2.43}$$

引理证毕.　□

8.2.5　τ 外推的高精度证明

这一节将讨论 (8.2.26a) 的项 $||I_2^1 I_3^2 (L_3)^{-1} u_R||_{U_1}$ 的界定.

如果 $||I_2^1 I_3^2 (L_3)^{-1}||_{U_1,F_3} \leqslant C$, 那么问题归结于如何选择外推参数 γ_2 和 γ_3 使 $||u_R||_{F_2}$ 尽可能的小. 由 (8.2.14b) 得

$$\begin{aligned}
u_R =& (1 - \gamma_3)[I_2^3 I_1^2 f_1 - L_3 I_2^3 I_1^2 u^*] \\
&+ (\gamma_3 - \gamma_2)[I_2^3 I_1^2 f_1 - I_2^3 L_2 I_1^2 u^*] \\
&+ \gamma_2[I_2^3 I_1^2 f_1 - I_2^3 I_1^2 L_1 u^*].
\end{aligned} \tag{8.2.44}$$

下面引理表明: 若截断误差具有高阶渐近展开, 则 $||u_R||_{F_2} = O(h^6)$.

引理 8.2.9　如果 u^* 是分析解, 并且截断误差有渐近展开

$$\begin{aligned}
f - L_1 u^* &= h^2 r_2 + h^4 r_4 + R_1(h), \\
f - L_2 u^* &= 4h^2 r_2 + 16h^4 r_4 + R_2(h), \\
f - L_3 u^* &= 16h^2 r_2 + 256h^4 r_4 + R_3(h).
\end{aligned} \tag{8.2.45}$$

并且存在常数 R 使余项 $R_i(h) = R_i(h, x)$ 有估计

$$||R_i(h)||_{F_i} \leqslant Rh^6, \quad i = 1, 2, 3, \tag{8.2.46}$$

又设 I_2^3 和 I_1^2 为直接内射, 外推系数取为

$$\gamma_2 = \frac{64}{45}, \quad \gamma_3 = \frac{44}{45}, \tag{8.2.47}$$

那么存在常数 C 使

$$||u_R||_{F_3} \leqslant Ch^6. \tag{8.2.48}$$

证明　将 (8.2.45) 代入 (8.2.44), 因为 I_2^3 和 I_1^2 为直接内射, 应用 (8.2.47) 容易验证

$$\begin{aligned}
u_R(x) =& (1 - \gamma_3)R_3(h, x) + (\gamma_3 - \gamma_2)R_2(h, x) \\
& + \gamma_2 R_1(h, x), \quad \forall x \in G_3,
\end{aligned} \tag{8.2.49}$$

于是得到 (8.2.48) 的证明.　□

　　集合引理 8.2.8 和引理 8.2.9 便得到三网格的 τ 外推达到 $O(h^6)$ 阶高精度. 一般说, 如果限制算子不是直接内射, 而是邻近细网格点的加权平均, 或者磨光算子不取 (8.2.31) 类型, 则三网格的 τ 外推达不到 $O(h^6)$ 阶高精度. 这方面结果颇费讨论, 详见 (Rüde, 1987), 这里不赘述.

8.2.6　算例

　　考虑微分方程的边值问题

$$\begin{aligned}
-\Delta u &= f, \quad \text{在} \Omega = (0, 1)^2 \text{内}, \\
u &= 0, \quad \text{在} \partial\Omega \text{上},
\end{aligned} \tag{8.2.50}$$

其中

$$f(x, y) = -\pi^2(2^2 + 5^2)\sin(2\pi x)\sin(5\pi y),$$

已知精确解

$$u(x, y) = \sin(2\pi x)\sin(5\pi y).$$

构造 3 个五点差分算子

$$L_j = \frac{1}{h_j^2}\begin{bmatrix} 0 & -1 & 0 \\ -1 & 4 & -1 \\ 0 & -1 & 0 \end{bmatrix}, \quad j = 1, 2, 3 \tag{8.2.51}$$

和 3 个差分方程, 相关的截断误差显然有渐近展开 (8.2.45), 三网格迭代的磨光算子取 (8.2.31), 外推系数取 (8.2.47). 数值结果见表 8.2.1.

表 8.2.1　三网格 τ 外推的最大误差与收敛速度

步长	误差	收敛速度
1/16	3.492×10^{-2}	
1/32	4.420×10^{-4}	79.00
1/64	4.130×10^{-6}	107.02
1/128	5.611×10^{-8}	72.61

由于收敛速度的理论值是 72, 从表中看出三网格 τ 外推达到 $O(h^6)$ 阶高精度.

第 9 章　基于内估计的有限元外推

在有限元理论中, 由于解的整体光滑性受边界光滑度的制约, 有限元误差估计达不到丰满阶, 但是按照偏微分方程内估计理论: 解在区域内部充分光滑, 这便促使计算数学家转向有限元内估计研究. 早在 20 世纪 70 年代, Nitsche 和 Schatz(1974) 等已经得到有限元解的误差和导数误差的丰满内估计, 这些结果也被应用于研究有限元超收敛. 然而, 这方面最重要的工作是 1996 年 Schatz, Sloan 和 Wahlbin(1996) 基于内估计和局部对称原理得到的有限元超收敛结构的一般描绘. 按照该理论, 内点只要满足局部对称条件, 则高次有限元近似解 (位移) 及其导数 (应力) 在该点便有超收敛性质, 而与问题的维数、单元类型和试探函数的次数无关. 这个结果覆盖了许多有限元超收敛的前期工作, 并且提供一个方法: 对于那些工程上特别关注的点在单元剖分时, 让该点有局部对称性质, 以便得到超收敛精度. 相关的专著和评论见 (陈传淼, 2001; 朱起定, 2008).

前面几章讨论过有限元外推和有限元分裂外推是基于有限元误差关于步长的单参数或者多参数的渐近展开, 即所谓显式外推, 其条件很苛刻: 一般要求边值问题的解必须充分光滑和剖分必须分片一致. 对于复杂区域, 例如在凹角域, 解整体不光滑, 有限元外推也为之失效, 但是 2009 年 Asadzadeh, Schatz 和 Wendland 三人发表关于二阶椭圆型偏微分方程的有限元 Richardson 外推的文章 (Asadzadeh et al., 2009), 新外推突破了传统的有限元 Richardson 外推依赖于有限元误差的渐近展开的观点, 而是建立在有限元内估计的一个不等式基础上, 因此属于隐式外推范畴. 本章将介绍基于内估计的有限元外推, 由于这个工作对于线性元和多线性元失效, 因此尚不能覆盖显式有限元外推的成果.

9.1　有限元的内估计

9.1.1　有限元的负范数估计

令 Ω 是 $\mathbb{R}^N$ 的有界开集, $\mathring{W}_q^s(\Omega)$ 是支集包含于 Ω 的光滑函数按照空间 $W_q^s(\Omega)$ 的范数构成的闭子空间, 其中 $s \geqslant 0, q, q' \geqslant 1$, 并且 $1/q + 1/q' = 1$, 若 $q = \infty$, 则按照通常意义修改. 定义负指标 Sobolev 空间 $W_{q'}^{-s}(\Omega) = (\mathring{W}_q^s(\Omega))^*$, 即 $W_{q'}^{-s}(\Omega)$ 是 $\mathring{W}_q^s(\Omega)$ 的共轭空间, 其范定义为

$$||u||_{W_{q'}^{-s}(\Omega)} = \sup_{0 \neq \varphi \in \overset{\circ}{W}_q^s(\Omega)} \frac{\displaystyle\int_{\Omega} u\varphi \mathrm{d}x}{||\varphi||_{s,q,\Omega}}. \tag{9.1.1}$$

为了阐述有限元误差的负范数有超收敛估计, 考虑二阶椭圆型偏微分方程

$$Lu = -\sum_{i,j=1}^{N} \frac{\partial}{\partial x_j}\left(a_{ij}(x)\frac{\partial u}{\partial x_i}\right) + \sum_{i=1}^{N} \frac{\partial}{\partial x_i}(a_i(x)u) + a(x)u = f, \quad \text{在}\Omega\text{内}, \tag{9.1.2}$$

其中 Ω 是 $\mathbb{R}^N$ 的有界开区域, 而 L 满足一致椭圆条件, 即存在常数 $c > 0$,

$$\sum_{i,j=1}^{N} a_{ij}(x)\xi_i\xi_j \geqslant c|\xi|^2, \quad \forall \xi \in \mathbb{R}^N. \tag{9.1.3}$$

对于边界条件先考虑齐次 Neumann 边界条件

$$\frac{\partial u}{\partial \nu} = \sum_{i,j=1}^{N} a_{ij}(x)\frac{\partial u}{\partial x_i}n_j = 0, \quad \text{在}\partial\Omega\text{上}, \tag{9.1.4}$$

这里 $n = (n_1, \cdots, n_N)$ 是单位外法向向量. 注意 (9.1.4) 是自然边界条件, 故问题 (9.1.2) 和 (9.1.4) 的弱解为: 求 $u \in H^1(\Omega)$ 满足变分方程

$$A(u, v) = (f, v), \quad \forall v \in H^1(\Omega), \tag{9.1.5}$$

其中

$$A(u, w) = \int_{\Omega} \left(\sum_{i,j=1}^{N} a_{ij}\frac{\partial u}{\partial x_i}\frac{\partial w}{\partial x_j} - \sum_{i=1}^{N} a_i u\frac{\partial w}{\partial x_i} + a(x)uw \right) \mathrm{d}x. \tag{9.1.6}$$

令 $S_r^h(\Omega) \subset W_\infty^1(\Omega)$ 是 $r-1$ 次有限元子空间, $r \geqslant 2$, 则 (9.1.5) 的有限元近似 u_h 满足

$$A(u - u_h, v) = 0, \quad \forall v \in S_r^h(\Omega). \tag{9.1.7}$$

令 $e = u - u_h$ 表示有限元误差, 为了估计 e 的负范数, 应用 (9.1.1), 有

$$||e||_{W_{q'}^{-s}(\Omega)} = \sup_{0 \neq \varphi \in \overset{\circ}{W}_q^s(\Omega)} \frac{\displaystyle\int_{\Omega} e\varphi \mathrm{d}x}{||\varphi||_{s,q,\Omega}}, \tag{9.1.8}$$

使用 Nitsche 技巧, 令 φ 满足共轭方程: $L^*v = \varphi$ 与对应的齐次 Neumann 条件, 便得到存在常数 C 使

$$\int_\Omega e\varphi\mathrm{d}x = A(e,v) = A(e,v-\chi)$$
$$\leqslant C\|e\|_{W_q^1(\Omega)}\|v-\chi\|_{W_{q'}^1(\Omega)}, \quad \forall\chi\in S_r^h(\Omega), \tag{9.1.9}$$

由有限元逼近性质

$$\inf_{\chi\in S^h(\Omega)}\|v-\chi\|_{W_{q'}^1(\Omega)} \leqslant Ch^{r-1}\|v\|_{W_{q'}^r(\Omega)}, \tag{9.1.10}$$

这里及以后的 C 皆表示与 h 无关的常数, 并且在不同位置允许取不同的值. 应用微分方程的先验估计 (Grisvard, 1985), 有

$$\|v\|_{W_{q'}^r(\Omega)} \leqslant Cq\|\varphi\|_{W_{q'}^{r-2}(\Omega)}, \tag{9.1.11}$$

将 (9.1.10) 和 (9.1.11) 代入 (9.1.9) 和 (9.1.8) 得到

$$\|e\|_{W_{q'}^{-(r-2)}(\Omega)} \leqslant Cqh^{r-1}\|e\|_{W_\infty^1(\Omega)}. \tag{9.1.12}$$

应用有限元最大模估计 (参见 Brenner et al. 1994)

$$\|e\|_{W_\infty^1(\Omega)} \leqslant C\ln\left(\frac{1}{h}\right)h^{r-1}. \tag{9.1.13}$$

置 $q = \ln(1/h)$, 由 (9.1.8)~(9.1.13) 导出负范数估计

$$\|e\|_{W_q^{-(r-2)}(\Omega)} \leqslant C\ln^2\left(\frac{1}{h}\right)h^{2r-2}. \tag{9.1.14}$$

如果 $r > 2$, 从 (9.1.14) 看出误差的负范数有超收敛估计.

如果 (9.1.1) 置 $q = 2$, 那么定义 $W_2^{-s}(\Omega) = H^{-s}(\Omega)$, 重复前面方法, 容易证明若 $u\in H^{r+1}(\Omega)$, 则成立

$$\|u-u_h\|_{H^{-t}(\Omega)} \leqslant Ch^{r+t+1}\|u\|_{H^{r+t+1}(\Omega)}, \quad 1\leqslant t\leqslant r-1, \tag{9.1.15}$$

特别取 $t = r-1$ 得到

$$\|u-u_h\|_{H^{1-r}(\Omega)} \leqslant Ch^{2r}\|u\|_{H^{r+1}(\Omega)}, \tag{9.1.16}$$

这是负范数估计能够得到的最高阶, 即使 u 更光滑也不能改进.

对于 $\mathbb{R}^N$ 中具有光滑边界的 Dirichlet 问题, 边界条件 (9.1.4) 被代替为

$$u = 0, \quad 在\partial\Omega上, \tag{9.1.17}$$

这是强加边界条件, 使用等参有限元能够逼近边界到 $O(h^r)$ 阶. 令 $\overset{\circ}{S}{}_r^h(\Omega)$ 表示对应于 (9.1.17) 的有限元子空间, 有限元解 $u_h \in \overset{\circ}{S}{}_r^h(\Omega)$ 满足

$$A(u - u_h, v) = 0, \quad \forall v \in \overset{\circ}{S}{}_r^h(\Omega), \tag{9.1.18}$$

相关的误差有估计 (Brenner et al., 1994)

$$||e||_{L^\infty(\Omega)} \leqslant Ch^r \left(\ln \frac{1}{h} \right)^{\bar{r}}, \tag{9.1.19}$$

其中

$$\bar{r} = \begin{cases} 1, & r = 2, \\ 0, & r > 2. \end{cases}$$

对于 Dirichlet 问题, 希望得到如 (9.1.14) 的超收敛负范数估计, 除非使用超参元逼近边界到 $O(h^{2r-2})$.

对于平面光滑区域的 Dirichlet 问题使用特殊技巧证明, 成立负范数估计 (Schatz et al., 1996)

$$||e||_{H^{-(r-2)}(\Omega)} \leqslant Ch^{2r-2}, \tag{9.1.20}$$

即 $r > 2$ 负范数估计有超收敛; 对于平面多角形区域的 Dirichlet 问题, 必须注意解在接近角点性质 (Schatz et al., 1996), 恰当地使用网精细加密, 也能够导出负范数估计 (9.1.20). 上面负范数估计对于发现区域内部的超收敛点有关键作用.

9.1.2 有限元子空间的内估计性质

如所周知, 仅当 N 维边值问题的解 $u \in H^r(\Omega)$, 有限元误差才有最佳阶估计

$$||u - u_h||_{s,\Omega} \leqslant Ch^{r-s}||u||_{r,\Omega}, \quad 0 \leqslant s \leqslant r, \tag{9.1.21}$$

一般情形下, 由于受边界不光滑的影响 $u \notin H^r(\Omega)$, 上面估计失效, 但是正如偏微分方程内估计理论: 解在区域内部是光滑的, 因此从 20 世纪 70 年代开始数值分析学家便转而研究有限元内估计, 1996 年 Schatz 等发现内估计是发现超收敛的新方法, 有其他方法难以取得的结果, 从而引起极大的关注. 鉴于内估计证明较为复杂, 以下仅叙述主要结果.

定义 9.1.1 称区域 Ω_0 真包含于 Ω_1, 并且记为 $\Omega_0 \subset\subset \Omega_1$, 如果 $\Omega_0 \subset \Omega_1$ 并且

$$d(\Omega_0, \partial\Omega_1) = \inf_{\substack{x \in \partial\Omega_1, \\ y \in \Omega_0}} |x - y| > 0. \tag{9.1.22}$$

令 $S_r^h(\Omega) \subset W_\infty^1(\Omega)$ 是 $r - 1$ 次有限元子空间, $r > 2$. 若 $D \subset \Omega$, 则用 $S_r^h(D)$ 表示 $S_r^h(\Omega)$ 的函数在 D 上的限制, 用 $\overset{\circ}{S}{}_r^h(D)$ 表示 $S_r^h(D)$ 的子空间, 其支集包含

于 D 内. 下面令 $D_0 \subset\subset D_1 \subset\subset D_2$ 是 Ω 内的三个同心球, 并且存在正常数 k, 使 $d(D_0, \partial D_1) \geqslant kh$ 和 $d(D_1, \partial D_2) \geqslant kh$. 假定以下性质成立 (参见 Asadzadeh et al., 2009):

(1) (逼近性质) 若 $t = 0, 1, t \leqslant l \leqslant r, 1 \leqslant p \leqslant \infty$, 则对每个 $v \in W_p^l(D_2)$, 必存在 $\chi \in S_r^h(D_1)$, 使

$$\|v - \chi\|_{W_p^t(D_1)} \leqslant Ch^{l-t}|v|_{W_p^t(D_2)}, \tag{9.1.23}$$

这里

$$|v|_{W_p^l(D_2)} = \begin{cases} \left(\sum_{|\alpha|=l} \|D^\alpha v\|_{L^p(D_2)}^p \right)^{1/p}, & 1 \leqslant p < \infty, \\ \sum_{|\alpha|=l} \|D^\alpha v\|_{L^\infty(D_2)}, & p = \infty \end{cases}$$

表示半范. 此外, 若 $v \in \mathring{W}_p^l(D_0)$, 则也存在 $\chi \in \mathring{S}_r^h(D_2)$ 使 (9.1.23) 成立, 其中 C 是与 h, v, χ 和 $D_i, i = 0, 1, 2$, 无关的常数.

(2) (反估计) 若 $\chi \in S_r^h(D_2)$, 则对于 $t = 0, 1$ 有

$$\|\chi\|_{W_\infty^1(D_1)} \leqslant Ch^{-N/2-t}\|\chi\|_{L^2(D_2)}, \tag{9.1.24}$$

进一步对 $l = 0, 1$, 则

$$\|\chi\|_{W_2^t(D_1)} \leqslant Ch^{l-t}\|\chi\|_{W_2^{-l}(D_2)}, \tag{9.1.25}$$

其中 C 是与 h, χ 和 $D_i, i = 1, 2$, 无关的常数.

(3) (超逼近) 令 $\omega \in C_0^\infty(D_1)$, 则对每个 $\chi \in S^h(D_2)$, 必存在 $\eta \in \mathring{S}_r^h(D_2)$ 使对某个整数 $\gamma > 0$ 有

$$\|\omega\chi - \eta\|_{W_2^1(D_2)} \leqslant Ch\|\omega\|_{W_\infty^\gamma(D_1)}\|\chi\|_{W_2^1(D_3)}. \tag{9.1.26a}$$

进一步若 $\omega \equiv 1$, 在 D_0 上, 而 $D_{-1} \subset\subset D_0$, 并且 $d(D_{-1}, \partial D_0) \geqslant kh$, 则

$$\eta = \chi, \quad 在 D_{-1} 上,$$

并且

$$\|\omega\chi - \eta\|_{W_2^1(D_2)} \leqslant Ch\|\omega\|_{W_\infty^\gamma(D_1)}\|\chi\|_{W_2^1(D_2 \backslash D_{-1})}, \tag{9.1.26b}$$

其中 C 是与 ω, h, χ 和 $D_i, i = -1, 0, 1, 2$, 无关的常数.

(4) (尺度压缩) 令 $x_0 \in \bar{\Omega}, d \geqslant kh$, 如果在线性变换 $y = x_0 + (x - x_0)/d$ 下, $B_d(x_0) = \{x : |x - x_0| < d\} \cap \Omega$ 被映成区域 $\hat{B}_1(x_0)$, 子空间 $S_r^h(B_d(x_0))$ 被映成新的子空间 $\hat{S}_r^{h/d}(\hat{B}_1(x_0))$, 那么用 h/d 代替 h 后, $\hat{S}_r^{h/d}(\hat{B}_1(x_0))$ 也满足性质 (1), (2) 和 (3), 并且相关的常数不改变, 特别是常数与 d 无关.

9.1.3 有限元误差的局部渐近展开不等式

众所周知, Richardson 外推先决条件是误差关于步长有精确的渐近展开, 本节将提供在局部域上有限元误差的渐近展开不等式, 并且应用这些不等式来构造高精度外推值.

在 (9.1.18) 中已经阐述有限元解 $u_h \in \overset{\circ}{S}_r^h(\Omega)$ 的误差满足

$$A(u - u_h, v) = 0, \quad \forall v \in \overset{\circ}{S}_r^h(\Omega).$$

为了讨论内估计, 令 $x \in \Omega_d \subset\subset \Omega, d > 0$, 并且存在 N 维球

$$B_d(x) = \{y : |y - x| < d\} \subset \Omega_d, \tag{9.1.27}$$

又设 $u \in W_2^1(B_d(x)), u_h \in S_r^h(B_d(x))$ 满足

$$A(u - u_h, \varphi) = F(\varphi), \quad \forall \varphi \in \overset{\circ}{S}_r^h(B_d(x)), \tag{9.1.28}$$

这里 $F(\varphi)$ 是 $\overset{\circ}{W}_1^1(B_d(x))$ 上的有界线性泛函, 注意 $F(\varphi) \neq 0$, 因为一般说: $u \notin \overset{\circ}{W}_2^1(B_d(x))$. 为了后文需要定义范数

$$|||\varphi|||_1 = h^{-1}||\varphi||_{L^1(B_d(x_0))} + \left|\left|\frac{|x - x_0| + h}{h}\nabla\varphi\right|\right|_{L^1(B_d(x_0))} \tag{9.1.29}$$

和

$$|||\varphi|||_2 = \sum_{j=0}^{l}\sum_{|\alpha|=j}\left(\ln\left(\frac{1}{h}\right)\right)^{\bar{j}}\int_{B_d(x_0)}(|x - x_0| + h)^{j-k}|D^\alpha\varphi|\mathrm{d}x, \tag{9.1.30}$$

其中 $l > k$ 是任意但固定的整数, $k = 1, 2$ 而

$$\bar{j} = \begin{cases} 1, & N = 2, k = 2, \\ 0, & \text{其他情形}. \end{cases}$$

Schatz, 2005 证明下面两个重要引理:

引理 9.1.1 假设 $r \geqslant 3$, 并且 9.1.2 节中性质 (1)$\sim$ (4) 成立, 又设 t 是非负整数, $1 \leqslant p \leqslant \infty, s$ 是一个整数, 而 $r \leqslant s \leqslant 2r - 2$. 令 $x \in \Omega_d$, 并且存在充分大的 $k, d \geqslant kh$. 若 $u \in W_\infty^s(B_d(x))$ 和 $u_h \in S_r^h(B_d(x))$ 满足 (9.1.28), 则成立估计

$$\begin{aligned}
||u - u_h||_{L^\infty(B_d(x))} &\leqslant C\left(\ln\frac{d}{h}\right)^{\bar{s}}\left[h^r\sum_{|\alpha|=r}|D^\alpha u(x)| + \cdots\right.\\
&\left. + h^{s-1}\sum_{|\alpha|=s-1}|D^\alpha u(x)| + h^s||u||_{W_\infty^s(B_d(x))}\right]\\
&+ C\left[d^{-t-N/p}||u - u_h||_{W_p^{-t}(B_d(x))}\right.\\
&\left. + \left(\ln\frac{d}{h}\right)^{\bar{s}}h|||F|||_{-1,B_d(x)} + \left(\ln\frac{d}{h}\right)|||F|||_{-2,B_d(x)}\right], \quad (9.1.31)
\end{aligned}$$

其中

$$\bar{s} = \begin{cases} 1, & s = 2r-2, \\ 0, & r \leqslant s < 2r-2, \end{cases} \tag{9.1.32}$$

此外

$$|||F|||_{-j,B_d(x)} = \sup_{\substack{\psi \in C_0^\infty(B_d(x)) \\ |||\psi|||_j = 1}} F(\psi), \quad j = 1, 2. \tag{9.1.33}$$

引理 9.1.2(Asadzadeh et al., 2009; Schatz, 2005)　　假设 $r \geqslant 2$, 并且 9.1.2 节中性质 (1)$\sim$ (4) 成立, 又设 t 是非负整数, $1 \leqslant p \leqslant \infty, s$ 是一个整数, 满足 $r \leqslant s \leqslant 2r-2$. 令 $x \in \Omega_0$, 并且存在充分大的 $k, d \geqslant kh$. 若 $u \in W_\infty^s(B_d(x))$ 和 $u_h \in S_r^h(B_d(x))$ 满足 (9.1.28), 则成立估计

$$\begin{aligned} ||u - u_h||_{W_\infty^1(B_d(x))} \leqslant &\, C \left(\ln \frac{d}{h}\right)^{\hat{s}} \Big[h^{r-1} \sum_{|\alpha|=r} |D^\alpha u(x)| + \cdots \\ &+ h^{s-1} \sum_{|\alpha|=s} |D^\alpha u(x)| + h^s ||u||_{W_\infty^{s+1}(B_d(x))} \Big] \\ &+ C \Big[d^{-1-t-N/p} ||u - u_h||_{W_p^{-t}(B_d(x))} \\ &+ \left(\ln \frac{d}{h}\right) |||F|||_{-1,B_d(x)} \Big], \end{aligned} \tag{9.1.34}$$

其中

$$\hat{s} = \begin{cases} 1, & s = 2r-2, \\ 0, & r \leqslant s < 2r-2. \end{cases} \tag{9.1.35}$$

注意估计 (9.1.31) 和 (9.1.34) 的右端是步长 h 的幂指数渐近展开, 直到最高阶 h^{2r-2}, 并且除最后一项外, 其他项展开系数是 u 的恰当导数的在 x 处的绝对值. 这些性质是下面构造外推的依据. 至于两式中卷入的负范项 $||u - u_h||_{W_p^{-t}(B_d(x))}$, 其值反映了解在区域 $B_d(x)$ 外的部分构成的污染, 它们的估计与边界条件有关, 将放到后文讨论. 下面的定理将预先假定负范项数有高阶误差估计, 而对于被卷入的 F 项, 将作为 (9.1.28) 的扰动项在后文处理.

需要特别注意的是 (9.1.28) 和 (9.1.31) 都是局部算式, 与通常 Richardson 有限元外推要求全局渐近展开不同. 下面将基于 (9.1.31) 和 (9.1.34) 这两个有限元误差的局部渐近展开不等式去构造有限元外推.

注 9.1.1　　(9.1.28) 和 (9.1.31) 早前已经被应用于后验估计和超收敛研究 (Schatz, 1996), 直到 2009 年才发现能够使用于外推.

9.2 基于内估计的一类非标准的有限元外推

9.2.1 相似子空间的定义

引理 9.1.1 已经表明: 若 $F = 0$, 并且对所有 $|\alpha| = r$, 有

$$D^\alpha u(x) = 0, \quad \forall |\alpha| = r, \tag{9.2.1}$$

则 (9.1.31) 便有高阶的误差估计. 尽管不能期望解 $u(x)$ 满足 (9.2.1), 但是若可以构造另一个函数 $v(x)$ 满足 (9.2.1), 并且在另一点 $\hat{x}$ 上, 有 $u(\hat{x}) = v(\hat{x})$, 则可能导出在点 $\hat{x}$ 的外推有高精度. 为此, 需要一个能够联系不同步长下的子空间的条件, 以便在这个条件下, 存在两个有限元近似解的恰当的线性组合 v_h, 使 v_h 恰好是另一个有限元子空间的近似解.

能够达到这个条件的关键是寻找一个简单的网剖分, 以便建立在这个剖分上有限元子空间和相应的有限元近似的误差能够使得渐近展开不等式(9.1.31)和(9.1.34)成立. 为此需要引入两个子空间关于点 $\hat{x}$ 的邻域的相似概念.

定义 9.2.1 令 $h < h_1 = \lambda_1 h$, 而 $\lambda_1 > 1$, $\hat{x}$ 是 Ω 内的一个固定点, 又令 $d > 0$, 使 $B_{\lambda_1 d}(\hat{x}) \subset \Omega$, 说子空间 $S_r^h(B_{\lambda_1 d}(\hat{x}))$ 与子空间 $S_r^h(B_d(\hat{x}))$ 关于 $\hat{x}$ 是相似的, 若映射

$$(T\varphi)(x) = \varphi(\hat{x} + \lambda_1(x - \hat{x})) \tag{9.2.2}$$

一对一映 $S_r^{\lambda_1 h}(B_{\lambda_1 d}(\hat{x}))$ 到 $S_r^h(B_d(\hat{x}))$.

如何构造网剖分以便对应的有限元子空间满足定义 9.2.1 的相似性条件将放在 9.3 节中讨论, 下面首先在子空间满足相似性质的条件下证明局部外推有高精度.

9.2.2 常系数二阶椭圆型偏微分方程的局部有限元外推

本节讨论常系数二阶椭圆型偏微分方程, 相应的双线性形式简化为

$$A(u,v) = \int_\Omega \left(\sum_{i,j=1}^N a_{ij} \frac{\partial u_i}{\partial x_i} \frac{\partial v_j}{\partial x_j} \right) \mathrm{d}x, \tag{9.2.3}$$

这里 a_{ij} 是常数. 下面定理表明 $u(x)$ 在子空间的相似点 $\hat{x}$ 的外推有高精度.

定理 9.2.1(Asadzadeh et al., 2009) 假定成立

(1) $r \geqslant 3$, 并且引理 9.1.1 的条件关于 (9.2.3) 定义的双线性形式 $A(\cdot, \cdot)$ 成立.

(2) 对给定的 $\hat{x}$, 存在 $d > 0$ 和 $1 = \lambda_0 < \lambda_1$ 使 $B_{\lambda_1 d}(\hat{x}) \subset \Omega_d$.

(3) 子空间 $S_r^{\lambda_1 h}(B_{\lambda_1 d}(\hat{x}))$ 与子空间 $S_r^h(B_d(\hat{x}))$ 关于 $\hat{x}$ 是相似的.

(4) u_h 和 $u_{\lambda_1 h}$ 满足

$$A(u - u_{\lambda_j h}, \varphi) = 0, \quad \forall \varphi \in \mathring{S}_r^h(B_{\lambda_j d}(\hat{x})), j = 0, 1, \tag{9.2.4}$$

那么置

$$v_h(x) = \gamma_1 u_h(x) + \gamma_2 u_{\lambda_1 h}(\hat{x} + \lambda_1(x - \hat{x})), \tag{9.2.5}$$

其中

$$\gamma_1 = \frac{\lambda_1^r}{\lambda_1^r - 1}, \quad \gamma_2 = -\frac{1}{\lambda_1^r - 1}, \tag{9.2.6}$$

便得到

(a) 若 $u \in W_\infty^{r+1}(B_{\lambda_1 d}(x))$, 则

$$|u(\hat{x}) - v_h(\hat{x})| \leqslant Ch^{r+1}\left(\ln\frac{d}{h}\right)^{\bar{r}} \|u\|_{W_\infty^{r+1}(B_{\lambda_1 d}(\hat{x}))}$$
$$+ Cd^{-t-N/p}\sum_{j=0}^{1} \|u - u_{\lambda_j h}\|_{W_p^{-t}(B_{\lambda_j d}(\hat{x}))}, \tag{9.2.7}$$

这里

$$\bar{r} = \begin{cases} 1, & r = 3, \\ 0, & r \text{为其他值}, \end{cases} \tag{9.2.8}$$

而 C 是与 $u, u_h, u_{\lambda_1 h}, h, d$ 和 $\hat{x}$ 无关的常数.

(b) 若补充 $t \geqslant 0, 1 \leqslant p \leqslant \infty$, 和 $\sigma > 0$, 使

$$d^{-t-N/p}\|u - u_{\lambda_j h}\|_{W_p^{-t}(B_{\lambda_j d}(\hat{x}))} \leqslant Ch^{r+\sigma}, \quad j = 0, 1, \tag{9.2.9}$$

则

$$|u(\hat{x}) - v_h(\hat{x})| \leqslant C\max\left\{h^{r+1}\left(\ln\frac{d}{h}\right)^{\bar{r}}, h^{r+\sigma}\right\}, \tag{9.2.10}$$

其中 C 是与 h 和 $\hat{x}$ 无关的常数.

证明　为了方便起见, 不妨假设 $\hat{x} = 0$, 由子空间的相似性假定 (3), 容易看出

$$v_h(x) = \gamma_1 u_h(x) + \gamma_2 u_{\lambda_1 h}(\lambda_1 x) \in S_r^h(B_d(\hat{x})), \tag{9.2.11}$$

并且 $v_h(x)$ 还是函数

$$v(x) = \gamma_1 u(x) + \gamma_2 u(\lambda_1 x) \tag{9.2.12}$$

在细网格上的局部有限元近似. 事实上, 可以选择恰当的 γ_1 和 γ_2, 使

$$A(v - v_h, \varphi) = 0, \quad \forall \varphi \in \mathring{S}_r^h(B_d(\hat{x})), \tag{9.2.13}$$

为了证明 (9.2.13), 首先由子空间相似性假定有 $u_{\lambda_1 h}(\lambda_1 x) \in S_r^h(B_d(\hat{x}))$. 据此, 易证明

$$A(u(\lambda_1 x) - u_{\lambda_1 h}(\lambda_1 x), \varphi) = 0, \quad \forall \varphi \in \overset{\circ}{S}_r^h(B_d(\hat{x})). \tag{9.2.14}$$

事实上, 在 (9.2.4) 的积分中做变数更换: $y = \lambda_1 x$, 便导出

$$A(u(\lambda_1 x) - u_{\lambda_1 h}(\lambda_1 x), \varphi)$$

$$= \int_{B_d(\hat{x})} \sum_{i,j=1}^N a_{ij} \frac{\partial u(\lambda_1 x) - u_{\lambda_1 h}(\lambda_1 x)}{\partial x_i} \frac{\partial \varphi(x)}{\partial x_j} \mathrm{d}x$$

$$= \lambda_1^{2-N} \int_{B_{\lambda_1 d}(\hat{x})} \sum_{i,j=1}^N a_{ij} \frac{\partial(u(y) - u_{\lambda_1 h}(y))}{\partial y_i} \frac{\partial \varphi\left(\dfrac{y}{\lambda_1}\right)}{\partial y_j} \mathrm{d}y = 0, \tag{9.2.15}$$

这里用到 $\varphi\left(\dfrac{y}{\lambda_1}\right) \in S_r^h(B_{\lambda_1 d}(\hat{x}))$. 于是由 (9.2.2) 得到 (9.2.13) 的证明. 注意 v 和 v_h 分别是按照 (9.2.12) 和 (9.2.11) 的线性组合也满足 (9.2.13), 就是说 v_h 是另外一个新问题的解 v 的有限元近似, 而误差 $v(x) - v_h(x)$ 按照引理 9.1.1 成立

$$|v(\hat{x}) - v_h(\hat{x})| \leqslant C\left(\ln \frac{d}{h}\right)^{\bar{r}}\left(h^r \sum_{|\alpha|=r} |D^\alpha v(\hat{x})| + h^{r+1}\|v\|_{W_\infty^{r+1}(B_d((\hat{x})))}\right)$$

$$+ C d^{-t-N/p}\|v - v_h\|_{W_p^{-t}(B_d((\hat{x})))}. \tag{9.2.16}$$

若

$$|D^\alpha v(\hat{x})| = 0, \quad \forall|\alpha| = r, \tag{9.2.17}$$

则由 (9.2.16) 便得到 $O(h^{r+1}(\ln \frac{d}{h})^{\bar{r}})$ 的高阶估计. 注意若选择

$$\gamma_1 + \gamma_2 = 1, \tag{9.2.18}$$

则有 $v(\hat{x}) = u(\hat{x})$. 为了得到 (9.2.17), 经过简单的计算, 容易得到

$$D^\alpha v(\hat{x}) = (\gamma_1 + \lambda_1^r \gamma_2)(D^\alpha u)(\hat{x}), \quad \forall|\alpha| = r, \tag{9.2.19}$$

这蕴涵应当选择

$$\gamma_1 + \lambda_1^r \gamma_2 = 0, \tag{9.2.20}$$

以便 (9.2.19) 成立. 现在联立 (9.2.20) 和 (9.2.18) 得到唯一解 γ_1 和 γ_2, 并且具有 (9.2.6) 的表达式, 而 γ_1 和 γ_2 这两个外推系数就是熟知的 h^r-Richardson 外推系数. 至于估计 (9.2.7), 显然能够直接从 (9.2.16) 得到. 再由 (9.2.9) 和三角不等式便完成定理证明. □

注 9.2.1   传统的外推必须基于误差的渐近展开, 甚至 τ 外推也基于截断误差的渐近展开, 但是定理 9.2.1 仅仅由一个内估计不等式便导出局部有限元外推有高精度, 这是最近五年来外推法的一大瞩目成果. 该方法不仅实用于高维, 而且对全局网格剖分的类型没有特殊限制. 总之, 某些显式外推无法克服的困难, 在定理 9.2.1 皆得到解决. 当然定理 9.2.1 也有局限, 首先要求 $r \geqslant 3$, 表明了对于线性有限元和多线性有限元无效; 其次, 靠近边界的点的有限元精度往往也是最关心的点, 而定理也无效.

下面证明有限元近似的一阶导数也有高精度外推, 为此应注意: 若 $\hat{x}$ 是网点, 则 $\dfrac{\partial v_h}{\partial x_i}$ 是不连续的, 因此需要定义方向导数

$$\frac{\partial \tilde{v}_h}{\partial x_i}(\hat{x}, \beta) = \lim_{s \to 0} \frac{\partial v_h}{\partial x_i}(\hat{x} + s\beta), \tag{9.2.21}$$

这里 $\beta = (\beta_1, \cdots, \beta_N)$ 是单位向量, s 充分小, 以便保证当 $0 < s \leqslant s_0$, $\dfrac{\partial v_h}{\partial x_i}$ 不仅存在, 而且 $s \to 0$ 有极限. 尽管 $\dfrac{\partial \tilde{v}_h}{\partial x_i}(\hat{x}, \beta)$ 与 β 有关, 但是若 $\dfrac{\partial v_h}{\partial x_i}$ 在 $\hat{x}$ 点连续, 则与 β 无关, 即有 $\dfrac{\partial \tilde{v}_h}{\partial x_i}(\hat{x}, \beta) = \dfrac{\partial v_h}{\partial x_i}(\hat{x})$. 在上面假定下将导出一阶导数的外推.

定理 9.2.2(Asadzadeh et al., 2009)   假定定理 9.2.1 的假设除 (1) 应当被引理 9.1.2 和 $r \geqslant 2$ 代替外, 其余都成立, 而

$$\gamma_1 = \frac{\lambda_1^{r-1}}{\lambda_1^{r-1} - 1}, \quad \gamma_2 = -\frac{1}{\lambda_1(\lambda_1^{r-1} - 1)}, \tag{9.2.22}$$

那么

(a) 对任何 $i = 1, \cdots, N$, 有

$$\left| \frac{\partial u(\hat{x})}{\partial x_i} - \frac{\partial \tilde{v}_h}{\partial x_i}(\hat{x}, \beta) \right| \leqslant C \left(\ln \frac{d}{h} \right)^{\bar{r}} h^r \|u\|_{W_\infty^{r-1}(B_{\lambda_1 d}(\hat{x}))}$$
$$+ Cd^{-1-t-N/p} \sum_{j=0}^{1} \|u - u_{\lambda_j h}\|_{W_p^{-t}(B_{\lambda_j d}(\hat{x}))}, \tag{9.2.23}$$

这里

$$\bar{r} = \begin{cases} 1, & r = 2, \\ 0, & r\text{为其他值}, \end{cases} \tag{9.2.24}$$

而 C 是与 $u, u_h, u_{\lambda_j h}, h, d$ 和 $\hat{x}$ 无关的常数.

(b) 若补充 $t \geqslant 0, 1 \leqslant p \leqslant \infty$ 和 $\sigma > 0$, 使

$$d^{-1-t-N/p}\|u - u_{\lambda_j h}\|_{W_p^{-t}(B_{\lambda_j d}(\hat{x}))} \leqslant Ch^{r-1+\sigma}, \quad j = 0, 1, \tag{9.2.25}$$

则

$$\left| \frac{\partial u(\hat{x})}{\partial x_i} - \frac{\partial \tilde{v}_h}{\partial x_i}(\hat{x}, \beta) \right| \leqslant C(u) \max \left\{ h^r \left(\ln \frac{d}{h} \right)^{\bar{r}}, h^{r-1+\sigma} \right\}. \tag{9.2.26}$$

证明 为了方便起见, 再次假设 $\hat{x} = 0$. 并且类似于定理 9.2.1, 组合公式 (9.2.11) 可以应用于引理 9.1.2 由此得到

$$\left| \frac{\partial v(\hat{x})}{\partial x_i} - \frac{\partial \tilde{v}_h}{\partial x_i}(\hat{x}, \beta) \right|$$

$$\leqslant C \left(\ln \frac{d}{h} \right)^{\bar{r}} \left(h^{r-1} \sum_{|\alpha|=r} |D^\alpha v(\hat{x})| + h^r \|v\|_{W_\infty^{r+1}(B_d(\hat{x}))} \right)$$

$$+ C d^{-1-t-N/p} \sum_{j=0}^1 \|v - v_h\|_{W_p^{-t}(B_d(\hat{x}))}. \tag{9.2.27}$$

为了得到 (9.2.17), 由

$$D^\alpha v(\hat{x}) = (\gamma_1 + \lambda_1^r \gamma_2)(D^\alpha u)(\hat{x}), \quad \forall |\alpha| = r, \tag{9.2.28}$$

这蕴涵应当选择 γ_1, γ_2 满足

$$\gamma_1 + \lambda_1^r \gamma_2 = 0. \tag{9.2.29}$$

另一方面, 为了满足

$$\frac{\partial v}{\partial x_i}(\hat{x}) = \frac{\partial u}{\partial x_i}(\hat{x}), \quad i = 1, \cdots, N, \tag{9.2.30}$$

注意

$$\frac{\partial v}{\partial x_i}(\hat{x}) = (\gamma_1 + \lambda_1 \gamma_2) \frac{\partial u}{\partial x_i}(\hat{x}), \quad i = 1, \cdots, N, \tag{9.2.31}$$

又蕴涵应当选择 γ_1, γ_2 满足

$$\gamma_1 + \lambda_1 \gamma_2 = 1. \tag{9.2.32}$$

联立 (9.2.29) 和 (9.2.32) 的解, 便得到 (9.2.22), 于是得到 (a) 的证明. 对于 (9.2.26) 容易由 (9.2.25) 和 (9.2.23) 导出, 又得到 (b) 的证明. □

对于常系数二阶椭圆型偏微分方程的有限元近似, 还可以继续构造局部高次外推以达到 $O(h^{2r-2})$ 阶精度. 为此, 令

$$1 = \lambda_0 < \lambda_1 < \cdots < \lambda_m, \quad 1 \leqslant m \leqslant r-2. \tag{9.2.33}$$

假设对某个 $d \geqslant kh$, 并且 k 充分大使 $S_r^h(B_{\lambda_j d}(\hat{x}))$ 和 $S_r^h(B_d(\hat{x})), j = 0, \cdots, m$, 是关于 $\hat{x}$ 是相似子空间, $u_{\lambda_j h}$ 满足

$$A(u - u_{\lambda_j h}, \varphi) = 0, \quad \forall \varphi \in S_r^{\lambda_j h}(B_{\lambda_j d}(\hat{x})), j = 0, \cdots, m. \tag{9.2.34}$$

现在寻求 u 的新近似

$$v_h(x) = \sum_{j=0}^{m} \gamma_j u_{\lambda_j h}(\hat{x} + \lambda_j(x - \hat{x})) \in S_r^h(B_d(\hat{x})). \tag{9.2.35}$$

下面定理表明恰当选择外推系数 $\gamma_j, j = 0, \cdots, m$, 能够得到高精度近似解.

定理 9.2.3(Asadzadeh et al., 2009)　(a) 假定引理 9.1.1 的条件成立, λ_j 和 $S_r^{\lambda_j h}(B_{\lambda_j d}(\hat{x}))$ 满足上面叙述的条件, $u - u_{\lambda_j h}$ 满足 (9.2.34), 而 $\gamma_j, j = 0, \cdots, m$, 是方程

$$\begin{cases} \sum_{j=0}^{m} \gamma_j = 1, \\ \sum_{j=1}^{m} \lambda_j^{r+1} \gamma_j = 0, \quad l = 0, \cdots, m-1 \end{cases} \tag{9.2.36}$$

的唯一解. 此外若 $u \in W_\infty^{r+m}(B_{\lambda_m d}(\hat{x}))$, 并且存在 $\sigma > 0$, 使

$$d^{-t-N/p}||u - u_{\lambda_j h}||_{W_p^{-t}(B_{\lambda_j d}(\hat{x}))} \leqslant Ch^{r+\sigma}, \quad j = 0, \cdots, m, \tag{9.2.37}$$

则

$$|(u - v_h)(\hat{x})| \leqslant C \max\{h^{r+m}(\ln \frac{d}{h})^{\bar{m}}, h^{r+\sigma}\}, \tag{9.2.38}$$

这里

$$\bar{m} = \begin{cases} 1, & m = r-2, \\ 0, & m\text{取其他值}, \end{cases} \tag{9.2.39}$$

C 是与 h 和 $\hat{x}$ 无关的常数.

(b) 若 (a) 的假设除引理 9.1.1 应当被引理 9.1.2 代替外, 其余都成立, 而 $\gamma_j, (j = 0, \cdots, m)$, 满足

$$\begin{cases} \sum_{j=0}^{m} \lambda_j \gamma_j = 1, \\ \sum_{j=0}^{m} \lambda_j^{r+l} \gamma_j = 0, \quad l = 0, \cdots, m-1, \end{cases} \tag{9.2.40}$$

此外, 若存在 $\sigma > 0$, 使

$$d^{-1-t-N/p}||u - u_{\lambda_j h}||_{W_p^{-t}(B_{\lambda_j d}(\hat{x}))} \leqslant Ch^{r-1+\sigma}, \quad j = 0, \cdots, m, \tag{9.2.41}$$

则

$$\left|\frac{\partial u(\hat{x})}{\partial x_i} - \frac{\partial \tilde{v}_h}{\partial x_i}(\hat{x}, \beta)\right| \leqslant C \max\left\{h^{r-1+m}\left(\ln \frac{d}{h}\right)^{\bar{m}}, h^{r-1+\sigma}\right\}, \tag{9.2.42}$$

这里

$$\bar{m} = \begin{cases} 1, & m = r-1, \\ 0, & m\ \text{取其他值}. \end{cases} \tag{9.2.43}$$

定理 9.2.3 的证明与定理 9.2.1 和定理 9.2.2 的证明类似, 这里不赘述.

9.2.3 变系数二阶椭圆型偏微分方程的局部有限元外推

本节考虑变系数二阶椭圆型偏微分方程, 假定对应的双二次形式为

$$A(u,v) = \int_{\Omega_d} \left(\sum_{i,j=1}^{N} a_{ij}(x)\frac{\partial u}{\partial x_i}\frac{\partial v}{\partial x_j} + \sum_{i=1}^{N} b_i(x)\frac{\partial u}{\partial x_i}v + c(x)uv \right) \mathrm{d}x, \tag{9.2.44}$$

这里 $a_{ij}(x), b_i(x)$ 和 $c(x)$ 都是光滑函数. 在此情形下, 首先推广定理 9.2.1 和定理 9.2.2 如下:

定理 9.2.4 (a) 若 $r \geqslant 3$, 并且定理 9.2.1 的条件除 $A(\cdot,\cdot)$ 由 (9.2.44) 定义外, 其余成立, 则由 (9.2.5) 和 (9.2.6) 定义的 $v_h(x)$ 有估计

$$|(u(\hat{x}) - v_h(\hat{x})| \leqslant C(u) \left(\ln\frac{1}{h} \right)^2 \max\{h^{r+1}, h^{r+\sigma}\}. \tag{9.2.45}$$

(b) 若定理 9.2.2 的条件除 $A(\cdot,\cdot)$ 由 (9.2.44) 定义外, 其余成立, 则由 (9.2.21) 和 (9.2.22) 定义的 $\frac{\partial \tilde{v}_h(x)}{\partial x}$ 有估计

$$\left| \frac{\partial u(\hat{x})}{\partial x_i} - \frac{\partial \tilde{v}_h}{\partial x_i}(\hat{x},\beta) \right| \leqslant C(u) \left(\ln\frac{1}{h} \right) \max\{h^r, h^{r-1+\sigma}\}. \tag{9.2.46}$$

证明 不妨设 $\hat{x} = 0$, 并且使用变数更换 $y = \lambda_1 x$, 容易证明对 $\forall \varphi \in \mathring{S}_r^h(B_d(\hat{x}))$, 有

$$\int_{B_d(\hat{x})} \sum_{i,j=1}^{N} a_{ij}(\lambda_1 x)\frac{\partial(u(\lambda_1 x) - u_{\lambda_1 h}(\lambda_1 x))}{\partial x_i}\frac{\partial\varphi(x)}{\partial x_j}\mathrm{d}x$$

$$= \lambda_1^{2-N}\int_{B_{\lambda_1 d}(\hat{x})} \sum_{i,j=1}^{N} a_{ij}(y)\frac{\partial(u(y) - u_{\lambda_1 h}(y))}{\partial y_i}\frac{\partial\varphi(y/\lambda_1)}{\partial y_j}\mathrm{d}y. \tag{9.2.47}$$

类似地, 有

$$\int_{B_d(\hat{x})} \sum_{i=1}^{N} b_i(\lambda_1 x)\frac{\partial(u(\lambda_1 x) - u_{\lambda_1 h}(\lambda_1 x))}{\partial x_i}\varphi(x)\mathrm{d}x$$

$$= \lambda_1^{1-N}\int_{B_{\lambda_1 d}(\hat{x})} \sum_{i=1}^{N} b_i(y)\frac{\partial(u(y) - u_{\lambda_1 h}(y))}{\partial y_i}\varphi(y/\lambda_1)\mathrm{d}y. \tag{9.2.48}$$

和

$$\int_{B_d(\hat{x})} c(\lambda_1 x)(u(\lambda_1 x) - u_{\lambda_1 h}(\lambda_1 x))\varphi(x)\mathrm{d}x$$
$$= \lambda_1^{-N} \int_{B_{\lambda_1 d}(\hat{x})} c(y)(u(y) - u_{\lambda_1 h}(y))\varphi(y/\lambda_1)\mathrm{d}y. \tag{9.2.49}$$

现在再使用变换 $y = \lambda_1 x$, 并置 $u(\lambda_1 x) - u_{\lambda_1 h}(\lambda_1 x) = e(\lambda_1 x)$, 代入 (9.2.47)~(9.2.49) 并组合得到

$$\int_{B_d(\hat{x})} \left\{ \sum_{i,j=1}^{N} a_{ij}(\lambda_1 x) \frac{\partial e(\lambda_1 x)}{\partial x_i} \frac{\partial \varphi(x)}{\partial x_j} \right.$$
$$\left. + \sum_{i=1}^{N} \lambda_1 b_i(\lambda_1 x) \frac{\partial e(\lambda_1 x)}{\partial x_i} \varphi(x) + \lambda_1^2 c(\lambda_1 x) e(\lambda_1 x) \varphi(x) \right\} \mathrm{d}x = 0,$$
$$\forall \varphi \in \mathring{S}_r^h(B_d(\hat{x})). \tag{9.2.50}$$

令 $v(x)$ 和 $v_h(x)$ 分别由 (9.2.12) 和 (9.2.11) 定义, 便导出

$$A(v - v_h, \varphi) = F_1(\varphi) + F_2(\varphi) + F_3(\varphi)$$
$$= F(\varphi), \quad \forall \varphi \in \mathring{S}_r^h(B_d(\hat{x})), \tag{9.2.51}$$

这里

$$F_1(\varphi) = \gamma_2 \int_{B_d(\hat{x})} \sum_{i,j=1}^{N} (a_{ij}(x) - a_{ij}(\lambda_1 x)) \frac{\partial e(\lambda_1 x)}{\partial x_i} \frac{\partial \varphi(x)}{\partial x_j} \mathrm{d}x, \tag{9.2.52}$$

$$F_2(\varphi) = \gamma_2 \int_{B_d(\hat{x})} \sum_{i=1}^{N} (b_i(x) - \lambda_1 b_i(\lambda_1 x)) \frac{\partial e(\lambda_1 x)}{\partial x_i} \varphi(x) \mathrm{d}x, \tag{9.2.53}$$

和

$$F_3(\varphi) = \gamma_2 \int_{B_d(\hat{x})} (c(x) - \lambda_1^2 c(\lambda_1 x)) e(\lambda_1 x) \varphi(x) \mathrm{d}x. \tag{9.2.54}$$

以下置 $E = e(\lambda_1 x)$, 并且使用定义在 (9.1.29) 和 (9.1.30) 的范数 $|||\cdot|||_j, j = 1, 2$, 去估计项 $F_j, j = 1, 2, 3$. 为此首先考虑 F_1, 令 $\psi = \mathring{W}_1^1(B_d(\hat{x}))$, 容易导出存在常数 $C = C(\lambda_1)$, 使

$$|F_1(\psi)| \leqslant Ch \sum_{i,j=1}^{N} \left\{ \int_{B_d(\hat{x})} \frac{|x| + h}{h} \left| \frac{\partial \psi}{\partial x_j} \right| \mathrm{d}x \right\} \left\| \frac{\partial E}{\partial x_i} \right\|_{L^\infty(B_d)}$$
$$\leqslant Ch \sum_{i=1}^{N} \left\| \frac{\partial E}{\partial x_i} \right\|_{L^\infty(B_d)} |||\psi|||_1. \tag{9.2.55}$$

同样使用 $||| \cdot |||_2$ 范和分部积分又导出

$$
\begin{aligned}
F_1(\psi) = &-\gamma_2 \int_{B_d(\hat{x})} \sum_{i,j=1}^{N} \frac{\partial}{\partial x_i}(a_{ij}(x) - a_{ij}(\lambda_1 x))e(\lambda_1 x)\frac{\partial \psi(x)}{\partial x_j}\mathrm{d}x \\
&-\gamma_2 \int_{B_d(\hat{x})} \sum_{i,j=1}^{N} (a_{ij}(x) - a_{ij}(\lambda_1 x))e(\lambda_1 x)\frac{\partial^2 \psi(x)}{\partial x_j \partial x_i}\mathrm{d}x \\
= &F_{1a}(\psi) + F_{1b}(\psi), \quad \forall \psi \in \mathring{W}_1^1(B_d(\hat{x})),
\end{aligned} \tag{9.2.56}
$$

其中又有

$$
\begin{aligned}
|F_{1a}(\psi)| &\leqslant C \sum_{i,j=1}^{N} \left[\left| \frac{\partial}{\partial x_i}(a_{ij}(x) - a_{ij}(\lambda_1 x))\frac{\partial \psi(x)}{\partial x_j} \right|_{W_1^1(B_d(\hat{x}))} \right] ||E||_{W_\infty^{-1}(B_d(\hat{x}))} \\
&\leqslant C ||E||_{W_\infty^{-1}(B_d(\hat{x}))} |||\psi|||_2,
\end{aligned} \tag{9.2.57}
$$

再次使用分部积分又得

$$
\begin{aligned}
|F_{1b}(\psi)| &\leqslant C \sum_{i,j=1}^{N} \left| \frac{\partial}{\partial x_i}(a_{ij}(x) - a_{ij}(\lambda_1 x))\frac{\partial^2 \psi(x)}{\partial x_i \partial x_j} \right|_{W_1^1(B_d(\hat{x}))} ||E||_{W_\infty^{-1}(B_d(\hat{x}))} \\
&\leqslant C ||E||_{W_\infty^{-1}(B_d(\hat{x}))} \sum_{i,j=1}^{N} \left(\left| \sqrt{|x|^2 + h^2}\frac{\partial^2 \psi(x)}{\partial x_i \partial x_j} \right|_{W_1^1(B_d(\hat{x}))} \right) \\
&\leqslant C ||E||_{W_\infty^{-1}(B_d(\hat{x}))} \sum_{i,j=1}^{N} \left[\left\| \frac{\partial}{\partial x_i}\sqrt{|x|^2 + h^2}\frac{\partial^2 \psi(x)}{\partial x_i \partial x_j} \right\|_{L^1(B_d(\hat{x}))} \right. \\
&\quad \left. + \left\| \sqrt{|x|^2 + h^2}\frac{\partial^3 \psi(x)}{\partial x_i^2 \partial x_j} \right\|_{L^1(B_d(\hat{x}))} \right] \\
&\leqslant C ||E||_{W_\infty^{-1}(B_d(\hat{x}))} |||\psi|||_2,
\end{aligned} \tag{9.2.58}
$$

这里 $C = C(\lambda)$.

对于 $F_2(\psi)$ 使用分部积分, 导出

$$
\begin{aligned}
F_2(\psi) = &-\gamma_2 \int_{B_d(\hat{x})} \sum_{i=1}^{N} \frac{\partial}{\partial x_i}(b_i(x) - \lambda_1 b_i(\lambda_1 x))e(\lambda_1 x)\psi(x)\mathrm{d}x \\
&-\gamma_2 \int_{B_d(\hat{x})} \sum_{i=1}^{N} (b_i(x) - \lambda_1 b_i(\lambda_1 x))e(\lambda_1 x)\frac{\partial \psi(x)}{\partial x_i}\mathrm{d}x.
\end{aligned} \tag{9.2.59}
$$

如同估计 $F_1(\psi)$ 一样的过程, 得到

$$|F_2(\psi)| \leqslant Ch||E||_{L^\infty(B_d)} \left\{ \sum_{i=1}^{N} \left|\left| \frac{\partial}{\partial x_i}[b_i(x) - \lambda_1 b_i(\lambda_1 x)] \right|\right|_{L^\infty(B_d(\hat{x}))} \right\}$$

$$\times h^{-1}||\psi||_{L^1(B_d(\hat{x}))}$$

$$+ ||E||_{L^\infty(B_d(\hat{x}))} \left\{ \sum_{i=1}^{N} ||[b_i(x) - \lambda_1 b_i(\lambda_1 x)]\psi||_{L^1(B_d(\hat{x}))} \right\}$$

$$\leqslant C||E||_{L^\infty(B_d(\hat{x}))}|||\psi|||_1. \tag{9.2.60}$$

类似地, 使用 $|||\cdot|||_2$ 范数, 得到

$$|F_2(\psi)| \leqslant Ch||E||_{W_\infty^{-1}(B_d(\hat{x}))} \left\{ \sum_{i=1}^{N} \left|\left(\frac{1}{|x| + h} \right)\psi\right|_{W_1^1(B_d(\hat{x}))} + ||\psi||_{W_1^2(B_d(\hat{x}))} \right\}$$

$$\leqslant C||E||_{W_\infty^{-1}(B_d(\hat{x}))}|||\psi|||_2. \tag{9.2.61}$$

最后, 对 $F_3(\psi)$ 使用相同的技巧导出

$$|F_3(\psi)| \leqslant \gamma_2 \int_{B_d(\hat{x})} |c(x) - \lambda_1^2 c(\lambda_1 x)|e(\lambda_1 x)\psi(x)\mathrm{d}x$$

$$\leqslant Ch||E||_{L^\infty(B_d(\hat{x}))} h^{-1}||\psi||_{L^1(B_d(\hat{x}))}$$

$$\leqslant Ch||E||_{L^\infty(B_d(\hat{x}))}|||\psi|||_1. \tag{9.2.62}$$

同样, 有

$$|F_3(\psi)| \leqslant Ch||E||_{W_\infty^{-1}(B_d(\hat{x}))}|(|x| + h)\psi|_{W_1^1(B_d(\hat{x}))}$$

$$\leqslant Ch||E||_{W_\infty^{-1}(B_d(\hat{x}))}|||\psi|||_2. \tag{9.2.63}$$

回顾 $|||F|||_{-j}(j = 1, 2)$ 的定义 (9.1.33) 与 (9.2.51), 容易得到

$$|||F|||_{-1} \leqslant C \left\{ h \sum_{i=1}^{N} \left|\left| \frac{\partial E}{\partial x_i} \right|\right|_{L^\infty(B_d(\hat{x}))} + (1 + h)||E||_{L^\infty(B_d(\hat{x}))} \right\},$$

$$|||F|||_{-2} \leqslant C(1 + h) \left|\left| \frac{\partial E}{\partial x_i} \right|\right|_{W_\infty^{-1}(B_d(\hat{x}))}. \tag{9.2.64}$$

在上面推导的基础上, 今证

$$|(u - v_h)(\hat{x})| \leqslant C(u) \left(\ln \frac{1}{h} \right)^2 \times \left(h^{r+1} + d^{-N/p-t} \sum_{i=0}^{1} ||u - u_{\lambda_i h}||_{W_p^{-t}(B_{\lambda_i d}(\hat{x}))} \right). \tag{9.2.65}$$

为此, 必须先估计出现在 (9.2.64) 中误差 E. 事实上, 在引理 9.1.1 和引理 9.1.2 中, 置 $F = 0$ 和 $s = r \geqslant 3$ 便得到

$$
\begin{aligned}
||E||_{L^\infty(B_d(\hat{x}))} = ||u - u_{\lambda_i h}||_{L^\infty(B_{\lambda_i d}(\hat{x}))} &\leqslant C\{h^r ||u||_{W_\infty^r(B_{2\lambda_1 d}(\hat{x}))} \\
&\quad + d^{-t-N/p}||u - u_{\lambda_1 h}||_{W_p^{-t}(B_{2\lambda_1 d}(\hat{x}))}\}
\end{aligned}
\tag{9.2.66}
$$

和

$$
\begin{aligned}
&||u - u_{\lambda_1 h}||_{W_\infty^1(B_{\lambda_1 d}(\hat{x}))} \\
&\leqslant C\{h^{r-1}||u||_{W_\infty^r(B_{2\lambda_1 d}(\hat{x}))} + d^{-1-t-N/p}||u - u_{\lambda_1 h}||_{W_p^{-t}(B_{2\lambda_1 d}(\hat{x}))}\}.
\end{aligned}
\tag{9.2.67}
$$

代 (9.2.66) 和 (9.2.67) 到 (9.2.64), 并注意 $h/d \leqslant 1$, 便得到 (9.2.64) 第一个估计可以写为

$$
|||F|||_{-1} \leqslant C\{h^r ||u||_{W_\infty^r(B_{2\lambda_1 d}(\hat{x}))} + d^{-t-N/p}||u - u_{\lambda_1 h}||_{W_p^{-t}(B_{2\lambda_1 d}(\hat{x}))}\}.
\tag{9.2.68}
$$

进一步, 使用引理 9.1.1 和一个局部对偶逻辑 (参见 Nitsche et al., 1974), 能够导出当 $r \geqslant 3$ 和 $t \geqslant 1$ 成立

$$
\begin{aligned}
&||u - u_{\lambda_i h}||_{W_\infty^{-1}(B_{\lambda_1 d}(\hat{x}))} \\
&\leqslant C\left(\ln \frac{d}{h}\right)\{h^{r+1}||u||_{W_\infty^r(B_{2\lambda_1 d}(\hat{x}))} + d^{1-t-N/p}||u - u_{\lambda_1 h}||_{W_p^{-t}(B_{2\lambda_2 d}(\hat{x}))}\}.
\end{aligned}
\tag{9.2.69}
$$

借助 (9.2.64) 的第二个估计与 (9.2.68) 和 (9.2.69) 得到

$$
\begin{aligned}
&\ln\left(\frac{1}{h}\right)(h|||F|||_{-1} + |||F|||_{-2}) \\
&\leqslant C\left(\ln \frac{1}{h}\right)^2\{h^{r+1}||u||_{W_\infty^r(B_{2\lambda_1 d}(\hat{x}))} + d^{1-t-N/p}||u - u_{\lambda_1 h}||_{W_p^{-t}(B_{2\lambda_2 d}(\hat{x}))}\}.
\end{aligned}
\tag{9.2.70}
$$

在 (9.1.31) 中使用 (9.2.70), (9.2.18) 和 (9.2.19) 便得到 (9.2.65) 的证明. 再应用 (9.2.65) 和 (9.2.9) 便导出 (9.2.45) 的证明. 类似地, 使用 (9.2.69) 与引理 9.1.2 又完成 (9.2.46) 的证明, 于是定理被证. □

9.3 局部相似子空间的构造

9.3.1 一般描述

9.2 节的局部有限元外推的成立, 要求有限元子空间局部地满足定义 9.2.1 的子空间相似条件, 即对某个 $d > 0$ 和 $\lambda > 0$, 球 $B_d(\hat{x})$ 和 $B_{\lambda d}(\hat{x})$ 满足定义 9.2.1 的

条件. 通常一个有限元子空间的建立依赖于两个条件:

(1) 对于给定的步长 $h, 0 < h < 1$, 建立 $\mathbb{R}^N$ 上的一个不重叠剖分;

(2) 定义基于这个剖分上的一个函数空间.

令 $\{\tau_h^j\}$ 表示包含球 $B_d(\hat{x})$ 的一个区域上的拟一致有限元剖分, 并假定单元 $\tau_h^j(j = 1, \cdots, m(h))$ 互不重叠, 并且 h 较粗. 在我们的例子中有限元子空间 $S_r^h(B_d(\hat{x}))(r \geqslant 2)$ 的函数属于 $C^l(B_d(\hat{x}))$ 的子空间, 其中 $l \geqslant 0$ 是整数. 在单元 τ_h^j 上 $S_r^h(B_d(\hat{x}))$ 的函数是多项式

$$\varphi(x) = \sum_{\alpha \in I} c_\alpha x^\alpha, \tag{9.3.1}$$

这里 $\alpha = (\alpha_1, \cdots, \alpha_N)$ 是向量指标, I 是固定的集合, 在下面的例子中给定.

为了使给定的 $\lambda > 0, S_r^h(B_d(\hat{x}))$ 和 $S_r^{\lambda h}(B_{\lambda d}(\hat{x}))$ 关于 $\hat{x}$ 满足相似条件, 只需证明这两个子空间拥有以下性质:

性质 1   在尺度变换 $x \to \hat{x} + \lambda(x - \hat{x})$ 下, $B_d(\hat{x})$ 内的剖分 $\{\tau_h^j \cap B_d(\hat{x})\}$ 与 $B_{\lambda d}(\hat{x})$ 内的剖分 $\{\tau_{\lambda h}^j \cap B_{\lambda d}(\hat{x})\}$ 一致.

性质 2   对于给定的指标集合 I, 在同一尺度变换下, (9.3.1) 的函数集合不变.

容易证明存在两类函数满足性质 2: 其一, P_{r-1}, 即 $r - 1$ 次多项式集合. 此情形, $\alpha \in I$, 若 $|\alpha| \leqslant r - 1$. 特别是 $r = 2$, 便是分片线性子空间, $r = 3$, 便是分片二次函数子空间子空间; 其二, Q_{r-1}, 即多 $r - 1$ 次多项式集合. 此情形, $\alpha \in I$, 若 $\alpha_i \leqslant r - 1, i = 1, \cdots, N$. 特别是 $r = 2, N = 2$, 便是分片双线性子空间, $r = 3$, 便是分片双二次函数子空间子空间.

注 9.3.1   对于任何维数 N, 相似子空间皆可以按照如下方式构造: 简单地取一个拟一致网和定义在网单元上的 (9.3.1) 类型的函数集合, 然后以 λ_1 为因子, 关于固定的 $\hat{x}$ 按比例的放缩. 这时, 性质 1 和性质 2 将自动满足. 对于实际中某些特例放到下一节讨论.

9.3.2   平面三角形单元的嵌套子空间

假设 Ω 是平面多角形, 考虑在步长 h_0 下的拟一致三角剖分 $\mathfrak{F}_0 = \{\tau_{h_0}^k\}$. 令 $h_j = 2^{-j} h_0 (j = 0, \cdots, J)$ 和 $h = h_J$, 而 $\mathfrak{F}_j$ 是对应的剖分序列, 它是按如下方式逐步产生: 连接 $\mathfrak{F}_0$ 的每个三角形单元三边中点, 一分为四得到三角剖分 $\mathfrak{F}_1$, 再递次下去直到得到 $\mathfrak{F}_J$. 以下举例如何选择满足定义 9.2.1 条件的相似点的位置.

例 9.3.1   令 $S_r^{h_j}(\Omega)$ 是 Ω 上的连续函数的子空间, 它在 $\mathfrak{F}_j$ 的每个单元上的限制是 P_{r-1} 中的函数. 在三角剖分下如此函数类既可以是 Lagrange 元, 也可以是 Hermite 元. 令 V_{h_j} 是 $\mathfrak{F}_j$ 的所有三角形单元的顶点集合; E_{h_j} 是 $\mathfrak{F}_j$ 的所有三角形单元的边的集合. 以下将分两种情形阐述相似点的构造.

情形 1   相似点是粗网格三角剖分单元的内点.

考虑粗网格单元 $\tau_{h_0}^k$. 令 $\hat{x}$ 是其内点, 并使 $\hat{x} \in V_h$ 和 $\hat{x} \in V_{2h}$ 同时成立, 即 $\hat{x}$ 同时是 $\mathfrak{F}_J$ 和 $\mathfrak{F}_{J-1}$ 的顶点, 并且若

$$d(\hat{x}, E_{h_0}) = 2d, \quad h < d, \tag{9.3.2}$$

则 $S_r^h(B_d(\hat{x}))$ 相似于 $S_r^{2h}(B_{2d}(\hat{x}))$. 同样, 若 $d(\hat{x}, E_{h_0}) = 4d$, 则 $S_r^h(B_d(\hat{x}))$ 相似于 $S_r^{4h}(B_{4d}(\hat{x}))$, 如此类推到 $d(\hat{x}, E_{h_0}) = kd$ 情形. 注意: 粗网格剖分的三角形单元的内点如果是细网格三角形单元的顶点, 那么经过足够多次加密剖分后, 最终成为子空间的相似点.

同样, 如果加密方法是把粗网格单元的边一分为三, 把粗网格三角形一分为九, 那么若满足条件

$$\hat{x} \in V_h, \hat{x} \in V_{3h}, \quad d(\hat{x}, E_{h_0}) = 3d, h < d$$

的内点 $\hat{x}$ 是相似点, 则 $S_r^h(B_d(\hat{x}))$ 相似于 $S_r^{3h}(B_{3d}(\hat{x}))$. 这蕴涵若 $\hat{x}$ 是两个网点连线的中点, 而且 $d(\hat{x}, E_{h1}) \geqslant 3d, h < d$, 则前述结果也是正确的.

情形 2   相似点在粗网格三角剖分单元的边上.

在此情形下, 令

$$\hat{x} \in V_h \cap E_{h_0}, \hat{x} \in V_{2h} \cap E_{h_0}, \quad d(\hat{x}, E_{h_0}) \geqslant 2d, d > h,$$

那么容易证明: $S_r^h(B_d(\hat{x}))$ 相似于 $S_r^{4h}(B_{2d}(\hat{x}))$. 此外, 若 $\hat{x} \in V_{h_0}$ 是粗网格三角形的顶点, 则必定有 $\hat{x} \in V_{h_j}(j = 0, \cdots, J)$. 这蕴涵 $S_r^h(B_d(\hat{x}))$ 关于 $\hat{x}$ 相似于 $S_r^{2h}(B_{2d}(\hat{x}))$.

例 9.3.2   假定 Ω 包含一个以原点为顶点的扇形区域, 在极坐标下该扇形描述为

$$\{(r, \theta) : 0 \leqslant r \leqslant 1, 0 \leqslant \theta \leqslant \alpha\}, \tag{9.3.3}$$

其中 $0 < \alpha \leqslant 2\pi$. 对于某个固定的 K, 分解 (9.3.3) 为一列环型区域

$$\Omega_k = \{(r, \theta) : 2^{-(k+1)} \leqslant r \leqslant 2^{-k}, 0 \leqslant \theta \leqslant \alpha\}, \quad k = 0, \cdots, K \tag{9.3.4}$$

和扇形区域

$$\Omega_I = \{(r, \theta) : r \leqslant 2^{-k-1}, 0 \leqslant \theta \leqslant \alpha\} \tag{9.3.5}$$

的和集.

在上面区域分解下, 构造嵌套网剖分序列 $\mathfrak{F}_j(j = 0, \cdots, J)$, 并且对每个 j 都按照以下方法加密网格: 在每个环型区域 Ω_k 上, 网有例 9.3.1 的类型, 第 j 次加密的步长为 $h_j d_k$, 而 $h_j = 2^{-j} h_0, d_k = 2^{-(k+1)}$; 在扇形区域 Ω_I 上, 第 j 次加密的步长为 $h_j 2^{-(k+1)}$. 不难看出在这些网上相似点的辨认与例 9.3.1 相同.

9.3.3　平面矩形元与三维元的子空间

考虑覆盖 Ω 的矩形元剖分, 其步长为 h_0, 并使用 $\mathfrak{F}_0$ 表示, 连接矩形元四边中点使之一分为四, 按此方法逐步生成剖分 $\mathfrak{F}_j (j = 0, \cdots, J)$. 在此意义下, 下面给出满足定义 9.2.1 的条件的相似点.

例 9.3.3　若 $S_r^h(\Omega)$ 是连续函数子空间, 它在每个矩形元的限制是 Q_{r-1} 函数, 即双 $r-1$ 次函数, 则粗网格矩形元的顶点是相似点. 若网格加密方法是连接矩形的每一条边的三等分点, 使矩形元一分为九, 则矩形元的中心是相似点.

把二维矩形元的结果推广到三维长方体剖分, 没有困难, 只要每个粗网格长方体元被等分为八个全等的长方体, 则粗网格顶点是相似点. 但是如果剖分是四面体, 则找不到能够满足定义 9.2.1 条件的剖分.

例 9.3.4　令 $S_r^h(\Omega)$ 是连续函数子空间, 它在每个长方体元的限制是 Q_{r-1} 函数. 若加密方法是连接每条边的三等分点, 使长方体元的每个面一分为九, 长方体元被分为 27 个全等长方体, 则长方体元的中心是相似点.

9.4　对特殊边值问题的应用

9.4.1　对Neumann问题的应用

考虑二阶椭圆型偏微分方程的齐次 Neumann 问题

$$
\begin{cases}
Lu = -\sum_{i,j=1}^{N} \dfrac{\partial}{\partial x_j}\left(a_{ij}(x) \dfrac{\partial u}{\partial x_i} \right) + \sum_{i=1}^{N} b_i \dfrac{\partial u}{\partial x_i} + cu = f, & \text{在}\Omega\text{内,} \\[4mm]
\dfrac{\partial u}{\partial \nu} = \sum_{i,j=1}^{N} a_{ij}(x) \dfrac{\partial u}{\partial x_i} n_j = 0, & \text{在}\partial\Omega\text{上,}
\end{cases}
\tag{9.4.1}
$$

其中 Ω 是 $\mathbb{R}^N$ 的光滑区域. 假定 (9.4.1) 对应的二次型条件 (9.2.44) 在空间 $W_2^1(\Omega)$ 中是强制的, L 满足一致椭条件, 即存在常数 $c > 0$,

$$
\sum_{i,j=1}^{N} a_{ij}(x)\xi_i\xi_j \geqslant c|\xi|^2, \quad \forall \xi \in \mathbb{R}^N.
\tag{9.4.2}
$$

考虑齐次 Neumann 边界条件

$$
\frac{\partial u}{\partial \nu} = \sum_{i,j=1}^{N} a_{ij}(x) \frac{\partial u}{\partial x_i} n_j = 0, \quad \text{在}\partial\Omega\text{上.}
\tag{9.4.3}
$$

令 $S_r^h(\Omega)$ 是有限元子空间, 那么有限元近似 $u_h \in S_r^h(\Omega)$ 满足

$$
A(u - u_h, \varphi) = 0, \quad \forall v \in S_r^h(\Omega).
\tag{9.4.4}
$$

因有限元误差 $e = u - u_h$ 有估计

$$||e||_{W^1_\infty(\Omega)} \leqslant Ch^{r-1}, \quad r \geqslant 3. \tag{9.4.5}$$

对于负范数估计, 由 (9.1.14) 有

$$||e||_{W^{-(r-2)}_\infty(\Omega)} \leqslant C \ln^2 \left(\frac{1}{h} \right) h^{2r-2}. \tag{9.4.6}$$

若 $r \geqslant 3$, 使用定理 9.2.4 在略去对数因子后, 有限元局部外推有估计

$$|(u - v_h)(\hat{x})| \simeq C(h^{r+1} + d^{2-r}h^{2r-2}), \tag{9.4.7}$$

这蕴涵为了保证局部外推达到 $O(h^{r+1})$ 高精度, 应当取相似点的球半径 $d = O(h^{\frac{r-3}{r-2}})$. 在表 9.4.1 中列出略去对数因子后, 不同 r 的最小相似半径 d 的取值.

表 9.4.1　解的局部外推在不同 r 的最小相似半径值

r	$|u(\hat{x}) - v_h(\hat{x})| \simeq h^{r+1}$	$d = h^{\frac{r-3}{r-2}}$
3	h^4	h^0
4	h^5	$h^{1/2}$
5	h^6	$h^{2/3}$

若 $r \geqslant 2$, 对于局部有限元外推的导数, 按照定理 9.4.2 的估计 (9.2.46) 为了达到 $O(h^r)$ 高精度, d 的取值见表 9.4.2.

表 9.4.2　解的局部外推的导数在不同 r 的最小相似半径

r	$\left| \dfrac{\partial(u(\hat{x}) - v_h(\hat{x}, \beta))}{\partial x_i} \right| \simeq h^r$	$d = h^{\frac{r-2}{r-1}}$
2	h^2	h^0
3	h^3	$h^{1/2}$
4	h^4	$h^{2/3}$

由表 9.4.2 看出, 即使在线性元情形, 导数的局部外推依然有高精度.

9.4.2　对 Dirichlet 边值问题的应用

考虑在一个 $\mathbb{R}^N(N \geqslant 2)$ 上光滑区域 Ω 上的二阶椭圆型偏微分方程的齐次 Dirichlet 问题:

$$u = 0, \quad 在 \partial\Omega 上. \tag{9.4.8}$$

在接近边界处使用使用等参有限元, 以保证逼近边界达到 $O(h^r)$, 并且把 (9.4.8) 强加到边界条件上. 若解 u 充分光滑, 则由已知结果 (Brenner et al., 1994), 成立估计

$$||u - u_h||_{L^\infty(\Omega)} \leqslant Ch^r \left(\ln \frac{1}{h} \right)^{\bar{r}}. \tag{9.4.9}$$

然而, 由于关于边界的逼近假设, 通常负范估计不能导出比 h^r 更高的收敛速度. 这就是说, 除非在边界上使用超参数元, 一般不能期望得到 (9.4.9) 的估计. 此外, 即使估计 (9.4.9) 成立, 也不能据此得出 $u(\hat{x}) - u_h(\hat{x})$ 的外推 $u(\hat{x}) - v_h(\hat{x})$ 有更高的收敛阶. 然而, 外推能够改善一阶导数的精度. 在表 9.4.3 中列 Dirichlet 边值问题, 在略去对数因子后, 不同 r 的最小相似半径 d 的取值, 可见线性有限元近似的导数外推仍然有效.

表 9.4.3　Dirichlet 边值问题解的局部外推的导数在不同 r 的最小相似半径

r	$\left\vert\frac{\partial(u(\hat{x})-v_h(\hat{x},\beta))}{\partial x_i}\right\vert \simeq h^r$	d
2	h^2	h^0
3	h^3	h^0
4	h^4	h^0

例 9.4.1　对于平面光滑区域的 Dirichlet 问题, 已知有限元估计为

$$\|u - u_h\|_{W_2^{2-r}(\Omega)} \leqslant C h^{2r-2}, \tag{9.4.10}$$

而 $u(\hat{x}) - v_h(\hat{x})$ 和 $\dfrac{\partial(u(\hat{x}) - v_h(\hat{x}, \beta))}{\partial x_i}$ 的外推与 d 的关系分别见表 9.4.4 和表 9.4.5.

表 9.4.4　平面光滑区域的 Dirichlet 问题解的局部外推与最小相似半径值

r	$\vert u(\hat{x}) - v_h(\hat{x})\vert \simeq h^{r+1}$	$d = h^{\frac{r-3}{r-1}}$
3	h^4	h^0
4	h^5	$h^{1/3}$
5	h^6	$h^{1/2}$

表 9.4.5　平面光滑区域的 Dirichlet 问题解的导数的局部外推与最小相似半径

r	$\left\vert\frac{\partial(u(\hat{x})-v_h(\hat{x},\beta))}{\partial x_i}\right\vert \simeq h^r$	$d = h^{\frac{r-2}{r}}$
2	h^2	h^0
3	h^3	$h^{1/3}$
4	h^4	$h^{1/2}$

例 9.4.2　考虑平面多角形区域 Ω 上的 Dirichlet 问题

$$\begin{cases} -\Delta u = f, & \text{在}\Omega\text{内}, \\ u = 0, & \text{在}\partial\Omega\text{上}. \end{cases} \tag{9.4.11}$$

如所周知, 使用恰当的网加密, 有估计

$$\min_{\chi \in S_r^h(\Omega)} \|u - \chi\|_{W_2^1(\Omega)} \leqslant C h^{r-1} \|f\|_{W_2^{r-2}(\Omega)}, \qquad (9.4.12)$$

使用标准的对偶方法得到负范估计为

$$\|u - u_h\|_{W_2^{r-2}(\Omega)} \leqslant C(u) h^{2r-2}. \qquad (9.4.13)$$

令 $B_{\lambda_j d} \subset \Omega_0 \subset\subset \Omega, j = 1, 2$, 如果解 u 在 Ω_0 光滑, 那么应用定理 9.2.4 仍然得到表 9.4.4 和表 9.4.5 的结果.

第10章 稀疏网格法与组合技巧

用有限元方法或者用有限差分法解高维问题遇到维数烦恼: 数值解一个 s 维偏微分方程, 欲得到 $O(h^2)$ 阶精度, 通常需要 $O(h^{-s})$ 个网点和具有同样多个未知数的代数方程组, 这些代数方程求解的代价极为昂贵, 例如离散矩阵的带宽是 $O(h^{-s+1})$, 用定带宽消去法的计算复杂度为 $O(h^{-3s+2})$, 即使用其他更好的算法对于三维以上偏微分方程其计算量、存贮量也极为庞大.

然而 20 世纪 90 年代后, 随着多水平算法的发展, 这种令人望而生畏的多维问题的解法已经大为改观. 1990 年 Zenger 提出了稀疏网方法 (Zenger, 1990). Zenger 证明了仅需要 $O(h^{-1}|\ln h|^{s-1})$ 个网点就可取得 $O(h^2|\ln h|^{s-1})$ 阶精度, 较之用满网格的 $O(h^{-s})$ 个网点得到的 $O(h^2)$ 阶精度仅差一个对数因子, 而离散方程的未知数几乎与维数无关. 但是稀疏网方法也带来困难: 第一, 离散矩阵不再呈带状结构; 第二, 矩阵的条件数随矩阵的阶数增长很快; 第三, 对满网格的算法我们已有多种求解器可选择, 稀疏网则尚无好的求解器. 在此背景下, Griebel et al. (1993) 基于稀疏网原理又提出了组合技巧. Rüde(1991) 阐述了组合技巧与分裂外推之间关系.

简单来说, 所谓组合技巧是指在误差满足分裂展开形式下通过独立解某些粗网格方程, 并组合这些粗网格解得到具有细网格方程解的精度. 因为被组合的粗网格格点的集合恰是 Zenger 的稀疏网, 故组合原理依据是稀疏网格逼近理论.

组合技巧与分裂外推法之间既有联系又有区别: 相同处是组合技巧与分裂外推皆基于误差的渐近展开, 区别处是分裂外推要求误差具有显式的多参数渐近展开, 组合技巧要求误差的多参数渐近展开仅要求有分裂形式; 组合技巧的目的是组合多个粗网格解得到细网格解的精度, 其近似解的精度阶没有提高, 分裂外推则大为提高外推近似解的精度. 一般说, 对有光滑解的问题, 分裂外推效果比组合技巧好得多, 但是对奇异解的问题, 当分裂外推失效时, 组合技巧作为一类隐式外推法仍可能有效.

10.1 稀疏网格法

10.1.1 有限元空间的多水平分裂

标准有限元方法的试探函数空间 S^h 的基函数称为结点基, 即每个插值基点 z_i

总对应一个基函数 $\varphi_i \in S^h$, 使

$$\varphi_i(z_j) = \delta_{ij}, \quad 1 \leqslant i, j \leqslant n, \tag{10.1.1}$$

这里 n 是 S^h 的维数, 称基函数在能量内积义下的 Gram 矩阵 $[a(\varphi_i, \varphi_j)]_{i,j=1}^n$ 为有限元刚度矩阵, 它显然是对称稀疏矩阵, 因为每个基函数 φ_i 的支集的直径为 $O(h)$. 标准有限元法的基本步骤就是解由结点基生成的有限元刚度方程, 但刚度方程的条件数为 $O(h^{-2})$, 这给计算带来困难. 1986 年, H. Yserentant 基于多水平分裂技巧提出等级基 (Hierachical basis) 概念. Yserentant (1986) 证明由等级基构造的刚度矩阵的条件数仅为 $O(|\log h|^2)$, 借助共轭梯度法 (CG) 仅用 $O(n \ln n \ln(1/\varepsilon))$ 次运算就得到能量误差小于 ε 的近似解, 但是等级基的刚度矩阵不再是稀疏带状的, 因此计算未必省. 克服这个困难的方法便是 Zenger 和 Rüde 的组合技巧.

下面阐述等级基概念. 如所周知, 有限元网格经常是先构造初始剖分 $\mathfrak{F}_0$, 再自动加密生成需要的细网格. 如果 $\mathfrak{F}_0$ 是三角形单元剖分, 则加密方法是连接三角形三边中点使之一分为四; 如果 $\mathfrak{F}_0$ 是凸四边形剖分, 则加密方法是连接两对边中点使之一分为四. 一般对于 s 维区域 Ω, 若 $\mathfrak{F}_0$ 为长方体元, 则加密是通过单元中心垂直于坐标轴的各个平面分割将其一分为 2^s 个. 令 $\mathbb{N}_k$ 表示 $\mathfrak{F}_0$ 经过 k 次加密后 $\mathfrak{F}_k$ 的全体单元的顶点集合, $\tilde{S}_k$ 表示 $\bar{\Omega}$ 上连续且在 $\mathfrak{F}_k$ 的单元上分片 s 线性函数空间. 显然按上面定义有

$$\mathbb{N}_k \subset \mathbb{N}_{k+1}, \quad \tilde{S}_k \subset \tilde{S}_{k+1}. \tag{10.1.2}$$

对任何 $u \in C(\bar{\Omega})$, 令 $I_k u$ 表示 u 在 $\tilde{S}_k$ 上分片 s 线性插值函数, 即 $I_k u \in \tilde{S}_k$, 且

$$I_k u(x) = u(x), \quad \forall x \in \mathbb{N}_k. \tag{10.1.3}$$

特别若 $u \in \tilde{S}_k$, 则当 $j \geqslant k$ 有 $u = I_j u$. 于是对固定的 n, 有分解

$$u = \sum_{k=0}^n (I_k u - I_{k-1} u), \quad \forall u \in \tilde{S}_n, \tag{10.1.4}$$

其中假定 $I_{-1} u \equiv 0$. 分解式 (10.1.4) 是十分重要的. 首先, 易见 $I_k u - I_{k-1} u \in \tilde{S}_k$; 其次,

$$(I_k u - I_{k-1} u)(x) = 0, \quad \forall x \in \mathbb{N}_{k-1}.$$

由此可以定义子空间

$$\tilde{T}_k = \{v \in \tilde{S}_k : v(x) = 0, \forall x \in \mathbb{N}_{k-1}\}, \quad k = 1, \cdots, n, \tag{10.1.5}$$

使 $\tilde{S}_n$ 成立直和分解

$$\tilde{S}_n = \tilde{S}_0 + \tilde{T}_1 + \cdots + \tilde{T}_n. \tag{10.1.6}$$

利用 (10.1.5) 可以用以下方式递归地定义等级基: 首先, $\tilde{S}_0$ 的等级基就是这个空间的普通结点基; 其次, 若 $\tilde{S}_k$ 上等级基已经被定义, 则 $\tilde{S}_{k+1}$ 上等级基就由 $\tilde{S}_k$ 上等级基和 $\tilde{T}_{k+1}$ 上结点基构成.

上述概念可以举一维例子说明, 令 $\Omega = [0,1]$, 令 S_n 表示在步长 $h_n = 2^{-n}$ 分划下的 $2^n + 1$ 维分片线性函数空间, T_n 是 S_n 的 2^{n-1} 维子空间, T_n 中函数在 S_{n-1} 的网结点上的值为零. 容易看出 $T_i(i = 1, \cdots, n)$ 中的基函数的支集必属于区间

$$[(j-1)/2^{i-1}, j/2^{t-1}], \quad 1 \leqslant j \leqslant 2^{i-1}$$

中的某一个.

任取 $u \in C^2[0,1]$, 令 u^I 表 u 在 S_n 上插值函数, 由标准的误差分析易导出

$$\|u - u^I\|_\infty \leqslant \varepsilon = \frac{1}{2} 4^{-n-1} \left\| \frac{\mathrm{d}^2 u}{\mathrm{d} x^2} \right\|_\infty, \tag{10.1.7}$$

因为 $u^I \in S_n$, 故按 (10.1.6) 有直和分解

$$u^I = u_0 + \sum_{i=1}^n u_i, u_0 \in S_0, u_i \in T_i, \quad i = 1, \cdots, n. \tag{10.1.8}$$

引理 10.1.1(Zenger, 1991) 若 $u \in C^2[0,1]$, 则

$$\|u_i\|_\infty \leqslant \frac{1}{2} 4^{-i} \left\| \frac{\mathrm{d}^2 u}{\mathrm{d} x^2} \right\|_\infty = \varepsilon 4^{n-i+1}. \tag{10.1.9}$$

证明 u_i 显然可以用 T_i 的基函数表达, 任取 T_i 的基函数, 不妨设此基函数的中心在 a, 支集为 $(a - h_i, a + h_i), h_i = 2^{-i}$, 定义函数

$$k_i(\xi) = \begin{cases} -(h_i - \xi)/2, & \xi \geqslant 0, \\ -(h_i + \xi)/2, & \xi < 0. \end{cases} \tag{10.1.10}$$

置 $a = (j - 0.5)/2^{i-1}, j = 1, \cdots, 2^{i-1}$, 易得到

$$
\begin{aligned}
\int_{-h_i}^{h_i} k_i(\xi) u''(a + \xi) \mathrm{d}\xi &= \int_{-h_i}^{h_i} -k_i'(\xi) u'(a + \xi) \mathrm{d}\xi \\
&= \frac{1}{2} \int_{-h_i}^{0} u'(a + \xi) \mathrm{d}\xi - \frac{1}{2} \int_{0}^{h_i} u'(a + \xi) \mathrm{d}\xi \\
&= u(a) - [u(a + h_i) + u(a - h_i)]/2 \\
&= I_i u(a) - I_{i-1} u(a) = u_i(a).
\end{aligned}
$$

另一方面, 显然有

$$\int_{-h_i}^{h_i} k_i(\xi) u''(a+\xi) \mathrm{d}\xi \leqslant \|u''\|_\infty \int_{-h_i}^{h_i} k_i(\xi) \mathrm{d}\xi = \frac{h_i^2}{2} \|u''\|_\infty. \tag{10.1.11}$$

注意 $u_i(x)$ 的极大值一定在 T_i 的结点上, 故从 (10.1.10) 和 (10.1.11) 得到 (10.1.9) 的证明. □

(10.1.9) 得出 $u_i \to 0$, 当 $i \to \infty$, 这正是等级基逼近法的优越性质: 随着 i 越大, 子空间 T_i 对 u 的贡献越小. 对于指定的 ε, 可以找到某个 n, 使 $i > n$ 时, 即使 T_i 项被略去, 由此带来的误差

$$\|u^I - y\|_\infty \leqslant \sum_{i=n+1}^\infty \|u_i\|_\infty \leqslant \frac{1}{2} \sum_{i=n+1}^\infty 4^{-i} \left\| \frac{\mathrm{d}^2 u}{\mathrm{d}x^2} \right\|_\infty$$
$$= \frac{1}{2} \frac{4}{3} 4^{-n-1} \left\| \frac{\mathrm{d}^2 u}{\mathrm{d}x^2} \right\|_\infty$$

仅比估计 (10.1.7) 多一个因子 4/3.

10.1.2 二维稀疏网

令 $\Omega = [0,1] \times [0,1]$, 以网步长 $h_1 = 2^{-n}, h_2 = 2^{-m}$ 分割 Ω 为矩形网格, 令 $S_{n,m}$ 表示其上的分片双线性函数空间, 令 $S_{n,m}^0 = S_{n,m} \cap H_0^1(\Omega)$, $S_{n,m}^0$ 的维数是 $(2^n-1)(2^m-1)$. 令 $T_{n,m}$ 表 $S_{n,m}^0$ 的子空间, 其函数在所有 $S_{n-1,m}^0$ 与 $S_{n,m-1}^0$ 的格点上取零, $T_{n,m}$ 是 2^{m+n-2} 维子空间, 它的基函数的支集是区间 $[(j-1)/2^{n-1}, j/2^{n-1}] \times [(k-1)/2^{m-1}, k/2^{m-1}], 1 \leqslant j \leqslant 2^{n-1}, 1 \leqslant k \leqslant 2^{m-1}$, 中的一个. 双线性有限元空间 $S_{n,n}^0$ 有直和分解

$$S_{n,n}^0 = \sum_{i=1}^n \sum_{k=1}^n T_{i,k}, \tag{10.1.12}$$

即对任意 $u \in S_{n,n}^0$, 存在唯一分解

$$u = \sum_{i=1}^n \sum_{k=1}^n u_{ik}, \tag{10.1.13}$$

其中 $u_{ik} \in T_{i,k}$.

我们关心 u_{ik} 的性质, 为此定义函数空间 X, 它是 Ω 上使 $\frac{\partial^4 u}{\partial x^2 \partial y^2}$ 存在并连续的函数全体, 在 X 上定义半范

$$|u| = \left\| \frac{\partial^4 u}{\partial x^2 \partial y^2} \right\|_\infty. \tag{10.1.14}$$

用 u^I 表 $u \in X$ 在 $S_{n,n}^0$ 上的插值函数, 由 (10.1.15) 式 u^I 可唯一地分解为

$$u^I = \sum_{i=1}^{n} \sum_{k=1}^{n} u_{ik}, \quad u_{ik} \in T_{i,k}, \quad 1 \leqslant i, k \leqslant n. \tag{10.1.15}$$

引理 10.1.2　若 $u \in X$, 则有

$$\|u_{ij}\|_\infty \leqslant 4^{-i-j-1}|u|. \tag{10.1.16}$$

证明　令 $k_i(\xi)$ 为 (10.1.10) 定义的函数, (x_0, y_0) 为 $T_{i,j}$ 的结点, 用分部积分得

$$\int_{-h_i}^{h_i} \int_{-h_j}^{h_j} k_i(x) k_j(y) \frac{\partial^4 u(x_0 + x, y_0 + y)}{\partial x^2 \partial y^2} \mathrm{d}x \mathrm{d}y$$

$$= u(x_0, y_0) - \frac{1}{2}[u(x_0, y_0 + h_j) + u(x_0, y_0 - h_j)$$

$$+ u(x_0 + h_i, y_0) + u(x_0 - h_i, y_0)]$$

$$+ \frac{1}{4}[u(x_0 + h_i, y_0 + h_j) + u(x_0 - h_i, y_0 + h_j)$$

$$+ u(x_0 + h_i, y_0 - h_j) + u(x_0 - h_i, y_0 - h_j)] = C. \tag{10.1.17}$$

注意 $C = u_{ij}(x_0, y_0)$, 并且 $|u_{ij}(x, y)|$ 只能在 T_{ij} 的结点上得到极大值, 但另一方面 (10.1.17) 又有

$$\int_{-h_i}^{h_i} \int_{-h_j}^{h_j} k_i(x) k(y) \frac{\partial^2 u(x_0 + x, y_0 + y)}{\partial x^2 \partial y^2} \mathrm{d}x \mathrm{d}y \leqslant |u| \frac{h_i^2 h_j^2}{4},$$

这就得到 (10.1.16) 的证明. □

推论 10.1.1　若 $u \in X$, 则在 $S_{n,n}$ 中有以下内插估计:

$$\|u - u^I\|_\infty \leqslant \frac{1}{18} h_n^2 |u|. \tag{10.1.18}$$

证明　由估计 (10.1.16) 得到

$$\|u - u^I\|_\infty \leqslant \left\| \sum_{i=1}^{\infty} \sum_{j=1}^{\infty} u_{ij} - \sum_{i=1}^{n} \sum_{j=1}^{n} u_{ij} \right\|_\infty$$

$$\leqslant \sum_{i=1}^{n} \sum_{j=n+1}^{\infty} \|u_{ij}\|_\infty + \sum_{i=n+1}^{\infty} \sum_{j=1}^{\infty} \|u_{ij}\|_\infty$$

$$\leqslant 2|u| \sum_{i=1}^{\infty} \sum_{j=n+1}^{\infty} 4^{-i-j-1} \leqslant 2|u| \sum_{i=1}^{\infty} 4^{-i} \sum_{j=n+1}^{\infty} 4^{-j-1}$$

$$\leqslant \frac{2}{9} 4^{-n-1} |u| = \frac{1}{18} h_n^2 |u|,$$

于是证毕. □

从引理 10.1.2 看出: u^I 在 $T_{i,k}$ 中的分量 u_{ik} 随 $i+k$ 的增大而指数地减少, 因此 Zenger 的想法是从 $S_{n,n}^0$ 中剔去贡献甚小的 $T_{i,k}(i+k>n)$, 代之以稀疏网空间

$$\hat{S}_{n,n}^0 = \sum_{i=1}^{n} \sum_{k=1}^{n+1-i} T_{i,k} = \sum_{i+k\leqslant n+1} T_{i,k}. \tag{10.1.19}$$

$\hat{S}_{n,n}^0$ 的维数 $\dim(\hat{S}_{n,n}^0) = (n-1)2^n + 1$, 仅仅为 $O(h_n^{-1}\ln h_n^{-1})$ 阶, 而 $S_{n,n}^0$ 的维数为 $O(h_n^{-2})$ 阶, 但函数 u 在 $\hat{S}_{n,n}^0$ 的逼近精度比在 $S_{n,n}$ 中的逼近精度仅差一个对数因子. 事实上, 成立以下定理:

定理 10.1.1(Zenger, 1991) 若 $u \in X, \hat{u}^I$ 表 u 在 $\hat{S}_{n,n}^0$ 上的插值函数, 则

$$\|u - \hat{u}^I\|_\infty \leqslant \frac{1}{48}h_n^2\left(\log_2 h_n^{-1} + \frac{4}{3}\right)|u|. \tag{10.1.20}$$

证明 令

$$\hat{u}^I = \sum_{i=1}^{n}\sum_{j=1}^{n-i+1} u_{ij}, \quad u_{ij} \in T_{i,j}, \tag{10.1.21}$$

应用 (10.1.16) 得

$$\|u - \hat{u}^I\|_\infty \leqslant \left\|\sum_{i=1}^{\infty}\sum_{j=1}^{\infty} u_{ij} - \sum_{i=1}^{n}\sum_{j=1}^{n-i+1} u_{ij}\right\|_\infty$$

$$= \left\|\sum_{i=1}^{n}\sum_{j=n-i+2}^{\infty} u_{ij} + \sum_{i=n+1}^{\infty}\sum_{j=1}^{\infty} u_{ij}\right\|_\infty$$

$$\leqslant \left(\sum_{i=1}^{n}\sum_{j=n-i+2}^{\infty} 4^{-i-j-1} + \sum_{i=n+1}^{\infty}\sum_{j=1}^{\infty} 4^{-i-j-1}\right)|u|$$

$$= \left(n\frac{1}{3}4^{-n-2} + \frac{4}{9}4^{-n-2}\right)|u|$$

$$= \frac{1}{48}h_n^2\left(\log_2 h_n^{-1} + \frac{4}{3}\right)|u|,$$

于是证毕. □

现在用 $\Omega_{n,n}$ 表 $S_{n,n}$ 的满网格点, 用 $\Omega_{n,n}^s$ 表 $\hat{S}_{n,n}$ 的网格点, 称为稀疏网格点, 显然稀疏网格点比满网格点少许多.

定理 10.1.1 仅是 L^∞ 范的估计, 对于 L^2 范估计是类似的. 对于能量范 (H^1 范) 估计, 稀疏网甚至取得与满网格同样的 $O(h)$ 阶精度.

10.1.3　高维稀疏网

二维稀疏网方法完全可以推广到高维, 而且效果更佳: 一个 s 维问题的满网格有限元空间维数是 $O(h^{-s})$, 用稀疏网其维数被压缩为 $O(h^{-1}(\log h^{-1})^{s-1})$, 而相应的插值误差精度仅由 $O(h^2)$ 稍微下降为 $O(h^2(\log h^{-1})^{s-1})$, 因此维数越高, 稀疏网方法的效果越好.

令 $\Omega = [0,1]^s$ 为 $\mathbb{R}^s$ 的立方体. 用 $\Omega_{n,\cdots,n}$ 表示 $\dfrac{1}{2^n} = h_n$ 为网步长的满网格, $S_{n,\cdots,n}$ 是相应的分片 s 线性有限元空间. 令 $I_j^{(k)}$ 表示关于变元 x_k 的分片线性插值算子, 插值基点取在 $\dfrac{i}{2^j}, i = 0, \cdots, 2^j$. 令 X 表 Ω 上函数空间: X 中任何函数皆使 $\dfrac{\partial^{2s} u}{\partial x_1^2 \cdots \partial x_s^2}$ 存在并且连接. 在 X 上定义半范

$$|u| = \left\| \frac{\partial^{2s} u}{\partial x_1^2 \cdots \partial x_s^2} \right\|_\infty. \tag{10.1.22}$$

令 u^I 是 u 在 $S_{n,\cdots,n}$ 上的插值函数, 显然

$$u^I = I_n^{(1)} \cdots I_n^{(s)} u. \tag{10.1.23}$$

定义 $S_{n,\cdots,n}$ 的子空间

$$T_\alpha = T_{\alpha_1,\cdots,\alpha_s} = \mathfrak{R}((I_{\alpha_1}^{(1)} - I_{\alpha_1 - 1}^{(1)}) \cdots (I_{\alpha_s}^{(s)} - I_{\alpha_s - 1}^{(s)})),$$

$$0 \leqslant \alpha_i \leqslant n, i = 1, \cdots, s. \tag{10.1.24}$$

这里 $\mathfrak{R}(A)$ 表算子 A 的值域, 并定义 $I_{-1}^{(k)} = 0 (k = 1, \cdots, s)$, 容易用 T_α 给出直和分解

$$S_{n,\cdots,n} = \sum_{\alpha_1 = 0}^{n} \cdots \sum_{\alpha_s = 0}^{n} T_{\alpha_1,\cdots,\alpha_s}. \tag{10.1.25}$$

事实上, 设 $u \in S_{n,\cdots,n}$, 则

$$u = u^I = I_n^{(1)} I_n^{(2)} \cdots I_n^{(s)} u = \prod_{k=1}^{s} \left[\sum_{\alpha_k = 0}^{n} (I_{\alpha_k}^{(k)} - I_{\alpha_k - 1}^{(k)}) \right] u$$

$$= \sum_{\alpha_1 = 0}^{n} \cdots \sum_{\alpha_s = 0}^{n} (I_{\alpha_1}^{(1)} - I_{\alpha_1 - 1}^{(1)}) \cdots (I_{\alpha^s}^{(s)} - I_{\alpha_{s} - 1}^{(s)}) u$$

$$= \sum_{\alpha_1 = 0}^{n} \cdots \sum_{\alpha_s = 0}^{n} u_{\alpha_1,\cdots,\alpha_s}, \tag{10.1.26}$$

并且 u 的上面分解是唯一的. 利用估计 (10.1.9) 容易给出 $u_{\alpha_1,\cdots,\alpha_s}$ 的估计

$$
\begin{aligned}
\|u_{\alpha_1,\cdots,\alpha_s}\|_\infty &= \|(I_{\alpha_1}^{(1)} - I_{\alpha_1-1}^{(1)}) \cdots (I_{\alpha_s}^{(s)} - I_{\alpha_s-1}^{(s)})u\|_\infty \\
&\leqslant \frac{1}{2} 4^{-\alpha_1} \left\| (I_{\alpha_2}^{(2)} - I_{\alpha_2-1}^{(2)}) \cdots (I_{\alpha_s}^{(s)} - I_{\alpha_s-1}^{(s)}) \frac{\partial^2 u}{\partial x_1^2} \right\|_\infty \\
&\leqslant \frac{1}{2^s} 4^{-|\alpha|} |u|, \quad \forall u \in X,
\end{aligned}
\tag{10.1.27}
$$

这意味 u 在 $T_\alpha(|\alpha| > n)$ 中的分量可以略去, 故仅需要考虑如下的稀疏网空间:

$$
\hat{S}_{n,\cdots,n} = \sum_{|\alpha| \leqslant n} T_\alpha.
\tag{10.1.28}
$$

用 $\hat{u}^I$ 表示 $u \in X$ 在 $\hat{S}_{n,\cdots,n}$ 的内插函数, 下面定理 10.1.2 给出稀疏网空间的逼近误差.

定理 10.1.2 若 $u \in X$, 则存在仅与 s 有关的常数 C_s 使

$$
\|u - \hat{u}^I\|_\infty \leqslant C_s h_n^2 (\ln h_n^{-1})^{s-1} |u|.
\tag{10.1.29}
$$

证明 由 (10.1.27) 得到

$$
\begin{aligned}
\|u - \hat{u}^I\|_\infty &= \left\| \sum_{|\alpha|>n} u_\alpha \right\|_\infty \leqslant \sum_{|\alpha|>n} \|u_\alpha\|_\infty \\
&\leqslant \left(\sum_{k=n+1}^\infty \frac{4^{-k}}{2^s} \sum_{|\alpha|=k} 1 \right) |u| \\
&\leqslant \sum_{k=n+1}^\infty \frac{4^{-k}}{2^s} \binom{k+s-1}{s-1} |u| \\
&\leqslant 4^{-n} n^{s-1} C_s |u| \leqslant C_s h_n^2 (\ln h_n^{-1})^{s-1} |u|,
\end{aligned}
\tag{10.1.30}
$$

定理被证. □

现在估计 $\hat{S}_{n,\cdots,n}$ 的维数, 显然 $\Omega_\beta \subset \Omega_\alpha$, 当 $\beta_i \leqslant \alpha_i (i = 1, \cdots, s)$, 故

$$
\begin{aligned}
\dim \hat{S}_{n,\cdots,n} &\leqslant \sum_{|\alpha|=n} \dim \Omega_\alpha = 2^n \sum_{|\alpha|=1} 1 = 2^n \binom{k+s-1}{s-1} \\
&= O(2^n n^{s-1}) = O(h_n^{-1}(\log h_n^{-1})^{s-1}).
\end{aligned}
\tag{10.1.31}
$$

这表明: 尽管稀疏网空间的维数比满网空间的维数 $O(h_n^{-s})$ 要低许多, 但 L_∞ 范的逼近阶仅比满网格差一个对数因子, H^1 范的逼近阶甚至和满网格的逼近阶相同 (Burgartz et al., 1993a).

10.1.4　稀疏网上的有限元方法

若取初始步长为 h_x 和 h_y, 用 $\Omega_{i,j}$ 表示以步长 $h_x 2^{-i}$ 和 $h_y 2^{-j}$ 的矩形网,

$$\Omega_k^s := \bigcup_{i=1}^{k} \bigcup_{j=1}^{k+1-i} \Omega_{i,j} \tag{10.1.32}$$

是被 k 次加密的稀疏网, 而

$$\hat{S}_k = \sum_{i=1}^{k} \sum_{j=1}^{k+1-j} S_{i,j} = \sum_{i=1}^{k} \sum_{j=1}^{k+1-m} \sum_{l=1}^{N_{i,j}} V_{i,j,z_l} \tag{10.1.33}$$

是稀疏网空间, 其中 $V_{i,j,z_l} = \mathrm{span}\{\varphi_l^{(i,j)}\}$ 表与网格 $\Omega_{i,j}$ 上格点 z_l 对应的结点基函数张成的一维空间, $N_{i,j}$ 表 $\Omega_{i,j}$ 的结点数. 注意 $\{\varphi_l^{(i,j)} : i+j \leqslant k, 1 \leqslant l \leqslant N_{i,j}\}$ 不是 $\hat{S}_k$ 的基, 因为同一结点可以对应几个不同水平的基函数. 为了使 Ω_k^s 的每个结点仅对应一个基函数, 可以用等级基: 规定每个 Ω_k^s 的结点只对应与剖分水平相关的结点基. 为此定义

$$\tilde{B}_{i,j} = \begin{cases} B_{1,1}, & i=j=1, \\ \{\varphi_l^{(i,1)} \in B_{i,1}, z_l \notin \Omega_{i-1,1}, \}, & i>1, j=1, \\ \{\varphi_l^{(1,j)} \in B_{1,j}, z_l \notin \Omega_{1,j-1}\}, & i=1, j>1, \\ \{\varphi_l^{(i,j)} \in B_{i,j}, z_l \notin \Omega_{i-1,j} \cup \Omega_{i,j-1}\}, & i>1, j>1, \end{cases} \tag{10.1.34}$$

这里 $B_{i,j}$ 是 $\Omega_{i,j}$ 的标准结点基函数集合. 把 $\hat{S}_k$ 用等级基描述为

$$H_k^s = \bigcup_{i=1}^{k} \bigcup_{j=1}^{k+1-i} \tilde{B}_{i,j}. \tag{10.1.35}$$

稀疏网上有限元方程描述为求 $u \in \hat{S}_k$ 满足

$$a(u,v) = f(v), \quad \forall v \in H_k^s, \tag{10.1.36}$$

或者等价地把稀疏网上的刚度方程表达为

$$L_k^{Hs} u = f_k^{Hs}, \tag{10.1.37}$$

其中

$$[L_k^{Hs}]_{m,n} = a(\varphi_m, \varphi_n), \quad \forall \varphi_m, \varphi_n \in H_k^s,$$
$$(f_k^{Hs})_m = (f, \varphi_m), \quad \forall \varphi_m \in H_k^s.$$

但稀疏网刚度矩阵 (10.1.37) 没有正则网刚度阵那样的带状稀疏结构, 其条件数随 k 的增大而迅速增大. 在表 10.1.1 中, Rüde(1991) 提供了 Laplace 方程的稀疏网刚度矩阵的最大、最小本征值和条件数随加密次数 k 的变化 (初始步长取 $h_x = h_y = 1/2$). 从表 10.1.1 中看出稀疏网的条件数至少以 $O(2^{k/2})$ 增长, 而熟知满网格的等级基刚度阵的条件数仅以 $O(k)$ 增长 (Yserentant, 1986). 因此直接用迭代法 (如 Gauss-seidel 迭代或 CG) 计算, 皆无法取得最优算法. 借助于标准满网格的 Bramble-Pasciak-Xu(BPX) 的多水平算法思想, Griebel, Zenger 和 Zimmer(1993) 建议使用多水平 Gauss-Seidel 算法, 这一算法可以使解稀疏网的迭代次数达到与 k 无关, 有关计算方法及数值结果可参见 (Griekel et al., 1993).

表 10.1.1 稀疏网矩阵的本征值和条件数

k	0	1	2	4	5	6
维数	1	5	17	49	129	321
$\lambda_{\max}(A_k^{1/2,1/2})$	8.000	12.162	18.272	32.715	64.290	128.134
$\lambda_{\min}(A_k^{1/2,1/2})$	8.000	5.837	2.208	1.785	1.469	1.199
$\kappa(A_k^{1/2,1/2})$	1.000	2.083	8.272	18.322	43.739	106.857
$\lambda_{\max}(D^{-1/2}A_k^{1/2,1/2}D^{-1/2})$	1.000	1.335	1.769	2.115	2.553	2.903
$\lambda_{\min}(D^{-1/2}A_k^{1/2,1/2}D^{-1/2})$	1.000	0.664	0.248	0.186	0.135	0.098
$\kappa(D^{-1/2}A_k^{1/2,1/2}D^{-1/2})$	1.000	2.009	7.108	11.352	18.890	29.482

10.2 组合技巧

借助稀疏网方法能成功地把试探函数空间的维数从 $O(h_n^{-s})$ 阶到 $O(h_n^{-1}(\log h_n^{-1})^{s-1})$, 由此导致的插值误差的精度仅仅从 $O(h_n^2)$ 阶略降为 $O(h_n^2(\log h_n^{-1})^{s-1})$ 阶. 但稀疏网法直接用于计算有以下缺点: ① 稀疏网法生成的刚度矩阵的带状结构被破坏; ② 矩阵的条件数随加密水平数 k 指数增长; ③ 标准有限元已拥有高效率的软件提供用户使用, 迄今尚缺少解稀疏网刚度方程的求解器. 居于这些理由 Griebel, Schneider 和 Zenger 提出了解稀疏网格问题的组合技巧. 组合技巧基于稀疏网插值 $\hat{u}_{n,n}^I$ 和满网格插值 $u_{i,j}^I$ 之间的以下关系

$$\hat{u}_{n,n}^I = \sum_{i+j=n+1} u_{i,j}^I - \sum_{i+j=n} u_{i,j}^I, \tag{10.2.1}$$

这个关系表明在稀疏网空间 $\hat{S}_{n,n}^0$ 上的插值 $\hat{u}_{n,n}^I$ 可以归结于若干满网空间 $S_{i,j}^0(i+j = n, n+1)$ 上的插值 $u_{i,j}^I$ 的线性组合.

受此启示, 若 $u_{i,j}$ 表示在满网格空间 $S_{i,j}^0$ 的有限元近似, 则称

$$\hat{u}_{n,n}^c = \sum_{i+j=n+1} u_{i,j} - \sum_{i+j=n} u_{i,j} \tag{10.2.2}$$

是组合近似. 显然 $\hat{u}_{n,n}^c \in \hat{S}_{n,n}^0$, 但 $\hat{u}_{n,n}^c$ 并不是稀疏网的有限元问题的解, 关键在于证明 $\hat{u}_{n,n}^c$ 的精度能否得到提高.

　　Rüde 和 Zenger 等在误差具有较弱的展开条件下, 证明组合近似几乎有与满网格近似同阶精度, 最多相差一个对数因子. 下面讨论这些结果.

10.2.1　二维稀疏网组合技巧的分裂形式

　　Rüde(1993a) 阐述了二维稀疏网组合技巧的分裂形式. 考虑单位正方形 $[0,1]^2$ 上的问题, 取两个步长 $h_1 = 1/N_1, h_2 = 1/N_2$, 令 u^{h_1,h_2} 是数值解, 假定数值解与精确解 u^* 之间成立展开式

$$u^{h_1,h_2}(x_1,x_2) = u^*(x_1,x_2) + e_1^{h_1}(x_1,x_2) + e_2^{h_2}(x_1,x_2) + R^{h_1,h_2}(x_1,x_2), \quad (10.2.3)$$

这里占优项 e_1 和 e_2 除了分别要求和步长 h_1 和 h_2 相关外, 并无其他要求, R^{h_1,h_2} 假定是高阶余项.

　　定义 k 水平组合

$$u_k^{h_1,h_2} = \sum_{j=0}^{k} u^{2^{-j}h_1, 2^{-j-k}h_2} - \sum_{j=0}^{k-1} u^{2^{-j}h_1, 2^{-j-k+1}h_2}, \quad (10.2.4)$$

则由 (10.2.3) 导出

$$u_k^{h_1,h_2} = u^*(x_1,x_2) + e_1^{2^{-k}h_1}(x_1,x_2) + e_2^{2^{-k}h_2}(x_1,x_2)$$
$$+ \sum_{j=0}^{k} R^{2^{-j}h_1, 2^{-k}h_2} - \sum_{j=0}^{k-1} R^{2^{-j}h_1, 2^{-j-k+1}h_2}. \quad (10.2.5)$$

把 (10.2.3) 和 (10.2.5) 在步长为 $2^{-k}h_1$ 与 $2^{-k}h_2$ 的展开式

$$u^{2^{-k}h_1, 2^{-k}h_2} = u^*(x_1,x_2) + e_1^{2^{-k}h_1}(x_1,x_2) + e_2^{2^{-k}h_2}(x_1,x_2) + R^{2^{-k}h_1, 2^{-k}h_2}(x_1,x_2)$$
$$(10.2.6)$$

相比较, 容易看出: $u_k^{h_1,h_2}$ 和 $u^{2^{-k}h_1, 2^{-k}h_2}$ 除了余项外, 主项相同, 因此二者的精度阶一致. 但是计算量则大相径庭, 例如满网格有 N^2 个网格点, 需要解 N^2 个未知数的方程组, 而组合方法仅要求解 $2k-1 = O(\log_2(N))$ 个未知数为 N 或 $N/2$ 的方程组. 下面分析二者的误差, 不妨取 $h = h_1 = h_2$, 容易由 (10.2.4) 导出递推关系

$$u_{k-1}^{h/2,h/2} = u_k^{h,h} + \sum_{j=1}^{k} H^{2^{-j}h, 2^{j-k}h}, \quad (10.2.7)$$

其中

$$H^{h_1,h_2} = u^{2h_1,2h_2} - u^{2h_1,h_2} - u^{h_1,2h_2} + u^{h_1,h_2}. \quad (10.2.8)$$

假定存在常数 C 使

$$||H^{h_1,h_2}|| \leqslant C h_1^2 h_2^2, \tag{10.2.9}$$

使用 (10.2.9) 到 (10.2.7) 便导出

$$||u_{k-1}^{h/2,h/2} - u_k^{h,h}|| \leqslant C k 2^{-2k} h^4, \tag{10.2.10}$$

于是

$$||u^{2^{-k}h,2^{-k}h} - u_k^{h,h}|| \leqslant C \sum_{j=1}^{k} j 2^{-2j} (2^{j-k}h)^4$$

$$\leqslant C h^{-4} \left(\frac{4k}{3} 2^{-2k} - \frac{4}{9} 2^{-2k} + \frac{4}{9} 2^{-4k} \right). \tag{10.2.11}$$

置 $h = 1/2$ 得到

$$||u^{2^{-k},2^{-k}} - u_{k-1}^{1/2,1/2}|| \leqslant C \left(\frac{k}{3} 2^{-2k} - \frac{4}{9} 2^{-2k} + \frac{4}{9} 2^{-4k} \right). \tag{10.2.12}$$

若令 $h = 2^{-k}$, 则 (10.2.12) 导出满网格近似与稀疏网组合近似的差有估计

$$||u^{h,h} - u_{k-1}^{1/2,1/2}|| \leqslant \bar{C} h^2 |\log_2 h|, \tag{10.2.13}$$

即稀疏组合解的误差比满网格解的误差仅相差一个对数因子, 但是计算量要小得多. 事实上, 一个满网格解 $u^{h,h}, h = 1/N$, 的计算量为 $O(N^2)$, 而稀疏组合解 $u^{h,h}$ 的计算量为 $O(k 2^{-k} N^2)$, 而且按 (10.2.4), 这 $2k+1$ 个粗网格近似解皆可以被并行计算.

10.2.2　二维稀疏网组合技巧的一般形式

作为 (10.2.3) 的特殊形式, Griebel 等 (1993) 证明若解充分光滑, 并且离散解 $u_{i,j}$ 的误差具有

$$u - u_{i,j} = C_1(h_i) h_i^2 + C_2(h_j) h_j^2 + D(h_i, h_j) h_i^2 h_j^2 \tag{10.2.14}$$

类型的展开式, 则组合近似 (10.2.2) 得到的 $\hat{u}_{n,n}^c$ 的误差 $u - \hat{u}_{n,n}^c$ 具有与稀疏网插值误差 $u - \hat{u}_{n,n}^I$ 相同阶, 这里展开系数 $C_1(h_i), C_2(h_j)$ 和 $D(h_i, h_j)$ 是与参数 h_i, 或者 h_i, h_j 有关的有界函数, 即存在常数 K 使

$$\begin{cases} |C_1(h_i) \leqslant K, |C_2(h_j)| \leqslant K, \\ |D(h_i, h_j)| \leqslant K. \end{cases} \tag{10.2.15}$$

定理 10.2.1(Griebel et al., 1993, 1990)　如果离散解 $u_{i,j}$ 的误差有形如 (10.2.14) 的展开式, 并且展开系数满足 (10.2.15), 则组合近似 $\hat{u}_{n,n}^c$ 的误差有估计

$$||u - \hat{u}_{n,n}^c||_\infty \leqslant K h_n^2 \left(1 + \frac{5}{4} \log_2(h_n^{-1}) \right). \tag{10.2.16}$$

证明　由 (10.2.2) 和 (10.2.14), 对固定的点, 有

$$
\begin{aligned}
u - \hat{u}_{n,n}^c =& u - \sum_{i+j=n+1} u_{i,j} + \sum_{i+j=n} u_{i,j} \\
=& \sum_{i+j=n+1} (u - u_{i,j}) - \sum_{i+j=n} (u - u_{i,j}) \\
=& \sum_{i+j=n+1} (C_1(h_i)h_i^2 + C_2(h_j)h_j^2 + D(h_i,h_j)h_i^2 h_j^2) \\
& - \sum_{i+j=n} (C_1(h_i)h_i^2 + C_2(h_j)h_j^2 + D(h_i,h_j)h_i^2 h_j^2) \\
=& \sum_{i=1}^{n} C_1(h_i)h_i^2 - \sum_{i=1}^{n-1} C_1(h_i)h_i^2 \\
& + \sum_{j=1}^{n} C_2(h_j)h_j^2 - \sum_{j=1}^{n-1} C_2(h_j)h_j^2 \\
& + \sum_{i+j=n+1} D(h_i,h_j)h_i^2 h_j^2 - \sum_{i+j=n} D(h_i,h_j)h_i^2 h_j^2 \\
=& \left[C_1(h_n) + C_2(h_n) + \frac{1}{4} \sum_{i+j=n+1} D(h_i,h_j) - \sum_{i+j=n} D(h_i,h_j) \right] h_n^2.
\end{aligned}
$$

利用 (10.2.15) 得到估计

$$
\begin{aligned}
|u - \hat{u}_{n,n}| \leqslant& |C_1(h_n)|h_n^2 + |C_2(h_n)|h_n^2 \\
& + \left| \frac{1}{4} \sum_{i+j=n+1} D(h_i,h_j) - \sum_{i+j=n} D(h_i,h_j) \right| h_n^2 \\
\leqslant& |C_1(h_n)|h_n^2 + |C_2(h_n)|h_n^2 + \frac{1}{4} \sum_{i+j=n+1} |D(h_i,h_j)|h_n^2 \\
& + \sum_{i+j=n} |D(h_i,h_j)|h_n^2 \\
\leqslant& Kh_n^2 + Kh_n^2 + \frac{1}{4} Knh_n^2 + K(n-1)h_n^2 \\
=& Kh_n^2 \left(1 + \frac{5}{4}n \right) = Kh_n^2 \left(1 + \frac{5}{4} \log_2(h_n^{-1}) \right).
\end{aligned}
$$

取极大范便得到 (10.2.16) 的证明.　□

　　由定理 10.2.1 看出组合近似虽然没有消去所有 h_i 或 h_j 的误差项, 但误差余项仅与 h_n 有关, 并且组合近似的的误差估计与满网格近似的误差估计只差一个对数因子.

欲 $u_{i,j}$ 的离散误差具有展开 (10.2.14), 仅当 u 充分光滑才有可能. 更一般的情形是假定误差的展开式为

$$u - u_{i,j} = C_1(h_i)h_i^\nu + C_2(h_j)h_j^\nu + D(h_i, h_j)h_i^\nu h_j^\nu, \qquad (10.2.17)$$

其中 ν 是与 h_i, h_j 无关的正数, 而系数满足 (10.2.15) 条件. 那么重复定理 10.2.1 的证明得到由 (10.2.2) 定义的组合解的误差估计为

$$\|u - \hat{u}_{n,n}^c\|_\infty \leqslant K h_n^\nu \left(1 + \frac{5}{4}\log_2(h_n^{-1})\right) = O(h_n^\nu \log(h_n^{-1})), \qquad (10.2.18)$$

较之满网格近似的误差 $\|u - u_{n,n}\|_\infty = O(h_n^\nu)$ 仅差一个对数因子.

注 10.2.1　　组合方式与渐近展开的幂指数 ν 无关是组合技巧一大优点, 这表明组合技巧较之外推法更适宜于非光滑问题, 因为对于非光滑问题, 即使存在形如 (10.2.17) 的误差展式, 但展开指数 ν 却未必精确地知道, 而外推法必须确切地知道 ν 的值才能应用.

10.2.3　三维组合技巧

二维组合技巧完全可以推广到三维, 令 Ω 是单位立方体, $h_i = 2^{-i}, h_j = 2^{-j}, h_k = 2^{-k}$ 分别是沿 x, y 和 z 方向的网步长, 用 $u_{i,j,k}$ 表示在网格 $\Omega_{i,j,k}$ 上的有限元近似解, 假定解充分光滑, 并且 $u_{i,j,k}$ 的误差有以下形式的展开式

$$\begin{aligned}
u - u_{i,j,k} =& C_1(h_i)h_i^2 + C_2(h_j)h_j^2 + C_3(h_k)h_k^2 \\
& + D_1(h_i, h_j)h_i^2 h_j^2 + D_2(h_i, h_k)h_i^2 h_k^2 + D_3(h_j, h_k)h_j^2 h_k^2 \\
& + E(h_i, h_j, h_k)h_i^2 h_j^2 h_k^2,
\end{aligned} \qquad (10.2.19)$$

这里系数是有界函数, 即存在与 h_i, h_j, h_k 和 x, y, z 无关的正常数 K, 使

$$|C_l(h_i)| \leqslant K, |D_l(h_i, h_j)| \leqslant K, \quad l = 1, 2, 3,$$

$$|E(h_i, h_j, h_k)| \leqslant K. \qquad (10.2.20)$$

定理 10.2.2(Griebel et al., 1993)　　设满网格近似解 $u_{i,j,k}$ 的误差有形如 (10.2.19) 的展开式, 且展开系数满足 (10.2.20), 则如下定义的组合近似:

$$\hat{u}_{n,n,n}^c = \sum_{i+j+k=n+2} u_{i,j,k} - 2\sum_{i+j+k=n+1} u_{i,j,k} + \sum_{i+j+k=n} u_{i,j,k} \qquad (10.2.21)$$

有误差估计

$$\|u - \hat{u}_{n,n,n}^c\|_\infty = O(h_n^2 (\ln h_n^{-1})^2). \qquad (10.2.22)$$

证明   因为 $i+j+k=n$ 的整数解有 $\begin{pmatrix} n+2 \\ 2 \end{pmatrix}$ 个, 并且

$$1 = \begin{pmatrix} n+4 \\ 2 \end{pmatrix} - 2\begin{pmatrix} n+3 \\ 2 \end{pmatrix} + \begin{pmatrix} 2+n \\ 2 \end{pmatrix}, \tag{10.2.23}$$

故

$$u - \hat{u}_{n,n,n}^c = \sum_{i+j+k=n+2} (u - u_{i,j,k}) - 2\sum_{i+j+k=n+1} (u - u_{i,j,k}) + \sum_{i+j+k=n} (u - u_{i,j,k}),$$

代入展开式 (10.2.19) 得

$$
\begin{aligned}
&u - \hat{u}_{n,n,n}^c \\
&= \sum_{i=1}^{n}(n-i+1)C_1(h_i)h_i^2 + \sum_{j=1}^{n}(n-j+1)C_2(h_j)h_j^2 \\
&\quad + \sum_{k=1}^{n}(n-k+1)C_3(h_k)h_k^2 \\
&\quad - 2\left[\sum_{i=1}^{n-1}(n-i)C_1(h_i)h_i^2 + \sum_{j=1}^{n-1}(n-j)C_2(h_j)h_j^2 + \sum_{k=1}^{n-1}(n-k)C_3(h_k)h_k^2\right] \\
&\quad + \sum_{i=1}^{n-2}(n-i+1)C_1(h_i)h_i^2 + \sum_{j=1}^{n-2}(n-j-1)C_2(h_j)h_j^2 \\
&\quad + \sum_{k=1}^{n-2}(n-k-1)C_3(h_k)h_k^2 + \sum_{i+j\leqslant n+1} D_1(h_i,h_j)h_i^2 h_j^2 \\
&\quad + \sum_{i+k\leqslant n+1} D_2(h_i,h_k)h_i^2 h_k^2 \\
&\quad + \sum_{j+k\leqslant n+1} D_3(h_j,h_k)h_j^2 h_k^2 - 2\left[\sum_{i+j\leqslant n} D_1(h_i,h_j)h_i^2 h_j^2\right. \\
&\quad + \sum_{i+k\leqslant n} D_2(h_i,h_k)h_i^2 h_k^2 \\
&\quad \left. + \sum_{j+k\leqslant n} D_3(h_j,h_k)h_j^2 h_k^2\right] + \sum_{i+j\leqslant n-1} D_1(h_i,h_j)h_i^2 h_j^2 \\
&\quad + \sum_{i+k\leqslant n-1} D_2(h_i,h_k)h_i^2 h_k^2 \\
&\quad + \sum_{j+k\leqslant n-1} D_3(h_j,h_k)h_j^2 h_k^2 + \sum_{i+j+k=n+2} E(h_i,h_j,h_k)h_i^2 h_j^2 h_k^2
\end{aligned}
$$

$$-2\sum_{i+j+k=n+1}E(h_i,h_j,h_k)h_i^2h_j^2h_k^2 + \sum_{i+j+k=n}E(h_i,h_j,h_k)h_i^2h_j^2h_k^2. \qquad (10.2.24)$$

以上推导中用到等式

$$\sum_{i+j+k=n+2}C_1(h_i)h_i^2 = \sum_{i=1}^{n}(n-i+1)C_1(h_i)h_i^2$$

和

$$\sum_{i+j+k=n+2}D_1(h_i,h_j)h_i^2h_j^2 = \sum_{i+j\leqslant n+1}D_1(h_i,h_j)h_i^2h_j^2.$$

合并 (10.2.24) 中的 C_1 型项, 得到

$$\sum_{i=1}^{n}(n-i+1)C_1(h_i)h_i^2 - 2\sum_{i=1}^{n-1}(n-i)C_1(h_i)h_i^2$$
$$+ \sum_{i=1}^{n-2}(n-i-1)C_1(h_i)h_i^2$$
$$= \sum_{i=1}^{n-2}[(n-i+1)-2(n-i)+(n-i-1)]C_1(h_i)h_i^2$$
$$+ [(n-(n-1)+1)-2(n-(n-1))]C_1(h_{n-1})h_{n-1}^2$$
$$+ (n-n+1)C_1(h_n)h_n^2$$
$$= C_1(h_n)h_n^2, \qquad (10.2.25)$$

即所有含 $h_i, h_j, h_k(i,j,k \neq n)$ 的展开项在合并中被消去.

再合并 D_1 型项, 得到

$$\sum_{i+j\leqslant n+1}D_1(h_i,h_j)h_i^2h_j^2 - 2\sum_{i+j\leqslant n}D_1(h_i,h_j)h_i^2h_j^2$$
$$+ \sum_{i+j\leqslant n-i}D_1(h_i,h_j)h_i^2h_j^2$$
$$= \sum_{i+j\leqslant n-1}(1-2+1)D_1(h_i,h_j)h_i^2h_j^2 + \sum_{i+j=n}(1-2)D_1(h_i,h_j)h_i^2h_j^2$$
$$+ \sum_{i+j=n+1}D_1(h_i,h_j)h_i^2h_j^2$$

$$= \sum_{i+j=n+1} D_1(h_i, h_j) h_i^2 h_j^2 - \sum_{i+j=n} D_1(h_i, h_j) h_i^2 h_j^2$$

$$= \left[\frac{1}{4} \sum_{i+j=n+1} D_1(h_i, h_j) - \sum_{i+j=n} D_1(h_i, h_j) \right] h_n^2$$

$$\leqslant \left[\frac{1}{4} nK + (n-1)K \right] h_n^2, \tag{10.2.26}$$

类似地, 合并 C_2, C_3, D_2, D_3 型项得到与 C_1 型项和 D_1 型项相同的结果.

最后对于 E 型项有估计

$$\left| \sum_{i+j+k=n+2} E(h_i, h_j, h_k) h_i^2 h_j^2 h_k^2 \right|$$

$$\leqslant \sum_{i+j+k=n+2} |E(h_i, h_j, h_k)| h_{n+2}^2 \leqslant K \frac{n(n+1)}{2} h_{n+2}^2. \tag{10.2.27}$$

代 (10.2.25)~ (10.2.27) 结果到 (10.2.24) 中得到

$$|u - \hat{u}_{n,n,n}^c| \leqslant 3K h_n^2 + 3K h_n^2 \left(\frac{1}{4} n + n - 1 \right)$$

$$+ K h_n^2 \left[\frac{1}{16} \frac{n(n+1)}{2} + \frac{1}{2} \frac{(n-1)n}{2} + \frac{(n-2)(n-1)}{2} \right]$$

$$= K h_n^2 \left(1 + \frac{65}{32} n + \frac{25}{32} n^2 \right)$$

$$= K h_n^2 \left(1 + \frac{65}{32} \log_2(h_n^{-1}) + \frac{25}{32} (\log_2(h_n^{-1}))^2 \right), \tag{10.2.28}$$

这就得到定理的证明.   □

推论 10.2.1   如果解不够光滑, 代替展开式 (10.2.19), 假定 $u_{i,j,k}$ 的误差具有展开式

$$u - u_{i,j,k} = C_1(h_i) h_i^\nu + C_2(h_i) h_j^\nu + C_3(h_k) h_k^\nu$$

$$+ D_1(h_i, h_j) h_i^\nu h_j^\nu + D_2(h_i, h_k) h_i^\nu h_k^\nu + D_3(h_j, h_k) h_j^\nu h_k^\nu$$

$$+ E(h_i, h_j, h_k) h_i^\nu h_j^\nu h_k^\nu, \tag{10.2.29}$$

这里 ν 是正实数, 系数 C_i, D_i, E 满足条件 (10.2.10), 则由 (10.2.21) 定义的组合近似有误差估计

$$\| u - \hat{u}_{n,n,n}^c \|_\infty = O(h_n^\nu (\ln h_n^{-1})^2). \tag{10.2.30}$$

由于组合方式不随展开式的指数 ν 而变, 因此组合方法对于非光滑问题较之外推法更有效.

注 10.2.1 定理 10.2.2 的证明方法容易推广到高维. 注意组合技巧"维数"是指独立网参数的个数, 它可以等于问题的维数, 也可以大于问题的维数.

注 10.2.2 展开式 (10.2.29) 的幂指数 ν 可以是网点 (x,y,z) 的函数 (当解有奇点时, 可能出现此情形), 但组合方法与 ν 无关.

注 10.2.3 借助组合恒等式

$$\sum_{j=0}^{s-1}(-1)^j\binom{s-1}{j}\binom{q-j-1}{s-1}=1.$$

可以推广得 s 维组合近似为

$$\hat{u}_{n,\cdots,n}^c=\sum_{j=0}^{s-1}(-1)^j\binom{s-1}{j}\sum_{|\alpha|=n+s-j-1}u_\alpha.$$

下面 10.3 节将使用这个组合方法用于计算多重积分.

10.2.4 满网格与稀疏组合网格的数值比较

二维问题的组合技巧是独立地解 n 个具有 2^n 个未知数的问题和 $n-1$ 个具有 2^{n-1} 个未知数的问题; 三维问题的组合技巧则是独立地解 $n(n+1)/2$ 个具有 2^n 个未知数的问题, $(n-1)n/2$ 个具有 2^{n-1} 个未知数的问题和 $(n-1)(n-2)/2$ 个具有 2^{n-2} 个未知数的问题. 这些问题皆能完全并行地被解出, 而且各独立问题的规模仅仅取决于离散参数 n, 而不随定解区域 Ω 的维数增加, 因此组合技巧最适合先在多处理机上计算, 再把各处理器算出的结果交主机合并得到组合近似, 并且处理器之间不需要机间通讯.

Griebel 等 (1993) 讨论了组合技巧在多处理机和工作站网络上的并行实施方法及并行实施效果, 以下例了比较了满网格近似和组合近以的误差.

例 10.2.1(Griebel et al., 1990)(光滑解情形) 考虑 Laplace 方程

$$\Delta u=0, \quad 在 \Omega=(0,1)\times(0,1)中,$$

其精确解 $u=\sin(\pi y)\sinh(\pi(1-x))/\sinh(\pi)$, 在边界 $\partial\Omega$ 上取 Dirichlet 边界条件. 表 10.2.1 比较了满网近似解和组合近似解在点 $P_1=(0.5,0.5)$ 和 $P_2=(0.25,0.25)$ 的误差, 从比值 $|e_{n-1,n-1}|/|e_{n,n}|$ 看出满网格近似的误差为 $O(h^2)$, 而组合近似的误差为 $O(h^2\ln h^{-1})$.

表 10.2.1　例 10.2.1 的满网格(左边)与组合 (右边) 近似解在点 P_1 和 P_2 的误差比较

n	$e_{n,n}\left(\frac{1}{2},\frac{1}{2}\right)$	$\frac{|e_{n-1,n-1}|}{|e_{n,n}|}$	$e_{n,n}\left(\frac{1}{4},\frac{1}{4}\right)$	$\frac{|e_{n-1,n-1}|}{|e_{n,n}|}$	$e^c_{n,n}\left(\frac{1}{2},\frac{1}{2}\right)$	$\frac{|e^c_{n-1,n-1}|}{|e^c_{n,n}|}$	$e^c_{n,n}\left(\frac{1}{4},\frac{1}{4}\right)$	$\frac{|e^c_{n-1,n-1}|}{|e^c_{n,n}|}$
1	7.4268×10^{-2}	—	—	—	7.4268×10^{-2}	—	—	—
2	1.5498×10^{-2}	4.792	1.3252×10^{-2}	—	9.9913×10^{-3}	7.433	-9.3480×10^{-3}	—
3	3.7333×10^{-3}	4.151	3.1526×10^{-3}	4.204	1.2929×10^{-3}	7.727	6.1846×10^{-3}	1.511
4	9.2504×10^{-4}	4.036	7.7889×10^{-4}	4.048	5.5787×10^{-5}	23.176	1.2064×10^{-3}	5.126
5	2.3075×10^{-4}	4.009	1.9415×10^{-4}	4.012	-5.1448×10^{-5}	1.084	2.2655×10^{-4}	5.325
6	5.7655×10^{-5}	4.002	4.8503×10^{-5}	4.003	-2.9150×10^{-5}	1.764	3.8414×10^{-5}	5.897
7	1.4412×10^{-5}	4.001	1.2123×10^{-5}	4.001	-1.1357×10^{-5}	2.566	5.0772×10^{-6}	7.566
8	3.6028×10^{-6}	4.000	3.0307×10^{-6}	4.000	-3.8568×10^{-6}	2.944	1.3935×10^{-7}	3.643
9	9.0070×10^{-7}	4.000	7.5768×10^{-7}	4.000	-1.2186×10^{-6}	3.165	-2.4756×10^{-7}	0.562
10	2.2517×10^{-7}	4.000	1.8942×10^{-7}	4.000	-3.6824×10^{-7}	3.309	-1.3249×10^{-7}	1.868
11					-1.0796×10^{-7}	3.410	-5.0770×10^{-8}	2.609
12					-3.0964×10^{-8}	3.486	-1.7105×10^{-8}	2.968
13					-8.7346×10^{-9}	3.544	-5.3792×10^{-9}	3.179

例 10.2.2(奇异解情形)　考虑 Dirichlet 问题

$$\Delta u = 0, \text{在} \varOmega = (0,1)\times(0.5,0.5)\text{中},$$

其精确解 $u = (x^2+y^2)^{\frac{1}{4}}\cos\left(\arctan\left(\dfrac{x}{y}\right)/2\right)$, 这个解有一个奇点在 $(0,0)$. 表 10.2.2 中比较了满网格近似解和组合近似解在点 $P_1 = (0.5, 0.0)$ 和 $P_2 = (0.25, -0.25)$ 的误差, 表 10.2.3 中比较了满网格近似解和组合近似解的 L^2 和 L^∞ 范误差, 从表 10.2.2 中看出 $|e_{n-1,n-1}|/|e_{n,n}| \to 2^{3/2} \approx 2.828$, 故知离奇点充分远处满网误差为 $O(h^{3/2})$. 从表 10.2.3 中看出

$$|e_{n-1,n-1}|_\infty/|e_{n,n}|_\infty \to 2^{\frac{1}{2}} \approx 1.414,$$

知奇点附近满网格近似误差仅为 $O(h^{\frac{1}{2}})$. 对于非光滑问题的组合技巧理论虽然尚不完善, 但从表 10.2.3 和表 10.2.4 中可以看出组合近似误差和满网格近似的误差仅差一个对数因子 $\ln(h^{-1})$.

表 10.2.2　例 10.2.2 的满网格 (左边) 与组合 (右边) 近似解的逐点误差比较

n	$e_{n,n}\left(\frac{1}{2},0\right)$	$\frac{|e_{n-1,n-1}|}{|e_{n,n}|}$	$e_{n,n}\left(\frac{1}{4},-\frac{1}{4}\right)$	$\frac{|e_{n-1,n-1}|}{|e_{n,n}|}$	$e^c_{n,n}\left(\frac{1}{2},0\right)$	$\frac{|e^c_{n-1,n-1}|}{|e^c_{n,n}|}$	$e^c_{n,n}\left(\frac{1}{4},-\frac{1}{4}\right)$	$\frac{|e^c_{n-1,n-1}|}{|e^c_{n,n}|}$
1	3.9695×10^{-3}	—	—	—	3.9695×10^{-3}	—	—	—
2	6.3484×10^{-3}	0.625	1.2359×10^{-2}	—	-7.5628×10^{-3}	0.5248	-1.4178×10^{-3}	—
3	2.7436×10^{-3}	2.314	3.9539×10^{-3}	3.126	-3.4260×10^{-3}	2.2075	1.1336×10^{-2}	0.125
4	1.0995×10^{-3}	2.495	1.3877×10^{-3}	2.849	5.7404×10^{-4}	5.9681	1.3736×10^{-3}	8.253
5	4.1708×10^{-4}	2.674	5.0905×10^{-4}	2.726	1.2047×10^{-3}	0.4765	7.4114×10^{-4}	1.853
6	1.5408×10^{-4}	2.707	1.8525×10^{-4}	2.748	7.6178×10^{-4}	1.5817	-2.2430×10^{-6}	330.429
7	5.6081×10^{-5}	2.747	6.6799×10^{-5}	2.773	4.1336×10^{-4}	1.8429	4.5173×10^{-6}	0.497
8	2.0225×10^{-5}	2.773	2.3929×10^{-5}	2.792	1.8820×10^{-4}	2.1964	-5.4202×10^{-6}	0.833
9	7.2498×10^{-6}	2.789	8.5351×10^{-6}	2.804	7.7368×10^{-5}	2.4325	-3.1142×10^{-6}	1.741
10	2.5879×10^{-6}	2.801	3.0357×10^{-6}	2.812	3.0123×10^{-5}	2.5684	-1.4430×10^{-6}	2.158

表 10.2.3　例 10.2.2 的满网格 (左边) 与组合 (右边) 近似解的误差的 L^2 和 L^∞ 范数比较

n	$\|e_{n,n}\|_2$	$\dfrac{\|e_{n-1,n-1}\|_2}{\|e_{n,n}\|_2}$	$\|e_{n,n}\|_\infty$	$\dfrac{\|e_{n-1,n-1}\|_\infty}{\|e_{n,n}\|_\infty}$	$\|e^c_{n,n}\|_2$	$\dfrac{\|e^c_{n-1,n-1}\|_2}{\|e^c_{n,n}\|_2}$	$\|e^c_{n,n}\|_\infty$	$\dfrac{\|e^c_{n-1,n-1}\|_\infty}{\|e^c_{n,n}\|_\infty}$
2	1.1000×10^{-2}	0.361	2.7093×10^{-2}	0.147	1.9356×10^{-2}	0.205	3.6331×10^{-2}	0.109
3	4.6957×10^{-3}	2.343	2.1732×10^{-2}	1.247	1.2190×10^{-2}	1.588	5.3937×10^{-2}	0.674
4	1.9065×10^{-3}	2.463	1.5744×10^{-2}	1.380	7.5137×10^{-3}	1.622	5.7539×10^{-2}	0.937
5	7.5691×10^{-4}	2.519	1.1195×10^{-2}	1.406	4.6105×10^{-3}	1.629	5.3173×10^{-2}	1.082

例 10.2.3(Griebel et al., 1990)(非线性热传导问题)　考虑非线性热传导方程

$$\frac{\partial}{\partial x}\left(\epsilon_\alpha(u)\frac{\partial u}{\partial x}\right) + \frac{\partial}{\partial y}\left(\epsilon_\alpha(u)\frac{\partial u}{\partial y}\right) = f,$$
$$在 \Omega = (0,1) \times (0,1) 中,$$

在 $\partial\Omega$ 上取 Dirichlet 边界条件. 其精确解为

$$u = \sin(\pi y)\frac{\sinh(\pi(1-x))}{\sinh(\pi)}.$$

材料性质函数为

$$\epsilon_\alpha(u) = \begin{cases} 1 - \left(u - \dfrac{1}{2}\right)^{1/\alpha}, & u > \dfrac{1}{2}, \\[2mm] 1, & u = \dfrac{1}{2}, \\[2mm] 1 + \left(\dfrac{1}{2} - u\right)^{1/\alpha}, & u < \dfrac{1}{2}. \end{cases}$$

为了求组合解, 需要解非线性离散方程

$$L_{i,j}u_{i,j} = f_{i,j}, \quad i + j = n, n+1.$$

在表 10.2.4 中列出列出满网格近似解和组合近似解误差的 L^2 范和 L^∞ 范.

表 10.2.4　例 10.2.3 的满网格近似与组合近似的误差的 L^∞ 范数和 L^2 范数

n	$\|e_{n,n}\|_2$	$\dfrac{\|e_{n-1,n-1}\|_2}{\|e_{n,n}\|_2}$	$\|e_{n,n}\|_\infty$	$\dfrac{\|e_{n-1,n-1}\|_\infty}{\|e_{n,n}\|_\infty}$	$\|e^c_{n,n}\|_2$	$\dfrac{\|e^c_{n-1,n-1}\|_2}{\|e^c_{n,n}\|_2}$	$\|e^c_{n,n}\|_\infty$	$\dfrac{\|e^c_{n-1,n-1}\|_\infty}{\|e^c_{n,n}\|_\infty}$
$\alpha = 0.125$								
3	2.3071×10^{-3}	4.696	4.1210×10^{-3}	3.978	3.4773×10^{-3}	4.062	1.1681×10^{-2}	2.496
4	5.4442×10^{-4}	4.256	1.0569×10^{-3}	3.899	8.5692×10^{-4}	4.058	4.0742×10^{-3}	2.876
5					2.2023×10^{-4}	3.891	1.4670×10^{-3}	2.777
6					6.0845×10^{-5}	3.619	4.5330×10^{-4}	3.236
7					1.7488×10^{-5}	3.479	1.3810×10^{-4}	3.282
8					5.0685×10^{-6}	3.450	4.1357×10^{-5}	3.339

续表

n	$\|e_{n,n}\|_2$	$\dfrac{\|e_{n-1,n-1}\|_2}{\|e_{n,n}\|_2}$	$\|e_{n,n}\|_\infty$	$\dfrac{\|e_{n-1,n-1}\|_\infty}{\|e_{n,n}\|_\infty}$	$\|e^c_{n,n}\|_2$	$\dfrac{\|e^c_{n-1,n-1}\|_2}{\|e^c_{n,n}\|_2}$	$\|e^c_{n,n}\|_\infty$	$\dfrac{\|e^c_{n-1,n-1}\|_\infty}{\|e^c_{n,n}\|_\infty}$
$\alpha = 0.25$								
3	1.2328×10^{-3}	3.408	2.3066×10^{-3}	3.351	5.1882×10^{-3}	3.594	1.2641×10^{-2}	2.267
4	3.2187×10^{-4}	3.830	6.5162×10^{-4}	3.540	1.4933×10^{-3}	3.474	5.9064×10^{-3}	2.140
5					5.1843×10^{-4}	2.880	2.3389×10^{-3}	2.525
6					1.7537×10^{-4}	2.956	7.6980×10^{-4}	3.038
7					5.6677×10^{-5}	3.094	2.7278×10^{-4}	2.822
8					1.7737×10^{-5}	3.195	8.9370×10^{-5}	3.052
$\alpha = 0.5$								
3	1.7520×10^{-3}	4.886	5.9662×10^{-3}	3.077	8.5599×10^{-3}	2.735	2.8296×10^{-2}	1.411
4	3.9924×10^{-4}	4.388	1.3116×10^{-3}	4.549	2.7436×10^{-3}	3.120	1.1184×10^{-2}	2.530
5					1.0472×10^{-3}	2.620	4.3777×10^{-3}	2.555
6					3.3565×10^{-4}	3.120	1.6041×10^{-3}	2.729
7					1.3102×10^{-4}	2.562	6.0695×10^{-4}	2.643
8					4.4540×10^{-5}	2.942	2.2305×10^{-4}	2.721
$\alpha = 0.75$								
3	2.2734×10^{-3}	4.301	7.1804×10^{-3}	2.923	1.0241×10^{-2}	2.078	3.0782×10^{-2}	1.365
4	6.3935×10^{-4}	3.556	1.8969×10^{-3}	3.785	2.6358×10^{-3}	3.885	1.1040×10^{-2}	2.788
5					1.0987×10^{-3}	2.399	4.4042×10^{-3}	2.507
6					3.6211×10^{-4}	3.034	1.8599×10^{-3}	2.368
7					1.9252×10^{-4}	1.881	7.4955×10^{-4}	2.481
8					1.7071×10^{-4}	1.128	9.6088×10^{-4}	0.780
$\alpha = 1.0$								
3	1.5987×10^{-3}	4.360	5.0857×10^{-3}	3.151	7.9072×10^{-3}	2.567	2.2445×10^{-2}	1.809
4	3.7171×10^{-4}	4.301	1.2175×10^{-3}	4.177	2.8952×10^{-3}	2.731	9.1664×10^{-3}	2.449
5					1.0115×10^{-3}	2.862	3.9667×10^{-3}	2.311
6					3.3684×10^{-4}	3.003	1.7222×10^{-3}	2.303
7					1.0732×10^{-4}	3.138	6.3854×10^{-4}	2.697
8					3.2960×10^{-5}	3.256	2.2181×10^{-4}	2.879

10.2.5　组合技巧、分裂外推和稀疏网方法的数值结果比较

Rüde(1991, 1993a) 阐述了组合技巧与分裂外推之间关系, 并比较了二者的数值试验结果. 首先, 组合技巧与分裂外推的关系是显然的: 二种技巧都是建立在误差的多参数渐近展开上, 都是以剔除尽可能多的误差项为目的. 然而, 二者也有本质的区别: 组合技巧的目的是得到细网格近似解精度, 基本上是一个 $O(h^2)$ 方法; 而分裂外推则可得到任意高阶精度 (只要渐近展开是可能的), 并且分裂外推不仅在粗网格上得到, 甚至在全部细网格点上得到高精度 (细网格点取得高精度的方法见第 5 章). 因此, 对于光滑解而言, 分裂外推的效果比组合技巧好得多. 对于奇异问题, 由于组合技巧要求的误差展开式的条件比较弱, 容易得到满足, 并且组合系数是固定的, 不随展开幂指数而变, 因此对于奇异问题组合技巧可能较分裂外推有效.

最后, 两种算法都是把大型问题分解为若干个规模较小的相互独立的子问题, 故皆适宜于并行计算, 而且维数越高并行效果越好.

以下例子及数值结果见文献 (Rüde, 1991, 1993a, 1993b).

例 10.2.4 考虑 Poisson 方程的 Dirichlet 问题

$$-\Delta u = f(x,y), \quad 在\Omega = (0,1)^2中,$$

$$u = 0, \quad 在\partial\Omega上. \tag{10.2.31}$$

其精确解

$$u = x(1-x)\cos\left(\frac{\pi x}{2}\right) y(1-y)\cos\left(\frac{\pi y}{2}\right)$$

是光滑函数.

以下各表分别列出用 Richardson 外推、分裂外推、组合技巧与稀疏网方法的数值结果:

表 10.2.5 是 Richardson 外推的 L^2 误差, 能量范误差及在点 $P = \left(\frac{1}{2}, \frac{1}{2}\right)$ 的误差. u_0 表示以步长 h 算出结果, $u_k(k=1,\cdots,4)$ 表示 k 次外推的结果.

表 10.2.6 是型 1 分裂外推的结果, $\bar{u}_k(k=1,2,3)$ 表示 k 次型 1 分裂外推取得结果.

表 10.2.7 是组合技巧的结果, 其中 $\hat{u}_0$ 表示满网格的计算结果

$$\hat{u}_k = \sum_{i=0}^{k} u_{h_x2^{-i}, h_y2^{i-k}} - \sum_{i=0}^{k-1} u_{h_x2^{-i}, h_y2^{i-k+1}},$$

$$k = 1, \cdots, 5$$

表示组合结果.

表 10.2.8 是稀疏网方法的结果, $S_{0,h}^{h_x,h_y} = \bigcup\limits_{i=0}^{k} S_{2^i h_x^{-1}, 2^{k-i} h_y^{-1}}^0$ 表稀疏网, size 表示离散矩阵阶数.

从表中看出 Richardson 外推收敛最快, 但计算量也最高; 稀疏网结果虽略好于组合技巧但计算量增大, 而且不宜并行计算; 分裂外推计算量低、并行度高, 并具有 Richardson 外推同阶误差, 故四种方法中分裂外推具有竞争优势.

表 10.2.5 例 10.2.4 的 Richardson 外推的误差

h	u_0	u_1	u_2	u_3	u_4
在 P 点误差	5.916×10^{-3}	-1.163×10^{-4}	3.093×10^{-7}	-9.569×10^{-11}	-5.121×10^{-11}
1/4 L^2	2.020×10^{-1}	4.918×10^{-3}	3.994×10^{-5}	4.656×10^{-8}	1.363×10^{-7}
能量范数误差	2.121×10^{-1}	5.894×10^{-3}	5.768×10^{-5}	6.438×10^{-8}	1.850×10^{-7}
在 P 点误差	1.391×10^{-3}	-6.979×10^{-6}	4.739×10^{-9}	-5.139×10^{-11}	
1/8 L^2	4.739×10^{-2}	2.949×10^{-4}	9.185×10^{-7}	1.737×10^{-7}	

h	u_0	u_1	u_2	u_3	u_4
能量范数误差	5.076×10^{-2}	3.995×10^{-4}	2.136×10^{-6}	5.116×10^{-7}	
在 P 点误差	3.427×10^{-4}	-4.317×10^{-7}	1.097×10^{-10}		
$1/16\ L^2$	1.164×10^{-2}	1.807×10^{-5}	2.423×10^{-8}		
能量范数误差	1.254×10^{-2}	2.642×10^{-5}	1.118×10^{-7}		
在 P 点误差	8.535×10^{-5}	-2.696×10^{-8}			
$1/32\ L^2$	2.899×10^{-3}	1.140×10^{-6}			
能量范数误差	3.127×10^{-3}	1.911×10^{-6}			
在 P 点误差	2.131×10^{-5}				
$1/64\ L^2$	7.241×10^{-4}				
能量范数误差	7.813×10^{-4}				

表 10.2.6　例 10.2.4 光滑问题的分裂外推的误差

h	u_0	$\bar{u}_1$	$\bar{u}_2$	$\bar{u}_3$
在 P 点误差	5.916×10^{-3}	-3.270×10^{-4}	5.118×10^{-6}	-6.066×10^{-8}
$1/4\ L^2$	2.020×10^{-1}	1.397×10^{-2}	7.938×10^{-4}	9.439×10^{-5}
能量范数误差	2.121×10^{-1}	1.683×10^{-2}	1.157×10^{-3}	1.396×10^{-4}
在 P 点误差	1.391×10^{-3}	-1.927×10^{-5}	7.527×10^{-8}	-1.354×10^{-10}
$1/8\ L^2$	4.739×10^{-2}	8.097×10^{-4}	1.993×10^{-5}	3.046×10^{-6}
能量范数误差	5.076×10^{-2}	1.095×10^{-3}	5.224×10^{-5}	8.579×10^{-6}
在 P 点误差	3.427×10^{-4}	-1.187×10^{-6}	1.162×10^{-9}	
$1/16\ L^2$	1.164×10^{-2}	4.918×10^{-5}	5.638×10^{-7}	
能量范数误差	1.254×10^{-2}	7.125×10^{-5}	2.966×10^{-6}	
在 P 点误差	8.535×10^{-5}	-7.393×10^{-8}		
$1/32\ L^2$	2.899×10^{-3}	3.047×10^{-6}		
能量范数误差	3.127×10^{-3}	4.633×10^{-6}		
在 P 点误差	2.131×10^{-5}			
$1/64\ L^2$	7.241×10^{-4}			
能量范数误差	7.813×10^{-4}			

表 10.2.7　例 10.2.4 的组合技巧算法的误差

$h_x = h_y$	$\bar{u}_0$	$\bar{u}_1$	$\bar{u}_2$	$\bar{u}_3$	$\bar{u}_4$	$\bar{u}_5$
在 P 点误差	3.008×10^{-2}	2.171×10^{-3}	-1.840×10^{-4}	-2.439×10^{-4}	-1.092×10^{-4}	-3.935×10^{-5}
$1/2\ L^2$	5.299×10^{-1}	1.404×10^{-1}	3.491×10^{-2}	9.575×10^{-3}	3.051×10^{-3}	$\boxed{1.124 \times 10^{-3}}$
能量范数误差	8.189×10^{-1}	4.235×10^{-1}	2.086×10^{-1}	1.013×10^{-1}	4.703×10^{-2}	1.470×10^{-2}
在 P 点误差	5.916×10^{-3}	1.233×10^{-3}	2.571×10^{-4}	5.207×10^{-6}	1.000×10^{-5}	
$1/4\ L^2$	1.096×10^{-1}	2.527×10^{-2}	6.408×10^{-3}	1.958×10^{-3}	$\boxed{7.130 \times 10^{-4}}$	
能量范数误差	3.618×10^{-1}	1.724×10^{-1}	8.326×10^{-2}	3.724×10^{-2}	3.280×10^{-3}	
在 P 点误差	1.391×10^{-3}	33.335×10^{-4}	8.021×10^{-5}	1.929×10^{-5}		
$1/8\ L^2$	2.635×10^{-2}	6.864×10^{-3}	2.063×10^{-3}	$\boxed{7.170 \times 10^{-4}}$		
能量范数误差	1.711×10^{-1}	8.239×10^{-2}	3.673×10^{-2}	1.085×10^{-3}		
在 P 点误差	3.427×10^{-4}	8.479×10^{-5}	2.100×10^{-5}			
$1/16\ L^2$	6.943×10^{-3}	2.092×10^{-3}	$\boxed{7.228 \times 10^{-4}}$			

续表

$h_x = h_y$	$\bar{u}_0$	$\bar{u}_1$	$\bar{u}_2$	$\bar{u}_3$	$\bar{u}_4$	$\bar{u}_5$
能量范数误差	8.236×10^{-2}	3.671×10^{-2}	8.015×10^{-4}			
在 P 点误差	8.535×10^{-5}	2.128×10^{-5}				
$1/32\ L^2$	2.096×10^{-3}	$\boxed{7.239 \times 10^{-4}}$				
能量范数误差	3.6714×10^{-2}	7.823×10^{-4}				
在 P 点误差	2.131×10^{-5}					
$1/64\ L^2$	$\boxed{7.241 \times 10^{-4}}$					
能量范数误差	7.813×10^{-4}					

表 10.2.8　例 10.2.4 的稀疏网方法的误差

$h_x = h_y$	$S_{0.0}^{h_x,h_y}$	$S_{0.1}^{h_x,h_y}$	$S_{0.2}^{h_x,h_y}$	$S_{0.3}^{h_x,h_y}$	$S_{0.4}^{h_x,h_y}$	$S_{0.5}^{h_x,h_y}$
size	1	5	17	49	129	321
在 P 点误差	6.407×10^{-3}	1.045×10^{-3}	7.211×10^{-6}	-6.145×10^{-5}	-2.215×10^{-5}	1.259×10^{-6}
$1/2\ L^2$	4.488×10^{-1}	1.482×10^{-1}	4.157×10^{-2}	1.081×10^{-2}	2.693×10^{-3}	8.816×10^{-4}
能量范数误差	6.739×10^{-1}	3.732×10^{-1}	1.917×10^{-1}	9.193×10^{-2}	4.390×10^{-2}	1.213×10^{-2}
size	9	33	97	257	641	
在 P 点误差	1.663×10^{-3}	3.682×10^{-4}	8.590×10^{-5}	2.829×10^{-5}	1.717×10^{-5}	
$1/4\ L^2$	1.138×10^{-1}	2.849×10^{-2}	6.956×10^{-3}	1.658×10^{-3}	7.288×10^{-4}	
能量范数误差	3.379×10^{-1}	1.686×10^{-1}	8.241×10^{-2}	3.693×10^{-2}	2.439×10^{-3}	
size	49	161	449	1153		
在 P 点误差	4.247×10^{-4}	1.138×10^{-4}	3.862×10^{-5}	2.058×10^{-5}		
$1/8\ L^2$	2.818×10^{-2}	6.839×10^{-3}	1.623×10^{-3}	7.243×10^{-4}		
能量范数误差	1.679×10^{-1}	8.194×10^{-2}	3.665×10^{-2}	9.232×10^{-4}		

例 10.2.5　考虑例 10.2.1, 已知精确解

$$u = \sin(16x + 16y)x(1 - x)y(1 - y)$$

是振荡函数. 表 10.2.9~ 表 10.2.12 中分别列出四种方法的数值结果, 从表中看出当步长大于振荡周期时, 低次外推效果不及组合技巧, 这是因大步长不能反映解的高频振荡性质. 但随着外推次数增加, 步长加细, Richardson 外推与分裂外推的精度迅速改善. 表 10.2.11 中列出型 1 的分裂外推的结果.

表 10.2.9　振荡问题 Richardson 外推的误差

h	u_0	u_1	u_2	u_3	u_4
在 P 点误差	-0.1910	2.163×10^{-2}	2.349×10^{-3}	-9.073×10^{-5}	8.897×10^{-7}
$1/4\ L^2$	10.7775	1.028×10^{0}	1.788×10^{-1}	6.366×10^{-3}	1.868×10^{-5}
能量范数误差	1.061	9.919×10^{-1}	1.771×10^{-1}	6.264×10^{-3}	1.833×10^{-5}
在 P 点误差	-0.0315	3.554×10^{-3}	-5.260×10^{-5}	-6.584×10^{-8}	
$1/8\ L^2$	1.8661	2.182×10^{-1}	3.085×10^{-3}	1.483×10^{-5}	

h	u_0	u_1	u_2	u_3	u_4
能量范数误差	1.872×10^0	2.196×10^{-1}	3.092×10^{-3}	1.505×10^{-5}	
在 P 点误差	-5.215×10^{-3}	1.728×10^{-4}	-8.870×10^{-7}		
$1/16\ L^2$	3.066×10^{-1}	1.103×10^{-2}	6.186×10^{-5}		
能量范数误差	3.201×10^{-1}	1.184×10^{-2}	6.854×10^{-5}		
在 P 点误差	-1.174×10^{-3}	9.970×10^{-6}			
$1/32\ L^2$	6.858×10^{-2}	6.346×10^{-4}			
能量范数误差	7.222×10^{-2}	6.953×10^{-4}			
在 P 点误差	-2.860×10^{-4}				
$1/64\ L^2$	1.667×10^{-2}				
能量范数误差	1.759×10^{-2}				

表 10.2.10　　振荡问题分裂外推的误差

h	u_0	$\bar{u}_1$	$\bar{u}_2$	$\bar{u}_3$
在 P 点误差	-0.1910	1.483×10^{-1}	-4.577×10^{-2}	1.590×10^{-2}
$1/4\ L^2$	10.7775	8.696×10^0	3.358×10^0	1.229×10^0
能量范数误差	1.061×10^1	8.277×10^0	3.063×10^0	1.146×10^0
在 P 点误差	-3.150×10^{-2}	1.077×10^{-2}	-9.635×10^{-4}	2.085×10^{-5}
$1/8\ L^2$	1.866×10^0	6.669×10^{-1}	5.847×10^{-2}	1.297×10^{-3}
能量范数误差	1.872×10^0	6.691×10^{-1}	5.857×10^{-2}	1.303×10^{-3}
在 P 点误差	-5.215×10^{-3}	4.672×10^{-4}	-1.348×10^{-5}	
$1/16\ L^2$	3.066×10^{-1}	3.004×10^{-2}	9.573×10^{-4}	
能量范数误差	3.201×10^{-1}	3.234×10^{-2}	1.061×10^{-3}	
在 P 点误差	-1.174×10^{-3}	2.607×10^{-5}		
$1/32\ L^2$	6.858×10^{-2}	1.665×10^{-3}		
能量范数误差	7.222×10^{-2}	1.831×10^{-3}		
在 P 点误差	-2.860×10^{-1}			
$1/64\ L^2$	1.667×10^{-2}			
能量范数误差	1.759×10^{-2}			

表 10.2.11　　振荡问题的组合技巧算法的误差

$h_x = h_y$	$\bar{u}_0$	$\bar{u}_1$	$\bar{u}_2$	$\bar{u}_3$	$\bar{u}_4$	$\bar{u}_5$
在 P 点误差	-8.727×10^{-1}	2.298×10^{-1}	3.345×10^{-1}	1.050×10^{-1}	2.254×10^{-2}	1.146×10^{-2}
$1/2\ L^2$	1.264×10^1	1.719×10^1	1.396×10^1	5.778×10^0	9.796×10^{-1}	$\boxed{2.337 \times 10^{-1}}$
能量范数误差	2.876×10^0	5.544×10^0	4.988×10^0	3.306×10^0	1.640×10^0	7.213×10^{-1}
在 P 点误差	-1.910×10^{-1}	0.349×10^{-2}	1.469×10^{-2}	9.538×10^{-3}	3.441×10^{-3}	
$\bar{u}_5\ 1/4\ L^2$	6.258×10^0	5.722×10^0	9.649×10^{-1}	2.274×10^{-1}	$\boxed{6.492 \times 10^{-2}}$	
能量范数误差	3.372×10^0	3.075×10^0	1.523×10^0	6.578×10^{-1}	2.984×10^{-1}	
在 P 点误差	-3.152×10^{-2}	1.980×10^{-4}	1.230×10^{-3}	5.601×10^{-4}		
$1/8\ L^2$	6.960×10^{-1}	1.851×10^{-1}	4.947×10^{-2}	$\boxed{1.613 \times 10^{-2}}$		
能量范数误差	1.131×10^0	4.550×10^{-1}	1.904×10^{-1}	6.072×10^{-2}		
在 P 点误差	-5.215×10^{-3}	-9.534×10^{-4}	-1.707×10^{-4}			
$1/16\ L^2$	1.377×10^{-1}	4.069×10^{-2}	$\boxed{1.558 \times 10^{-2}}$			
能量范数误差	3.675×10^{-1}	1.470×10^{-1}	1.959×10^{-2}			
在 P 点误差	-1.174×10^{-3}	-2.740×10^{-4}				
$1/32\ L^2$	4.223×10^{-2}	$\boxed{1.654 \times 10^{-2}}$				
能量范数误差	1.466×10^{-1}	1.757×10^{-2}				
在 P 点误差	-2.860×10^{-4}					
$1/64\ L^2$	$\boxed{1.667 \times 10^{-2}}$					
能量范数误差	1.759×10^{-2}					

表 10.2.12　振荡问题稀疏网算法的误差

$h_x=h_y$	$S_{0.0}^{h_x,h_y}$	$S_{0.1}^{h_x,h_y}$	$S_{0.2}^{h_x,h_y}$	$S_{0.3}^{h_x,h_y}$	$S_{0.4}^{h_x,h_y}$	$S_{0.5}^{h_x,h_y}$
size	1	5	17	49	129	321
在 P 点误差	1.746×10^{-2}	1.617×10^{-2}	9.183×10^{-3}	2.881×10^{-3}	-4.409×10^{-3}	-4.374×10^{-4}
$1/2\ L^2$	1.000×10^{0}	1.000×10^{0}	1.002×10^{0}	8.671×10^{-1}	4.101×10^{-1}	1.308×10^{-1}
能量范数误差	9.999×10^{-1}	9.998×10^{-1}	9.934×10^{-1}	8.895×10^{-1}	5.817×10^{-1}	3.178×10^{-1}
size	9	33	97	257	641	
在 P 点误差	9.550×10^{-3}	2.674×10^{-4}	-4.416×10^{-3}	-4.395×10^{-4}	1.661×10^{-4}	
$1/4\ L^2$	1.001×10^{0}	8.669×10^{-1}	4.101×10^{-1}	1.308×10^{-1}	3.359×10^{-2}	
能量范数误差	9.947×10^{-1}	8.898×10^{-1}	5.817×10^{-1}	3.179×10^{-1}	1.501×10^{-1}	
size	49	161	449	1153		
在 P 点误差	-5.882×10^{-3}	-9.617×10^{-4}	2.927×10^{-5}	-3.083×10^{-5}		
$1/8\ L^2$	4.442×10^{-1}	1.373×10^{-1}	3.469×10^{-2}	1.712×10^{-2}		
能量范数误差	6.183×10^{-1}	3.336×10^{-1}	1.587×10^{-1}	4.422×10^{-2}		
size	225	705	1921			
在 P 点误差	-1.704×10^{-3}	-4.877×10^{-4}	-2.425×10^{-4}			
$1/16\ L^2$	1.059×10^{-1}	2.538×10^{-2}	1.669×10^{-2}			
能量范数误差	3.035×10^{-1}	1.380×10^{-1}	1.907×10^{-2}			
size	2945					
在 P 点误差	-5.647×10^{-4}	-2813×10^{-4}				
$1/32\ L^2$	2.518×10^{-2}	1.667×10^{-2}				
能量范数误差	1.374×10^{-1}	1.765×10^{-2}				
size	3969					
在 P 点误差	-2.860×10^{-4}					
$1/64\ L^2$	1.667×10^{-2}					
能量范数误差	1.759×10^{-2}					

10.3　多维中矩形求积公式的组合方法

这一节将介绍 Baszenski 和 Delvos(1993) 应用组合技巧构造多维求积方法, 与前面求积公式不同, 本节的被积函数属于 Korobov 空间 $E^\alpha(V)$ 空间, 因此对于多元非光滑函数更有用.

10.3.1　多元乘积型中矩形求积公式

考虑 s 重积分

$$I_s[f] = \int_0^1 \cdots \int_0^1 f(x_1,\cdots,x_s)\mathrm{d}x_1\cdots\mathrm{d}x_s, \qquad (10.3.1)$$

及其 s 维乘积型中矩形求积公式

$$M(k_1,\cdots,k_s)[f] = \frac{1}{n_{k_1}\cdots n_{k_s}}\sum_{\mu_1=1}^{n_{k_1}}\cdots\sum_{\mu_s=1}^{n_{k_s}} f\left(\frac{2\mu_1-1}{2n_{k_1}},\cdots,\frac{2\mu_d-1}{2n_{k_d}}\right), \qquad (10.3.2)$$

这里

$$n_k = 2^{k-1}(k=1,2,\cdots).$$

并且假定被积函数 f 属于 Korobov 空间 $E^\alpha(V)$. 注意, 称函数 $f \in E^\alpha(V)(V = [0,1]^s, \alpha > 1)$ 是指函数 f 的 Fourier 级数的系数

$$a(m_1, \cdots, m_s)[f] = \int_0^1 \cdots \int_0^1 f(x_1, \cdots, x_s) \exp(-2\pi i(m_1 x_1 + \cdots + m_s x_s)) \mathrm{d}x,$$

$$(10.3.3)$$

满足

$$a(m_1, \cdots, m_s)[f] = O(|m_1 \cdots m_s|^{-\alpha}),$$

$$(10.3.4)$$

其中 $(m_1, \cdots, m_s) \in \mathbb{Z}^s, \mathrm{d}x = \mathrm{d}x_1 \cdots \mathrm{d}x_s$. 因为我们已设 $\alpha > 1$, 故 f 的 Fourier 级数绝对收敛于 f, 即成立

$$f(x_1, \cdots, x_s) = \sum_{m_1=-\infty}^{\infty} \cdots \sum_{m_s=-\infty}^{\infty} a(m_1, \cdots, m_s)[f] \exp(2\pi i(m_1 x_1 + \cdots + m_s x_s)).$$

$$(10.3.5)$$

由三角函数的离散正交性质, 易导出

$$M(k_1, \cdots, k_s)[f] = \sum_{j_1=-\infty}^{\infty} \cdots \sum_{j_s=-\infty}^{\infty} a(j_1 n_{k_1}, \cdots, j_s n_{k_s})[f](-1)^{j_1 + \cdots + j_s}. \quad (10.3.6)$$

注意

$$a(0, \cdots, 0)[f] = \int_0^1 \cdots \int_0^1 f(x_1, \cdots, x_s) \mathrm{d}x,$$

$$(10.3.7)$$

这便导出求积误差的展开

$$M(k_1, \cdots, k_s)[f] - I_s[f] = \sum_{(w_1, \cdots, w_s) \neq 0} R_{(k_1, \cdots, k_s)}^{(w_1, \cdots, w_s)}[f], \quad (10.3.8)$$

其中 $w = (w_1, \cdots, w_s)$,

$$R_{(k_1, \cdots, k_s)}^{(w_1, \cdots, w_s)}[f] = \sum_{w_1 j_1 \neq 0} \cdots \sum_{w_s j_s \neq 0} a(w_1 j_1 n_{k_1}, \cdots, w_s j_s n_{k_s})[f](-1)^{w_1 j_1 + \cdots + w_s j_s}.$$

$$(10.3.9)$$

若 $f \in E^\alpha(V)$, 则由 (10.3.4) 易导出估计

$$R_{(k_1, \cdots, k_s)}^{(w_1, \cdots, w_s)}[f] = O(2^{-(w_1 k_1 + \cdots + w_s k_s)\alpha}), \quad k_1, \cdots, k_s \to \infty \quad (10.3.10)$$

在特殊情形取 $k_j = q(j = 1, \cdots, s)$, 则有

$$R_{(q, \cdots, q)}^{(w_1, \cdots, w_s)}[f] = O(2^{-|w|q\alpha}), \quad q \to \infty, \quad (10.3.11)$$

这里 $|w| = |w_1| + \cdots + |w_s|$, 利用 (10.3.11) 容易证明以下引理.

引理 10.3.1 若 $f \in E^\alpha(V)$, 则成立误差估计

$$M(q, \cdots, q)[f] - I_s[f] = O(2^{-q\alpha}), \quad q \to \infty. \quad (10.3.12)$$

10.3.2 组合方法

首先定义半正规 (semi-normalized) 布尔中点型和式

$$M^{s,q}[f] = \sum_{k_1+\cdots+k_s=q} M(k_1,\cdots,k_s)[f], \tag{10.3.13}$$

并借助它定义多元布尔中点型求积公式

$$H^{s,q}[f] = \sum_{j=0}^{s-1}(-1)^j\binom{s-1}{j}M^{s,q-j}[f]. \tag{10.3.14}$$

(10.3.14) 实际上是若干个中矩形求积公式的组合, 它仅需要计算函数值 $O(q^{d-1}2^q)$ (当 $q\to\infty$) 次. 对求积公式 (10.3.14), 有如下误差估计定理.

定理 10.3.1(Baszenski et al., 1993)   若 $f\in E^\alpha(V)$, 则多元布尔中点型求积公式 (10.3.14) 有误差估计

$$H^{s,q}[f] - I_s[f] = O(q^{s-1}2^{-q\alpha}), \quad q\to\infty. \tag{10.3.15}$$

证明   由组合恒等式

$$\sum_{j=0}^{s-1}(-1)^j\binom{s-1}{j}\binom{q-j-1}{s-1} = 1, \tag{10.3.16}$$

易导出

$$
\begin{aligned}
H^{s,q}[f] - I_s[f] &= \sum_{j=0}^{s-1}(-1)^j\binom{s-1}{j}M^{s,q-j}[f] - I_s[f] \\
&= \sum_{j=0}^{s-1}(-1)^j\binom{s-1}{j}\sum_{k_1+\cdots+k_s=q-j}(M(k_1,\cdots,k_s)[f] - I_s[f]) \\
&= \sum_{j=0}^{s-1}(-1)^j\binom{s-1}{j}\sum_{k_1+\cdots+k_s=q-j}\sum_{(w_1,\cdots,w_s)\neq(0,\cdots,0)}R^{(w_1,\cdots,w_s)}_{(k_1,\cdots,k_s)} \\
&= \sum_{l=1}^{s}\sum_{j=0}^{s-1}(-1)^j\binom{s-1}{j}\sum_{k_1+\cdots+k_s=q-j}R^l_{(k_1,\cdots,k_s)}[f], \tag{10.3.17}
\end{aligned}
$$

这里已置

$$R^l_{(k_1,\cdots,k_s)} = \sum_{|w|=l}R^{(w_1,\cdots,w_s)}_{(k_1,\cdots,k_s)}[f], \quad 1\leqslant l\leqslant s. \tag{10.3.18}$$

由 $w_i(i=1,\cdots,s)$ 仅取 0 或 1, 故仅考虑非零的指标, 令 $\{u_1,\cdots,u_l\}=\{j:1\leqslant j\leqslant s, w_j=1\}$, 且有 $1\leqslant u_1<\cdots<u_l\leqslant s$, 并令

$$R^{(w_1,\cdots,w_s)}_{(k_1,\cdots,k_s)}[f] = R(k_{u_1},\cdots,k_{u_l})[f] \tag{10.3.19}$$

及

$$T(u_1, \cdots, u_l)[f] = \sum_{j=0}^{s-1} (-1)^j \binom{s-1}{j} \sum_{k_1 + \cdots + k_s = q-j} R(k_{u_1}, \cdots, k_{u_l})[f], \qquad (10.3.20)$$

代到 (10.3.17) 便导出

$$H^{s,q}[f] - I_s[f] = \sum_{l=1}^{s} \sum_{1 \leqslant u_1 < \cdots < u_l \leqslant s} T(u_1, \cdots, u_l)[f]. \qquad (10.3.21)$$

但从 (10.3.11) 易知

$$R(k_{u_1}, \cdots, k_{u_l})[f] = O(2^{-(k_{u_1} + \cdots + k_{u_l})a}),$$

特别当 $k_{u_1} + \cdots + k_{u_l} = q - s + t (1 \leqslant t \leqslant l \leqslant s)$, 便得到估计

$$R(k_{u_1}, \cdots, k_{u_l})[f] = O(2^{-q\alpha}). \qquad (10.3.22)$$

利用 Baszenski-Delvos 导出的恒等式

$$T(u_1, \cdots, u_l)[f] = \sum_{t=1}^{l} (-1)^{l-t} \binom{l-1}{t-1} \sum_{k_{u_1} + \cdots + k_{u_l} = q-s+t} R(k_{u_1}, \cdots, k_{u_l})[f],$$

$$1 \leqslant u_1 < \cdots < u_l \leqslant s \qquad (10.3.23)$$

及 Diophantos 方程

$$k_{u_1} + \cdots + k_{u_l} = q - s + t$$

的非负整数解解数为 $\binom{q-s+t-1}{s-1} = O(q^{s-1})$ 个, 这便导到估计

$$T(u_1, \cdots, u_l)[f] = O(q^{s-1} 2^{-q\alpha}), \quad q \to \infty. \qquad (10.3.24)$$

将 (10.3.24) 代到 (10.3.21) 便得到估计 (10.3.15). □

由定理 10.3.1 看出由组合方法得到的多元布尔中点型求积公式仅需 $O(q^{s-1} 2^q)$ 次函数计算便获得 $O(q^{s-1} 2^{-q\alpha})$ 阶精度, 另一方面

$$M(q, \cdots, q)[f] - I_s[f] = O(2^{-q\alpha}), \quad q \to \infty,$$

即执行 $M(q, \cdots, q)[f]$ 共需 $O(2^{sq})$ 次函数值计算, 两相比较, 易见组合型多元布尔求积公式更有效.

10.3.3 算例

Baszenski 和 Delvos 考虑了 (10.3.1) 形式积分, 其中函数

$$f(x_1, \cdots, x_s) = \frac{1}{1 + [(2x_1 - 1) \cdots (2x_s - 1)]^2},$$ (10.3.25)

这个函数可以展开为幂级数再计算, 得到

$$I_3[f] = 0.9689461, \quad I_4[f] = 0.9889446, \quad I_5 = 0.9961576,$$

$$I_6[f] = 0.9986852, \quad I_7[f] = 0.9995545.$$

由于函数周期性扩张是连续的, 这表明函数属于 Korobov 空间 $E^2(V)$ 中. 各种维数和取不同 q 值的计算结果见表 10.3.1, 表 10.3.2 和表 10.3.3. 从中可以看出组合公式 (10.3.14) 很有效.

表 10.3.1   布尔中点型求积公式的数值结果 $(s = 3, 4)$

q	$H^{3;q}[f]$	$H^{3;q}[f] - I_3[f]$	q	$H^{4;q}[f]$	$H^{4;q}[f] - I_4[f]$
5	1.000000000	-3.10539×10^{-2}			
6	0.984615385	-1.56692×10^{-2}			
7	0.973989259	-5.04311×10^{-3}	7	1.000000000	-1.10554×10^{-2}
8	0.970007508	-1.06136×10^{-3}	8	0.996108949	-7.16440×10^{-3}
9	0.969119608	-1.73462×10^{-4}	9	0.992296956	-3.35240×10^{-3}
10	0.968970289	-2.41430×10^{-5}	10	0.990099616	-1.15506×10^{-3}
11	0.968947284	-1.13750×10^{-6}	11	0.989223001	-2.78449×10^{-4}
12	0.968945027	1.11974×10^{-6}	12	0.988983998	-3.94464×10^{-5}
13	0.968945473	6.73133×10^{-7}	13	0.988942672	1.87987×10^{-6}
14	0.968945870	2.76650×10^{-7}	14	0.988940662	3.88935×10^{-6}
15	0.968946048	9.87463×10^{-8}	15	0.988942592	1.95928×10^{-6}
16	0.968946114	3.27037×10^{-8}	16	0.988943772	7.79614×10^{-7}
17	0.968946136	1.03370×10^{-8}	17	0.988944273	2.78703×10^{-7}
18	0.968946143	3.16186×10^{-9}	18	0.988944458	9.34522×10^{-8}
19	0.968946145	9.45846×10^{-10}	19	0.988944522	2.99851×10^{-8}
20	0.968946146	2.76443×10^{-10}	20	0.988944542	9.34296×10^{-9}

10.3.2   布尔中点型求积公式的数值结果 $(s = 5, 6)$

q	$H^{5;q}[f]$	$H^{5;q}[f] - I_5[f]$	q	$H^{6;q}[f]$	$H^{6;q}[f] - I_6[f]$
9	1.000000000	-3.84217×10^{-3}			
10	0.999024390	-2.86656×10^{-3}			
11	0.997811116	-1.65329×10^{-3}	11	1.000000000	-1.31478×10^{-3}
12	0.996920909	-7.63081×10^{-4}	12	0.999755919	-1.07070×10^{-3}
13	0.996436734	-2.78905×10^{-4}	13	0.999390266	-7.05044×10^{-4}

q	$H^{5;q}[f]$	$H^{5;q}[f] - I_5[f]$	q	$H^{6;q}[f]$	$H^{6;q}[f] - I_6[f]$
14	0.996233293	-7.54651×10^{-5}	14	0.999072179	-3.86956×10^{-4}
15	0.996169391	-1.15630×10^{-5}	15	0.998864432	-1.79210×10^{-4}
16	0.996156229	1.59918×10^{-6}	16	0.998754125	-6.89024×10^{-5}
17	0.996155751	2.07707×10^{-6}	17	0.998705884	-2.06617×10^{-5}
18	0.996156792	1.03581×10^{-6}	18	0.998689056	-3.83404×10^{-6}
19	0.996157419	4.08939×10^{-7}	19	0.998684869	3.52974×10^{-7}
20	0.996157683	1.45126×10^{-7}	20	0.998684499	7.23264×10^{-7}

表 10.3.3　布尔中点型求积公式的数值结果 $(s = 7)$

q	$H^{7;q}[f]$	$H^{7;q}[f] - I_7[f]$
13	1.000000000	-4.45492×10^{-4}
14	0.999938969	-3.84461×10^{-4}
15	0.999832198	-2.77690×10^{-4}
16	0.999725589	-1.71082×10^{-4}
17	0.999646096	-9.15881×10^{-5}
18	0.999597300	-4.27920×10^{-5}
19	0.999571683	-1.71746×10^{-5}
20	0.999560132	-5.62389×10^{-6}

评　　注

公元 5 世纪中国大数学家祖冲之算出圆周率的朒、盈二限, 得到 3.1415926 < π < 3.1415927, 此成果保持了一千年后才被阿拉伯数学家阿尔卡西和法国数学家维叶特打破. 关于祖冲之是如何计算的, 一直是数学史家探索的课题. 其中一种观点是祖冲之继承魏晋时期大数学家刘徽的割圆术（用单位圆内正多边形面积逼近单位圆面积）, 割圆到 24576 边形, 再使用刘徽不等式:

$$S_{2n} < S < S_{2n} + (S_{2n} - S_n)$$

得到朒、盈二限, 这里 S 是单位圆面积, S_n 是其正内接 n 边形面积. 但是割圆到 24576 边形的工作量太大, 须知当时算盘还没有发明, 计算工具是算筹, 即一根根几寸长的棍子, 通过不同摆放表示不同数字, 计算位数越多, 摆放的桌面越大. 据统计割圆到 24576 边形, 需要摆放上万次九位数字运算, 而且任何一次错误都可能导致前功尽弃. 完成如此大的工作量, 绝非易事, 需要付出一生的精力. 但是我们知道祖冲之贡献是多方面的: 他编制了《大明历》, 撰写了数学、天文学、哲学、军事学和文学等十多部著作. 因此, 一些学者认为祖冲之在算法上有创新, 这个新算法可能是外推法. 例如设想祖冲之在计算出 S_{2n} 后补充的不是 $2n$ 个矩形面积, 而是 $2n$ 个弓形面积, 按照弓形面积熟知的近似公式: $A \approx \frac{2}{3}bh$, 其中 b 是弦长, h 是拱高. 便导出近似圆面积公式: $S \approx S_{2n} + \frac{1}{3}(S_{2n} - S_n) = \frac{4}{3}S_{2n} - \frac{1}{3}S_{2n}$, 恰是 Richardson 外推值. 但是这个设想是错误的, 因为据《九章算术》, 当时的计算弓形（弧田）面积的公式的误差很大. 而 $A \approx \frac{2}{3}bh$ 是所谓 Simpson 公式, 出现在 18 世纪.

祖冲之著有《缀术》6 卷, 汇集了祖冲之父子的数学研究成果, 朒、盈二率的计算方法一定包含其中. 但是由于内容深奥, 乃至唐代时期, 已经 "学官莫能究其深奥, 故废而不理", 因此在北宋已佚. 历史上探佚《缀术》论文很多, 而本书导论探讨的方法似较为符合当时的数学水平.

"缀" 便是补的意思, 笔者认为祖冲之受刘徽的 "重差法" 思想的影响, 可能改进刘徽不等式为

$$S_{2n} + \alpha_n(S_{2n} - S_n) < S < S_{2n} + \gamma_n(S_{2n} - S_n),$$

特别有

$$S_{1536} + \alpha_{96}(S_{1536} - S_{768}) < S < S_{1536} + \gamma_{96}(S_{1536} - S_{768}), \tag{A_1}$$

但是要计算 α_{96} 和 γ_{96} 必须割圆 S_{3072}, 因此实际计算中使用 α_{48}, γ_{48} 代替 α_{96}, γ_{96}. 代替的合理性需要证明不等式

$$S_{1536} + \alpha_{48}(S_{1536} - S_{768}) < S < S_{1536} + \gamma_{48}(S_{1536} - S_{768}) \qquad (A_2)$$

成立. 为此, 注意序列 $\{\alpha_n\}, \{\beta_n\}$ 和 $\{\gamma_n\}$ 皆是单调递减序列, 并且有极限

$$\gamma = \lim_{n \to \infty} \gamma_n = 0.3359375,$$

$$\alpha = \lim_{n \to \infty} \alpha_n = 0.3320313,$$

$$\beta = \lim_{n \to \infty} \beta_n = 1/3 = 0.3333333.$$

因为 $\gamma_{48} > \gamma_{96}$, 故以 γ_{48} 代替 $\gamma_{96}, (A_2)$ 右端不等式成立; 其次, 因 $\alpha_{48} = 0.332\,315\,59 <$ $1/3 < \beta_{96}$, 故 (A_2) 的左端不等式也成立. 这类基于不等式的隐式外推与 9 章中基于内估计的外推可谓异曲同工.

第 1 章

本章重点是分裂外推. 分裂外推是林群和吕涛在 1983 年提出, 其本质是基于对误差的多参数渐近展开. 这一看似 Richardson 外推的简单推广却如此之重要: 原因是大型多维问题的近似解往往依赖多个网参数, 而分裂外推一改 Richardson 的整体加密为单个网参数加密, 便成为并行解多维问题钥匙.

使用多元 Newton 插值导出分裂外推的递推算法见 Lü et al., 1990. 有关分裂外推专著可见 Liem et al., 1995 和吕涛等, 1998, 那里的附录列有分裂外推系数表和逐步分裂外推系数表供读者参考使用.

有关分裂外推的价值和评论, 可见 Rüde (1997) 的书评: 分裂外推是中国学者开创, 西方几乎不为人所知, 该方法值得每个受维数困扰的计算工作者参考, 并从中受益.

第 2 章

本章的重点是关于超奇积分的外推. 使用梯形法则或偏矩形法则计算有限区间的光滑函数积分, 其误差有 Euler-Maclaurin 渐近展开式. 1955 年 Romberg 应用这个渐近展开式得到著名的 Romberg 算法, 1962 年 Navot 使用 Fourier 级数展开得到弱奇异积分的 Euler-Maclaurin 渐近展开, 其后 Lyness 和 Ninham 沿此思路得到包含弱奇异内点的更新的结果, 但是这些结果仍然不能推广到奇异积分和超奇异积分上. Euler-Maclaurin 渐近展开的新证明是 Verlinden 和 Haegemans 基于 Mellin

变换方法在 1993 年得到的, 其后 Monegato 和 Lyness 发现应用 Mellin 变换和复变函数的解析开拓方法可以推广 Euler-Maclaurin 渐近展开式到有端点奇异的超奇积分上. 本书将此方法推广到奇点在区间内部的超奇积分上, 这个推广在计算超奇积分方程上有实际意义.

由于超奇异积分的推广 Euler-Maclaurin 渐近展开包含步长的负指数项, 这便蕴涵使用中矩形和偏矩形公式计算超奇积分是发散的, 即误差步长越小误差越大, 但是如果执行 Richardson 负指数外推逐步消去渐近展开的负指数项, 再执行 Richardson 正指数外推, 便得到高精度. 当今超奇异积分的计算方法已经成为计算方法的研究热点. 多数研究针对不同的奇点性质提供不同的算法, 而外推法可以回避被积函数的导数计算, 即使包含有对数奇异项也可以通过逐次外推加速收敛.

第 3 章

本章重点是多维弱奇异积分的分裂外推算法. 分裂外推是高维积分中最有竞争力的算法, 几乎具有最优的计算复杂度: 为了得到 s 维积分的 $2m+1$ 阶代数精度, 分裂外推仅需要做 $O(s^m)$ 次计算, 而 Gauss 法和 Romberg 外推的计算量皆随维数指数增长, 不具有竞争力. 数论方法的缺点是周期化导致被积函数过于复杂, 而且缺少代数精度, 但超过 10 维的积分仍有竞争力. 在多维积分的计算中, 数论方法和分裂外推可能是最重要方法. 数论方法的缺点是误差不能随样本增加而单调减少.

多维弱奇异积分的算法是多维积分中最重要而又最困难的问题 (在反应堆计算和三维边界元中, 经常需要计算多维反常积分), Rabinowitz, 1992, 认为: Lyness 的单参数外推应当被分裂外推替代, 才能在高维积分上发挥大作用. 但这方面的推广颇有困难, Lyness 的证明方法本质依赖于单参数. 本章介绍的 Duffy 变换是变弱奇异积分为正常积分的重要方法. 许多反常积分皆可以先进行 Duffy 变换转换为正常积分, 再用分裂外推计算, 收效显著.

本章还介绍了 Lyness 关于多维反常积分的渐近展开式, 光滑曲面积分的 Atkson 变换方法和 Sidi 的变换方法, 这些方法在提高积分方程和边界元计算中颇为有用.

第 4 章

有限元外推从 1983 年林群、吕涛、沈树民的论文发表后, 在国内外产生颇大的反响, 例如 Ciarlet 和 Lions, 1991, 将此誉为开创性工作. 其后, 有限元外推经过林群及其合作者: 陈传淼、朱起定、许进超、吕涛、Rannacher 和 Blum 等的研究已取得丰硕成果. 本章研究基于三角剖分的有限元外推, 主要内容有两方面:

其一, 变系数二阶椭圆型偏微分方程的线性有限元外推. 由于本书写作过程中发现 Rannacher(1987) 的会议论文提供的引理 2.2 是错的 (在注 4.1 中已经举反例否定). 错误原因, 笔者认为他在恒等式

$$\int_0^1 \int_0^{1-x_2} q dx_1 dx_2 = \int_0^1 \int_0^{1-x_2} i_h q dx_1 dx_2 + \int_0^1 \int_0^{1-x_2} (q - i_h q) dx_1 dx_2$$
$$= \frac{1}{6}\{q(0,0) + q(1,0) + q(0,1)\}$$
$$+ \int_0^1 \int_0^{1-x_2} (q - i_h q) dx_1 dx_2$$

中, 计算积分 $\int_0^{1-x_2} (q - i_h q) dx_1$ 错误地使用了 Euler-Maclaurin 渐近展开, 因为这里的 $i_h q$ 是以三角形顶点为插值基点的二元线性插值函数, 而不是以区间 $(1 - x_2, 0)$ 的端点为基点的一元线性插值函数. 这个错误导致基于 Rannacher 结果的变系数线性有限元外推论文必须重新证明.

第 4 章的内容是笔者证明, 并且首次发表. 其中最大的改进是内交点的处理. 如所周知, 内交点的存在一直制约有限元外推得不到丰满估计, 这是因为分部积分的缘故. 本书的证明使用了 Lions 的负范数迹定理, 回避了分部积分, 使得估计较为丰满. 但是鉴于笔者知识局限, 不妥处, 盼方家指正.

其二, 二次有限元外推虽然倍受关注, 但是迟迟未有结果, 原因是二次三角形单元的分析比线性元复杂得多. 一些同行认为二次有限元不可能有渐近展开和外推. 本章意在表明: 对于一些特殊情形二次元误差具有 h^4 次幂渐近展开.

第 5 章和第 6 章

这两章阐述基于区域分解的有限元外推算法, 该算法是集区域分解法、多水平算法、有限元外推法和分裂外推法四者的优点于一体, 具有省计算、省存贮、并行度高和精度高的优点.

熟知, 区域分解算法的本质是把全域网点按所在子区域位置分类形成子问题, 然后, 独立解子问题并通过拟边界点的数据交换和逐步迭代得到全域问题的解. 算法的缺点是: a) 子问题的解不是原问题的近似解; b) 收敛很慢 (除非再解一个粗网格子问题); c) 精度最多达到全域网点近似解精度; d) 拟边界上的频繁数据交换增加了机间通讯时间. 而分裂外推则是把全域点按不同的网参数剖分的结点分类, 每个子问题皆是原问题的近似, 各子问题相互独立地在同一程序 (不同的数据) 上解出, 再通过外推达到高精度. 若考虑到使用多水平方法 (如多重网格法) 求解, 计算

格式本身就需要在不同的水平网格上计算, 则分裂外推几乎不增加工作量就可以得到全局细网格点的高精度.

有限元分裂外推与区域分解结合, 除了增加独立网参数, 化大型问题为若干可并行解的相对较小问题外, 另一优点是初始区域分解可以视问题性质而定, 外推可行性从全局光滑降低到分片光滑, 使更多实际问题, 如工程和力学中经常遇到的界面问题能够应用.

剖分采用四边形或六面体是设置独立网参数本质的前提, 如果初始剖分为三角剖分就不能构造更多独立网参数.

由于第 5 章阐述的等参多线性元, 只能够应用到多角形和多面体, 因此第 6 章研究的等参多二次元在处理曲边边界更有实际应用价值.

第 7 章

差分法的外推已详见 Marchuk 和 Shaidurov 的专著, 本章的新内容是校正法和高精度差分格式. 对于 Poisson 方程, 使用 9 点差分格式的切断误差展开在 Lin et al., 1984b 中提供了高精度校正法, 对于变系数椭圆型偏微分方程及其特征值问题的校正法见文献 Liem et al 1993, 1994, 1995. 校正法似乎是差分法独有, 在有限元研究中未见到相关文献.

使用 Laplace 变换计算发展方程在工程计算中广为应用, 其中涉及如何构建 Laplace 变换的反演问题, 有关这方面方法很多, 最常见的是 Fourier 方法, 缺点是需要较多样本才能够得到满意的反演结果. Zakian 变换是工程中常用方法, 仅仅需要 5 个样本便得到相当高的精度, 因此把高精度校正法和 Zakian 变换结合是计算发展方程的有效数值方法. 但是 Zankin 变换的数学原理未臻完善, 值得进一步探讨.

当今有限体积法已经广泛使用在油藏数值模拟等工程问题中, 但是有限体积法的数学研究还不充分, 本章介绍有关有限体积法的外推的数值算例, 效果十分满意, 其理论基础有更多研究待研究.

第 8 章

多层网格法是求解偏微分方程的最有效的迭代法, 几乎使计算复杂度达到最优. 由于算法本身需要在不同层次的网格处理, 因此将其与外推法结合是十分自然的事情, Brandt 在多层网格发展的早期便提出所谓 τ 外推法. τ 外推原理是基于截断误差的渐近展开, 而不是近似解的误差渐近展开, 因此属于隐式外推研究范畴.

研究多层网格法的收敛理论有代数方法和分析方法两种, 代数方法可见 Hackbusch 的专著, 分析方法可见 Bramble 的专著. 本书有关二网格理论, 采自 Hackbusch, 1985, 三网格理论采自 Rüde, 1987.

第 9 章

有限元内估计是有限元理论的重要一环, 在有限元超收敛理论中扮演重要角色. 一般认为在超收敛研究中, 中国、欧洲和美国有独立贡献. 基于内估计的局部对称原理是 Schatz 等美国学者提出的, 优点是对问题的维数, 剖分单元的形态无关, 故能够较为一般地发现超收敛点.

把内估计使用到外推则是近年工作, 令人惊异的是基于内估计的有限元外推仅仅依赖内估计不等式, 不要求有限元近似解的误差在该内点上有渐近展开. 这类外推属于隐式外推范畴, 其优点可以应用于高维问题和不同类型剖分. 对于关键点, 只要在剖分时让该点为局部对称点, 就能够使用外推方法提高精度. 因此, 基于内估计的有限元外推是有限元外推研究的一大进展.

第 10 章

1991 年 Zenger 基于 Yserentant 多水平基有限元方法提出了稀疏网格法. 按通常的观点: 解一个 s 维问题欲达到 $O(N^{-2})$ 阶精度, 要计算 $O(N^s)$ 个点的未知数的方程, 而在解适当光滑假定下, 稀疏网格法仅需要解 $O(N \ln N)$ 点的方程就达到几乎同阶的精度.

鉴于稀疏网方法导出的离散方程的条件数较大, 且稀疏结构较差, 直接计算颇为困难, 故 Zenger 等又提出组合技巧. 组合技巧仅仅要求近似解的误差关于多参数步长渐近展开有形式分离, 较分裂外推要求误差有严格的多项式展开, 更容易满足. 这便导致二者的目标不同: 组合技巧是组合若干个粗网格解以取得细网格解, 而精度阶没有提高; 分裂外推则是通过组合若干个粗网格解以取得细网格的高精度近似解. 尽管如此, 由于组合技巧的组合方式较统一, 对于非光滑解的误差, 其渐近展开的幂指数可能随网点改变, 这时分裂外推失效, 而组合技巧仍然有意义.

本章还介绍了 Baszenski 和 Delvos 关于多维积分的组合方法, 它与 Zenger 的组合技巧异曲同工.

参 考 文 献

陈传淼, 黄云清. 1995. 有限元高精度理论. 长沙: 湖南科技出版社.

陈传淼. 1982. 有限元方法及其提高精度的分析. 长沙: 湖南科技出版社.

陈传淼. 2001. 有限元超收敛构造理论. 长沙: 湖南科技出版社.

邓建中. 1984. 外推法及其应用. 上海: 上海科学技术出版社.

盖尔方德, 希洛夫. 1965. 广义函数 I. 林坚冰译. 北京: 科学出版社.

胡朝浪, 杜绍洪, 吕涛. 2004. L 形区域特征值问题的九点差分近似的误差估计与高精度校正
法. 四川大学学报, 41: 40–45.

华罗庚, 王元. 1978. 数论在近似分析中的应用. 北京: 科学出版社.

黄明游. 1988. 发展方程的有限元方法. 上海: 上海科学技术出版社.

黄永清, 林群. 1991. 抛物方程有限元解的渐近展开与超收敛. 系统科学与数学, 11: 327–335.

黄永清. 1989. 抛物问题有限元逼近的渐近展开及外推. 工程数学学报, 6:16–24.

里翁斯. 1980. 偏微分方程的边值问题. 李大潜, 译. 上海: 上海科技出版社.

林群, 严宁宁. 1996. 高效有限元构造与分析. 保定: 河北大学出版社.

林群, 朱起定. 1994. 有限元的预处理和后处理理论. 上海: 上海科学技术出版社.

吕涛, 黄晋. 2013. 积分方程的高精度算法, 北京: 科学出版社.

吕涛, 石济民, 林振宝. 1992. 区域分解算法. 北京: 科学出版社.

吕涛, 石济民, 林振宝. 1998. 分裂外推与组合技巧. 北京: 科学出版社.

吕涛, 朱瑞. (2008). 二次有限元解的渐近展开与外推. 系统科学与数学, 28: 340–349.

吕涛. 1987. 一类非线性椭圆型偏微分方程有限元近似的渐近展开与外推. 计算数学. 9: 194–
199.

吕涛. 1990. 偏微分方程校正过程的改进. 应用数学与计算数学, 4:13–20.

王连祥等. 1977, 数学手册. 北京: 人民教育出版社.

王竹溪, 郭敦仁. 1979. 特殊函数概论. 北京: 科学出版社.

杨一都. 2004. 特征值问题的有限元分析. 贵阳: 贵州人民出版社.

张麟, 张洋, 吕涛. 2010. 并行解 Voterra 型积微方程的高精度算法. 四川大学学报, 47:957–963.

朱起定, 林群. 1989. 有限元超收敛理论. 长沙: 湖南科学技术出版社.

朱起定. 2008. 有限元高精度后处理理论. 北京: 科学出版社.

Adams R A. 1975. Sobolev Space. New York: Academic Press.

Asadzadeh M, Schatz A, Wendland W. 2009. A new approach to Richardson extrapolation
in the finiite element method for second order elliptic problems. Math. Comp., 78:
1951–1973.

Atkinson K E. 2004. Quadrature of singular integrands over surfaces. Elctr. Trans. Numer.

Anal., 17: 133–150.

Bömer K. 1981. Asymptotic expansion for the discretization error in linear elliptic boundary value problems on general regions. Math. Z., 177: 235–255.

Bai D, Brandt A. 1987. Local mesh Refinement multilevel techniques. SIAM J. Sci. Statist. Comp., 8: 109–134.

Baszenski G, Delvos F J. 1993. Multivariate Boolean midpoint rules // Numerical Integration IV. ed. Brass H and Hämmerlin G. ISNM 112, Birkhäuser.

Blum H, Lin Q, Rannacher R. 1986. Asymptotic error expansion and Richardson extrapolation for linear finite elements. Numer. Math., 49: 11–37.

Blum H, Rannacher R. 1988. Extrapolation techniques for reducing the pollution effect of reentrant corners in the finite element method. Numer. Math., 52: 539–564.

Blum H, Rannacher R. 1990. Finite element eigenvalue computation on domains with reentrant corners using Richardson's exrapolation. J. Comp. Math., 8: 321–332.

Bramble J H. 1963. Fourth-order finite difference analogues of the Dirichlet problem for Poisson's equations. Math. Comp., 17: 217–222.

Bramble J H. 1993. Multigrid Methods. Essex: Longman Scientific & Technical.

Brandt A. 1984. Multigr0id Techniques//Hackbusch W, Trottenberg U. Multigrid Methods. Berlin: Springer-Verlag.

Brenner S C, Scott L R. 1994. The Mathematical Theory of Finite Element Methods. New York: Springer-Verlag.

Brezinski C. 1980. A general extrapolation algorithm. Numer. Math., 35: 175–187.

Bungartz H, Griebel M, Griebel M et al. 1993b. A proof of convergence for the combination technique for the Laplace equation using tools of symbolic computation. Institut für Informatik. TUM, I–9304.

Bungartz H, Griebel M, Rüde U. 1993a. Extrapolation, combination and sparse grid techniques for elliptic boundary value problem. Institut für Informatik. TUM, I–9210.

Cao Y, He X M, Lü T. 2009. A splitting extrapolation for solving nonlinear elliptic equations with d-quadratic finite elements. J. Comput. Phys., 228: 109–122.

Cao Y, He X M, Lü T. 2011. An algorithm using finite volume element method and its splitting extrapolation for second-order elliptic problems. J. Comput. Appl. Math., 235: 3734–3745.

Chatelin F. 1983. Spectral Approximation of Linear Operator. New York: Academic Press.

Chen C. M, Lin Q. 1989. Extrapolation of finite element approximation in a rectangular domain. J. Comp. Math., 3: 227–233.

Chen H S, Lin Q. 1992. Finite element approximation using a graded mesh on domains with reentrant corners. Syst. Sci. Math. Scis., 2: 127–140.

Ciarlet P G, Lions J L. 1991. Handbook of Numerical Analysis, Amsterdam: North-Holland.

Ciarlet P G. 1978. The Finite Element Metbod for Elliptic Problems. Amsterdam: North-

Holland.

Davis P., Rabinowity P. 1984. Methods of Numerical Integration. New York: Academic Press.

Ding Y, Lin Q. 1989. Finite element expansion for variable coefficent elliptic problems. Sys. Sci. & Math., 2: 54–69.

Ding Y, Lin Q. 1990. Quadrature and extrapolation for the variable coefficent elliptic eigenvalue problem. Sys. Sci. & Math., 3:327–336.

Duffy M G. 1982. Quadrature over a pyramid or cube of integrands with a singularity at a vertex. SIAM J. Numer. Anal., 19: 1260–1262.

Evans G A, Hyslop J, Morgan A P G. 1983. An extrapolation procedure for the evaluation of singular integrals. Intern. J. Computer Math., 12: 251–265.

Evans G A. 1993. Practical Numerical Integration. Chichester: John Wiley & Sons.

Fairweather G, Lin Q, Lin Y, et al. 2006. Asymptotic expansions and Richardson extrapolation of approximate solutions for second order elliptic problems on rectangular domains by mixed finite element methods. SIAM J. Numer. Anal., 44: 1122–1149.

Forsythe G E, Wasow W R. 1960. Finite Difference Methods for Partial Differential Equations. New York: John Wiley.

Fossmeier R. 1989. On Richardson extrapolation for finite difference methods on regular grids. Numer. Math., 55: 451–462.

Frehse J, Rannacher R. 1978. Asymptotic L^∞-erro estimates for linear finite element approximations of quasilinear boundary value problems. SIAM J. Numer. Anal., 15: 418–431.

Gribel M, Schneider M, Zenger C. 1990, A combination technique for solution of sparse grid problems. Institut für Informatik, SFB Bericht 342/19/90.

Griebel M, Zenger C, Zimmer M. 1993. Multilevel Gauss-Seidel-Algorithms for full and sparse grid problem. Computing. 50: 127–148.

Grisvard P. 1985. Elliptic Problems in Nonsmooth Domains. Boston: Pitman.

Hackbusch W. 1985. Multigrid Methods and Applications. Berlin: Springer Verlag.

Hassanzadeh H, Pooladi-Darvish M. 2007. Comparison of different numerical Laplace inversion methods for engineering applications. Appl. Math. Comput., 189:1966–1981.

He X M, Lü T. 2007. Splitting extrapolation method for solving second order parabolic equations with curved boundaries by using domain decomposition and d-quadratic isoparametric finite elements. Int. J. Comput. Math., 84: 767–781.

He X M, Lü T. 2009. A finite element splitting extrapolation for second order hyperbolic equations. SIAMJ. Sci. Comput., 31: 4244–4265.

Huang J, Lü T, Li Z C. 2009. Mechanical quadrature methods and their splitting extrapolations forboundary integral equations of the first kind on open arcs. Appl. Numer. Math., 59: 2908–2922.

Huang J, Lü T. 2006. Splitting extrapolations for solving boundary integral equations of linear elasticity dirichlet problems on polygons by mechanical quadrature methods. J. Comput. Math., 24: 9–18.

Huang J, Zeng G, He X M, et al. 2012. Splitting extrapolation algorithms for the first kind boundary integral equations with singularities by mechanical quadrature methods. Adv. Comput.

Joyce D C. 1971. Survey of extrapolation processes in numerical analysis. SIAM Rev, 13: 435–490.

Jung M, Rüde U. 1996. Implicit extrapolation methods for multilevel finiite element computations. SIAM J. Sci. Comput., 17: 156–179.

Jung M, Rüde U. 1998. Implicit extrapolation methods for variable coeffcient problems. SIAM J. Sci. Comput., 19: 1109–1124.

Lü T, Feng Y. 1997. Splitting extrapolation based on domain decomposition for finite element approximations. Science in China (Series E), 40: 144–155.

Lü T, Lu J. 2002. Splitting extrapolation for solving second order elliptic systems with curved boundary in $\mathbb{R}^d$ by using d-quadratic isoparametric finite element. Appl. Numer. Math., 40: 461–481.

Lü T, Neittaanmäki P, Tai X. 1992. A parallel splitting up method and its application to Navier-Stokes equations. RAIRO MMNA, 26: 673–708.

Lü T, Shih T M, Liem C B. 1990. An analysis of splitting extrapolation for multidimensional problems. Systems Sci. & Math., 3: 261–272.

Lü T. 1987. Correction and splitting extrapolation methods for the collocation solutions of two-point boundary value problems, Adv. Math., 16:391–396(in Chinese).

Ladyzhenskaya O A, Uraltseva N N. 1968. Linear and Quasilinear Elliptic Equations. New York: Academic Press.

Lee S X, Phillips G M. 1988. Interpolation on the simplex by homogeneous polynomials. Internat. Schriftenreihe Numer. Math., 86:295–305.

Liem C B, Shih T M, Lü T. 1993. A fourth order finite difference method for the boundary value and eigenvalue problems of divergent type elliptic equations. SEA Bull. Math., 17: 23–37.

Liem C B, Shih T M, Lü T. 1995. The Splitting Extrapolation Method- A New Technique in Numerical Solution of Multidimmesional Problems. Singapore: Word Scientific Publishing.

Liem C B, Shih T M, Lü T. 1996. Solution of divergent type elliptic equations by a fourth order finite difference method. SEA Bull. Math., 20: 23–30.

Lifanov I K, Poltavskii L N, Vainikko G M. 2004. Hypersingular Integral Equations and their Applications. New York: CRC Press LLC.

Lin Q, Lin J. 2006. Finite Element Methods: Accuracy and Imporovement. Beijing: Science Press.

Lin Q, Lü T, Shen S M. 1983. Maximum norm estimate. extrapolation and optimal point of stresses for finite element methods on strongly regular triangulation. J. Comp. Math., 1: 376–383.

Lin Q, Lü T. 1983. Splitting extrapolations for multidimensional problems. J. Comp. Math., 1:45–51.

Lin Q, Lü T. 1984. Asymptotic expansions for finite element approximation of elliptic problem on polygonal domains//Glowinski R, Lions J L. Comping Methods in Applied Sciences and Engineering, VI. Amsterdam: North-Holland 317–321.

Lin Q, Lü T. 1984a. Asymptotic expansions for finite element eigenvalues and finite element solution. Bonner Math. Schrift., 158:1–10.

Lin Q, Lü T. 1984b. Correction procedure for solving partial differetial equations. J. Comp. Math., 2: 153–160.

Lin Q, Lü T. 1984c. The combination of approximate solutions for accelerating the convergence. RAIRO Numer. Anal., 18:153–160.

Lin Q, Lü T. 1984d. The Romberg algorithm for numerical integration and the splitting extrapolation procedure for an integral equation on the polygonal domain. J. Sys. & Math. Scis., 4: 33–41.

Lin Q, Liu J Q. 1980. Extraplation method for Fredholm integral equation with non-smooth kernels. Numer. Math, 35: 459–164.

Lin Q, Xu J C. 1985. Linear finite elements with high accuracy. J. Comp. Math., 3: 115–133.

Lin Q, Zhu Q D. 1985. Local asymptotic expansion and extrapolation for finite elements. J. Comp. Math., 3: 263–265.

Lin Q, Zhu Q D.1984. Asymptotic expansions for the derivative of finite elements. J. Comp. Math., 4:1–10.

Lin Q. 1989. Finite element error expansion for non-uniform quadrilateral meshes. Syst. Sci. Math. Scis., 3: 275–282.

Lin Q. 1991a. Extrapolation of FE gradients on nonconvex domains. Bonner Math., 228: 21–29.

Lin Q. 1991b. Fourth order eigenvalue approximation by extrapolation on domains with reentrant corners, Numer. Math., 58: 631–640.

Lin Q. 1991c. Superconvergence of FEM for singular solution, J. Comp. Math., 2: 111–114.

Lions J L, Magencs E. 1968. Problèmes aux Limites Non Homogènes et Applications. Paris: Duanod.

Lyness J N, Doncker E. 1987. On quadrature error expansions-Part I. J. Comp. Appl. Math., 17: 131–149.

Lyness J N, Monegato G. 2005. Asymptotic expansions for two-dimmensional hypersingular integrals. Numer Math., 100: 293–329.

Lyness J N. 1976a. An error functional expansion for N-dimensional quadrature with an integrand function singular for a point. Math. Comp., 30: 1–23.

Lyness J N. 1976b. Applications of extrapolation techniques to multidimensional quadrature of some integrand functions with a singularity. J. Comp. Phys., 20: 346–364.

Lyness J N. 1986. Extrapolation methods for multi-dimensional quadrature// Mohamed J L, Walsh J E. Numerical Algorithms. Oxford: Clarendon Press : 105–123.

Marchuk G, Shaidurov V. 1983. Difference Methods and Their Extrapolation. New York: Springer.

Marcozzi M D. 2009. Extrapolation discontinuous Galerkin method for ultraparabolic equations. J. Comput. Appl. Math., 224: 679–687.

McCormick S, Rüde U. 1990. On local refinement higher order methods for elliptic partial differential equations. Institut, für Informatik, TUM, I–9034.

Mitrinoric D S, Vasic P M. 1970. Analysis Inequalites. Berlin: Springer.

Monegato G, Lyness J N. 1998. The Euler-Maclaurin expansion and finite-part integrals. Numer Math, 81: 273–291.

Monegato G. 1994. Numerical evaluation of hypersingular integrals. JCAM, 50: 9–31.

Monegato G. 2009. Definitions, properties and applications of finite-part integrals. JCAM, 229: 425–439.

Mori M. 1985. Quadrature formulas obtained by variable transformation and to DE-rule. J. Comp. App. Math., 12: 119–130.

Navot I. 1961. An Extention of the Euler-Maclaurin summation formula to functions with a branch singularity. J Math and Phys, 40: 271–278.

Neittaanmäki P, Lin Q. 1987. Acceleration of the convergence in finite difference methods by predictor corrector and splitting extrapolation methods. J. Comp. Math., 5: 181–190.

Ninham B W. 1966. Generalised functions and divergent integrals. Numer Math, 8: 444–457.

Nitsche J, Schatz A. 1974. Interior estimates for Ritz-Galerkin methods. Math. Comp., 28:937–958.

Pereyra V. 1967. Iterated deferred corrections for nonlinear operator equation. Numer. Math., 10: 316–323.

Rüde U, Zhou A. 1998. Multi-parameter extrapolation methods for boundary integral equations. Adv. Comput. Math., 9: 173–190.

Rüde U. 1982. Book review: The splitting extrapolation method (Liem C B, Lü T, Shih T M). SIAM Review. 39: 161–162.

Rüde U. 1987. Multiple τ-extrapolation for multigrid methods. Institut für Informatik, TUM I–18701.

Rüde U. 1991. Extrapolation and related techniques for solving elliptic equations. Institut für Informatik, TUM I–9135.

Rüde U. 1993a. Extrapolation techniques for constucting higher order finite element nethods. Institut für Informatik, TUM I–9304.

Rüde U. 1993b. Multilevel extrapolation and Sparse grid method. Institut für Informatik, TUM I–9319.

Rabinowitz P. 1992. Extrapolation methods in numerical integration. Numer. Algorithms, 3: 17–28.

Rannacher R, Scott R. 1982. Some optimal error estimate for piecewise linear finite element approximations. Math. Comp., 38: 437–445.

Rannacher R. 1987. Richardson extrapolation with finite elements//Hackbusch W, Witsch C. Numerical Techniques in Continuum Mechanics. Wiesbaden: Vieweg, Braunschweig: 90–101.

Rannacher R. 1988. Extrapolation Techniques in the Finite Element Method//A Survey, Helsindi Univ. of Tech. Rep., MATC7 : 80–113.

Samarsky A, Andreev V B. 1976. Difference Methods for Elliptic Equations. Moscow: Nauka (in Russian).

Schatz A, Sloan I, Wahlbin L. 1996. Superconvergence in finite element methods and meshes that are locally symmetric with respct to a point. SIAM J. Numer. Anal., 33: 505–521.

Schatz A. 2005. Perturbations of forms and error estimates for finite element method at a point, with an application to improved superconvergence error estimates for subspaces that are symmetric with respect to apoint. SIAM J. Numer. Anal., 42: 2342–2366.

Shih T M, Liem C B, Lü T. 1989. A fourth order method for the Sturm-Liouville eigenproblem. SEA Bull. Math., 13: 115–112.

Shih T M, Liem C B, Lü T. 1994. A fourth order finite difference method for nonlinear divergent type elliptic equations. SEA Bull. Math., 18: 97–107.

Sidi A, Israeli M. 1988. Quadrature methods for periodic singular and weakly singular Fredholm integral equations. J. Sci. Comp., 3: 201–231.

Sidi A. 1988. Generalizations of Richardson extrapolation with applications to numerical integration//Brass H, Hämmerlin G. Numerical Integration III, Basel: Birkhäuser : 237–250.

Sidi A. 1989. Comparison of some numerical quadrature formulas for weakly singular periodic Fredholm integral equations. Computing, 43: 159–170.

Sidi A. 1993. A new variable transformation for numerical integration// H. Brass and G. Hämmerlin, Numerical Integration IV, ISNM 112. Basel:Birkhäuser: 359–373.

Sidi A. 2004. Euler-Maclaurin expansions for integrals with end points singularities: a new perpective. Numer. Math., 98: 371–387.

Sidi A. 2005a. Analysis of Atkinson's variable transformation for numerical integration over smooth surfaces in $\mathbb{R}^3$. Numer. Math., 100: 519–536.

Sidi A. 2005b. Numerical integration over smooth surfaces in $\mathbb{R}^3$ via class variable trasformations. Applied Mathematics and Computation, 171: 646–674.

Sidi A. 2012. Euler-Maclaurin expansions for integrals with arbitrary algebraic endpoint singularities. Math. Comp., 81: 2159–2173.

Thomee V. 1984. Galerkin Finite Element Methods for Parabolic Problems. Berlin: Springer-Verlag.

Verliden P, Haegemans A. 1993. An error expansion for cubature with an integrand with homogeneous boundary singularities. Numer. Math., 65: 383–406.

Verliden P, Potts D M, Lyness J N. 1997. Error expansion for multidimensional trapezoidal rules wih Sidi transformations. Numerical Algorithms, 16: 321–347.

Yserentant H. 1986. On the multi-level splitting of finite element spaces. Numer Math., 49: 379–412.

Zakian V. 1969. Numerical inversions of Laplace transforms. Electron Lett, 5:120–121.

Zenger C. 1991. Sparse grid // Hackbusch W. Parallel Algorithms for Partial Differential Equations. Kiel: Vieweg-Verlag.

Zhou A, Liem C B, Shih T M, et al. 1997. A multi-parameter splitting extrapolation and a parallel algorithm. Systems Sci. & Math., 10: 253–260.

后　　记

衷心感谢被本书引用的中、外数学家. 感谢合作者黄晋、何晓明、朱瑞和胡朝浪等诸同仁.

本书出版有赖于国家出版基金的资助, 科学出版社王丽平同志在本书出版的各阶段都予帮助, 在此谨表谢忱.

吕　涛

2014 年 12 月 10 日于四川大学

索　引

《信息与计算科学丛书》已出版书目